Klaus Heuck / Klaus-Dieter Dettmann

Elektrische Energieversorgung

Klaus Heuck / Klaus-Dieter Dettmann

Elektrische Energieversorgung

Mit 466 Abbildungen

Friedr. Vieweg & Sohn Braunschweig / Wiesbaden

CIP-Kurztitelaufnahme der Deutschen Bibliothek

Heuck, Klaus:
Elektrische Energieversorgung/Klaus Heuck;
Klaus-Dieter Dettmann. – Braunschweig;
Wiesbaden: Vieweg, 1983.
ISBN 978-3-528-08547-6 ISBN 978-3-322-89730-5 (eBook)
DOI 10.1007/978-3-322-89730-5
NE: Dettmann, Klaus-Dieter:

Verlagsredaktion: *Alfred Schubert*

Satz: Vieweg, Braunschweig

ISBN 978-3-528-08547-6

Vorwort

Das Buch „Elektrische Energieversorgung“ vermittelt vornehmlich die Kenntnisse, die von seiten der Industrie und Energieversorgungsunternehmen bei Jungingenieuren als Grundwissen erwartet werden. Besonderer Wert wird auf die Vermittlung der physikalischen Zusammenhänge gelegt, die für die Energieversorgung bestimmend sind; die Darstellung der Technologie beschränkt sich auf das unumgängliche Maß, da diese Kenntnisse bei der gebotenen Stofflimitierung zweckmäßiger vor Ort erworben werden.

Das Buch ist so angelegt, daß es auch für ein Selbststudium geeignet ist. Zu diesem Zweck ist strikt darauf geachtet worden, daß die einzelnen Begriffe bzw. Definitionen streng und folgerichtig nacheinander entwickelt werden. Die in diesem Zusammenhang erforderlichen Grundlagenkenntnisse wie z. B. die Berechnung galvanisch-induktiv gekoppelter Kreise, die nach den Erfahrungen der Autoren nicht generell bei Studenten nach dem Vorexamen zu erwarten sind, werden erläutert oder zumindest noch einmal gestreift.

Um die Verständlichkeit weiter zu erhöhen, wurden die Modelle, von denen ausgegangen wird, zunächst sehr einfach gehalten. Für die analytische Formulierung werden nur die Kenntnisse der Mathematik benötigt, wie sie üblicherweise nach dem Grundstudium an einer Fach- oder wissenschaftlichen Hochschule vorliegen. Es werden die Gültigkeitsbereiche dieser Modelle im Hinblick auf ihre Anwendung in der Praxis herausgearbeitet. Sofern die Idealisierungen für wichtige Bereiche der Praxis zu weitreichend sind, wird auf kompliziertere Modelle eingegangen. Um die mathematischen Anforderungen niedrig zu halten, wird jedoch bei diesen Modellen vielfach mit der physikalischen Plausibilität argumentiert. Dabei wird auch auf Feinheiten eingegangen, die für den bereits im Berufsleben stehenden Ingenieur von Interesse sein dürften.

Der beschriebene Aufbau gestattet es, daß die Passagen, welche die komplizierteren Modelle behandeln, übersprungen werden können, ohne daß es im weiteren zu Verständnisschwierigkeiten kommen muß. Aufgrund dieses Aufbaus sind die Autoren der Meinung, daß mit diesem Buch nicht nur die Studenten der Hoch-, sondern auch der Fachhochschulen angesprochen werden. Zugleich dürfte damit auch der bereits in der Praxis stehende Ingenieur seine Kenntnisse auffrischen und erweitern können.

Das Konzept, den Stoff in der beschriebenen Weise aufzuarbeiten, ist im wesentlichen dem Gedankengut von Herrn Prof. Dr. Funk, Leiter des Instituts für Elektrische Energieversorgung der TU Hannover, entlehnt. Darüber hinaus hat Herr Prof. Funk durch seine konstruktive Kritik über die gesamte Breite des Buches zu einer erheblichen Verbesserung beigetragen. Dafür möchten sich die Autoren nochmals an dieser Stelle herzlich bedanken. Zum Dank sind die Autoren weiteren Fachleuten verpflichtet.

Hier ist zunächst Herr Dr. Dietrich, Transformatoren-Union, Werk Nürnberg, zu nennen. Herr Dr. Dietrich hat eine Reihe sehr wertvoller Anregungen zu den Abschnitten 4.1, 4.2, 4.9 und 9 gegeben. Im gleichen Sinne sind von Herrn Prof. Taegen, Leiter des Fachgebietes Elektrische Maschinen an der Bundeswehrhochschule Hamburg, mehrere Verbesserungsvorschläge zum Abschnitt 4.4 beigesteuert worden. Auf die Gestaltung des Abschnitts 4.6 haben wiederum Herr Prof. Dr. Wanser und Herr Dipl.-Ing. Richter, Kabelmetal, beratend gewirkt. Abrundende Hinweise zum Kapitel Wandler haben die Autoren von Herrn Dr. Grambow, Technischer Direktor der Ritz Meßwandler GmbH, erhalten. Von Herrn Oberingenieur Gebhardt, Leiter der Abteilung Netze bei der AEG-Frankfurt, sind nützliche Ergänzungen zu den Kapiteln 11 und 12 ausgegangen. Ebenfalls möchten sich die Autoren bei Herrn Dr. Kegel, Herrn Dipl-.Ing. Waldhaim, Mitarbeiter des Fachgebietes Elektrische Energieversorgung an der Bundeswehrhochschule Hamburg, und bei Herrn Dipl.-Ing. Hass, Mitarbeiter am Institut für Strömungsmaschinen der Bundeswehrhochschule Hamburg, bedanken. Von ihnen sowie von Herrn Dipl.-Ing. Stelling, Entwicklungsingenieur beim Fachgebiet Netzanlagen der AEG, sind bei der Korrektur des Manuskriptes eine Reihe ergänzender Hinweise ausgegangen.

Einen großen Beitrag zur Fertigstellung des Manuskriptes leistete ferner Frau Jacob durch die Übernahme der umfangreichen Schreibarbeiten. Eine ähnliche Sisyphusarbeit hat das Zentrale Konstruktions- und Zeichenbüro der Bundeswehrhochschule Hamburg erbracht. Dort sind die zahlreichen Abbildungen erstellt worden.

Hamburg, August 1983

Klaus Heuck
Klaus-Dieter Dettmann

Inhaltsverzeichnis

Formelzeichen

A	Fläche, Querschnitt
a	Abstand
a	$e^{j120°}$
B	Magnetische Induktion
C	Kapazität
C_b	Betriebskapazität
C_E	Erdkapazität
D	Mittlerer geometrischer Abstand
D	Durchmesser
d	Abstand
E	Elektrische Feldstärke
E	Polradspannung (Sternspannung)
E'	Transiente Spannung einer Synchronmaschine
E''	Subtransiente Spannung einer Synchronmaschine
F	Kraft
f	Frequenz
G	Wirkleitwert
g	Gleichzeitigkeitsfaktor
H	Magnetische Erregung (Feldstärke)
I_a	Ausschaltwechselstrom
I_b	Betriebsstrom
I_D	Ausgleichsstrom
I_d	Thermisch zulässiger Dauerstrom
I_d	Durchlaßstrom einer Sicherung
I_E	Erdungsstrom
I_E	Erregerstrom (Synchronmaschine)
I_e	Erdschlußstrom
I_k	Dauerkurzschlußstrom
I_k''	Anfangskurzschlußwechselstrom ($I_k'' = I_{k3p}''$)
I_n	Nennstrom
I_R, I_S, I_T	Außenleiterströme
I_s	Stoßkurzschlußstrom
I_{th}	Kurzzeitstrom
I_0	Leerlaufstrom
I_μ	Magnetisierungsstrom
K	Leistungszahl
k	Kennzahl der Schaltgruppe eines Drehstromtransformators
L	Selbstinduktivität

l	Länge
M	Drehmoment
M	Gegeninduktivität
N	Normale
O	Oberfläche
P	Wirkleistung
p	Polpaarzahl
Q	Blindleistung
Q	Ladung
Q	Wärmemenge
R	Ohmscher Widerstand
R_A	Ausbreitungswiderstand
R_{sG}	Subtransienter Widerstand (Stoßwiderstand)
r	Radius
r	Reduktionsfaktor
S	Scheinleistung
S	Stromdichte
S_D	Durchgangsleistung
S_E	Eigenleistung
S_{th}	Kurzzeitstromdichte
T	Zeitkonstante
t	Zeit
U_A	Ausgangsspannung
U_B	Berührungsspannung
U_b	Betriebsspannung
U_E	Eingangsspannung
U_E	Erdungsspannung
U_n	Nennspannung
U_P	Polradspannung
U_S	Schutzpegel
U_0	Leerlaufspannung
u_k	Relative Kurzschlußspannung
ü	Übersetzung
w	Windungszahl
X_d, x_d	Synchrone Reaktanz
X_d', x_d'	Transiente Reaktanz
X_d'', x_d''	Subtransiente Reaktanz
X_h	Hauptreaktanz
X_k	Kurzschlußreaktanz
X_0	Nullreaktanz
X_σ	Streureaktanz
Y	Admittanz
Z	Kettenleiterimpedanz
Z_V	Lastimpedanz
Z_W	Wellenwiderstand

α, β	Winkel
ΔU	Spannungsabfall (Außenleiterspannung)
ΔU_l	Längsspannungsabfall (Sternspannung)
ΔU_q	Querspannungsabfall (Sternspannung)
δ	Erdfehlerfaktor
δ	Erdstromtiefe
δ	Luftspaltbreite
θ	Temperatur
θ_G	Polradwinkel
κ	Spezifischer elektrischer Leitwert
κ	Stoßfaktor
Λ	Magnetischer Leitwert
Λ_{12}	Magnetischer Koppelleitwert
λ	Dauerfaktor
μ	Abklingfaktor
μ	Permeabilität
ρ	Spezifischer Widerstand
σ	Mechanische Spannung
Φ	Magnetischer Fluß
Φ_{12}, Φ_K	Koppelfluß
φ	Phasenwinkel, Drehwinkel
Ψ	Induktionsfluß
Ω	Kreisfrequenz
ω	Kreisfrequenz des Netzes

Besondere Kennzeichnungen

U	Effektwert einer sinusförmigen, zeitabhängigen Größe
U	Wert einer konstanten Größe
$\underline{U}$	Komplexe Größe
$\underline{U}^*$	Konjugiert komplexe Größe
$\underline{U}^*$	Spezielle Kennzeichnung einer Größe
$\lvert\underline{U}\rvert = U$	Betrag einer komplexen Größe
$\mathrm{Re}\{\underline{U}\}$	Realteil einer komplexen Größe
$\mathrm{Im}\{\underline{U}\}$	Imaginärteil einer komplexen Größe
$\hat{U}$	Scheitelwert
$[\underline{U}]$	Matrix
u, u(t)	Zeitlich veränderliche Größe
u	Bezogene Größe (z. B. $u_k = U_k/U_n$)
$\parallel$	Parallelschaltung
D, d	Dreieckschaltung
L1, L2, L3	Bezeichnung der Außenleiter
MS	Mittelspannung

NS	Niederspannung
OS	Oberspannung
SS	Sammelschiene
US	Unterspannung
Y, y, ⅄	Sternschaltung
Z, z	Zickzackschaltung

Indizes, tiefgestellt

A	Ausgang
a	Ausschaltwert
B	Blindwert
B	Bündelleiter
B	Bürde
b	Betriebswert (ungestörter Betrieb)
C	Kapazitiv
D	Drosselspule
D	Dämpferkäfig
d	Drehstromsystem
E	Eingang
E	Erde
E	Erregerwicklung
ES	Erdseil
e	Erdschluß
F	Fehlerstelle
G	Generator
g	Gleichanteil
ges	Gesamt
H	Hauptleiter
h	Hauptfluß, -induktivität
K	Kabel
K	Koppelfluß, -induktivität
k	Komponentensystem
k	Kurzschluß (ohne Zusatz: dreipolig)
k3p	Dreipoliger Kurzschluß
k2p	Zweipoliger Kurzschluß
k1p	Einpoliger Erdkurzschluß
L	Induktiv, Induktivität
L	Leitung
M	Mast
min	Minimal
max	Maximal
N	Netz

N	Neultralleiter
n	Nennwert
n	Normalkomponente
nat	Natürlicher Betrieb
OS	Oberspannungsseite
Q	Anschlußpunkt (Netzeinspeisung)
R, S, T	Bezeichnung der Außenleiter
r	Restwert
r, res	Resultierend
S	Ständer
s	Stoßwert
T	Teilleiter
T	Transformator
t	Tangentialkomponente
th	Thermisch
US	Unterspannungsseite
V	Last (Verbraucher)
W	Windung
W	Wirkkomponente
zul	Zulässig
σ	Streufluß, -induktivität
0	Leerlaufzustand
1	Oberspannungsseite
2	Unterspannungsseite
1, 2, 0	Symmetrische Komponenten
⅄, y	Sternspannung, -strom

Indizes, hochgestellt

′	Transient
′	Bezogene Größe (mit ü oder $ü^2$ umgerechnet)
′	Längenbezogene Größe (z. B. $C' = C/l$)
″	Subtransient
*	Konjugiert komplexe Größe
*	Spezielle Kennzeichnung

Indizes, Reihenfolge (DIN 4897)

1. Komponentensystem (z. B. I_1)
2. Zustand (z. B. I_{1k})
3. Betriebsmittel (z. B. I_{1kT})
4. Unterscheidung gleicher Betriebsmittel (z. B. I_{1kT5})
5. Teil des Betriebsmittels (z. B. I_{1kT5US})

1 Überblick über die geschichtliche Entwicklung der elektrischen Energieversorgung

Die Elektrizität als physikalisches Phänomen ist bereits seit langem bekannt. So entdeckten schon die Griechen vor etwa 2000 Jahren, daß ein Stück Bernstein über eine anziehende Kraft verfügt, wenn es zuvor mit einem Wollappen gerieben wird. Wissenschaftliche Untersuchungen dieses Phänomens setzten jedoch erst um 1800 ein. Im Rahmen dieser Arbeiten entwickelte Volta die erste brauchbare Spannungsquelle, die aus zwei Metallplatten und einer Salzlösung bestand. Mit einer Vielzahl solcher Elemente, auch als Voltasche Elemente bezeichnet, betrieb Morse um 1840 den von ihm entwickelten Telegraphen.

Aufgrund dieser und weiterer wichtiger Erfindungen – z. B. dem Telefon – verstärkte sich der Wunsch nach einer vorteilhafteren Erzeugung der elektrischen Energie, da die Voltaschen Elemente nicht ohne übermäßigen Aufwand größere Leistungen abgeben konnten. 1866 entdeckte dann Siemens das elektrodynamische Prinzip und schuf damit zunächst die Grundlage für den Bau von Gleichstromgeneratoren. Sie wurden durch Dampfmaschinen bzw. Wasserturbinen angetrieben. Dadurch wurde eine preiswerte Stromerzeugung möglich. Das von Siemens erkannte Prinzip leitete darüber hinaus die Entwicklung von Gleichstrommotoren ein. Die Betriebssicherheit dieser Motoren wurde im Laufe der nächsten Jahre so groß, daß sie mit dem bisher üblichen Antrieb, der aus Dampferzeuger, Dampfmaschine und Transmission bestand, zunehmend konkurrieren konnten. Vorteilhafterweise benötigte man bei einer elektrischen Energieversorgung nur *einen* zentralen Dampferzeuger im Kraftwerk. Die dort erzeugte elektrische Energie ließ sich mit Leitungen über lange Strecken im Vergleich zu den Transmissionsriemen zu den Verbrauchern übertragen.

Als um 1890 praktisch einsetzbare Drehstromtransformatoren und Drehstrommotoren entwickelt wurden, begann sich der Wechsel- bzw. Drehstrom gegenüber dem Gleichstrom schnell durchzusetzen.

Drehstromnetze zeichneten sich durch eine einfache Bau- und Betriebsweise aus. Darüber hinaus konnten mit den Transformatoren hohe Spannungen erzeugt werden, die eine besonders verlustarme Energieübertragung ermöglichten.

Bereits auf der Weltausstellung 1891 in Frankfurt (Main) wurde den Besuchern die kommerzielle Nutzbarkeit dieser Entwicklungen demonstriert. Neben umfangreichen elektrischen Beleuchtungsanlagen wurde ein künstlicher Wasserfall vorgeführt, dessen Pumpe von einem Drehstrommotor angetrieben wurde. Die Energie dafür wurde über eine 175 km lange 15-kV-Leitung von einem Kraftwerk in Lauffen am Neckar nach Frankfurt (Main) transportiert. So zeigte diese Weltausstellung auf spektakuläre Weise die Leistungsfähigkeit der Elektrizität und kann gewissermaßen als die Geburtsstunde der elektrischen Energieversorgung angesehen werden.

Nach der Weltausstellung nahm der Bedarf an elektrischer Energie rasch zu. Die Glühlampe konnte sich gegen Öl- und Gaslicht genauso schnell durchsetzen wie der Elektromotor gegen die Dampfmaschine mit Transmission. Die mittlere Zuwachsrate der Verbraucher hat seit dieser Zeit bei den Industrienationen etwa 7 % pro Jahr betragen. Dies bedeutet, daß sich in jeweils 10 Jahren der Energieverbrauch verdoppelt hat. Zukünftig wird nur noch ein Anstieg um 4 % erwartet.

Mit zunehmender Verbraucherleistung – auch kurz *Last* genannt – wurde das Streben nach Wirtschaftlichkeit im Laufe der Zeit immer wichtiger. Deshalb setzte sich etwa ab dem Jahre 1900 zunehmend die *Dampfturbine* als Antrieb für die Generatoren anstelle der bisher üblichen *Kolbendampfmaschine* durch. Mit dem Streben nach größerer Wirtschaftlichkeit wurden weiterhin Entwicklungen eingeleitet, die im Grunde genommen auch heute noch nicht beendet sind.

Seit dieser Zeit werden die Erzeugereinheiten, also Turbinen, Generatoren und Transformatoren ständig für immer größere Leistungen ausgelegt, da sich große Maschinen kostengünstiger herstellen und ausnutzen lassen. Dieser Zusammenhang kann auch mit Hilfe der sogenannten Wachstumsgesetze analytisch nachgewiesen werden.

Zugleich wurde eine höhere Ausnutzung der Erzeugereinheiten auch durch eine stetige Verbesserung der Technologie erreicht, die zum großen Teil auf eine Weiterentwicklung der Werkstoffe zurückzuführen ist. So können heutzutage Generatoren bei gleicher Größe mit erheblich gesteigerter Leistung gebaut werden, da z. B. die Isolation heute höhere Temperaturen zuläßt als früher.

Die Verbesserung der Technologie äußert sich in einer merklichen Erhöhung des Wirkungsgrades bei den Erzeugereinheiten. In der Tabelle 1.1 wird diese Entwicklung noch einmal an den jeweils größten Turbinen, den sogenannten *Grenzleistungsmaschinen*, veranschaulicht.

Tabelle 1.1: Entwicklung der Grenzleistungsmaschinen

Jahr	1930	1950	1970	2000
Turbinenleistung	50 MW	100 MW	1200 MW	≈ 3000 MW
η_{therm}	20 %	30 %	42 %	≈ 45 %

Das Streben nach größerer Wirtschaftlichkeit hat sich auch darin gezeigt, daß zunehmend solche Standorte bevorzugt wurden, bei denen die benötigten Rohstoffe, z. B. Braunkohle- oder Wasserenergie, unmittelbar zur Verfügung standen. Überwiegend hat diese Entwicklung zu längeren Transportwegen für die elektrische Energie geführt. Zugleich mußten infolge der ständig wachsenden Kraftwerkseinheiten immer größere Leistungen übertragen werden. Es stellte sich daher das Problem, auch die Energie*verteilung* möglichst wirtschaftlich zu gestalten.

Eine genauere Betrachtung zeigt, daß die erforderliche verlustarme Übertragung sich nur dann verwirklichen läßt, wenn jeweils im Rahmen der technischen Gegebenheiten möglichst hohe Spannungen zum Transport der Energien eingesetzt werden und das Abspannen auf die niedrigere Verbraucherspannung wiederum möglichst nah am Verbraucher vorgenommen wird. Bild 1.1 veranschaulicht diesen Sachverhalt.

Bei umfangreicheren Systemen bilden die weiträumigen Leitungen das *Transportnetz*, die Leitungen mit den niedrigeren Spannungen, die direkt Verbraucher versorgen, das *Vertei-*

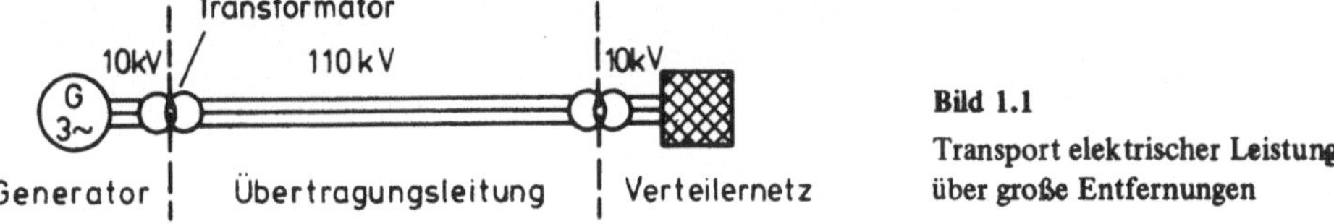

Bild 1.1
Transport elektrischer Leistung über große Entfernungen

lernetz. Immer dann, wenn die Verluste aufgrund der ständig wachsenden Last bzw. infolge der sich verlängernden Transportwege zu hohe Werte erreichen, wird bei einem weiteren Netzausbau der Übergang auf eine höhere Spannungsebene erforderlich. Diese Entwicklung ist in der Tabelle 1.2 für die Spannungen im Transportnetz wiedergegeben.

Tabelle 1.2: Entwicklung der höchsten Spannungsebenen

	Deutschland	Ausland
1891	15 kV	
1912	110 kV	
1924		220 kV (USA)
1929	220 kV	
1952		380 kV (Schweden)
1957	380 kV	
1963		500 kV (USA, UdSSR)
1965		735 kV (Kanada)

Bezogen auf die deutschen Lastverhältnisse hat sich gezeigt, daß die Planung von Transportnetzen üblicherweise ausgewogen ist, wenn die Spannungshöhe in kV in etwa der Leitungslänge in Kilometern entspricht.

Die beschriebenen Entwicklungstendenzen, größere Kraftwerkseinheiten zu errichten und die Spannungsebenen zu erhöhen, können nur von kapitalstarken Unternehmen getragen werden. Aus diesem Grunde ist bei den Energieversorgungsunternehmen (EVU) ein Konzentrationsprozeß zu beobachten. Von den im Jahre 1913 existierenden ca. 4000 Unternehmen sind zur Zeit nur noch ungefähr 1 100 vorhanden. Die bedeutenderen, etwa 650 Unternehmen, haben sich zu einem Interessenverband, der *Vereinigung Deutscher Elektrizitätswerke* (VDEW) zusammengeschlossen. Die großen Unternehmen, die über Transportnetze und die wesentlichen Kraftwerkskapazitäten verfügen, haben wiederum eine weitere Vereinigung gegründet, die *Deutsche Verbundgesellschaft* (DVG). Dort werden die gemeinsam interessierenden Fragen des Netzbetriebs und des weiteren Netzausbaus abgeklärt. Das vollständige Transportnetz der insgesamt neun Verbundpartner wird sinnvollerweise *Deutsches Verbundnetz* genannt. Das jeweilige Versorgungsgebiet ist Bild 1.2 zu entnehmen.

Nach dem Zweiten Weltkrieg hat sich über den nationalen Rahmen hinaus ein westeuropäisches Verbundnetz gebildet. Die westeuropäischen Staaten, die wiederum ihre Transportnetze untereinander gekuppelt haben, sind in der *Union für die Koordination der Erzeugung und des Transports elektrischer Energie* (UCPTE) zusammengschlossen (Bild 1.3).

Bild 1.2 Deutsche Verbundpartner und ihre Spitzenleistungen im Jahre 1980

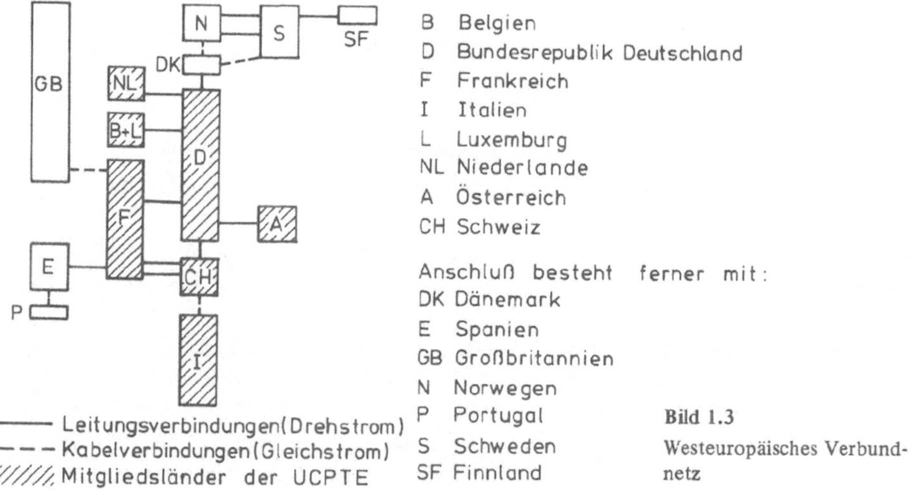

Bild 1.3 Westeuropäisches Verbundnetz

Abschließend sei darauf hingewiesen, daß die aufgezeigten Entwicklungstendenzen

- Anstieg der Last,
- Vergrößerung der Kraftwerkseinheiten,
- Erhöhung der Netzspannungen

auch heute noch vorhanden sind. Aus diesen Entwicklungen ergeben sich u. a. bei der Energieverteilung ständig neue technische Problemstellungen, die auch Kenntnisse über die *Erzeugung* elektrischer Energie erfordern.

2 Grundzüge der elektrischen Energieerzeugung

Zur Erzeugung elektrischer Energie werden heute im wesentlichen Wasser, fossile Brennstoffe und Kernenergie herangezogen. Die in diesen natürlichen Energieträgern enthaltene Energie wird als *Primärenergie* bezeichnet. Die Umwandlung dieser Primärenergien in elektrische Energie erfolgt vorwiegend in fossil befeuerten Kraftwerken, Wasser- und Kernkraftwerken. Das Ziel dieses Kapitels besteht darin, die Grundzüge dieser Energieumwandlung zu vermitteln. Dies erfolgt jedoch nur in dem Umfang, wie es als Hintergrundwissen für das Verständnis der Probleme bei der elektrischen Energieverteilung erforderlich ist.

Zur Zeit werden in Deutschland noch gut 80 % der benötigten elektrischen Energie durch fossil befeuerte Kraftwerke gedeckt. Im Vergleich zu den anderen Kraftwerksarten wird daher auf diesen Typ ausführlicher eingegangen.

2.1 Fossil befeuerte Kraftwerke

Unter fossilen Brennstoffen versteht man im wesentlichen Erdgas, Erdöl und Kohle. Die darin gebundene Primärenergie wird zum Erhitzen eines Mediums, z. B. Wasser oder Luft, verwendet. Mit dem erhitzten Medium werden dann Turbinen angetrieben; die mitgeführte Wärme wird dadurch in mechanische Energie umgesetzt. Die Turbinen sind wiederum mit Generatoren gekuppelt, mit denen die mechanische in die gewünschte elektrische Energie umgewandelt wird.

Nach dem jeweils verwendeten Arbeitsmedium unterscheidet man zwischen Gasturbinen- und Dampfkraftwerken. Die letzteren werden dann als *Kondensationskraftwerke* bezeichnet, wenn der Wasserdampf wieder unmittelbar kondensiert wird, nachdem er seine Energie an Turbinen abgegeben hat. Von *Gegendruckanlagen* spricht man, wenn der aus den Turbinen austretende Dampf noch für andere Zwecke, z. B. zum Heizen, verwendet wird.

Im folgenden werden die wesentlichen Funktionen eines Kondensationskraftwerkes erläutert, das für die öffentliche Stromversorgung am wichtigsten ist. Eine ausführliche Darstellung der Kraftwerkstechnik findet man in [1].

2.1.1 Kondensationskraftwerke

In modernen Kraftwerken ist jeweils ein Dampferzeuger einem Turbinensatz und dieser wiederum einem Generator zugeordnet. Sie bilden einen Block. Diese Kraftwerke werden daher als *Blockkraftwerke* bezeichnet; ihre Nennleistungen liegen heutzutage üblicherweise zwischen 300 MW und 800 MW. Speisen dagegen mehrere Kessel in eine sogenannte Dampfsammelschiene ein, so liegt keine eindeutige Zuordnung mehr vor. Man spricht dann von einem *Sammelschienenkraftwerk.* Diese Bauart wird heute überwiegend in Industriebetrieben verwendet, in denen neben der elektrischen Energieerzeugung noch Dampf für die Produktion oder Heizung gebraucht wird. Der prinzipielle Aufbau eines Sammelschienenkraftwerkes wird in Bild 2.1 veranschaulicht.

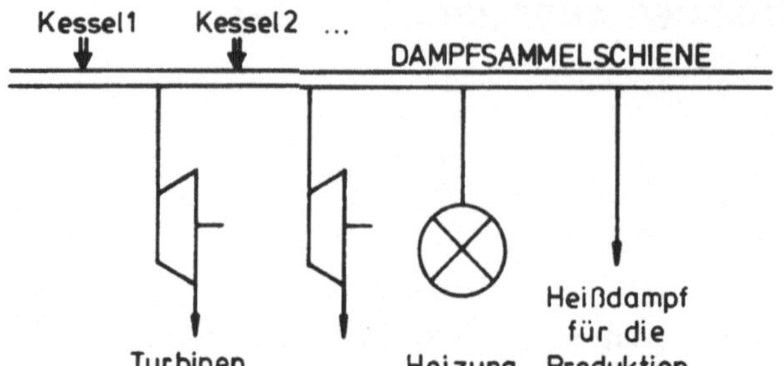

Bild 2.1
Prinzip eines Sammelschienenkraftwerkes

Durch thermodynamische Berechnungen läßt sich zeigen, daß der Wirkungsgrad eines Kraftwerkes steigt, wenn die *Zustandsgrößen des Arbeitsmediums,* also Druck und Temperatur, möglichst *hoch gewählt werden.* Diese Aussage gilt sowohl, wenn das Wasser im Kessel die Wärmeenergie aufnimmt, als auch dann, wenn die Wärmeenergie des Dampfes über eine Turbine in mechanische Energie umgewandelt wird. Dieser Zusammenhang ist unter anderem dem Bild 2.2 zu entnehmen.

Der Wert der Zustandsgrößen wird primär von der Belastbarkeit der verwendeten Werkstoffe begrenzt. Bei 300-MW-Blöcken bewegen sich die Zustandsgrößen üblicherweise im Bereich von 170 bar und 560 °C. Der Wirkungsgrad liegt gemäß Bild 2.2 etwa bei 40 %. Mit speziellen Stählen ließen sich rein technisch Zustandsgrößen von 250 bar und 650 °C beherrschen. Die damit verbundene Verbesserung des Wirkungsgrades bewirkt bei den Brennstoffkosten Einsparungen, die jedoch bei der derzeitigen Kostensituation nicht die Steigerung bei den Herstellungskosten kompensieren. Aus diesem Grunde ist eine solche Bauweise nicht wirtschaftlich.

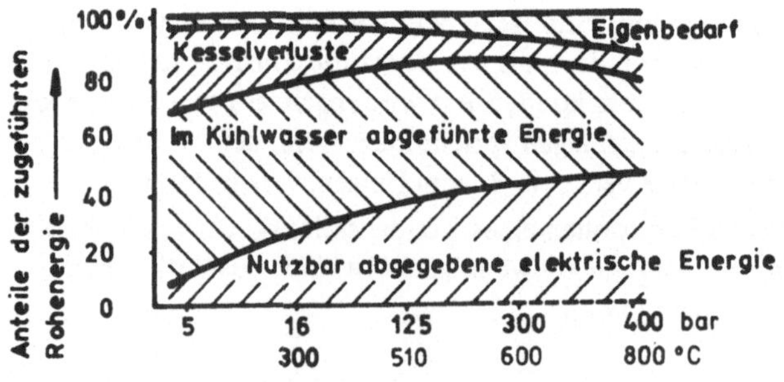

Bild 2.2
Nutzbar abgegebene elektrische Energie als Funktion der Zustandsgrößen

2.1.1.1 Prinzipieller Ablauf der Energieumwandlung in Kondensationskraftwerken

Die Beschreibung der Energieumwandlung möge – an sich willkürlich – bei der Energiezufuhr im Kessel beginnen. Durch Verbrennung z. B. von Kohle wird Wärme frei, die im wesentlichen durch Strahlung, aber auch durch Konvektion über die entstehenden Rauchgase dem eintretenden Speisewasser zugeführt wird. Das Speisewasser ist zuvor durch die *Speisewasserpumpe* auf einen hohen Druck gebracht worden, der bei 300-MW-Blöcken etwa bei 170 bar liegt (Bild 2.3).

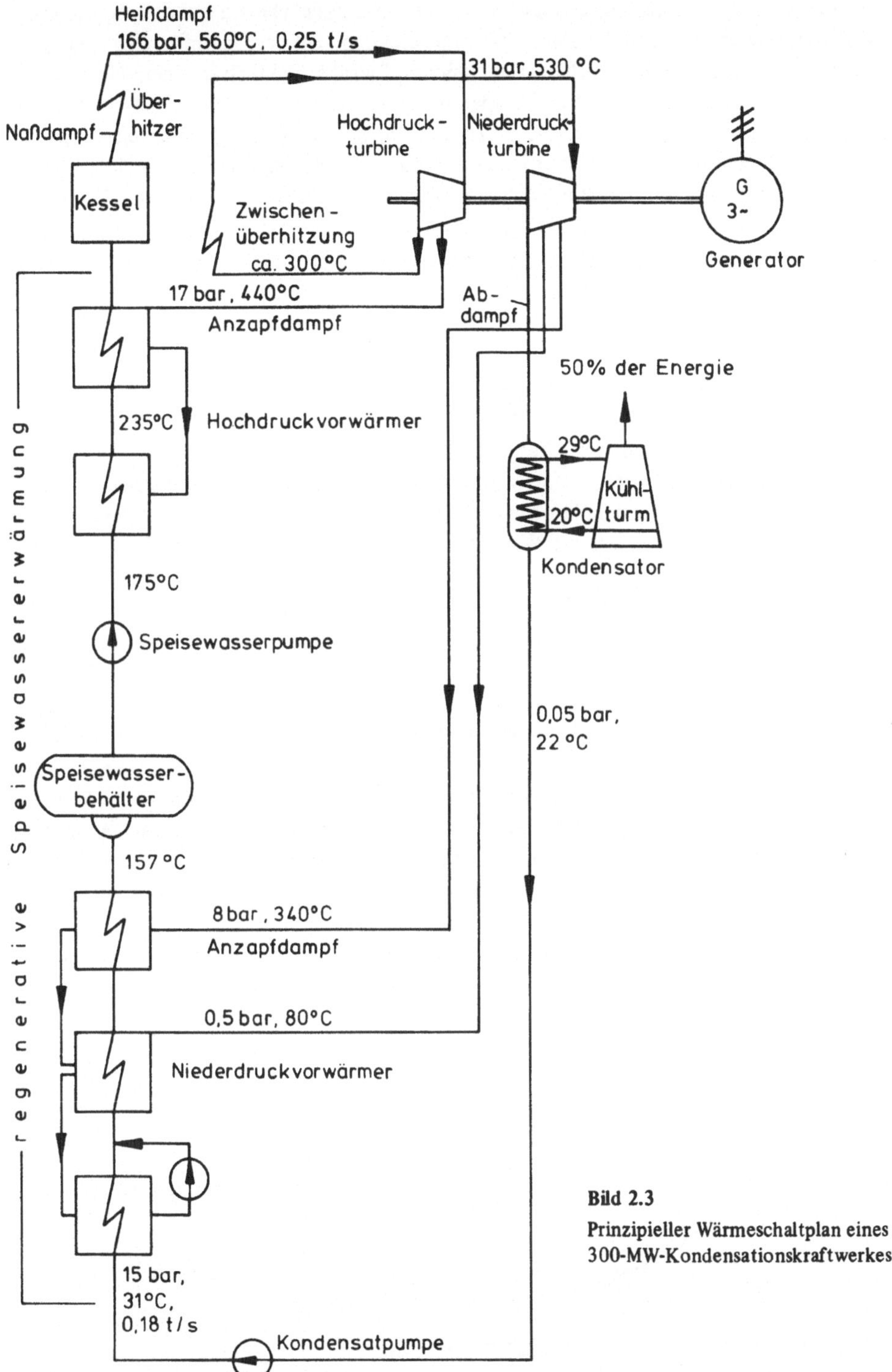

Bild 2.3
Prinzipieller Wärmeschaltplan eines 300-MW-Kondensationskraftwerkes

Im Kessel wird nun auf das Speisewasser so viel Wärmeenergie übertragen, daß daraus *Satt-* bzw. *Naßdampf* entsteht. Dieser Name soll kennzeichnen, daß der Dampf noch geringe Mengen von Wassertröpfchen enthält. Der Naßdampf wird schließlich in einem *Überhitzer* bei gleichbleibendem Druck auf eine Temperatur von beispielsweise 560 °C gebracht. Dieser überhitzte Dampf, den man sinngemäß als *Heißdampf* oder *Frischdampf* bezeichnet, wird in einem Turbinensatz zunächst einer Hochdruckturbine zugeführt. Dort wird ein Teil der enthaltenen thermischen Energie in mechanische Energie umgewandelt, was sich beim austretenden Dampf in einer Absenkung der Zustandsgrößen äußert.

Üblicherweise wird dieser Dampf dann in einen Zwischenüberhitzer geleitet und dort wieder nahezu auf seine Ausgangstemperatur erhitzt, um danach in eine weitere Turbine, die *Niederdruckturbine,* geführt zu werden. In diesem Zusammenhang sei erwähnt, daß es auch Anlagen gibt, die zusätzlich noch eine Mitteldruckturbine aufweisen. Durch die beschriebene *Zwischenüberhitzung* wird die Zustandsgröße „Temperatur" und damit auch – entsprechend den vorhergehenden Überlegungen – der Wirkungsgrad erhöht.

Der aus der Niederdruckturbine austretende Dampf – auch Abdampf genannt – strömt anschließend in einen Kondensator. Dort wird ihm durch Kühlwasser so viel Wärme entzogen, daß der Dampf kondensiert. Das kondensierte Wasser, das *Kondensat,* weist dabei annähernd die Temperatur des Kühlwassers auf. Wie aus Bild 2.2 zu ersehen ist, beträgt die vom Kühlwasser aufgenommene Wärmemenge etwa 50 % der in den Prozeß eingebrachten Energie. Diese Wärmemenge wird vom Kühlwasser wiederum an die Umgebung abgegeben.

Anschließend wird das Kondensat mit Hilfe einer Kondensatpumpe über Vorwärmer, deren Funktion noch erläutert wird, in einen Speisewasserbehälter geleitet, aus dem der Kessel dann wieder mit dem Speisewasser versorgt wird. Der Kreis hat sich geschlossen, der Prozeß beginnt in der beschriebenen Weise wieder von vorne, daher der Name *Kreisprozeß.*

Bei der Kondensation des Dampfes verringert sich sein Volumen; es stellt sich im Kondensator nahezu ein Vakuum ein, dessen Druck im wesentlichen vom Dampfdruck des kondensierten Wassers abhängt. Dieser wird primär von der Temperatur des Kondensates und damit wiederum von der Kühlwassertemperatur bestimmt. Von dem im Kondensator herrschenden Druck bzw. der Kühlwassertemperatur hängt der Wirkungsgrad des Prozesses in starkem Maße ab (Bild 2.4).

Da die Umgebungstemperatur die Kühlwassertemperatur festlegt, unterliegt der Wirkungsgrad jahreszeitlichen Schwankungen. Es drängt sich an dieser Stelle die Frage auf, ob es

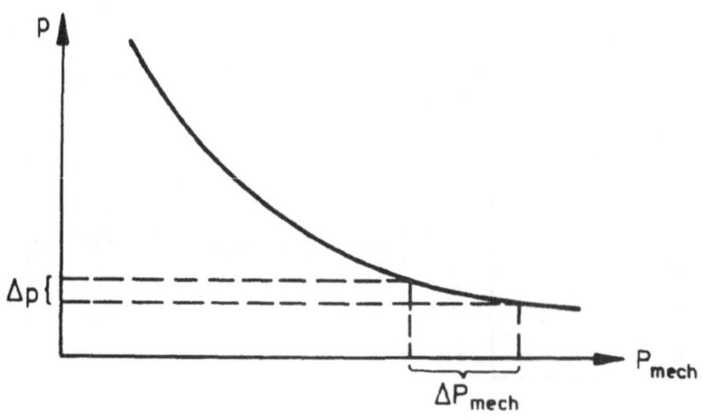

Bild 2.4

Abhängigkeit der abgegebenen Turbinenleistung P_{mech} vom Druck p im Kondensator nicht sinnvoller sei, auf die Kondensation zu verzichten und den Abdampf stattdessen direkt in den Kessel zu leiten. Dies hätte den großen Vorteil, daß die Kondensationswärme von ca. 50 % nicht verloren ginge. In diesem Fall wären jedoch für die Kompression anstelle der Speisewasserpumpe große Verdichter notwendig. Sie benötigten dafür im Vergleich zu den herkömmlichen Verfahren derartig viel Energie, daß sich insgesamt kein Gewinn ergäbe.

Der Wirkungsgrad läßt sich dagegen noch auf eine andere Weise – mit der *regenerativen Speisewassererwärmung* – steigern. Zu diesem Zweck wird das Wasser auf dem Wege vom Kondensator zum Kessel in mehreren Stufen – in mehreren Vorwärmern – erwärmt. Die dazu nötige Energie liefert der Dampf, der von den einzelnen Turbinen abgezapft wird. In Anlehnung an diese Entnahmeart verwendet man für diese Dampfmengen den Ausdruck *Anzapfdampf*. Die verwendeten Vorwärmer werden nach der Art der angezapften Turbine bezeichnet, z. B. als Nieder- oder Hochdruckvorwärmer. Zu beachten ist, daß sich durch die Speisewassererwärmung die Zustandsgrößen im Prozeß so steigern lassen, daß die Leistungsminderung überdeckt wird, die durch die Verringerung der Dampfmenge in der Turbine entsteht.

2.1.1.2 Aufbau von Kondensationskraftwerken

Bisher ist der Ablauf des Kreisprozesses beschrieben worden. Dabei wurden die Aufgaben dargestellt, die von den einzelnen Kraftwerkselementen in diesem Prozeß erfüllt werden. Eine typische Anordnung der einzelnen Baugruppen zeigt Bild 2.5. Die Kraftwerksanlage weist demnach drei Baukörper auf: Im Kesselhaus ist, wie der Name schon sagt, der Kessel untergebracht. Der Schwerbau enthält u. a. die schweren Kraftwerkselemente wie z. B. den Speise- und Rohwasserbehälter. Im dritten Baukörper, dem Maschinenhaus, befinden sich im wesentlichen die Turbine und der Generator.

Im folgenden werden Aufbau und Funktion der wichtigsten Anlagenelemente beschrieben, beginnend mit dem Kessel.

2.1.1.2.1 Kesselanlage

Wie auch aus dem Bild 2.5 zu ersehen ist, weisen die Kessel große Abmessungen auf. Die hohen Temperaturen führen zu einer starken Materialbeanspruchung. Beim Anfahrvorgang treten infolge des großen Temperaturanstiegs besonders im Rohrsystem große Wärmespannungen auf. Dies ist auch daran zu sehen, daß sich während des Anfahrens der Kessel bei einer 350-MW-Anlage um ca. 20 cm in der Höhe dehnt. Um die Wärmespannungen zu begrenzen, muß der Anfahrvorgang gestreckt werden. Er wird auf mehrere Stunden ausgedehnt. Dadurch ist sichergestellt, daß auch die Turbinen, die durch Wärmespannungen noch stärker als der Kessel gefährdet sind, nicht übermäßig beansprucht werden.

Die Kesselanlage besteht im wesentlichen aus der *Feuerung, dem Dampferzeuger und dem Überhitzer*. Heutzutage werden überwiegend Zwangsdurchlaufkessel eingesetzt, die es in der Ausführung als Benson- oder Sulzerkessel gibt. Bei diesem Prinzip wird der Speisewasserdurchsatz und damit die *Dampfmenge durch die Drehzahl der Speisewasserpumpe bestimmt*. Den Aufbau einer solchen Kesselanlage zeigt Bild 2.6.

Zwangsdurchlaufkessel sind überwiegend mit einer Brennerfeuerung ausgestattet. Sie ist dadurch gekennzeichnet, daß der Brennstoff, der in den Brennerraum eingespritzt oder eingeblasen wird, in der Schwebe verbrennt. Als Brennstoffe werden Gas, Öl oder Kohle zu-

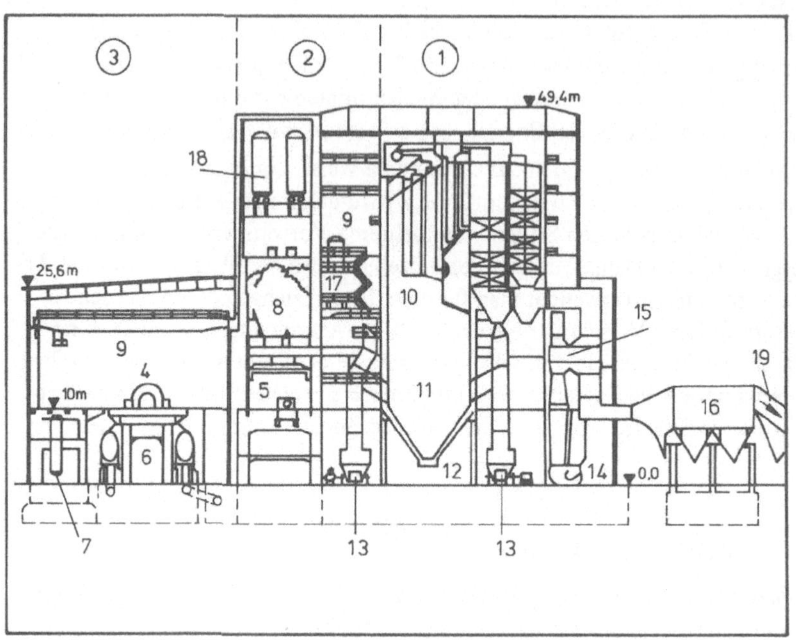

1 Kesselhaus
2 Schwerbau
3 Maschinenhaus
4 Turbine + Generator
5 Kesselspeisepumpe
6 Kondensator
7 Hochdruckvorwärmer
8 Kohlebunker
9 Kran
10 Kessel
11 Feuerraum
12 Ascheabzug
13 Kohlenmühle
14 Frischluftgebläse
15 LUVO
16 Elektrofilter
17 Warmspeicher
18 Rohwasserbehälter
19 Schornsteinabzug

Bild 2.5 Schnitt eines 150-MW-Kondensationskraftwerkes mit Kohlefeuerung

gleich oder auch einzeln verwendet. Die Kohle wird vorher von Kohlemühlen zu Staub gemahlen. Bei den Brennern gibt es eine Reihe von Konstruktionen, von denen der Zyklonbrenner skizziert wird.

Dieser Brennertyp wird heute meist bei mittelgroßen Anlagen eingesetzt. In seinen Flammen herrschen Temperaturen bis über 1800 °C. Der eingespritzte bzw. eingeblasene Brennstoff und die Frischluft werden so zugeführt, daß im Feuerraum eine zyklonartige Verwirbelung stattfindet, die eine hohe Verweildauer der Rauchgase begünstigt. Die abziehenden Rauchgase enthalten daher relativ wenig Asche. Damit ist sichergestellt, daß sich nur geringe Ascherückstände auf den Kesselrohren festsetzen. Der Wärmeübergang verschlechtert sich demnach auch nach längerem Betrieb kaum. Bevor die Rauchgase den Kamin verlassen, werden sie in Elektrofiltern gereinigt. Der Abscheidegrad für die Asche liegt heute bei ungefähr 99 %.

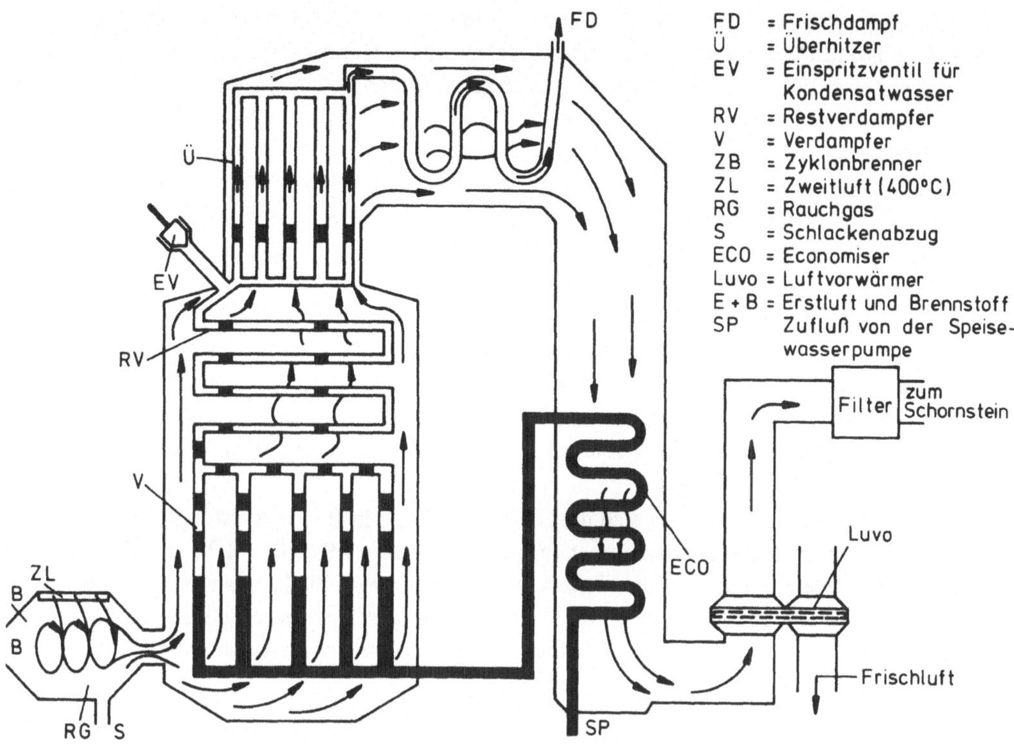

Bild 2.6 Aufbau einer Kesselanlage mit Zwangsdurchlauf

Im Kessel wird das vorgewärmte Speisewasser von der Speisewasserpumpe in eine Anzahl parallel geschalteter Rohre gedrückt. Die Wärme wird überwiegend durch Strahlung auf das Wasser übertragen, das sich dabei in Dampf umwandelt. Der Dampf wird anschließend im Überhitzer auf die gewünschte Temperatur gebracht. Der Überhitzer besteht ebenfalls aus parallel geschalteten Rohrbündeln, die sich im oberen Teil des Kessels befinden. Die benötigte Wärme wird im wesentlichen den vorbeistreichenden Rauchgasen entnommen. Eine Sicherheitsvorrichtung verhindert, daß sich beim Verdampfen unzulässig hohe Temperaturen einstellen: Beim Überschreiten einer oberen Grenztemperatur öffnet sich ein Regelventil, durch das Kondensatwasser so lange in den Verdampfer eingespritzt wird, bis die Temperatur wieder auf der für die Rohre wünschenswerten Höhe liegt. Für die eingespritzte Wassermenge wird der Begriff *Einspritzwasser* verwendet.

Der *Zwischenüberhitzer* weist prinzipiell den gleichen Aufbau wie der Überhitzer auf. Es handelt sich ebenfalls um ein Rohrsystem, das im oberen Teil des Kessels zu finden ist. Dort wird nach den vorhergehenden Erläuterungen der Dampf, der aus der Hochdruckturbine austritt, nochmals im Hinblick auf eine Wirkungsgradverbesserung erhitzt.

Aus dem gleichen Grund sind an vielen Kesseln *Luftvorwärmer,* kurz Luvo, installiert, auf deren Aufbau im Abschnitt 2.1.1.2.5 noch kurz eingegangen wird. Sie dienen dazu, die für die Verbrennung benötigte Luft vorzuwärmen und damit entsprechend den vorhergehenden

Überlegungen den Wirkungsgrad zu verbessern. Eine ähnliche Aufgabe kommt dem *Economizer* zu, kurz ECO genannt. Es handelt sich dabei um ein Rohrsystem, das in der Nähe des Kesselausganges liegt, wie in Bild 2.6 zu erkennen ist. Dieses Rohrsystem dient zusätzlich zur regenerativen Speisewassererwärmung als Vorwärmer für das Speisewasser. Durch die Installation dieser Kraftwerkselemente erhöht sich zwar der Aufwand; dafür kann das Kraftwerk dann aber mit einem besseren Gesamtwirkungsgrad betrieben werden.

Gemeinsam ist allen Kesselausführungen, daß der am Kesselausgang auftretende Heiß- bzw. Frischdampf über Rohrleitungen den im folgenden beschriebenen Turbinen zugeleitet wird.

2.1.1.2.2 Dampfturbine

Der prinzipielle Aufbau einer Dampfturbine ist den Bildern 2.7 und 2.8 zu entnehmen. Sie besteht aus mehreren Stufen, die sich jeweils aus einem Kranz von Leit- und Laufschaufeln zusammensetzen. Die *Leitschaufeln* sind an der Innenseite des Gehäuses, die *Laufschaufeln* außen am Laufrad befestigt, das wiederum mit der Welle verbunden ist. In jeder einzelnen Stufe läuft folgender Vorgang ab:

Bei den Leitschaufeln verkleinert sich die Durchtrittsfläche in axialer Richtung. Dadurch wirken die Schaufeln auf den einströmenden Dampf wie eine Düse (Bild 2.9). Der Druck wird demnach kleiner, die Geschwindigkeit des Dampfes steigt. Sie kann am Austritt der Leitschaufeln Werte erreichen, die in der Nähe der Schallgeschwindigkeit oder sogar darüber liegen. Die thermische Energie des Dampfes wird durch diese Anordnung in kinetische Ener-

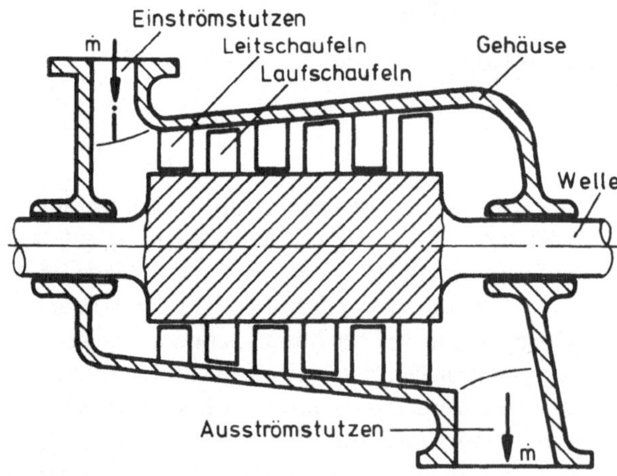

Bild 2.7
Längsschnitt einer Axialturbine ohne Regelstufe

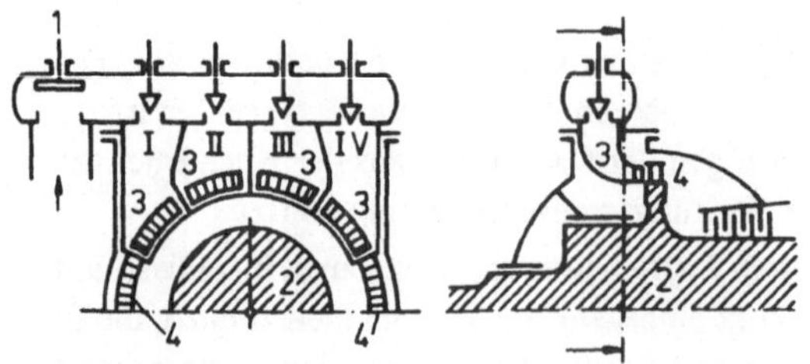

Bild 2.8
Prinzipskizze einer Regelstufe
(1: Hauptabsperrventil,
2: Läufer,
3: Leitschaufeln der Regelstufe,
4: Laufschaufeln der Regelstufe (Curtis-Rad)
I, II, III, IV: Ventile)

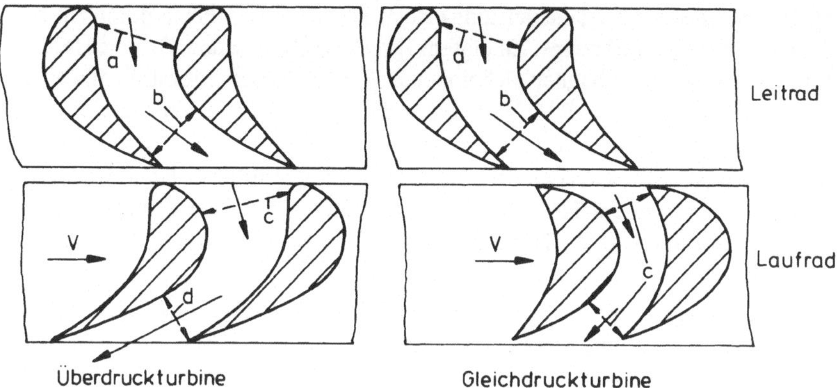

Bild 2.9 Schaufelform bei Überdruck- und Gleichdruckturbine

gie umgewandelt. Der sich mit hoher Geschwindigkeit bewegende Dampf wird dann auf die dahinterliegenden Schaufeln des Laufrades gelenkt und gibt nach dem Impulssatz einen Teil seiner kinetischen Energie an das drehbare Laufrad ab.

Bei manchen Ausführungen weisen die Laufschaufeln im Unterschied zu den Leitschaufeln keine Querschnittsverengung auf. Man spricht dann von *Gleichdruckturbinen,* um anzudeuten, daß sich in den Laufschaufeln das Druckniveau nicht ändert. Es sind jedoch auch Bauweisen üblich, bei denen sich die Laufschaufeln ebenfalls verjüngen. In diesem Fall wird nicht nur in den Leit-, sondern auch in den Laufschaufeln die kinetische Energie des Dampfes erhöht. Turbinen dieser Bauweise werden als *Überdruckturbinen* bezeichnet (Bild 2.9).

Bei einer Überdruckturbine besteht demnach zwischen dem Bereich vor und hinter dem Laufrad ein Druckunterschied. Es ergeben sich daher axial gerichtete Kräfte auf den Läufer. Diese Kräfte müssen durch konstruktive Maßnahmen aufgefangen werden. Eine Möglichkeit besteht z. B. darin, auf mehrflutige Ausführungen überzugehen (Bild 2.10). Auf weitere konstruktive Abweichungen, die sich aus der unterschiedlichen Schaufelanordnung ergeben, soll nicht eingegangen werden. Eine detaillierte Einführung ist u. a. [2] zu entnehmen.

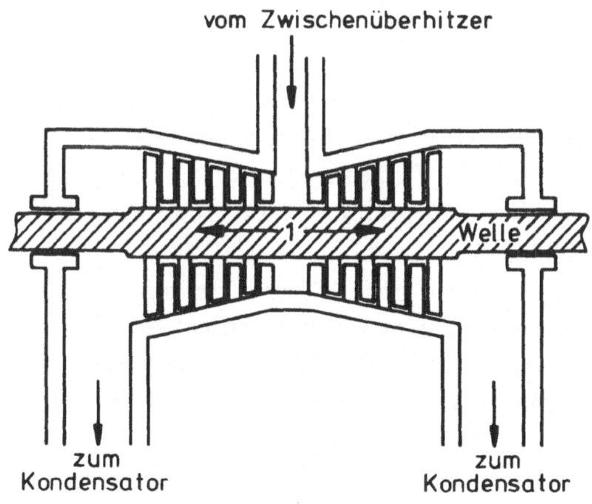

Bild 2.10
Prinzipieller Aufbau einer mehrflutigen Turbine
(1: Kompensation der axial wirkenden Kraft)

Die Regelung der abgegebenen Turbinenleistung erfolgt bei vielen Maschinen durch eine Regelung der zugeführten Dampfmenge. Zu diesem Zweck wird der ersten Turbinenstufe eine Regelstufe vorgeschaltet. Es handelt sich um eine spezielle Gleichdruckstufe, die auch als Curtis-Rad bezeichnet wird. Wie Bild 2.8 zeigt, ist das Leitrad dieser Regelstufe in mehrere Beschaufelungssegmente unterteilt. Die angestrebte Regelung der Dampfmenge wird nun über ein Öffnen oder Schließen der vorgelagerten Regelventile erreicht. Dementsprechend wird bei Teillast nur ein Teil des Leitradkranzes mit Dampf beaufschlagt. Vor der ersten Stufe der nachgeschalteten Turbine stellt sich jedoch wieder eine gleichmäßige Druckverteilung ein.

Als Sicherheitseinrichtung weist jeder Turbinensatz ein *Schnellschlußventil* auf. Es unterbricht selbsttätig die Dampfzufuhr, wenn die Turbinendrehzahl um mehr als 5 % über der dauernd zulässigen Drehzahl, der *Nenndrehzahl*, liegt und dadurch die Turbinen gefährdet sind. Ein Schließen des Schnellschlußventils stellt für die Turbinen eine erhebliche Belastung dar; durch den plötzlichen Temperaturabfall treten bedeutende Materialspannungen auf. Außerdem muß der nach dem Schnellschlußfall zuviel produzierte Dampf abgeleitet werden. Dies geschieht über ein Bypass-Ventil und eine Umleitarmatur, die den Dampf unter Umgehung der Turbinen unmittelbar in den Kondensator einleitet.

In ihrer physikalischen Wirkungsweise sind die bereits angesprochenen Varianten der Hoch- und Niederdruckturbinen gleich. In Blockkraftwerken sind sie hintereinandergeschaltet. Bei dieser Ausführung verfügt nur die Hochdruckturbine über eine Regelstufe. Zu beachten ist, daß mit dem Druckniveau keine Aussage über die Leistungsverhältnisse der Turbinen getroffen wird. Bei dem 300-MW-Block in Bild 2.3 gibt z. B. die Niederdrucktrubine eine doppelt so große Leistung ab wie die Hochdruckturbine.

Die Dampfmenge bei dieser Anordnung ist bei beiden Turbinen stets gleich groß. Da der Druck des eingeleiteten Dampfes bei der Niederdruckturbine jedoch sehr viel niedriger ist (s. Bild 2.3), wird dort auch ein sehr viel größeres Volumen benötigt. Dementsprechend weisen die Niederdruckturbinen – u. a. auch die Schaufeln – sehr viel größere Abmessungen auf. An ihren Endschaufeln sinkt der Druck auf sehr kleine Werte, nahezu Vakuum, ab. Der Dampf wird über Abdampfstutzen mit einem großen Querschnitt in den bereits erwähnten Kondensator geleitet.

2.1.1.2.3 Kondensator

Von den verschiedenen Ausführungen wird der Oberflächenkondensator am häufigsten verwendet (Bild 2.11). Bei dieser Konstruktion strömt der Abdampf an Röhren vorbei, durch die Kühlwasser gedrückt wird. Der Dampf gibt dabei Wärme ab und kondensiert. Dadurch verringert sich das Dampfvolumen auf das Wasservolumen; es entsteht, wie bereits beschrieben, ein sehr geringes Druckniveau. Um eindringende Luft zu entfernen, wird zusätzlich eine Vakuumpumpe installiert. Eine weitere Pumpe, die Kondensatpumpe, befördert dann das kondensierte Wasser zu den Vorwärmern (s. Bild 2.3).

Für die Ableitung der Kondensationswärme benötigt man große Kühlwassermengen, die meist Flüssen oder Seen entnommen werden. Man spricht dann von einer *Frischwasserkühlung*. Wenn dies in ausreichendem Maße nicht möglich ist, müssen Kühltürme eingesetzt werden, die hohe zusätzliche Baukosten bedingen. Diese Form der Kühlung wird dann als *Verdunstungskühlung* bezeichnet.

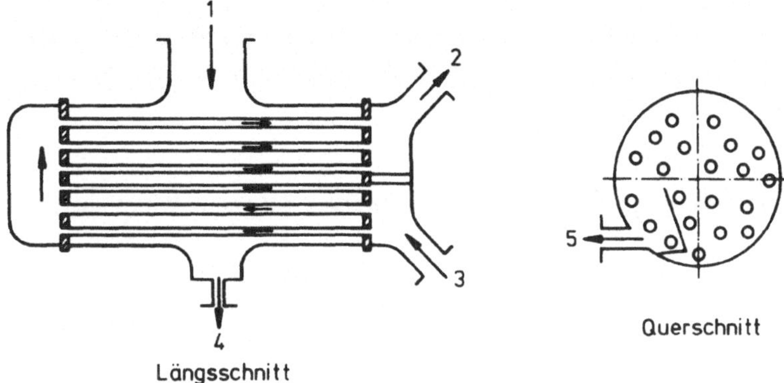

Bild 2.11 Prinzip eines Oberflächenkondensators
(1 = Dampfeintritt, 2 = Kühlwasseraustritt, 3 = Kühlwassereintritt, 4 = Kondensatorabzug, 5 = zur Vakuumpumpe)

Kondensatoren sind baulich so ausgelegt, daß sie die maximal anfallende Heißdampfmenge und zusätzlich das Einspritzwasser kondensieren können. Damit ist sichergestellt, daß auch im Schnellschlußfall, wenn das Bypass-Ventil des Turbinensatzes geöffnet ist, keine Gefährdung der Anlage durch eine Wärmeüberlastung im Kondensator auftreten kann.

2.1.1.2.4 Kesselspeisepumpen

Die Kesselspeisepumpen sind speziell für den Kraftwerksbetrieb entwickelte Pumpen. Bei großen Anlagen liegen die Förderleistungen der Pumpen und zugehörigen Antriebe bei ca. 20 MW. Speisewasserpumpen stellen in Kraftwerken die *größten Eigenbedarfsverbraucher* dar.

Beim Ausfall einer Speisewasserpumpe würde kein Speisewasser mehr in die Kesselrohre gedrückt. Die Rohre könnten die Wärme nicht mehr abgeben und wären in kurzer Zeit zerstört. Aus diesem Grund sind mindestens zwei Kesselspeisepumpen zu installieren.

2.1.1.2.5 Luftvorwärmer

Die in den Rauchgasen enthaltene Wärme wird zum Teil noch verwertet, indem sie über Luftvorwärmer auf die Frischluft übertragen wird. Häufig wird dafür der in Bild 2.12 dar-

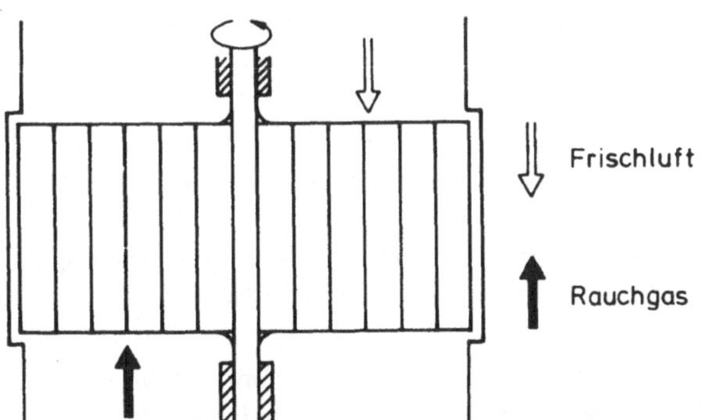

Bild 2.12
Prinzip der Luftvorwärmung im Drehluvo

gestellte Drehluvo verwendet. Der Rotor wird mit einer Geschwindigkeit von ungefähr 2 ... 5 U/min gedreht. Die radial auf dem Rotor angeordneten Bleche dienen dabei als Energiespeicher für die Wärme. Auf der einen Seite werden sie durch die Rauchgase erhitzt, und auf der anderen Seite geben sie die Wärme an die Frischluft ab.

2.1.1.2.6 Speisewasservorwärmer

Die regenerative Speisewassererwärmung findet bei Kraftwerken mit gutem Wirkungsgrad überwiegend in bis zu sieben hintereinandergeschalteten Stufen statt. Je größer diese Stufenzahl ist, desto intensiver erfolgt eine Wärmeübertragung, so daß sich das Speisewasser um so stärker erwärmt. Hochdruck- und Niederdruckvorwärmer arbeiten häufig als Oberflächenvorwärmer, deren prinzipieller Aufbau in Bild 2.13 dargestellt ist. Das Speisewasser durchfließt in einem solchen Vorwärmer Rohrbündel, die vom Anzapfdampf erwärmt werden. In jeweils der letzten Stufe des Vorwärmers kondensiert der Anzapfdampf. Das dabei entstehende Kondensat wird danach über Kondensatpumpen wieder dem Speisewasserkreislauf zugeführt (s. Bild 2.3).

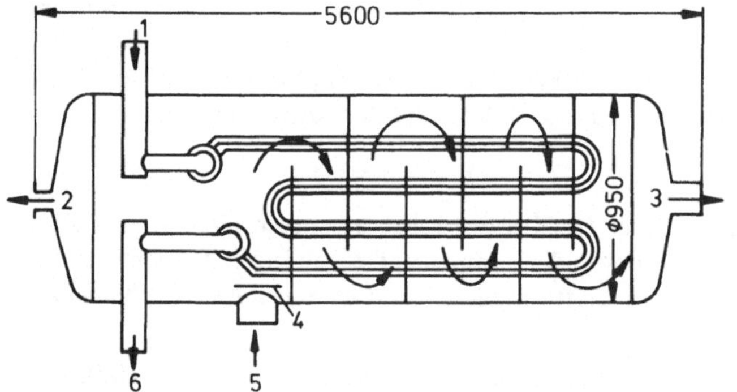

Bild 2.13
Speisewasservorwärmer
(1 = Speisewassereintritt,
2 = Entlüftung,
3 = Dampfaustritt,
4 = Prallblech,
5 = Dampfeintritt,
6 = Speisewasseraustritt)

2.1.1.3 Wärmeverbrauchskennlinie von Kondensationskraftwerken

Ein wesentliches Beurteilungskriterium für den Gesamtwirkungsgrad eines Kondensationskraftwerkes ist die *Wärmeverbrauchskennlinie.* Sie liegt um so niedriger, je besser die in den vorangegangenen Abschnitten erläuterten baulichen Maßnahmen zur Wirkungsgradverbesserung sind. In Bild 2.14 ist der prinzipielle Verlauf einer Wärmeverbrauchskennlinie q(P) in kJ/kWh dargestellt. Diese Größe q gibt als charakteristische Größe für Wärmekraftwerke an, welche Wärmemenge für die Erzeugung einer kWh benötigt wird. Sie ist ein Maß für den Wirkungsgrad.

Bei einer Turbinenregelung über Ventile (gestrichelter Verlauf) erhöht sich zusätzlich der Wärmeverbrauch, wenn Drosselverluste aufgrund von nur teilweise geöffneten Dampfventilen entstehen. Falls die Leistung ohne Regelstufe allein über den Kessel verändert wird, können diese Verluste nicht auftreten. Der günstigste Wirkungsgrad der hier gezeigten Kennlinien liegt bei der *Nennlast* P_n, also der Leistung, die im Dauerbetrieb maximal abgegeben werden darf.

Ein guter Wirkungsgrad und damit eine günstige Wärmeverbrauchskennlinie lassen sich durch einen hohen baulichen Aufwand und damit hohe Investitionskosten erreichen. Über die

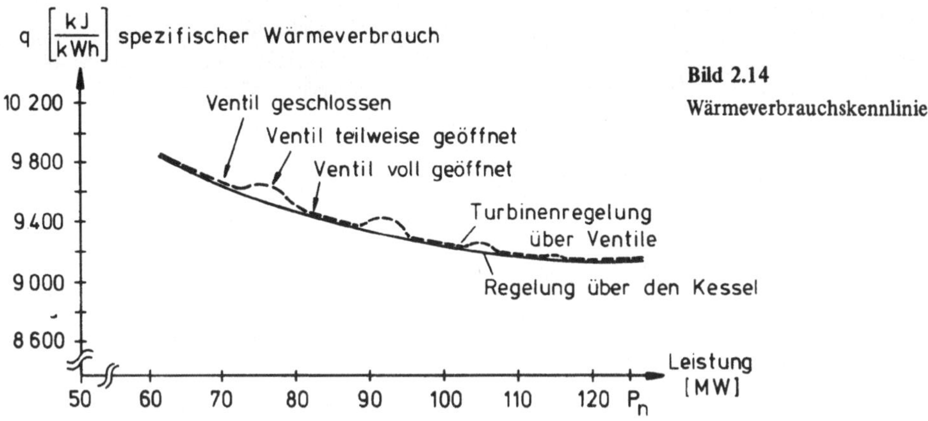

Bild 2.14
Wärmeverbrauchskennlinie

Wirtschaftlichkeit des jeweiligen Kraftwerkes ist damit jedoch noch keine Aussage gemacht. Die Wärmeverbrauchskosten für die Erzeugung der elektrischen Leistung errechnen sich aus der Wärmemenge $\dot{Q}$ und dem marktabhängigen Wärmepreis Wp:

$$\frac{\dot{K}}{\frac{DM}{h}} = \underbrace{\frac{q}{\frac{GJ}{MWh}} \cdot \frac{P}{MW}}_{\dot{Q}} \cdot \frac{Wp}{\frac{DM}{GJ}} \qquad (2\text{–}1)$$

Der Wärmepreis richtet sich nach dem Brennstoffpreis und kann bei den Primärenergieträgern erheblich differieren.

2.1.2 Überblick über weitere Wärmekraftwerke

Nach der relativ detaillierten Beschreibung der wichtigsten Kraftwerksart, des Kondensationskraftwerks, werden weitere Kraftwerkstypen im folgenden kurz erläutert und charakteristische Merkmale herausgestellt.

2.1.2.1 Gegendruckanlagen

Eine Gegendruckanlage unterscheidet sich von einem Kondensationskraftwerk prinzipiell nur dadurch, daß der Abdampf aus den Turbinen mit höheren Zustandsgrößen austritt. Der Druck bewegt sich in der Energieversorgung üblicherweise im Bereich von 2 ... 6 bar, die Temperatur um 180 °C. Die erhöhte Energie des Abdampfes führt natürlich zu einer Senkung der elektrischen Energie, die ins Netz eingespeist wird. Der Vorteil des Gegendruckbetriebes liegt nun vor allem darin, daß der Dampf bei diesen Zustandsgrößen noch anderweitig, z. B. für Heizzwecke, zu verwenden ist, und daß die Wärme nicht wie beim Kondensationskraftwerk ungenutzt über den Kondensator an die Umgebung abgegeben wird (Bild 2.15). In Industriekraftwerken liegen die Zustandsgrößen häufig über den genannten Werten, da der Abdampf z. B. für chemische Prozesse benötigt wird.

Bei einer Gegendruckanlage liegt stets – wie man auch sagt – eine *Kraft-Wärme-Kopplung* vor. Bei Kondensationskraftwerken ist eine solche Kopplung ebenfalls möglich, indem Anzapfdampf entnommen und für solche Zwecke eingesetzt wird.

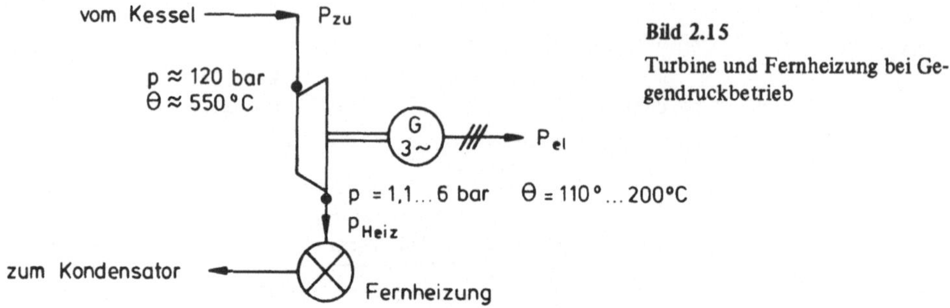

Bild 2.15
Turbine und Fernheizung bei Gegendruckbetrieb

2.1.2.2 Kraftwerke mit Gasturbinen

Die Baugruppen der besonders häufig vorkommenden Gasturbinenkraftwerke bestehen im wesentlichen aus Verdichter, Brennkammer und Gasturbine sowie Wärmetauscher. Eine solche Anordnung zeigt Bild 2.16, deren Funktion im folgenden beschrieben wird.

Die für den Verbrennungsprozeß benötigte Frischluft wird in einem Verdichter auf ca. 3 ... 12 bar komprimiert. In Anlagen, die einen erhöhten Wirkungsgrad aufweisen sollen, wird anschließend die Frischluft durch die heißen Abgase in einem Wärmetauscher vorgewärmt. In einer nachgeschalteten Brennkammer wird dann Brennstoff mit Teilen der vorgewärmten Luft vermischt und verbrannt. Der nicht verbrauchte Teil der Frischluft vermengt sich mit den Verbrennungsgasen zu einem Abgas, dessen Temperatur dadurch auf technologisch beherrschbare Werte von 600 ... 1000 °C begrenzt wird. Die so erzeugte Wärmeenergie – das Ziel dieses Prozesses – wird anschließend in einer Turbine teilweise in mechanische Energie umgesetzt.

Die Turbine treibt über eine Welle den Verdichter und den Generator an. Dabei müssen ca. 2/3 der Turbinenleistung für den Verdichter bereitgestellt werden. Die dargestellte Anlage arbeitet im offenen Kreislauf, da die Verbrennungsgase nach Ablauf des Prozesses ins Freie strömen. Die Hochlaufzeit einer solchen Anlage liegt bei ca. 2 min.

Ein Gasturbinenkraftwerk unterscheidet sich im wesentlichen von einem Dampfkraftwerk dadurch, daß als Arbeitsmedium kein Dampf verwendet wird und die aufwendige Dampferzeugungsanlage fehlt. Der Vorteil dieses Kraftwerkstyps, insbesondere der beschriebenen Bauform, liegt neben der geringen Hochlaufzeit in geringeren Anlagekosten. Die relativ niedrigen Baukosten werden aber durch hohe Betriebskosten wieder kompensiert, denn der Wirkungsgrad beträgt nur etwa 25 %. Aus diesem Grund werden Gasturbinen nur dann

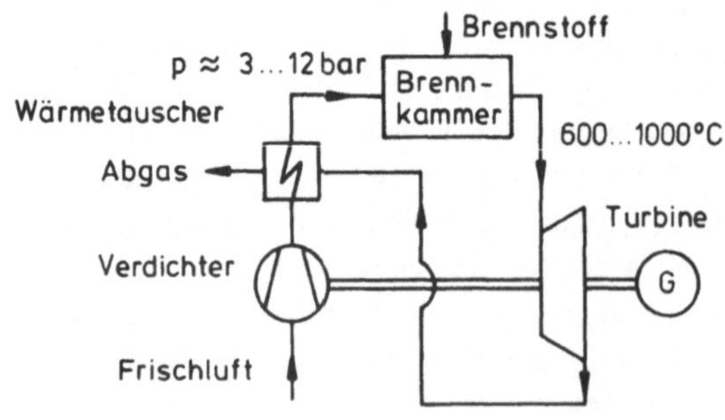

Bild 2.16
Prinzipielle Funktion einer Gasturbine

herangezogen, wenn unvorhergesehene Lastspitzen zu decken sind, für die eine ausreichende Leistung von Kondensationskraftwerken kurzfristig nicht zur Verfügung steht. Kondensationskraftwerke benötigen eine Anfahrzeit von mehreren Stunden, bevor sie ins Netz einspeisen können.

2.1.2.3 Kombinationskraftwerke

Besonders günstige Verhältnisse ergeben sich, wenn man eine Gasturbine mit einem Kondensationskraftwerk koppelt. Dabei werden die noch genügend sauerstoffreichen heißen Abgase der Gasturbine der Frischluft für den Brenner zugemischt. Die dadurch erhöhte Temperatur der Frischluft führt zu einem höheren Wirkungsgrad der Gesamtanlage. Man bezeichnet diese Bauart als Kombinationskraftwerk. Der Gesamtwirkungsgrad kann durch diese Maßnahme von ca. 40 % auf etwa 44 % erhöht werden.

Die Wärmeverbrauchskennlinie für ein Kombikraftwerk ist Bild 2.17 zu entnehmen. Wie daraus zu ersehen ist, führt die Zuschaltung der Gasturbine im Verlauf der Kennlinie nahezu zu einer Unstetigkeit.

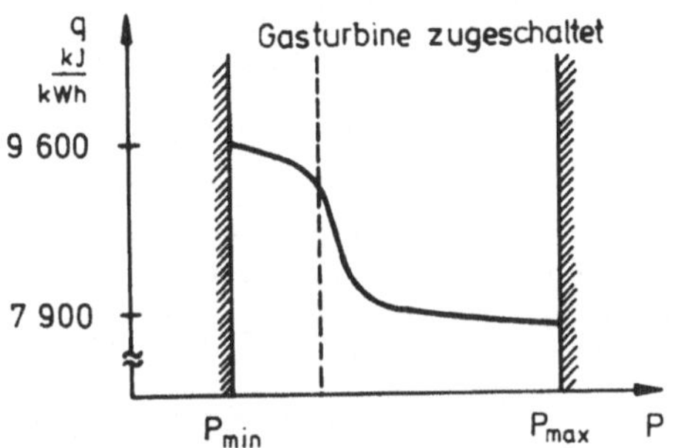

Bild 2.17 Wärmeverbrauchskennlinie eines Kombikraftwerkes

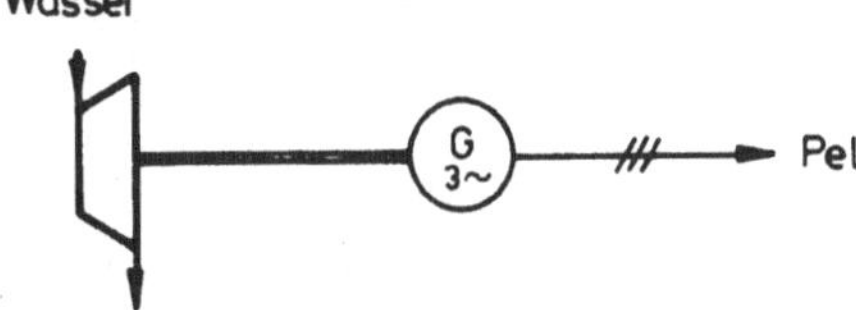

Bild 2.18 Schematischer Aufbau eines Wasserkraftwerkes

2.2 Wasserkraftwerke

Im Unterschied zum Wärmekraftwerk ist der schematische Aufbau eines Wasserkraftwerkes recht einfach: Es besteht lediglich aus einer Wasserturbine mit angekoppeltem Generator (Bild 2.18). Zur Inbetriebnahme der Wasserturbinen brauchen nur Schieber geöffnet zu werden. Aus diesem Grund kann ein Wasserkraftwerk, im Gegensatz zu einem Kondensationskraftwerk, in 1 ... 2 Minuten angefahren werden. Ein weiterer Vorteil liegt in den niedrigen Betriebskosten, da Brennstoffkosten nicht anfallen.

Prinzipiell sind die Umdrehungszahlen der Wasserturbinen niedriger als die der Dampfturbinen. Sie weisen selten mehr als einige hundert Umdrehungen pro Minute auf. Bei den zugehörigen Generatoren, die im allgemeinen eine 50-Hz-Spannung ins Netz einspeisen sollen, handelt es sich, wie noch in Abschnitt 4.2 näher ausgeführt wird, um hochpolige Synchronmaschinen in Schenkelpolausführung.

Die Bauart der Wasserturbinen wird im wesentlichen durch die Fallhöhe des Wassers bestimmt. Im folgenden werden dazu einige Erläuterungen gegeben.

2.2.1 Bauarten von Wasserturbinen

Anlagen mit einer Fallhöhe des Wassers von weniger als 60 m bezeichnet man als *Niederdruckanlagen.* Sie werden an Flußläufen gebaut, an denen gleichzeitig eine Regulierung und Kanalisierung vorgenommen werden muß. Die Errichtung eines solchen Kraftwerkes allein mit dem Ziel, elektrische Energie zu erzeugen, ist aufgrund der hohen Baukosten meist unwirtschaftlich.

Bei Niederdruckanlagen hat sich als Antrieb für den Generator die *Kaplan-Turbine* durchgesetzt, deren prinzipielle Bauweise in Bild 2.19 dargestellt ist. Auffällig ist bei dieser Turbinenart die propellerartige Ausführung des Laufrades.

Die Funktion dieser Turbinenart soll im folgenden kurz erläutert werden: Aus dem Fallrohr strömt das Wasser durch das Spiralgehäuse, das für eine gleichmäßige Geschwindigkeitsverteilung sorgt, auf die tragflügelähnlich profilierten Leitschaufeln. Diese lenken die Strömung auf die Schaufeln des beweglichen Laufrades. Daran gibt das Wasser einen Teil seiner kinetischen Energie ab. Durch das Saugrohr verläßt es die Turbine dann wieder.

Die Leistungsregelung der Turbine erfolgt durch eine Mengenregulierung des Wasserstromes, indem im wesentlichen die Schaufeln des Leitapparates verstellt werden (Finksche Drehschaufeln). Darüber hinaus sind bei der Kaplan-Turbine auch die Laufradschaufeln verstellbar, so daß sie sich wechselnden Betriebsbedingungen recht gut anpassen kann.

Bei einer Fallhöhe des Wassers zwischen etwa 60 m und 300 m werden Wasserkraftwerke als *Mitteldruckanlagen* bezeichnet. Meistens wird bei diesen Anlagen eine Francis-Turbine eingesetzt, bei der das Wasser über einen Leitapparat radial von außen in das Laufrad einströmt. Wie bei der Kaplan-Turbine erfolgt auch bei dieser Turbinenart die Leistungsregelung über drehbare Leitschaufeln. Im Gegensatz dazu sind die geschwungen ausgeführten Laufschaufeln jedoch nicht verstellbar.

Wenn die Fallhöhe des Wassers mehr als 300 m beträgt, spricht man von *Hochdruckanlagen.* Bei solchen Anlagen wird überwiegend die *Pelton-Turbine* verwendet. Entsprechend Bild 2.20 schießt das Wasser aus Düsen auf ein Laufrad mit Schaufeln. Dadurch wird die Druckenergie des Wassers in kinetische Energie umgewandelt. Die Leistungsregelung der Turbine wird durch eine Düsennadel vorgenommen.

Eine Schnellabschaltung kann mit Hilfe einer in den Strahl einschwenkbaren *Prallplatte* vorgenommen werden. Die Prallplatte entspricht gewissermaßen dem Bypass bei Dampfturbinen.

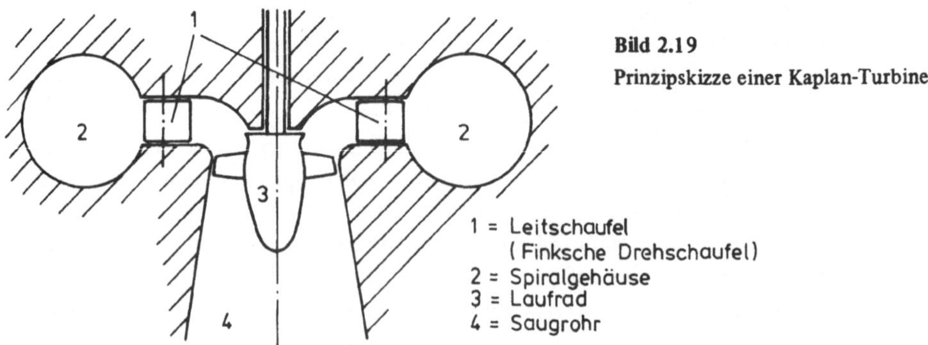

Bild 2.19
Prinzipskizze einer Kaplan-Turbine

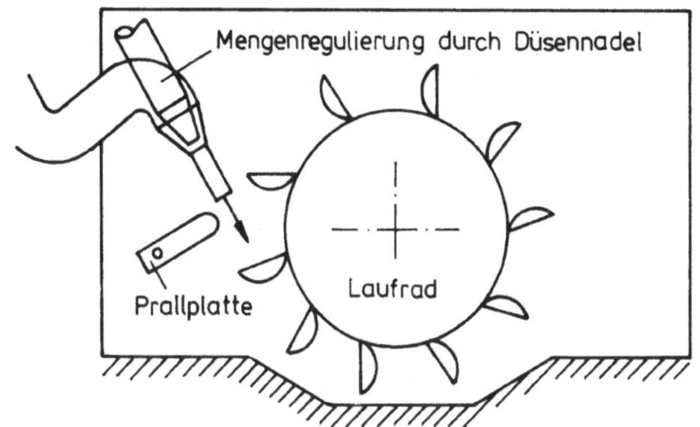

Bild 2.20
Prinzipskizze einer Pelton-Turbine

2.2.2 Bauarten von Wasserkraftwerken

Neben der Fallhöhe des Wassers besteht ein weiteres Unterscheidungsmerkmal von Wasserkraftwerken im Speichervermögen der Anlage.

Bei den sogenannten *Laufwasserkraftwerken* wird die jeweils anfallende Wassermenge verarbeitet. Fällt mehr Wasser an, als die Turbinen fassen können, so läuft die überschüssige Menge ungenutzt ab. Den prinzipiellen Aufbau eines Laufwasserkraftwerkes zeigt Bild 2.21.

Andere Verhältnisse liegen bei sogenannten *Speicherkraftanlagen* vor. Diese Wasserkraftwerke verfügen über einen Speicher. Das zufließende Wasser wird nicht unmittelbar genutzt, sondern in Zeiten mit schwacher Belastung gesammelt und in Zeiten erhöhten Energieverbrauchs aus dem Speicher entnommen. Den prinzipiellen Aufbau einer solchen Anlage zeigt Bild 2.22. Je nach Größe des Speicherbeckens und des Ausgleichsvermögens durch die Zuläufe nennt man die Speicher Jahres-, Monats-, Wochen- oder Tagesspeicher.

Bei Hochdruckanlagen ist es üblich, sogenannte *Wasserschlösser* einzubauen. Bei einem schnellen Verschließen der Düsennadel würden sonst infolge der hohen kinetischen Energie des fließenden Wassers große Drucksteigerungen in den Rohren auftreten. Die Wasserschlösser sorgen für den erforderlichen Druckausgleich.

Um spezielle Speicherkraftanlagen handelt es sich bei *Pumpspeicherwerken.* Der prinzipielle Aufbau einer solchen Anlage ist in Bild 2.23 skizziert.

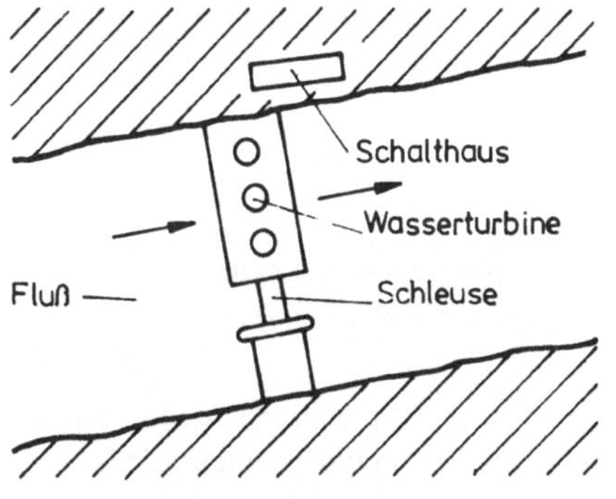

Bild 2.21
Prinzip eines Laufwasserkraftwerkes

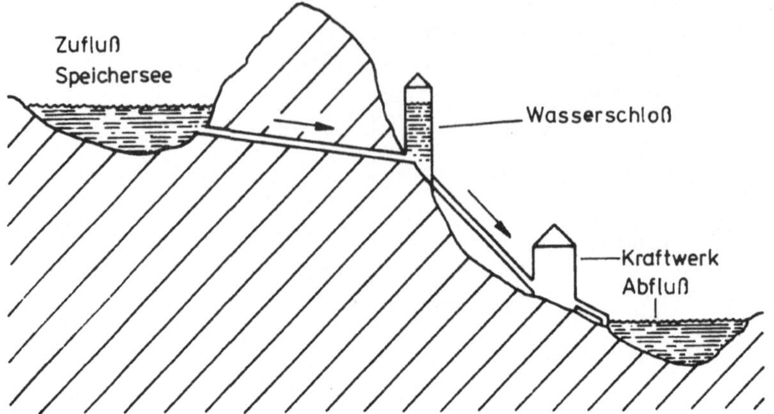

Bild 2.22 Prinzip eines Speicherwasserkraftwerkes

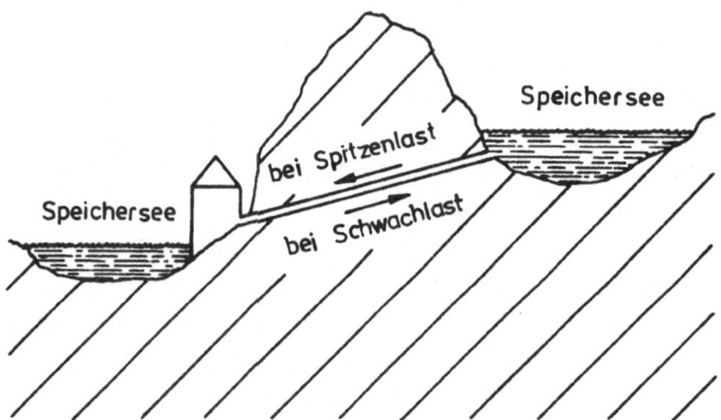

Bild 2.23 Prinzip eines Pumpspeicherkraftwerkes

Zu Schwachlastzeiten wird mit preiswerter elektrischer Energie aus z. B. nicht ausgelasteten Laufwasserkraftwerken Wasser in einen Stausee hochgepumpt. In Zeiten erhöhten Stromverbrauchs wird die potentielle Energie des Wassers über Turbinen, die Generatoren antreiben, in elektrische Energie zurückverwandelt.

Der Wirkungsgrad von Pumpspeicherwerken liegt bei ca. 75 %. Ein weiterer entscheidender Vorteil liegt in der geringen Hochlaufzeit von nur ca. 90 Sekunden. Sie stellen neben den Gasturbinen eine sehr gute Momentanreserve dar.

2.3 Kernkraftwerke

Zur Zeit sind bereits eine Reihe verschiedener Reaktortypen entwickelt worden. Im wesentlichen wird davon in der Energieversorgung bisher nur die Gruppe der *Leichtwasserreaktoren* in den Kernkraftwerken eingesetzt.

Der prinzipielle Aufbau dieser Reaktoren ist aus Bild 2.24 zu ersehen; die Funktion wird im folgenden skizziert: Das Kernstück eines Reaktors stellen die Brennelemente dar, die häufig

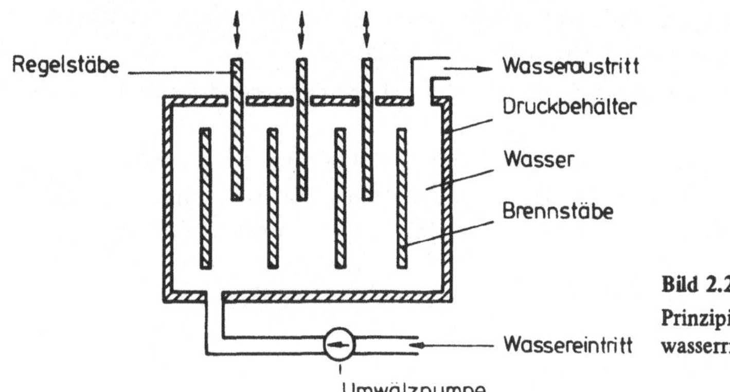

Bild 2.24
Prinzipieller Aufbau eines Leichtwasserrreaktors

aus ca. 250 gasdicht verschweißten Zircaloyrohren bestehen, in die angereichertes Uran in Tablettenform eingebracht wird. Im Vergleich zum Natururan, das im wesentlichen aus U-238-Atomen besteht, ist bei diesem Uran der Anteil an dem Isotop U 235 in Anreicherungsanlagen von 0,7 % auf ca. 2,5 ... 3,5 % erhöht worden.

Prinzipiell kann bei Uran 238 und dem Isotop U 235 ein Beschuß mit Neutronen – aus einer fremden Neutronenquelle – Kernspaltungen auslösen. Die freiwerdenden Spaltatome verbleiben in den Brennstäben und weisen eine hohe kinetische Energie auf, die sich auf die Umgebung der Brennstäbe überträgt. Sie macht sich dort als starke Wärmeentwicklung bemerkbar. Der eigentliche Zweck des Reaktors liegt in der Nutzung dieser Wärme.

Die bei einer Kernspaltung zugleich freigesetzten Neutronen können weitere Kernspaltungen auslösen. Im Hinblick auf die Wärmeentwicklung wird eine selbständige Fortsetzung dieser Kernspaltungen – eine sogenannte *Kettenreaktion* – angestrebt. Dieser Prozeß kann beim Uran 238 prinzipiell nicht eingeleitet werden, da zuviele Neutronen in den Kernen absorbiert werden. Mit dem Isotop U 235 ist bei der vorliegenden Konzentration dagegen eine Kettenreaktion dann möglich, wenn die Neutronen in ihrer Geschwindigkeit richtig bemessen sind. Die bei einer Kernspaltung freigesetzten Neutronen erfüllen diese Bedingung nicht, da sie überwiegend zu schnell sind. Um auch diese Neutronen für eine Kettenreaktion nutzen zu können, müssen sie auf die erforderliche Geschwindigkeit abgebremst werden. Diese Aufgabe erfüllt der *Moderator.*

Bei Leichtwasserreaktoren ist der Moderator das Wasser, das die Brennstäbe umhüllt. Die aus den Brennstäben tretenden Neutronen werden dadurch so abgebremst, daß sie in den benachbarten Brennstäben bei den U-235-Atomen Kernspaltungen herbeiführen. Die Anzahl dieser Kernspaltungen kann ein von der Auslegung vorgesehenes Maß nicht überschreiten, da in den Brennstäben nur eine schwache Dotierung mit U-235-Atomen vorliegt. Damit ist die Neutronenproduktion stets begrenzt, es entsteht eine *kontrollierte Kettenreaktion.* Das Wasser, das die Brennelemente umhüllt, dient zugleich als Kühlmittel. Umwälzpumpen bewirken einen Zwangsumlauf des Wassers.

Der Neutronenfluß läßt sich durch zusätzlich angebrachte Regelstäbe verkleinern. Sie befinden sich zwischen den Brennstäben und bestehen aus Borkarbid, einem Stoff, der gut Neutronen absorbiert. In dem Maße, wie die Regelstäbe tiefer zwischen die Brennstäbe geschoben werden, wird die Absorption wirksamer und damit die Anzahl der Neutronen bzw.

die entwickelte Wärmemenge kleiner. Auf diese Weise läßt sich die Leistung des Reaktors im Vergleich zu Kesseln rein technisch relativ schnell verändern.

Bei Leichtwasserreaktoren lassen sich zwei Ausführungen, die Druck- und die Siedewasserreaktoren, unterscheiden:

Bei einem *Druckwasserreaktor* wird das Wasser bis ca. 320 °C erhitzt. Ein Sieden tritt jedoch nicht ein, da für einen entsprechend hohen Druck von ca. 160 bar gesorgt wird. Das Wasser wird mit diesen Zustandsgrößen durch einen Wärmetauscher geleitet, der in einem Sekundärkreislauf Satt- bzw. Naßdampf mit ca. 280 °C bei etwa 60 bar erzeugt. Nach dem Wärmetauscher entsprechen die Anlagenteile konventionellen Dampfkraftwerken. Da nur der Reaktor und der Wärmetauscher mit radioaktivem Material in Berührung kommen, ist lediglich für diese Anlagenteile ein besonderer Schutz notwendig. Bild 2.25 zeigt den prinzipiellen Aufbau eines Kernkraftwerkes mit Druckwasserreaktor.

Bei einer anderen Bauart, dem *Siedewasserreaktor,* bildet sich der Dampf bereits im Reaktor Da dort neben dem gebildeten Dampf auch Wasser existiert, kann wie beim Druckwasserreaktor nur Sattdampf erzeugt werden. In Bild 2.26 ist der prinzipielle Aufbau eines Kernkraftwerkes mit einem Siedewasserreaktor wiedergegeben. Bis auf die Erzeugung des Dampfes durch einen Reaktor entspricht es sonst einem konventionellen Dampfkraftwerk. Die Ähnlichkeit geht sogar so weit, daß bei diesem Reaktortyp infolge der niedrigen Zustandsgrößen im Reaktor zusätzlich auch die Drehzahl der Speisewasserpumpen als Stellgröße zur Leistungsregelung verwendet wird.

Nachteilig wirken sich bei den beschriebenen Reaktortypen die niedrigen Zustandsgrößen des Dampfes aus. Der Wirkungsgrad beträgt deshalb nur ca. 30 %. Abhilfe ließe sich über höhere Zustandsgrößen erzielen, was bei den derzeitigen Werkstoffen jedoch nicht ausführbar ist.

Hohe Leistungen lassen sich aufgrund der niedrigen Zustandsgrößen daher nur über hohe Volumenströme und damit große Abmessungen der Turbine erreichen. Die großen Abmessungen bedingen hohe Fliehkräfte. Diese Turbinen können deshalb meist für Anlagen über 600 MW nur für Drehzahlen von 1500 min^{-1} ausgelegt werden. Da die Turbinen aus den Leichtwasserreaktoren mit Sattdampf gespeist werden, bezeichnet man sie auch als *Sattdampfturbinen.*

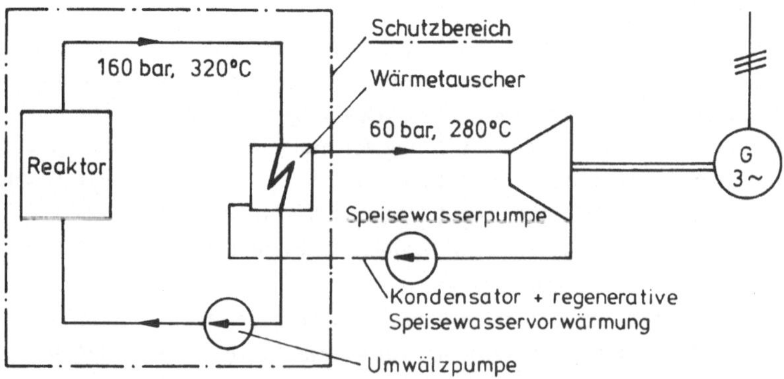

Bild 2.25 Prinzipieller Schaltplan eines Kernkraftwerkes mit Druckwasserreaktor

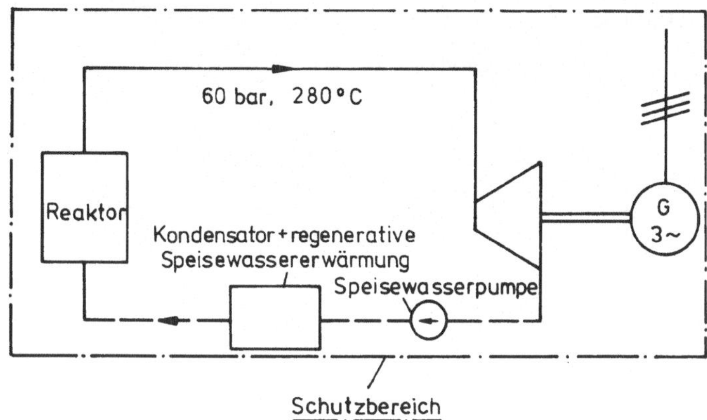

Bild 2.26 Prinzipieller Schaltplan eines Kernkraftwerkes mit Siedewasserreaktor

2.4 Kraftwerksregelung

Um einen genaueren Einblick in das Systemverhalten von Netzen gewinnen zu können, sind zumindest qualitative Kenntnisse darüber notwendig, auf welche Weise die erzeugte Leistung dem sich ständig ändernden Bedarf der Verbraucher nachgeführt wird. Auf eine vertiefte analytische Betrachtung dieser Zusammenhänge wird in dieser Einführung verzichtet. Sie ist u. a. [3] zu entnehmen. Zunächst werden die Verhältnisse bei Wärmekraftwerken dargestellt.

2.4.1 Regelung von Wärmekraftwerken

Es wird von den einfachen Verhältnissen des Inselbetriebes ausgegangen. Diese Betriebsform liegt dann vor, wenn nur ein Block in ein Netz speist. Diese Situation ergibt sich in der Praxis u. a. dann, wenn bei einem Industrieunternehmen die Netzeinspeisung ausfällt und das betriebseigene Kraftwerk allein die Versorgung übernimmt.

2.4.1.1 Regelung eines Blockes im Inselbetrieb

Änderungen in der Netzlast führen über den Generator zu Änderungen in der Belastung der Turbine und damit letztlich zu einem anderen Gegenmoment an der Turbinenwelle. Das Antriebsmoment ist von solchen Schwankungen unberührt. Es wird allein von der aus dem Kessel zugeführten Leistung, den Zustandsgrößen und der Menge des Heißdampfes, bestimmt. In Bild 2.27 sind diese Verhältnisse veranschaulicht.

Je nach Größe des Antriebs- bzw. Gegenmomentes stellt sich eine bestimmte Drehzahl des Turbinenlaufrades und des Generatorläufers ein, die starr miteinander gekuppelt sind. Diese Drehzahl ist der Frequenz, mit der ins Netz eingespeist wird, direkt proportional.

Änderungen in der Kesselleistung oder in der Netzlast führen daher zu Drehzahl- und damit zu Frequenzänderungen im Netz. Allerdings führen Änderungen in der Leistung nicht unmittelbar zu Drehzahländerungen. Vielmehr setzt ein Einschwingvorgang ein. Er wird dadurch verursacht, daß die Rotationsenergie, die im Laufrad der Turbine, im Läufer des

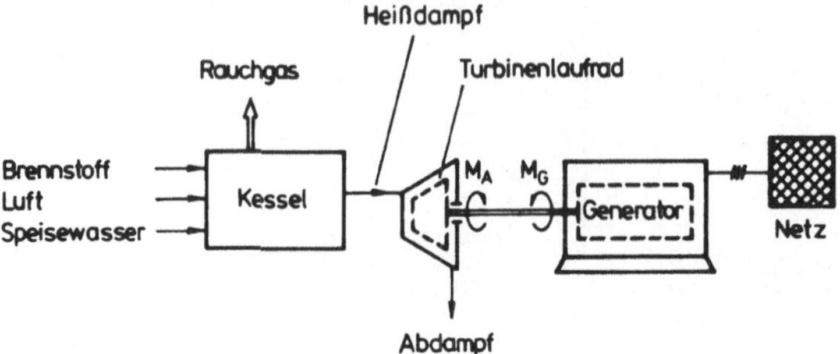

Bild 2.27 Momentengleichgewicht an der Turbinenwelle (M_A = Antriebsmoment, M_G = Gegenmoment)

Generators und in den Läufern eventueller Lastmaschinen gespeichert ist, sich nicht sprungförmig ändern kann.

Wenn die Netzlast sprungförmig erniedrigt wird und die Kesselleistung gleich bleibt, muß die Drehzahl und infolgedessen die Netzfrequenz auf einen neuen stationären Wert ansteigen (Bild 2.28). Die angenommene Lastabsenkung kann in der Praxis durch Abschaltung von Verbrauchern, in Extremfällen sogar durch Kurzschlüsse (s. Kapitel 6) hervorgerufen werden. Bei dem umgekehrten Fall, einer Senkung der Antriebsleistung, erniedrigt sich die Netzfrequenz. In der Praxis kann ein solcher Betriebszustand z. B. durch den Ausfall einer Speisepumpe oder Kohlemühle im Kraftwerk hervorgerufen werden.

Insgesamt gilt festzuhalten, daß ein *Überschuß an Wirkleistung im Netz eine Frequenzerhöhung, ein Mangel eine Frequenzabsenkung nach sich zieht.*

Untersucht man bei einer Turbine mit konstanter Antriebsleistung P_A den Zusammenhang zwischen der stationären Turbinendrehzahl n und der Last P, so ergibt sich in erster Näherung eine lineare Beziehung. Das Kennlinienfeld ist Bild 2.29 zu entnehmen.

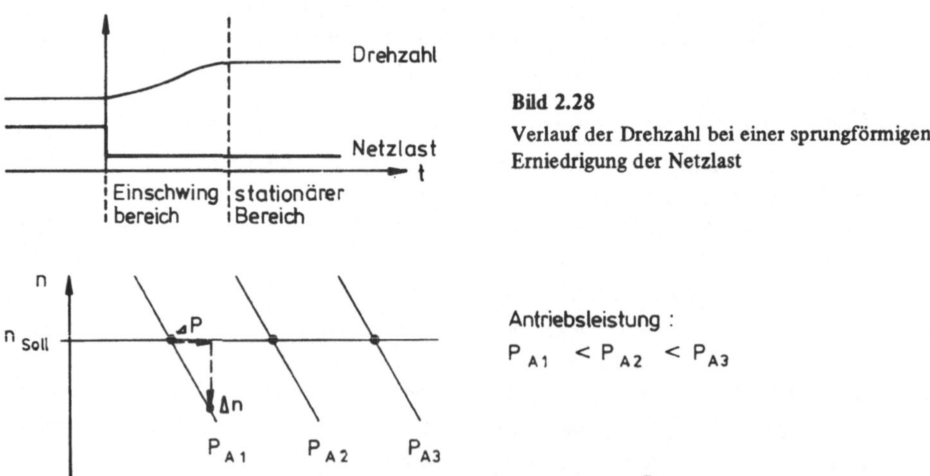

Bild 2.28 Verlauf der Drehzahl bei einer sprungförmigen Erniedrigung der Netzlast

Bild 2.29 Kennlinienfeld einer Turbine bei konstanter Antriebsleistung

Wie das Bild zeigt, führen bereits kleine Leistungsänderungen ΔP zu technisch nicht mehr vertretbaren Drehzahländerungen Δn. Aus diesem Grunde ist eine Regelung vorzusehen, die dafür sorgt, daß die Antriebsleistung entsprechend nachgeführt wird. Bei Turbinen mit einer Regelstufe geschieht dies dadurch, daß die Regelventile verstellt werden. Dabei werde zunächst angenommen, daß der Kessel auch in der Lage ist, die erhöhte Leistung zu liefern, wenn die Ventile geöffnet werden. Der zugehörige Regelkreis, der die Leistungsanpassung über die Ventile automatisch vornimmt, ist prinzipiell entsprechend Bild 2.30 aufgebaut. Über Aufnehmer wird der Istwert der Drehzahl ermittelt und in einen proportionalen Strom- oder Spannungswert umgesetzt. Dann wird die Abweichung von einem vorgegebenen Sollwert gebildet. Diese Größe wird verstärkt auf ein Stellglied gegeben, das je nach Abweichung die Ventile entsprechend verstellt.

Heutzutage sind als Stellglieder zumeist elektrohydraulische Vorrichtungen eingesetzt, die im regelungstechnischen Sinne Proportionalglieder darstellen. Als Regler wird ein Proportionalregler (P-Regler) gewählt. Der Regelkreis wirkt somit ebenfalls proportional (Bild 2.31). Solche Kreise gewährleisten eine schnellstmögliche Ausregelung. Dies ist in Anbetracht der Gefährdung, die durch eine erhöhte Drehzahl gegeben ist, wünschenswert.

Proportional wirkende Regelkreise haben den Nachteil, daß Regelabweichungen, die durch Störgrößen hervorgerufen werden, nicht vollständig ausgeregelt werden; es bleibt stationär eine Regeldifferenz bestehen. Die Leistungsschwankungen der Last sind in diesem Sinne als Störgröße aufzufassen (s. Bild 2.31). Die Regelparameter werden meist so eingestellt, daß die stationäre Regeldifferenz zwischen Schwachlast und Nennleistung ungefähr 2,5 Hz beträgt. Die Kennlinie einer drehzahlgeregelten Turbine verläuft damit wesentlich flacher

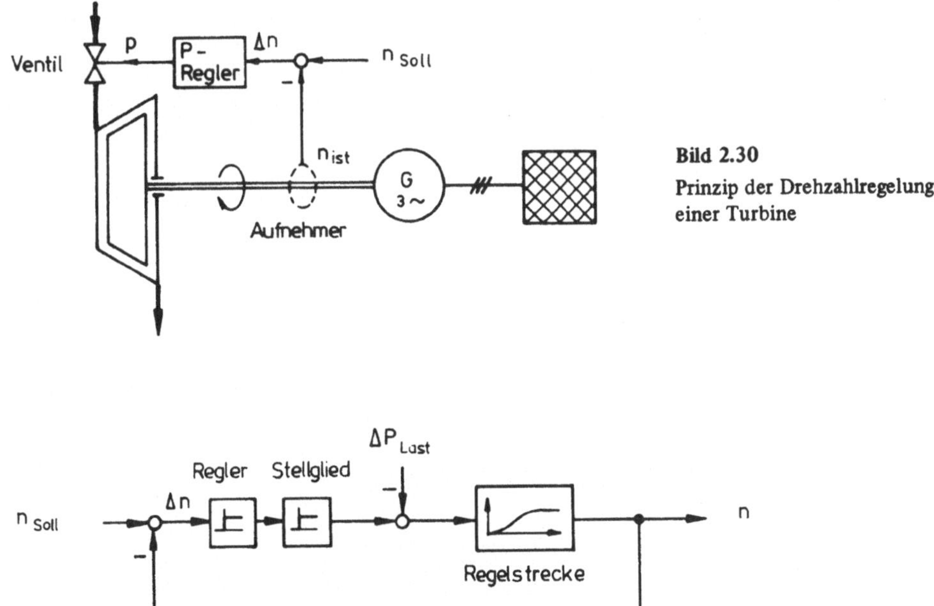

Bild 2.30
Prinzip der Drehzahlregelung einer Turbine

Bild 2.31 Wirkung von Lastschwankungen als Störgröße

als im ungeregelten Fall (Bild 2.32). Die Steigung dieser Kennlinie wird durch eine *Leistungszahl* K gekennzeichnet. Sie gibt an, durch welche Lasterhöhung die Frequenz um 1 Hz abgesenkt wird.

Zu beachten ist, daß die stationäre Kennlinie der geregelten Einheit weitgehend von den Parametern des Reglers bestimmt wird und kaum von der Auslegung der Turbine abhängt, die jedoch überwiegend die Dynamik des Einschwingvorgangs beeinflußt. Physikalisch ist dieser Sachverhalt plausibel: Der Regler öffnet die Ventile unabhängig von den speziellen Turbinenparametern in dem Maße, wie es der Drehzahl-Sollwert erfordert.

Da P-Regelkreise für eine schnelle Ausregelung sorgen, würde das Dampfventil innerhalb kurzer Zeit – im Sekundenbereich – seine Position verändern. Die Positionierung der Ventile selbst wird jedoch meist nochmals von einem weiteren Regelkreis vorgenommen. Dieser Regelkreis soll u. a. zu schnelle Änderungen verhindern, da mit den Querschnittsänderungen auch Änderungen im Druck und in der Temperatur einhergehen, die anderenfalls zu hohe Wärmespannungen in der Turbine verursachen können.

Die verbleibende Regelabweichung Δn in der Drehzahl wird von einem weiteren Regelkreis beseitigt. Eine mögliche Ausführung ist aus Bild 2.33 zu ersehen. Als Regelgröße wird die Netzfrequenz f benutzt, die im Vergleich zur Drehzahl n eine sekundäre Größe darstellt. Aus diesem Grunde ist es üblich, diesen Kreis als *Sekundärregelung* und die Drehzahlregelung als *Primärregelung* zu bezeichnen.

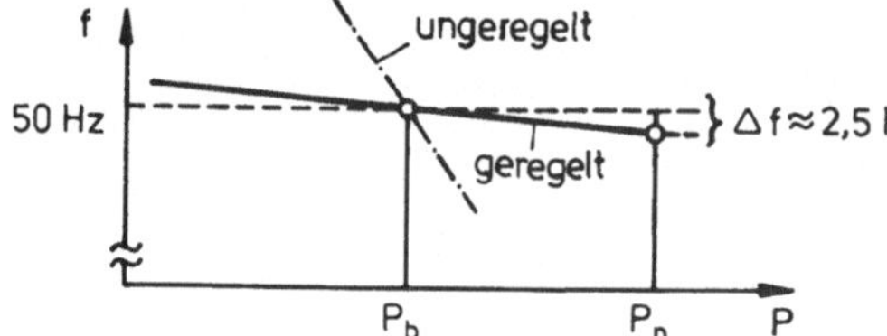

Bild 2.32
Stationäre Frequenz-Leistungs-Kennlinie einer drehzahlgeregelten Turbine
P_b: im Betrieb gefahrene Leistung
P_n: Nennleistung

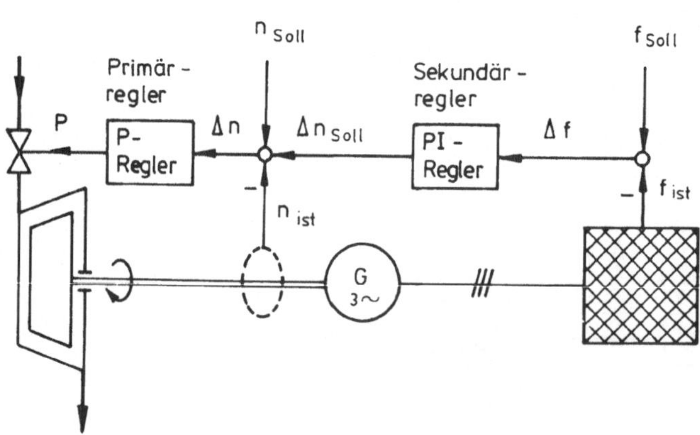

Bild 2.33 Wirkungsweise der Sekundärregelung

Die Sekundärregelung verstellt den Sollwert der Drehzahl vergleichsweise langsam, so daß die unterlagerte, schnelle Primärregelung genügend Zeit findet, sich jeweils auf den so nachgeführten Sollwert einzustellen. Der Sekundärregler ist als PI-Regler aufgebaut, d. h. er integriert die Regelabweichung und sieht daher gewissermaßen größere Fehler, als in Wirklichkeit vorhanden sind. Aus diesem Grunde ist er in der Lage, auch kleine Abweichungen auszuregeln, allerdings in einem längeren Zeitraum und zwar im Minutenbereich. Das Zusammenspiel ist in Bild 2.34 veranschaulicht: Die Kennlinie der primärgeregelten Turbine wird so lange verschoben, bis die geforderte Verbraucherleistung mit Sollfrequenz gedeckt wird.

Um die Turbinen zu schonen, wird der Primärregler so ausgeführt, daß er erst bei größeren Drehzahlabweichungen anspricht. Kleine Abweichungen werden dann nur von der langsameren Sekundärregelung ausgeregelt.

Regelkreise, die in einer solchen hierarchischen Struktur zusammenarbeiten, werden in der Regelungstechnik als Kaskadenregelung bezeichnet. Dieses Konzept wird sehr häufig auch bei anderen Aufgabenstellungen angewendet. An dieser Stelle sei darauf hingewiesen, daß im Rahmen der hier ausgeführten Beschreibung nur auf die prinzipielle Wirkungsweise der Regelungen eingegangen wird. Die gerätetechnische Realisierung kann eventuell von dem skizzierten Aufbau abweichen [4].

Die von den Reglern gewünschten Leistungsänderungen des Kessels sind letztlich von der Feuerung nachzuvollziehen, also u. a. auch von der Brennstoff- und Luftzufuhr. Im folgenden werden die Vorgänge skizziert, die sich nach einer Änderung der Ventilposition abspielen.

Wie bereits angesprochen, bewirkt die Ventiländerung eine Querschnittsänderung. Dadurch stellen sich andere Zustandsgrößen ein. Die Regelabweichung vom Sollwert des Druckes wird auf einen Kesselregler, den sogenannten Kessellastgeber, geleitet. Dieser gibt daraufhin für etwa 150 Regelkreise neue Führungsgrößen, neue Sollwerte vor. Es handelt sich gewissermaßen um eine Kaskade, bei der viele parallelgeschaltete unterlagerte Regelkreise vorhanden sind. Besonders wichtige Regelkreise stellen die Regelungen des Frischluftgebläses, der Brennstoffzufuhr und der Speisewasserpumpe dar, die mit ihrer Drehzahl den Dampfdurchsatz bestimmt. Das Zusammenwirken dieser Regelkreise zeigt Bild 2.35.

Beim Schließen des Regelventils staut sich die Dampfmenge im Kessel. Dies bewirkt zunächst einen Druck- und Temperaturanstieg, für den die Anlage ausgelegt ist. Die Turbine

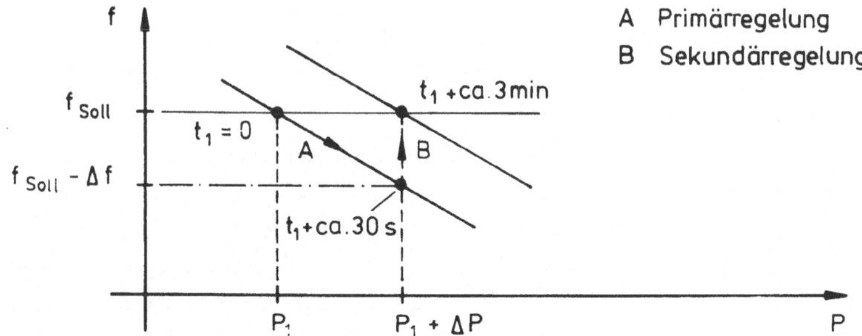

Bild 2.34 Ausregelung eines Leistungssprunges

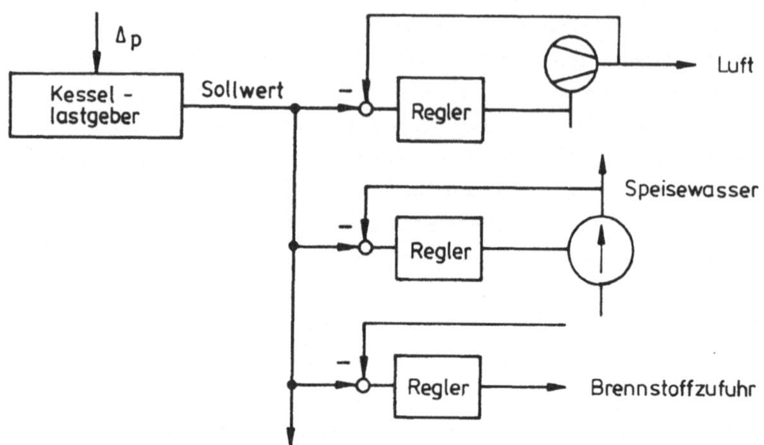

Bild 2.35 Wirkung des Kessellastgebers

reagiert auf die verringerte Dampfzufuhr bereits einige Sekunden danach mit einer verringerten Drehzahl. Die Zeitkonstante für diesen Regelvorgang liegt im Bereich von 5 ...10 s. Anders verhält es sich bei Leistungssteigerungen. In diesem Fall müssen u. a. die Brennstoffmenge und die Luftzufuhr erhöht werden. Je nach Art des Brennstoffes (Öl, Kohle) kommt die Feuerung für sprungförmige Leistungserhöhungen bis zu 5 % · P_n erst innerhalb von 25 ... 200 s nach. Bei vielen Kesseln sorgt jedoch der Nachverdampfungseffekt, auch Ausspeicherung genannt, bereits nach einigen Sekunden für eine Leistungserhöhung: Durch den plötzlichen Druckabfall beim Öffnen der Regelventile verdampft für einen Zeitraum von ca. 1 min mehr Wasser, so daß trotz der niedrigeren Zustandsgrößen eine erhöhte Leistungsabgabe auftritt. Bei einer abgestimmten Kesselregelung ist nach Abklingen der Ausspeicherung die Feuerung bereits so nachgeführt, daß es anschließend zu keinem Leistungseinbruch kommt. Bei Kesseln mit sehr hohen Zustandsgrößen ist der Nachverdampfungseffekt nur schwach ausgeprägt. Abhilfe kann dann durch den Einbau von Dampfspeichern erreicht werden.

Es gilt festzuhalten, daß kleine Leistungserhöhungen bis etwa 5 % · P_n bei modernen kohlebefeuerten Kesseln in ca. 30 ... 40 s aufgefangen werden. Bei einer Aussteuerung größerer Leistungsbereiche, z. B. zwischen 40 % und 100 % der Nennlast, ist im wesentlichen nur noch die Dynamik der Feuerung maßgebend, die eine kleinere Leistungsänderungsgeschwindigkeit bedingt. Von modernen Blöcken wird für den Bereich (0,4 ... 1) · P_n der sehr viel größere Zeitraum von 15 ... 30 min benötigt. Bei dieser Änderungsgeschwindigkeit werden die Maschinen jedoch stark belastet. Außerdem tritt ein hoher Brennstoffverbrauch auf, so daß eine solche Fahrweise nur in außergewöhnlichen Situationen gewählt wird.

Bei der bisher beschriebenen Kesselregelung orientiert sich der Kessellastgeber am Druck vor der Regelstufe. Da der Sollwert des Druckes stationär festgehalten wird, spricht man von einer *Festdruckregelung* bzw. vom Festdruckbetrieb. Es handelt sich bei dieser Regelung im Vergleich zu der anschließend besprochenen Variante um eine schnelle Regelung. Allerdings beruht die Regelfreudigkeit auf entsprechenden Hubbewegungen der Ventile. Die damit verbundenen Änderungen in den Zustandsgrößen beim Heißdampf führen zu einer relativ hohen Belastung der Turbine.

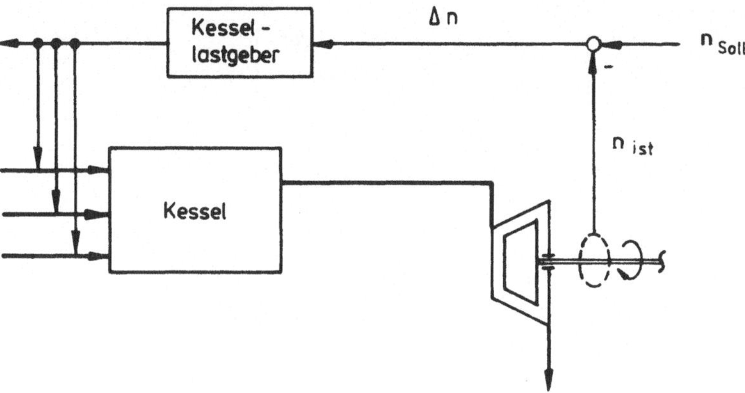

Bild 2.36 Prinzip des Gleitdruckbetriebes

Eine Alternative zum Festdruckbetrieb stellt der *Gleitdruckbetrieb* dar, der häufig bei Blöcken über 300 MW zu finden ist. Die prinzipielle Wirkungsweise dieses Konzeptes ist Bild 2.36 zu entnehmen. Bei dieser Regelung stellt der Druck keine Regelgröße dar, er gleitet. In diesem Fall wird die Drehzahlabweichung direkt auf den Kessellastgeber geführt, der dann im beschriebenen Sinne auf die Feuerung einwirkt.

Beim reinen Gleitdruckbetrieb ist der Turbineneinlaß stets geöffnet, es braucht prinzipiell überhaupt keine Regelstufe vorhanden zu sein. Da unter diesen Bedingungen auch kein Nachverdampfungseffekt zum Tragen kommen kann, ist diese Regelung träger, aber auch schonender. In der Praxis wird häufig eine Übergangsform zwischen dem Gleit- und Festdruckbetrieb angewendet, der *modifizierte Gleitdruckbetrieb*. Bei dieser Fahrweise werden kleine Drehzahländerungen relativ langsam im Gleitdruck-, größere Abweichungen jedoch im schnelleren Festdruckbetrieb ausgeregelt.

Auf diese Betrachtungen aufbauend, ist es nun möglich, die Verhältnisse bei Netzen mit mehreren Kraftwerkseinspeisungen zu verstehen.

2.4.1.2 Regelung im Insel- und Verbundnetz

Es werden zunächst die Verhältnisse in einem Inselnetz beschrieben. Als *Inselnetz* bezeichnet man solche Netze, die einen in sich abgeschlossenen Netzverband darstellen und in dem mehrere Blöcke die Last decken. Die Regelung ist dem bisher dargestellten Konzept sehr ähnlich. So sind z. B. alle Blöcke mit der beschriebenen Primärregelung ausgerüstet.

Im Unterschied zum Inselbetrieb eines einzelnen Blockes besteht beim Inselnetz mit mehereren Blöcken ein weiterer Freiheitsgrad, da normalerweise mehr Leistung ins Netz eingespeist werden kann, als an Last vorhanden ist. Es muß daher nach übergeordneten Gesichtspunkten eine Aufteilung der Last vorgenommen werden. Darauf wird in Abschnitt 2.5 noch eingegangen. In diesem Zusammenhang interessiert die Frage: Wie werden nun die sich danach ergebenden Leistungswerte an den einzelnen Turbinen eingestellt? Dazu wird ein weiterer Regelkreis mit einem sogenannten *Leistungsregler* installiert. Den Aufbau einer solchen Regelung zeigt Bild 2.37. Der Istwert der Leistung wird an den Generatorklemmen meist mit Hilfe einer Aronschaltung ermittelt. Die sich daraus ergebende Regelabweichung wird auf den als PI-Glied ausgeführten Leistungsregler gegeben. Der Reglerausgang wird im Fest-

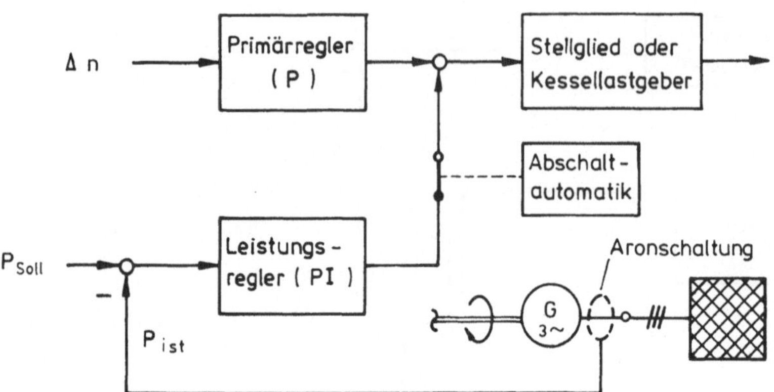

Bild 2.37 Wirkungsweise eines Leistungsreglers

druckbetrieb auf das Stellglied, auf das Regelventil, oder im Gleitdruckbetrieb direkt auf den Kessellastgeber weitergeleitet. Der Leistungsregler arbeitet parallel zu der Drehzahlregelung, die Dynamik entspricht in etwa der Sekundärregelung.

Bei dem bisher beschriebenen Konzept kann der Fall auftreten, daß vom Leistungsregler aufgrund des vorgegebenen Sollwertes ein Öffnen des Ventils gefordert wird, die Drehzahlregelung dagegen wegen einer Frequenzerhöhung im Netz ein Schließen der Ventile anstrebt. In solchen Konfliktfällen ist die Drehzahlregelung bevorrechtigt. Eine Abschaltautomatik sorgt dafür, daß diese beiden Regelkreise nicht gegeneinander arbeiten.

Wichtig für das weitere Verständnis ist die nicht näher begründete Eigenschaft, daß nach plötzlichen Laständerungen bereits nach ganz kurzer Zeit wieder alle Blöcke die gleiche Drehzahl aufweisen, die sich im Netzverband in Form von Schwingungen noch zeitlich ändern kann (Bild 2.38).

Aufgrund dieser Eigenschaft sehen alle Primärregler bei gleichem Sollwert n_{soll} auch die gleiche Regelabweichung. Die parallel wirkenden Primärregler eines Inselnetzes verhalten sich daher wie ein einzelner Regler im Inselbetrieb. Sie können auch insgesamt nur die Drehzahl bis auf eine verbleibende Drehzahl- bzw. Frequenzabweichung ausregeln. Aus diesen Gründen ist wiederum eine *Sekundärregelung* notwendig, die jedoch *in Inselnetzen nicht mit dem Drehzahl-, sondern mit dem Leistungsregler zusammenarbeitet.*

Ohne nähere Begründung sei darauf hingewiesen, daß in dem Versorgungsgebiet nur ein einziger Sekundärregler vorhanden sein darf, weil sonst unerwünschte Schwingungen in der

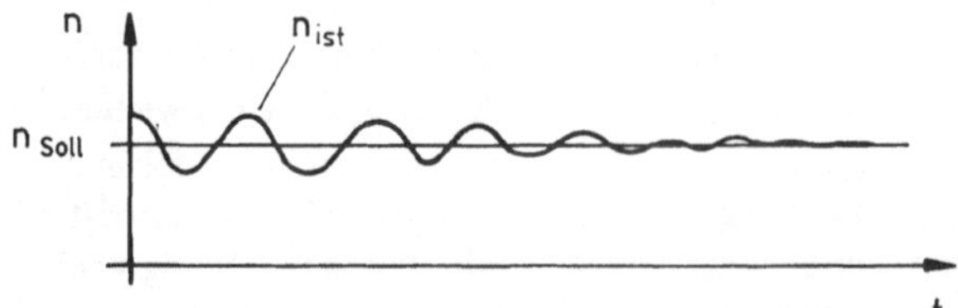

Bild 2.38
Verlauf der Drehzahl aller Blöcke nach einer Störung

Netzfrequenz auftreten können. Der Sekundärregler befindet sich in einer zentralen Einrichtung des Unternehmens, die häufig als *Lastverteilerzentrale* bezeichnet wird. Über Fernwirkanlagen ist der Regler von dort mit mehreren Kraftwerksblöcken, den sogenannten *Regelblöcken*, verbunden (Bild 2.39).

Die Aufteilung der Regelabweichung wird von den Größen α_1, α_2 bestimmt. Sie werden meist so gewählt, daß diejenigen Maschinen einen großen Anteil übernehmen, bei denen die Leistung über einen großen Bereich verstellt werden kann, ohne daß der Anlagenzustand z. B. durch Zuschalten von Kohlemühlen zu verändern ist.

Das Zusammenspiel zwischen Sekundär- und Primärregelung verläuft analog zum Inselbetrieb. Die schnellen Primärregelungen sprechen bei einer hinreichend großen Frequenz- bzw. Drehzahlabweichung von ca. 20 mHz an und regeln diese mit allen Blöcken im Netz grob aus. Anschließend wird eine Feinkorrektur im Minutenbereich mit dem übergeordneten Sekundärregler vorgenommen, allerdings nur mit den dafür vorgesehenen Regelblöcken. Kleinere Frequenzänderungen werden meist infolge einer eingebauten Unempfindlichkeitsschwelle bei der Drehzahlregelung nur von der Sekundärregelung erfaßt. Da sie träger arbeitet, werden die Hubbewegungen der Ventile langsamer und damit für die Turbine schonender.

Prinzipiell könnte die Sekundärregelung wie im Inselbetrieb auch im Inselnetz mit der Drehzahlregelung eine Kaskade bilden, da die Frequenzabweichung einer Leistungsabweichung proportional ist. Dieses Regelkonzept würde jedoch bei allen Maschinen den gleichen Drehzahlsollwert erfordern. Als Folge davon könnten die einzelnen Turbinen nicht, wie bei dem beschriebenen Aufbau, unterschiedlich zur Deckung der Frequenz bzw. Leistungsabweichung herangezogen werden.

Die Änderungen der Netzlast sind normalerweise so langsam, daß sie nur von der Sekundärregelung mit den Regelblöcken ausgeregelt werden. Die Regelblöcke stellen mithin den Leistungspuffer dar, der zunächst die Netzlaständerungen auffängt. Es ist dazu natürlich notwendig, daß die Blöcke die Leistungsänderungen auch aufnehmen können, also über genügend *freie Leistung* verfügen. Diese Aufgabe fällt der bereits angesprochenen Lastverteilerzentrale zu: Wenn die freie Leistung zu klein wird, müssen die nicht an der Sekundärregelung liegenden Blöcke ihre Leistungswerte entsprechend verändern. Um dies sicherzustellen, werden

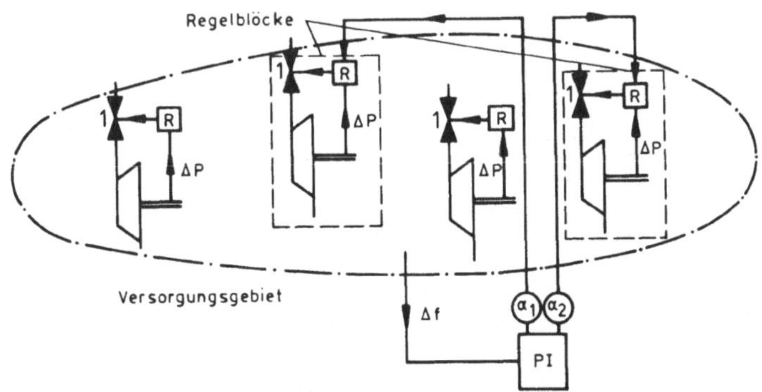

Bild 2.39 Regelung der Turbinen in einem Inselnetz
(R = Leistungsregler; der parallel wirkende Primärregler ist nicht dargestellt;
1 : Ventil)

von der Lastverteilerzentrale für jeden einzelnen Block *Fahrpläne* ausgearbeitet, die bestimmen, zu welchem Zeitpunkt mit welcher Leistung ins Netz eingespeist wird.

Im weiteren soll nun die Regelung für ein noch umfassenderes Netz, das Verbundnetz, betrachtet werden, in dem gewissermaßen eine Reihe von Inselnetzen miteinander gekuppelt sind. Die Regelung hat einerseits für eine *konstante Frequenz,* andererseits jedoch zusätzlich auch dafür zu sorgen, daß die *Austauschleistungen* auf den Verbindungsleitungen zwischen den einzelnen Netzverbänden, den Kuppelleitungen, *eingehalten werden.* Der prinzipielle Aufbau dieser Regelung ist Bild 2.40 zu entnehmen. Der Sekundärregler wirkt wiederum in der schon beschriebenen Weise auf die Leistungsregler der Regelblöcke.

Auffällig ist, daß jedes Verbundunternehmen einen eigenen Sekundärregler aufweisen kann, ohne daß sich die Regler gegenseitig zu Schwingungen anregen. Dies ist auf einen Kunstgriff zurückzuführen, der im wesentlichen darin besteht, daß nur *dem* Sekundärregler eine Regelabweichung zugeführt wird, *in dessen Gebiet* ein Ungleichgewicht der Leistungsbilanz besteht. Zu diesem Zweck – ohne auf Einzelheiten einzugehen – wird dem Regler eine Regelabweichung zugeleitet, die aus zwei Komponenten besteht. Ein Anteil besteht aus der Frequenzabweichung, die mit einer Leistungszahl K zu multiplizieren ist; diese Leistungszahl kennzeichnet im Unterschied zu der bereits kennengelernten Definition das Verhalten von Netzen. Ein anderer Anteil erfaßt das Defizit an den gewünschten Wirkleistungsflüssen auf den Kuppelleitungen.

In der Praxis sind die Frequenzabweichungen aufgrund der Größe der Verbundnetze so gering, daß im wesentlichen die Regelabweichung nur aus dem zweiten Anteil besteht. Dementsprechend regelt der Sekundärregler überwiegend den Energieaustausch.

Mit der Größe eines Netzes ist in dieser Betrachtung nicht die räumliche Ausdehnung als vielmehr die Anzahl und Größe der Kraftwerksblöcke gemeint. In diesem Fall ist in den Laufrädern und Läufern viel Rotationsenergie gespeichert, so daß erst größere Änderungen in der Leistungsbilanz zu Frequenzänderungen führen.

Sollte die Störung so groß sein, daß im Verbundnetz eine Frequenzänderung von ca. 20 mHz auftritt, dann sprechen wiederum die Primärregler der Blöcke im gesamten Verbundnetz an; sie fangen die Leistungsänderung im Rahmen ihrer Genauigkeit relativ schnell auf. Damit wird zunächst unter Beteiligung aller Partner eine hinreichend ausgewogene Leistungsbilanz

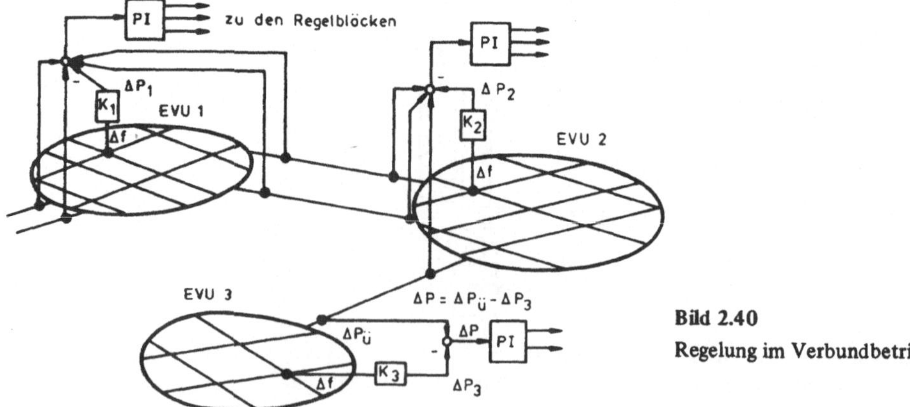

Bild 2.40
Regelung im Verbundbetrieb

sichergestellt. Anschließend beginnt dann nur der Sekundärregler, in dessen Versorgungsgebiet die Störung liegt, seine Regelmaschinen im Minutenbereich so auszufahren, daß die verbleibende Frequenzänderung verschwindet und sich die gewünschten Austauschleistungen auf den Kuppelleitungen wieder einstellen.

Im folgenden wird kurz erläutert, wie die Wasser- und Kernkraftwerke in dieses Konzept mit einbezogen werden.

2.4.2 Regelung von Wasser- und Kernkraftwerken

Wie bei Dampfturbinen ist natürlich auch bei Wasserturbinen und Reaktoren eine Regelung der Antriebsleistung notwendig, die zugehörigen Stellorgane sind in den Abschnitten 2.2 und 2.3 bereits beschrieben.

Bei Mittel- und Hochdruckanlagen weist die Primärregelung einen anderen Aufbau auf als bei Dampfturbinen. Die Regelung hat dort zusätzlich die Laufzeiteffekte zu berücksichtigen, die durch die Wasserzuführung zwischen Speichersee und Turbine verursacht werden.

Die besonderen Vorteile der Wasserturbinen liegen aus regeltechnischer Sicht in dem kurzen Anfahrvorgang von ca. 90 s und ihrer hohen Leistungsänderungsgeschwindigkeit $\Delta P/\Delta t$, die insbesondere auch bei größeren Leistungshüben im Gegensatz zu den Dampfkraftwerken erhalten bleibt. Dieses Verhalten ist darauf zurückzuführen, daß sich der Wasserstrom einfacher aktivieren bzw. regulieren läßt als Dampf. Aufgrund dieser Eigenschaft werden Wasserkraftwerke bevorzugt an die Sekundärregelung angeschlossen.

Bei Kernkraftwerken wirkt die Drehzahlabweichung analog zum Gleitdruckbetrieb auf den Reaktor bzw. auf die Regelstäbe. Dieses Regelkonzept bewirkt bekanntlich eine schonende Fahrweise. Obwohl Kernkraftwerke prinzipiell relativ schnell geregelt werden können, sieht man im betrieblichen Alltag vor allem aus wirtschaftlichen Gründen davon ab. Beim Einsatz als Regelblock müßte nämlich freie Leistung vorgehalten werden, also mit einem niedrigeren Wert als der Nennleistung gefahren werden. Da die Kernkraftwerke sehr kostengünstig sind, ist diese Maßnahme nicht sinnvoll.

Weitere Gesichtspunkte, die über diesen Aspekt hinaus für den Kraftwerkseinsatz wichtig sind, werden im folgenden behandelt.

2.5 Kraftwerkseinsatz

Der Kraftwerkseinsatz ist naturgemäß von der Lastverteilerzentrale so festzulegen, daß die Last stets gedeckt wird. Zugleich hat diese Einrichtung dafür zu sorgen, daß der Betriebszustand der Netze so gestaltet ist, daß die Energie zum Verbraucher transportiert werden kann. Da die thermischen Kraftwerke Anfahrzeiten von mehreren Stunden aufweisen und damit eine kurzzeitige Aktivierung entfällt, ist bereits aus diesem Grunde eine Planung des Kraftwerkseinsatzes im voraus notwendig. Dies ist jedoch nur möglich, wenn für die Last eine hinreichend genaue Prognose erstellt werden kann.

2.5.1 Verlauf der Netzlast

Die Erfahrung zeigt, daß sich die Belastungskurven von jeweils einzelnen Tagen stark ähneln. So weisen z. B. die Wochentage Dienstag bis Freitag oder auch die jeweils aufeinanderfolgenden Sonntage einen ähnlichen Verlauf auf. Für Industriegebiete ist es z. B. kennzeichnend, daß an Werktagen eine annähernd gleichmäßig hohe Belastung während der Arbeitszeit auf-

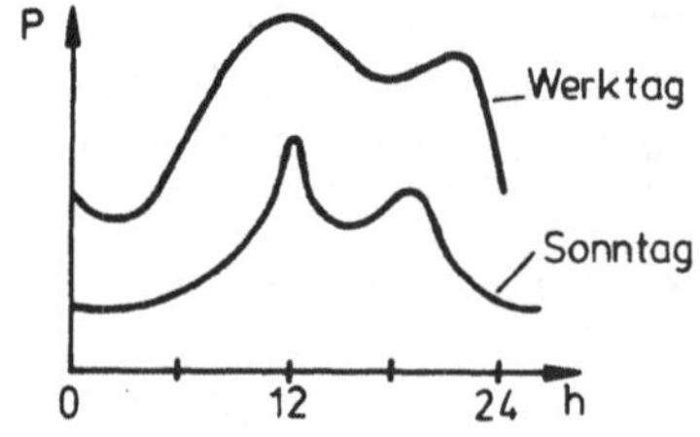

Bild 2.41

Charakteristischer Lastverlauf eines Werk- und eines Sonntages

tritt. Dabei bildet sich um die Mittagszeit ein schwaches Maximum aus. Nach Arbeitsschluß sinkt die Last ab und steigt in den Abendstunden entsprechend den Lebensgewohnheiten wieder an. Zwischen 0 und 6 Uhr erreicht die Last ein Minimum, um dann wieder im Bereich von 6 bis 8 Uhr sehr steil anzusteigen (Bild 2.41). An Sonn- und Feiertagen entfällt die Belastung durch die Arbeitswelt; daher prägt sich um die Mittags- und Abendzeit ein spitzes Maximum aus.

Aufgrund der Tatsache, daß die Lastverläufe sehr stark mit vergangenen Verläufen korrespondieren, ist eine Lastprognose auf ca. 5 % Genauigkeit und besser möglich. Änderungen wichtiger Einflußgrößen wie Temperatur, Witterung usw. werden bei der täglichen Lastprognose berücksichtigt. Auf der Lastprognose aufbauend, ist es für die Lastverteilerzentrale möglich, den Kraftwerkseinsatz zu planen.

2.5.2 Deckung der Netzlast

Bei der Einsatzplanung sind eine Reihe netz- und betriebstechnischer Gegebenheiten zu berücksichtigen. Zu den netztechnischen Bedingungen zählt z. B., daß in einem Netz die Spannung stets in einem vorgegebenen Toleranzband bleiben muß. Als Beispiel für eine betriebstechnische Restriktion sei die Forderung genannt, daß eine angebrochene Schicht möglichst zu Ende gefahren werden soll. Daraus resultiert eine Mindesteinsatzzeit für den Block.

Es handelt sich bei diesen Beispielen um notwendige Bedingungen, die vom Lastverteiler zu beachten sind. Wenn im Rahmen dieser Bedingungen noch Freiheitsgrade vorhanden sind, läßt man sich bei der Einsatzplanung vor allem von Kostengesichtspunkten leiten und versucht, die Brennstoffkosten zu minimieren. Im allgemeinen unterscheiden sich die Blöcke sowohl in ihren Wärmeverbrauchskennlinien als auch in den Kosten W_P (s. Gl. 2–1).

Die von der Lastverteilerzentrale überwiegend permanent eingesetzten kostengünstigen Kraftwerke werden üblicherweise als *Grundlastkraftwerke* bezeichnet. Sie werden so genannt, wenn sie Betriebszeiten von mindestens 5000 h pro Jahr aufweisen. Blöcke, die nur bis zu diesem Wert eingesetzt werden, bezeichnet man als *Mittellastkraftwerke.* Kurz anhaltende Lastspitzen werden zweckmäßigerweise mit Kraftwerken gedeckt, die eine sehr schnelle Hochlaufzeit aufweisen, also Pumpspeicher- und Gasturbinenanlagen. Sie werden nur sporadisch, ca. 500 ... 1000 h/a, eingesetzt. Da sie nur Spitzenlast decken, werden sie als *Spitzenlastkraftwerke* bezeichnet.

Wie bereits erwähnt, koordiniert die Lastverteilerzentrale auch den Netzbetrieb. Sie bestimmt z. B., welche Transformatoren und Leitungen für Wartungszwecke abgeschaltet werden dürfen. Um diese Maßnahmen im einzelnen verstehen zu können, sind genauere Kenntnisse über die Energieversorgungsnetze notwendig. Zunächst wird auf den Aufbau eingegangen.

3 Aufbau von Energieversorgungsnetzen

Für die Bezeichnung von Energieversorgungsnetzen und den Betriebsmitteln, aus denen sie sich zusammensetzen, ist die *Nennspannung* ein wichtiger Begriff. Damit wird der *Effektivwert* der Spannung bezeichnet, auf die man sich bei der Angabe von Betriebseigenschaften bezieht. Entsprechendes gilt für die Ströme. Für die Bemessung der Netzelemente ist eine *Bemessungsspannung* bzw. ein Bemessungsstrom zu verwenden. Diese Größen sind in Abhängigkeit von den Nennwerten der jeweiligen VDE-Bestimmung zu entnehmen.

Im folgenden werden generell Ströme und Spannungen mit *kleinen Buchstaben* indiziert, wenn *Betriebszustände* gekennzeichnet werden. Große Buchstaben werden als Index gewählt, wenn ein Ort im Netz zu charakterisieren ist. Abweichend von der DIN 4897 wird die Nennspannung als ein spezieller Betriebszustand angesehen und daher durch ein kleines „n" gekennzeichnet. Bevor nun der Aufbau der Energieversorgungsnetze erläutert wird, sind zunächst die drei Möglichkeiten darzustellen, mit denen die Energie übertragen und verteilt wird.

3.1 Übertragungssysteme

Bei den drei verwendeten Übertragungsarten handelt es sich im einzelnen um das einphasige System, das Drehstromsystem und die Hochspannungs-Gleichstromübertragung, die auch kurz als HGÜ bezeichnet wird.

Einphasige Systeme werden überwiegend für Bahnstromnetze eingesetzt, da dann nur ein einziger Stromabnehmer erforderlich ist. Das Bahnstromnetz der Bundesrepublik weist Nennspannungen von 110 kV, 60 kV und 15 kV auf.

Aus historischen Gründen, die u. a. in der Beherrschung der Kommutierungsprobleme bei den damaligen Gleichstrommaschinen liegen, wird das Bahnnetz überwiegend mit einer Frequenz von 16 2/3 Hz betrieben. Die Speisung dieser Netze erfolgt entweder aus entsprechenden Generatoren oder über Umformer aus dem öffentlichen 50-Hz-Energieversorgungsnetz. Heute sind bereits auch einphasige 50-Hz-Bahnnetze im Einsatz.

Demgegenüber ist das öffentliche Netz dreiphasig aufgebaut. Die einzelnen Netzelemente können dabei entsprechend Bild 3.1 in Dreieck oder Stern geschaltet werden. Für die Zuführungsleitungen, die bevorzugt mit L1, L2, L3, aber auch mit R, S, T bezeichnet werden, verwendet man den Ausdruck *Außenleiter* oder auch nur *Leiter*, sofern keine Verwechslungen möglich sind. Dementsprechend heißen die Spannungen zwischen den Außenleitern *Außenleiterspannungen* oder kurz *Leiterspannungen*. Parallel dazu verwendet man auch den Ausdruck *Dreieckspannung*. Die Ströme in den Außenleitern werden sinnvollerweise als *Außenleiter-* bzw. *Leiterströme* bezeichnet.

Stränge stellen diejenigen Zweige dar, die bei der Dreieckschaltung zwischen den Außenleitern oder bei der Sternschaltung jeweils zwischen einem Außenleiter und dem Sternpunkt, dem Knotenpunkt K in Bild 3.1, liegen. Die Spannungen, die an einem Strang abfallen,

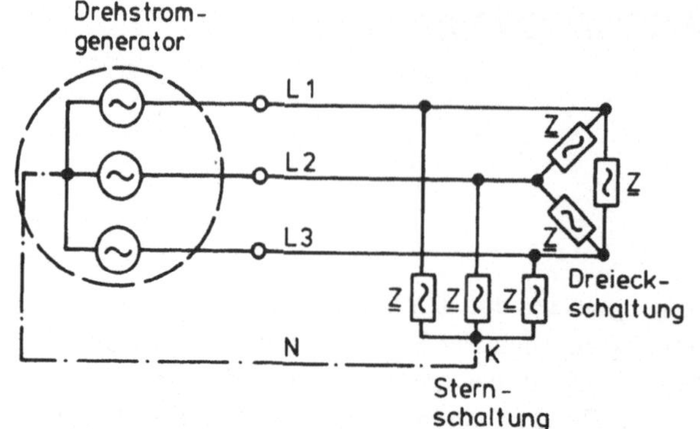

Bild 3.1
Dreiphasige Energieübertragung

werden als *Strangspannungen* bezeichnet. Speziell bei der Sternschaltung wird für die Strangspannung auch der Begriff *Sternspannung* verwendet. Entsprechend gilt für die Ströme die Bezeichnung Strangströme; im Fall der Sternschaltung ist es auch üblich, von *Sternströmen* zu sprechen.

Sofern nun die drei Außenleiterspannungen bzw. die drei Außenleiterströme jeweils die gleichen Beträge aufweisen und untereinander jeweils um 360°/3, also 120°, phasenverschoben sind, liegt definitionsgemäß ein *symmetrisches dreiphasiges Spannungs- bzw. Stromsystem* vor, wobei im Falle der Ströme auch der Ausdruck *Drehstromsystem* üblich ist. Da die dreiphasigen Netze üblicherweise mit symmetrischen Spannungssystemen gespeist werden, genügt es, einen einzigen Wert zur Kennzeichnung der Nennspannung anzugeben. *Als Bezugsgröße wird stets die Außenleiterspannung gewählt.*

Ein Netz gilt als symmetrisch aufgebaut, wenn sich bei der Speisung mit einem symmetrischen Spannungs- bzw. Stromsystem auch bei der nicht eingeprägten Größe ein symmetrisches System ausbildet. Dieser Fall liegt bei dem Netz in Bild 3.1 dann vor, wenn in drei Strängen der Dreieck- und Sternschaltung die wirksamen Impedanzen jeweils untereinander gleich groß sind. Wenn sowohl ein *symmetrischer Netzaufbau* als auch eine *symmetrische Netzspeisung* gegeben sind, spricht man von einem *symmetrischen Netzbetrieb*.

Sofern nur die drei Außenleiter L1, L2, L3 bzw. R, S. T vorliegen, handelt es sich um ein *Dreileitersystem*. Es wird durch das Schaltsymbol gemäß Bild 3.2 gekennzeichnet.

Im Falle des symmetrischen Betriebes kann mit den drei Leitern L1, L2, L3 die gleiche Leistung übertragen werden wie mit drei Einphasensystemen, die dazu jedoch sechs Leiter benötigen. Ein weiterer Vorteil des symmetrischen Betriebs ist darin zu sehen, daß die Summe aller in den Leitern übertragenen Leistungen einen zeitlich konstanten Wert aufweist. Der Wert hängt zum einen von der Spannung (Effektivwert) ab, die tatsächlich zwischen den Außenleitern herrscht und als *Betriebsspannung* U_b bezeichnet wird; zum anderen ist der Außenleiterstrom I_b (Effektivwert) maßgebend, der im allgemeinen um einen Winkel φ phasenverschoben ist:

$$P = \sqrt{3} \cdot U_b \cdot I_b \cdot \cos\varphi .$$

Bild 3.2
Vereinfachte Darstellung eines symmetrisch betriebenen Dreileitersystems

Im Einphasensystem stellt sich dagegen ein schwankender Leistungsfluß ein. Demzufolge gibt ein Drehstrommotor im Gegensatz zum einphasigen Wechselstrommotor ein zeitlich konstantes Drehmoment ab. Aufgrund dieser Vorteile werden normalerweise *Drehstromnetze symmetrisch betrieben.*

Wenn, wie es in Bild 3.1 der Fall ist, der vierte Leiter N, der *Neutral-* oder *Sternpunktleiter,* an den Sternpunkt angeschlossen ist, handelt es sich um ein *Vierleitersystem.* Ein solches Drehstromsystem hat den Vorteil, daß gleichzeitig zwei verschiedene Spannungen zur Verfügung stehen (Bild 3.3). Die Außenleiter- und Sternspannungen unterscheiden sich in ihren Beträgen um den Faktor $\sqrt{3}$. Je nach Wahl einer Stern- oder Dreieckschaltung können demnach die Verbraucher mit der einen oder der anderen Spannung versorgt werden. Bei einem symmetrischen Betrieb ergänzen sich die Außenleiterströme stets zu Null, so daß der Neutralleiter stromlos ist. Aufgrund dessen unterscheiden sich bei diesem Betriebszustand Drei- und Vierleitersysteme nicht in ihrem Verhalten. Wie noch in Abschnitt 4.2 gezeigt wird, lassen sich unter dieser Bedingung die Netze auch einphasig beschreiben.

Ein- und dreiphasige Netze weisen gemeinsam den Nachteil auf, daß der Energietransport mit Freileitungen höchstens bis zu 1000 km, mit Kabeln nur bis etwa 30 km wirtschaftlich vertretbar ist. (s. Abschnitte 4.5 und 4.6). Abhilfe bietet dann der Einsatz der *Hochspannungs-Gleichstromübertragung.*

Die HGÜ arbeitet nach dem in Bild 3.4 skizzierten Prinzip. Die im Drehstromnetz 1 vorhandene Spannung der Frequenz f_1 wird mit einem statischen Umrichter auf bis zu 1000 kV Gleichspannung gebracht, wobei die Spannungshöhe durch einen vorgeschalteten Trans-

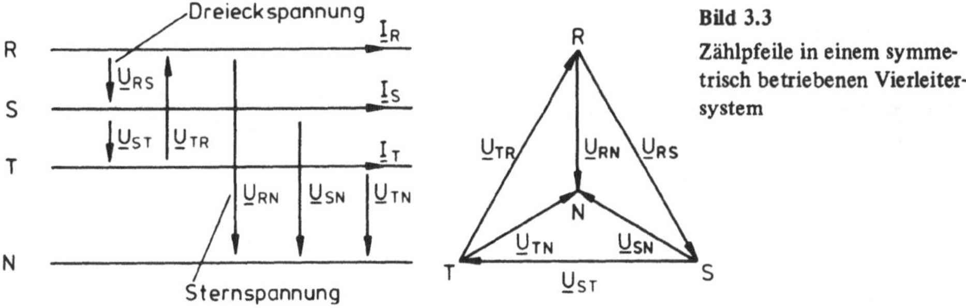

Bild 3.3 Zählpfeile in einem symmetrisch betriebenen Vierleitersystem

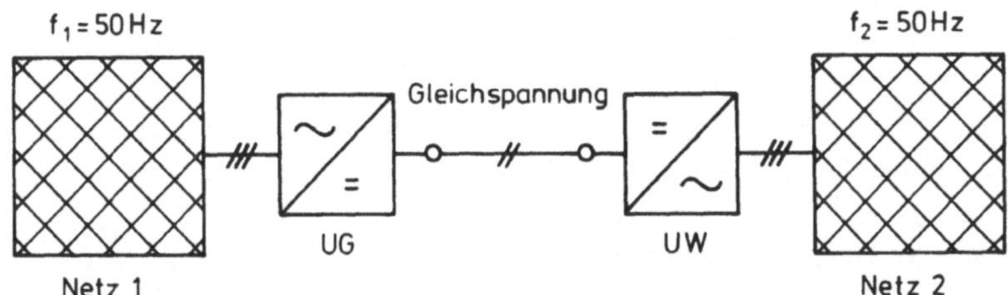

Bild 3.4 Prinzipielle Funktion der HGÜ

formator bestimmt wird. Über eine Freileitung oder ein Kabel wird die Energie mittels Gleichstromübertragung zu der Gegenstation transportiert. Diese besteht ebenfalls aus einem statischen Umrichter, der jedoch als Wechselrichter arbeitet. Über einen Transformator wird dann mit der Frequenz f_2 in das Netz 2 eingespeist. Die Übertragungsrichtung kann durch entsprechende Steuerung der Stromrichterventile umgekehrt werden.

Der Einsatz der HGÜ ist auch dann von Interesse, wenn große Drehstromnetze gekuppelt werden sollen. Anderenfalls können sich erhebliche Probleme z. B. in der Beherrschung der Kurzschlußströme ergeben (s. Abschnitt 7.4). Die HGÜ-Technik wird bisher relativ selten angewendet. In Europa wird sie nur bei längeren Unterwasserkabeln eingesetzt. Ein Beispiel ist die Konti-Skan-Verbindung, die Skandinavien mit dem mitteleuropäischen Netz verbindet.

Aufgrund dieser Verhältnisse wird auf diese Technik nicht näher eingegangen. Es existiert dafür eine umfangreiche Literatur, u. a. [5].

Die Aussagen der weiteren Kapitel beschränken sich zunächst auf symmetrisch betriebene Drehstromnetze. Die dort beschriebenen Zusammenhänge gelten prinzipiell auch für einphasige Verhältnisse.

3.2 Wichtige Netzstrukturen

In der öffentlichen Energieversorgung haben sich, wie in Kapitel 1 bereits beschrieben, im Laufe der Zeit verschiedene Spannungsebenen entwickelt. Sie werden nach ihrer Nennspannung üblicherweise in vier Gruppen eingeteilt:

Höchstspannung:	380 kV,
Hochspannung:	110 kV,
Mittelspannung:	10 kV, 20 kV, 30 kV,
Niederspannung:	380/220 V (0,4-kV-Ebene), 500 V, 660 V.

Daneben gibt es auch noch Anlagen mit Zwischenwerten, die jedoch normalerweise nicht mehr gebaut werden. Solche Spannungen sind dann, ihrer Funktion entsprechend, einer der Spannungsebenen zuzuordnen.

Der Aufbau der einzelnen Spannungsebenen ist von dem jeweiligen Aufgabenbereich abhängig.

3.2.1 Niederspannungsnetze

Ein großer Teil der elektrischen Verbraucher besteht aus Niederspannungsgeräten. Die Endverteilung der elektrischen Energie auf diese Verbraucher erfolgt durch Niederspannungsnetze, die über *Netzstationen* (s. Abschnitt 4.11) aus einem übergeordneten Mittelspannungsnetz gespeist werden. In öffentlichen Energieversorgungsnetzen bewegen sich die Nennleistungen dieser Stationen häufig bei 500 kVA und 630 kVA. Niederspannungsnetze sind im Unterschied zu den anderen Spannungsebenen nicht als Drei-, sondern als Vierleitersysteme (s. Bild 3.1) aufgebaut.

Die Struktur der Netze ist dabei von der sogenannten *Lastdichte* abhängig, die die Summe aller Lasten, bezogen auf die bebaute Fläche, angibt. Bei niedrigen Werten – bei Lastdichten bis zu ca. 1 MVA/km^2 – haben sich Strahlennetze als zweckmäßig erwiesen, die meist als Freileitungen (s. Abschnitt 4.5) ausgeführt werden. Diese Netze bestehen aus einer Reihe verzweigter Leitungen, die aus einer gemeinsamen Netzstation versorgt werden (Bild 3.5).

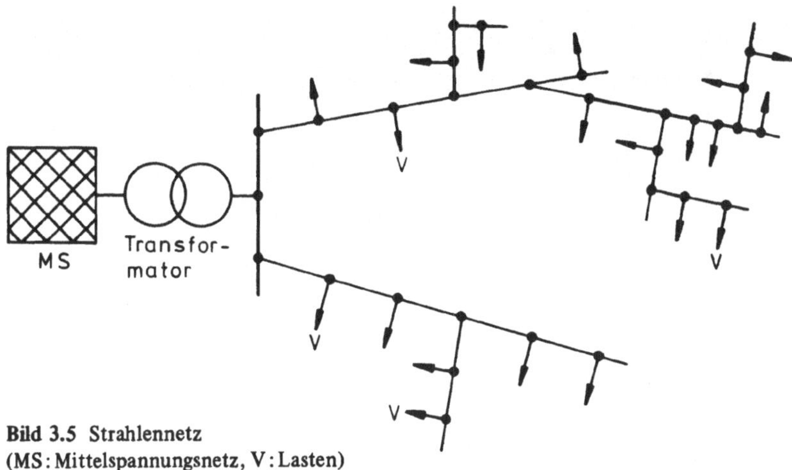

Bild 3.5 Strahlennetz
(MS: Mittelspannungsnetz, V: Lasten)

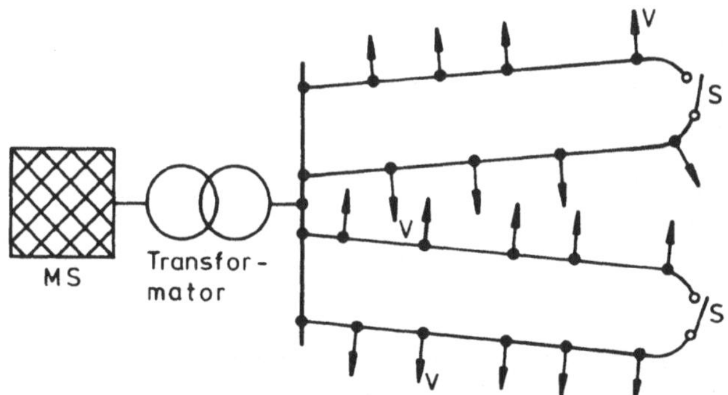

Bild 3.6
Ringleitung, offen betrieben
(MS: Mittelspannungsnetz, V: Lasten, S: Trennstelle, Kabelverteilerschrank)

Diese Netzform ist häufig in ländlichen Gebieten zu finden. Sie hat den Nachteil, daß im Falle einer Leitungsunterbrechung alle nachfolgenden Verbraucher desselben Strahles nicht mehr versorgt werden. Ferner können Schwierigkeiten bei der Spannungskonstanz auftreten, wenn große Lasten eingeschaltet werden. Bei höheren Lastdichten wird das Netz anders gestaltet und überwiegend mit Kabeln ausgeführt (s. Abschnitt 4.6). Sie werden entlang der Straßenzüge verlegt, und zwar häufig beidseitig, da sich dann die Bauarbeiten auf die Bürgersteige beschränken und nicht den Straßenverkehr behindern.

Durch die Verlegung der Kabel auf beiden Straßenseiten bietet es sich an, *Ringleitungen* zu bilden (Bild 3.6). Sie werden aus Gründen des Netzbetriebs und einer größeren Übersichtlichkeit in der Mitte aufgetrennt, so daß wiederum ein Strahlennetz vorliegt. Es weist bei diesem speziellen Aufbau jedoch eine größere Versorgungssicherheit auf. Im Falle einer Leitungsunterbrechung in einem Teilring können die betroffenen Verbraucher durch Schließen der Trennstelle S über den anderen Halbring weiter gespeist werden.

Falls es sich von der Straßenführung her anbietet, können auch verzweigte Ringe ausgeführt werden (Bild 3.7). Sie weisen bereits eine Querverbindung auf und stellen damit eine ein-

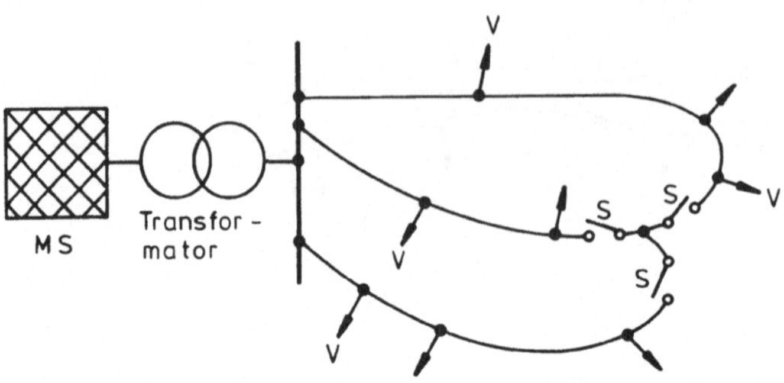

Bild 3.7 Verzweigter Ring
(S: Trennstelle, Kabelverteilerschrank)

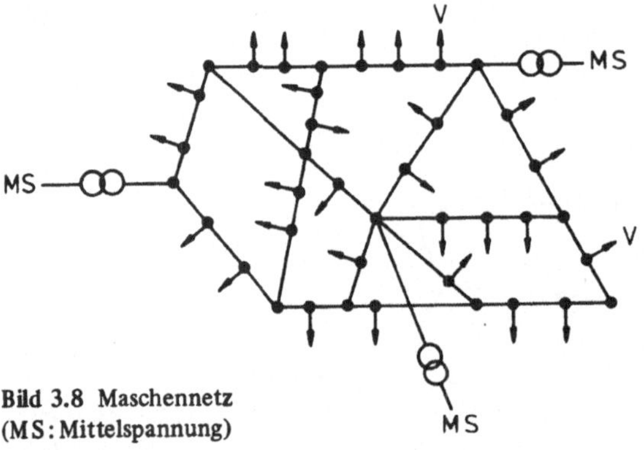

Bild 3.8 Maschennetz
(MS: Mittelspannung)

fache Vermaschung dar. Weitere Vermaschungen, die das Straßensystem ermöglicht, werden mit steigender Lastdichte immer stärker genutzt. Mit wachsendem Vermaschungsgrad geht das Netz schließlich in ein *Maschennetz* über, das ab einer bestimmten Größe eine Reihe von Einspeisungen erfordert. Der prinzipielle Aufbau eines solchen Maschennetzes ist aus Bild 3.8 zu ersehen.

Durch Vermaschungen wird die Versorgungssicherheit erhöht, die Spannungskonstanz verbessert und die Verlustleistung verringert. Diesen Vorteilen steht jedoch auch ein Nachteil gegenüber. So ist es bei einem großen Maschennetz recht schwierig, nach einer Störung das Netz wieder in Betrieb zu nehmen, da die Netzstationen üblicherweise nicht gleichzeitig zugeschaltet werden können. In diesem Fall ist eine Überlastung der zuerst ans Netz gehenden Stationen nicht ausgeschlossen. Sie können dadurch ausfallen, so daß sich die Inbetriebnahme weiter erschwert. Aus diesem Grunde werden bei Neuplanungen größere Maschennetze vermieden. Stattdessen wählt man mehrere kleine, parallele Maschennetze.

Bei großen Lastdichten, bei Werten etwa ab 30 ... 50 MVA/km^2, bildet man die Niederspannungsnetze als *Anschluß-* oder *Stummelnetze* (Bild 3.9) aus. Es handelt sich dabei um kurze Strahlennetze, an die jeweils nur wenige Verbraucher angeschlossen sind.

Die verwendete Spannung beträgt in Niederspannungsnetzen überwiegend 380 V für Drehstromverbraucher und 220 V für einphasige Verbraucher. Da das 0,4-kV-Netz nur Verbraucher bis zu einer Leistung von ca. 300 kW zuläßt, sind in *Industrienetzen* auch Spannungs-

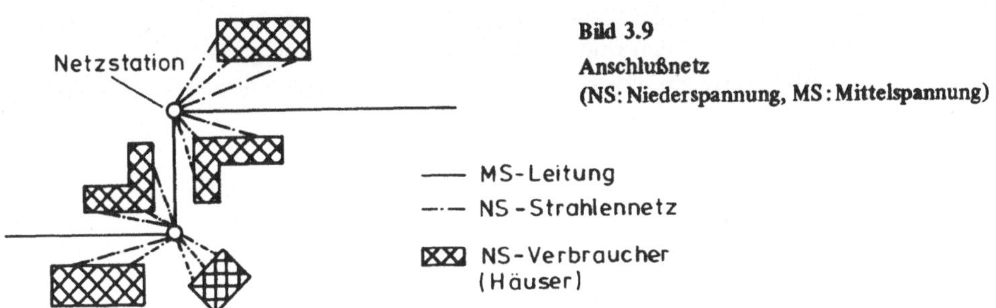

Bild 3.9
Anschlußnetz
(NS: Niederspannung, MS: Mittelspannung)

ebenen mit 500 V und 660 V zu finden. Verbraucher, die auch die Leistungsfähigkeit dieser Spannungsebenen überschreiten, müssen direkt an das Mittelspannungsnetz angeschlossen werden.

3.2.2 Mittelspannungsnetze

Ein Mittelspannungsnetz wird über *Umspannstationen* (s. Abschnitt 4.11) aus einem Hochspannungsnetz gespeist. Die Nennleistung dieser Umspannstationen beträgt üblicherweise 20 ... 40 MVA. Das Mittelspannungsnetz verteilt die elektrische Energie dann über die Netzstationen in die unterlagerten Niederspannungsnetze. Die Struktur des Mittelspannungsnetzes ist wiederum von der Lastdichte des zu versorgenden Gebiets abhängig.

In ländlichen Gebieten mit geringer Lastdichte wird als Spannungsebene überwiegend 20 kV gewählt. Das entspricht gemäß der in Kapitel 1 angegebenen Faustformel einem Versorgungsradius von etwa 20 km, wobei die Umspannstationen möglichst in die Lastschwerpunkte gelegt werden. Die Netze werden meistens als Strahlennetze mit Freileitungen ausgeführt.

In den Städten, wo höhere Lastdichten vorliegen, werden wiederum Kabel verwendet. Sie werden in größerer Tiefe (ca. 1,20 m) unter den Niederspannungskabeln verlegt. Die Entfernung zwischen den Netzstationen beträgt selten mehr als 500 m. Bei solchen Verhältnissen ist es kostengünstiger, für die Mittelspannungsnetze eine Nennspannung von 10 kV zu wählen [5]. Sie sind häufig als Ring- oder Stützpunktnetze ausgeführt (s. Bilder 3.10 und 3.11).

Ein Ringnetz besteht aus einer Vielzahl von Ringleitungen. Wie in Niederspannungsnetzen werden die einzelnen Ringe im Normalbetrieb offen gefahren (Trennstelle). Anstelle der einzelnen Verbraucher werden in Mittelspannungsnetzen von den Ringen eine Reihe von Netzstationen – üblicherweise zwischen fünf und zehn – versorgt. Die Stationen werden so ausgerüstet, daß die Leitungen zwischen den Stationen freigeschaltet werden können. Dadurch ist es möglich, im Falle einer Störung die Fehlerstelle auszublenden. Sofern der Fehler *auf der Leitung* auftritt, können nach Schließen der Trennstelle alle Stationen nach wie vor versorgt werden. Sollte die Störung *in einer Station* auftreten, sind davon im Niederspannungsnetz nur die Verbraucher betroffen, die von dieser Station versorgt werden.

Die andere Netzform – das Stützpunktnetz – wird häufig bei hohen Lastdichten wie z. B. in Innenstädten angewendet. Bei dieser Netzform speisen, wie aus Bild 3.11 zu ersehen ist, mehrere Umspannstationen – verknüpft mit einigen Stützpunkten – in das Mittelspannungsnetz ein. Die Stützpunkte werden von den Umspannstationen z. B. durch eine Ringleitung versorgt. Die zugehörigen Kabel werden zur Erhöhung der Versorgungssicherheit mehrfach und besonders sicher verlegt.

Von den Umspannstationen und Stützpunkten gehen Ringleitungen aus, die dann die Netzstationen versorgen. Sofern es sich vom Straßensystem her anbietet, gestaltet man das Netz meist so, daß einzelne Ringe zusätzlich untereinander noch zu verbinden sind. Dadurch erhöht sich die Versorgungssicherheit weiter.

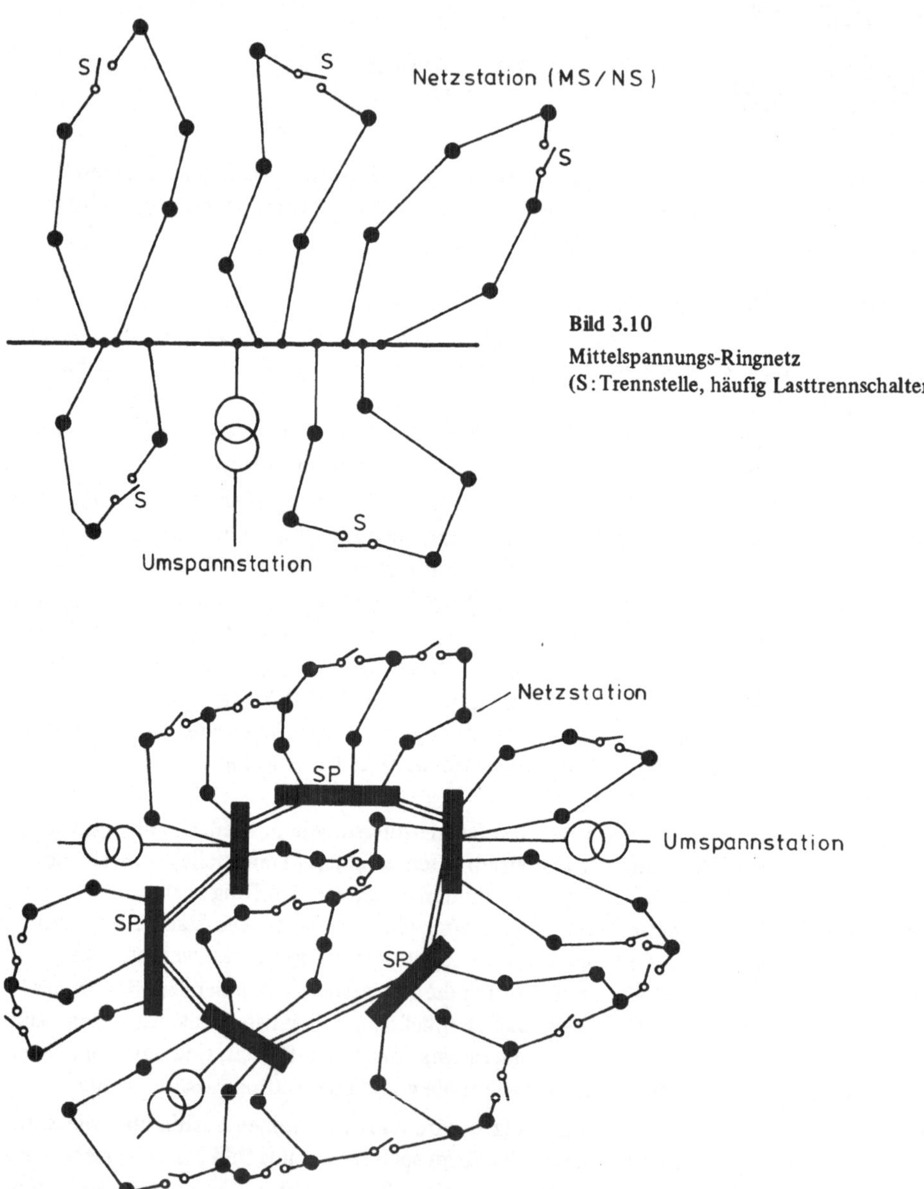

Bild 3.10
Mittelspannungs-Ringnetz
(S: Trennstelle, häufig Lasttrennschalter)

Bild 3.11 Prinzipieller Aufbau eines Stützpunktnetzes
(SP: Stützpunkt)

Neben den genannten Spannungsebenen treten in Industrienetzen häufig auch 6-kV-Netze auf. Diese Spannung bietet besondere Vorteile für große Motoren, deren Leistungsaufnahme von einem 660-V-Industrienetz nicht mehr gedeckt werden kann. So lassen sich Motoren beim Übergang auf 6 kV noch mit einem relativ geringen Mehraufwand bauen, während der Sprung zur 10-kV-Ebene mit einem höheren Aufwand verbunden wäre.

Zu erwähnen bleibt noch, daß im Prinzip auch in Mittelspannungsnetzen vermaschte Netze mit mehreren Einspeisungen auftreten. Um jedoch, wie später noch gezeigt wird, Kurzschlußströme zu beherrschen, wird der Vermaschungsgrad und die Anzahl der Einspeisungen gering gehalten.

3.2.3 Hoch- und Höchstspannungsnetze

Die Mittelspannungsnetze werden in der beschriebenen Weise aus dem überlagerten Hochspannungsnetz gespeist, das mit einer Spannung von 110 kV betrieben wird. Die 110-kV-Netze werden im geringen Umfang durch einzelne Mittel- und Spitzenlastkraftwerke, überwiegend jedoch über mehrere Einspeisungen aus einem Höchstspannungsnetz versorgt, das seine Energie im wesentlichen von den Grundlastkraftwerken bezieht. Die 380/110-kV-Transformatoren dieser Einspeisungen sind meist für Nennleistungen von 110 ... 300 MVA ausgelegt.

Bei den Höchstspannungsnetzen hat sich die Spannung 380 kV durchgesetzt. Daneben existieren aber noch ältere Netze, die mit 220 kV betrieben werden. Diese höchsten Spannungsebenen stellen reine Transportnetze dar, die, wie aus Bild 3.12 hervorgeht, auch Maschen enthalten können. Dagegen entwickelt sich das 110-kV-Netz infolge der steigenden Lastdichten in den Großstädten immer mehr zu einem Verteilernetz, häufig in Kabelausführung. Aufgrund dieser Veränderung treten auch in dieser Spannungsebene neben einfachen Strahlennetzen zum Teil schon Strukturen auf, die in Mittelspannungsnetzen zu finden sind. Wie in Bild 3.12 zu sehen ist, ergibt sich infolge der zunehmenden Verteiler-

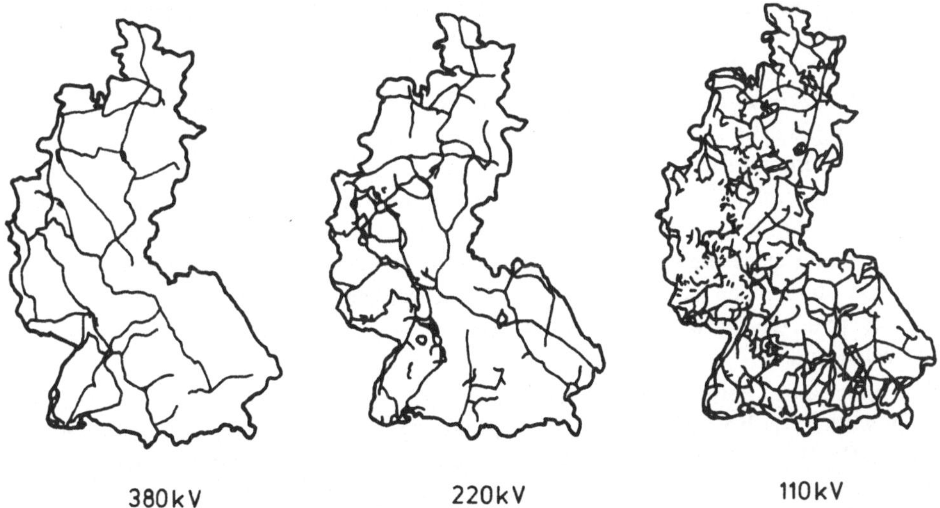

Bild 3.12 Hoch- und Höchstspannungsnetze in der Bundesrepublik Deutschland (Stand 1980)

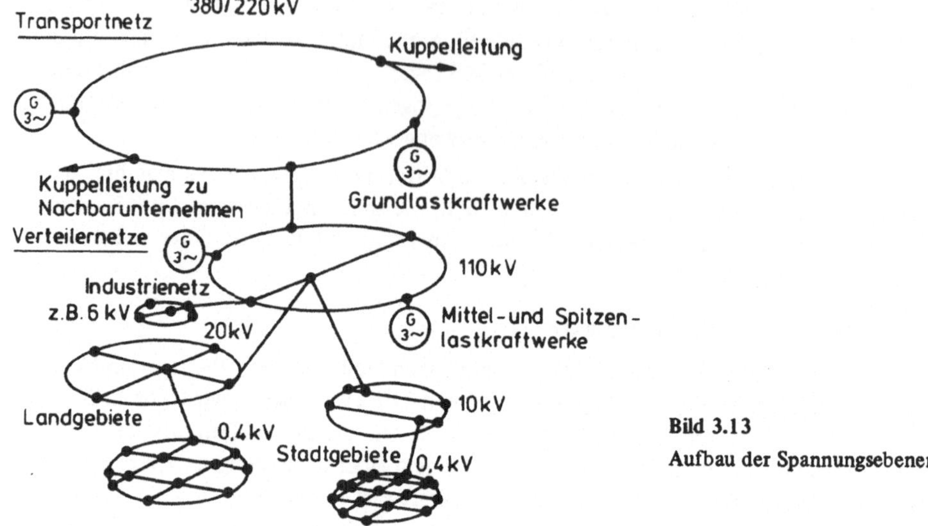

Bild 3.13
Aufbau der Spannungsebenen

funktion für das 110-kV-Netz ein wesentlich dichterer Aufbau als bei dem 380-kV-Netz. Eine zusammenfassende Darstellung der verschiedenen Spannungsebenen gibt Bild 3.13.

Auf der Ebene der Höchstspannungsnetze erfolgt auch der bereits in Kapitel 1 beschriebene Zusammenschluß der Unternehmen zu einem Verbundnetz (s. Bild 3.12). Dadurch ist ein Energieaustausch möglich. Von besonderer Bedeutung ist dies bei Störungen, z. B. Blockausfällen. Da eine größere Anzahl von Kraftwerken zur Verfügung steht, ist der Ausfall eines Blocks dann weniger bedeutsam. Die einzelnen Unternehmen können infolgedessen eine *geringere Reserveleistung* vorhalten, die selbst dann noch mit ca. 15 % zu veranschlagen ist. Aber auch im Normalbetrieb ist das Verbundnetz von großem Wert. Es ermöglicht einen *wirtschaftlichen Stromaustausch.* So kann z. B. die in den Alpen von den Wasserkraftwerken erzeugte billige elektrische Überschuß-Energie – vor allem im Frühjahr zur Zeit der Schneeschmelze – an die Verbraucherschwerpunkte im süddeutschen Raum weitergeleitet werden. Umgekehrt erfolgt dann, im Winter eine Versorgung dieser Gebiete aus dem süddeutschen Raum mit thermisch erzeugter elektrischer Energie. Die auftretenden Netzverluste liegen im Verbundnetz etwa bei 3 % der transportierten Leistung. Das Verbundnetz ermöglicht weiterhin den Einsatz großer Kraftwerke von z. B. 1300 MW, die nach Kapitel 1 besonders kostengünstig sind. Die Verbundpartner können über das Verbundnetz die kleineren Unternehmen meist kostengünstiger versorgen, da diese nur kleinere Blöcke einsetzen könnten, die überwiegend infolge der geringeren Ausnutzung (s. Kapitel 1) unwirtschaftlicher sind.

Schon diese beiden Beispiele zeigen, daß zwischen den Unternehmen ständig Energie ausgetauscht wird. Je nach Richtung wird die ausgetauschte Energie als *Bezug* oder *Lieferung* bezeichnet. Die Vereinbarungen zwischen den Unternehmen werden *Absprachen* genannt. Es haben sich verschiedene Standardformen als zweckmäßig erwiesen. Eine weitergehende Behandlung dieses Themenkreises findet sich in der elektrizitätswirtschaftlichen Literatur, z. B. [6].

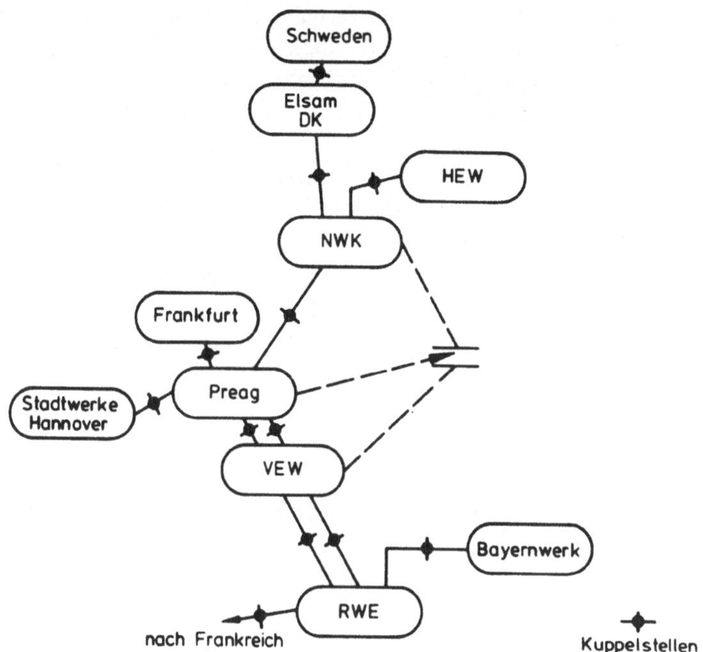

Bild 3.14 Schaltungsbeispiel für das Verbundnetz

Es muß nun sichergestellt werden, daß die gewünschten Austauschleistungen sich an den Kuppelstellen zwischen den Unternehmen auch tatsächlich einstellen. Diese Aufgabe wird von den Sekundärreglern übernommen (s. Abschnitt 2.4). Bei dem Zusammenschluß der Verbundunternehmen ist darauf zu achten, daß diese Regelung grundsätzlich nur dann einwandfrei arbeitet, wenn die einzelnen Transportnetze strahlenförmig untereinander verbunden sind. Wohl dürfen mehrere Kuppelleitungen zwischen je zwei Unternehmen bestehen, es darf jedoch – zumindest im regelungstechnischen Konzept – keine Masche bei der Verschaltung der einzelnen Unternehmen auftreten. Die ausgezogenen Linien in Bild 3.14 zeigen einen solchen zulässigen Schaltzustand des Verbundnetzes.

Obwohl von der geographischen Netzanordnung her möglich (s. Bild 1.2), dürften sich bei diesem Schaltzustand die Unternehmen NWK und VEW untereinander nicht mehr kuppeln. Dieser Schritt wäre nur dann möglich, wenn die Preag dazwischengeschaltet wäre, da dann die gewünschte strahlenförmige Anordnung wieder vorläge. Es bietet sich nun an, die Kuppelstelle als einen Übergang NWK-Preag, Preag-NWK aufzufassen (s. Bild 3.14). Gerätetechnisch läßt sich diese Vorstellung dadurch verwirklichen, daß die Austauschleistung an dieser Kuppelstelle mit in die Wirkleistungsbilanz des Sekundärreglers für das Preag-Gebiet einbezogen wird. Durch diesen Schritt ist es möglich, das regelungstechnische Konzept zu erhalten, obwohl die Transportnetze der Unternehmen im geographischen Schaltzustand Maschen bilden.

Größere Störungen im Verbundnetz wirken sich auf alle Verbundpartner aus. Falls in einem Teilnetz beispielsweise durch einen Kraftwerksausfall Leistungsmangel auftritt, sinkt im gesamten Verbundnetz die Frequenz. Aufgrund dieser Frequenzabsenkung geben, wie bereits dargestellt, alle Kraftwerke im Rahmen ihrer Primärregelung eine höhere Leistung ab und unterstützen auf diese Weise das Unternehmen, dessen Leistungsgleichgewicht gestört ist. Im allgemeinen erweist sich diese Hilfe durch die Verbundpartner als ausreichend. Wenn das nicht der Fall sein sollte, werden bei einer Frequenz von 49,8 Hz alle Lastverteiler des Verbundes alarmiert, die noch verfügbaren Kraftwerksleistungen zu mobilisieren. Bei einem weiteren Absinken der Frequenz treten dann je nach Abweichung stufenweise zusätzliche Hilfsmaßnahmen in Kraft, z. B. Lastabwurf und Bildung von Inselnetzen.

Wenn trotz dieser Maßnahme die Frequenz noch weiter absinkt, werden bei einer Frequenz von 47,5 Hz alle betroffenen Kraftwerke vom Netz abgetrennt. Es wird dann nur noch die Eigenbedarfsleistung gedeckt, die u. a. zur Versorgung der Gebläse, Kohlemühlen und Speisewasserpumpen benötigt wird.

In den bisherigen Ausführungen ist im wesentlichen nur die Struktur der Netze beschrieben worden. Das Strom-Spannungs-Verhalten von Drehstromnetzen wird in den folgenden Kapiteln dargestellt.

4 Aufbau und Ersatzschaltbilder wichtiger Netzelemente

In diesem Kapitel werden zunächst die wichtigsten Elemente beschrieben, aus denen sich ein Netz zusammensetzt. Im einzelnen werden Transformatoren, Wandler, Generatoren, Freileitungen, Kabel, Kondensatoren, Drosselspulen, Schalter und Schaltanlagen betrachtet. Der Aufbau wird nur in dem Umfang wiedergegeben, wie es für das Verständnis der Wirkungsweise des jeweiligen Elementes notwendig ist. Die daraus abgeleiteten Modelle beschreiben dann analytisch den Zusammenhang zwischen den interessierenden Strom- und Spannungsverhältnissen. Dadurch ist es möglich, das spätere Systemverhalten von Netzen zu ermitteln.

In dieser Einführung werden nur grundlegende Betrachtungen angestellt. Primär wird das stationäre Verhalten erläutert. Die erstellten Modelle erfassen transiente Vorgänge nur teilweise.

Wenn nur stationäre Vorgänge betrachtet werden, verwendet man im technischen Sprachgebrauch anstelle des Begriffes „Modell" auch häufig den Begriff „Betriebsverhalten". Es wird sich zeigen, daß sich das Betriebsverhalten bei einer Reihe von Netzelementen durch galvanisch und induktiv gekoppelte Netzwerke beschreiben läßt. Daher wird zunächst die prinzipielle Berechnungsmethodik dieser Kreise vorangestellt.

4.1 Berechnung von Netzwerken mit induktiven Kopplungen

Bevor kompliziertere Verhältnisse betrachtet werden, wird zunächst die einfachste Form einer induktiven Kopplung erläutert.

4.1.1 Analytische Beschreibung der induktiven Kopplung bei dünnen Leiterschleifen

Die Methode, induktive Kopplungen zu berechnen, läßt sich bereits an zwei induktiv gekoppelten dünnen Leiterschleifen zeigen (Bild 4.1). Die darin eingetragenen Zählpfeile können beliebig eingeführt werden, eine Möglichkeit zeigt Bild 4.1. Die sich einstellenden zeitlichen Strom-Spannungs-Verhältnisse werden in jeder Leiterschleife durch das Induktionsgesetz

$$-\oint E_t \, ds = \frac{d}{dt} \int_A B_n \, dA, \tag{4–1}$$

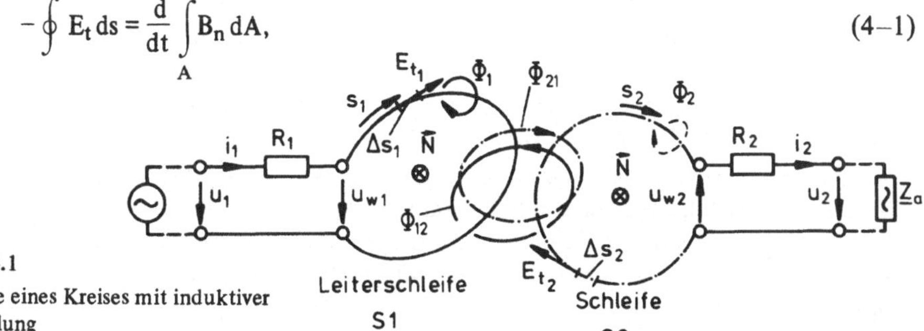

Bild 4.1
Skizze eines Kreises mit induktiver Kopplung

beschrieben. Aufgrund seiner fundamentalen Bedeutung wird dieses Gesetz im folgenden ausführlicher erläutert. Zunächst wird die linke Seite, das Randintegral, betrachtet.

Die Größe E_t bezeichnet die elektrische Feldstärke, die in der Leiterschleife auftritt, also den Spannungsabfall Δu pro Wegelement Δs bzw. ds. Der Index t besagt, daß nur diejenige Komponente der Feldstärke interessiert, die tangential zum Wegelement verläuft. Der Ausdruck $E_t \cdot \Delta s$ stellt einen infinitesimalen Spannungsabfall dar. Wie aus dem Induktionsgesetz zu ersehen ist, werden diese Größen zu einem resultierenden Wert addiert, also integriert. Der *Umlaufsinn* erfolgt bei dieser Integration zweckmäßigerweise *in Richtung des Stromes,* da anderenfalls ein Minuszeichen hinzugefügt werden müßte.

Die Integration läßt sich erheblich vereinfachen, wenn lediglich das resultierende Eingangs- bzw. Ausgangsverhalten der Schleifen interessiert. Zu diesem Zweck wird der ohmsche Anteil der Schleife in Form eines konzentrierten ohmschen Widerstandes vor die Leiterschleife gelegt; der betrachteten Leiterschleife selbst kann dann die Leitfähigkeit $\kappa \to \infty$ zugeordnet werden. Ein Strom i, der unter dieser Bedingung durch den Leiter mit dem Querschnitt A_L fließt, ruft dort die Stromdichte $S(t) = i/A_L$ hervor. Die Feldstärke E_t nimmt dann bei $\kappa \to \infty$ entsprechend der Materialgleichung

$$E_t = \frac{S}{\kappa}$$

überall in der Leiterschleife den Wert Null an. Mithin ist auch der infinitesimale Spannungsabfall Δu gleich Null. Die Integration längs der Leiterschleife liefert dann ebenfalls diesen Wert. Das Induktionsgesetz fordert nun, daß die Integration stets auf einem geschlossenen Wege erfolgt, daß also der Startpunkt wieder erreicht wird. Diese Forderung bedingt, daß auch der äußere Stromkreis, der an der Leiterschleife angeschlossen ist, in die Integration einbezogen wird. Der Betrag der Spannung, der sich auf diesem Wege ergibt, ist gleich der Spannung an den Leiterklemmen, der Windungsspannung u_w. Das Vorzeichen wird durch die Wahl des Spannungs-Zählpfeiles und des Umlaufsinnes bestimmt. Für die beiden Leiterschleifen in Bild 4.1 ergeben sich unter dieser Bedingung die Zusammenhänge

$$\oint E_{t1}\, ds_1 = -u_{w1}$$

$$\oint E_{t2}\, ds_2 = -u_{w2}\ . \tag{4–2}$$

Im weiteren wird nun die rechte Seite der Beziehung (4–1), das nach der Zeit differenzierte Flächenintegral, betrachtet. Mit ΔA bzw. dA wird ein Flächenelement der Fläche A bezeichnet, die von der Leiterschleife eingeschlossen wird. Unter der Größe B_n wird die Komponente der Induktion verstanden, die senkrecht auf dem Flächenelement ΔA steht. Dieser Sachverhalt wird durch den Index n (normal) gekennzeichnet (Bild 4.2).

Hervorzuheben ist, daß mit der Induktion B_n stets das tatsächlich vorhandene Feld bezeichnet wird. Es setzt sich im allgemeinen Fall nicht nur aus dem Eigenfeld der betrachteten Schleife, sondern auch aus den Fremdfeldern anderer Schleifen zusammen. Um anzudeuten, daß es sich um ein *resultierendes Feld* handelt, wird im folgenden der Index w (Windung) hinzugefügt.

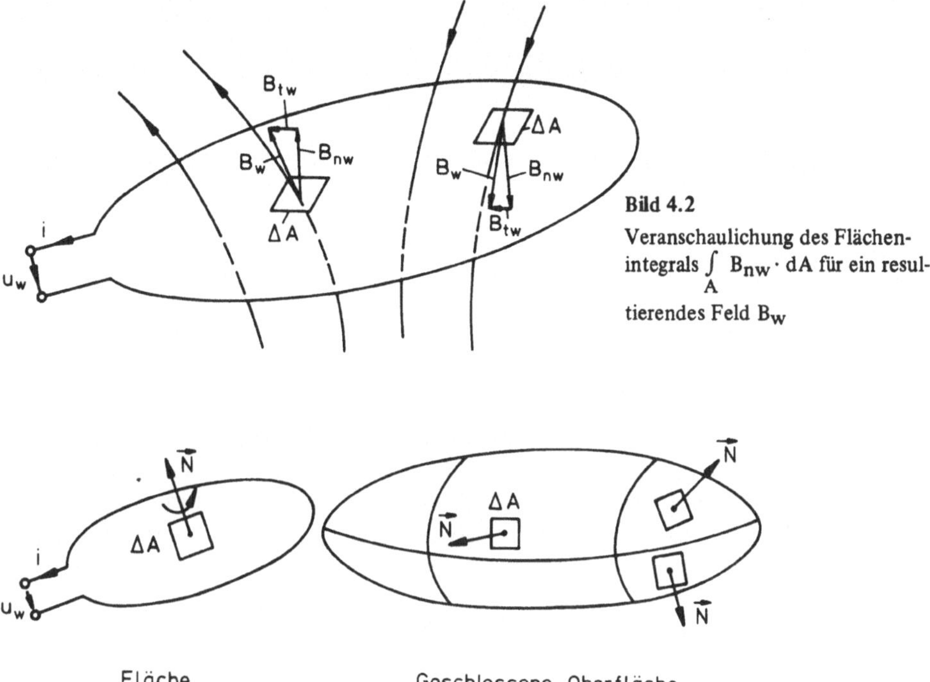

Bild 4.2 Veranschaulichung des Flächenintegrals $\int_A B_{nw} \cdot dA$ für ein resultierendes Feld B_w

Bild 4.3 Zuordnung der Richtung für die Normale $\vec{N}$

Anschließend werden die Terme $B_{nw} \cdot \Delta A$ für jedes Flächenelement gebildet: Es wird also jeweils das Flächenelement mit der zugehörigen Induktion B_{nw} multipliziert. Diese Ausdrücke werden dann summiert; die Summe liefert bekanntlich den Fluß, der im folgenden mit Φ_w bezeichnet wird. Bei der Summation tritt die Frage auf (Bild 4.2), wie B_{nw} gerichtet sein muß, damit der Term $B_{nw} \Delta A$ als positiv oder negativ anzusehen ist. Flächenelemente werden durch den Normalenvektor gekennzeichnet, der ebenfalls senkrecht auf dem Flächenelement ΔA steht (Bild 4.3). Die Richtung der Induktion gilt als positiv, wenn sie mit der Richtung der Normalen übereinstimmt. Die angegebene Formulierung (4–1) des *Induktionsgesetzes* enthält in bezug auf die positive *Normalenrichtung einige Voraussetzungen.* Es wird stets diejenige Richtung der Normalen als positiv angesehen, die sich ergibt, wenn eine Rechtsschraube im Umlaufsinn gedreht wird. Sofern es sich um geschlossene Oberflächen, also Körper handelt, zeigt die Normale stets nach außen (Bild 4.3). Dieser Zusammenhang wird im Abschnitt 4.5 noch benötigt.

Die Auswertung der Flächenintegrale läßt sich erheblich vereinfachen, wenn lineare Verhältnisse vorausgesetzt werden, also das Überlagerungsprinzip gilt. Dies wird im folgenden anhand des Beispiels in Bild 4.1 für die Schleife 1 gezeigt.

Die Induktion B_{nw_1} setzt sich dann additiv aus dem Eigenanteil B_{n_1} und dem Fremdfeld B_{n_2} der Schleife 2 zusammen:

$$B_{nw_1} = B_{n_1}(i_1) + B_{n_2}(i_2).$$

Das Flächenintegral kann damit in

$$\int_{A_1} B_{nw_1} dA_1 = \int_{A_1} B_{n_1}(i_1) dA_1 + \int_{A_1} B_{n_2}(i_2) dA_1 \tag{4–3}$$

umgeschrieben werden. Bei den vorausgesetzten linearen Verhältnissen läßt sich das Integral

$$\int_{A_1} B_{n_1}(i_1)\, dA_1 = \Phi_1$$

stets auf die Proportion

$$\Phi_1 = L_1 \cdot i_1$$

zurückführen. Der Fluß Φ_1 ist positiv, da die Induktion B_{n_1} bei dem gewählten Zählpfeil für i_1 ebenfalls positiv gerichtet ist (Rechtehandregel). Bekanntlich wird die Proportionalitätskonstante L_1 als Induktivität bezeichnet. Diese Größe läßt sich anschaulich deuten. Sie stellt ein Maß für den Fluß dar, der von der Leiterschleife 1 erzeugt wird, wenn sie von dem Strom $I_1 = 1\,A$ durchflossen wird. Für den zweiten Integralterm in der Beziehung (4–3)

$$\int_{A_1} B_{n2}(i_2)\, dA_1 = \Phi_{21}$$

gilt ein analoger Zusammenhang

$$\Phi_{21} = -M_{21} \cdot i_2 .$$

Das Minuszeichen zeigt an, daß die Induktion B_{n2} bei der angenommenen Richtung von i_2 entgegengesetzt zur Normalen der Fläche A_1 verläuft. Die Proportionalitätskonstante M_{21} wird als Gegeninduktivität bezeichnet. Die Indizierung soll andeuten, daß die Induktion B_{n2} von der Schleife 2 erzeugt wird, die Integration sich jedoch über die Fläche der Schleife 1 erstreckt. M_{21} ist mithin ein Maß dafür, wie groß der Fluß ist, der von der Schleife 2 in der Schleife 1 verursacht wird, wenn die Schleife 2 von dem Strom $I_2 = 1\,A$ durchflossen wird. Zwischen Schleife 2 und 1 besteht im umgekehrten Fall der analoge Zusammenhang

$$\Phi_{12} = -M_{12} \cdot i_1 .$$

Wenn keine Nichtlinearitäten auftreten, gilt ferner stets die Bedingung

$$M_{12} = M_{21} = M. \tag{4–4}$$

Die Umformung der Integrale in einfache Proportionen erleichtert die Anwendung des Induktionsgesetzes erheblich. Vorteilhaft ist, daß sich die darin enthaltenen Induktivitäten und Gegeninduktivitäten relativ gut meßtechnisch erfassen lassen, so daß eine analytische Auswertung der Integrale nur selten notwendig ist. Außerdem lassen sich diese Größen bei technischen Ausführungen meist recht gut abschätzen.

Die vorausgesetzte Linearität ist auch dann noch erfüllt, wenn Eisen im Feldraum vorhanden ist, also wenn sich die relative Permeabilität μ_r abschnittsweise ändert. Es muß jedoch die Bedingung gelten, daß μ_r dann innerhalb des jeweiligen räumlichen Bereiches wieder eine Konstante darstellt.

Bei technischen Ausführungen wird überwiegend eine gute magnetische Kopplung zwischen den Schleifen angestrebt. Das heißt, die Flüsse Φ_1, Φ_{12} bzw. Φ_2, Φ_{21} sollen sich möglichst wenig unterscheiden. Sinnvollerweise bezeichnet man daher die Flüsse Φ_{12}, Φ_{21} auch als *Haupt- oder Koppelflüsse;* für den restlichen Anteil $\Phi_1 - \Phi_{12}$ bzw. $\Phi_2 - \Phi_{21}$, der die andere Schleife nicht durchsetzt, wird der Ausdruck *Streufluß* verwendet.

Aufgrund der bisherigen Erläuterung lassen sich die resultierenden Flüsse, die mit dem Flächenintegral in der Beziehung (4–1) bestimmt werden, zu

$$\Phi_{w1} = L_1 \cdot i_1 - M \cdot i_2$$

$$\Phi_{w2} = L_2 \cdot i_2 - M \cdot i_1 \qquad (4\text{–}5)$$

angeben. Mit diesen Beziehungen und der Gl. (4–2) nimmt das Induktionsgesetz für die Leiterschleifen 1 und 2 die Form

$$u_{w1} = \frac{d}{dt}(L_1 \cdot i_1 - M \cdot i_2) = L_1 \frac{di_1}{dt} - M \frac{di_2}{dt}$$

bzw. (4–6)

$$u_{w2} = \frac{d}{dt}(L_2 \cdot i_2 - M \cdot i_1) = L_2 \frac{di_2}{dt} - M \frac{di_1}{dt}$$

an. Diese Zusammenhänge werden als Koppelgleichungen bezeichnet, da sie die induktiven Kopplungen beschreiben.

Der dargestellte Rechnungsgang läßt sich weitgehend losgelöst von den bisherigen Betrachtungen durchführen, wenn man die zugrunde gelegten Annahmen formalisiert und in folgenden Schritten vorgeht:

- Zählpfeile für Windungsstrom und -spannung beliebig, jedoch stets parallel einführen, also das Verbraucherzählpfeilsystem verwenden (Bild 4.4);
- positive Flußrichtung durch Rechtsschraube in Stromrichtung festlegen;
- mit Hilfe der Rechtenhandregel Richtung des Eigenfeldes und der Fremdfelder bestimmen;
- unter Verwendung der Induktivitäts- und Gegeninduktivitätsbegriffe Flußbilanz Φ_{w_i} für $i = 1, 2$ bilden;
- Flußbilanz Φ_{w_i} in die Beziehung $u_{w_i} = d\Phi_{w_i}/dt$ einsetzen.

Diese Rechnungen sind in allgemeinerer Form auch für mehr als zwei Schleifen durchzuführen. Darauf wird im Abschnitt 4.2 noch eingegangen. Zunächst soll der Spezialfall be-

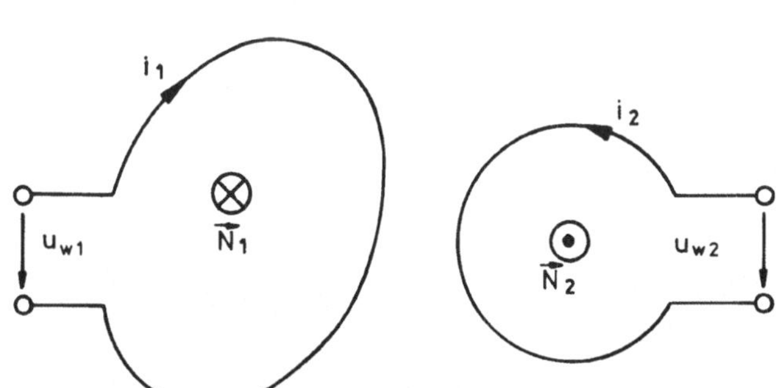

Bild 4.4

Darstellung zweier Leiterschleifen im Verbraucherzählpfeilsystem

handelt werden, daß in dem Beispiel gemäß Bild 4.1 die Ströme und Spannungen sinusförmig verlaufen, also stationäre Verhältnisse vorliegen. Man kann dann auf eine komplexe Schreibweise übergehen. Es soll in diesem Zusammenhang für die Spannungen

$$\begin{aligned} u_{w1} &= \sqrt{2} \cdot U_{w1} \cdot \cos \omega t = \mathrm{Re}(\underline{U}_{w1} \cdot \sqrt{2} \cdot e^{j\omega t}) \\ u_{w2} &= \sqrt{2} \cdot U_{w2} \cdot \cos(\omega t + \varphi) = \mathrm{Re}(\underline{U}_{w2} \cdot \sqrt{2} \cdot e^{j\omega t}) \end{aligned} \qquad (4\text{–}7)$$

mit

$$\underline{U}_{w1} = U_{w1} \cdot e^{j0^\circ}, \quad \underline{U}_{w2} = U_{w2} \cdot e^{j\varphi}$$

gelten. Die Ströme sind in der Regel, wie die Spannung $\underline{U}_{w2}$, zur Spannung $\underline{U}_{w1}$ phasenverschoben. Die Phasenverschiebung muß daher im Ansatz ebenfalls berücksichtigt werden. Mit

$$\underline{I}_1 = I_1 \cdot e^{j\varphi_1}, \quad \underline{I}_2 = I_2 \cdot e^{j\varphi_2}$$

resultiert dann:

$$\begin{aligned} i_1 &= \sqrt{2} \cdot I_1 \cdot \cos(\omega t + \varphi_1) = \mathrm{Re}(\underline{I}_1 \cdot \sqrt{2}\, e^{j\omega t}) \\ i_2 &= \sqrt{2} \cdot I_2 \cdot \cos(\omega t + \varphi_2) = \mathrm{Re}(\underline{I}_2 \cdot \sqrt{2}\, e^{j\omega t}). \end{aligned} \qquad (4\text{–}8)$$

Die Beziehungen (4–7) und (4–8) werden in die erweiterte, komplexe Form der Gl. (4–6) eingesetzt und führen auf

$$\begin{aligned} \sqrt{2} \cdot \underline{U}_{w1} \cdot e^{j\omega t} &= \sqrt{2} \cdot e^{j\omega t} \cdot (j\omega L_1 \cdot \underline{I}_1 - j\omega M \cdot \underline{I}_2) \\ \sqrt{2} \cdot \underline{U}_{w2} \cdot e^{j\omega t} &= \sqrt{2} \cdot e^{j\omega t} \cdot (j\omega L_2 \cdot \underline{I}_2 - j\omega M \cdot \underline{I}_1). \end{aligned}$$

Dividiert man nun diese Gleichungen durch den Faktor $\sqrt{2} \cdot e^{j\omega t}$, so erhält man die zeitunabhängigen, komplexen Beziehungen

$$\begin{aligned} \underline{U}_{w1} &= j\omega L_1 \cdot \underline{I}_1 - j\omega M \cdot \underline{I}_2 \\ \underline{U}_{w2} &= j\omega L_2 \cdot \underline{I}_2 - j\omega M \cdot \underline{I}_1. \end{aligned} \qquad (4\text{–}9)$$

Diese Gleichungen beschreiben den stationären Zusammenhang zwischen den Eingangs- und Ausgangsgrößen $\underline{U}_{W1}, \underline{I}_1$ bzw. $\underline{U}_{W2}, \underline{I}_2$. Im folgenden wird dargestellt, wie diese Koppelgleichungen mit den weiteren Systemgleichungen zu verknüpfen sind, um eine vollständige Modellbeschreibung zu erhalten.

4.1.2 Berechnung von Netzwerken mit induktiv gekoppelten Leiterschleifen

Die in Bild 4.1 dargestellte Anordnung stellt bereits ein kleines Netzwerk dar, für das im weiteren die vollständigen Systemgleichungen aufgestellt werden sollen. In jedem Fall gelten auch bei dieser Anordnung die Kirchhoffschen Gesetze. Die markierten Umläufe führen entsprechend den Gesetzen der Wechselstromrechnung auf den Zusammenhang

$$\begin{aligned} -\underline{U}_1 + R_1 \cdot \underline{I}_1 + \underline{U}_{W1} &= 0 \\ \underline{U}_2 + R_2 \cdot \underline{I}_2 + \underline{U}_{W2} &= 0. \end{aligned} \qquad (4\text{–}10)$$

Die Spannung $\underline{U}_2$ ist durch die Abschlußimpedanz $\underline{Z}_a$ zu

$$\underline{U}_2 = \underline{Z}_a \cdot \underline{I}_2$$

bestimmt, während die Spannung $\underline{U}_1$ als eingeprägt angesehen wird. Sie wird weiterhin als sinusförmig verlaufend vorausgesetzt, da anderenfalls die komplexe Rechnung nicht angewendet werden dürfte. Unbekannt sind noch die Ströme $\underline{I}_1, \underline{I}_2$ und die Windungsspannungen $\underline{U}_{W1}, \underline{U}_{W2}$, also vier Unbekannte bei zwei gegebenen Gleichungen.

Bei Berücksichtigung der vorher abgeleiteten Koppelgleichungen (4–9) erhält man jedoch ein komplexes, lineares System von vier Gleichungen mit vier Unbekannten, das diesen Kreis vollständig beschreibt. Die Berechnungsmethodik kann demnach folgendermaßen abstrakter formuliert werden:

Man führt entsprechend den Gesetzen der Wechselstromrechnung Zählpfeile an allen Elementen ein. Die Richtung der Zählpfeile ist an sich beliebig; entscheidend ist jedoch, wie bereits erläutert, daß der Zählpfeil für den Strom und der für die Spannung jeweils an dem induktiv gekoppelten Element parallelgerichtet sind. Dann erfolgen entsprechend den beiden Kirchhoffschen Gesetzen die Spannungsumläufe und die Bildung der Stromsummen. Zusätzlich werden die Koppelgleichungen mit den vorher definierten Zählpfeilen aufgestellt. Es liegt dann ein vollständiges Gleichungssystem vor.

Es ist einsichtig, daß mit dieser Methodik auch Netzwerke behandelt werden können, die mehr als eine induktive Kopplung aufweisen. In diesem Fall wird mit jeder Kopplung analog verfahren. Zur Veranschaulichung des Verfahrens wird das Netzwerk in Bild 4.5 untersucht.

Bestimmung der Gleichungen:

Koppelgleichungen:

$$\underline{U}_{W1} = j\omega L_1 \underline{I}'_1 - j\omega M_{12} \underline{I}_2$$

$$\underline{U}_{W2} = j\omega L_2 \underline{I}_2 - j\omega M_{12} \underline{I}'_1$$

$$\underline{U}_{W3} = j\omega L_3 \underline{I}_3 - j\omega M_{34} \underline{I}_4$$

$$\underline{U}_{W4} = j\omega L_4 \underline{I}_4 - j\omega M_{34} \underline{I}_3,$$

Stromsumme:

$$\underline{I}_1 = \underline{I}'_1 + \underline{I}_4,$$

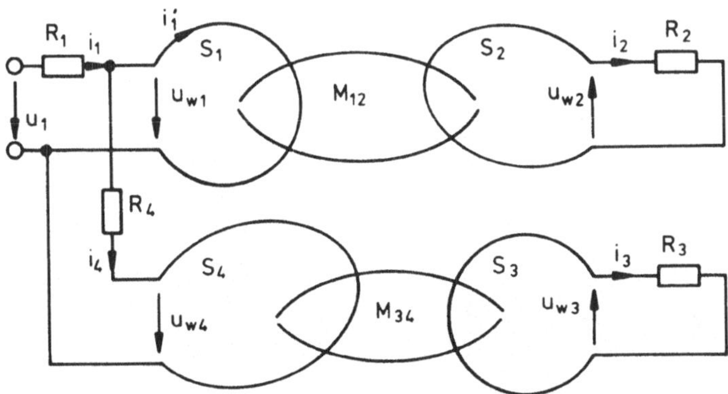

Bild 4.5 Netzwerk mit induktiven Kopplungen

Spannungsumläufe:

$$\underline{U}_{W1} - \underline{U}_1 + R_1 \cdot \underline{I}_1 = 0$$

$$\underline{U}_{W2} + R_2 \cdot \underline{I}_2 = 0$$

$$\underline{U}_{W3} + R_3 \cdot \underline{I}_3 = 0$$

$$\underline{U}_{W4} - \underline{U}_{W1} + R_4 \cdot \underline{I}_4 = 0.$$

Üblicherweise sind die Größen $\underline{U}_1, M_{12}, M_{34}, R_i, L_i$ ($i = 1, \ldots, 4$) bekannt. Das obige Gleichungssystem stellt dann ein System von neun Gleichungen mit neun Unbekannten dar. Hieraus lassen sich interessierende Größen wie z. B. der Eingangsstrom $\underline{I}_1$ ermitteln. In der Praxis treten solche einfachen, induktiv gekoppelten Leitersysteme selten auf. Sehr häufig handelt es sich um induktiv gekoppelte Spulen, die sich in den technisch interessierenden Fällen auf die behandelte Aufgabenstellung zurückführen lassen.

4.1.3 Induktive Kopplung bei Spulen

Im folgenden werden stets rechtsgängig gewickelte Spulen betrachtet, da sich dort besonders einfache Verhältnisse ergeben. In Bild 4.6 ist der Aufbau einer solchen Spule wiedergegeben. Das Kennzeichen einer derart gewickelten Spule mit w Windungen besteht darin, daß der Zählpfeil für den Spulenstrom und das Eigenfeld im Innern der Spule parallel gerichtet sind. Die Rechtsschraubenregel zeigt weiterhin, daß der Zählpfeil des Stromes dann ebenfalls mit der positiven Normalenrichtung in der Spule übereinstimmt. Auf eine solche Spule wird nun das Induktionsgesetz angewendet, wobei wiederum $\kappa \to \infty$ gelten soll: Das Randintegral, das sich über alle Windungen der Spule erstreckt, führt bei dem gewählten Spannungszählpfeil auf den negativen Spannungswert $-u$; das Flächenintegral für die einzelnen Windungen ist positiv, da sich Feld- und Normalenrichtung nicht unterscheiden. Es gilt daher

$$u = \sum_{k=1}^{w} \left\{ \frac{d}{dt} \int_A B_{n_k} \, dA \right\}.$$

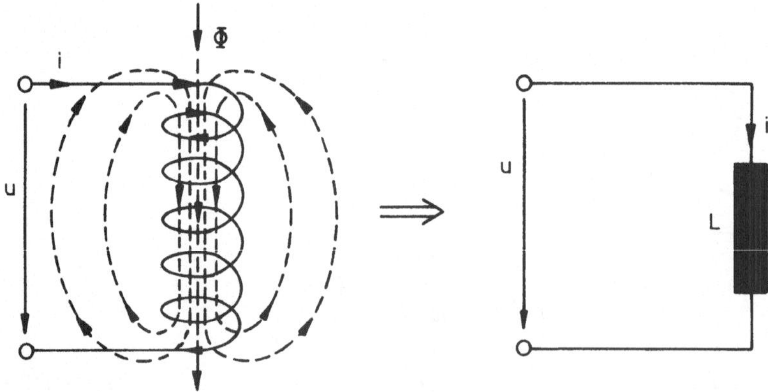

Bild 4.6 Rechtsgängig gewickelte Spule

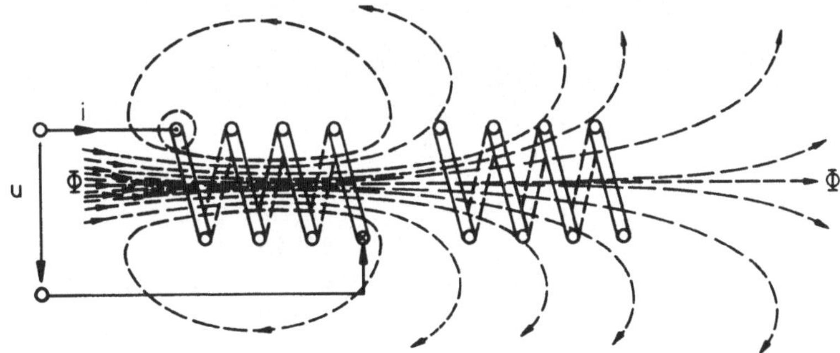

Bild 4.7 Feldverlauf zweier induktiv gekoppelter Luftspulen

Die Auswertung des Induktionsgesetzes zeigt also, daß im Ersatzschaltbild auch der Zählpfeil der Spannung u parallel zum Spulenstrom verläuft. Bei linksgängig gewickelten Spulen ist der Verlauf von Strom und Spannung stets zueinander entgegengesetzt, so daß erschwerend ein Minuszeichen zu berücksichtigen ist.

Nach diesen Ausführungen kann nun auf induktiv gekoppelte Spulen eingegangen werden. Die Feldverhältnisse zweier einlagiger, langer Luftspulen zeigt Bild 4.7.

Aus dem Feldverlauf ist zu ersehen, daß bei dieser Spulenausführung die erläuterte Modellvorstellung, den Gesamtfluß in Koppel- und Streufluß aufzutrennen, nicht sinnvoll ist, wenn die Spule insgesamt als konzentriertes Bauelement betrachtet wird.

Vertiefende Betrachtungen solcher Systeme sollen in diesem Rahmen nicht angestellt werden; es sei nur darauf hingewiesen, daß man dieses System mit der dargestellten Modellvorstellung beschreiben kann, indem man wieder die einzelnen Windungen betrachtet. Das Problem wird auf diese Weise auf eine Vielzahl induktiv gekoppelter Leiterschleifen zurückgeführt. Dann läßt sich auch unter diesen Bedingungen eine summarische Induktivität bzw. Gegeninduktivität ableiten. Formal ist dadurch eine äquivalente analytische Beschreibung der Strom-Spannungs-Verhältnisse mit Koppelgleichungen der Form (4–9) möglich.

Weniger komplizierte Verhältnisse ergeben sich für Spulen, die über einen Eisenkreis gekoppelt sind. Dies ist darauf zurückzuführen, daß infolge der hohen Permeabilität im Eisen eine Bündelung der Feldlinien auftritt. Trotz der hohen, aber endlichen Permeabilität tritt jedoch auch ein Streufeld auf, wie im folgenden kurz erläutert wird.

Die Eisenberandung stellt eine Grenzfläche dar. An Grenzflächen gilt entsprechend den Maxwellschen Gesetzen stets die Randbedingung

$$H_{t1} = H_{t2},$$

d. h. an der Übergangsstelle zweier Medien sind die Tangentialfeldstärken gleich. Dies ist bei Eisenkreisen nur zu erfüllen, wenn auch Feldlinien in den Luftraum übertreten und den sogenannten „Streufluß" bilden. In Bild 4.8 ist dieser Sachverhalt qualitativ wiedergegeben. In Bild 4.9 ist erweiternd der prinzipielle Feldverlauf für einen Eisenkreis mit zwei Spulen dargestellt.

Infolge der Feldbündelung ist es bei solcher Spulenanordnung wieder sinnvoll, das Eigenfeld in einen Koppel- und Streufluß aufzutrennen. Dabei wird vereinfachend vorausgesetzt,

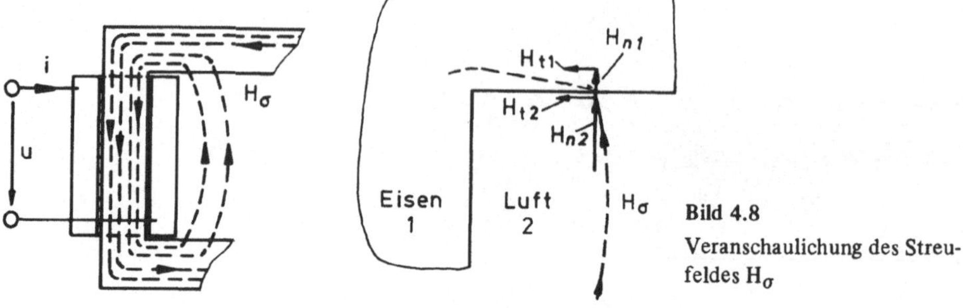

Bild 4.8
Veranschaulichung des Streufeldes H_σ

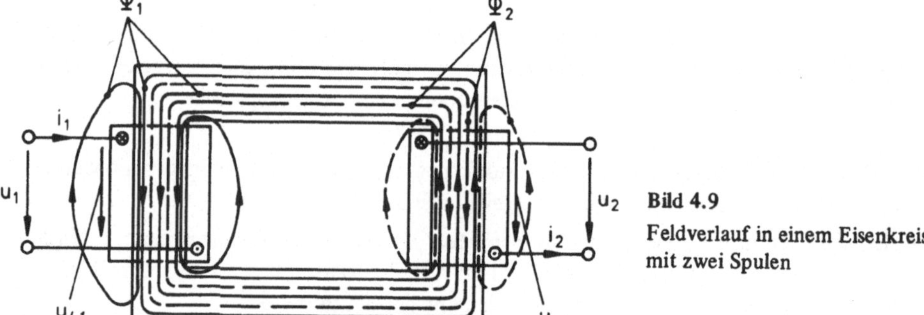

Bild 4.9
Feldverlauf in einem Eisenkreis mit zwei Spulen

daß alle Windungen mit dem gleichen Streufluß verknüpft sind. Dieses Spulenmodell weist dann die gleichen Feldverhältnisse auf, wie sie bei Leiterschleifen gegeben sind. Wenn zusätzlich noch eine lineare Permeabilität μ_r vorausgesetzt wird, kann die induktive Kopplung in der kennengelernten Weise beschrieben werden. Das Induktionsgesetz, auf die Spulen in Bild 4.9 angewendet, nimmt die Form

$$-\oint E_{t_i} \cdot ds_i = u_{L_i} = w_i \cdot \frac{d\,\Phi_{L_i}}{dt} \qquad i = 1, 2 \qquad (4\text{–}11)$$

an. Die bestimmende Größe für die Spulenspannung u_{L_i} ist nicht mehr der Fluß Φ_{L_i}, sondern der Term $w_i \Phi_{L_i}$. Diese Größe wird gesondert als *Induktionsfluß* Ψ bezeichnet; die Indizierung erfolgt analog zu den Flüssen Φ. Da die Strom-Spannungs-Verhältnisse interessieren, werden die Induktivitäten und Gegeninduktivitäten bei Spulen so angegeben, daß sie die Induktionsflüsse kennzeichnen:

$$\Psi_i = L_i \cdot i_i$$

bzw.

$$\Psi_{ik} = M \cdot i_i \qquad \text{mit} \qquad i, k = 1, 2 \;\; \text{und} \;\; i \neq k.$$

Die Größen L und M sind im allgemeinen kein direktes Maß mehr für die Größe der Flüsse wie im Falle der einzelnen Leiterschleifen, die jedoch mit $w_i = 1$ in diesen erweiterten Betrachtungen enthalten sind. Zur Berechnung des Strom-Spannungs-Verhaltens der Anordnung in Bild 4.9 sind nun die Induktionsflüsse der Spulen zu verknüpfen. Bei der Flußbilanz in den Spulen bestimmt *das Eigenfeld* stets *die positive Richtung.* Die Fremdfelder – in dem Beispiel das Feld von der anderen Spule – sind damit eindeutig bestimmt.

Bei der Anordnung in Bild 4.9 gelten demnach für die Induktionsflüsse die Zusammenhänge

$$\Psi_1 = L_1 \cdot i_1 - M \cdot i_2$$

$$\Psi_2 = L_2 \cdot i_2 - M \cdot i_1$$

und damit die Koppelgleichungen

$$u_{L1} = L_1 \frac{di_1}{dt} - M \frac{di_2}{dt}$$

$$u_{L2} = L_2 \frac{di_2}{dt} - M \frac{di_1}{dt} .$$

Eine Beschreibung der induktiven Kopplung in dieser Weise berücksichtigt nicht die Wirbelstromeffekte im Eisen und in den Windungen. Diese Effekte können jedoch bei Flachdrähten, die bei größeren Transformatoren eingesetzt werden, bereits im Bereich der Nennfrequenz spürbar auftreten.

Das Verhalten der induktiv gekoppelten Anordnungen, die im weiteren untersucht werden, läßt sich häufig in einer überraschend einfachen Weise beschreiben, wenn die Zwei- oder Vierpoltheorie angewendet wird.

4.1.4 Zwei- und Vierpolersatzschaltungen für Netzteile

Detaillierte Ausführungen zur Zwei- und Vierpoltheorie sind der entsprechenden Grundlagenliteratur, z. B. [7], zu entnehmen. In diesem Abschnitt werden nur einige spezielle, im weiteren benötigte Elemente dieser Methoden skizziert. Beide Methoden setzen voraus, daß stationäre Verhältnisse vorliegen, also Ströme und Spannungen sinusförmig verlaufen.

4.1.4.1 Ersatzschaltung für Zweipole

Als Zweipol bezeichnet man jedes Netzwerk, bei dem zwei Klemmen vorliegen, die eine Verbindung mit anderen Netzelementen (hier Netz II) gestatten (Bild 4.10). Sofern dieser Zweipol in der Lage ist, Energie zu liefern, also Strom- oder Spannungsquellen enthält, wird er als aktiv, anderenfalls als passiv bezeichnet.

Unabhängig davon, wie kompliziert die innere Verschaltung ist, kann der Zweipol für eine feste Frequenz stets durch eine Spannungsquelle $\underline{U}_L$ und eine Impedanz $\underline{Z}_i$ beschrieben werden. Die Ersatzschaltung weist dabei an den Klemmen A und B das gleiche Verhalten wie das äquivalente Netz auf; eine Information über Spannungs- bzw. Stromverhältnisse im Innern des Zweipols liefert die Ersatzschaltung jedoch nicht. Die *Spannungsquelle* $\underline{U}_L$ im Ersatzschaltbild ist bei aktiven Zweipolen identisch mit der *Spannung,* die an den *Klemmen* A *und* B *auftritt,* wenn das *Netz II nicht angeschlossen* ist. Kennzeichnenderweise wird die Spannung $\underline{U}_L$ als Leerlaufspannung bezeichnet. Die weiterhin in der Ersatzschaltung auftretende *Impedanz* $\underline{Z}_i$ erhält man dadurch, daß man *von den Klemmen* A, B her die sich

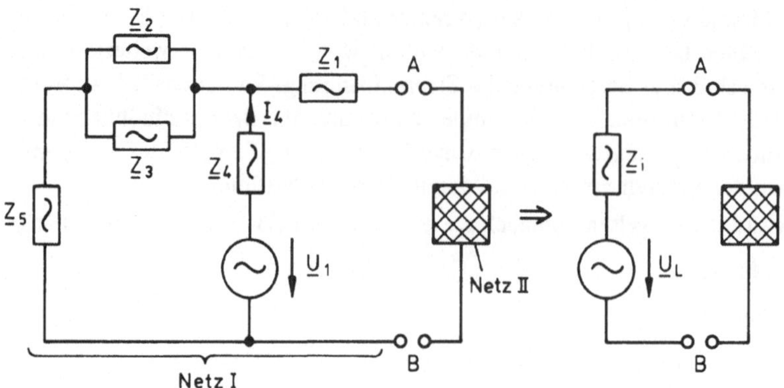

Bild 4.10 Vereinfachte Darstellung des Zweipols A, B

ergebende Eingangsimpedanz ermittelt. Dafür müssen die im Netz vorhandenen Spannungsquellen kurzgeschlossen, eventuelle Stromquellen aufgetrennt werden. Die beschriebene Methodik der Zweipoltheorie soll anhand des in Bild 4.10 dargestellten Beispiels veranschaulicht werden.

Die Eingangsimpedanz $\underline{Z}_i$ zwischen den Klemmen A, B beträgt

$$\underline{Z}_i = \underline{Z}_1 + \underline{Z}_4 \,||\, (\underline{Z}_2 \,||\, \underline{Z}_3 + \underline{Z}_5)\,.$$

Ausgehend von dem Umlauf

$$\underline{U}_L = \underline{U}_1 - \underline{I}_4 \cdot \underline{Z}_4$$

gilt es als Zwischengröße $\underline{I}_4$ zu berechnen und zu eliminieren. Man erhält dann

$$\underline{U}_L = \underline{U}_1 \cdot \frac{\underline{Z}_i - \underline{Z}_1}{\underline{Z}_4}\,.$$

4.1.4.2 Ersatzschaltung für Vierpole

Als Vierpole werden im folgenden solche Netzwerke bezeichnet, die Energie über einen zweipoligen Eingang auf einen zweipoligen Ausgang leiten (Bild 4.11). Ergänzend sei dazu gesagt, daß für diese spezielle Vierpolschaltung in der Nachrichtentechnik der Begriff Zweitor verwendet wird.

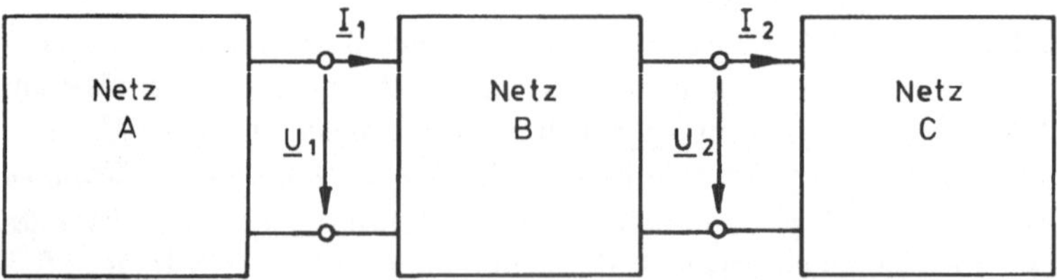

Bild 4.11 Verknüpfung eines Vierpols (Netz B) mit zwei Zweipolen

Sofern Spannungs- oder Stromquellen enthalten sind, benutzt man in Anlehnung an den vorherigen Abschnitt wiederum den Begriff aktiv, anderenfalls gilt die Bezeichnung passiv. Analytisch lassen sich Vierpole durch ein System von zwei Gleichungen beschreiben, soweit es sich dabei um lineare Vierpole handelt. Es bestehen im weiteren verschiedene Formen, die sich in der Definition der ab- bzw. unabhängigen Variablen unterscheiden. Für die späteren Betrachtungen sind nur die aufgeführte Widerstands- und Leitwertform von Interesse:

Widerstandsform:

$$\underline{U}_1 = \underline{Z}_{11} \cdot \underline{I}_1 + \underline{Z}_{12} \cdot \underline{I}_2$$
$$\underline{U}_2 = \underline{Z}_{21} \cdot \underline{I}_1 + \underline{Z}_{22} \cdot \underline{I}_2 \; ; \qquad (4\text{–}12)$$

Leitwertform:

$$\underline{I}_1 = \underline{Y}_{11} \cdot \underline{U}_1 + \underline{Y}_{12} \cdot \underline{U}_2$$
$$\underline{I}_2 = \underline{Y}_{21} \cdot \underline{U}_1 + \underline{Y}_{22} \cdot \underline{U}_2 \; . \qquad (4\text{–}13)$$

Die *Koeffizienten lassen sich nur berechnen,* wenn man die *innere Schaltung der Vierpole kennt.* Für die Bestimmung der Koeffizienten setzt man jeweils eine unabhängige Variable gleich Null, z. B. $\underline{I}_2$ in der Widerstandsform. Die erste Gleichung reduziert sich dadurch auf

$$\underline{U}_1\Big|_{\underline{I}_2 = 0} = \underline{Z}_{11} \cdot \underline{I}_1 \, .$$

Die Bedingung $\underline{I}_2 = 0$ ist nur zu erfüllen, wenn die Ausgangsklemmen des Vierpols unbelastet sind. Der Vierpol reduziert sich dann auf einen Zweipol (Bild 4.12a).

Der Koeffizient $\underline{Z}_{11}$ stellt die Eingangsimpedanz des sich ergebenden Zweipols dar. Diese läßt sich auf bekanntem Wege bestimmen. Zur Berechnung der Impedanz $\underline{Z}_{12}$ wird analog der Strom $\underline{I}_1$ gleich Null gesetzt:

$$\underline{U}_1\Big|_{\underline{I}_1 = 0} = \underline{Z}_{12} \cdot \underline{I}_2 \, .$$

In diesem Fall wird der Vierpol eingangsseitig im Leerlauf betrieben und ausgangsseitig mit $\underline{U}_2$ gespeist (Bild 4.12b). Es liegt damit wieder ein Zweipol vor, den es auszuwerten gilt. Auch die Berechnung der weiteren Koeffizienten läßt sich immer auf die Auswertung eines Zweipols zurückführen. In der Leitwertform ist eine analoge Vorgehensweise möglich. Handelt es sich um passive lineare Vierpole, so gilt stets:

$$\underline{Z}_{12} = -\underline{Z}_{21} \quad \text{bzw.} \quad \underline{Y}_{12} = -\underline{Y}_{21} \, .$$

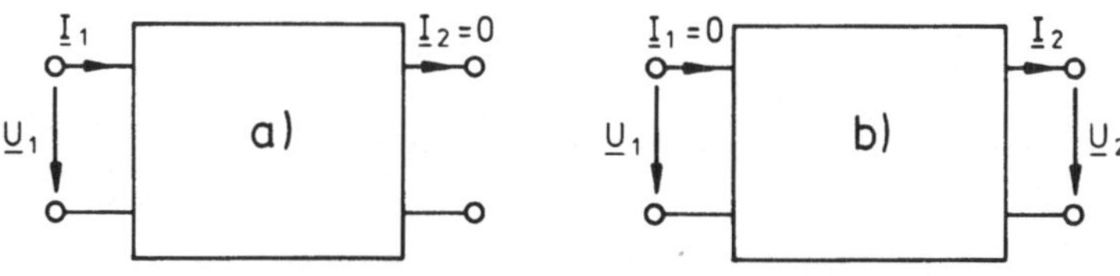

Bild 4.12 Bestimmung der Impedanzen $\underline{Z}_{11}$ und $\underline{Z}_{12}$

Man bezeichnet derartige Vierpole auch als *reziprok*. Wenn darüber hinaus die Bedingung

$$\underline{Z}_{11} = -\underline{Z}_{22} \quad \text{bzw.} \quad \underline{Y}_{11} = -\underline{Y}_{22}$$

gilt, handelt es sich um einen reziproken, *symmetrischen* Vierpol. Im folgenden werden zwei Vierpole untersucht, die bei den weiteren Betrachtungen benötigt werden. Zunächst wird für das sogenannte *T-Ersatzschaltbild* (Bild 4.13) unter Verwendung der eingetragenen Zählpfeile die Widerstandsform bestimmt.

Die Parameter ergeben sich zu

$$\underline{Z}_{11} = \left.\frac{\underline{U}_1}{\underline{I}_1}\right|_{\underline{I}_2 = 0} = \underline{Z}_1 + \underline{Z}_3$$

$$\underline{Z}_{21} = \left.\frac{\underline{U}_2}{\underline{I}_1}\right|_{\underline{I}_2 = 0} = \underline{Z}_3$$

$$\underline{Z}_{12} = \left.\frac{\underline{U}_1}{\underline{I}_2}\right|_{\underline{I}_1 = 0} = -\underline{Z}_3$$

$$\underline{Z}_{22} = \left.\frac{\underline{U}_2}{\underline{I}_2}\right|_{\underline{I}_1 = 0} = -(\underline{Z}_2 + \underline{Z}_3).$$

In den späteren Untersuchungen ergibt sich aus Feldbetrachtungen überwiegend die Widerstandsform. Es interessiert dann, wie die Elemente $\underline{Z}_1, \underline{Z}_2, \underline{Z}_3$ von den Parametern $\underline{Z}_{11}, \underline{Z}_{12}, \underline{Z}_{22}$ abhängen. Dazu sind die obigen Beziehungen nur umzuformen in

$$\begin{aligned} \underline{Z}_1 &= \underline{Z}_{11} + \underline{Z}_{12} \\ \underline{Z}_2 &= -\underline{Z}_{21} - \underline{Z}_{22} \\ \underline{Z}_3 &= \underline{Z}_{21}. \end{aligned} \qquad (4\text{–}14)$$

Im Falle $\underline{Z}_1 = \underline{Z}_2$ liegt ein symmetrischer Vierpol vor. Völlig analog wird die in Bild 4.13 dargestellte Π-Schaltung mit der Leitwertform beschrieben.

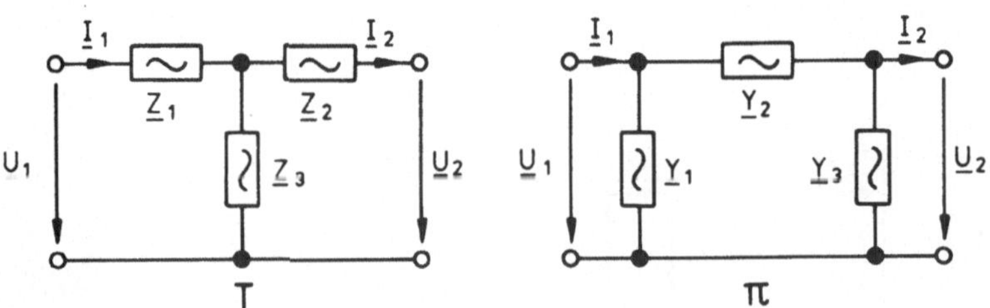

Bild 4.13 T- und Π-Ersatzschaltbild eines Vierpols

Die Parameter ergeben sich zu

$$\underline{Y}_{11} = \left.\frac{\underline{I}_1}{\underline{U}_1}\right|_{\underline{U}_2=0} = \underline{Y}_1 + \underline{Y}_2$$

$$\underline{Y}_{21} = \left.\frac{\underline{I}_2}{\underline{U}_1}\right|_{\underline{U}_2=0} = \underline{Y}_2$$

$$\underline{Y}_{12} = \left.\frac{\underline{I}_1}{\underline{U}_2}\right|_{\underline{U}_1=0} = -\underline{Y}_2$$

$$\underline{Y}_{22} = \left.\frac{\underline{I}_2}{\underline{U}_2}\right|_{\underline{U}_1=0} = -(\underline{Y}_2 + \underline{Y}_3)$$

bzw.

$$\begin{aligned}\underline{Y}_1 &= \underline{Y}_{11} + \underline{Y}_{12}\\ \underline{Y}_2 &= \underline{Y}_{21}\\ \underline{Y}_3 &= -\underline{Y}_{21} - \underline{Y}_{22}.\end{aligned} \qquad (4\text{–}15)$$

Wie man aus diesen beiden Beispielen ersieht, hängen die Elemente des T-Ersatzschaltbildes in besonders einfacher Weise von den Widerstandsparametern ab. Ähnliche Beziehungen ergeben sich zwischen den Elementen des Π-Ersatzschaltbildes und den Parametern der Leitwertform.

Die aufgeführten Zusammenhänge werden nun im weiteren auf die Systemgleichungen verschiedener Transformator-Ausführungen angewendet.

4.2 Transformatoren

Transformatoren, auch als Umspanner bezeichnet, werden in Netzanlagen dazu verwendet, die zu transportierende bzw. zu verteilende elektrische Leistung auf das erforderliche Spannungsniveau zu bringen. Prinzipiell bestehen die Umspanner aus mindestens zwei Wicklungen, die über einen Eisenkreis magnetisch gekoppelt sind. Dabei versteht man unter einer *Wicklung* die Gesamtheit aller Windungen, die *einem* der elektrischen Kreise angehören. Sofern zwei Wicklungen vorliegen, zwischen denen keine galvanische Verbindung besteht, wird diese Anordnung als Transformator mit getrennten Wicklungen oder als *Volltransformator* bezeichnet. Im Unterschied dazu wird für Umspanner der Ausdruck *Spartransformator* verwendet, wenn mindestens zwei Wicklungen einen gemeinsamen Teil aufweisen. Auf die verschiedenen Eigenschaften dieser Umspanner wird im folgenden eingegangen.

4.2.1 Volltransformatoren

Abhängig von dem verwendeten Übertragungssystem unterscheidet man zwischen ein- und dreiphasigen Einheiten, die im Aufbau erheblich voneinander abweichen. Zuerst werden einphasige Umspanner mit zwei Wicklungen, sogenannte *Zweiwicklungstransformatoren,* betrachtet. Darauf aufbauend werden dann einphasige *Dreiwicklungstransformatoren* unter-

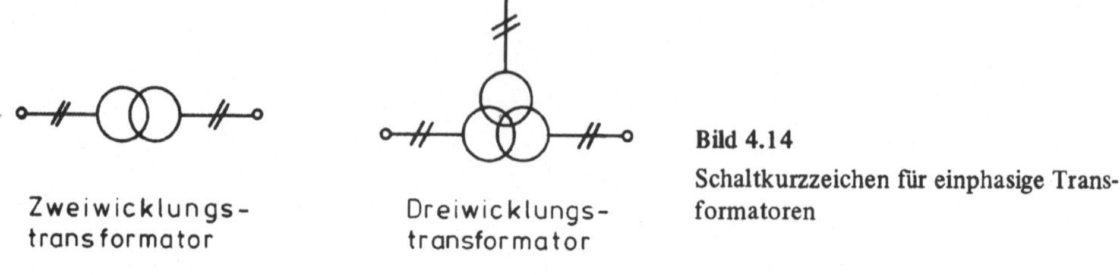

Bild 4.14
Schaltkurzzeichen für einphasige Transformatoren

sucht, die dementsprechend über drei Wicklungen verfügen. Die Kurzzeichen der beiden Ausführungen sind Bild 4.14 zu entnehmen [5].

4.2.1.1 Einphasige Zweiwicklungstransformatoren

Einphasige Zweiwicklungstransformatoren werden überwiegend in Bahnnetzen verwendet. Im folgenden wird der Aufbau dieser Umspanner beschrieben und anschließend auf das Ersatzschaltbild eingegangen.

4.2.1.1.1 Aufbau eines einphasigen Zweiwicklungstransformators

Eine häufig verwendete Ausführungsform zeigt Bild 4.15. Sie besteht aus einem bewickelten Schenkel und zwei Rückschlußschenkeln. Im Unterschied dazu wird den folgenden Ableitungen stets die in Bild 4.9 dargestellte Bauweise mit zwei bewickelten Schenkeln zugrundegelegt, da sich der zugehörige magnetische Kreis einfacher beschreiben läßt.

In den Bildern 4.15 und 4.16 sind die bevorzugt eingesetzten konzentrischen Zylinderwicklungen skizziert [8]. Üblicherweise ist die Wicklung mit der höheren Nennspannung – die *Oberspannungswicklung* (OS) – außerhalb der *Unterspannungswicklung* (US) angeordnet. Im folgenden wird für die Oberspannungswicklung stets der Index 1 und für die Unterspannungswicklung der Index 2 gewählt (s. Bild 4.15).

Zwischen der Ober- und Unterspannungswicklung sowie zwischen den Wicklungen und dem Eisenkern bestehen üblicherweise Potentialunterschiede, die elektrische Felder hervorrufen

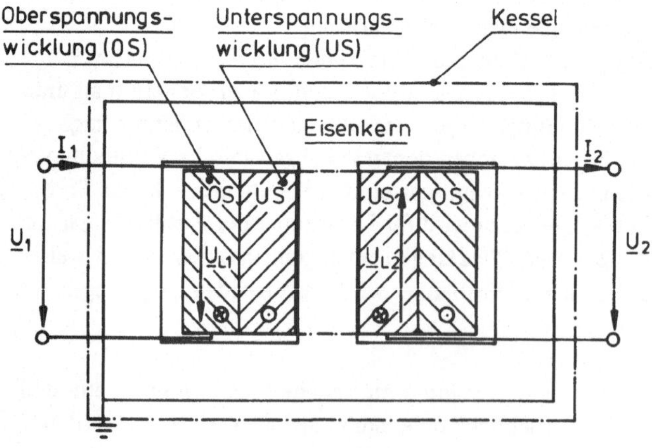

Bild 4.15 Aufbau eines einphasigen Zweiwicklers

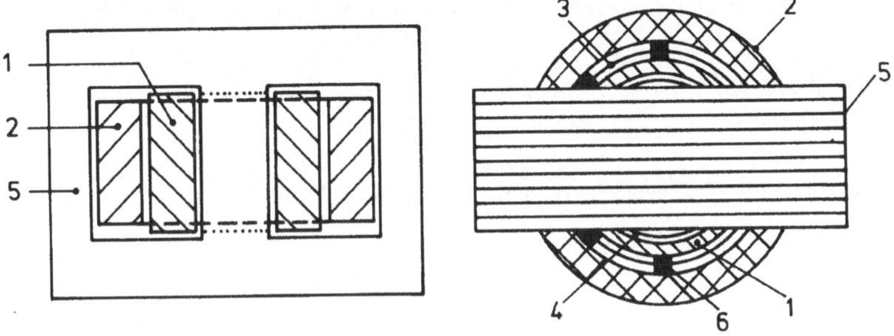

Bild 4.16 Aufbau einer Zylinderwicklung als Schnitt und Draufsicht
1: Unterspannungswicklung
2: Oberspannungswicklung
6: Distanzstücke
3,4: Isolierzylinder
5: Kern

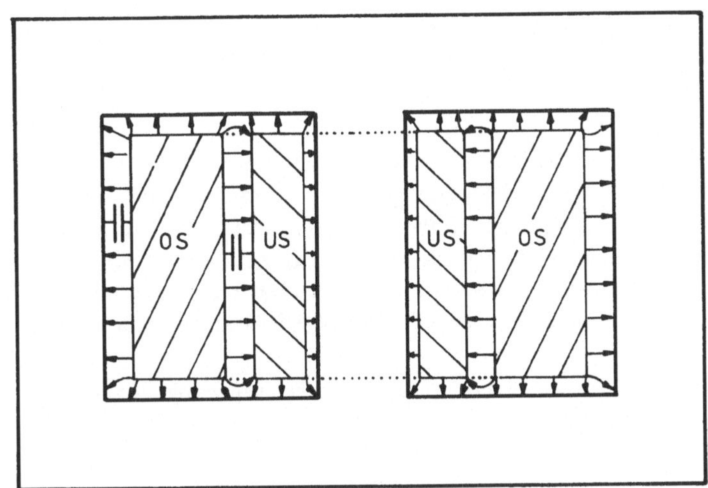

Bild 4.17 Qualitativer Verlauf des elektrischen Feldes

(Bild 4.17). Sofern diese Felder zu hohe Werte aufweisen, tritt ein elektrischer Durchschlag auf. Um einen solchen Durchschlag zu vermeiden, sind die Wicklungen sorgfältig zu isolieren. Sie werden in Öl eingetaucht und zusätzlich durch feste Isolierungen getrennt (s. Bild 4.16). Eine detaillierte Darstellung der einzelnen Maßnahmen ist [8] zu entnehmen.

Abhängig davon, wie die Isolation der Wicklungen ausgeführt ist, unterscheidet man zwischen zwei Ausführungen. Falls der Kessel mit dem flüssigen Isoliermittel Öl gefüllt ist, spricht man von *Öltransformatoren*. Umspanner, bei denen die Wicklungen stattdessen in Gießharz eingegossen sind, werden im Unterschied dazu als *Trockentransformatoren* bezeichnet. Diese Bauweise ist bei kleineren Einheiten bis ca. 10 MVA zu finden.

Der Einfluß des elektrischen Feldes bzw. der Kapazitäten prägt das Verhalten des Transformators erst bei höherfrequenten Vorgängen, z. B. bei Wanderwellen. Für die in dieser

Darstellung interessierenden, vergleichsweise niederfrequenten Verläufe ist *nur das Magnetfeld maßgebend.*

Nachdem der grundsätzliche Aufbau von einphasigen Transformatoren beschrieben ist, kann nun auf das Ersatzschaltbild eingegangen werden.

4.2.1.1.2 Ersatzschaltbild eines einphasigen Zweiwicklungstransformators

Für die Ableitung des Ersatzschaltbildes wird der vereinfachte magnetische Kreis in Bild 4.18 zugrundegelegt. Die Wicklungen werden im folgenden als verlustfrei angenommen. Ihr ohmscher Widerstand wird analog zu den Koppelschleifen (s. Bild 4.1) vorgezogen. Das Eingangs- und Ausgangsverhalten der Anordnung wird dadurch nicht verändert. Setzt man ferner wiederum einen stationären Betrieb voraus, so wird dieses Modell durch die bereits kennengelernten Koppelgleichungen

$$\begin{aligned} \underline{U}_{L1} &= L_1 \cdot j\omega \underline{I}_1 - M \cdot j\omega \underline{I}_2 \\ \underline{U}_{L2} &= L_2 \cdot j\omega \underline{I}_2 - M \cdot j\omega \underline{I}_1 \end{aligned} \qquad (4\text{–}16)$$

beschrieben, aus denen dann die Systemgleichungen

$$\begin{aligned} \underline{U}_1 &= j\omega L_1 \underline{I}_1 - j\omega M \underline{I}_2 \\ \underline{U}_2 &= j\omega M \underline{I}_1 - j\omega L_2 \underline{I}_2 \end{aligned} \qquad (4\text{–}17)$$

resultieren. Diesen Vierpolgleichungen kann mit Hilfe der Beziehungen (4–14) ein T-Ersatzschaltbild zugeordnet werden. Dieser Schritt ermöglicht es, die magnetische Kopplung durch ein elektrisches Netzwerk zu beschreiben. Dabei ist es zweckmäßig, die Zählpfeile in der Weise einzutragen, wie es in Bild 4.18 erfolgt ist. Anderenfalls tritt die Gegeninduktivität in den Reaktanzen mit einem umgekehrten Vorzeichen auf. Das Ersatzschaltbild beschreibt zwar auch dann das Betriebsverhalten, ist jedoch infolge der negativen Reaktanzen unhandlicher.

Das Ersatzschaltbild in Bild 4.19 ist in dieser Form auch für Luftspulen gültig. Für *eisengekoppelte* Wicklungen ist eine noch weitergehende Interpretation möglich, auf die im fol-

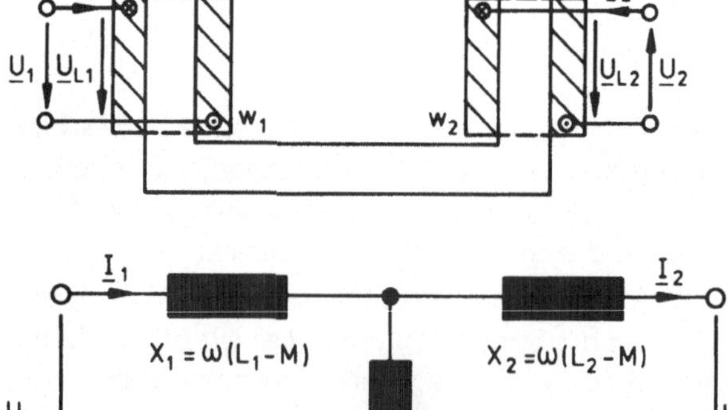

Bild 4.18
Einphasiger Zweiwicklungstransformator mit vereinfachtem Eisenkern

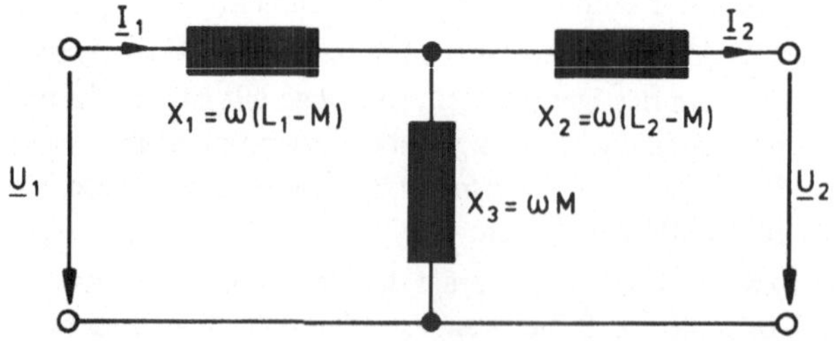

Bild 4.19
T-Ersatzschaltbild eines einphasigen Zweiwicklungstransformators

genden eingegangen wird. Sie beruht auf der Annahme, daß bei technischen Eisenkreisen die Streuflüsse jeweils *nur mit den Windungen der erzeugenden Wicklung* gekoppelt sind. Die Induktivitäten nehmen dann bekanntlich die einfache Form

$$L_1 = w_1^2 \Lambda_1, \; L_2 = w_2^2 \Lambda_2, \; M = w_1 w_2 \Lambda_{12} \qquad (4\text{–}18)$$

an [9]. In diesen Beziehungen bezeichnen die Größen w_1, w_2 die Windungszahlen der Ober- bzw. Unterspannungswicklung. Mit Λ_1, Λ_2 wird der magnetische Leitwert der Ober- bzw. Unterspannungswicklung beschrieben, der ein Maß für den Koppel- und den jeweiligen Streufluß ist. Im Unterschied dazu erfaßt der Koppelleitwert Λ_{12} nur den Koppelfluß – also den Fluß im Eisen. Die Reaktanzen ergeben sich mit Hilfe der Ausdrücke (4–18) zu

$$\begin{aligned} X_1 &= \omega(w_1^2 \Lambda_1 - w_1 w_2 \Lambda_{12}) \\ X_2 &= \omega(w_2^2 \Lambda_2 - w_1 w_2 \Lambda_{12}) \qquad (4\text{–}19) \\ X_3 &= \omega w_1 w_2 \Lambda_{12} \approx \omega w_1 w_2 \Lambda_1 \approx \omega w_1 w_2 \Lambda_2 . \end{aligned}$$

Das Ersatzschaltbild läßt sich in dieser Form nicht physikalisch interpretieren. Es kann sogar eine der Reaktanzen X_1, X_2 negativ werden. Eine Ausnahme liegt nur in dem Spezialfall $w_1 = w_2$ vor, für den die Gln. (4–19) die Gestalt

$$\begin{aligned} X_1 &= \omega w_1^2 (\Lambda_1 - \Lambda_{12}) \\ X_2 &= \omega w_1^2 (\Lambda_2 - \Lambda_{12}) \qquad (4\text{–}20) \\ X_3 &= \omega w_1^2 \Lambda_{12} \end{aligned}$$

annehmen. Es sind dann alle Induktionsflüsse Ψ_i, Ψ_{ik} durch dieselbe Proportionalitätskonstante w_1 mit den korrespondierenden Flüssen Φ_i, Φ_{ik} verknüpft. Die Induktivitäten L und M stellen dann wie bei den Leiterschleifen wiederum ein direktes Maß für die Flußverhältnisse dar. Somit beschreiben die Reaktanzen $X_1 \sim (L_1 - M)$ bzw. $X_2 \sim (L_2 - M)$ die Streufelder. Sie werden deshalb als *Streureaktanzen* X_σ bezeichnet. Analog wird für die Größe $X_3 \sim M$, die den Haupt- bzw. Koppelfluß kennzeichnet, der Begriff *Hauptreaktanz* X_h gewählt.

Umspanner mit ungleichen Windungszahlen können auf einfache Weise auf den Spezialfall $w_1 = w_2$ zurückgeführt werden. Dazu ist es notwendig, die Ausdrücke (4–18) und (4–19) in die Beziehungen (4–17) einzusetzen. Anschließend wird eine Erweiterung mit dem zunächst willkürlich gewählten Faktor $ü = w_1/w_2$ vorgenommen:

$$\underline{U}_1 = j\omega w_1^2 \Lambda_1 \underline{I}_1 - j\omega w_1 w_2 \Lambda_{12} \underline{I}_2 \cdot \frac{ü}{ü}$$

$$ü\underline{U}_2 = j\omega w_1 w_2 ü \Lambda_{12} \underline{I}_1 - j\omega w_2^2 \Lambda_2 \cdot ü \underline{I}_2 \cdot \frac{ü}{ü} .$$

Verwendet man ferner die Definitionen

$$\underline{I}_2' = \underline{I}_2 \cdot \frac{1}{ü}, \qquad \underline{U}_2' = \underline{U}_2 \cdot ü,$$

so erhält man die Vierpolgleichungen in der Form

$$\begin{aligned} \underline{U}_1 &= j\omega w_1^2 \Lambda_1 \underline{I}_1 - j\omega w_1^2 \Lambda_{12} \underline{I}_2' \\ \underline{U}_2' &= j\omega w_1^2 \Lambda_{12} \underline{I}_1 - j\omega w_1^2 \Lambda_2 \underline{I}_2' \,. \end{aligned} \tag{4–21}$$

Dieses Gleichungssystem läßt sich wiederum als T-Ersatzschaltbild interpretieren, das Bild 4.20 zu entnehmen ist. Auf den in dieser Abbildung ebenfalls dargestellten Widerstand R_P wird später noch eingegangen.

Wie durch die Transformation mit dem Faktor ü bezweckt, tritt in den Reaktanzen nur eine einzige Windungszahl auf. Vorteilhafterweise nehmen die Reaktanzen bei der gewählten Größe ü *nur positive* Werte an, da die Leitwerte Λ_1, Λ_2 stets größer als der Koppelleitwert Λ_{12} sind. Allerdings sind durch diesen Schritt auch die Spannung $\underline{U}_2$ und der Strom $\underline{I}_2$ sowie die Last $\underline{Z}$ transformiert worden:

$$\underline{Z}' = \frac{\underline{U}_2'}{\underline{I}_2'} = \frac{ü\underline{U}_2}{\frac{1}{ü}\underline{I}_2} = ü^2 \cdot \frac{\underline{U}_2}{\underline{I}_2} = ü^2 \cdot \underline{Z} \,. \tag{4–22}$$

Die tatsächlichen Ströme und Spannungen erhält man, wenn die Transformation anschließend am Ausgang durch einen *idealen Umspanner* wieder rückgängig gemacht wird (s. Bild 4.20).

Ein idealer Umspanner weist eine unendlich große Hauptinduktivität auf und ist zugleich verlust- und streuungsfrei. Es gilt dann $\Lambda_1 - \Lambda_{12} = 0$, $\Lambda_2 - \Lambda_{12} = 0$ mit $\Lambda_{12} \to \infty$. Unter diesen Bedingungen sind die Längsreaktanzen im Ersatzschaltbild Null, und die unendliche Hauptreaktanz kann vernachlässigt werden. Wie auch aus den Gln. (4–21) hervorgeht, ist deshalb bei einem idealen Umspanner der Faktor ü identisch mit dem Quotienten der Ober- und Unterspannung. Die Größe ü wird aus diesem Grunde auch als *Übersetzung* bezeichnet.

Wie aus den Gln. (4–21) ferner abzulesen ist, tritt bei einem realen Transformator dieses Spannungsverhältnis nur dann auf, wenn vom Aufbau her die Bedingung $\Lambda_1 \approx \Lambda_{12}$ erfüllt ist und der spezielle Betriebszustand $\underline{I}_2 = 0$, also Leerlauf, vorliegt:

$$ü_0 = \frac{\underline{U}_1}{\underline{U}_2} = \frac{j\omega w_1^2 \Lambda_1 \underline{I}_1}{j\omega w_1 w_2 \Lambda_{12} \underline{I}_1} = \frac{w_1}{w_2} \cdot \frac{\Lambda_1}{\Lambda_{12}} \approx \frac{w_1}{w_2} \,. \tag{4–23}$$

Gemäß der VDE-Bestimmung 0532 ist für die Leerlaufübersetzung $ü_0$ nicht die Näherung, die allein durch die Windungszahlen bestimmt wird, zu verwenden, sondern der genaue Wert, der zusätzlich durch die Größen Λ_1, Λ_{12} beeinflußt wird (s. Gl. 4–23). Um bei dieser Angabe eventuelle nichtlineare Einflüsse der Magnetisierungskennlinie auszuschalten, defi-

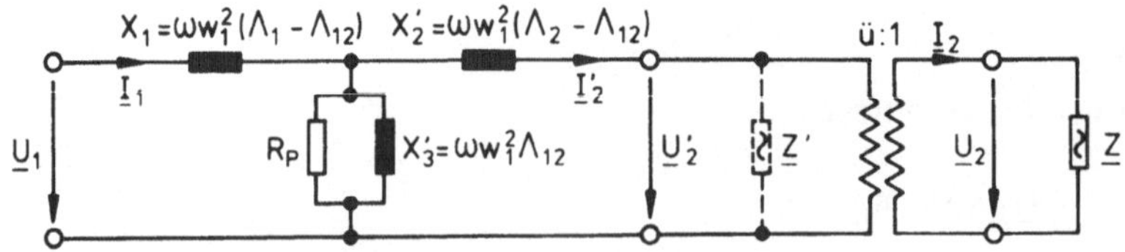

Bild 4.20 T-Ersatzschaltbild für unterschiedliche Windungszahlen

niert man eine sogenannte *Nennübersetzung* $ü_n$. Sie ergibt sich aus Gl. (4–23), indem für die Spannungen U_1, U_2 die zugehörigen Nennspannungen des Umspanners eingesetzt werden:

$$ü_n = \frac{U_{n1_T}}{U_{n2_T}}.$$

Das Ersatzschaltbild beschreibt nicht nur das stationäre Verhalten. Es gilt prinzipiell auch für *transiente Vorgänge,* denn die bisherigen Berechnungen könnten auch ohne die komplexe Schreibweise direkt mit Hilfe von Differentialgleichungen durchgeführt werden.

Bei der Herleitung des Ersatzschaltbildes sind die Eisenverluste, die sich aus Hysterese- und Wirbelstromverlusten zusammensetzen, vernachlässigt worden. Im Frequenzbereich bis zu einigen 100 Hz können sie näherungsweise durch einen Parallelwiderstand [10] berücksichtigt werden (s. Bild 4.20). Dieser Widerstand wird so bemessen, daß bei Nennbetrieb die Eisenverluste richtig wiedergegeben werden. *Nichtlinearitäten wie die Magnetisierungskennlinie* können mit dem Ersatzschaltbild *nicht erfaßt* werden. Dies gilt auch für die im weiteren abgeleiteten Ersatzschaltbilder. Im folgenden wird auf die meßtechnische Bestimmung der Reaktanzen eingegangen.

Die Hauptreaktanz X_h kann aus einer Leerlaufmessung ermittelt werden. Wie aus dem Ersatzschaltbild 4.20 ersichtlich ist, nimmt in diesem Betriebszustand die gespeiste Wicklung einen Strom auf. Dieser Strom baut in dem Eisenkern den Koppelfluß auf und wird als *Magnetisierungsstrom* I_μ bezeichnet. Seine Größe beträgt bei technischen Transformatoren etwa 0,2 ... 1 % des Nennstroms I_n und übersteigt selten einige Ampere. Dieser Wert ist ein Maß für die Hauptreaktanz X_h, da sie erheblich größer als die Streureaktanzen ist. Für die Praxis gilt deshalb hinreichend genau:

$$X_h = \mathrm{Im}\left\{\frac{\underline{U}_{n1}}{\underline{I}_{\mu 1}}\right\} = ü^2 \cdot \mathrm{Im}\left\{\frac{\underline{U}_{n2}}{\underline{I}_{\mu 2}}\right\}. \tag{4–24}$$

Der Realteil dieses Quotienten liefert analog den Parallelwiderstand R_P.

Die Streureaktanzen lassen sich aus einer Kurzschlußmessung bestimmen. Dazu wird üblicherweise die Unterspannungswicklung kurzgeschlossen. Die Spannung U_1 wird anschließend – ausgehend von Null – so lange erhöht, bis sich auf der *Oberspannungsseite der Nennstrom* I_{n1} einstellt. Die dann anliegende Spannung wird als Kurzschlußspannung U_{k1} bezeichnet und ist ein direktes Maß für die Summe der Streureaktanzen, da bei technisch üblichen Transformatoren die wesentlich größere Hauptreaktanz zu vernachlässigen ist:

$$X_k \approx \frac{U_{k1}}{I_{n1}} \approx X_1 + X_2'.$$

Für die Größe X_k wird der Begriff *Kurzschlußreaktanz* gewählt. Bei der beschriebenen Transformation mit $ü = w_1/w_2$ ergeben sich die Streureaktanzen aufgrund der Bedingung $\Lambda_1 \approx \Lambda_2$ in guter Näherung zu

$$X_1 \approx X_2' \approx 0{,}5 \cdot X_k. \tag{4–25}$$

Der Wicklungswiderstand, der bei der Kurzschlußmessung miterfaßt wird, liegt in der Größenordnung $R_k \approx 1/20\ X_k$ und kann vernachlässigt werden. Der dadurch bedingte Fehler würde aufgrund der geometrischen Überlagerung

$$\frac{Z_k}{X_k} = \sqrt{1 + \frac{R_k^2}{X_k^2}} \quad .$$

selbst bei einem unrealistisch hohen Widerstand $R_k \approx 0{,}3 \cdot X_k$ nur ca. 4 % betragen.

Es ist üblich, die Kurzschlußspannung auf die Nennspannung zu beziehen; sie errechnet sich dann aus dem Ausdruck

$$u_k = \frac{U_{k1}}{U_{n1T}} = \frac{I_{n1T} \cdot X_k}{U_{n1T}} \cdot \frac{U_{n1T}}{U_{n1T}} = \frac{S_{nT} \cdot X_k}{U_{n1T}^2} \quad . \tag{4–26}$$

Dabei kennzeichnet der Term $S_{nT} = U_{nT} \cdot I_{nT}$ die *Nennleistung des Transformators.* Die dimensionslose Größe u_k wird als *relative Kurzschlußspannung* bezeichnet. Sie wächst mit steigender Nennspannung U_{n1T} und liegt im Bereich 3 ... 18 % (Bild 4.21). Dieses Verhalten ist darauf zurückzuführen, daß der Abstand der beiden Wicklungen mit steigender Nennspannung aus Isolationsgründen anwächst. Dadurch bildet sich ein stärkerer Streufluß aus. Die daraus resultierende Vergrößerung der Streureaktanzen kann durchaus erwünscht sein, wenn hohe Kurzschlußstöme zu beherrschen sind (s. Kapitel 6).

Mit den Beziehungen (4–24), (4–25) und (4–26) können die Reaktanzen des Ersatzschaltbildes in Bild 4.20 auch für solche Transformatoren, deren Aufbau unbekannt ist, mit Hilfe üblicher Richtwerte hinreichend genau bestimmt werden. Dies ist für die praktische Projektierungstätigkeit von Vorteil, da meistens nur die Anschlußdaten des Umspanners wie u_k, S_{nT} und $ü_n$ bekannt sind.

Die Größe des Magnetisierungsstroms ist bei den Transformtoren, die in Netzanlagen eingesetzt werden, gegenüber dem Betriebsstrom zu vernachlässigen. Es liegt deshalb nahe, das Ersatzschaltbild dadurch zu vereinfachen, daß nur die Kurzschlußreaktanz berücksichtigt wird (Bild 4.22).

Das Ersatzschaltbild beschreibt in dieser Form das *Betriebsverhalten* für die Bereiche, bei denen die Bedingung $I_{b1} \gg I_{\mu 1}$ erfüllt ist. Bei transienten Vorgängen müssen die zugrunde-

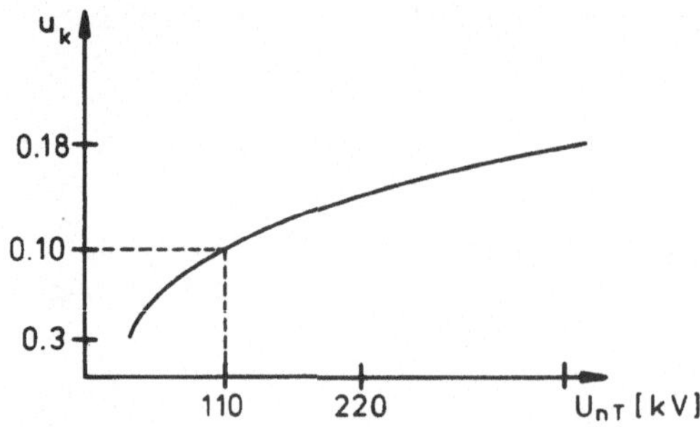

Bild 4.21 Änderung der relativen Kurzschlußspannung in Abhängigkeit von der Transformatornennspannung

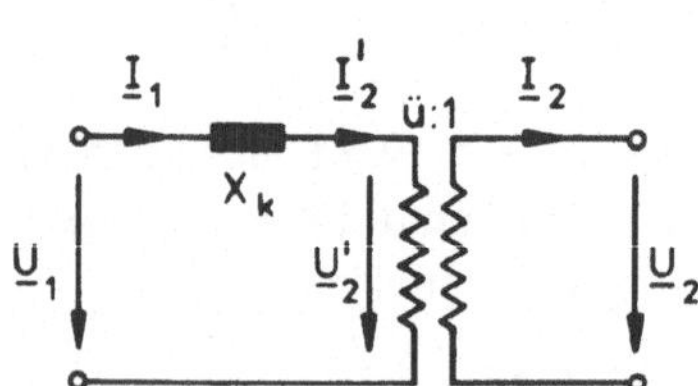

Bild 4.22 Vereinfachtes Ersatzschaltbild

gelegten Voraussetzungen im Einzelfall überprüft werden. Auf diesen Betrachtungen aufbauend ist es nun auch möglich, das Betriebsverhalten eines Systems von Zweiwicklungstransformatoren zu ermitteln.

4.2.1.1.3 Betriebsverhalten von Zweiwicklungstransformatoren im einphasigen Netzverband

In Netzverbänden treten häufig mehrere Transformatoren mit unterschiedlichen Übersetzungen auf. Es interessiert nun, wie das Betriebsverhalten solcher Anlagen ermittelt werden kann. Die Berechnungsmethodik wird am Beispiel eines speziellen Netzverbandes erläutert (Bild 4.23).

Bei dieser Netzanlage ist für den Nennbetrieb der aus dem Netz gezogene Strom I_{b1} zu bestimmen. Der Einfluß der Leitungen, auf den später näher eingegangen wird, bleibt unberücksichtigt. Bei räumlich eng begrenzten Netzen, wie z. B. dem Netz eines großen Industriewerkes, ist diese Vernachlässigung zulässig. Ferner wird das Netz N0 vereinfachend als ideale Spannungsquelle betrachtet; eine genauere Darstellung erfolgt in Abschnitt 5.6. Dem Netzverband kann unter diesen Voraussetzungen das Ersatzschaltbild 4.24 zugeordnet werden.

Die Kurzschlußreaktanzen können gemäß Gl. (4–26) zu

$$X_{kT_i} = \frac{u_{k_i} U_{nT_i}^2}{S_{nT_i}} \quad \text{mit} \quad i = 1, 2, 3, 4 \tag{4–27}$$

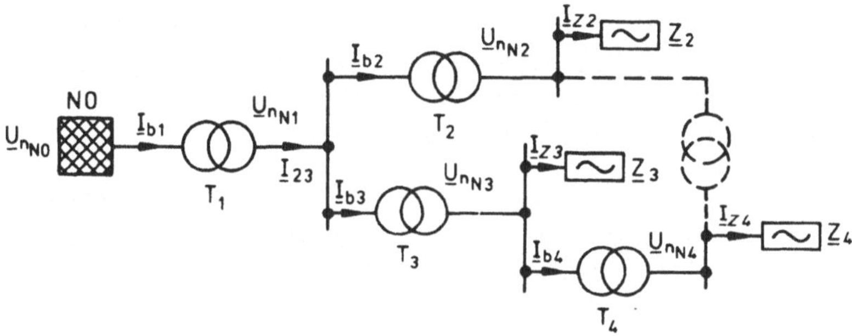

Bild 4.23 Beispiel für Zweiwicklungstransformatoren im Netzverband

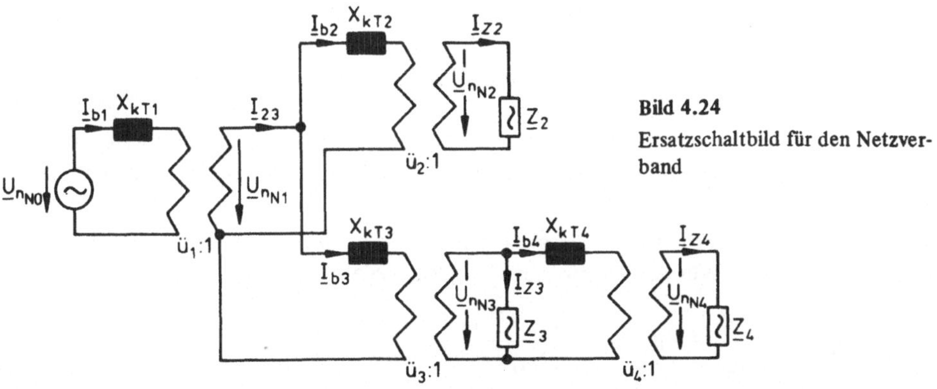

Bild 4.24

Ersatzschaltbild für den Netzverband

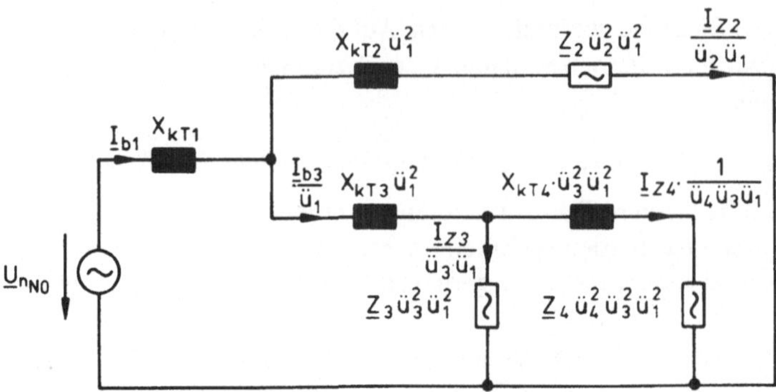

Bild 4.25 Ersatzschaltbild nach vollständiger Transformation

ermittelt werden. Um das Ersatzschaltbild zu vereinfachen, werden die Lasten $\underline{Z}_2$ und $\underline{Z}_4$ mit Hilfe der Beziehung (4–22) auf die jeweilige Oberspannungsseite umgerechnet. Die induktiven Kopplungen der Transformatoren T2, T4 sind durch diesen Schritt eliminiert. Im weiteren wird diese Transformation auch für den Umspanner T3 und anschließend für T1 durchgeführt. Das Ersatzschaltbild enthält dann keine induktive Kopplung mehr (Bild 4.25). Der Netzverband ist damit auf einen Zweipol zurückgeführt, bei dem der gesuchte Betriebsstrom $\underline{I}_{b1}$ leicht zu bestimmen ist.

Das bisher beschriebene, relativ umständliche Verfahren läßt sich erheblich vereinfachen, wenn die Nennspannungen der Transformatoren jeweils mit den Nennspannungen der Netze, die miteinander verbunden werden, übereinstimmen oder zumindest das gleiche Verhältnis aufweisen. Für den Umspanner T1 lautet diese Bedingung:

$$ü_1 = \frac{U_{n_1T1}}{U_{n2T1}} = \frac{U_{nN0}}{U_{nN1}} \quad . \tag{4–28}$$

Falls diese Voraussetzung bei allen Transformatoren erfüllt ist, kann z. B. der Term für die transformierte Last $\underline{Z}'_4$ auf die Beziehung

$$\underline{Z}'_4 = \underline{Z}_4 \cdot \left(\frac{U_{nN3}}{U_{nN4}}\right)^2 \cdot \left(\frac{U_{nN1}}{U_{nN3}}\right)^2 \cdot \left(\frac{U_{nN0}}{U_{nN1}}\right)^2 = \underline{Z}_4 \cdot \left(\frac{U_{nN0}}{U_{nN4}}\right)^2$$

reduziert werden. Wie aus diesem Zusammenhang ersichtlich ist, brauchen die Lasten dann nur mit einer einzigen Übersetzung transformiert werden. Diese Übersetzung ergibt sich aus der Nennspannung der *Bezugsebene,* in der die Ströme berechnet werden sollen, und der Spannungsebene, in der sich die Lastimpedanz befindet. Mit einer solchen Übersetzung transformieren sich ferner alle Spannungen und Ströme, die nicht in der Bezugsebene auftreten. Sie müssen entsprechend zurücktransformiert werden, wenn der tatsächliche Wert interessiert.

Für die Umrechnung der Kurzschlußreaktanzen von Transformatoren resultieren ähnlich einfache Verhältnisse. Für den Umspanner T4 gilt beispielsweise

$$X'_{kT4} = \frac{u_{k4} \cdot U_{nN3}^2}{S_{nT4}} \cdot ü_3^2 \cdot ü_1^2 = \frac{u_{k4} \cdot U_{nN0}^2}{S_{nT4}} \quad . \tag{4–29}$$

Demnach erhält man die transformierte Kurzschlußreaktanz einfach dadurch, daß man in die Beziehung (4–27) die Nennspannung der Bezugsebene einsetzt. Mit Hilfe dieser und der vorhergehenden Transformationsvorschrift läßt sich das Ersatzschaltbild für einen Netzverband in einem Schritt aufstellen.

In dem Beispiel ist ein sehr einfacher, spezieller Netzverband untersucht worden. Kompliziertere Verhältnisse liegen vor, wenn die Transformatoren so geschaltet sind, daß Maschen auftreten. Ein solcher Fall ist in Bild 4.23 durch den gestrichelt gezeichneten Umspanner angedeutet. Es ist dann darauf zu achten, daß *in keinem Zweig die zulässigen Ströme und Leistungen überschritten werden.* Für die einfachste Masche, eine direkte *Parallelschaltung* zweier Umspanner T1 und T2, sind deshalb gemäß der VDE-Bestimmung 0532 die folgenden Bedingungen einzuhalten:

$$\ddot{u}_{T1} \approx \ddot{u}_{T2} \tag{4–30a}$$

$$u_{kT1} \approx u_{kT2} \tag{4–30b}$$

$$0{,}5 < \frac{S_{nT1}}{S_{nT2}} < 2. \tag{4–30c}$$

Die erste Forderung ist automatisch erfüllt, wenn sich die Transformatornennspannungen wie die Nennspannungen der Netze verhalten. Es können sich dann keine Ausgleichsströme zwischen den Umspannern ausbilden. Durch die Einhaltung der Bedingung (4–30b) soll gewährleistet werden, daß die Transformatoren im Verhältnis ihrer Nennleistungen ausgelastet werden. Durch die Ungleichung (4–30c) wird sichergestellt, daß der Einfluß der ohmschen Widerstände auf diese Leistungsaufteilung zu vernachlässigen ist.

Nach diesen Betrachtungen ist es nun auch möglich, den umfassenderen Dreiwicklungstransformator zu behandeln.

4.2.1.2 Einphasige Dreiwicklungstransformatoren

Dreiwicklungstransformatoren werden u. a. dann eingesetzt, wenn Verbraucher mit unterschiedlichen Nennspannungen zu versorgen sind (Bild 4.26). Für diese Anwendung ist ein Dreiwicklungstransformator kostengünstiger als zwei äquivalente Zweiwicklungstransformatoren.

Der Aufbau unterscheidet sich von dem eines Zweiwicklungstransformators lediglich durch die zusätzliche, dritte Wicklung (Bild 4.27). Die einzelnen Wicklungen sind im allgemeinen für unterschiedliche Nennleistungen ausgelegt. Sie werden in der Reihenfolge ihrer Nennspannungsgröße als Ober-, Mittel- und Unterspannungswicklung bezeichnet.

Um das Ersatzschaltbild eines Dreiwicklungstransformators zu ermitteln, wird im Hinblick auf eine einfache Ableitung wieder ein vereinfachter Eisenkreis zugrundegelegt (Bild 4.28). Die weiteren Rechengänge beschränken sich auf stationäre, sinusförmige Vorgänge, so daß auf die komplexe Schreibweise übergegangen werden kann.

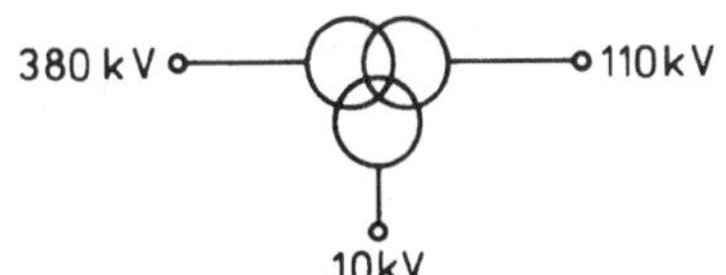

Bild 4.26

Beispiel für den Einsatz eines Dreiwicklungstransformators

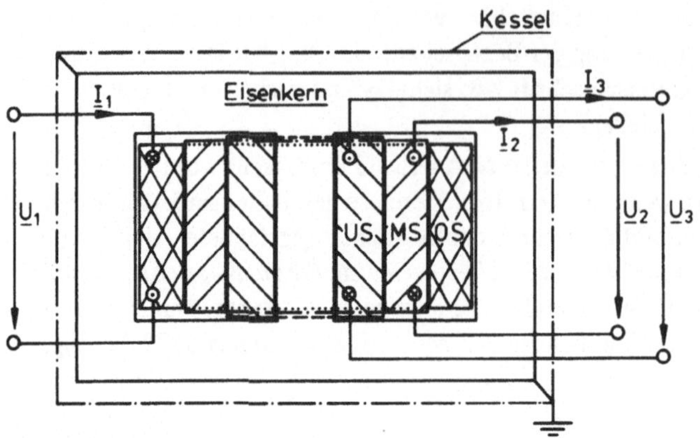

Bild 4.27 Aufbau eines einphasigen Dreiwicklungstransformators

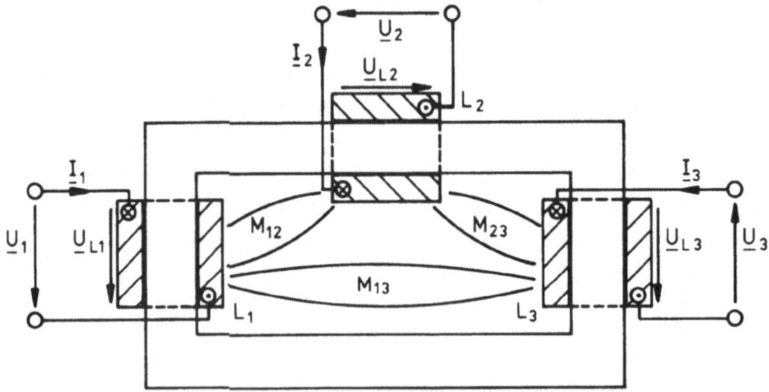

Bild 4.28 Einphasiger Dreiwicklungstransformator mit vereinfachtem Eisenkreis

Für das System in Bild 4.28 wird in bekannter Weise die Flußbilanz aufgestellt. Wendet man ferner das Induktionsgesetz an, so resultieren die Koppelgleichungen

$$\begin{aligned}\underline{U}_{L1} &= j\omega L_1 \underline{I}_1 - j\omega M_{21} \underline{I}_2 - j\omega M_{31} \underline{I}_3 \\ \underline{U}_{L2} &= j\omega L_2 \underline{I}_2 - j\omega M_{12} \underline{I}_1 + j\omega M_{32} \underline{I}_3 \\ \underline{U}_{L3} &= j\omega L_3 \underline{I}_3 + j\omega M_{23} \underline{I}_2 - j\omega M_{13} \underline{I}_1 .\end{aligned} \tag{4–31}$$

Diese Beziehungen sind noch durch die Maschenumläufe

$$\underline{U}_1 = \underline{U}_{L1}, \underline{U}_2 = -\underline{U}_{L2}, \underline{U}_3 = -\underline{U}_{L3} \tag{4–32}$$

zu ergänzen. Durch die Induktivitäten L_i und die Gegeninduktivitäten M_{ij} ist der magnetische Kreis vollständig bestimmt. Die Zusammenhänge (4–31) und (4–32) beschreiben somit das Strom-Spannungs-Verhalten des vorausgesetzten Modells.

Für die weitere Herleitung werden mit Hilfe der Übersetzungen

$$\ddot{u}_{12} = \frac{w_1}{w_2}, \quad \ddot{u}_{13} = \frac{w_1}{w_3} \qquad (4\text{–}33)$$

wieder die transformierten Größen

$$\underline{U}_2' = \ddot{u}_{12} \cdot \underline{U}_2, \underline{U}_3' = \ddot{u}_{13} \cdot \underline{U}_3, \qquad (4\text{–}34)$$

$$\underline{I}_2' = \frac{\underline{I}_2}{\ddot{u}_{12}}, \quad \underline{I}_3' = \frac{\underline{I}_3}{\ddot{u}_{13}} \qquad (4\text{–}35)$$

eingeführt. Berücksichtigt man ferner die Induktivitätsausdrücke

$$\begin{aligned} L_1 &= w_1^2 \Lambda_1, L_2 = w_2^2 \Lambda_2, L_3 = w_3^2 \Lambda_3, \\ M_{12} &= w_1 w_2 \Lambda_{12}, M_{13} = w_1 w_3 \Lambda_{13}, M_{23} = w_2 w_3 \Lambda_{23} \end{aligned} \qquad (4\text{–}36)$$

sowie die Zusammenhänge

$$M_{21} = M_{12}, \; M_{31} = M_{13}, \; M_{32} = M_{23},$$

so nehmen die Gleichungen (4–31), (4–32) die Form

$$\begin{aligned} \underline{U}_1 &= j\omega w_1^2 [\Lambda_1 \underline{I}_1 - \Lambda_{12} \underline{I}_2' - \Lambda_{13} \underline{I}_3'] \\ \underline{U}_2' &= j\omega w_1^2 [\Lambda_{12} \underline{I}_1 - \Lambda_2 \underline{I}_2' - \Lambda_{23} \underline{I}_3'] \\ \underline{U}_3' &= j\omega w_1^2 [\Lambda_{13} \underline{I}_1 - \Lambda_{23} \underline{I}_2' - \Lambda_3 \underline{I}_3'] \end{aligned} \qquad (4\text{–}37)$$

an. Aus diesen Strom-Spannungs-Beziehungen gilt es nun, ein Ersatzschaltbild zu erstellen. Eine solche Schaltung läßt sich leichter angeben, wenn es gelingt, die Aussagen (4–37) so umzuformen, daß sie die Gestalt von Maschen- und Knotenpunktgleichungen annehmen. Die dafür notwendigen Rechnungen gestalten sich erheblich einfacher, wenn zusätzlich der Durchflutungssatz einbezogen wird, obwohl er bereits implizit in diesem Gleichungssystem enthalten ist.

Bei dem vorliegenden Gleichungssystem führt dieses Vorgehen auf ein relativ unhandliches Ersatzschaltbild mit sechs Induktivitäten [11], die Funktionen der sechs Λ-Parameter darstellen. Um eine übersichtlichere Ersatzschaltung zu erhalten, wird deshalb zunächst der Magnetisierungsstrom vernachlässigt. Der Durchflutungssatz liefert unter dieser Voraussetzung den Zusammenhang

$$\underline{I}_1 - \underline{I}_2' - \underline{I}_3' = 0. \qquad (4\text{–}38)$$

Im weiteren werden nun die Beziehungen (4–37) durch Differenzbildung auf die Form

$$\begin{aligned} \underline{U}_1 - \underline{U}_2' &= j\omega w_1^2 [(\Lambda_1 - \Lambda_{12}) \underline{I}_1 + (\Lambda_2 - \Lambda_{12}) \underline{I}_2' + (\Lambda_{23} - \Lambda_{13}) \underline{I}_3'] \\ \underline{U}_1 - \underline{U}_3' &= j\omega w_1^2 [(\Lambda_1 - \Lambda_{13}) \underline{I}_1 + (\Lambda_{23} - \Lambda_{12}) \underline{I}_2' + (\Lambda_3 - \Lambda_{13}) \underline{I}_3'] \end{aligned} \qquad (4\text{–}39)$$

gebracht. Mit Hilfe der Gl. (4–38) resultieren daraus schließlich die Maschenumläufe

$$\begin{aligned} \underline{U}_1 - \underline{U}_2' &= j\omega w_1^2 [(\Lambda_1 - \Lambda_{12} + \Lambda_{23} - \Lambda_{13}) \underline{I}_1 + (\Lambda_2 - \Lambda_{12} - \Lambda_{23} + \Lambda_{13}) \underline{I}_2'] \\ \underline{U}_1 - \underline{U}_3' &= j\omega w_1^2 [(\Lambda_1 - \Lambda_{12} + \Lambda_{23} - \Lambda_{13}) \underline{I}_1 + (\Lambda_3 + \Lambda_{12} - \Lambda_{23} - \Lambda_{13}) \underline{I}_3'] , \end{aligned} \qquad (4\text{–}40)$$

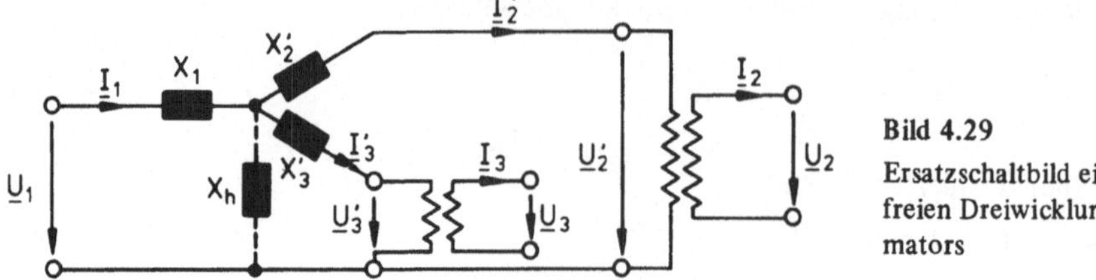

Bild 4.29
Ersatzschaltbild eines verlustfreien Dreiwicklungstransformators

die nun als Ersatzschaltbild interpretiert werden können (Bild 4.29). Die darin auftretenden Reaktanzen

$$\begin{aligned} X_1 &= \omega w_1^2(\Lambda_1 - \Lambda_{12} + \Lambda_{23} - \Lambda_{13}) \\ X_2' &= \omega w_1^2(\Lambda_2 - \Lambda_{12} - \Lambda_{23} + \Lambda_{13}) \\ X_3' &= \omega w_1^2(\Lambda_3 + \Lambda_{12} - \Lambda_{23} - \Lambda_{13}) \end{aligned} \qquad (4\text{–}41)$$

stellen mathematische Ausdrücke dar, die physikalisch schlecht zu interpretieren sind. Es kann sogar eine dieser Reaktanzen negative Werte annehmen [5, 11].

Dieses Ersatzschaltbild gilt natürlich nur für solche Betriebszustände, bei denen der Magnetisierungsstrom vernachlässigbar ist. In diesem Fall läßt sich das Leerlaufverhalten näherungsweise dadurch erfassen, daß zusätzlich noch eine Hauptreaktanz

$$X_h \approx \omega w_1^2 \Lambda_1 = \frac{U_1}{I_{01}} \qquad (4\text{–}42)$$

eingefügt wird. Diese Reaktanz ist in Bild 4.29 bereits dargestellt.

Ferner ist eine Erweiterung auf verlustbehaftete Dreiwicklungstransformatoren möglich, indem die Längsreaktanzen, wie bereits im Abschnitt 4.1 beschrieben, um die ohmschen Widerstände ergänzt werden. Die so modifizierte Ersatzschaltung ist auch für transiente Vorgänge zu verwenden.

Im folgenden wird noch auf die meßtechnische Bestimmung der Reaktanzen X_1, X_2', X_3' eingegangen. Zu diesem Zweck sind – der Anzahl der Reaktanzen im Ersatzschaltbild entsprechend – drei Kurzschlußversuche durchzuführen, bei denen jeweils eine der drei Wicklungen offen bleibt. Die beiden anderen Wicklungen werden als ein Zweiwicklungstransformator aufgefaßt. Der Nennstrom ist bei dieser Messung stets in der Wicklung mit der kleineren Nennleistung einzustellen. Die so ermittelten Kurzschlußreaktanzen $X_{k12}, X_{k13}, X_{k23}$ werden schließlich auf eine gemeinsame Bezugsspannung – z. B. $\underline{U}_1$ – umgerechnet. Unter der Voraussetzung, daß der Magnetisierungsstrom im Vergleich zu den Nennströmen zu vernachlässigen ist, erhält man dann mit den transformierten Größen $X_{k12}', X_{k13}', X_{k23}'$ die Zusammenhänge

$$\begin{aligned} X_1 &= \frac{1}{2} \cdot (X_{k12}' + X_{k13}' - X_{k23}') \\ X_2' &= \frac{1}{2} \cdot (X_{k12}' - X_{k13}' + X_{k23}') \\ X_3' &= \frac{1}{2} \cdot (-X_{k12}' + X_{k13}' + X_{k23}'). \end{aligned} \qquad (4\text{–}43)$$

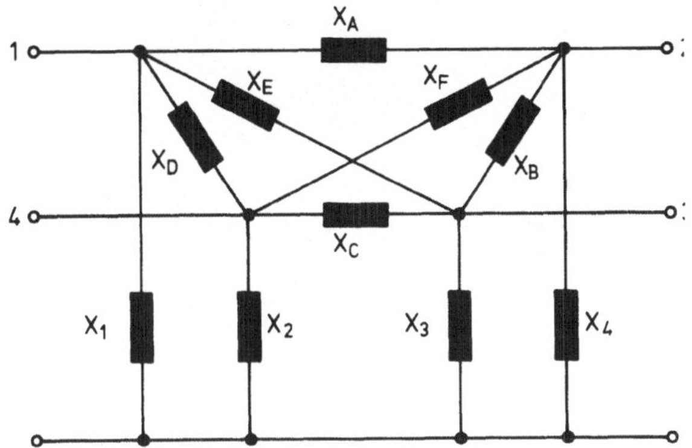

Bild 4.30
Ersatzschaltbild eines Vierwicklungstransformators ($X_{A\,...\,F}$ ≙ Streureaktanzen, $X_{1\,...\,4}$ ≙ Hauptreaktanzen)

Für Umspanner mit mehr als drei Wicklungen kann nur unter noch spezielleren Bedingungen ein ähnlich einfaches Ersatzschaltbild angegeben werden. Die Theorie für den allgemeinen Fall ist [11] zu entnehmen. Als Beispiel zeigt Bild 4.30 die Ersatzschaltung eines Vierwicklungstransformators.

Die bisher behandelten Transformatortypen sind alle einphasig ausgeführt. Sie sind daher nicht direkt in den überwiegend verwendeten Drehstromnetzen einzusetzen.

4.2.1.3 Dreiphasige Transformatoren

Einen dreiphasigen Umspanner erhält man bereits dadurch, daß drei einphasige Einheiten *elektrisch* zusammengeschaltet werden. Man spricht dann von einer *Drehstrombank.* In europäischen Energieversorgungsnetzen werden jedoch aus wirtschaftlichen Gründen – zumindest bei Spannungen bis zu 500 kV – überwiegend spezielle Drehstromtransformatoren verwendet, die auch wiederum als Zweiwicklungs- bzw. Dreiwicklungstransformatoren ausgeführt werden.

4.2.1.3.1 Aufbau eines dreiphasigen Zweiwicklungstransformators

Ein Drehstromtransformator liegt prinzipiell dann vor, wenn drei gleiche Einphasentransformatoren *magnetisch* zusammengeschaltet werden (Bild 4.31). Der mittlere Schenkel dieses symmetrisch aufgebauten Dreiphasenumspanners kann im *symmetrischen Betrieb* entfallen, denn die drei Flüsse addieren sich unter dieser Voraussetzung zu Null. Der magnetische Rückschluß ist dann durch die Verbindungen der einzelnen Schenkel – die Joche – gewährleistet.

Im Unterschied dazu sind die drei Schenkel bei praktischen Bauformen in einer Ebene angeordnet (Bild 4.32). Dieser asymmetrisch aufgebaute Drehstromtransformator wird üblicherweise *Dreischenkeltransformator* genannt. Es sei gesagt, daß die Asymmetrie der Schenkel für das stationäre Betriebsverhalten kaum eine Rolle spielt, soweit die Magnetisierungsströme wesentlich kleiner als die Betriebsströme sind. Unter dieser Bedingung kann der Aufbau als symmetrisch angesehen werden.

Eine weitere Variante entsteht, wenn neben den Schenkeln noch zwei zusätzliche magnetische Rückschlüsse angeordnet werden, die mit einem schwächeren Querschnitt ausgeführt sind (Bild 4.32). Für diesen Umspannertyp wird die Bezeichnung *Fünfschenkeltransformator* gewählt. Diese Kernbauart weist bei gleichen axialen Wicklungsabmessungen eine ge-

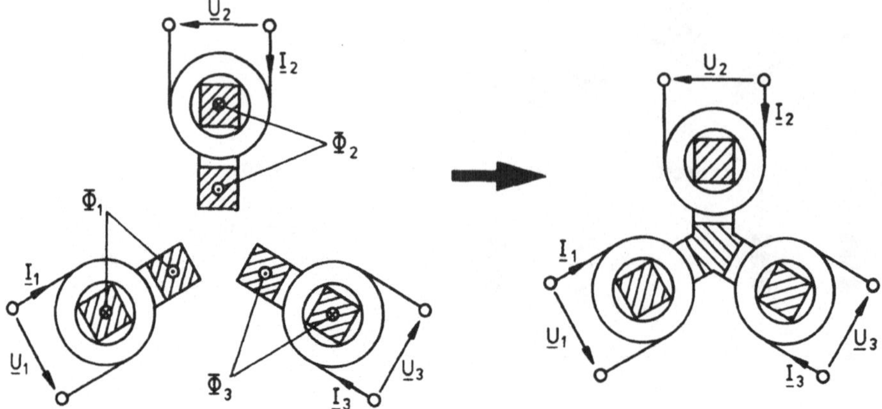

Bild 4.31 Entstehung eines symmetrischen Drehstromtransformators aus drei Einphasentransformatoren (Schnitt)

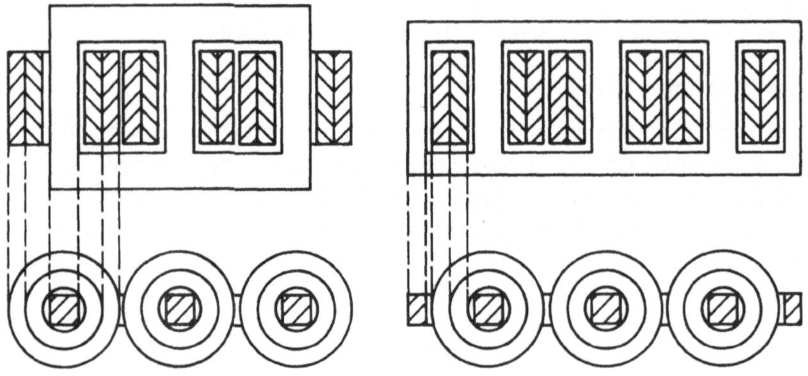

Bild 4.32 Aufbau eines Drei- und eines Fünfschenkeltransformators

ringere Bauhöhe auf und wird deshalb insbesondere für große Einheiten verwendet, bei denen die Transportfähigkeit, z. B. mit der Bahn, erhalten bleiben muß. Solche Umspanner dürfen daher vorgeschriebene Abmessungen – im Falle der Bahn das Bahnprofil – nicht überschreiten. Bei Drehstromtransformatoren ergeben sich aufgrund der Dreiphasigkeit verschiedene Schaltungsmöglichkeiten.

4.2.1.3.2 Schaltungsvarianten

Bei dreiphasigen Umspannern werden die Wicklungsteile, die einen Strang bilden zusammenfassend als *Wicklungsstrang* bezeichnet. Für die drei Wicklungsstränge, die zu ein- und demselben elektrischen Kreis – z. B. zur Oberspannungsseite – gehören, wird wiederum als Oberbegriff der Ausdruck *Wicklung* verwendet. Die einzelnen Wicklungsstränge werden dabei zu einer Stern-, Dreieck- oder Zickzackschaltung verbunden. Bei der Zickzackschal-

Tabelle 4.1 Wichtige Schaltgruppen

Bezeichnung		Zeigerbild		Schaltungsbild	
Kennzahl	Schaltgruppe	OS	US	OS	US
0	Yy0	1V 1U 1W	2V 2U 2W	1U 1V 1W	2U 2V 2W
5	Dy5	1V 1U 1W	2U 2W 2V	1U 1V 1W	2U 2V 2W
	Yd5	1V 1U 1W	2U 2W 2V	1U 1V 1W	2U 2V 2W
	Yz5	1V 1U 1W	2U 2W 2V	1U 1V 1W	2U 2V 2W

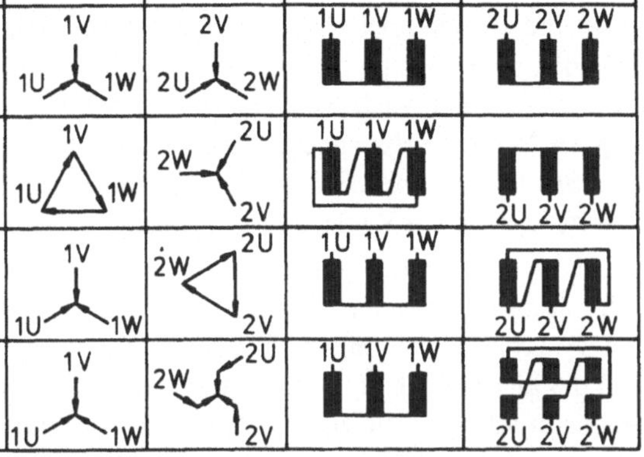

tung handelt es sich um eine Sonderform der Sternschaltung, bei der jedoch jeder Wicklungsstrang auf zwei verschiedene Schenkel aufgeteilt ist (Tabelle 4.1).

Durch unterschiedliche Schaltungsmöglichkeiten sind eine Reihe von Kombinationen – auch *Schaltgruppen* genannt – zwischen der Ober- und Unterspannungsseite möglich. Sie sind der VDE-Bestimmung 0532 zu entnehmen. Vier bevorzugte Varianten zeigt die Tabelle 4.1. Laut VDE 0532 sind die Anschlüsse der Wicklungsstränge mit den Buchstaben U, V, W zu kennzeichnen. Die Ober- und Unterspannungsseite werden in Anlehnung an die einphasigen Verhältnisse durch die Ziffern 1 und 2 angegeben, also z. B. 1U oder 2V. Ferner können Anfang und Ende eines Wicklungsstranges durch eine nachfolgende Ziffer 1 oder 2 unterschieden werden – z. B. 1U1 oder 1U2.

Um die Schaltgruppen von Drehstromtransformatoren zu kennzeichnen, sind Kurzzeichen wie z. B. Dy5 eingeführt worden. Dabei gibt der erste Buchstabe – ein Großbuchstabe – die Schaltung der Oberspannungswicklung an. Es folgt ein kleiner Buchstabe, der die Schaltungsart der Unterspannungswicklung beschreibt. Sinnvollerweise werden für die Dreieck-, Stern- und Zickzackschaltung die Größen d, y und z gewählt. Das Kurzzeichen wird noch durch eine Kennzahl ergänzt. Sie zeigt an, wie später noch ausgeführt wird, daß eine Phasenverschiebung zwischen Ober- und Unterspannung besteht. Ist der Sternpunkt einer Wicklung in Stern- oder Zickzackschaltung zu einem Anschluß herausgeführt, so wird dies zusätzlich durch den Buchstaben N bzw. n kenntlich gemacht – z. B. YNd5 oder Yyn0. Es besteht dann die Möglichkeit, den Sternpunkt direkt oder über Drosselspulen mit der Erdungsanlage zu verbinden (s. Kapitel 11 und 12) oder ihn zu belasten. Die Art der Sternpunktbehandlung ist bei dem hier vorausgesetzten symmetrischen Betrieb ohne Einfluß auf das Betriebsverhalten, da sich die Ströme im Sternpunkt zu Null ergänzen.

Für die Auswahl der Schaltungsart sind u. a. wirtschaftliche Gesichtspunkte maßgebend. So wird für *hohe Spannungen* die *Sternschaltung* bevorzugt, weil dort die Isolation – im Gegensatz zur Dreieckschaltung – nur für die $1/\sqrt{3}$-fache Außenleiterspannung auszulegen ist. Bei *hohen Strömen* ist dagegen die *Dreieckschaltung* günstiger. Bei dieser Schaltungsart werden die Wicklungsstränge nur mit dem $1/\sqrt{3}$-fachen Außenleiterstrom belastet, so daß im Vergleich zur Sternschaltung kleinere Drahtquerschnitte gewählt werden können. Bei Nennspannungen unter 30 kV bringt üblicherweise eine Kupfereinsparung größere Kostenvorteile als eine Verminderung der Isolation.

Diesen Überlegungen entsprechend werden solche Transformatoren, die Netze mit Nennspannungen über 30 kV verbinden – sogenannte *Netzkupplungstransformatoren* – meist in Yy-Schaltung ausgelegt. Für Umspanner wiederum, die die Generatorspannung von ca. 6 ... 30 kV auf die Spannung des Netzes hochspannen, wählt man eine andere Funktionsbezeichnung, den Begriff *Maschinentransformator.* Sofern es sich um Netze der Hoch- oder Höchstspannungsebene handelt, ist dafür die Yd-Schaltung bevorzugt zu verwenden.

Kleinere Transformatoren, die aus einem Mittel- in ein Niederspannungsnetz einspeisen, werden als *Verteilungstransformatoren* bezeichnet. Für diese Umspanner ist bei Nennleistungen über 200 kVA die Dy-Schaltung vorteilhaft. Für kleinere Leistungen wird die Schaltung Yz bevorzugt, weil die Zickzackschaltung günstiger unsymmetrisch belastbar ist (s. Kapitel 9). Diese unsymmetrischen Lasten sind in kleinen Drehstromnetzen mit einphasigen Verbrauchern besonders ausgeprägt. Bei dem in diesem Abschnitt vorausgesetzten symmetrischen Betrieb wirkt sich der Vorteil der Zickzackschaltung jedoch nicht aus.

Unabhängig von dem Gesichtspunkt der Wirtschaftlichkeit ist die Stern- oder Zickzackschaltung immer dann einzusetzen, wenn ein Sternpunktleiter erforderlich ist, wie es z. B. in Niederspannungsnetzen der Fall ist. Ferner kann auch die Art der Sternpunktbehandlung die Wahl der Schaltgruppe beeinflussen (s. Kapitel 11).

Drehstromtransformatoren weisen im Vergleich zu Einphaseneinheiten einen komplizierteren Aufbau auf. Daher ist es nicht weiter verwunderlich, daß sich auch der Begriff der Übersetzung umfassender gestaltet.

4.2.1.3.3 Übersetzung bei symmetrischem Betrieb

In Anlehnung an die einphasigen Verhältnisse wird die Übersetzung bei dreiphasigen Zweiwicklungstransformatoren durch das Verhältnis der Ober- zur Unterspannung

$$\underline{\ddot{u}}_n = \frac{\underline{U}_{n1T}}{\underline{U}_{n2T}} \tag{4–44}$$

definiert. Zu beachten ist, daß es sich bei diesen Größen um Dreieckspannungen jeweils zwischen gleichen Anschlüssen, z. B. 1U, 1V und 2U, 2V, handelt. Da diese Spannungen gegeneinander phasenverschoben sein können, führt der Ausdruck (4–44) bei Drehstromtransformatoren in der Regel zu einer komplexen Übersetzung. Anhand der speziellen Schaltung in Bild 4.33 wird dieser Zusammenhang für den symmetrischen Betrieb näher erläutert.

Es wird ein symmetrisch aufgebauter *idealer Drehstromtransformator* vorausgesetzt. Ferner wird zunächst vereinfachend davon ausgegangen, daß die Wicklungsstränge beider Wicklungen dieselbe Windungszahl aufweisen. Der wesentliche Gedanke der folgenden Schaltungsanalyse besteht nun darin, daß aufgrund der gleichen Windungszahl die Strangspannungen $\underline{U}_{1UN}$, $\underline{U}_{1VN}$, $\underline{U}_{1WN}$ den Strangspannungen $\underline{U}_{2U}$, $\underline{U}_{2V}$, $\underline{U}_{2W}$ entsprechen:

$$\underline{U}_{1UN} = \underline{U}_{2U}\,, \quad \underline{U}_{1VN} = \underline{U}_{2V}\,, \quad \underline{U}_{1WN} = \underline{U}_{2W}\,.$$

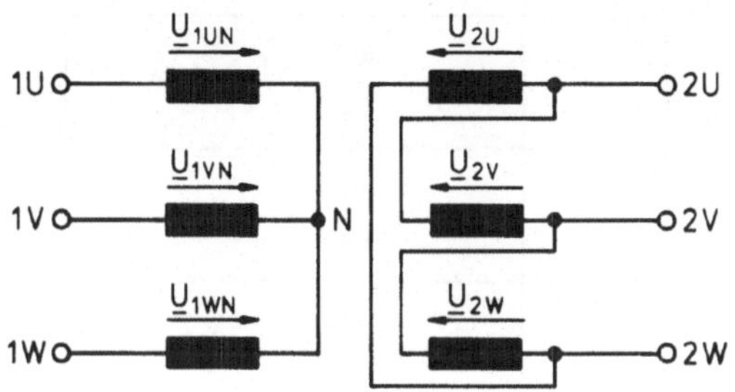

Bild 4.33
Drehstromtransformator in Yd11-Schaltung

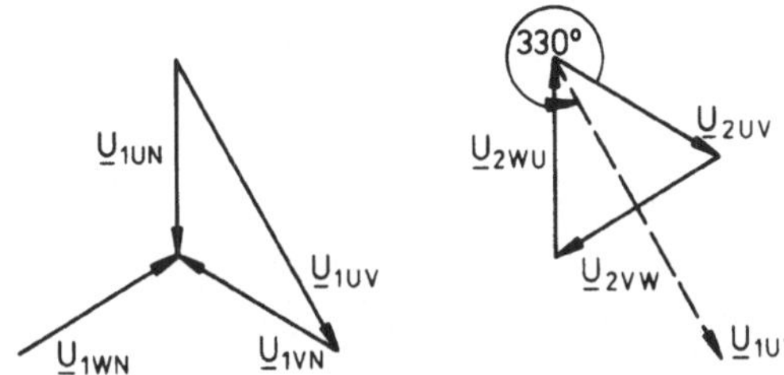

Bild 4.34
Zeigerbild der Yd11-Schaltung

Für die betrachtete Anordnung in Bild 4.33 lassen sich dann mit Hilfe der Beziehungen

$$\underline{U}_{2U} = \underline{U}_{2UW} = -\underline{U}_{2WU}, \; \underline{U}_{2V} = \underline{U}_{2VU} = -\underline{U}_{2UV}, \; \underline{U}_{2W} = \underline{U}_{2WV} = -\underline{U}_{2VW}$$

die Kirchhoffschen Gesetze

$$\underline{U}_{1UN} = -\underline{U}_{2WU}, \; \underline{U}_{1VN} = -\underline{U}_{2UV}, \; \underline{U}_{1WN} = -\underline{U}_{2VW},$$

$$\underline{U}_{2UV} + \underline{U}_{2VW} + \underline{U}_{2WU} = 0$$

formulieren. Diese Zusammenhänge sind in Bild 4.34 durch Zeigerdiagramme veranschaulicht.

Bei der Auswertung dieser Zeigerbilder ist zu berücksichtigen, daß die Strangspannungen auf der Oberspannungsseite Stern-, auf der Unterspannungsseite dagegen Dreieckspannungen darstellen. Vergleicht man zwei zusammengehörige Dreieckspannungen – z. B. $\underline{U}_{1UV}$ und $\underline{U}_{2UV}$ –, so zeigt sich, daß die Unterspannung gegenüber der Oberspannung um 330° nacheilt und um den Faktor $\sqrt{3}$ kleiner ist. Die Übersetzung für die Schaltgruppe Yd11 hat demnach den Wert

$$\underline{\ddot{u}} = \frac{\underline{U}_{1UV}}{\underline{U}_{2UV}} = \sqrt{3} \cdot e^{j330°}. \tag{4–45}$$

Bei ungleichen Windungszahlen geht dieser Ausdruck in den Zusammenhang

$$\underline{\ddot{u}} = \sqrt{3} \cdot \frac{w_1}{w_2} \cdot e^{j330°} \tag{4–46}$$

über. Führt man diese Schaltungsanalyse auch für weitere Schaltgruppen durch, so erhält man das Ergebnis, daß der Phasenwinkel in der Übersetzung stets ein Vielfaches von 30° ist. Der Wert dieses Winkels läßt sich mit Hilfe der Kennzahl der Schaltgruppe angeben.

Tabelle 4.2 Übersetzungen üblicher Drehstromtransformatoren

Yy0	$\underline{ü} = \frac{w_1}{w_2}$
Dy5	$\underline{ü} = \frac{w_1}{\sqrt{3} w_2} \cdot e^{j150°}$
Yd5	$\underline{ü} = \frac{\sqrt{3} w_1}{w_2} \cdot e^{j150°}$
Yd11	$\underline{ü} = \frac{\sqrt{3} w_1}{w_2} \cdot e^{j330°}$
Yz5	$\underline{ü} = \frac{2 w_1}{\sqrt{3} w_2} \cdot e^{j150°}$

So gilt bei der betrachteten Schaltgruppe Yd11: $\varphi = 11 \cdot 30° = 330°$. Für einige, häufig verwendete Schaltgruppen ist die Übersetzung der Tabelle 4.2 zu entnehmen.

Ähnliche Beziehungen ergeben sich für die Transformation der Ströme. Die Zusammenhänge lassen sich besonders einfach aus einer Leistungsbilanz [9] am idealen Drehstromumspanner erkennen. Aufgrund der Verlustfreiheit muß im symmetrischen Betrieb die Leistungsbilanz z. B. für den Wicklungsstrang U

$$\underline{S}_U = P_U + jQ_U = \underline{U}_{1UN} \cdot \underline{I}^*_{1U} = \underline{U}_{2UN} \cdot \underline{I}^*_{2U} \tag{4–47}$$

lauten. Dabei kennzeichnet der Stern jeweils die konjugiert komplexe Größe. Aus der Beziehung (4–47) resultieren schließlich die Ausdrücke

$$\underline{I}^*_{1U} = \frac{\underline{I}^*_{2U}}{\underline{ü}} \quad \text{bzw.} \quad \underline{I}_{1U} = \frac{\underline{I}_{2U}}{\underline{ü}^*}, \tag{4–48}$$

die analog auch für die weiteren Wicklungsstränge gelten. Es zeigt sich also, daß für die Übertragung der Ströme die konjugiert komplexe Größe der Übersetzungen maßgebend ist.

Zu klären bleibt noch, wie sich Impedanzen bei dreiphasigen Umspannern transformieren. Als Beispiel wird die Schaltung in Bild 4.35 betrachtet. Diese Anordnung wird u. a. durch die Beziehungen

$$\underline{U}_{1UN} = \underline{Z}_1 \cdot \underline{I}_{1U}, \quad \underline{U}_{1UN} = \underline{ü} \cdot \underline{U}_{2UN}$$

beschrieben. Daraus resultiert der Zusammenhang

$$\underline{U}_{2UN} = \frac{\underline{Z}_1}{\underline{ü} \cdot \underline{ü}^*} \cdot \underline{I}_{1U} \cdot \underline{ü}^* = \underline{Z}'_1 \cdot \underline{I}_{2U}.$$

Die Impedanz $\underline{Z}_1$ transformiert sich somit gemäß der Gleichung

$$\underline{Z}'_1 = \frac{\underline{Z}_1}{\underline{ü} \cdot \underline{ü}^*} = \frac{\underline{Z}_1}{ü^2} \tag{4–49}$$

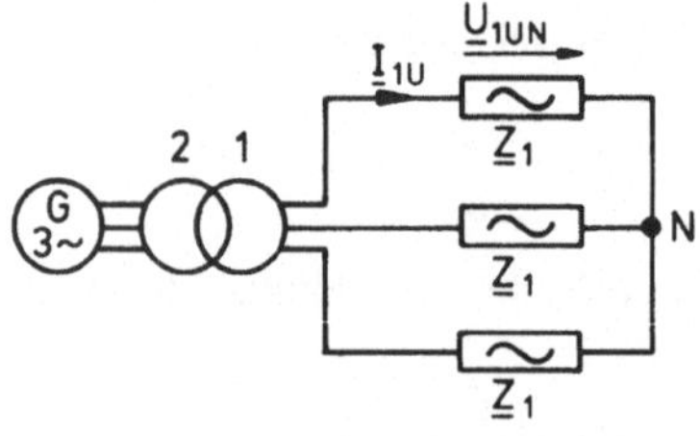

Bild 4.35 Idealer Drehstromtransformator mit Last

auf die Unterspannungsseite. Vorteilhafterweise ist der Faktor $\underline{ü} \cdot \underline{ü}^* = ü^2$ wieder reell, so daß für die *Transformation der Impedanzen dieselben Zusammenhänge gelten wie bei einphasigen Umspannern.* Nach diesen prinzipiellen Erläuterungen wird nun ein Drehstromtransformator mit Streuung betrachtet.

4.2.1.3.4 Ersatzschaltbild für den symmetrischen Betrieb

Im weiteren interessiert das Betriebsverhalten eines Drehstromtransformators im symmetrischen Betrieb. Als Beispiel wird der Umspanner in Bild 4.36 betrachtet, der in Yd-Schaltung ausgelegt sei. Die Asymmetrie des Eisenkreises wird wieder vernachlässigt.

Für die weiteren Überlegungen wird – wie beim Einphasenumspanner – der magnetische Leitwert Λ eines einzelnen Wicklungstranges benötigt, der aufgrund der vorausgesetzten Symmetrie bei allen Strängen gleich groß ist. Zusätzlich wird der Koppelleitwert Λ_{12} verwendet. Diese Größe beschreibt die Kopplung zwischen jeweils zwei Strängen, die auf demselben Schenkel angeordnet sind. Der Koppelleitwert zwischen zwei Wicklungssträngen, die auf unterschiedlichen Schenkeln sitzen, beträgt dann infolge der vorausgesetzten Symmetrie $\Lambda_{12}/2$. Aus einer Berechnung des Eisenkreises entsprechend der Grundlagenliteratur [9] ergeben sich dann die Induktivitätsausdrücke zu

$$\begin{aligned}
L_{1U} &= L_{1V} = L_{1W} = w_1^2 \Lambda \\
L_{2U} &= L_{2V} = L_{2W} = w_2^2 \Lambda \\
M_{1U1V} &= M_{1V1W} = M_{1W1U} = w_1^2 \frac{\Lambda_{12}}{2} \\
M_{2U2V} &= M_{2V2W} = M_{2W2U} = w_2^2 \frac{\Lambda_{12}}{2} \\
M_{1U2V} &= M_{1V2W} = M_{1W2U} = w_1 w_2 \frac{\Lambda_{12}}{2} \\
M_{1U2U} &= M_{1V2V} = M_{1W2W} = w_1 w_2 \Lambda_{12} .
\end{aligned} \qquad (4\text{–}50)$$

Es wird nun in bekannter Weise für jeden Wicklungsstrang die Flußbilanz aufgestellt, in die dann die Zusammenhänge (4–50) einzusetzen sind. Auf die daraus resultierenden Bezie-

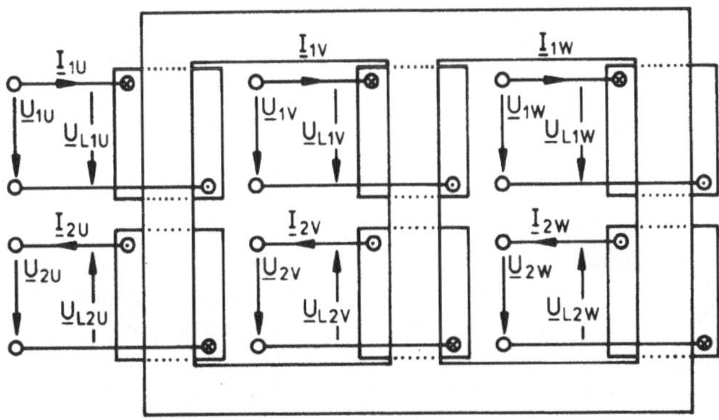

Bild 4.36
Drehstromtransformator

hungen wird wiederum das Induktionsgesetz angewendet, das dann für die Wicklungsstränge die Spannungen $\underline{U}_{1U}$, $\underline{U}_{2U}$, ... liefert. Berücksichtigt man ferner den *symmetrischen Betrieb*, so lassen sich nach dem Ausklammern der Faktoren Λ und Λ_{12} ober- und unterspannungsseitig jeweils zwei Ströme eliminieren, z. B.

$$-\underline{I}_{1V} - \underline{I}_{1W} = \underline{I}_{1U} \qquad \text{oder} \qquad \underline{I}_{2V} + \underline{I}_{2W} = -\underline{I}_{2U}\,.$$

Man erhält schließlich mit den transformierten Größen wie

$$\underline{U}'_{2U} = \frac{w_1}{w_2} \cdot \underline{U}_{2U}\,, \quad \underline{I}'_{2U} = \frac{w_2}{w_1} \cdot \underline{I}_{2U}$$

ein Gleichungssystem, in dem jeweils nur zwei Beziehungen miteinander gekoppelt sind:

$$\underline{U}_{1U} = j\omega w_1^2 \left(\Lambda + \frac{\Lambda_{12}}{2}\right) \cdot \underline{I}_{1U} - j\omega \frac{3}{2} w_1^2 \Lambda_{12} \underline{I}'_{2U}$$

$$\underline{U}'_{2U} = -j\omega w_1^2 \left(\Lambda + \frac{\Lambda_{12}}{2}\right) \cdot \underline{I}'_{2U} + j\omega \frac{3}{2} w_1^2 \Lambda_{12} \underline{I}_{1U}$$

$$\underline{U}_{1V} = j\omega w_1^2 \left(\Lambda + \frac{\Lambda_{12}}{2}\right) \cdot \underline{I}_{1V} - j\omega \frac{3}{2} w_1^2 \Lambda_{12} \underline{I}'_{2V}$$

$$\underline{U}'_{2V} = -j\omega w_1^2 \left(\Lambda + \frac{\Lambda_{12}}{2}\right) \cdot \underline{I}'_{2V} + j\omega \frac{3}{2} w_1^2 \Lambda_{12} \underline{I}_{1V}$$

$$\underline{U}_{1W} = j\omega w_1^2 \left(\Lambda + \frac{\Lambda_{12}}{2}\right) \cdot \underline{I}_{1W} - j\omega \frac{3}{2} w_1^2 \Lambda_{12} \underline{I}'_{2W}$$

$$\underline{U}'_{2W} = -j\omega w_1^2 \left(\Lambda + \frac{\Lambda_{12}}{2}\right) \cdot \underline{I}'_{2W} + j\omega \frac{3}{2} w_1^2 \Lambda_{12} \underline{I}_{1W}\,.$$

Dieses Ergebnis ermöglicht wiederum ein einphasiges Ersatzschaltbild (Bild 4.37).

Bei den Größen $\underline{U}_{1U}$ und $\underline{U}'_{2U}$ handelt es sich um Strangspannungen. Auf der Unterspannungsseite stellen diese Spannungen demnach *Außenleitergrößen* und auf der Oberspannungsseite Sternspannungen dar. Es ist nun üblich, alle Größen des Ersatzschaltbildes auf eine Sternschaltung zu beziehen. In diesem Fall läßt sich der Rückleiter auch physikalisch anschaulich als ein gedachter Sternpunktleiter interpretieren. Um die unterspannungsseitigen Größen dementsprechend anzupassen, ist noch ein idealer einphasiger Transformator mit der komplexen Übersetzung $\underline{ü}$ des Drehstromumspanners einzufügen (Bild 4.38). Ein solcher einphasiger Transformator ist nicht mit passiven Elementen realisierbar, könnte aber z. B. durch elektronische Bauteile nachgebildet werden.

Ein Vergleich der Ersatzschaltbilder für einen dreiphasigen und einen einphasigen Zweiwicklungstransformator zeigt, daß sie analog aufgebaut sind. Sie unterscheiden sich durch

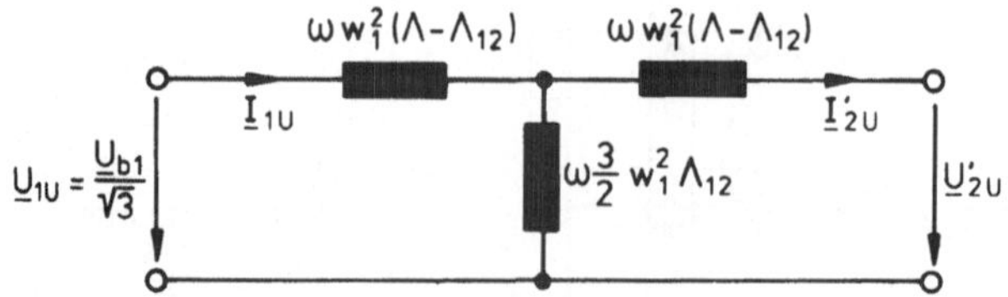

Bild 4.37
T-Ersatzschaltbild mit transformierten Größen für den Wicklungsstrang U

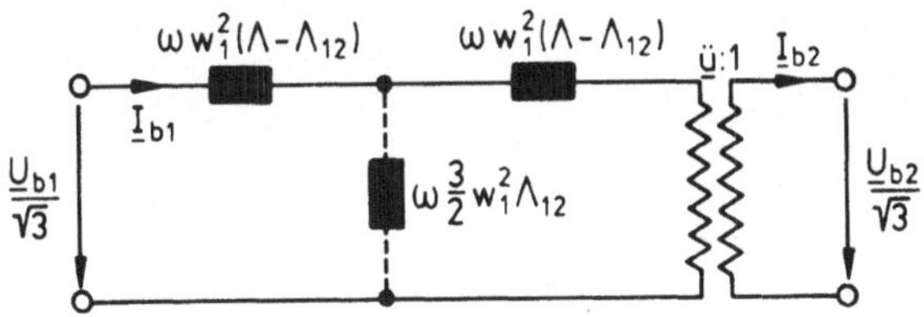

Bild 4.38
Einphasiges T-Ersatzschaltbild eines dreiphasigen, symmetrisch betriebenen Zweiwicklungstransformators

den Faktor $1/\sqrt{3}$ vor den angegebenen Spannungen und die im allgemeinen komplexe Übersetzung.

Wie beim einphasigen Umspanner kann auch beim Drehstromtransformator die Hauptreaktanz vernachlässigt werden, wenn der Magnetisierungsstrom klein gegenüber den Betriebsströmen ist. Die Streureaktanzen lassen sich dann wiederum zu einer Kurzschlußreaktanz X_k zusammenfassen. Ihre Größe läßt sich aus der relativen Kurzschlußspannung

$$u_k = \frac{U_{kT}}{U_{nT}} = \frac{\frac{U_{kT}}{\sqrt{3}}}{\frac{U_{nT}}{\sqrt{3}}} = \frac{X_k \cdot I_{nT}}{\frac{U_{nT}}{\sqrt{3}}}$$

und der *Nennleistung des Drehstromtransformators*

$$S_{nT} = \sqrt{3} \cdot U_{nT} \cdot I_{nT} \tag{4–51}$$

zu

$$X_k = \frac{u_k \cdot U_{nT}^2}{S_{nT}} \tag{4–52}$$

ermitteln. Dieser Zusammenhang weist prinzipiell die gleiche Form wie bei einphasigen Transformatoren auf. Unterschiedlich ist dagegen die Definition der Nennleistung (s. Gl. 4–51). Ferner *ist zu beachten,* daß – wie die Nennspannung U_{nT} – auch die Kurzschlußspannung U_{kT} bei Drehstromumspannern stets als *Dreieckspannung* angegeben wird.

Meßtechnisch ist die Reaktanz X_k wiederum durch einen Kurzschlußversuch zu ermitteln. Dabei werden auf der Unterspannungsseite die *drei Wicklungsanschlüsse* 2U, 2V, 2W niederohmig miteinander verbunden; oberspannungsseitig wird dann der Betrag des einspeisenden *symmetrischen* Spannungssystems so gewählt, daß Nennstrom fließt.

Neben den bisher behandelten Zweiwicklungstransformatoren gibt es auch Drehstromumspanner, bei denen auf jedem Schenkel drei Wicklungsstränge angeordnet sind (Bild 4.39). Die dritte Wicklung wird u. a. zum Anschluß von Kompensationsdrosselspulen (s. Abschnitt 4.5.3) oder als Ausgleichswicklung (s. Abschnitt 9.4.5) benötigt. Die Schaltgruppenbezeichnungen für dreiphasige Dreiwicklungstransformatoren sind der VDE-Bestimmung 0532 zu entnehmen.

Eine analytische Betrachtung der Verhältnisse beim dreiphasigen Dreiwicklungstransformator führt auf das gleiche Ersatzschaltbild wie bei der einphasigen Ausführung (Bild 4.40). Analog zum Zweiwicklungstransformator besteht ein Unterschied wiederum nur in der komplexen Übersetzung und dem Faktor $1/\sqrt{3}$ in den Spannungen.

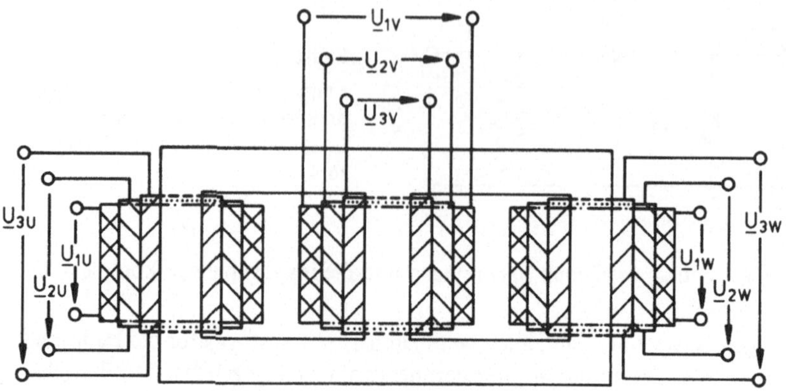

Bild 4.39 Aufbau eines dreiphasigen Dreiwicklungstransformators

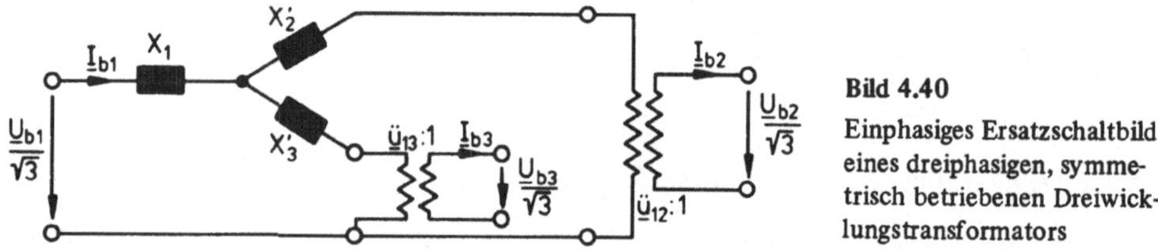

Bild 4.40 Einphasiges Ersatzschaltbild eines dreiphasigen, symmetrisch betriebenen Dreiwicklungstransformators

Die Ersatzschaltbilder von dreiphasigen Transformatoren sind, wie bereits formal an der komplexen Übersetzung zu ersehen ist, im allgemeinen nicht direkt für die Berechnung transienter Vorgänge geeignet. Sie können jedoch, wie im Kapitel 6 gezeigt wird, bei symmetrischen Schalthandlungen bedingt zu solchen Rechnungen herangezogen werden. Nach diesen Ausführungen sind nun die Grundlagen gelegt, um das Betriebsverhalten von Drehstromtransformatoren im Netzverband zu berechnen.

4.2.1.3.5 Betriebsverhalten von dreiphasigen Zweiwicklungstransformatoren im Netzverband

Das Betriebsverhalten von dreiphasigen Zweiwicklungstransformatoren im Netzverband läßt sich weitgehend analog zu der Vorgehensweise im Abschnitt 4.2.1.1.3 ermitteln. Die komplexen Übersetzungen führen zu gewissen Modifikationen, die anhand eines Beispiels dargestellt werden. Es wird ein räumlich eng begrenztes dreiphasiges Hochspannungsnetz z. B. wiederum eines großen Industriewerkes betrachtet, der Einfluß der Leitungen kann dann wieder vernachlässigt werden (Bild 4.41). Wie diesem Bild zu entnehmen ist, müssen bei parallel geschalteten Drehstromtransformatoren neben den bereits behandelten Bedingungen (4–30) zusätzlich die Ausgangsspannungen um die *gleiche Phase* gedreht sein. Diese Voraussetzung ist in jedem Fall erfüllt, wenn die Umspanner die gleiche Schaltgruppe aufweisen. In dem Beispiel soll nun für einen dreipoligen Kurzschluß an der 10-kV-Seite des Transformators T_5 der Kurzschlußstrom ermittelt werden, der nach Abklingen aller Ausgleichsvorgänge stationär auf der 20-kV-Seite auftritt (vgl. Kapitel 6).

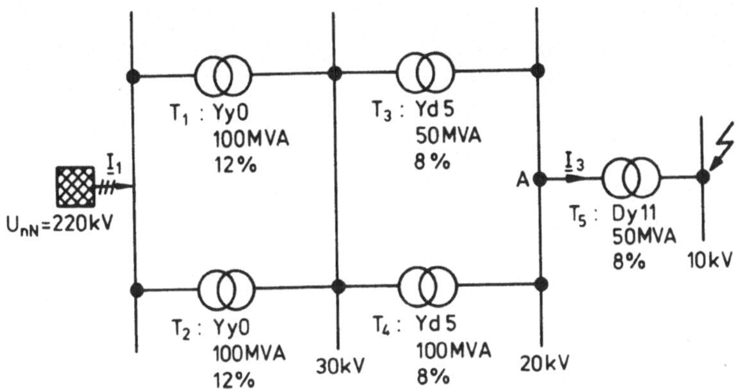

Bild 4.41 Hochspannungsnetz mit dreipoligem Kurzschluß auf der 10-kV-Seite des Transformators T_5

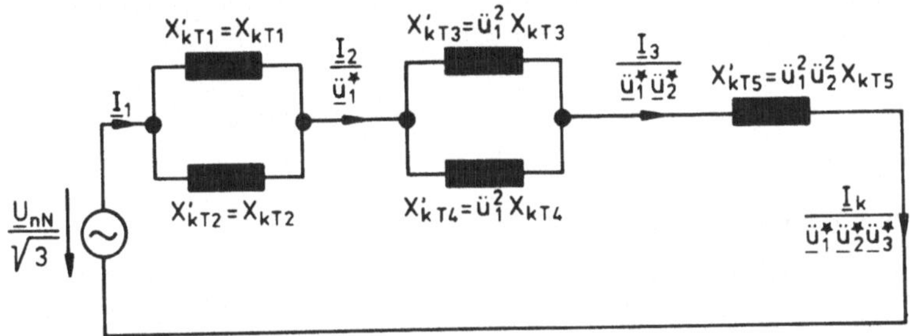

Bild 4.42 Einphasige Ersatzschaltung nach vollständiger Transformation

Zunächst wird das einphasige Ersatzschaltbild aufgestellt. Man erhält dann die Schaltung in Bild 4.42. Als Bezugsspannung wird in diesem Beispiel die Nennspannung U_{nN} = 220 kV des speisenden Netzes gewählt, das wiederum vereinfachend als ideale Spannungsquelle angesehen wird. Es sei nochmals darauf hingewiesen, daß eine *einphasige Darstellung* nur im Falle *eines symmetrischen Betriebs* sinnvoll ist. Nur in diesem Fall bilden die Ströme und Spannungen symmetrische Systeme, so daß die Kenntnis der Strom-Spannungs-Verhältnisse in einem Strang bereits eine Aussage über alle drei Stränge darstellt.

Für die Kurzschlußreaktanzen der Transformatoren ergeben sich mit Hilfe der Beziehung (4–52) die Werte (s. Bild 4.41)

$$X'_{kT1} = X'_{kT2} = 58{,}1\,\Omega; \quad X'_{kT3} = 77{,}4\,\Omega$$

$$X'_{kT4} = 38{,}7\,\Omega; \quad X'_{kT5} = 77{,}4\,\Omega\,.$$

Die resultierende Kurzschlußreaktanz beträgt demnach 132,25 Ω. Im Außenleiter R des Netzes fließt somit ein Strom

$$\underline{I}_{1R} = \frac{U_{nN} \cdot e^{j0^\circ}}{\sqrt{3} \cdot j\,132{,}5\,\Omega} = 960{,}4\,\mathrm{A} \cdot e^{-j90^\circ}\,.$$

Mit Hilfe der Übersetzungen

$$\underline{ü}_1 = \frac{220\,\text{kV}}{30\,\text{kV}} \cdot e^{j0°}, \qquad \underline{ü}_2 = \frac{30\,\text{kV}}{20\,\text{kV}} \cdot e^{j150°}$$

resultieren daraus auf der 10-kV-Seite

$$\underline{I}_{3R} = \underline{ü}_1 \underline{ü}_2 \underline{I}_{1R} = 10{,}56\,\text{kA} \cdot e^{-j240°}$$

$$\underline{I}_{3S} = 10{,}56\,\text{kA}\,e^{j0°}, \quad \underline{I}_{3T} = 10{,}56\,\text{kA}\,e^{-j120°}.$$

Für die praktische Projektierung von Anlagen interessiert überwiegend der Betrag des jeweiligen Stromes, weniger die Phasenlage. Bei dem bisher vorausgesetzten dreipoligen Kurzschluß ist es daher häufig ausreichend, die *Ströme* nur mit *dem Betrag der Übersetzungen umzurechnen. In diesem Fall entsprechen sich die Berechnungsverfahren für ein- und dreiphasige Netzverbände.*

Bisher sind nur Volltransformatoren behandelt worden. In Deutschland setzt man diese Bauart in Mittel- und Hochspannungsnetzen so gut wie immer ein. Speziell im Höchstspannungsbereich werden davon abweichend häufig Umspanner in Sparschaltung verwendet.

4.2.2 Spartransformatoren

Zunächst werden Aufbau und Anwendungsbereich von Spartransformatoren erläutert. Anschließend wird auf die Ersatzschaltbilder eingegangen.

4.2.2.1 Aufbau und Einsatz von Spartransformatoren

In Höchstspannungsnetzen werden häufig Drehstrombänke eingesetzt, deren einphasige Einheiten Spartransformatoren darstellen. Im weiteren wird nur auf solche einphasigen Ausführungen eingegangen. Ohne Ableitung sei gesagt, daß sich bei den nicht betrachteten dreiphasigen Einheiten Ersatzschaltbilder der gleichen Struktur ergeben.

Das Schaltkurzzeichen für einen einphasigen Spartransformator zeigt Bild 4.43. In der Schaltgruppe wird die Sparschaltung durch den kleinen Buchstaben a – z.B. Ya0 – gekennzeichnet. Nähere Ausführungen dazu sind der VDE-Bestimmung 0532 zu entnehmen.

Die Ober- und die Unterspannungswicklung weisen bei Spartransformatoren einen gemeinsamen Wicklungsteil auf, der als *Parallelwicklung* bezeichnet wird (Bild 4.44). Für den weiteren Wicklungsteil, der nur der Oberspannungsseite zugeordnet ist, wird der Begriff *Reihenwicklung* verwendet. Diese beiden Wicklungsteile sind – wie bei einem induktiven Spannungsteiler – in Reihe geschaltet. Im Unterschied zum Spannungsteiler können jedoch aufgrund der magnetischen Kopplung Spannungen sowohl hoch- als auch heruntertransformiert werden. Die Leistung wird dabei nicht nur über den Eisenkreis magnetisch übertragen, sondern teilweise auch über die galvanische Verbindung. Zur Kennzeichnung dieser Verhältnisse werden zwei Leistungsbegriffe eingeführt: Die Gesamtleistung des Umspanners, die *Durchgangsleistung* S_{nD}, wird durch den Ausdruck

$$S_{nD} = U_1 \cdot I_1 \qquad (4\text{–}53)$$

beschrieben.

OS

US

Bild 4.43
Schaltkurzzeichen eines einphasigen Spartransformators

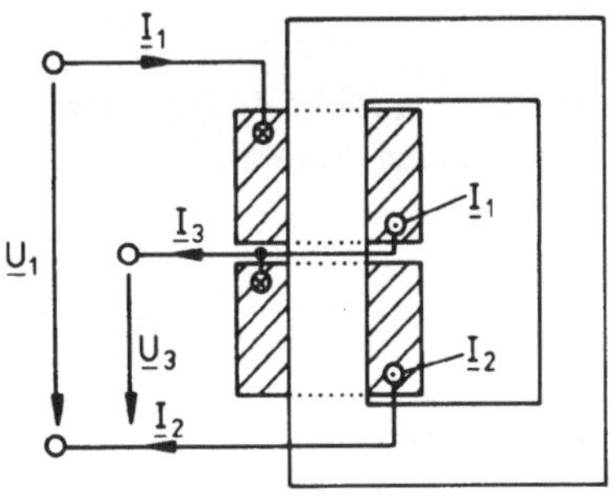

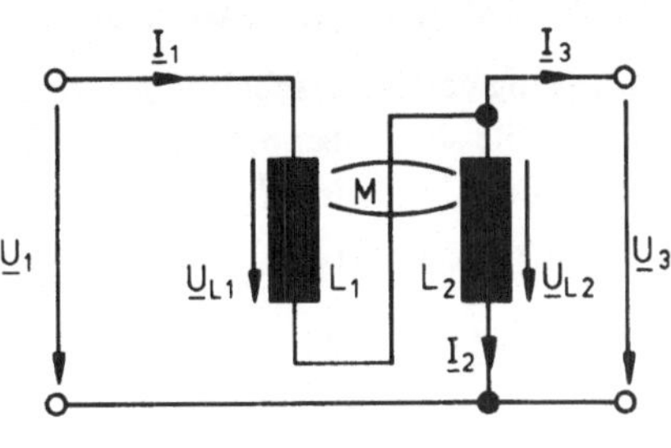

Bild 4.44 Aufbau und Schaltung eines einphasigen Spartransformators

Im Unterschied dazu kennzeichnet die *Eigenleistung*

$$S_{nE} = U_{L1} \cdot I_1 \tag{4–54}$$

denjenigen Leistungsanteil, der über den magnetischen Kreis transportiert wird. Die Eigenleistung ist dementsprechend ein Maß für die Baugröße des Umspanners.

Bei Volltransformatoren sind Durchgangs- und Eigenleistung identisch. Bei gleicher Durchgangsleistung kann demnach ein Spartransformator aufgrund der geringeren Eigenleistung kleiner und damit kostengünstiger gebaut werden als ein Volltransformator. Wie aus der Beziehung

$$\frac{S_{nE}}{S_{nD}} = \frac{U_{L1}}{U_1} = \frac{U_1 - U_3}{U_1} \tag{4–55}$$

ersichtlich ist, wird die Materialeinsparung um so größer, je geringer sich die Ober- und Unterspannung voneinander unterscheiden. Wenn anstelle eines Volltransformators ein Spartransformator zur Kupplung eines 380-kV- und 220-kV-Netzes verwendet wird, beträgt die Eigenleistung nur das 0,42-fache der Durchgangsleistung. Dadurch ergibt sich prinzipiell eine erhebliche Kostenersparnis, die sich jedoch stark verringert, wenn der Umspanner mit einstellbarer Übersetzung ausgeführt wird (s. Abschnitt 4.2.3). Bei der Kupplung eines 380-kV-Netzes mit einem 110-kV-Netz vergrößert sich das Verhältnis (4–55) auf den Wert 0,71. Für diesen Anwendungsbereich ist deshalb der Anreiz geringer, einen Spartransformator einzusetzen, zumal die galvanische Kopplung auch erhebliche Nachteile mit sich bringt.

So werden eventuelle Spannungsverlagerungen im Oberspannungsnetz, die bei einigen speziellen Störungen auftreten können (s. Kapitel 9 und 10), auf die Unterspannungsseite übertragen. Infolgedessen können Spartransformatoren nur zur Kupplung von Netzen mit wirksamer Sternpunkterdung (s. Kapitel 11) eingesetzt werden, die gerade überwiegend in 220-kV- und 380-kV-Netzen vorliegt. Ohne diese Erdungsmaßnahmen dürfen Spartransformatoren nur verwendet werden, wenn sich Ober- und Unterspannung um weniger als 25 % unterscheiden. Nach diesen grundsätzlichen Betrachtungen wird nun für den Spartransformator ein Ersatzschaltbild ermittelt.

4.2.2.2 Ersatzschaltbild eines Spartransformators

Für die Herleitung des Ersatzschaltbildes wird das Zählpfeilsystem in Bild 4.44 zugrundegelegt. Die Zählpfeile sind dabei bis auf die in Abschnitt 4.1 abgeleiteten Regeln beliebig gewählt worden. Der Umspanner läßt sich dann durch die Koppelgleichungen

$$\begin{aligned} \underline{U}_{L1} &= j\omega L_1 \underline{I}_1 + j\omega M \underline{I}_2 \\ \underline{U}_{L2} &= j\omega L_2 \underline{I}_2 + j\omega M \underline{I}_1 \end{aligned} \qquad (4\text{–}56)$$

beschreiben. Verknüpft man diese Zusammenhänge mit den Kirchhoffschen Gesetzen

$$\begin{aligned} \underline{U}_1 &= \underline{U}_{L1} + \underline{U}_{L2} \\ \underline{U}_3 &= \underline{U}_{L2} \\ \underline{I}_1 &= \underline{I}_2 + \underline{I}_3, \end{aligned}$$

so resultieren daraus die Beziehungen

$$\begin{aligned} \underline{U}_1 &= j\omega(L_1 + L_2 + 2M)\underline{I}_1 - j\omega(L_2 + M)\underline{I}_3 \\ \underline{U}_3 &= j\omega(L_2 + M)\underline{I}_1 - j\omega L_2 \underline{I}_3 . \end{aligned} \qquad (4\text{–}57)$$

Im weiteren werden die Induktivitäten wieder – wie bei den Volltransformatoren – durch die magnetischen Leitwerte ausgedrückt:

$$L_1 = w_1^2 \Lambda, \quad L_2 = w_2^2 \Lambda, \quad M = w_1 w_2 \Lambda_{12} .$$

Die Beziehungen (4–57) nehmen dann die Gestalt

$$\begin{aligned} \underline{U}_1 &= j\omega[(w_1^2 + w_2^2)\Lambda + 2w_1 w_2 \Lambda_{12}] \cdot \underline{I}_1 - j\omega(w_2^2 \Lambda + w_1 w_2 \Lambda_{12}) \cdot \underline{I}_3 \\ \underline{U}_3 &= j\omega(w_2^2 \Lambda + w_1 w_2 \Lambda_{12})\underline{I}_1 - j\omega w_2^2 \Lambda \underline{I}_3 \end{aligned} \qquad (4\text{–}58)$$

an. Um nun in bekannter Weise auf transformierte Größen überzugehen, wird zunächst die Übersetzung des Spartransformators für den Leerlauffall ermittelt. Dabei wird wie in Abschnitt 4.2.1.1.2 von der Näherung $\Lambda_{12} \approx \Lambda$ ausgegangen, also die Streuung vernachlässigt. Unter dieser Voraussetzung erhält man mit Hilfe der Zusammenhänge (4–58) das Ergebnis

$$ü(I_3 = 0) = \frac{\underline{U}_{01}}{\underline{U}_{03}} \approx \frac{w_1 + w_2}{w_2} . \qquad (4\text{–}59)$$

Für die Ströme liefert eine Kurzschlußbetrachtung den Ausdruck

$$\frac{\underline{I}_1}{\underline{I}_3} = \frac{1}{ü} .$$

Es werden nun analog zu den Betrachtungen beim Volltransformator die transformierten Größen

$$\underline{U}_3' = ü \cdot \underline{U}_3, \quad \underline{I}_3' = \frac{\underline{I}_3}{ü}$$

in die Beziehungen (4–58) eingeführt. Den daraus resultierenden Gleichungen kann ein T-Ersatzschaltbild mit den Reaktanzen

$$\begin{aligned} X_1' &= \omega w_1 (w_1 - w_2)(\Lambda - \Lambda_{12}) \\ X_2' &= \omega w_1 (w_1 + w_2)(\Lambda - \Lambda_{12}) \\ X_3' &= \omega w_1 (w_1 + w_2)(w_2 \Lambda + w_1 \Lambda_{12}) \end{aligned} \tag{4–60}$$

zugeordnet werden (Bild 4.45). Dieser Vierpol ist zwar reziprok, aber – im Unterschied zum Volltransformator – nicht mehr symmetrisch. Dies bedeutet, daß prinzipiell bei einem ober- und unterspannungsseitigen Kurzschluß unterschiedliche Kurzschlußreaktanzen wirksam sind.

Für Spartransformatoren in Netzanlagen gilt in der Regel $ü < 2$ – z. B. $ü = 380$ kV/220 kV – und demzufolge $w_1 < w_2$. Unter dieser Voraussetzung wird die Reaktanz X_1' negativ. Die Größen X_2', X_3' bleiben dagegen immer positiv. Den Beziehungen (4–60) ist ferner zu entnehmen, daß die Längsreaktanzen X_1', X_2' wegen $\Lambda_{12} \approx \Lambda$ erheblich kleiner sind als die Querreaktanz X_3'. Der Querzweig kann daher wiederum so lange vernachlässigt werden, wie der Magnetisierungsstrom klein im Vergleich zum Eingangsstrom ist. Die Längsreaktanzen können unter dieser Bedingung zu der Kurzschlußreaktanz

$$X_k = 2 \cdot \omega w_1^2 (\Lambda - \Lambda_{12}) \tag{4–61}$$

zusammengefaßt werden, die vorteilhafterweise nur positive Werte annimmt. Das derart vereinfachte Ersatzschaltbild ist in Bild 4.46 dargestellt. Es zeigt sich also, daß bei den praktischen Gegebenheiten die Unterschiede in den Eingangsreaktanzen zu vernachlässigen sind.

In Höchstspannungsnetzen werden Spartransformatoren häufig als Dreiwicklungstransformatoren ausgeführt. Dabei ist die dritte Wicklung, die auch als *Tertiärwicklung* bezeichnet wird, nur magnetisch gekoppelt (Bild 4.47). Die Herleitung des Ersatzschaltbildes erfolgt analog zu der bisherigen Vorgehensweise und wird deshalb nicht näher beschrieben. Als Resultat erhält man das gleiche Ersatzschaltbild wie beim einphasigen Volltransformator in Dreiwicklungsausführung (Bild 4.48). Für die Übersetzungen ergeben sich die Zusammenhänge

$$ü_{12} = \frac{w_1 + w_2}{w_2}, \quad ü_{14} = \frac{w_1 + w_2}{w_4}.$$

Bisher ist nur auf Transformatoren mit konstanter Übersetzung eingegangen worden. Im folgenden werden Umspanner beschrieben, deren Übersetzung verändert werden kann.

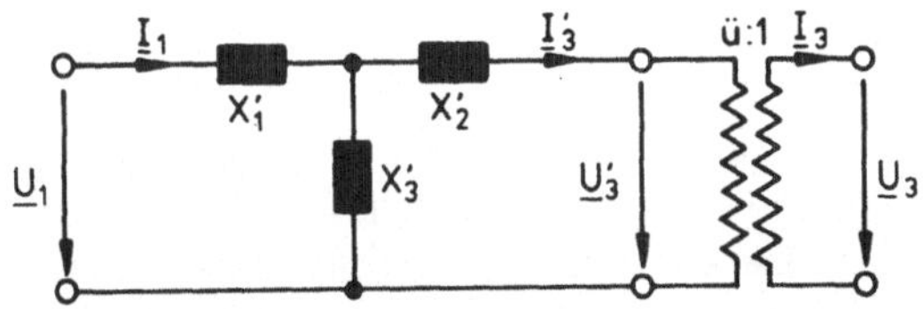

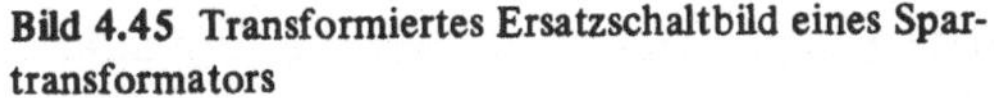
Bild 4.45 Transformiertes Ersatzschaltbild eines Spartransformators

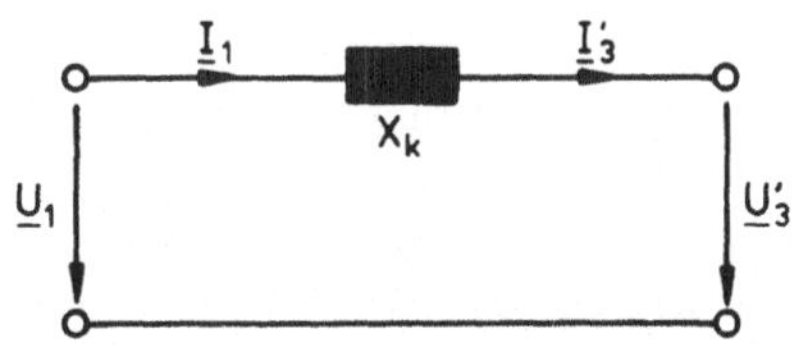

Bild 4.46 Vereinfachtes Ersatzschaltbild eines Spartransformators

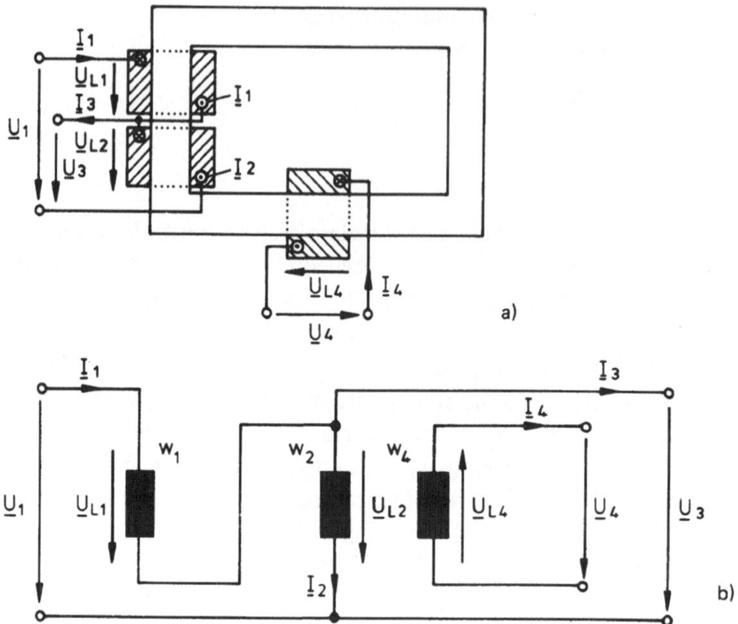

Bild 4.47 Aufbau (a) und Schaltung (b) eines Spartransformators in Dreiwicklungsausführung

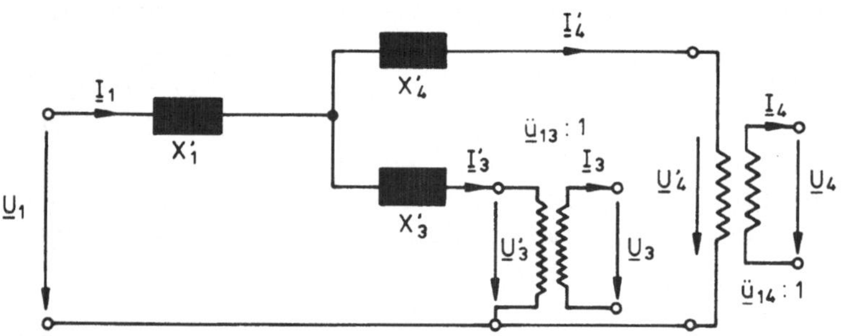

Bild 4.48 Ersatzschaltbild eines Spartransformators mit Tertiärwicklung

4.2.3 Transformatoren mit einstellbarer Übersetzung

Die relative Kurzschlußspannung u_k läßt sich auch anschaulich interpretieren. Sie stellt ein Maß für die Verringerung der Ausgangsspannung zwischen Leerlauf und Nennlast dar. Diese Spannungsverringerung ist insbesondere bei höheren Spannungsebenen störend, da dort u_k-Werte von mehr als ca. 16 % auftreten. Abhilfe bietet eine Veränderung der Übersetzung. Dadurch kann verhindert werden, daß sich aufgrund des Spannungsabfalls im Transformator zu niedrige Spannungen an den nachgeschalteten Lasten einstellen. Das Schaltkurzzeichen solcher Umspanner gibt Bild 4.49 wieder.

Bei Transformatoren mit einstellbarer Übersetzung unterscheidet man zwischen Ausführungen mit *direkter* und *indirekter* Spannungseinstellung.

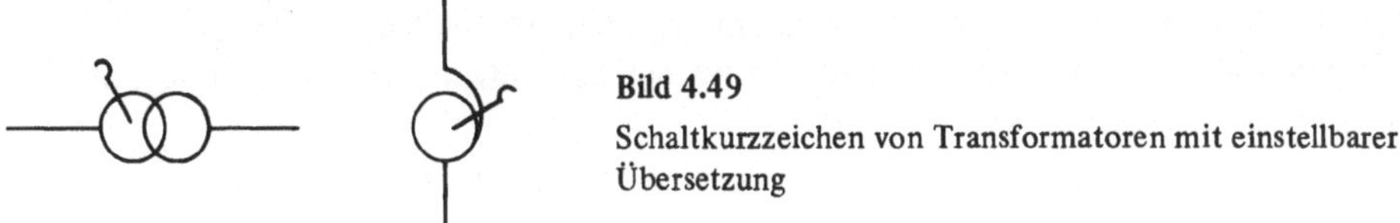

Bild 4.49
Schaltkurzzeichen von Transformatoren mit einstellbarer Übersetzung

4.2.3.1 Erläuterung der direkten Spannungseinstellung

Bei Transformatoren mit direkter Spannungseinstellung wird eine der Wicklungen in eine Stamm- und eine Stufenwicklung aufgeteilt. Sie werden in Serie geschaltet. Bei den weiteren Betrachtungen wird vorausgesetzt, daß diese beiden Teilwicklungen die gleiche Schaltgruppe aufweisen. Die Besonderheit der Stufenwicklung liegt im wesentlichen darin, daß sie Anzapfungen aufweist, die mit einem *Stufenschalter* verbunden sind [12]. Es handelt sich dabei um einen speziellen Schalter, mit dem unter Last ein anderer Wicklungsabgriff eingestellt werden kann. Der Schalter wird durch einen Regler oder auch manuell gesteuert. Der Aufbau und das Prinzipschaltbild eines solchen Umspanners sind in Bild 4.50 skizziert. Der Begriff "*direkte Spannungseinstellung*" rührt daher, daß die Änderungen der Übersetzung direkt an den Wicklungen des Transformators erfolgen.

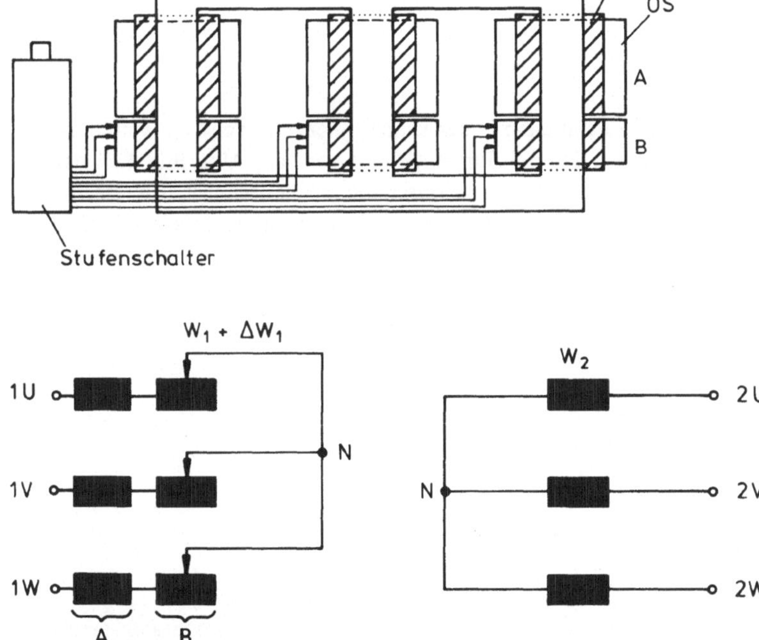

Bild 4.50 Aufbau und Prinzipschaltbild eines Umspanners mit Stufenschalter (A: Stammwicklung, B: Stufenwicklung)

Abhängig von der relativen Kurzschlußspannung u_k kann der Stellbereich bis zu ± 16 % der Nennübersetzung betragen. Üblicherweise werden bei großen Stellbereichen maximal ± 13 Anzapfungen vorgesehen.

Die Einstellung der Windungszahl erfolgt in der Regel auf der *Oberspannungsseite.* Maßgebend dafür sind zum einen konstruktive Gründe. Die Oberspannungsseite liegt meistens außen, so daß eine Durchführung durch die äußere Wicklung zur Unterspannungswicklung sehr aufwendig würde. Zum anderen ist zu beachten, daß bereits ab der 60-kV-Ebene die Oberspannungswicklungen grundsätzlich in Stern geschaltet sind. Da bei Volltransformatoren infolge des Sternpunktes jeweils eine Klemme der drei Wicklungsstränge gleiches Potential aufweist, kann die Veränderung der Übersetzung vorteilhafterweise mit *einem* Stufenschalter vorgenommen werden. Bei einer Dreieckschaltung fehlt ein solcher Punkt, so daß drei Stufenschalter erforderlich wären. Da die Unterspannungswicklungen wie z. B. bei den Maschinentransformatoren häufig in Dreieck geschaltet sind, würde sich eine unterspannungsseitige Einstellung der Übersetzung nochmals verteuern. Für eine oberspannungsseitige Regelung spricht weiterhin der Umstand, daß dort die Ströme kleiner und daher von einem Stufenschalter leichter beherrschbar sind.

Bei Verteilungstransformatoren sind die u_k-Werte mit ca. 5 % niedriger, so daß sich kleinere und damit tragbare Spannungsabsenkungen ergeben. Um langfristige Änderungen z. B. in den Lastverhältnissen auffangen zu können, setzt man die billigeren *Umsteller* ein. Im Unterschied zum Stufenschalter dürfen diese Umsteller nur im abgeschalteten Zustand betätigt werden.

Bei Transformatoren mit einstellbarer Übersetzung gilt unabhängig davon, ob ein Stufenschalter oder Umsteller eingesetzt ist, der Zusammenhang

$$\ddot{u} = \frac{w_1 \pm \Delta w_1}{w_2} = \frac{\widetilde{w}_1}{w_2} \,. \qquad (4\text{–}62)$$

Für jede eingestellte Übersetzung kann dann in der kennengelernten Weise ein einphasiges Ersatzschaltbild angegeben werden, das z. B. für den Wicklungsstrang U in Bild 4.51 dargestellt ist. Darin ist die Kurzschlußreaktanz wieder durch die magnetischen Leitwerte Λ, Λ_{12} beschrieben. Nachteilig ist an diesem Ersatzschaltbild, daß eine veränderliche Reaktanz auftritt. Dieser Mangel läßt sich beseitigen, indem man die Reaktanz auf die Unterspannung bezieht. Zu diesem Zweck wird der Maschenumlauf

$$-\underline{U}_{1UN} + \frac{\underline{I}_{2U}}{\ddot{u}} \cdot j\omega \cdot 2\widetilde{w}_1^2 (\Lambda - \Lambda_{12}) + \ddot{u}\underline{U}_{2UN} = 0$$

mit dem Faktor 1/ü transformiert.

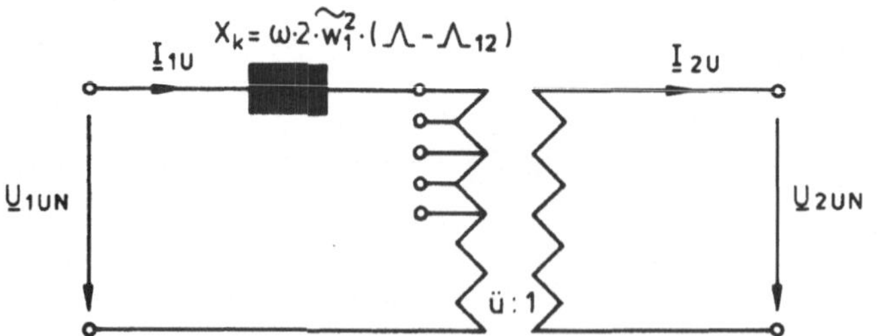

Bild 4.51
Ersatzschaltbild mit veränderlicher Reaktanz

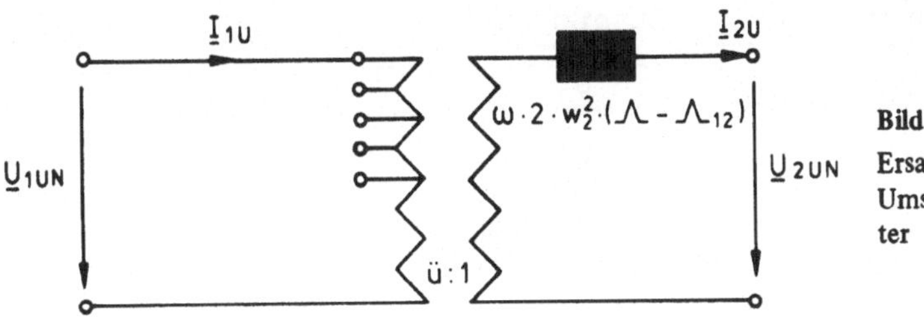

Bild 4.52
Ersatzschaltung für einen Umspanner mit Stufenschalter

Die daraus resultierende Beziehung

$$-\underline{U}_{1UN} \cdot \frac{w_2}{w_1 \pm \Delta w_1} + j\omega \cdot 2w_2^2 (\Lambda - \Lambda_{12}) \underline{I}_{2U} + \underline{U}_{2UN} = 0$$

kann wiederum als Ersatzschaltbild interpretiert werden (Bild 4.52).

Die Kurzschlußreaktanz ist in dieser Ersatzschaltung auf die Nennspannung derjenigen Wicklung bezogen, deren Windungszahl unverändert bleibt – in diesem Fall w_2. Die Reaktanz weist deshalb unter der Voraussetzung eines konstanten Streuleitwertes $(\Lambda - \Lambda_{12})$ trotz der einstellbaren Übersetzung einen konstanten Wert auf. Es ist jedoch zu beachten, daß bei der Übersetzung des zusätzlich vorhandenen idealen Umspanners (Bild 4.52) stets die *tatsächlich vorhandene Einstellung* einzusetzen ist. Diese Schaltung erfaßt daher auch den bereits behandelten Spezialfall, daß die Übersetzung dem Quotienten der Netznennspannungen entspricht (s. Gl. 4–28). Sofern dieser Fall nicht vorliegt, ist die Impedanzumrechnung mit dem vollständigen Verfahren durchzuführen, das in Abschnitt 4.2.1.1.3 beschrieben ist (s. Bild 4.25). Vollständigkeitshalber sei bemerkt, daß sich bei größeren Änderungen in der Übersetzung auch der Streuleitwert ändert [13]. Es ist dann der jeweils zugehörige Wert in der Rechnung zu verwenden, der vom Hersteller zu erfahren ist.

Bisher sind nur Transformatoren mit einer direkten Spannungseinstellung beschrieben worden. Daneben wird auch noch eine *indirekte Spannungseinstellung* angewendet, die u. a. einen besonders großen Stellbereich ermöglicht.

4.2.3.2 Erläuterung der indirekten Spannungseinstellung

Eine indirekte Spannungseinstellung erfordert neben einem Haupttransformator einen weiteren Umspanner, den *Zusatztransformator,* der sich durchaus mit dem Haupttransformator in einem Kessel befinden kann. Als ein Schaltungsbeispiel wird der Transformatorensatz in Bild 4.53 erläutert.

Bei dem Haupttransformator handelt es sich um einen Spartransformator mit Tertiärwicklung (US). An die Tertiärwicklung wird die *Erregerwicklung* (EW) des Zusatztransformators angeschlossen, dessen zweite Wicklung, die *Reihenwicklung* (RW), wiederum mit der Mittelspannungswicklung (MS) verbunden ist. Die Reihenwicklung führt zu einer Zusatzspannung, mit der die Ausgangsspannung und die Übersetzung des Transformatorensatzes gesteuert werden kann. Zu diesem Zweck wird die Reihenwicklung des Zusatztransformators als Stufenwicklung ausgeführt, an der wiederum ein Stufenschalter angeschlossen ist. Die Bezeichnung „indirekte Spannungseinstellung" rührt daher, daß bei diesem Aufbau die Einstellung nicht im Haupttransformator selbst erfolgt. Zu beachten ist, daß die Isolation der

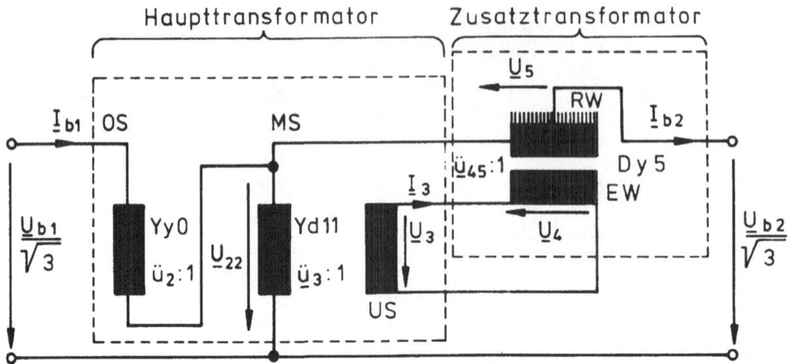

Bild 4.53 Einphasige Darstellung eines Transformatorensatzes mit indirekter Spannungseinstellung

Reihenwicklung RW für das Potential der Mittelspannungswicklung ausgelegt werden muß, obwohl die eingespeiste Zusatzspannung üblicherweise erheblich kleiner ist.

Im folgenden wird für den Umspannersatz in Bild 4.53 ein einfaches Ersatzschaltbild ermittelt. Die dabei angewendete Methodik läßt sich auch auf andersartig verschaltete Transformatorsysteme übertragen.

Ein Ersatzschaltbild für das betrachtete System ist in Bild 4.54 dargestellt. Man erhält es dadurch, daß man die bisher bekannten Ersatzschaltbilder (s. Bilder 4.48 und 4.52) in der vom Schaltplan vorgeschriebenen Weise miteinander verknüpft. Um in dem Ersatzschaltbild die magnetischen Kopplungen eliminieren zu können, wird für die Zusatzspannung $\underline{U}_5$ mit Hilfe der Übersetzungen

$$\underline{ü}_3 = \frac{\underline{U}_{b1}}{\underline{U}_3} = \sqrt{3}\,\frac{w_1 + w_2}{w_3} \cdot e^{j330°}, \qquad \underline{ü}_{45} = \frac{\underline{U}_4}{\sqrt{3} \cdot \underline{U}_5} = \frac{w_4}{w_5} \cdot \frac{1}{\sqrt{3}} \cdot e^{j150°} \tag{4–63}$$

und der Beziehung

$$\underline{U}_4 = -\underline{U}_3 = \underline{U}_3 \cdot e^{j180°} \tag{4–64}$$

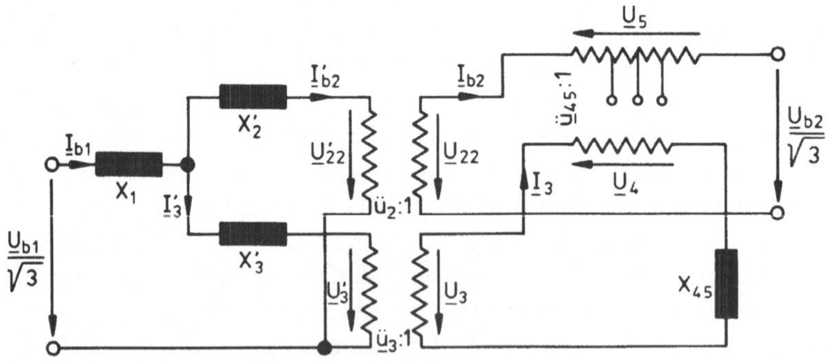

Bild 4.54 Ersatzschaltbild für die Anordnung in Bild 4.53

der Zusammenhang

$$\underline{U}_5 = \frac{w_3 w_5}{(w_1 + w_2)\, w_4} \cdot e^{j60^\circ} \cdot \frac{\underline{U}_{b1}}{\sqrt{3}} \tag{4–65}$$

ermittelt. Ferner wird die Kurzschlußreaktanz X_{45} auf die veränderbare Seite des Zusatztransformators transformiert, wo sie den Wert $X_{45}/\ddot{u}_{45}^2$ annimmt. Der Zusatztransformator kann dann als gesteuerte Spannungsquelle mit der Spannung $\underline{U}_5$ und dem Innenwiderstand $X_{45}/\ddot{u}_{45}^2$ aufgefaßt werden. Durch diesen Schritt ist es nun möglich, wieder alle Größen auf eine gemeinsame Spannung – in diesem Beispiel die Oberspannung $\underline{U}_{b1}/\sqrt{3}$ – zu beziehen. Das resultierende transformierte Ersatzschaltbild zeigt Bild 4.55. Der darin auftretende Faktor $\underline{\beta}$ kann mit Hilfe der Beziehungen (4–63) und (4–64) und der Übersetzung

$$\underline{\ddot{u}}_2 = \frac{w_1 + w_2}{w_2}$$

zu

$$\underline{\beta} = \frac{\underline{\ddot{u}}_2 \cdot \sqrt{3}\, \underline{U}_5}{\underline{\ddot{u}}_3 \cdot \underline{U}_3} = -\frac{\underline{\ddot{u}}_2}{\underline{\ddot{u}}_3\, \underline{\ddot{u}}_{45}} = \frac{w_3 w_5}{w_2 w_4} \cdot e^{j60^\circ} \tag{4–66}$$

ermittelt werden. Er ist ein Maß für den Betrag und die Phasenlage der Zusatzspannung.

Das Ersatzschaltbild 4.55 ist für die praktische Projektierungsarbeit noch zu unhandlich und wird daher im folgenden weiter vereinfacht. Zunächst werden für das Ersatzschaltbild die Maschenumläufe

$$\begin{aligned} -\frac{\underline{U}_{b1}}{\sqrt{3}} + jX_1 \underline{I}_{b1} + j(X_2' + X_{45})\, \underline{I}_{b2}' - \underline{\beta} \cdot \underline{\ddot{u}}_3 \frac{\underline{U}_3}{\sqrt{3}} + \underline{\ddot{u}}_2 \frac{\underline{U}_{b2}}{\sqrt{3}} &= 0 \\ -\frac{\underline{U}_{b1}}{\sqrt{3}} + jX_1 \underline{I}_{b1} + jX_3' \underline{I}_3' + \underline{\ddot{u}}_3 \frac{\underline{U}_3}{\sqrt{3}} &= 0 \end{aligned} \tag{4–67}$$

und die Knotenpunktgleichung

$$\underline{I}_{b1} = \underline{I}_{b2}' + \underline{I}_3' = \frac{\underline{I}_{b2}}{\underline{\ddot{u}}_2^*} + \frac{\underline{I}_3}{\underline{\ddot{u}}_3^*} \tag{4–68}$$

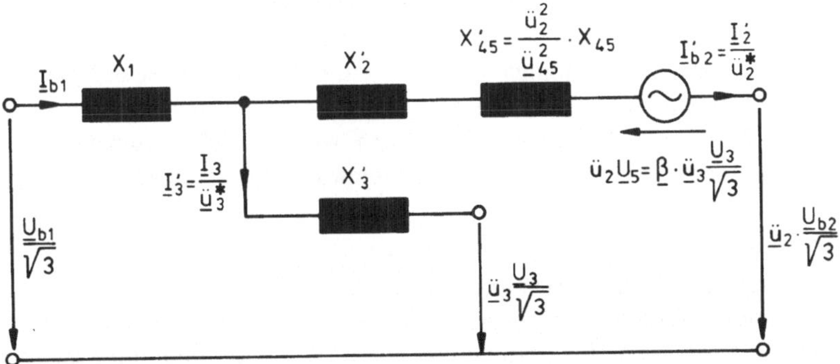

Bild 4.55 Transformierte Ersatzschaltung des Transformatorensatzes

aufgestellt. Der Stern bezeichnet wiederum die konjugiert komplexe Größe. Berücksichtigt man ferner, daß die Ströme im Zusatztransformator $\underline{I}_3, \underline{I}_{b2}$ über die Bedingung

$$\underline{I}_3 = -\frac{\underline{I}_{b2}}{\underline{ü}^*_{45}}$$

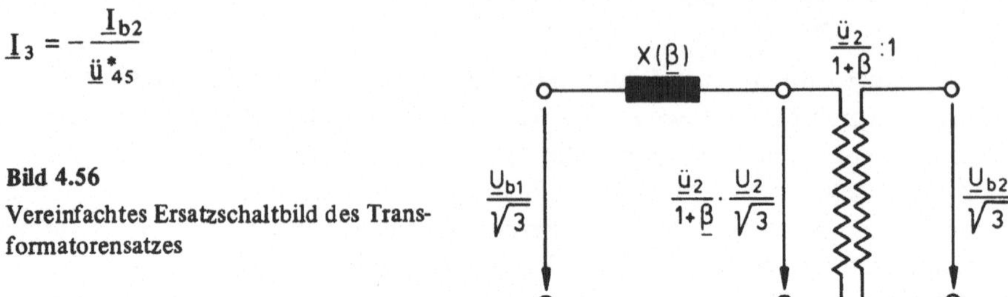

Bild 4.56
Vereinfachtes Ersatzschaltbild des Transformatorensatzes

gekoppelt sind, so erhält man aus den Gleichungssystemen (4–67) und (4–68) den Zusammenhang

$$-\frac{\underline{U}_{b1}}{\sqrt{3}} + j\underline{I}_{b1} \underbrace{\frac{X_1(1+\underline{\beta})(1+\underline{\beta}^*) + X_2' + \underline{\beta}\cdot\underline{\beta}^*\cdot X_3' + X_{45}'}{(1+\underline{\beta})(1+\underline{\beta}^*)}}_{X(\underline{\beta})} + \frac{ü_2}{1+\underline{\beta}}\cdot\frac{\underline{U}_{b2}}{\sqrt{3}} = 0. \quad (4\text{–}69)$$

Diese Beziehung ist wieder als ein Maschenumlauf zu interpretieren, dem das einfache Ersatzschaltbild 4.56 zugeordnet werden kann.

Der Umspannersatz ist damit auf einen gewöhnlichen Zweiwicklungstransformator zurückgeführt. Die Übersetzung ergibt sich mit $\underline{\beta} = \beta_0 \cdot e^{j\varphi_\beta}$ (s. Gl. 4–66) und $\underline{ü}_2 = ü_2 \cdot e^{j0\cdot 30^\circ}$ zu

$$\underline{ü} = \frac{\underline{U}_{b1}}{\underline{U}_{b2}} = \frac{\underline{ü}_2}{1+\underline{\beta}} = \frac{ü_2}{\sqrt{1 + 2\beta_0\cos\varphi_\beta + \beta_0^2}}\cdot e^{j\left(0\cdot 30^\circ - \arctan\frac{\beta_0\sin\varphi_\beta}{1+\beta_0\cos\varphi_\beta}\right)} \quad (4\text{–}70)$$

Der Phasenwinkel φ_β der Größe $\underline{\beta}$ wird von den Schaltgruppen des Haupt- und Zusatztransformators bestimmt; ihr Betrag kann mit dem Stufenschalter variiert werden. *Wenn der Phasenwinkel φ_β ungleich Null ist, kann mit dem Stufenschalter nicht nur der Betrag, sondern auch die Phase der Übersetzung $\underline{ü}$ verändert werden.*

Bei einphasigen Schaltungen ist φ_β stets Null. In diesem Fall erfüllt der Transformatorensatz die gleiche Funktion wie die beschriebenen Umspanner mit direkter Spannungseinstellung. Bei dreiphasigen Netzen kann $\underline{\beta}$ jedoch einen komplexen Wert annehmen. Man spricht von einem *Transformator mit Quereinstellung,* wenn die Phase φ_β zu 90° gewählt wird. Häufig wird für φ_β der Wert 60° genommen. Man spricht dann auch von einer *Schrägeinstellung.* Ergänzend sei darauf hingewiesen, daß man dieses Verhalten auch bei Transformatoren mit direkter Spannungseinstellung erhalten kann, wenn die Schaltgruppe der Stufenwicklung so gewählt wird, daß in bezug auf die Stammwicklung eine Phasendrehung auftritt.

Einen wichtigen Anwendungsfall für eine Quer- bzw. Schrägeinstellung zeigt Bild 4.57.

In dem Beispiel seien zwei lange Freileitungen in unterschiedlichen Spannungsebenen parallelgeschaltet. Bei langen Leitungen wird meist ein verlustminimaler Betrieb angestrebt. Dieser liegt nur dann vor, wenn die Leitungen im umgekehrten Verhältnis ihrer ohmschen Widerstände ausgelastet werden. Die Leistungsaufteilung stellt sich bei langen Leitungen jedoch nicht nach den ohmschen Widerständen, sondern nach den größeren und damit be-

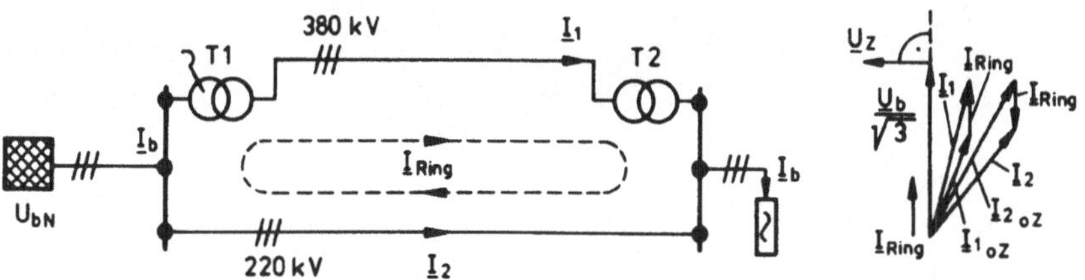

Bild 4.57 Steuerung der Leistungsaufteilung durch einen Transformator mit Quereinstellung
Index o.Z.: ohne Zusatzspannung

stimmenden Induktivitäten ein. Deren Werte weichen zum einen durch unterschiedliche Leitungslängen voneinander ab, zum anderen auch dadurch, daß die Leiter unterschiedliche Abstände aufweisen, wenn die Nennspannungen unterschiedlich sind (s. Abschnitt 4.5).

Man kann auch bei diesen Gegebenheiten eine verlustminimale Auslastung erreichen, wenn ein Transformator mit Schräg- oder Quereinstellung verwendet wird. Der Zusatztransformator erzeugt eine phasenverschobene Zusatzspannung $\underline{U}_Z$, die einen Ringstrom bewirkt. Der Ringstrom überlagert sich den Leitungsströmen $\underline{I}_{1\,o.Z.}$ und $\underline{I}_{2\,o.Z.}$, die *ohne* die *Zusatzspannung* fließen würden. In dem Beispiel wird dadurch die Auslastung der 380-kV-Leitung erhöht, während sie bei der 220-kV-Leitung sinkt. Diese Ausführungen zeigen, daß eine Änderung der Übersetzung stets auch zu einer anderen Leistungsaufteilung in dem Ring führt.

4.2.3.3 Leistungsverhältnisse bei Umspannern mit einstellbaren Übersetzungen

Die über einen Transformator transportierte Wirk- und Blindleistung ist sowohl von dem Betrag als auch von der Phasenlage der Übersetzung $\underline{ü}$ abhängig. Um die prinzipiellen Zusammenhänge zu erkennen, wird auf zwei unterschiedliche Modelle eingegangen.

Als erstes Modell wird ein verlustloser Umspanner T_1 mit Stufenschalter betrachtet, der als Kupplungstransformator zwischen *zwei starren Netzen* eingesetzt sei (Bild 4.58). Ein starres Netz ist dadurch gekennzeichnet, daß es unbegrenzt Wirk- und Blindleistung abgeben oder aufnehmen kann, ohne den Betrag der Spannung oder die Frequenz zu ändern. Diese Annahme trifft bei räumlich begrenzten Netzen mit zahlreichen Einspeisungen recht gut zu.

Durch die Voraussetzung starrer Netze ist die Betriebsspannung auf beiden Seiten des Umspanners T_1 als konstant anzusehen. Es ergibt sich dann das Ersatzschaltbild 4.59.

Bekanntlich lassen sich die Wirk- und die Blindleistung, die im Drehstromnetz über den Transformator transportiert werden, aus der komplexen Spannung $\underline{U}_{b2}/\sqrt{3}$ und dem ebenfalls komplexen Strom $\underline{I}_{b2}$ gemäß der Beziehung

$$\underline{S} = P + jQ = 3\,\frac{\underline{U}_{b2}}{\sqrt{3}}\,\underline{I}^*_{b2} \tag{4–71}$$

ermitteln [12]. Mit Hilfe der transformierten Spannung

$$\frac{\underline{U}'_{b1}}{\sqrt{3}} = \frac{1}{\underline{ü}} \cdot \frac{\underline{U}_{b1}}{\sqrt{3}}$$

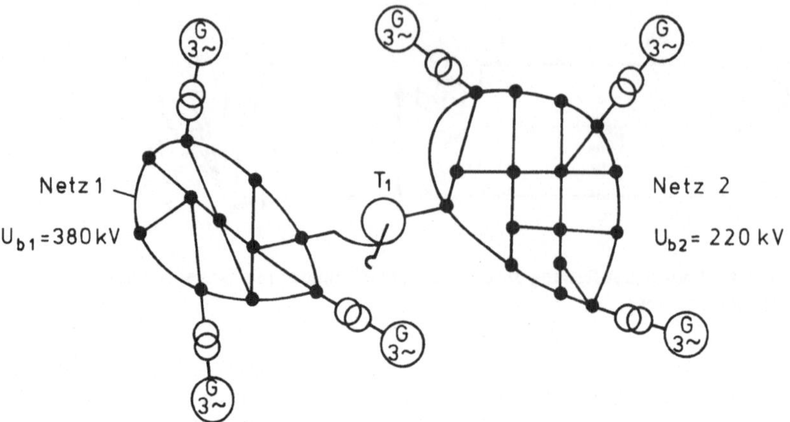

Bild 4.58 Netzkupplung 380/220 kV über einen Transformator mit einstellbarer Übersetzung

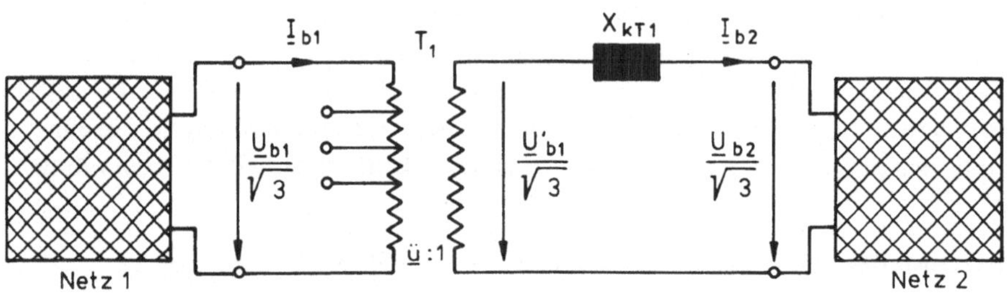

Bild 4.59 Umspanner mit Stufenschalter zwischen zwei starren Netzen

kann ferner der Zusammenhang

$$\underline{I}_{b2} = \frac{\left(\frac{\underline{U}'_{b1}}{\sqrt{3}}\right) - \left(\frac{\underline{U}_{b2}}{\sqrt{3}}\right)}{jX_{kT1}} \tag{4-72}$$

angegeben werden. Setzt man diesen Ausdruck in die Beziehung (4–71) ein und legt die Spannung $U_{b2}/\sqrt{3}$ in die reelle Achse (Bild 4.60), so läßt sich die Gl. (4–71) in die Gestalt

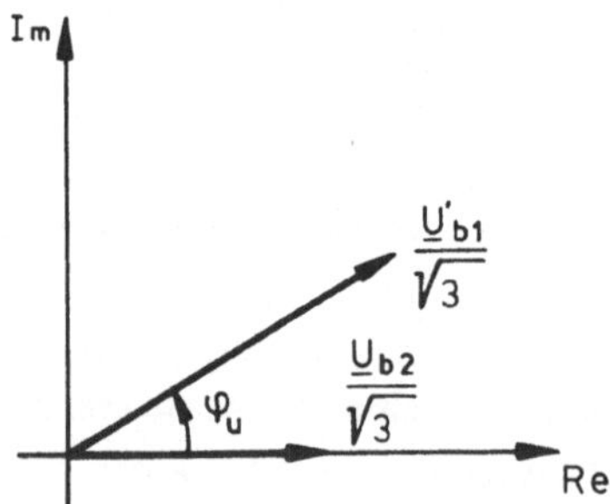

Bild 4.60 Spannungsverhältnisse am Umspanner

$$\underline{S} = 3 \cdot \frac{U_{b2}}{\sqrt{3}} \cdot \left(\frac{U'_{b1}(\cos\varphi_u + j\sin\varphi_u) - U_{b2}}{\sqrt{3}\,jX_{kT1}}\right)^*$$

überführen.

Eine weitere Umformung liefert den Zusammenhang

$$\underline{S} = \underbrace{\frac{U'_{b1}\, U_{b2}}{X_{kT1}} \sin\varphi_u}_{P} + j \underbrace{\frac{U'_{b1}\, U_{b2} \cos\varphi_u - U_{b2}^2}{X_{kT1}}}_{Q} . \qquad (4\text{–}73)$$

Um zu erkennen, wie die übertragene Wirk- und Blindleistung voneinander abhängen, wird zunächst der Phasenwinkel φ_u eliminiert. Dazu werden die Beziehungen

$$P^2 = \left(\frac{U'_{b1}\, U_{b2}}{X_{kT1}}\right)^2 \sin^2\varphi_u$$

und

$$\left(Q + \frac{U_{b2}^2}{X_{kT1}}\right)^2 = \left(\frac{U'_{b1}\, U_{b2}}{X_{kT1}}\right)^2 \cos^2\varphi_u$$

mit der Aussage

$$\sin^2\varphi_u + \cos^2\varphi_u = 1$$

zu dem Ausdruck

$$P^2 + \left(Q + \frac{U_{b2}^2}{X_{kT1}}\right)^2 = \left(\frac{U'_{b1}\, U_{b2}}{X_{kT1}}\right)^2 \qquad (4\text{–}74)$$

verknüpft. Die Gl. (4–74) beschreibt für die Variablen P und Q einen Kreis mit dem Radius

$$r \mathrel{\hat{=}} \frac{U'_{b1}\, U_{b2}}{X_{kT1}} \sim \frac{1}{ü}$$

um den Mittelpunkt

$$A = -\frac{U_{b2}^2}{X_{kT1}} .$$

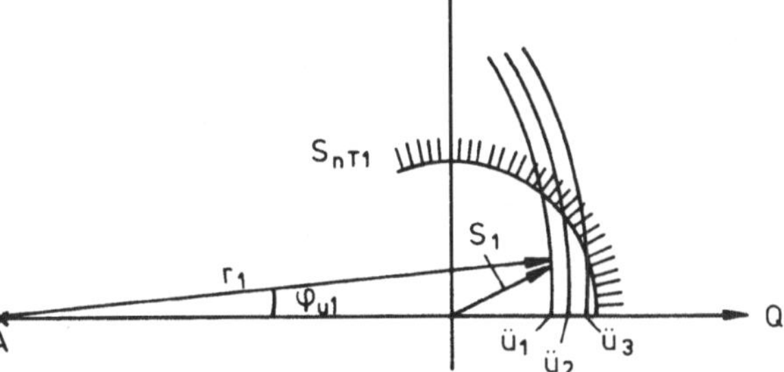

Bild 4.61
Ortskurve P(Q) für verschiedene Übersetzungen

Bild 4.61 zeigt diese Ortskurve für verschiedene Einstellungen

$$|\underline{ü}_1| > |\underline{ü}_2| > |\underline{ü}_3|$$

der Übersetzung. Wie man aus diesen Bild ersehen kann, ist bei starren Netzen der Blindleistungsfluß nahezu konstant, wenn die Übersetzung sich nicht ändert. Der Wirkleistungsfluß paßt sich dabei den jeweiligen Last- bzw. Einspeiseverhältnissen an, die in den Netzen vorliegen. Ein Maß für den jeweiligen Wirkleistungsfluß ist der Phasenwinkel φ_u.

Eine Variation von $|\underline{ü}|$ verändert die fiktive Spannung $\underline{U}'_{b1}$ und beeinflußt somit die Blindleistung Q. Bei starren Netzen wird also mit dem *Betrag* ü *der Übersetzung* im wesentlichen die *Blindleistung gesteuert.* Der zulässige Bereich wird durch die Nennleistung des Transformators begrenzt:

$$S = \sqrt{P^2 + Q^2} \leqslant S_{nT1}.$$

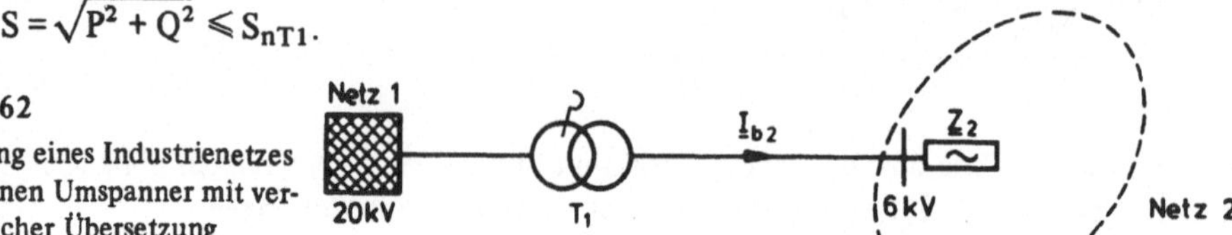

Bild 4.62
Speisung eines Industrienetzes über einen Umspanner mit veränderlicher Übersetzung

In dem *zweiten Modell* soll das Netz 2 *passiv* sein und nur über *einen* Umspanner in direkter Schaltung aus dem starren Netz 1 versorgt werden (Bild 4.62). Eine solche Netzanlage liegt in der Praxis z. B. dann vor, wenn ein Mittelspannungsnetz in ein Industrienetz einspeist, das darüber hinaus in erster Näherung als konzentrierte Last angesehen werden kann.

Das Ersatzschaltbild dieser Anordnung ist in Bild 4.63 dargestellt. Wie daraus zu ersehen ist, kann nicht mehr von einer konstanten Spannung U_{b2} ausgegangen werden, da diese von $\underline{U}'_{b1}$ und $\underline{Z}_2$ abhängt. Für die Leistungsverhältnisse an der Stelle A erhält man mit Hilfe der Beziehung

$$\underline{I}_{b2} = \frac{\dfrac{\underline{U}_{b2}}{\sqrt{3}}}{\underline{Z}_2} = \frac{\dfrac{\underline{U}'_{b1}}{\sqrt{3}}}{jX_{kT1} + \underline{Z}_2}$$

und des Ausdrucks (4–71) den Zusammenhang

$$\underline{S} = 3 \cdot \frac{\underline{Z}_2 \cdot \dfrac{\underline{U}'_{b1}}{\sqrt{3}}}{jX_{kT1} + \underline{Z}_2} \cdot \left(\frac{\dfrac{\underline{U}'_{b1}}{\sqrt{3}}}{jX_{kT1} + \underline{Z}_2}\right)^*.$$

Mit der Abkürzung

$$Z_g = |jX_{kT1} + \underline{Z}_2|$$

resultiert daraus

$$\underline{S} = \frac{|\underline{U}'_{b1}|^2}{|jX_{kT1} + \underline{Z}_2|^2} \cdot \underline{Z}_2 = \frac{U'^{\,2}_{b1}}{Z_g^2}\,\underline{Z}_2.$$

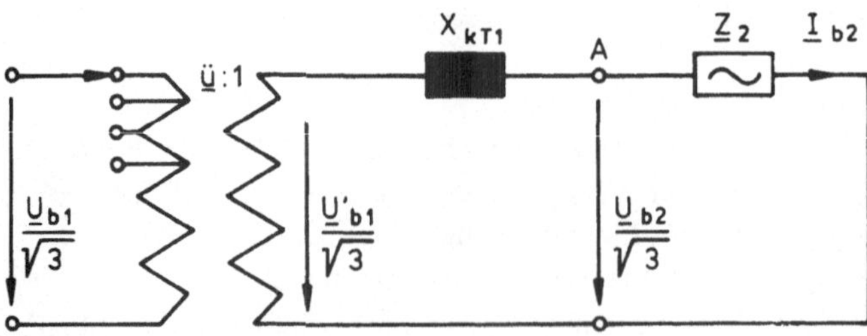

Bild 4.63 Ersatzschaltung der Anlage in Bild 4.62

Für die Wirk- und Blindleistung ergeben sich damit die Zusammenhänge

$$P = \frac{U_{b1}'^{\,2}}{Z_g^2} \cdot \mathrm{Re}\{\underline{Z}_2\} \sim \frac{1}{ü^2}$$

$$Q = \frac{U_{b1}'^{\,2}}{Z_g^2} \cdot \mathrm{Im}\{\underline{Z}_2\} \sim \frac{1}{ü^2} \,. \qquad (4\text{–}75)$$

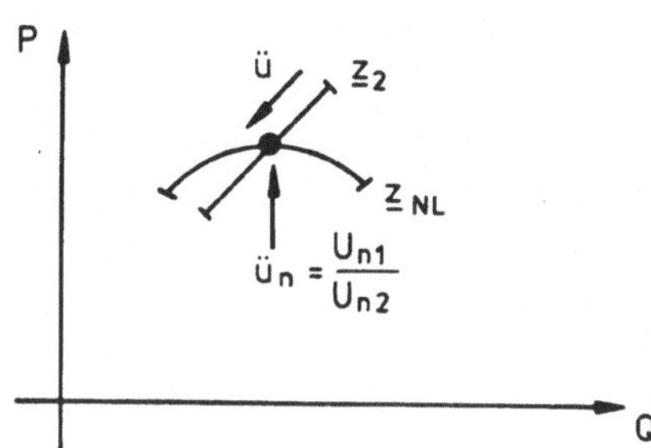

Bild 4.64

Darstellung P(Q) für einstellbares ü bei linearer und nichtlinearer Last

Bei einer Veränderung von $|\underline{ü}|$ besteht somit für konstante Lasten $\underline{Z}_2$ ein linearer Zusammenhang P(Q); es ändern sich also Wirk- und Blindleistung zugleich (Bild 4.64). In der Praxis ist diese Beziehung in der Regel nichtlinear, da die Last i. a. von der Spannung abhängt (s. Abschnitt 4.7). Die prinzipiellen Auswirkungen einer nichtlinearen Last auf die Leistungsverhältnisse sind ebenfalls Bild 4.64 zu entnehmen.

Für die Mehrzahl der praktischen Netze treffen beide Modelle nur bedingt zu. Sie ermöglichen jedoch in vielen Fällen ohne aufwendige Rechnungen eine grobe Orientierung darüber, wie sich die Netzleistungen bei Änderungen der Übersetzung verhalten.

Neben den bisher behandelten Umspannern gibt es noch eine Reihe von Spezialausführungen wie z. B. Prüftransformatoren, die vornehmlich zur Erzeugung hoher Spannungen in Prüffeldern dienen. Ferner werden spezielle Transformatoren – sogenannte induktive Wandler – auch für Meßzwecke eingesetzt.

4.3 Wandler

Bei Wandlern handelt es sich um Betriebsmittel, mit denen Spannungen und Ströme auf bequem zu handhabende, meist genormte Werte möglichst linear transformiert werden. An die Wandler werden u. a. Meßgeräte sowie Schutzeinrichtungen (s. Abschnitt 4.12) angeschlossen. Sie werten die transformierten Netzgrößen meßtechnisch aus. Der Eigenverbrauch der Meßinstrumente sowie der Anschlußleitungen stellt die Last dar, die beim Wandler auch als *Bürde* bezeichnet wird. Die zugehörige Impedanz wird mit Z_B gekennzeichnet; die Leistungsaufnahme liegt meist zwischen 5 VA und 300 VA.

Abhängig davon, welche elektrische Größe übertragen wird, unterscheidet man zwischen *Strom-* und *Spannungswandlern,* deren Schaltsymbole Bild 4.65 zu entnehmen sind. Zunächst wird auf Spannungswandler eingegangen.

a) b) c)

Bild 4.65

Schaltkurzzeichen von Wandlern
a) Spannungswandler;
b), c) Stromwandler

4.3.1 Spannungswandler

Im Inland werden überwiegend *induktive Wandler* eingesetzt. Grundsätzlich handelt es sich dabei um *einphasig* ausgeführte Transformatoren mit zwei oder drei Wicklungen. Induktive Wandler gewährleisten eine Potentialtrennung, die im Hinblick auf den Schutz von Menschen sehr vorteilhaft ist.

An der äußeren, der *Primärwicklung,* fällt die zu messende Stern- oder Außenleiterspannung ab. Je nach Art der anliegenden Spannung ist der Wandler mit einem oder zwei Anschlüssen bzw. Polen auszuführen, die gegen Erde isoliert sind. Dementsprechend spricht man von *ein- bzw. zweipoligen* Wandlerausführungen. Ab 30 kV werden überwiegend einpolige Wandler eingesetzt. Die **Sekundärwicklung,** die meist nur aus 1 ... 3 Lagen besteht, wird so bemessen, daß einheitlich im Nennbetrieb an den Ausgangsklemmen 100 V bzw. $100/\sqrt{3}$ V auftreten. Zusätzlich wird häufig eine dritte Wicklung, die *e-n-Wicklung,* angebracht, die wie die Sekundärwicklung nur aus wenigen Lagen besteht. Einpolige Ausführungsformen der Mittel- und Hochspannungsebene zeigt Bild 4.66.

Meist interessieren die Sternspannungen aller drei Leiter. Für die Messung werden drei Wandler benötigt, die zugehörige Schaltung ist in Bild 4.67 skizziert. Sofern die drei Wand-

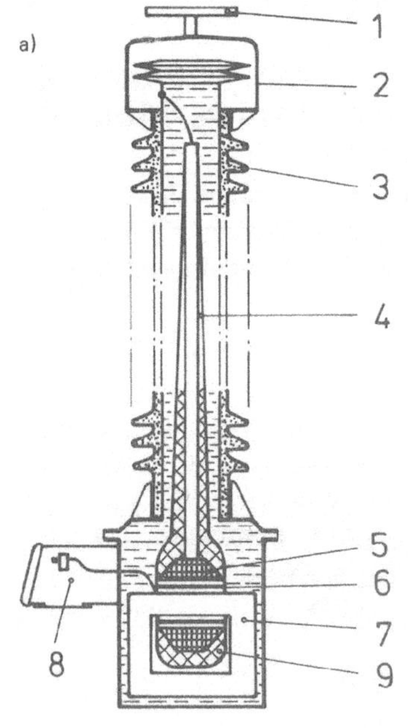

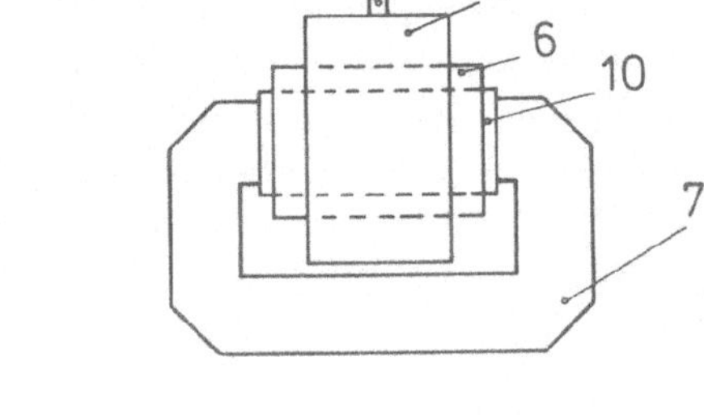

Bild 4.66 Aufbau eines induktiven a) 220-kV- und b) 30-kV-Spannungswandlers
(1 Hochspannungsanschluß, 2 Kopf, 3 Porzellanisolator, 4 Hochspannungsdurchführung, 5 Primärwicklung, 6 Sekundärwicklung, 7 Eisenkern, 8 Klemmenkasten mit Niederspannungsanschlüssen, 9 Isolation, 10 e-n-Wicklung)

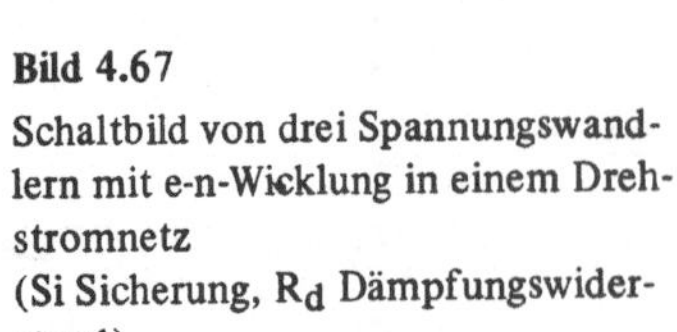

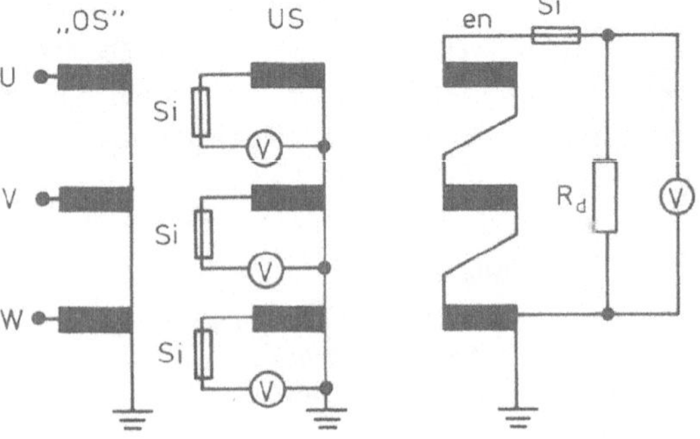

Bild 4.67
Schaltbild von drei Spannungswandlern mit e-n-Wicklung in einem Drehstromnetz
(Si Sicherung, R_d Dämpfungswiderstand)

ler jeweils über eine e-n-Wicklung verfügen, werden diese drei Wicklungen im Dreieck geschaltet. Durch diese Maßnahme können sowohl Überspannungseffekte abgedämpft als auch spezielle Fehler erfaßt werden (s. Kapitel 11).

Wie aus dem Bild 4.67 hervorgeht, ist bei einer einpoligen Ausführung die primärseitige Wicklung stets zu erden. Für die Sekundärwicklung ist diese Maßnahme erst ab Nennspannungen von 3 kV vorgeschrieben.

Die Wandler werden im Hinblick auf ihre Genauigkeit in Klassen eingeteilt. Die Klassen 0.1, 0.2, 0.5 sind für genaue Messungen, die Klassen 1 und 3 für Betriebsmessungen vorgesehen. Mit der Klassenzugehörigkeit ist festgelegt, welche Übertragungsfehler maximal auftreten dürfen (s. VDE 0414/12.70). Die dort angegebenen Übertragungseigenschaften sind jedoch nur dann vorhanden, wenn es sich um eine 50-Hz-Netzspannung handelt, die sich in bestimmten Grenzen bewegt. Überwiegend liegt der Bereich bei Spannungswandlern für *Meßzwecke* bei $(0{,}8 \ldots 1{,}2)U_n$, bei den seltener eingesetzten Wandlern für *Schutzzwecke* verschiebt sich dieser Bereich zu höheren Werten. Zugleich muß die Bürde Z_B so bemessen sein, daß vom Wandler eine Scheinleistung im Bereich $(0{,}25 \ldots 1)S_n$ aufgenommen wird. Neben der Spannungs- ist auch eine Frequenzabhängigkeit zu beachten. Signale, deren Frequenzspektrum im Bereich von 1 ... 2 kHz liegt, werden bei Mittelspannungswandlern meistens auch noch gut übertragen. Bei Hochspannungswandlern kann sich diese Grenze auf einige 100 Hz erniedrigen. Die Angaben dazu sind herstellerabhängig.

Falls diese Bedingungen nicht erfüllt sind, führen die Nichtlinearität der Magnetisierungskennlinie, Wirbelstromeffekte, Streuinduktivitäten und die Eigenkapazitäten der Wandler zu unzulässigen Verfälschungen.

Bei Spannungswandlern dürfen im Sekundärkreis Sicherungen (s. Abschnitt 4.12) eingebaut werden. Sie vermeiden, daß Kurzschlüsse Schäden verursachen. Da sie jedoch zu einem weiteren ohmschen Widerstand führen, ist zu prüfen, ob dies im Einzelfall zulässig ist.

Neben den induktiven sind auch kapazitive Wandler in Betrieb. Durch einen kapazitiven Teiler wird die Spannung auf das gewünschte Maß verringert. Diese Spannung wird dann entweder einem induktiven Mittelspannungswandler oder einer weiterverarbeitetenden Elektronik zugeführt. Diese Wandlertypen sind für Betriebsmessungen im Bereich der Hoch- und Höchstspannung meist kostengünstiger herzustellen.

4.3.2 Stromwandler

Stromwandler stellen prinzipiell ebenfalls *Einphasen*transformatoren dar. Im Gegensatz zu Spannungswandlern wird der Stromwandler primärseitig in den Hauptstrompfad gelegt, also direkt von Netzströmen durchflossen. Anstelle der Netzspannung wird der Strom eingeprägt. Bild 4.68 zeigt den prinzipiellen Aufbau eines Stromwandlers: Die Primärwicklung wird durch einen Leiter gebildet, der von einem bewickelten Ringkern umgeben ist. Daneben ist die technische Verwirklichung dieses Prinzips für einen Stromwandler der 110-kV-Ebene dargestellt. Weitere Ausführungen sind [14] zu entnehmen.

Die Stromwandler sind nach VDE 0414 so zu dimensionieren, daß sekundärseitig im Nennbetrieb ein Nennstrom von 1 A bzw. 5 A auftritt. Die Transformation der Netzströme in diesen Bereich erfordert auf der Sekundärseite eine relativ geringe Anzahl von Windungen. Deshalb ist auch der Einfluß der Streuinduktivitäten und Eigenkapazitäten kleiner als beim Spannungswandler. Die Übertragungseigenschaften sind daher besser. Die Linearität wird

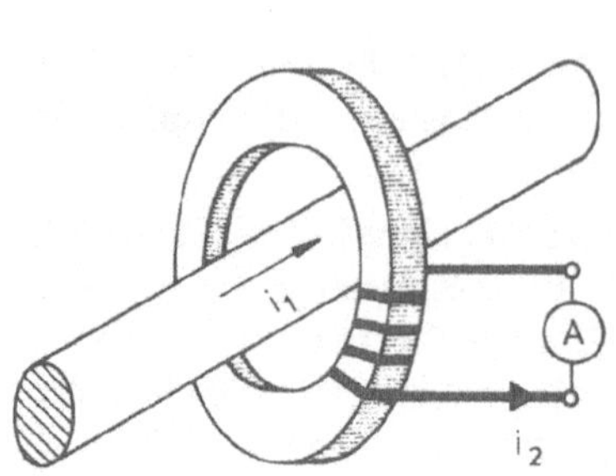

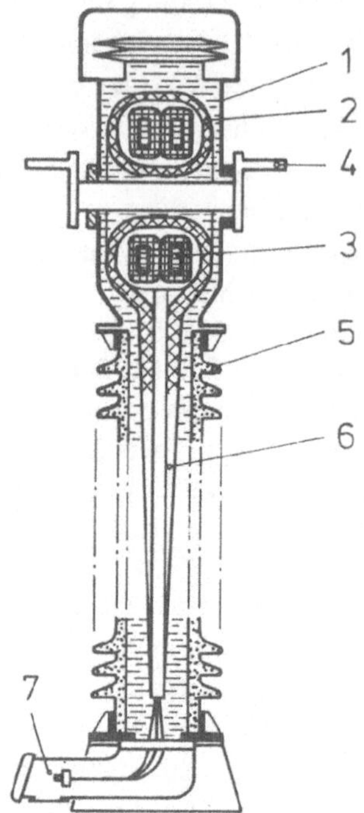

Bild 4.68
Prinzipieller Aufbau eines Stromwandlers und die technische Gestaltung für die 110-kV-Ebene (1 Kopf, 2 Isolation, 3 bewickelte Eisenkerne, 4 Primäranschlußbolzen, 5 Porzellanisolator, 6 Durchführung der Meßleitungen, 7 Klemmenkasten)

naturgemäß wiederum durch Wirbelstromeffekte sowie die Nichtlinearität der Magnetisierungskennlinie begrenzt.

Bei Stromwandlern ist die Bürde, z. B. Amperemeter, sehr niederohmig. Aufgrund dessen darf, wie die folgenden Überlegungen zeigen, im Unterschied zum Spannungswandler keine sekundärseitige Absicherung erfolgen: Ein Durchschmelzen der Sicherung würde zu einer offenen Sekundärklemme führen. In dem dann vorliegenden Leerlauffall würden die eingeprägten Netzströme nicht mehr durch die Streuinduktivitäten und die niederohmige Bürde, sondern durch die vergleichsweise große Hauptinduktivität fließen (s. Bild 4.20). Es würde dann ein großer Spannungsabfall an den Ausgangsklemmen auftreten, für den die Wandler normalerweise nicht ausgelegt sind. Weiterhin entstünde im Eisen ein starkes Feld, da sekundärseitig keine Gegenströme vorhanden sind. Überhitzung und ein eventueller Eisenbrand wären die Folge.

Die zu messenden Netzströme liegen im Nennbetrieb üblicherweise bei einigen hundert Ampere, die Kurzschlußströme können dagegen Werte bis zu ca. 80 kA annehmen. Mit einem einzigen Eisenkern läßt sich dieser große Bereich nicht erfassen, da sich die Nichtlinearitäten der Magnetisierungskennlinie bemerkbar machen. Diesen Gegebenheiten angepaßt bestimmt man die Betriebsströme mit *Meßwandlern*, die Kurzschlußströme dagegen mit *Wandlern für Schutzzwecke*. Die unterschiedlichen Eisenkerne können auch in demselben Wandlergehäuse untergebracht sein (s. Bild 4.68).

Ähnlich wie bei den Spannungswandlern werden die Stromwandler für Meßzwecke (Kurzzeichen: M) in Klassen eingeteilt. Die Klassen 0.1, 0.2 und 0.5 sind für genaue Messungen, die Klassen 1, 3 und 5 für Betriebsmessungen vorgesehen. Die Bürde bzw. die entsprechende Scheinleistung muß sich dabei wieder in einem ähnlichen zulässigen Bereich bewegen. Neben der Klasse und der Nennleistung S_n ist eine weitere Größe, der ***Nennüberstromfaktor,*** von Bedeutung. Bei Stromwandlern für Meßzwecke gibt der Nennüberstromfaktor das Vielfache des primären Nennstromes an – z. B. den fünffachen Strom bei M5 –, von dem ab der Linearitätsbereich der Magnetisierungskennlinie merklich verlassen und anschließend der Sättigungsbereich angesteuert wird. Sofern der primärseitige Strom den vom Überstromfaktor angegebenen Wert übersteigt, wird der Effektivwert des Meßstromes kleiner, als es bei linearen Verhältnissen der Fall wäre. Die Meßgeräte werden auf diese Weise vor übermäßiger Erwärmung geschützt. Bei Meßwandlern sollte daher der Überstromfaktor nicht zu hoch bemessen werden.

Um diesen Sachverhalt sicherzustellen, darf der Fehler bei dem Strom, der durch den Nennüberstromfaktor gekennzeichnet ist, einen *Minimalwert* nicht unterschreiten (s. VDE 0414/70). Der Überstromfaktor ist bürdenabhängig. Der Wert, der bei Abweichungen von der Nennbürde maßgebend ist, kann entsprechend [5], [14] berechnet werden.

Andere Verhältnisse ergeben sich bei Stromwandlern für Schutzzwecke (P, Protection). Dort kennzeichnet der Überstromfaktor einen Überstrom, bei dem der angegebene Fehler noch in jedem Fall eingehalten werden muß. Ein Wandler mit der Bezeichnung 5 P 20 darf z. B. beim zwanzigfachen Nennstrom einen Fehler von *maximal* 5 % aufweisen. Im Bereich des Nennstromes ist der zulässige Fehler kleiner. Die in diesem Bereich zulässigen Toleranzen und die Definition des Fehlers sind der VDE 0414 zu entnehmen.

Aus diesen Darstellungen folgt, daß bei Stromwandlern für Schutzzwecke der Nennüberstromfaktor so gewählt werden muß, daß der maximal auftretende Kurzschlußstrom im Netz sicher erfaßt wird. Besondere Verhältnisse ergeben sich dann, wenn – wie häufiger in Wechselspannungsnetzen der Fall – die Kurzschlußströme ausgeprägte Gleichglieder enthalten, wie in Kapitel 6 noch ausgeführt wird [14].

Zur Zeit gibt es noch keine marktreifen Alternativen zum induktiven Stromwandler. In mehreren Vorhaben werden elektronische Wandler entwickelt, bei denen die Potentialdifferenz zwischen Leiter und Benutzerebene (Erde) durch den Einsatz von Lichtleitern überwunden werden soll. Bei den im folgenden behandelten Synchrongeneratoren ist dagegen das Prinzip der induktiven Kopplung noch unangefochten.

4.4 Synchrongeneratoren

Für die Generatoren werden in den heute üblichen Dreiphasensystemen fast immer Synchronmaschinen eingesetzt, deren Schaltsymbole in Bild 4.69 dargestellt sind.

Im folgenden wird auf diejenigen Eigenschaften eingegangen, die für den Netzbetrieb von besonderem Interesse sind. Bei der Herleitung der üblicherweise verwendeten Ersatzschaltungen wird die physikalische Plausibilität betont, die zugrundegelegten Voraussetzungen werden herausgestellt.

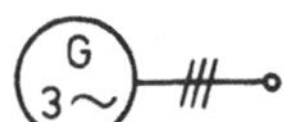

Bild 4.69
Schaltkurzzeichen von Generatoren

4.4.1 Grundsätzlicher Aufbau von Synchronmaschinen

Synchronmaschinen werden überwiegend von Dampfturbinen mit einer Drehzahl von 3000 U/min (50 Hz) angetrieben. Der prinzipielle Aufbau dieser Generatorart ist Bild 4.70a zu entnehmen.

Ein wesentliches Kennzeichen dieser Maschinen besteht darin, daß wegen der hohen Umdrehungszahl und der dadurch bedingten großen Fliehkräfte der Läufer massiv ausgeführt wird. Die Maschine wird aufgrund dieser konstruktiven Eigenschaft auch als *Vollpolmaschine* bezeichnet. Zugleich wird für diese Maschinenart der Ausdruck *Turbogenerator* benutzt. Dieser Ausdruck betont, daß der Antrieb mit einer Dampfturbine erfolgt.

In den Läufer der Vollpolmaschine sind Nuten eingefräst, in die eine Wicklung, die sogenannte *Erregerwicklung*, gelegt wird. Diese Wicklung wird – häufig über Schleifringe – bei 300-MW-Blöcken mit Gleichstrom bis zu 10 kA – gespeist. Während die Erregerwicklung nur teilweise den Läufer bedeckt, weist der Ständer an der Innenseite ringsherum, gleichmäßig verteilt Nuten auf. Dort werden jeweils um 120° versetzt drei Wicklungsstränge eingesetzt, die in Stern geschaltet werden und dann eine Drehstromwicklung U, V, W bilden. Sie wird im folgenden auch als *Ständerwicklung* bezeichnet.

Bei Synchronmaschinen, die von den sich langsamer drehenden Wasserturbinen angetrieben werden, sieht der Läufer anders aus (s. Bild 4.70b). Der Läufer dieser Maschinen weist schenkelartig ausgebildete Pole auf. Diese Pole tragen dann jeweils einen mit Gleichstrom gespeisten Wicklungsteil; die einzelnen Wicklungsteile werden üblicherweise in Reihe geschaltet und bilden dann die Erregerwicklung. Die Läufer werden bei dieser Konstruktion auch als Polräder bezeichnet, der gesamte Generator als *Schenkelpolmaschine*.

Die Anzahl der Polpaare wird durch die *Polpaarzahl* p gekennzeichnet, die in Bild 4.70b p = 2 beträgt. Bei tatsächlichen Ausführungen sind Polpaarzahlen von p = 30 keine Seltenheit. Durch die höhere Polpaarzahl wird bewirkt, daß die Maschine trotz der geringeren Antriebsdrehzahl mit der gewünschten 50-Hz-Frequenz ins Netz einspeist. Auf diesen Zusammenhang wird noch eingegangen.

Die Drehstromwicklung setzt sich bei Maschinen mit mehreren Polpaaren aus p Wicklungsteilen zusammen, die jeweils um den Winkel 120°/p versetzt am Umfang des Ständers ange-

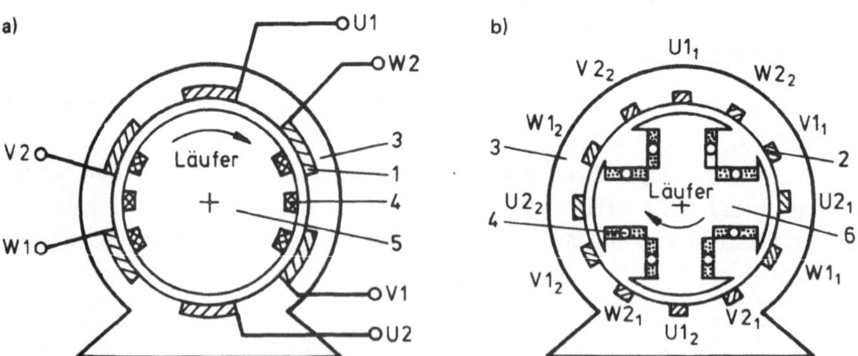

Bild 4.70 Schnitt durch eine Vollpol- und Schenkelpolmaschine
1 Wicklungsstrang, 2 Teilstrang (Teil eines Wicklungsstranges), 3 Ständer, 4 Erregerwicklung, 5 Vollpolläufer, 6 Schenkelpolläufer

bracht sind. Jeder dieser Wicklungsteile besteht wiederum aus drei *Teilsträngen,* die den drei Strängen der Drehstromwicklung zugeordnet werden. So kann z. B. bei der Maschine mit p = 2 in Bild 4.70b der Strang U durch die Reihen- oder Parallelschaltung der beiden Teilstränge $U1_1$–$U2_1$ und $U1_2$–$U2_2$ gebildet werden.

Der Begriff der Polpaarzahl behält auch bei Vollpolmaschinen seinen Sinn. So weist die Maschine in Bild 4.70a die Polpaarzahl p = 1 auf, da sowohl die Drehstrom- als auch die Erregerwicklung nur aus einem einzigen Wicklungsteil besteht. Erwähnenswert ist, daß auch Vollpolmaschinen manchmal mehrpolig ausgeführt werden. So wird p = 2 gewählt, wenn der Antrieb mit Sattdampfturbinen erfolgt, die häufig nur für 1500 U/min ausgelegt werden können (s. Kapitel 2).

Weitere Einzelheiten über den Aufbau von Synchronmaschinen sind bis auf den später noch erläuterten Dämpferkäfig für die folgenden Modellbetrachtungen nicht nötig.

4.4.2 Erläuterungen zum Betriebsverhalten von Synchronmaschinen

Ziel der folgenden Überlegungen ist es, ein Ersatzschaltbild für die Synchronmaschine anzugeben, welches das stationäre Systemverhalten wiedergibt. In den anschließenden Abschnitten wird dann, darauf aufbauend, das prinzipielle Betriebsverhalten der Synchronmaschine in Energieversorgungsnetzen an einigen einfachen Modellen untersucht.

4.4.2.1 Ersatzschaltbild für den stationären Betrieb

Bei der Synchronmaschine handelt es sich wie beim Transformator um ein induktiv gekoppeltes System von Wicklungen, bei dem jedoch eine Wicklung – die des Läufers – ihre Lage verändert und damit eine zeitabhängige Gegeninduktivität aufweist. Um die grundsätzlichen Eigenschaften dieses Systems kennenzulernen, werden zunächst einige Vereinfachungen angenommen.

So wird das *Eisen als linear* mit $\mu_r \gg 1$ angesehen. Weiterhin wird der *Aufbau als voll symmetrisch* vorausgesetzt. Diese Annahmen sind aus der Sicht der Energieversorgung meist berechtigt. Bei größeren Netzsystemen mit mehreren Generatoren ergeben sich bei genaueren Modellen entweder analytisch zu umfangreiche Systemgleichungen, die damit praktisch nicht mehr auswertbar werden, oder genauere Daten sind über die Generatoren gar nicht bekannt. Man ist dann auf Schätzwerte angewiesen, die zu einer ähnlichen Toleranz wie die angenommenen Vereinfachungen führen.

Im Hinblick auf eine größere Anschaulichkeit wird zunächst im weiteren ein Vollpolläufer mit p = 1 zugrundegelegt (Bild 4.71). Dessen gleichstromgespeiste Erregerwicklung erzeugt ein Feld, das sich über Luftspalt und Ständer schließt und im folgenden als *Erregerfeld* bezeichnet wird. In Analogie zu den bisher kennengelernten Spulenfeldern wird dieses Feld vereinfachend in ein *Haupt- und ein Streufeld* unterteilt. In weiterer Analogie wird der Streufluß bei allen Windungen einer Wicklung als gleich groß angesehen.

Im Luftspalt ist das Hauptfeld infolge $\mu_r \gg 1$ radial ausgerichtet. Durch die Nutung des Ständers werden die Feldlinien im Luftspalt noch etwas verzerrt. Dies wird im weiteren nicht berücksichtigt, da selbst genauere Theorien zunächst von einem radialen Feldverlauf ausgehen [15]. Der Einfluß der Nutung wird anschließend durch Korrekturfaktoren erfaßt.

Das Erregerhauptfeld weist, wie aus diesen Ausführungen zu ersehen ist, *längs der Läuferoberfläche* eine räumliche Verteilung auf. Bei der eingezeichneten Läuferstellung in Bild 4.71a ist bei $\alpha = 0°$ die Feldliniendichte und damit auch die Feldstärke am größten. An der

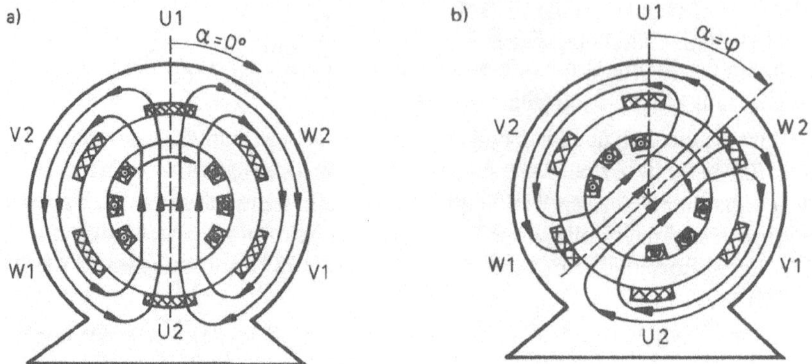

Bild 4.71 Erregerfeld im Stillstand und bei einer Drehung um den Winkel φ
a) $\alpha = 0°$ b) $\alpha = \varphi$

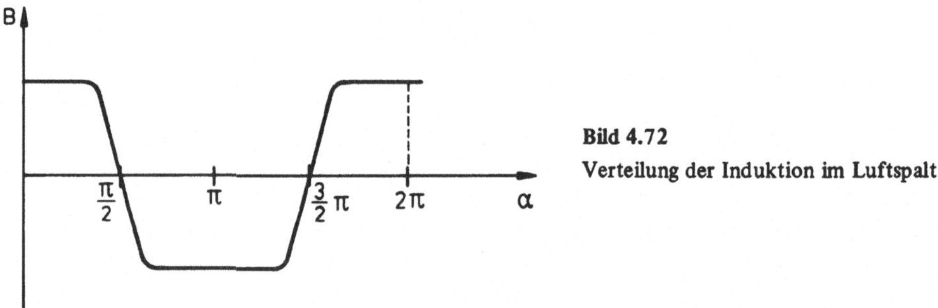

Bild 4.72
Verteilung der Induktion im Luftspalt

Stelle $\alpha = 180°$, also im Luftspalt über U2, liegen die gleichen Verhältnisse vor, jedoch mit umgekehrten Vorzeichen. Bei $\alpha = 90°$ und $\alpha = 270°$ sind im Luftspalt keine Feldlinien vorhanden. Die Feldstärke ist dort Null. Das Hauptfeld $B(\alpha)$ weist demnach ein Maximum, ein Minimum sowie zwei Nulldurchgänge auf (Bild 4.72).

Kennzeichnend ist nun, daß bei einer Drehung des Läufers um den Winkel φ das Feld diese räumliche Verteilung beibehält und sich insgesamt ebenfalls um den Winkel φ verlagert (Bild 4.71b). Feldverteilungen, die diese Eigenschaft aufweisen und zugleich auf einem Kreis wandern, werden als *Drehfelder* bezeichnet.

Bei einem Antrieb des Läufers mit einer konstanten Drehzahl ω (Drehzahlregelung) ändert sich der Fluß in den Windungen der Ständerwicklung und induziert dort eine Spannung

$$u(t) = B(\alpha(t)) \cdot l \cdot v_{Umf}. \tag{4–76}$$

Mit l wird dabei die Länge des Leiters und mit v_{Umf} die Geschwindigkeit der Läuferoberfläche bezeichnet. Die einzelnen Leiter der Wicklungsstränge sind über den außerhalb des Ständers verlaufenden Wickelkopf in Reihe verschaltet (Bild 4.73). Die Spannungen addieren sich daher zu einem resultierenden Wert $\underline{U}_{Wickel}$.

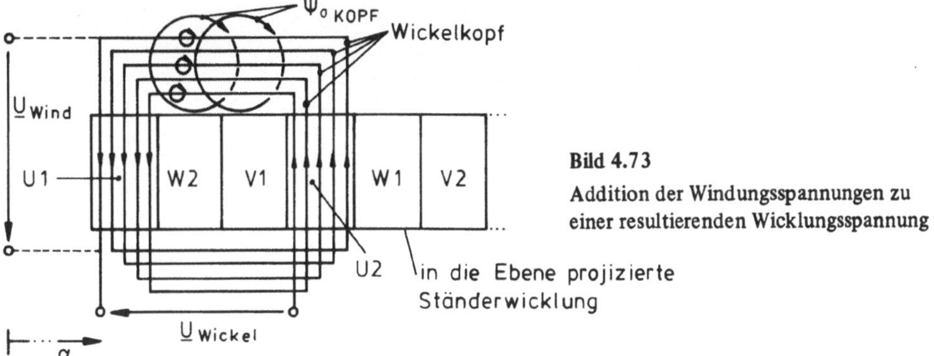

Bild 4.73
Addition der Windungsspannungen zu einer resultierenden Wicklungsspannung

Da die Wicklungsstränge bei der betrachteten Vollpolmaschine jeweils um 120° versetzt angebracht sind, kann – um einen Feldpunkt herauszugreifen – die Amplitude der Feldverteilung zeitlich erst später an den Leitern des folgenden Wicklungsstranges vorbeistreichen, um dort dann den entsprechenden Spannungswert zu induzieren. Die räumliche Verschiebung der Wicklungsstränge um 120° führt daher bei den Spannungen $\underline{U}_{Wickel}$ zu einer zeitlichen Phasenverschiebung von ebenfalls 120°. Die Frequenz der Spannungen entspricht dabei der Drehzahl des Antriebs.

Durch eine Reihe von Maßnahmen, z. B. Sehnung der Wicklungen [16], kann man erreichen, daß von der trapezförmigen Feldverteilung im wesentlichen nur der sinusförmige Grundanteil zum Tragen kommt und *mindestens zu 95 % den Spannungsverlauf bestimmt.* Die in der Drehstromwicklung induzierten Spannungen können infolgedessen als sinusförmig angesehen werden und sind aufgrund der baulichen Symmetrie untereinander gleich groß. Sie wirken wie *eingeprägte Spannungsquellen* und bilden, da die Wicklungsstränge im Stern geschaltet sind, ein *symmetrisches dreiphasiges System;* die zugehörige Außenleiterspannung wird als Polradspannung U_P, die entsprechende Sterngröße mit E bezeichnet. Die Amplitude von E bzw. U_P wird gemäß der Beziehung (4–76) vom Erregerfeld und damit auch vom Erregergleichstrom I_E bestimmt:

$$\hat{U}_P = \sqrt{3} \cdot \hat{E} = f(I_E). \qquad (4\text{–}77)$$

Über den Gleichstrom läßt sich damit die Polradspannung steuern. Dieser Zusammenhang wird später noch benötigt. Wird nun die Vollpolmaschine an den Ausgangsklemmen (Bild 4.74) belastet, so führen die eingeprägten Spannungsquellen zu Ständerströmen, die ebenfalls ein symmetrisches System bilden. Jeder stromdurchflossene Strang der Ständerwicklung erzeugt wiederum ein Magnetfeld (Bild 4.74).

Jedes dieser drei Magnetfelder setzt sich ebenfalls wieder aus einem räumlich verteilten Hauptfeld und einem Streufeld zusammen. Bemerkenswert ist jedoch, daß jedes dieser drei Hauptfelder nicht wie das Erregerfeld wandert, sondern wie die Drehstromwicklung selber räumlich feststeht. Die drei Hauptfelder sind der räumlichen Anordnung entsprechend um 120° gegeneinander versetzt und überlagern sich (Bild 4.74). Es liegt damit eine *induktive Kopplung* vor.

Die bisherigen Betrachtungen haben die Feldverhältnisse geklärt, die in der Synchronmaschine auftreten. Nun ist es möglich, die Flüsse zu ermitteln, die die Ständerwicklung

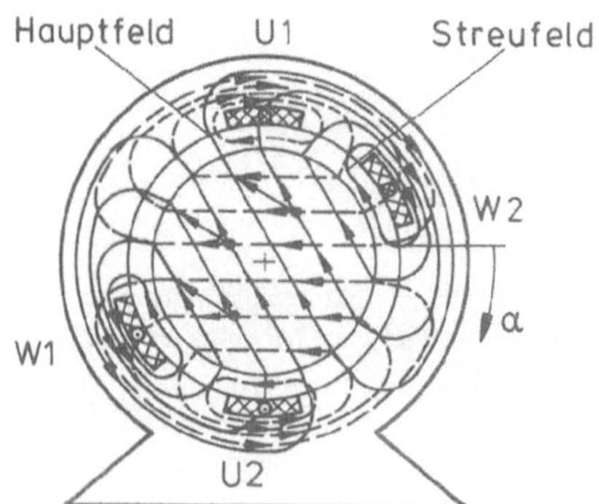

Bild 4.74
Darstellung des Ständerfeldes am Beispiel der Stränge U und W

durchsetzen, und damit die Spannungsabfälle zu bestimmen, die durch die Ständerströme an den Wicklungssträngen hervorgerufen werden.

In Analogie zum Transformator wird wieder vereinfachend vorausgesetzt, daß die Streufelder bzw. die Streuflüsse nur *mit dem erzeugenden Wicklungsstrang verkettet sind;* die Streufelder des Wickelkopfes werden zunächst als vernachlässigbar angesehen. Die betrachteten Streuflüsse der Wicklungsstränge sind aufgrund der baulichen Symmetrie untereinander gleich groß. Das bedeutet, daß jedem Wicklungsstrang eine gleich große Streureaktanz X_σ zuzuordnen ist. Im weiteren gilt es nun, den noch ausstehenden Flußanteil zu bestimmen, der durch die drei Ständerhauptfelder jeweils in einem Strang erzeugt wird.

Im Hinblick darauf ist es am zweckmäßigsten, die Feldverhältnisse im Luftspalt zu betrachten. Dort verläuft jedes der drei Hauptfelder radial, so daß dort eine arithmetische Addition der Felder erlaubt ist. Von dem an sich trapezförmigen Verlauf $B(\alpha)$ braucht wiederum nur der sinusförmige Grundanteil betrachtet zu werden.

Die drei Hauptfelder sind räumlich um 120° gegeneinander verschoben. Außerdem sind die Ständerströme, die zwar die Größe der Felder, nicht jedoch ihre räumliche Verteilung bestimmen, wiederum untereinander um 120° zeitlich phasenverschoben. Eine Addition der drei Hauptfelder führt nun auf ein interessantes Ergebnis [16]. Es entsteht nämlich ein *Drehfeld,* das sich im Luftspalt mit der Frequenz der Ständerströme und demzufolge mit der als konstant vorausgesetzten Antriebsdrehzahl der Turbine dreht. Das durch die Ständerströme hervorgerufene Drehfeld weist zum Läufer und damit zum zusätzlich vorhandenen Erregerdrehfeld keine Relativgeschwindigkeit auf; es ist im allgemeinen nur phasenverschoben. Aufgrund der weiterhin vorausgesetzten baulichen Symmetrie ergeben sich bei jedem Wicklungsstrang – lediglich phasenverschoben – die gleichen Feldverhältnisse. Daher ist es berechtigt, bei diesem Betriebszustand jedem Wicklungsstrang die gleiche Hauptinduktivität L_h zuzuordnen. Sie kann bei gegebenem Ständerstrom als ein Maß für das Drehfeld, also für den resultierenden Hauptfluß, angesehen werden. Der Gesamtfluß, der durch die Ständerströme in einem Strang erzeugt wird, setzt sich aus diesem resultierenden Hauptfluß und dem Streufluß des jeweils betrachteten Wicklungsstranges zusammen. Dementsprechend addieren sich die zugehörige Streureaktanz X_σ und die Hauptreaktanz X_h zu einer sogenannten *synchronen Reaktanz,* die mit X_d bezeichnet wird:

$$X_d = X_\sigma + X_h \quad \text{bzw.} \quad L_d = L_\sigma + L_h .$$

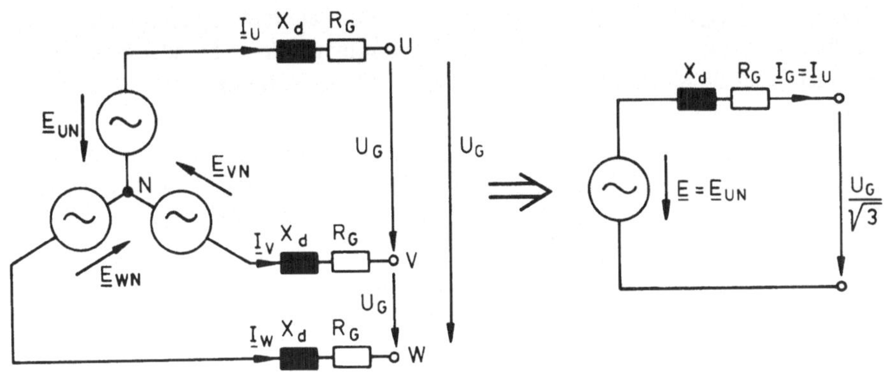

Bild 4.75 Drei- und einphasiges Ersatzschaltbild der leerlaufenden Vollpolmaschine

Das Ersatzschaltbild nimmt bei den genannten Voraussetzungen die Form in Bild 4.75 an. Aufgrund der Symmetrie ist eine *einphasige Darstellung* wiederum zulässig. Zusätzlich ist noch der meist vernachlässigbare ohmsche Widerstand der Ständerwicklung berücksichtigt worden.

Die Felder des Wickelkopfes stellen ebenfalls ein Streufeld dar (s. Bild 4.73), dem eine Streureaktanz $X_{\sigma\text{Kopf}}$ zugeordnet werden kann. Genauere Betrachtungen [16] zeigen, daß die bisher kennengelernte Streureaktanz um diesen Wert zu vergrößern ist. Das Verhältnis zwischen Haupt- und gesamter Streureaktanz liegt bei normalen Ausführungen im Bereich

$$\frac{X_\sigma}{X_h} = 0{,}07 \ldots 0{,}2.$$

Die Reaktanz X_d wird üblicherweise auf die Nenndaten U_{nG}, I_{nG} bezogen. Die daraus resultierende dimensionslose Größe liegt bei Turbogeneratoren bei

$$x_d = \frac{X_d \cdot I_{nG}}{\frac{U_{nG}}{\sqrt{3}}} = 1{,}6. \tag{4–78}$$

In Analogie zum Transformator läßt sich daraus der absolute Wert der Reaktanz zu

$$X_d = \frac{x_d \cdot U_{nG}^2}{S_{nG}} \tag{4–79}$$

ermitteln. Die Nennleistung S_{nG} des Generators wird dabei durch den Ausdruck

$$S_{nG} = 3 \cdot \frac{U_{nG}}{\sqrt{3}} \cdot I_{nG} = \sqrt{3} \cdot U_{nG} \cdot I_{nG} \tag{4–80}$$

festgelegt. Um Spannungsabfälle im Netz auszugleichen, wird in der Praxis die Nennspannung des Generators um 5 % höher angesetzt als die des Netzes. So muß z. B. für die 10-kV-Ebene der Wert U_{nG} = 10,5 kV in der Beziehung (4–80) verwendet werden.

Wie die bisherigen Überlegungen zeigen, wird der Strom einer belasteten Synchronmaschine durch die Polradspannung U_P sowie eine Reaktanz X_d bestimmt. Die im Ständer induzierte Spannung U_P ist dabei ein Maß für das Erregerfeld des Läufers, die Induktivität L_d für das magnetische Feld des Ständers.

Bei Vollpolmaschinen mit p = 2 ergeben sich grundsätzlich die gleichen Verhältnisse. Das Erregerfeld weist die in Bild 4.76 dargestellte Form auf. Bei einer mechanischen Umdrehung induziert es in der Drehstromwicklung eine Spannung, die im Vergleich zu einer Ausführung mit p = 1 eine doppelt so hohe Frequenz aufweist. Es besteht demnach zwischen der elektrischen Frequenz ω und der mechanischen Drehzahl ω_{mech} der Zusammenhang

$$\omega = \omega_{mech} \cdot p.$$

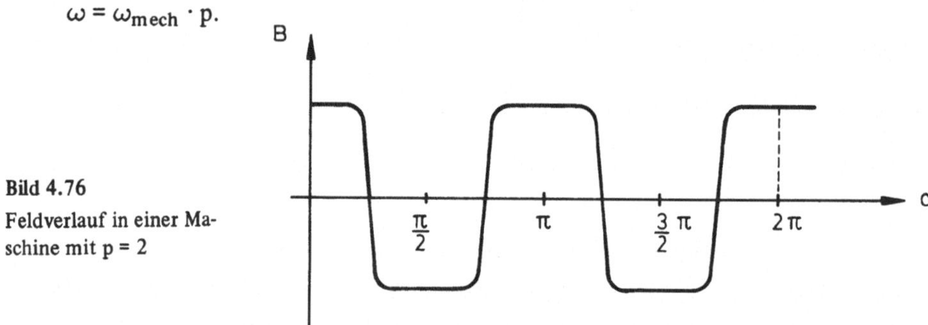

Bild 4.76
Feldverlauf in einer Maschine mit p = 2

Hochpolige Maschinen werden als Schenkelpolmaschinen ausgeführt. Dort treten infolge des anders geformten Läufers grundsätzlich schwierigere Verhältnisse auf. Trotzdem kann für normale Betriebsverhältnisse auch eine Ersatzschaltung der kennengelernten Struktur angegeben werden.

Die synchrone Reaktanz X_d entspricht bei Transformatoren der Längsreaktanz X_{kT}. Diese Reaktanzen sind aus den Gln. (4–79) und (4–52) zu ermitteln. Aus den gegebenen Kenngrößen x_d und u_k (s. Bedingung (4–78) und Bild 4.21) ist zu ersehen, daß sich ihre Werte bei gleicher Bezugsspannung und bei gleichen Leistungsverhältnissen gut um einen Faktor 10 unterscheiden. Dieser Unterschied erklärt sich daraus, daß die Reaktanzen bzw. die zugehörigen Induktivitäten verschiedene Feldanteile kennzeichnen.

Die synchrone Reaktanz stellt eine Reihenschaltung aus der Streureaktanz des Ständers und der Hauptreaktanz dar, während sich X_{kT} nur aus Streureaktanzen zusammensetzt. Die an sich große Hauptreaktanz ist bei Synchronmaschinen im Unterschied zu Transformatoren erheblich kleiner. Dies ist darauf zurückzuführen, daß der mit 5 ... 10 cm recht breite Luftspalt zwischen Ständer und Läufer nur einen geringen magnetischen Leitwert zur Folge hat.

Wünschenswert sind Maschinen mit möglichst kleinem magnetischen Leitwert, also möglichst kleiner Innenreaktanz X_d, da anderenfalls zwischen Leerlauf und Nennbetrieb sehr große Spannungsunterschiede in der Klemmenspannung auftreten können. So muß U_P bereits bei normalen Ausführungen im Bereich der Nennlast nahezu doppelt so groß wie U_{nG} sein, während die Polradspannung im Leerlauf der Klemmenspannung entspricht. Maschinen mit kleinem X_d erfordern, wie beschrieben, einen großen Luftspalt δ. Damit ist jedoch eine Verkleinerung des Erregerfeldes verbunden, sofern der Erregerstrom nicht erhöht wird. Eine Erhöhung des Erregerstroms erfordert eine stärkere Auslegung der Erregerwicklung sowie der Gleichstromerzeugung. Dadurch steigen die Kosten für die Maschine.

Eine andere Möglichkeit, die Klemmenspannung starr zu halten, besteht darin, eine schnelle Spannungsregelung über den Erregerkreis vorzunehmen. Gegenüber der Vergrößerung des Luftspaltes bietet eine derartige Spannungsregelung meistens Kostenvorteile. Üblicherweise werden Spannungsschwankungen bis zu Änderungsgeschwindigkeiten von ca. 0,4 Hz ausgeregelt. Bild 4.77 zeigt das prinzipielle Zusammenwirken eines Spannungsreglers mit einer Thyristorerregungseinrichtung. Regelkreise dieser Art werden heute vorwiegend eingesetzt, da ihre Regelgeschwindigkeit gegenüber der Erregung mit Gleichstromgeneratoren größer ist.

Im weiteren soll die Voraussetzung des idealen Eisens fallengelassen und der *Einfluß der nichtlinearen Magnetisierungskennlinie anhand der Vollpolmaschinen diskutiert werden.* Das resultierende Feld im Eisen, das sich aus dem Erreger- und dem Ständerfeld zusammensetzt, ist maßgebend dafür, welcher Teil der Kennlinie in Bild 4.78 ausgesteuert wird. Liegt die Klemmenspannung U_{1G} über der Nennspannung U_{nG}, ist bereits ein weiter Bereich des nichtlinearen Kennlinienteils bestimmend. Die Feldlinien des Ständerfeldes werden dann ebenfalls von dem nichtlinearen Verhalten beeinflußt. Die zugehörige Reaktanz X_d ist demnach sättigungsabhängig. Dies trifft allerdings nicht in dem Maße wie bei einem Transformator im Leerlauf zu, da der relativ große Luftspalt linearisierend auf die Kennlinie wirkt. Daher ist es noch sinnvoll, mit linearen Approximationen zu arbeiten. Die synchrone Reaktanz schwankt je nach Erregung um 5 % bis 20 % und *hängt damit vom Betriebszustand ab.* Für die Bemessung von Synchronmaschinen ist dieser Einfluß tragend, da der von den Nenndaten her festgelegte Wert laut der VDE-Bestimmung 0530 nur bis zu 10 % überschritten werden darf. Der Einfluß des Betriebszustandes ist Bild 4.78 zu entnehmen. Der darin auftretende Winkel γ ist ein Maß für die Reaktanz. Daraus ist zu erkennen, daß die *Sättigung zu kleineren Reaktanzen führt.*

Da bei größeren Netzen diese Angaben über den Betriebszustand sowie die weiteren Modelldaten von allen Maschinen normalerweise nicht verfügbar sind, führen auch verfeinerte Synchronmaschinenmodelle, wie bereits einleitend bemerkt, zu keiner wesentlich größeren Aussagekraft bei der Berechnung der Strom-Spannungs-Verhältnisse.

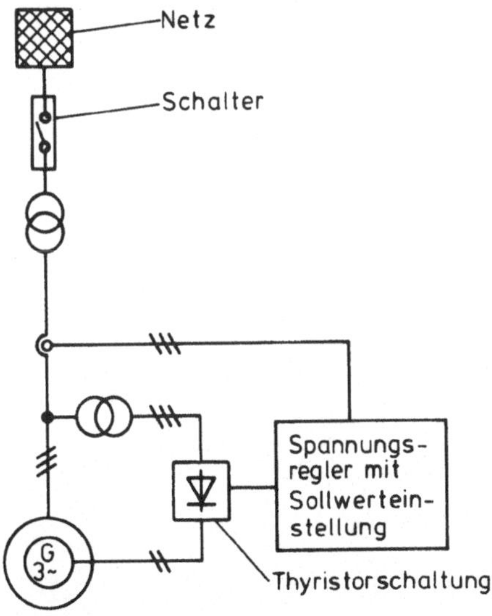

Bild 4.77 Thyristor – Erregungseinrichtung

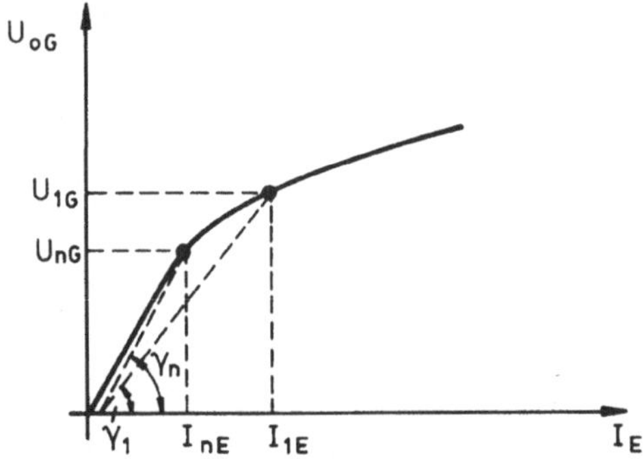

Bild 4.78 Leerlaufkennlinie $U_{0G_{eff}} = f(I_E)$

4.4.2.2 Betriebseigenschaften von Synchronmaschinen in Energieversorgungsnetzen

Mit dem im vorhergehenden Abschnitt erläuterten Ersatzschaltbild ist es nun möglich, auch das Betriebsverhalten der Synchronmaschine im Netz zu berechnen. Die wesentlichen Betriebseigenschaften lassen sich bereits an zwei einfachen Modellen darstellen:

- Speisung auf ein starres Netz,
- Speisung auf ein passives Netz.

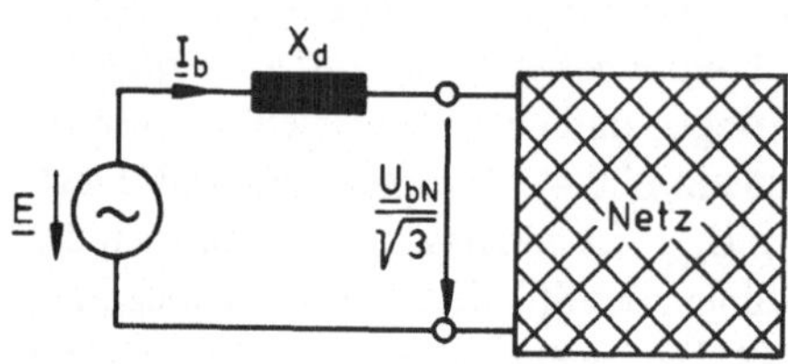

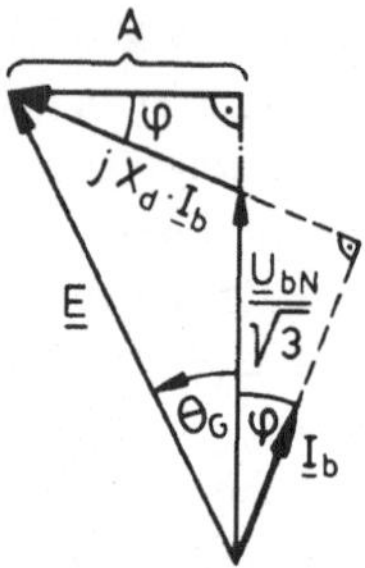

Bild 4.79 Ersatzschaltbild einer Synchronmaschine an einem starren Netz und das zugehörige Zeigerdiagramm

Zunächst wird auf das erste Modell eingegangen, das im wesentlichen die Verhältnisse in den Verbundnetzen beschreibt. Das zugehörige Ersatzschaltbild zeigt Bild 4.79. Es entspricht dem Ersatzschaltbild, das sich im Abschnitt 4.2.3.3 für einen Transformator ergibt, der zwischen zwei Netzen mit konstanter Netzspannung liegt. Das Strom-Spannungs-Verhalten läßt sich wiederum durch ein entsprechendes Zeigerbild veranschaulichen, das im folgenden diskutiert wird.

Der Winkel θ_G stellt die Phasenverschiebung zwischen Netz- und Polradspannung dar und ist entsprechend den Erläuterungen in Abschnitt 4.2.3.3 ein Maß für die Wirkleistung, die der Generator bzw. die Turbine ins Netz liefert. Dieser Winkel läßt sich jedoch entsprechend dem anders gelagerten physikalischen Hintergrund auch noch mechanisch deuten: Durch den Winkel θ_G wird die mechanische Verschiebung beschrieben, die sich beim Läufer in bezug auf den Leerlauf einstellt (Bild 4.80), wenn die Maschine elektrisch belastet wird. Über die

a)

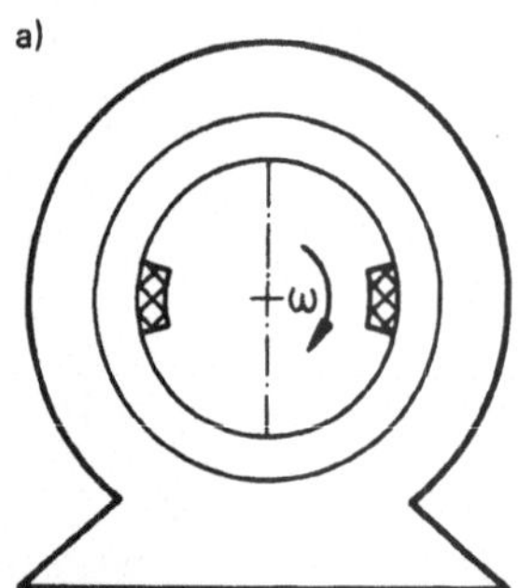

b)

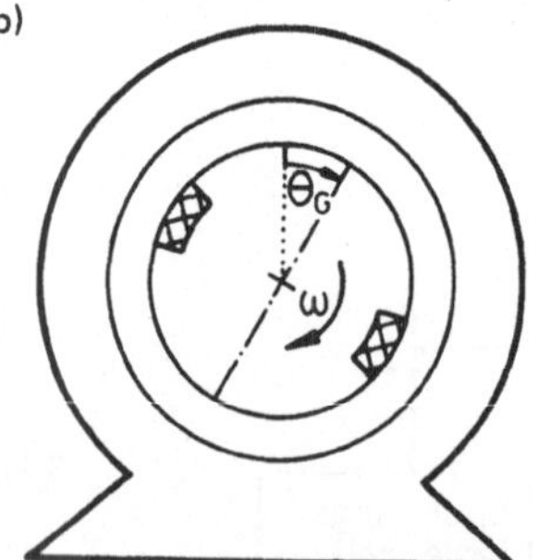

Bild 4.80 Mechanische Verschiebung um den Winkel θ_G nach Belastung
a) Unbelastete Maschine (Leerlauf) zu einem Zeitpunkt t_0
b) Belastete Maschine im stationären Zustand zum Zeitpunkt t_0

dabei auftretenden dynamischen Vorgänge, die diesen Ablauf zeitlich erfassen, kann mit dieser stationären Betrachtung keine Aussage erfolgen. Anschließend, nachdem sich eine neue stationäre Lage eingestellt hat, dreht sich der Läufer wiederum mit der gleichen Drehzahl – um den Winkel θ_G verschoben – weiter. Die Drehzahl selbst ist unabhängig von der Belastung, sie ist wieder synchron zur Netzfrequenz. Diese Betrachtungen werden im folgenden noch etwas verfeinert.

Aus dem stationären Ersatzschaltbild bzw. dem äquivalenten Zeigerdiagramm läßt sich die ins Netz gespeiste Wirkleistung P als Funktion des Winkels θ_G ermitteln. Aus der Geometrie des Zeigerdiagramms folgt die Aussage

$$A = E \cdot \sin\theta_G = I_b \cdot X_d \cdot \cos\varphi .$$

Mit der Beziehung

$$P_G = \sqrt{3} \cdot U_{bN} \cdot I_b \cdot \cos\varphi \tag{4–81}$$

und dem Ausdruck (4–77) resultiert daraus der Zusammenhang

$$P_G = \frac{U_P \cdot U_{bN}}{X_d} \cdot \sin\theta_G = \omega M_G , \tag{4–82}$$

der in Bild 4.81 für das Generatormoment M_G veranschaulicht ist.

Die Turbine kann nur eine begrenzte Leistung auf den Generator übertragen, da das Gegenmoment des Generators begrenzt ist. Der Höchstwert, das sogenannte Kippmoment M_K, tritt bei $\theta_G = 90°$ auf. Überschreitet das Turbinenmoment M_A das Kippmoment ($M_A > M_K$), beschleunigt sich der Läufer und fällt außer Tritt. Ein stabiler Betrieb ist somit nicht mehr möglich.

In diesem Zusammenhang sind auch die Auswirkungen von Zustandsänderungen im Netz zu diskutieren, die z. B. durch Störungen hervorgerufen werden. So kann sich durch einen Ausfall von Leitungen die Netzspannung U_{bN} absenken, so daß dann eine andere Kennlinie die stationären Verhältnisse beschreibt. Bei den Läufern der Turbine und des Generators tritt nach dieser Zustandsänderung eine Torsionsschwingung $\theta(t)$ auf. In Bild 4.81 ist eine abklingende Schwingung angedeutet, die sich meist als Folge kleiner Zustandsänderungen einstellt. Schwingungen dieser Art überschreiten selten 2 Hz und überlagern sich der 50-Hz-

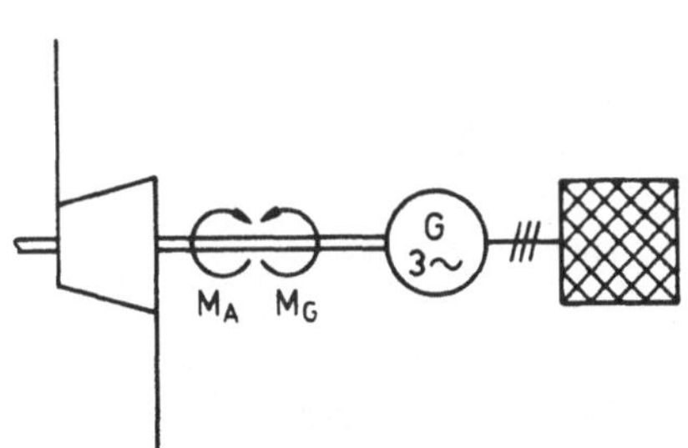

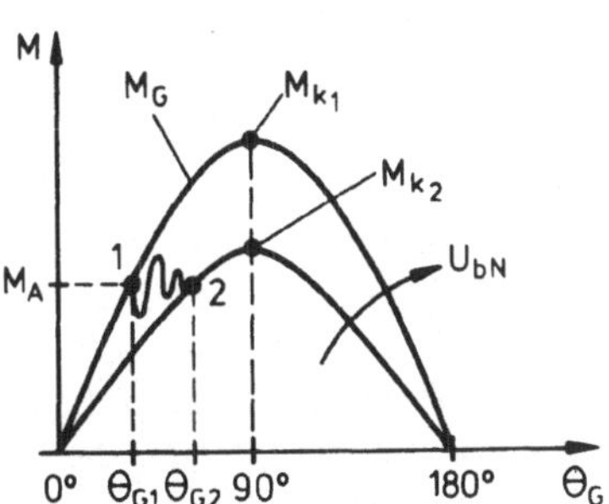

Bild 4.81 Verlauf des Drehmomentes M_G in Abhängigkeit vom Lastwinkel θ_G (M_A: Antriebsmoment, M_G: Generatormoment)

Drehbewegung. Nach größeren Zustandsänderungen können sich jedoch auch instabile, aufschaukelnde Torsionsschwingungen ausbilden [13], [17].

Die Torsionsschwingungen entsprechen Wirkleistungsschwankungen und äußern sich an den Generatorklemmen in Form von starken Stromschwankungen, wobei sehr große Amplituden auftreten können. Die Drehstromwicklung wird dadurch *thermisch* stark belastet. Die Wirkleistungsschwankungen äußern sich auch in starken Drehmomentschwankungen, die eine große *mechanische Belastung* für die Maschine darstellen. Der Generator muß im Falle von aufschaukelnden Torsionsschwingungen abgeschaltet werden, wenn die Belastung zu groß wird. Dadurch verstärken sich die Schwingungen auch bei den Generatoren, die von der Zustandsänderung des Netzes eventuell schwächer betroffen sind. Es besteht dann die Gefahr, daß diese Maschinen ebenfalls abgestellt werden müssen. Auf diese Weise kann die *Versorgung eines ganzen Netzes zusammenbrechen.* Um solche Folgen zu vermeiden, ist es unbedingt erforderlich, *die Störungen, die zu den Zustandsänderungen geführt haben, möglichst schnell freizuschalten.* Dies wird durch den sogenannten Netzschutz und die damit verknüpften Schalter bewerkstelligt (s. Abschnitte 4.10 und 4.12). Die Gefahr von aufschaukelnden Torsionsschwingungen ist um so geringer, *je stärker das Netz vermascht ist* und *je mehr Generatoren* ins Netz einspeisen.

Derartige Erscheinungen werden als *Stabilitätsprobleme* bezeichnet. Sie sollen jedoch hier nicht weiter erläutert werden. Die Netzstabilität erhöht sich ebenfalls, wenn der Lastwinkel ϑ_G gewisse Grenzwerte nicht überschreitet. Bei Netzen mit geringer Ausdehnung wird für die einzelnen Maschinen meist nur ein Lastwinkel im Bereich von $\vartheta_{G_{zul}} \approx 60 \ldots 70°$ zugelassen [5]. Sofern der Generator über eine sich weiträumig erstreckende Freileitung mit der Länge l ins Netz eingebunden wird, die Vermaschung dieses Netzteils also gering ist, verkleinert sich $\vartheta_{G_{zul}}$. Es sei nur erwähnt, daß in diesem Fall im Ersatzschaltbild eine weitere Reaktanz von ca. $l \cdot 0{,}3\ \Omega/\mathrm{km}$ in Reihe mit X_d zu schalten ist (s. Abschnitt 4.5). Die dadurch verursachte zusätzliche Phasenverschiebung ist von den $60 \ldots 70°$ abzuziehen.

Im weiteren sollen die Spannungsverhätlnisse beim vorliegenden Modell betrachtet werden. Normalerweise benötigen die Netze infolge der induktiven Last induktive Blindleistung. Diese wird, wie aus dem Diagramm 4.82a ersichtlich ist, nur dann geliefert, wenn der Erregerstrom I_E so gewählt wird, daß $U_P > U_{bN}$ gilt. In diesem Fall eilt der Strom $\underline{I}_b$, wie erforderlich, der Spannung $\underline{U}_{bN}$ nach. Zu beachten ist, daß bei dieser Darstellung im Maschineninnern das Erzeugerzählpfeilsystem verwendet wird. In diesem Zählpfeilsystem bedeutet ein nacheilender Betriebsstrom, daß induktive Blindleistung erzeugt wird, sich die Maschine also wie eine Kapazität verhält.

Der beschriebene Betriebszustand wird aufgrund der erhöhten Polradspannung als übererregt bezeichnet. Aus dem Diagramm geht hervor, daß z. B. bei einem $\cos\varphi = 0{,}9$ und Nennlast die Polradspannung nahezu doppelt so groß ist wie die Klemmenspannung U_{bN}. Um Polradspannungen dieser Größe erzeugen zu können, benötigt man hohe Erregerströme, die, wie erwähnt, bei 300-MW-Blöcken im Bereich von 10 kA liegen. Üblicherweise liegt die Klemmenspannung im Nennbetrieb zwischen 6 kV und 30 kV. Höhere Spannungen werden kaum gewählt, da sich anderenfalls zu große Probleme bei einer ausreichenden Isolation der Windungen gegen das geerdete Eisen ergeben. Insbesondere bei einer plötzlichen Entlastung der Maschine können große Spannungen im Ständer auftreten.

Neben der übererregten Fahrweise (Bild 4.82a) besteht auch die Möglichkeit, den Generator *untererregt* zu betreiben. Der Erregerstrom wird dazu so gewählt, daß die Polradspannung

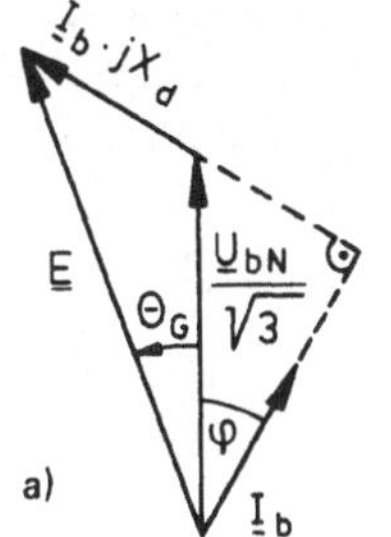

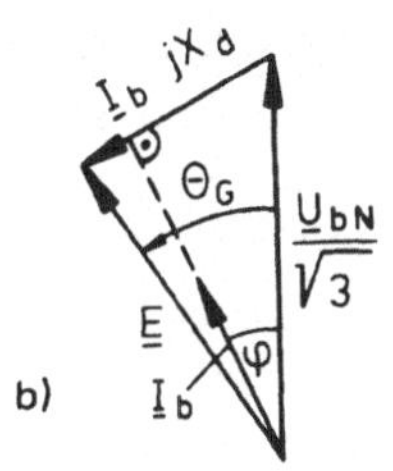

Bild 4.82
Zeigerdiagramm einer belasteten Synchronmaschine
a) bei einer induktiven Netzlast mit $\cos\varphi = 0{,}9$
b) bei einer kapazitiven Netzlast mit $\cos\varphi = 0{,}9$

einen kleineren Wert annimmt als die Klemmenspannung U_{bN} der Synchronmaschine (Bild 4.82b). In diesem Fall wird *kapazitive* Blindleistung ins Netz eingespeist, da der Strom $\underline{I}_b$ der Spannung $\underline{U}_{bN}$ vorauseilt. Die Maschine selber wirkt dann im Gegensatz zum übererregten Betrieb wie eine Induktivität.

Netze stellen relativ selten eine kapazitive Last dar. Dieser Betriebszustand liegt z. B. bei ausgedehnteren Kabelnetzen während der Schwachlastzeit vor. Der dann erforderliche untererregte Betrieb führt bei gleicher Wirkleistungseinspeisung im Vergleich zur Übererregung zu relativ großen Lastwinkeln. Dadurch wird schnell die Stabilitätsgrenze erreicht.

Die geschilderten Zusammenhänge lassen sich sehr übersichtlich in der Ortskurve P(Q) darstellen. Aufgrund der Übereinstimmung mit dem bereits in Abschnitt 4.2.3.3 untersuchten Ersatzschaltbild ergeben sich naturgemäß auch Ortskurven gleicher Struktur, die durch die Kreisgleichung

$$P^2 + \left(Q + \frac{U_{bN}^2}{X_d}\right)^2 = \left(\frac{U_P \cdot U_{bN}}{X_d}\right)^2 \qquad (4\text{–}83)$$

beschrieben werden. Der zulässige Betriebsbereich unterscheidet sich jedoch von dem des Transformators, da andere physikalische Verhältnisse vorliegen. Dieser Bereich wird durch die Nennleistung der Turbine, den zulässigen Lastwinkel, die zulässige Scheinleistung sowie den zulässigen Erregerstrom I_{zul_E} begrenzt (Bild 4.83). Der jeweilige *konkrete Arbeitspunkt* wird durch die Dampfzufuhr in die Turbine und den vorgegebenen Erregerstrom bestimmt.

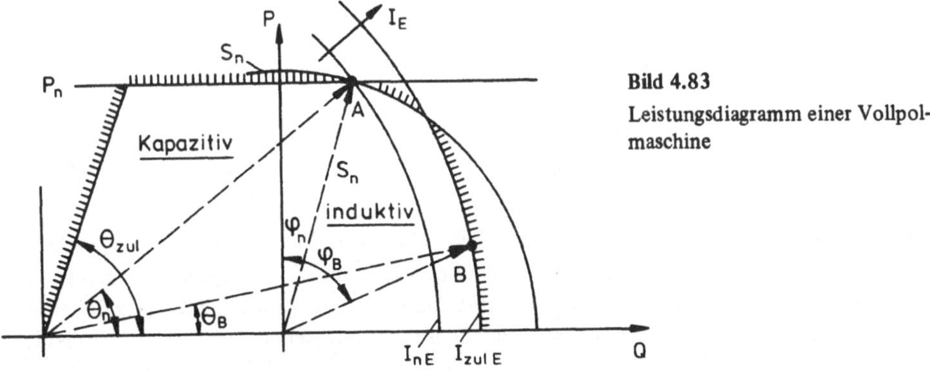

Bild 4.83
Leistungsdiagramm einer Vollpolmaschine

Sofern eine Maschine so gefahren wird, daß im wesentlichen nur Blindleistung erzeugt wird, spricht man vom *Phasenschieberbetrieb.* Entsprechend den vorhergehenden Erläuterungen wirkt die Maschine im übererregten Betrieb wie ein Kondensator (s. Abschnitt 4.8). Die Blindleistung, die maximal von der Maschine bei diesem Betriebszustand geliefert werden kann, ist *um so größer, je niedriger der Leistungsfaktor für den Nennbetrieb* ausgelegt wird. Üblicherweise bewegt sich diese Größe zwischen 0,8 und 0,9.

Aus der Ortskurve ist in Anlehnung an die Überlegungen zum Transformator weiterhin zu ersehen, daß sich bei *Verbundnetzen die Blindleistungsverhältnisse in den Spannungen, die transportierten Wirkleistungen dagegen in den Phasenverschiebungen der Spannungen äußern.*

Andere Verhältnisse ergeben sich, wenn das Netz nicht als starr, sondern als rein passiv angesehen wird. In der Praxis liegt dieser Fall u. a. dann vor, wenn ein Netz auseinandergefallen ist und die Kraftwerke im Inselbetrieb nur noch ihren Eigenbedarf versorgen (s. Abschnitt 3.2.3).

Im Ersatzschaltbild können solche passiven Netze durch eine Eingangsimpedanz $\underline{Z}_2$ dargestellt werden. Sie wird im weiteren als linear angesehen, da es sich nur um prinzipielle Betrachtungen handelt. Unter dieser Annahme ergibt sich die in Bild 4.84 dargestellte Ersatzschaltung.

Diese Schaltung entspricht wiederum dem Transformatorersatzschaltbild nach Bild 4.63. In Analogie dazu ergeben sich für die Wirk- und Blindleistung die Beziehungen

$$P = 3\,\frac{E^2(\omega_{mech})}{|jX_d(\omega) + \underline{Z}_2(\omega)|^2}\cdot \mathrm{Re}(\underline{Z}_2(\omega)) \qquad (4\text{–}84)$$

$$Q = 3\,\frac{E^2(\omega_{mech})}{|jX_d(\omega) + \underline{Z}_2(\omega)|^2}\cdot \mathrm{Im}(\underline{Z}_2(\omega)). \qquad (4\text{–}85)$$

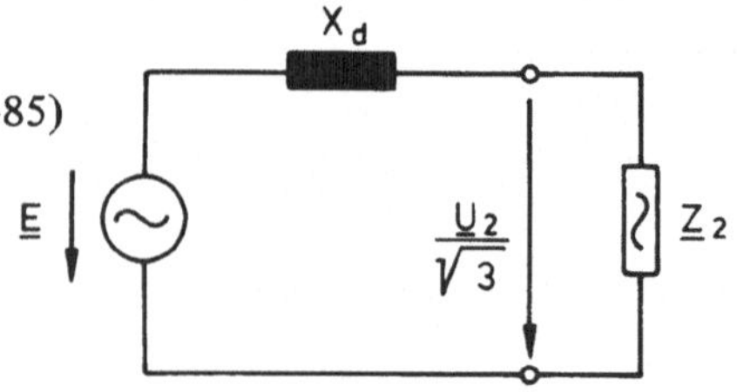

Bild 4.84
Einphasiges Ersatzschaltbild eines Generators im Inselbetrieb

Aus diesen Beziehungen geht hervor, daß sich für jede Belastung ein stabiler Arbeitspunkt einstellt. Im Gegensatz zum Verbundnetz ist eine Instabilität durch Torsionsschwingungen nicht möglich, da ein zweiter Energiespeicher, das starre Netz, fehlt. Aus den Beziehungen (4–84) und (4–85) ist weiterhin zu ersehen, daß bei einer Veränderung von E auch die Wirk- und Blindleistungsaufnahme des Netzes schwankt. Andererseits ist die Wirkleistungszufuhr von der Turbine im Unterschied zu den Verhältnissen beim Transformator konstant, da die Zustandsgrößen und der Volumenstrom des Dampfes, der in die Turbine strömt, nicht vom Erregerstrom beeinflußt werden. Für den Generator besteht der einzige Freiheitsgrad darin, die Drehzahl ω_{mech} und damit auch die Frequenz ω so zu ändern, daß die zugeführte Wirkleistung vom Netz aufgenommen wird.

Die bisherigen Überlegungen zeigen also, daß sich beim ersten Modell, dem *Verbundnetz,* eine Änderung von U_P bzw. E im wesentlichen nur auf die ins Netz eingespeiste Blindleistung auswirkt. Beim zweiten Modell, dem *Inselbetrieb,* wird zusätzlich noch die *Drehzahl* beeinflußt. Inselnetze, in die mehrere Blöcke einspeisen, stehen zwischen diesen beiden Modellen.

Die Drehzahlschwankungen, die durch Änderungen von E verursacht werden, sind immer dann tragend, wenn die dadurch bedingten Wirkleistungsschwankungen die Rotationsenergie merklich beeinflussen, die in den Läufern der Generatoren und Turbinen abgespeichert ist. Im Grenzfall, dem starren Netz, ist die gespeicherte Energie zu groß, als daß eine Beeinflussung der Drehzahl möglich wäre. In Netzen, in denen diese Bedingung nicht gegeben ist, werden eventuell auftretende Drehzahl- bzw. Frequenzabweichungen dann von der Primär- und Sekundärregelung aufgefangen.

Für die Energieverteilung ist nicht nur das Verhalten im Normalbetrieb, sondern auch im Störfall, insbesondere dem dreipoligen Kurzschluß, von Interesse. Im Kapitel 9 wird sich zeigen, daß ein Verständnis dieser Kurzschlußart auch den Zugang zu anderen Kurzschlußvarianten ermöglicht.

4.4.3 Erläuterungen zum Kurzschlußverhalten von Synchronmaschinen

Wenn bei einer Vollpolmaschine die drei Klemmen plötzlich kurzgeschlossen werden (Bild 4.85), treten für ein bis zwei Sekunden hohe Stromstärken auf, die für die ersten 50 ms sogar den 20-fachen Wert des Generatornennstromes annehmen können. Diese hohen Ströme belasten den Generator insbesondere an den Wickelköpfen mechanisch sehr stark. Um die Ursachen für diese großen Stromstärken verstehen zu können, wird zunächst von sehr einfachen Modellen ausgegangen, die dann schrittweise ausgebaut werden.

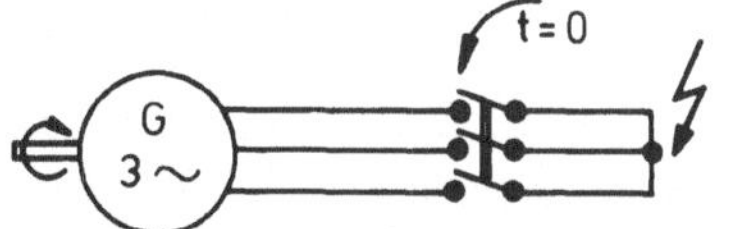

Bild 4.85
Dreipoliger Klemmenkurzschluß eines leerlaufenden Synchrongenerators

4.4.3.1 Dreipoliger Klemmenkurzschluß bei einer verlustfreien, leerlaufenden Synchronmaschine mit Magnetläufer

Besonders einfache Verhältnisse ergeben sich, wenn zunächst ein *leerlaufender, verlustfreier Generator* vorausgesetzt wird, der darüber hinaus anstelle des Vollpolläufers einen runden *Dauermagneten* aufweisen möge, der das Erregerhauptfeld Φ_E erzeugt. Die Flüsse, die jeweils die Ständerstränge durchsetzen, werden mit Ψ_U, Ψ_V, Ψ_W bezeichnet.

Die jeweiligen Komponenten Φ_{EU}, Φ_{EV}, Φ_{EW} des Flusses Φ_E bestimmen bei diesem Betriebszustand allein den Augenblickswert der Ständerflüsse Ψ_U, Ψ_V, Ψ_W. Für die Induktionsspannung z. B. im Strang U gilt daher

$$e_U(t) = \frac{d\Psi_U}{dt} = \frac{d\Psi_{EU}}{dt} .$$

Unmittelbar nach einem dreipoligen Kurzschluß wird die Klemmenspannung stoßartig zu Null erzwungen; die obige Bedingung nimmt dann die Form

$$\frac{d\Psi_U}{dt} = \frac{d\Psi_V}{dt} = \frac{d\Psi_W}{dt} = 0 \tag{4–86}$$

an. Die Integration dieser Beziehung führt auf die Ausdrücke

$$\Psi_U, \Psi_V, \Psi_W = \text{const.}. \tag{4–87}$$

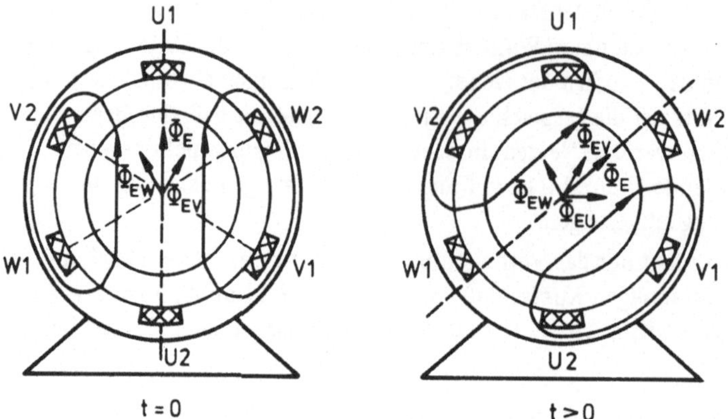

Bild 4.86 Stellung des Läufers vor und nach einem Kurzschluß

Der zugehörige Anfangswert des Flusses bestimmt sich aus der Stellung, die das Polrad zum Zeitpunkt des Kurzschlusses – zum Zeitpunkt t = 0 – annimmt (Bild 4.86):

$$\Psi_U = \Psi_{EU}(t = 0), \quad \Psi_V = \Psi_{EV}(t = 0), \quad \Psi_W = \Psi_{EW}(t = 0).$$

Der Erregerfluß, der jeweils mit den Ständersträngen im Kurzschlußaugenblick verknüpft ist, bleibt demnach auch nach dem Kurzschluß erhalten (Flußkonstanz).

Andererseits bewegt sich nach dem Stoßkurzschluß der Läufer weiter, das Erregerfeld verändert seine Lage (Bild 4.86). Dadurch verändert sich zwangsläufig auch der Fluß, der mit den Wicklungssträngen des Ständers verkettet ist. Die Voraussetzungen (4–87) sind nicht mehr erfüllt. Als Folge davon bilden sich in den drei – bisher stromlosen – Wicklungssträngen Ströme aus, die ihrerseits Felder bewirken, so daß diese Bedingungen eingehalten werden. Diese Ständerströme setzen sich, wie bei Einschwingvorgängen rein induktiver Kreise üblich, aus Wechsel- und Gleichströmen zusammen, deren Entstehung näher betrachtet werden soll.

Infolge der Massenträgheit kann zumindest für einige Zehntelsekunden vorausgesetzt werden, daß sich die Drehzahl nicht ändert. Also werden, wie vor dem Kurzschluß, in den Wicklungssträngen des Ständers weiterhin die Spannungen e(t) induziert. Sie bewirken aufgrund des Kurzschlusses Ströme, die sogenannten *Dauerkurzschlußströme* $\underline{I}_k$, die wiederum ein Drehfeld bilden. Sie lassen sich aus der kennengelernten Generatornachbildung mit $\underline{E}$, X_d (s. Bild 4.75) ermitteln.

Wenn sich diese Dauerkurzschlußströme sofort nach dem Stoßkurzschluß einstellen würden, müßte in denjenigen Wicklungssträngen, in denen zum Zeitpunkt t = 0 der Fluß ungleich Null ist, wegen der Proportionalität $\Phi \sim i$ sofort ein Strom fließen. In Bild 4.87 trifft diese Bedingung für $\alpha = 0°$ z. B. auf die Stränge V und W zu. Da die Drehstromwicklung vor dem Kurzschluß stromlos ist, müßte dann der Strom in diesen Strängen springen. Aus energetischen Gründen dürfen im Stromverlauf bei Induktivitäten jedoch keine Sprünge auftreten.

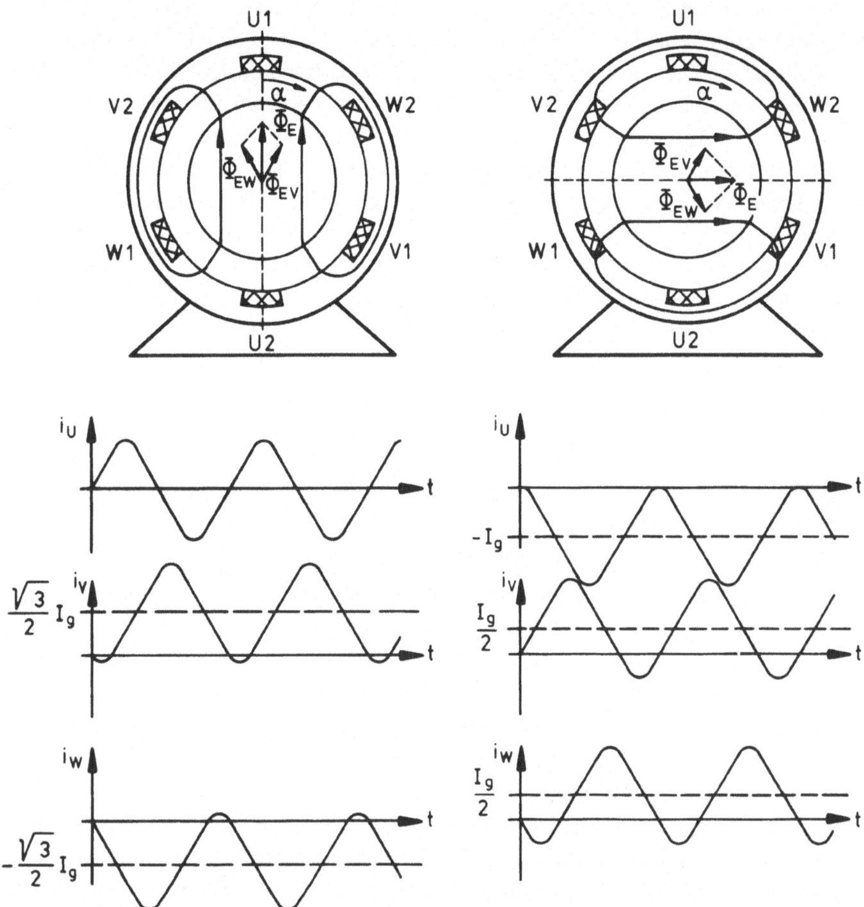

Bild 4.87 Verlauf der Kurzschlußströme bei einer verlustlosen Synchronmaschine für eine Polradstellung $\alpha = 0°$ und $\alpha = 90°$

Die Sprünge werden dadurch vermieden, daß sich in diesen Wicklungen im Kurzschlußaugenblick Gleichströme ausbilden. Sie stellen sich so ein, daß sie den Wert des Dauerstromes kompensieren. Durch diese Gleichströme wird somit die Bedingung

$$i(t = 0) = 0$$

eingehalten. Jeder Gleichstrom ruft u. a. wieder ein Hauptfeld hervor, dessen Grundanteil sich im Luftspalt sinusförmig verteilt. Im Unterschied zum Wechselstrom sind die Induktionswerte zeitlich konstant. Diese Hauptfelder überlagern sich wiederum zu einem resultierenden räumlich sinusförmigen, stillstehenden Feld.

Das von den Dauerkurzschlußströmen gebildete Drehfeld ist dem Erregerhauptfeld entgegengerichtet und kompensiert dieses weitgehend. So bleibt infolge der Überlagerung praktisch nur das Gleichfeld des Ständers übrig, das sich, wie bereits erläutert, aus der Bedingung der Flußkonstanz ergibt und diese gewährleistet.

In Bild 4.87 ist u. a. der zeitliche Verlauf der Ständerkurzschlußströme skizziert. Die Startlage des Polrades liegt in dem einen Fall bei $\alpha = 0°$; in dem Strang U bildet sich wegen $\Psi_{EU} = 0$ kein Gleichglied aus. Der größte Spitzenwert des Kurzschlußstromes wird als *Stoßkurzschlußstrom* I_s bezeichnet. Wenn der Kurzschluß bei der Läuferlage $\alpha = 90°$ eintritt, ist der Fluß in dem Wicklungsstrang U maximal. Das heißt, der Gleichstrom ist dort genauso groß wie die Amplitude des Dauerkurzschlußstromes. Der Strom I_s erreicht in diesem Strang daher den doppelten Wert dieser Amplitude. In den beiden anderen Wicklungssträngen ergeben sich günstigere Werte. Es gilt festzuhalten, daß die jeweilige *Höhe der Gleich- und damit der resultierenden Kurzschlußströme von der Stellung des Polrades zum Zeitpunkt des Stoßkurzschlusses abhängig ist.* Bei Annahme einer Dämpfung – also einer verlustbehafteten Maschine – klingen die Gleichströme ab, ihr Feld verschwindet. Es bleibt dann nur der Dauerkurzschlußstrom übrig.

Bisher sind die Verhältnisse mit einem Magnetläufer betrachtet worden. Im folgenden wird das Kurzschlußverhalten untersucht, wenn ein Vollpolläufer vorliegt.

4.4.3.2 Dreipoliger Klemmenkurzschluß bei einer verlustfreien, leerlaufenden Vollpolmaschine

In dem nun betrachteten Modell wird anstelle des Magnetläufers ein Vollpolläufer entsprechend Bild 4.70a angenommen. Im Falle eines Kurzschlusses bilden sich im Ständer wieder Gleich- und Wechselströme aus, die zu entsprechenden Magnetfeldern führen. Im Unterschied zur Maschine mit Magnetläufer wirken diese Magnetfelder auf eine sich gleichförmig drehende Erregerwicklung ein. Sie ist als kurzgeschlossen anzusehen, da die anliegende Gleichspannungsquelle als ideal vorausgesetzt wird, also über keinen Innenwiderstand verfügt.

Das Drehfeld der Ständer*wechselströme* dreht sich genauso schnell wie die Erregerspule. Sie induzieren daher dort keine Spannung bzw. keinen Strom. Die stillstehenden Hauptfelder der Ständer*gleichströme* dagegen bewirken dort Wechselströme und zusätzlich einen Gleichstrom, der dafür sorgt, daß die Anfangsbedingungen in der Erregerwicklung eingehalten werden. Die in dieser Spule induzierten Ströme erzeugen wiederum Magnetfelder, die auf den Ständer zurückwirken. Die Hauptfelder kompensieren sich weitgehend, so daß die Streufelder besonders maßgebend werden. Es stellen sich damit ähnliche Verhältnisse ein wie beim Transformator mit kurzgeschlossener Sekundärwicklung. Ähnlich wie bei den Transformatoren liegt die Hauptreaktanz parallel zur Streureaktanz des Läufers, die ebenfalls wieder auf die Bezugsseite, auf den Ständer, umzurechnen ist. Es wirken daher überwiegend die Streureaktanzen für den Kurzschlußstrom begrenzend. Anstelle der bisher kennengelernten synchronen Reaktanz X_d ist deshalb die sogenannte *transiente Reaktanz* X_d' maßgebend:

$$X_d' = X_{\sigma S} + X_{\sigma E} \,||\, X_h . \tag{4–88}$$

Die beschriebenen Zusammenhänge werden durch das Ersatzschaltbild 4.88 erfaßt; über die zugleich auftretenden Gleichstromglieder, die durch die Anfangsbedingung, durch die Polradstellung, festgelegt werden, kann mit diesem Ersatzschaltbild keine Aussage erfolgen.

Die transiente Reaktanz wird ebenfalls als bezogene Größe angegeben und beträgt bei Turbogeneratoren etwa

$$x_d' = \frac{X_d' \cdot I_{nG}}{\frac{U_{nG}}{\sqrt{3}}} \approx 0{,}16. \tag{4–89}$$

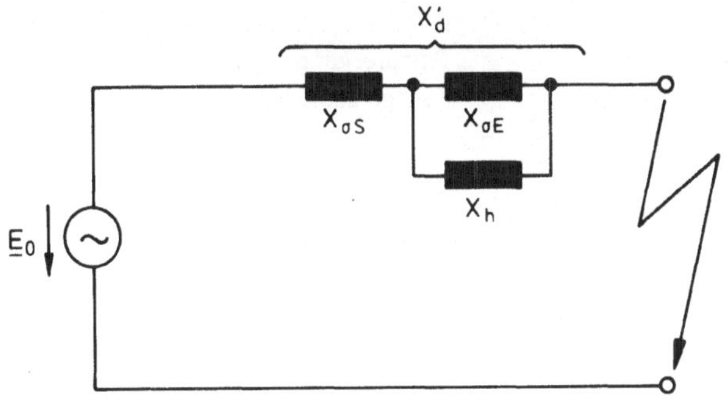

Bild 4.88
Ersatzschaltung einer *unbelasteten* Synchronmaschine mit Erregerwicklung für einen Stoßkurzschluß

Damit ist sie etwa um den Faktor 10 kleiner als die synchrone Reaktanz. Dies äußert sich in entsprechend größeren Kurzschlußströmen.

Die transiente Reaktanz X'_d ist ebenfalls wie die synchrone Reaktanz X_d sättigungsabhängig. Für die Bemessung von Synchronmaschinen ist dieser Gesichtspunkt weniger tragend, weil im Unterschied zur Hauptreaktanz die Toleranzen mit ± 30 % sehr viel breiter sind. Für Berechnungen sind laut der VDE-Bestimmung 0530 stets die gesättigten Werte zugrundezulegen.

Die Reaktanz X'_d wird maßgeblich von der Wickelkopf- und der Nutstreuung des Ständers und des Läufers geprägt. Während die Wickelkopfstreuung nur im geringen Maße zu beeinflussen ist, hängt die Nutstreuung von der gewählten Nutform ab. Grundsätzlich gilt, daß der Streufluß einer Nut und damit die Streureaktanz um so höhere Werte aufweisen, je tiefer die Leiter in der Nut liegen (s. Bild 4.89). Die Streureaktanz X'_d wird im Gegensatz zur synchronen Reaktanz vom Luftspalt zwischen Ständer und Läufer nur in einem geringen Maß beeinflußt.

In der Praxis ist es üblich, zusätzlich auf dem Läufer einen sogenannten *Dämpferkäfig* anzubringen. Er stellt neben der Erregerwicklung eine weitere kurzgeschlossene Läuferwicklung dar und wird häufig entsprechend Bild 4.90 unterhalb der Nutkeile in Form von Kupferstäben aufgebracht. Normalerweise sind bei Vollpolmaschinen die Stäbe über den gesamten Umfang verteilt, also auch dort, wo keine Erregerwicklung vorhanden ist. An den beiden Enden sind die Dämpferstäbe durch jeweils einen Kurzschlußring verbunden.

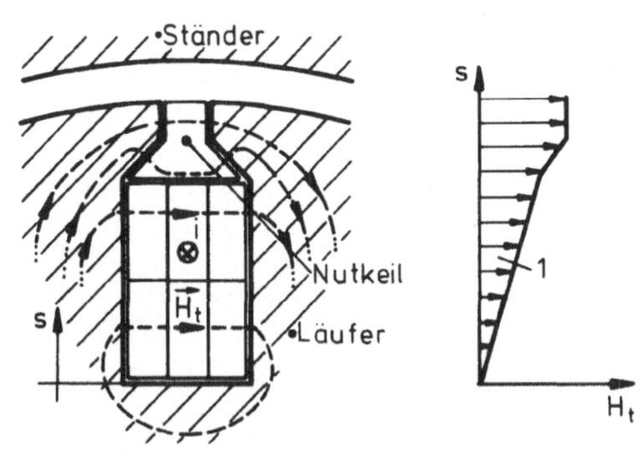

Bild 4.89
Veranschaulichung des Nutstreufeldes
(1 Flächeninhalt, entspricht dem Streufluß)

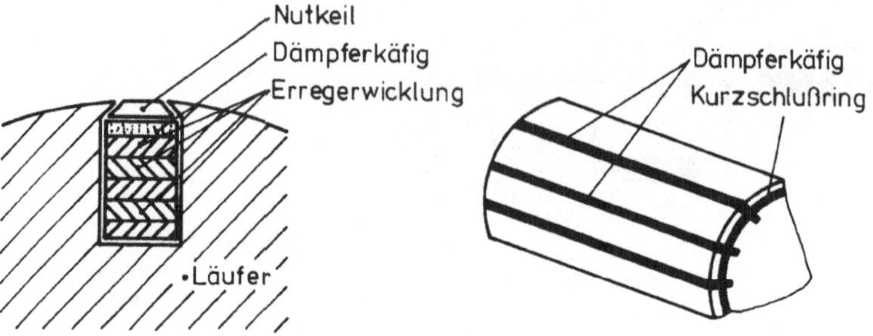

Bild 4.90 Aufbau eines Dämpferkäfigs

Die Aufgabe des Dämpferkäfigs besteht darin, die bereits angesprochenen *Torsionsschwingungen* des Turbinen- und des damit gekuppelten Maschinenläufers *abzudämpfen.* Die durch die Torsionsschwingung bedingte Relativgeschwindigkeit führt dabei zu Strömen im Dämpferkäfig und damit zu ohmschen Verlusten. Auf diese Weise wird die Schwingungsenergie in Wärme umgesetzt.

Überwiegend sind solche Torsionsschwingungen gutartig und werden bereits von der Netzanlage abgedämpft. Der Dämpferkäfig bewirkt in solchen Fällen ein sehr viel schnelleres Abklingen. Falls jedoch eine von Natur aus aufschaukelnde Torsionsschwingung vorliegt, verzögert der Dämpferkäfig lediglich diesen Vorgang; die Instabilität wird dadurch nicht verhindert.

Das System aus Ständerwicklung, Erregerwicklung und Dämpferkäfig entspricht einem Dreiwicklungstransformator, bei dem zwei Wicklungen kurzgeschlossen sind. Aus dieser Überlegung heraus ist auch das Ersatzschaltbild 4.91 verständlich.

Der Dämpferkäfig liegt dicht unter der Läuferoberfläche und erzeugt entsprechend den vorhergehenden Erläuterungen ein relativ kleines Streufeld. Daher weist diese "Wicklung" eine kleinere Streureaktanz als die Erregerwicklung auf. Aufgrund des Größenunterschiedes zwi-

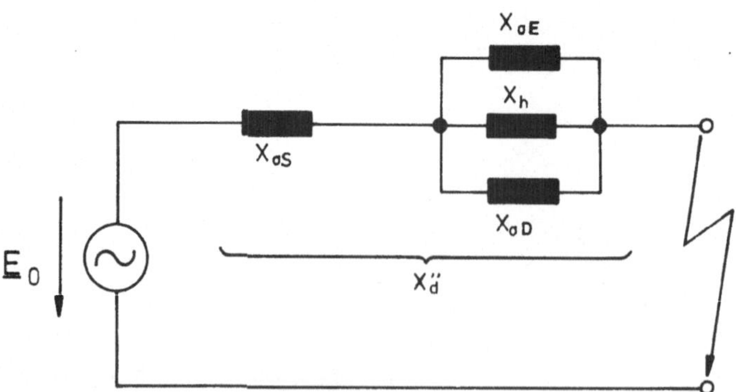

Bild 4.91 Ersatzschaltbild für den Wechselstromanteil einer *leerlaufenden* Vollpolmaschine für einen Stoßkurzschluß

schen $X_{\sigma E}$, $X_{\sigma D}$, X_h setzt sich die resultierende Reaktanz, die als *subtransiente Reaktanz* X_d'' bezeichnet wird, im wesentlichen nur aus den Streureaktanzen des Ständers $X_{\sigma S}$ sowie des Dämpferkäfigs $X_{\sigma D}$ zusammen:

$$X_d'' \approx X_{\sigma S} + X_{\sigma D}. \tag{4–90}$$

Die bezogene Reaktanz x_d'' ist gemäß den obigen Ausführungen kleiner als die transiente Reaktanz x_d'. Bei Turbogeneratoren beträgt sie etwa

$$x_d'' = \frac{X_d'' \cdot I_{nG}}{\frac{U_{nG}}{\sqrt{3}}} \approx 0{,}12. \tag{4–91}$$

Der Dämpferkäfig führt damit im Kurzschluß zu noch höheren Stromstärken. Die *subtransiente Reaktanz* X_d'' ist die *kleinstmögliche Reaktanz,* die die Synchronmaschine bei einem dreipoligen Kurzschluß annehmen kann.

Die subtransiente Reaktanz X_d'' ist im gleichen Grade wie die transiente Reaktanz X_d' sättigungsabhängig. Für Berechnungen ist ebenfalls der *ungünstigste,* der *gesättigte* Wert, zugrundezulegen. Die bereits erwähnte Toleranz von ± 30 % gilt bei Maschinen mit Dämpferkäfig nicht für die transiente, sondern sinngemäß für die subtransiente Reaktanz.

Für *Schenkelpolmaschinen* können ebenfalls Ersatzschaltungen gleicher Struktur angegeben werden. Aufgrund der komplizierteren Bauweise stellen sie allerdings nur eine praxisgerechte Näherung dar. Im weiteren wird der Einfluß der ohmschen Verluste und der Belastung auf das Kurzschlußverhalten einer Vollpolmaschine beschrieben [13].

4.4.3.3 Kurzschlußverhalten einer belasteten Vollpolmaschine

Zunächst wird ein Kurzschluß an einer unbelasteten, anschließend an einer belasteten *verlustbehafteten Synchronmaschine* betrachtet. Die durch die hohen Kurzschlußströme bedingten Verluste werden aus der magnetischen Feldenergie gedeckt, die aufgrund der Flußkonstanz gespeichert ist. Die Verluste haben zur Folge, daß dieser Fluß ständig geschwächt wird, also letztlich auch die dadurch bedingten Überströme abklingen.

Da die einzelnen Wicklungen unterschiedliche Zeitkonstanten aufweisen, ergeben sich folgende Verhältnisse: Der Dämpferkäfig besitzt, wie bereits erläutert, eine kleine Induktivität. Zugleich ist der ohmsche Widerstand relativ groß im Vergleich zu den anderen Wicklungen. Dadurch bedingt klingen die im Dämpferkäfig induzierten Ströme schnell ab. Die Zeitkonstante für diesen Vorgang liegt bei üblichen Turbogeneratoren im Bereich

$$T_{dG}'' = 0{,}02 \ldots 0{,}05 \text{ s}. \tag{4–92}$$

Nach dieser Zeit ist der Dämpferkäfig praktisch nicht mehr wirksam. Es stellen sich dann die Feldverhältnisse wie bei einer Maschine ohne Dämpferkäfig ein. Maßgebend ist nun die Erregerwicklung und damit die Reaktanz X_d'. Diese weist eine vergleichsweise große Induktivität und einen kleinen ohmschen Widerstand auf, so daß sich eine große Zeitkonstante ergibt. Bei normalen Ausführungen liegt deshalb die Dauer des transienten Einschwingvorganges im Bereich

$$T_{dG}' = 0{,}5 \ldots 1{,}8 \text{ s}. \tag{4–93}$$

Außerdem wird das Gleichglied des Kurzschlußstromes abgedämpft. Dies erfolgt mit einer Zeitkonstanten von ca.

$$T_{gG} = 0{,}07 \ldots 0{,}4 \text{ s.} \tag{4–94}$$

Nach dem Abklingen dieser Ausgleichsvorgänge bestimmt nur noch die synchrone Reaktanz den Kurzschlußstrom; es tritt dann der Dauerkurzschlußstrom auf.

Es ist also festzuhalten, daß die Bedingung der *Flußkonstanz zusammen mit der Rotation* des Läufers im Stoßkurzschluß zu einer kleineren Reaktanz führt. Im Laufe des Kurzschlußvorganges ändern sich die Feldverhältnisse infolge der ohmschen Verluste. Dadurch tritt eine *Reaktanzänderung* von

$$X_d'' \rightarrow X_d' \rightarrow X_d$$

auf. Dieser Vorgang zieht eine Verkleinerung des Kurzschlußwechselstromes nach sich. Er läßt sich abschnittsweise durch die Ströme I_k'', I_k', I_k beschreiben, die den entsprechenden Reaktanzen zugeordnet sind. Sinnvollerweise wird I_k'' als *Anfangskurzschlußwechselstrom*, I_k' als *transienter Kurzschlußstrom* und I_k als *Dauerkurzschlußstrom* bezeichnet. In Bild 4.92 ist der zugehörige Stromverlauf in Form einer Treppenfunktion dargestellt. Sie schätzt den realen Verlauf, der ebenfalls aus Bild 4.92 ersichtlich ist, nach oben ab.

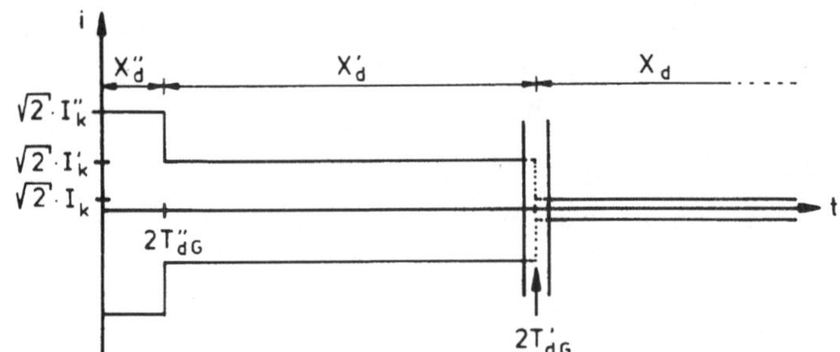

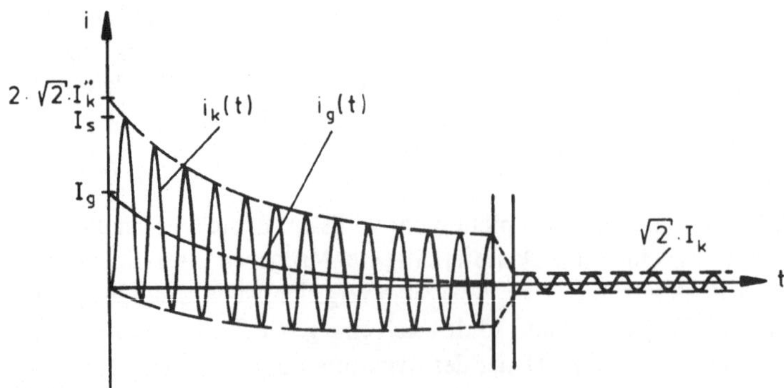

Bild 4.92 Schematischer und realer Verlauf des Kurzschlußstroms einer verlustbehafteten Vollpolmaschine

Bisher sind die Auswirkungen eines Stoßkurzschlusses unmittelbar an den Klemmen einer unbelasteten, verlustbehafteten Synchronmaschine für verschiedene Ausführungen erläutert worden. Abschließend wird der allgemeinere Fall betrachtet, daß der Klemmenkurzschluß bei einer belasteten Maschine auftritt.

Wie genauere Modellrechnungen zeigen, führt die Vorbelastung dazu, daß im transienten und subtransienten Bereich die Spannungen E′ bzw. E″ anstelle der Spannung E zu verwenden sind. Bei einer verlustbehafteten Maschine gehen die Spannungen analog zu den Reaktanzen folgendermaßen ineinander über:

$$E'' \rightarrow E' \rightarrow E$$

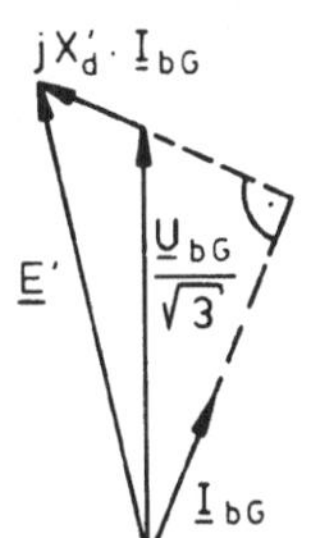

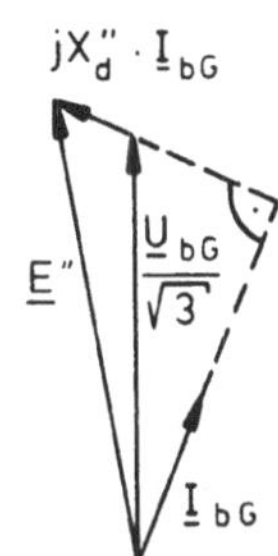

Bild 4.93
Zeigerbilder zur Ermittlung der Spannungen $\underline{E}'$ und $\underline{E}''$

Die Spannungen E″, E′ sind aus den in Bild 4.93 gezeigten, nicht weiter abgeleiteten Zeigerdiagrammen zu ermitteln [17].

In diesen Diagrammen werden die Reaktanzen X_d'', X_d', die Betriebsspannung $\underline{U}_{bG}$ sowie der Strom $\underline{I}_{bG}$, die unmittelbar vor Kurzschlußeintritt stationär vorhanden sind, miteinander verknüpft. Um die Bestimmung der Spannung E″ aus Zeigerbildern zu vermeiden, wird in späteren Rechnungen häufig mit

$$E'' = \frac{1{,}1 \cdot U_{nN}}{\sqrt{3}} \qquad (4\text{–}95)$$

gerechnet. Dieser Wert ergibt sich exakt dann, wenn die Synchronmaschine bei einer Betriebsspannung von $1{,}05 \cdot U_{nN}$ mit dem Nennstrom belastet wird, ein Leistungsfaktor von $\cos\varphi = 0{,}92$ vorliegt und die bezogene subtransiente Reaktanz mit $x_d'' = 0{,}12$ zugrundegelegt wird.

Sofern der Generator über eine schnelle Spannungsregelung mit Stromrichtern verfügt (s. Bild 4.77), versucht der Regler bereits während des Einschwingvorgangs, der Spannungsabsenkung an den Klemmen entgegenzuwirken. In diesem Fall tritt dann nicht der diskutierte typische Kurzschlußstromverlauf nach Bild 4.92 auf.

Abschließend sei ein noch allgemeinerer Fall betrachtet: Der Kurzschluß soll, abweichend von den bisherigen Verhältnissen, nicht an den Klemmen, sondern hinter dem Maschinentransformator auftreten (Bild 4.94). Die Maschine sei vor dem Kurzschluß mit dem Strom $\underline{I}_{bG}$ belastet, an den Klemmen trete die Spannung $\underline{U}_{bG}$ auf.

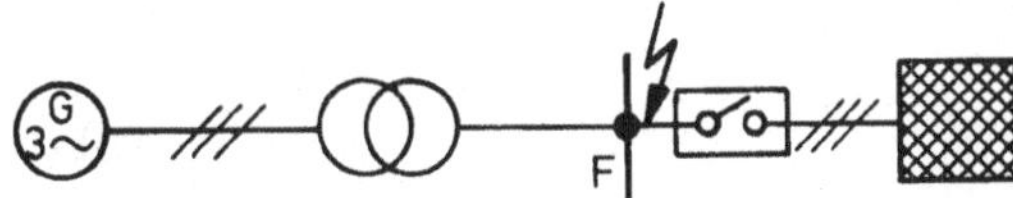

Bild 4.94
Dreipoliger Kurzschluß hinter dem Maschinentransformator

Der Kurzschluß an der Stelle F führt zu einer Absenkung der Klemmenspannung am Generator und bewirkt infolge der induktiven Kopplungen Ströme in der Erregerwicklung sowie im Dämpferkäfig. Es tritt ein Einschwingvorgang auf, der sich wiederum in einen subtransienten und transienten Zeitbereich einteilen läßt. Jeweils die *Anfangsphasen dieser Zeitbereiche* sowie die stationären Verhältnisse werden durch die Ersatzschaltbilder 4.95 beschrieben.

Die bereits kennengelernten Generatornachbildungen sind dem Schaltplan entsprechend mit der Transformatorreaktanz X_{kT} bzw. dem Netz verknüpft. Da der Kurzschluß symmetrisch ist, genügt eine einphasige Darstellung.

Die in Bild 4.95 eingetragenen Widerstände R_G' und R_{sG} sind so bemessen, daß der jeweilige Abklingvorgang des Kurzschlußstromes richtig erfaßt wird. Diese fiktiven Widerstände beeinflussen die Höhe des eigentlichen Kurzschlußwechselstromes nicht, da $X_d' \gg R_G'$ bzw. $X_d'' \gg R_{sG}$ gilt. Genauere Angaben über die Größenordnung dieser Widerstände sind den Handbüchern – z. B. [5] – zu entnehmen. Häufig gilt z. B.

$$\frac{X_d''}{R_{sG}} \approx 20.$$

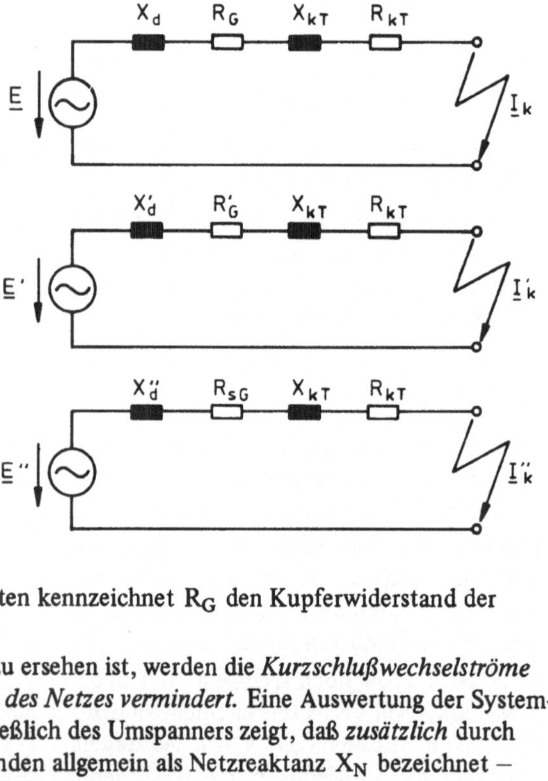

Bild 4.95
Einphasige Ersatzschaltbilder zur Ermittlung der Kurzschlußwechselströme bei einer Synchronmaschine mit vorgeschalteten Impedanzen

Im Unterschied zu diesen fiktiven Werten kennzeichnet R_G den Kupferwiderstand der Ständerwicklung.

Wie auch aus den Ersatzschaltbildern zu ersehen ist, werden die *Kurzschlußwechselströme* durch die *vorgeschalteten Impedanzen des Netzes vermindert.* Eine Auswertung der Systemgleichungen für den Generator einschließlich des Umspanners zeigt, daß *zusätzlich* durch die Transformatorreaktanz – im folgenden allgemein als Netzreaktanz X_N bezeichnet – *die Zeitkonstanten des transienten und subtransienten Einschwingvorganges verändert werden* [18], [19]. So gilt für den subtransienten Bereich

$$T_{dN}'' = T_{dG}'' \cdot \frac{1 + \dfrac{X_N}{X_d''}}{1 + \dfrac{X_N}{X_d'}} \approx T_{dG}. \tag{4–96}$$

Aus dieser Beziehung ist abzulesen, daß die *Netzreaktanz* X_N nur einen geringen Einfluß auf die *Dauer des subtransienten Einschwingvorganges ausübt,* da die Reaktanzen X_d'' und X_d' die gleiche Größenordnung aufweisen. Anders sieht es beim transienten Verlauf aus, bei dem die Beziehung

$$T'_{dN} = T'_{dG} \cdot \frac{1 + \dfrac{X_N}{X'_d}}{1 + \dfrac{X_N}{X_d}} \tag{4–97}$$

gilt. Wegen $X_d \gg X_d'$ führen bereits relativ *kleine Netzreaktanzen zu einer Verlängerung* dieses Zeitabschnittes. In der Praxis steigt die Dauer des *transienten Bereiches* meist auf

$$T'_{dN} = 3 \ldots 6\,\text{s}. \tag{4–98}$$

Diese Ergebnisse sind auch physikalisch plausibel. Dem Tiefpaßverhalten der vorgeschalteten Impedanzen entsprechend tritt die Spannungsabsenkung an den Generatorklemmen nicht schlagartig, sondern verzögert auf. Dieser Verlauf läßt sich durch eine Reihe von Sprüngen approximieren (Bild 4.96). Jeder dieser Spannungssprünge kann als eine Wechselspannungsquelle aufgefaßt werden, die auf eine zeitlich veränderliche Reaktanz $X_d'' \rightarrow X_d' \rightarrow X_d$ arbeitet. Die resultierenden Ströme bzw. Spannungen überlagern sich den Betriebsgrößen. Beim ersten Sprung tritt zunächst ein subtransientes Verhalten auf, das allmählich in den transienten Zustand übergeht. Wenn das Absinken der Klemmenspannung durch die Vorimpedanzen hinreichend verzögert wird, addiert sich der subtransiente Anteil des zweiten Sprunges erst dann, wenn beim ersten Sprung bereits der transiente Zustand erreicht ist. In der Überlagerung kommt damit der subtransiente Bereich des zweiten Sprungs nur noch abgeschwächt zum Tragen. Mit zunehmender Anzahl der Sprünge wird der subtransiente Anteil immer weniger wirksam. Das transiente Verhalten wird dagegen für einen größeren Zeitbereich bestimmend. Im Anschluß an diesen Zeitabschnitt bildet sich mehr und mehr das stationäre Verhalten aus. Die Überlagerung aller Sprünge mündet auf den stationären Endwert $X_{kT}/(X_{kT} + X_d) \cdot E$, der auch dem stationären Ersatzschaltbild zu entnehmen ist. Aus diesem stationären Endwert ist zu ersehen, daß große Impedanzen, die dem Generator vorgeschaltet

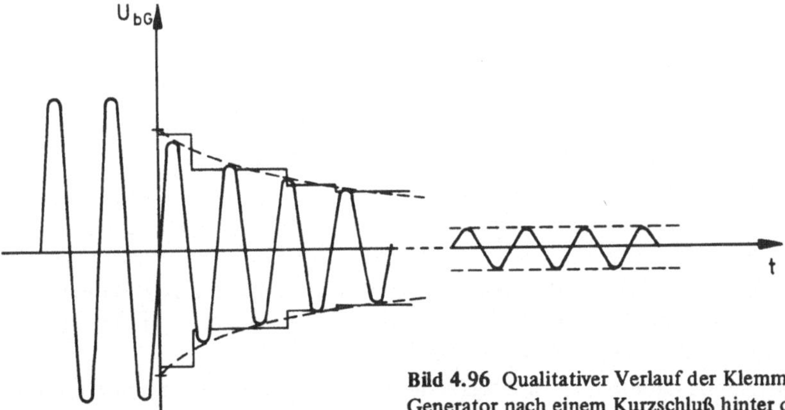

Bild 4.96 Qualitativer Verlauf der Klemmenspannung am Generator nach einem Kurzschluß hinter dem Maschinentransformator

sind, nur kleine Spannungsabsenkungen an den Generatorklemmen zulassen. Dementsprechend ergeben sich bei der Approximation des Verlaufes der Klemmenspannung auch nur kleine Sprünge bzw. nur ein einziger kleiner Sprung. Die dadurch verursachten Auswirkungen auf das Maschinenverhalten sind dementsprechend, wie auch physikalisch plausibel, gering, so daß ihr Einfluß vernachlässigt werden kann.

Zeitlich verzögerte Spannungsabsenkungen können ebenfalls durch Kurzschlüsse verursacht werden, die sich *nicht schlagartig, sondern über einen längeren Zeitraum ausbilden.* Das beschriebene Überlagerungsverfahren verdeutlicht zugleich, daß in diesem Falle mit wachsender Verzögerung auch größere Reaktanzen – maximal X_d – im Generator wirksam werden. Wenn man *für die Kurzschlußstromberechnung stets ein subtransientes Ersatzschaltbild als Generatornachbildung wählt,* kann der systematische Fehler im Einzelfall daher relativ groß sein; man hat dafür jedoch die Gewähr, daß die Kurzschlußströme für den ungünstigsten Kurzschlußverlauf bestimmt werden.

Bisher ist nur der Einfluß der Netzreaktanz auf die Kurzschlußwechselströme betrachtet worden. Die vorgeschalteten Impedanzen verändern daneben auch den Verlauf des Gleichgliedes. Die Zeitkonstante wird durch die Beziehung

$$T_{gN} = \frac{X_d'' + X_N}{\omega \cdot (R_G + R_N)} \qquad (4\text{–}99)$$

beschrieben. Üblicherweise liegt das Verhältnis X_N/R_N etwa in der gleichen Größenordnung wie X_d''/R_G. Bei großen Netzimpedanzen mit $X_N \gg X_d''$ ist daher fast allein das Netz für das Abklingen des Gleichstromgliedes maßgebend. Um die absolute Höhe der Gleichströme angeben zu können, müssen I_k'' und die Lage des Polrades im Kurzschlußaugenblick bekannt sein.

Die Auswirkungen von Kurzschlüssen in Netzen, auch *Netzkurzschlüsse* genannt, lassen sich in umfassenderen Netzen nur dann berechnen, wenn die Ersatzschaltbilder der weiteren Betriebsmittel bekannt sind. Zunächst werden die Freileitungen betrachtet.

4.5 Freileitungen

Bei Freileitungen handelt es sich um Betriebsmittel, die zum Transport und zur Verteilung elektrischer Energie dienen. Zunächst wird der Aufbau von Freileitungen skizziert und davon ausgehend dann das Betriebsverhalten beschrieben.

4.5.1 Aufbau von Freileitungen

Der prinzipielle Aufbau von Freileitungen ist Bild 4.97 zu entnehmen. Die wesentlichen Elemente einer Freileitung stellen die Masten und Leiterseile dar. Die drei Leiter L1, L2, L3 werden insgesamt als ein *Leitersystem* bezeichnet.

Bei den üblichen Feldlängen einer Freileitung führt das Eigengewicht der Leiterseile zu einem merklichen Durchhang, der sich analytisch durch eine Kettenlinie beschreiben läßt und in erster Näherung parabelförmig verläuft. Infolge dieses Durchhanges treten horizontale und vertikale Kraftkomponenten auf (Bild 4.98), die von zwei unterschiedlichen Mastarten, den *Trag- und Abspannmasten,* aufgenommen werden.

Bei dem Tragmast sind die Leiterseile über Tragklemmen und senkrecht angebrachte Isolatoren an der *Masttraverse* aufgehängt. Der Aufbau einer Tragklemme ist in Bild 4.99 darge-

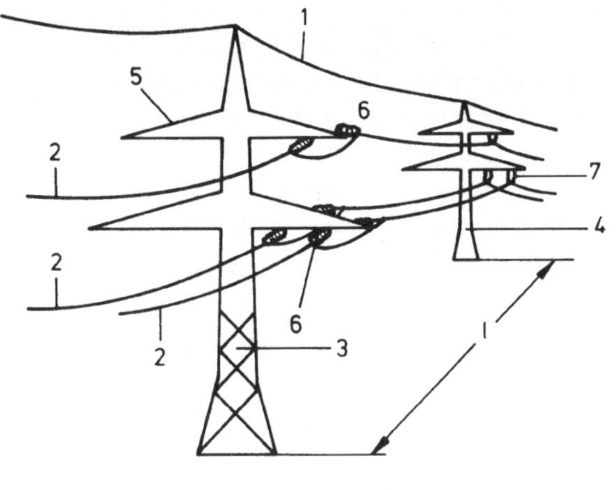

Bild 4.97

Freileitung mit einseitiger Belegung
1 Erdseil
2 Leiterseil
3 Abspannmast
4 Tragmast
5 Traverse
6 Abspannisolator
7 Hängeisolator
l Feldlänge

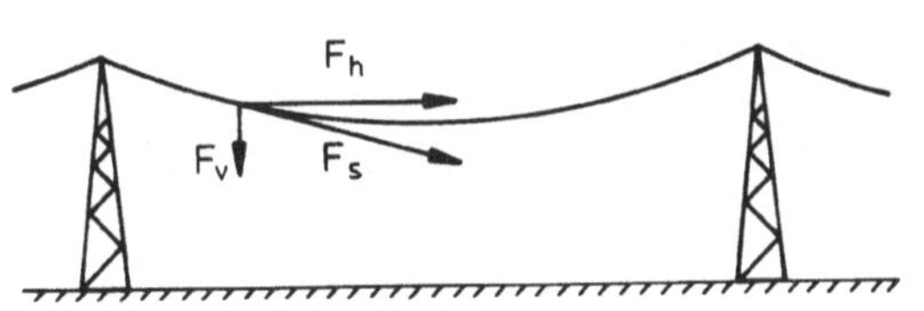

Bild 4.98 Seilkräfte
F_h horizontale Kraft
F_v vertikale Kraft
F_s resultierende Kraft

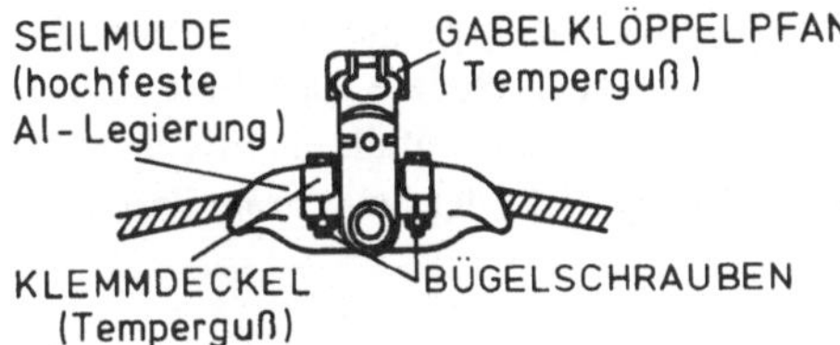

Bild 4.99 Mulden-Tragklemme

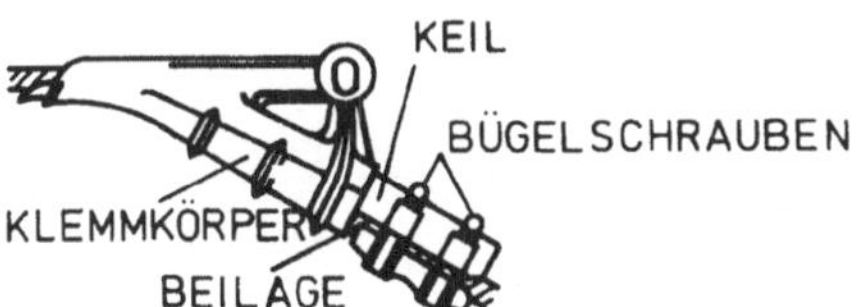

Bild 4.100 Keilabspannklemme

stellt. Diese Mastart kann bei der üblichen senkrechten Stellung der Isolatoren keine, bei einer leichten Schräglage nur teilweise horizontal wirkende Kräfte auffangen. Die Abspannmasten, die eine andere Aufhängung aufweisen, können dagegen neben einer vertikalen auch die erforderliche horizontale Kraftkomponente aufnehmen. Aus Bild 4.97 ist der prinzipielle Aufbau dieser Aufhängung zu ersehen, die aus Keilabspannklemmen und waagerecht angeordneten Isolatoren besteht.

Die in Bild 4.100 herausgezeichneten Keilabspannklemmen gestatten zugleich, die Leiterseile in Form einer *Schlaufe* unter den Traversen weiterzuleiten. Üblicherweise ist jeder vierte bis fünfte Mast einer Freileitung in dieser Weise ausgeführt. Es gibt noch einige weitere Mastarten, z. B. den Winkelabspann- und den Verteilungsmast. Mit dem Winkelabspannmast lassen sich Knicke im Freileitungsverlauf verwirklichen, während der Verteilungsmast die Aufteilung mehrerer gemeinsam geführter Leitersysteme auf zwei verschiedene Trassen ermöglicht. Genauere Ausführungen dazu sind [20] zu entnehmen.

Die bisher vorgenommene Einteilung der Masten richtet sich nach der Funktion innerhalb der Trasse, für die im wesentlichen die Art der Aufhängung maßgebend ist. Die konstruktive Ausführung der Masten wird primär von dem gewählten Mastbild bestimmt, das sich innerhalb einer Trasse ändern kann. Wichtige Mastbilder sind in Bild 4.101 skizziert.

Einige Gesichtspunkte zur Wahl der Mastbilder werden im folgenden genannt: Eine niedrige Bauform zeigt der Einebenenmast, der deswegen z. B. in Flughafennähe bevorzugt eingesetzt wird. Diese Konstruktion weist jedoch eine breite Traverse auf und benötigt daher eine breite Trasse. Für dichtbesiedelte Gebiete oder Walddurchführungen ist dieser Masttyp ungeeignet. In solchen Fällen greift man in Deutschland häufig auf den *Donautyp* zurück, der eine schmale und hohe Bauform aufweist. Eine sehr stabile Konstruktion stellt der 735-kV-Mast in Bild 4.101 dar. Er wird häufig dann eingesetzt, wenn große mechanische Fremdlasten auftreten können. Als eine Ursache ist starke Eisbildung zu nennen. Daher ist diese Konstruktion bevorzugt in Ländern mit kalter Witterung, wie Kanada oder Rußland anzutreffen.

Bei der Konstruktion von Masten finden eine Reihe von Vorschriften Beachtung. So sind aus isolationstechnischen Gründen Mindestabstände für die Leiterseile untereinander und zum Mast sowie zur Erde vorgeschrieben. Die Abstände sind den entsprechenden VDE-Bestimmungen, u. a. 0210, 0211, zu entnehmen. Mit steigender Nennspannung vergrößern sich naturgemäß die Abstände, so daß größere Nennspannungen auch größere Mastabmessungen zur Folge haben. Für die mechanische Auslegung der Masten sind ebenfalls eine Reihe von Gesichtspunkten zu beachten. Z. B. sind neben dem Eigengewicht der Seile Fremdlasten wie Eis und Wind zu berücksichtigen.

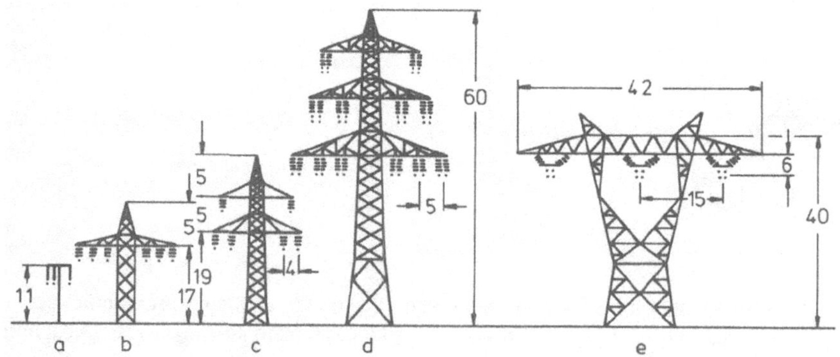

Bild 4.101 Mastbilder (Auswahl)

a Betonmast, bis 30 kV
b Einebenen – Tragmast, bis 110 kV
c Tragmast (Donautyp), bis 380 kV
d Tragmast mit 2 × 220 kV Zweierbündelleitung und 2 × 380 kV Viererbündelleitung
e 735-kV-Tragmast (Kanada) mit V-Ketten und Viererbündelleitung

(Angabe typischer Mastabmessungen in m)

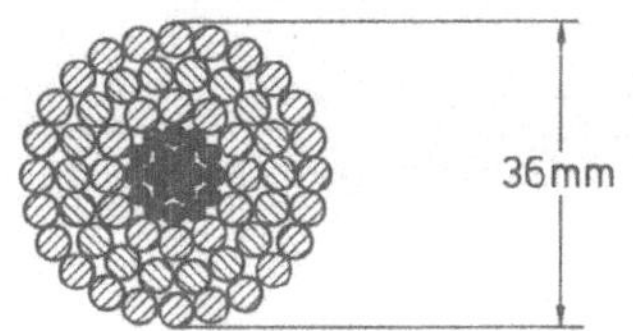

Bild 4.102
Ausführung eines Leiter- und eines Verbundseiles

Im weiteren soll auf zwei wichtige Ausführungen von Leiterseilen eingegangen werden. Bei kleineren Feldlängen werden Leiterseile verwendet, wie sie in Bild 4.102 dargestellt sind. Sie setzen sich aus mehreren Einzeldrähten zusammen.

Um die Wirbelstromeffekte zu begrenzen, sind die Einzeldrähte durch eine Oxidschicht gegeneinander isoliert und werden verdrillt (Seilschlag). Als *Leitermaterial* verwendet man vorwiegend *Aluminium* bzw. *Aluminiumlegierungen*. Die mechanische Belastung der Seile führt nicht nur zu einer Beanspruchung der Masten, sondern auch der Seile selbst, insbesondere in der Nähe der Mastaufhängung. Da die mechanische Beanspruchung gewisse Grenzwerte nicht überschreiten darf, bei Aluminium z. B. 70 N/mm^2, dürfen auch bestimmte Grenzspannweiten mit dieser Seilart nicht überschritten werden. Im Hoch- und Höchstspannungsbereich benötigt man jedoch größere Spannweiten als danach zulässig wären. Maßgebend dafür sind im wesentlichen die Schwierigkeiten bei der Beschaffung von Mastgrundstücken sowie die relativ hohen Kosten, die bei den Gründungsarbeiten der Masten anfallen. Daher sind Leiterseile entwickelt worden, die eine höhere mechanische Festigkeit aufweisen und damit größere Spannweiten zulassen. Den Aufbau einer besonders häufig eingesetzten Ausführung, des *Verbundseiles*, zeigt ebenfalls Bild 4.102.

Den eigentlichen Leiter stellen nach wie vor Aluminiumdrähte dar. Die mechanische Festigkeit wird jedoch durch Stahldrähte erzielt, die den Kern, die Seele des Seiles, bilden. Je nach gewünschter Festigkeit wird dieser Anteil variiert. Die Verbundseile werden nach ihren Querschnittsanteilen an Aluminium und Stahl in Quadratmillimetern gekennzeichnet, z. B. Al/St 680/85. Eine weitergehende Form stellen die *Bündelleiter* dar, die vornehmlich ab der 220-kV-Ebene eingesetzt werden. Entsprechend Bild 4.103 setzen sich Bündelleiter aus mehreren Verbundseilen zusammen, die in diesem Zusammenhang als *Teilleiter* bezeichnet werden. Um den gegenseitigen Abstand auch bei Wind und anderen anregenden Kräften zu gewährleisten, werden im Abstand von 50 ... 80 m Distanzhalter eingebaut. Je nach Anzahl der Teilleiter spricht man vom Zweier-, Dreier- oder Vierer-Bündel.

Die Leiterseile sind naturgemäß nur in endlicher Länge herzustellen. Die einzelnen Leiterstücke werden daher durch sogenannte *Verbinder* miteinander verbunden. Zwei Ausführungen sind den Bildern 4.104 und 4.105 zu entnehmen.

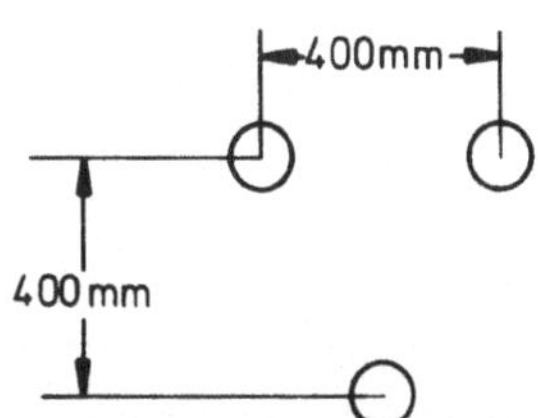

Bild 4.103 Bündelleiter (Dreier-Bündel)

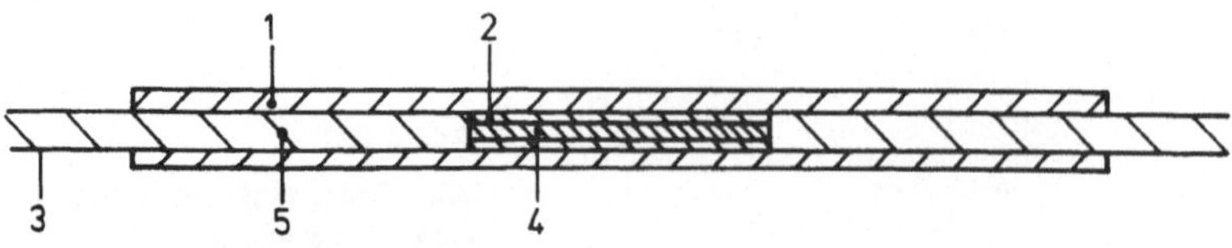

Bild 4.104 Kompressionsverbinder
1 Al-Hülse (Erfassen des Al-Mantels) 3 Al/St-Seil 5 Al-Mantel
2 St-Hülse (Erfassen der St-Seele) 4 St-Seele

Bild 4.105 Kerbverbinder

Bei den Leiterseilen können mechanische Schwingungen auftreten, die durch elektrische Stromkräfte oder auch Wind angeregt werden. Diese Seilschwingungen müssen möglichst gut abgedämpft werden, da sie ansonsten zu Ermüdungsbrüchen in den Seilen und an den Aufhängungen führen. Ein wichtiges Hilfsmittel, diese Seilschwingungen auf zulässige Werte zu begrenzen, besteht darin, die Zugspannung im Seil passend zu wählen. Eine weitere Maßnahme stellt das Anbringen von Zusatzmassen an den Seilen dar (Bild 4.106). Eine genauere Darstellung dieser Zusammenhänge ist u. a. [20] zu entnehmen.

Bei der *Projektierung der Spannweiten* wird üblicherweise eine *Betriebstemperatur* der Leiterseile von *80 °C vorausgesetzt.* Dieser Wert darf unabhängig von der Außentemperatur nicht überschritten werden, da sonst die Festigkeit gemindert wird. Diese Temperatur wird bei gleicher Stromdichte um so schneller erreicht, je größer der Querschnitt des Seiles ist. Dies liegt daran, daß die erzeugte Verlustwärme der Querschnittsfläche A, die abgeführte Wärme dagegen der Oberfläche O proportional ist. Da sich mit wachsendem Querschnitt das Verhältnis

$$\frac{O}{A} \sim \frac{1}{r}$$

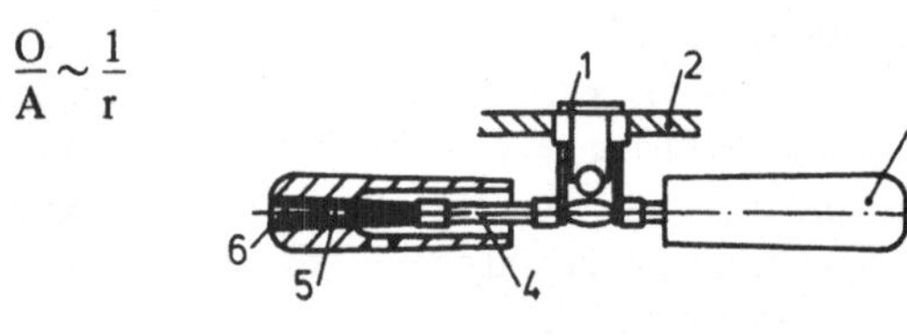

Bild 4.106 Schwingungsdämpfer
1 Klemmkörper aus Al-Legierung (hochfest)
2 Leiterseil
3 Dämpfungsgewicht (Grauguß)
4 Metallschlauch mit Korrosionsschutz
5 Befestigungskonus
6 Stahlseil

verkleinert, können größere Querschnitte A nur mit geringeren Stromdichten belastet werden. Die zulässigen Stromdichten S_{zul} für Seile sind Bild 4.107 zu entnehmen.

Aus diesen zulässigen Stromdichten läßt sich der zulässige Dauerstrom I_d ermitteln, der sich zu

$$I_d = S_{zul} \cdot A$$

ergibt. Es muß also stets

$$I_b \leqslant I_d$$

gelten. In der Praxis belastet man im Nennbetrieb üblicherweise Leitungen mit Querschnitten über 95 mm^2 nur mit einer Stromdichte von etwa 1 A/mm^2. Dadurch hält sich die Verlust-

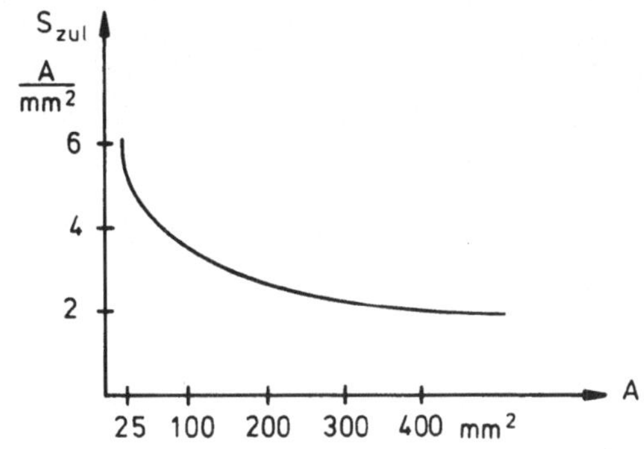

Bild 4.107
Zulässige Stromdichte für Aluminiumleiter

wärme $I_b^2 \cdot R$, die letztlich nur durch zusätzlichen Brennstoffverbrauch im Kraftwerk gedeckt wird, in Grenzen. Zugleich sind auch noch für Notfälle Reserven in der Auslastung der Leitung vorhanden.

Es sei noch erwähnt, daß bei einer Erwärmung im Sekundenbereich Temperaturen bis ca. 200 °C zugelassen werden können, bevor eine Entfestigung eintritt. Genauere Betrachtungen dazu erfolgen später (Abschnitt 7.3).

In Bild 4.97 ist ein weiteres Leiterseil eingezeichnet, das auf den Mastspitzen verlegt und normalerweise mit diesen leitend verbunden ist. Da die Masten das gleiche Potential wie die Erde aufweisen, bezeichnet man dieses Seil auch als *Erdseil*. Erdseile werden vorwiegend ab der 110-kV-Ebene eingesetzt. Statt der früher verwendeten Stahlseile von 35 ... 95 mm^2 werden heute vornehmlich Al/St 95/35 Seile montiert. Die Erdseile werden entsprechend Bild 4.108 bis zu den Umspannwerken geführt und dort mit einem *Erder* verbunden, der in einem späteren Kapitel noch genauer betrachtet wird. Bei Erdern handelt es sich häufig um ein Gitter aus Bandeisen oder Kupferseilen mit einer Maschengröße von ca. $10 \times 10\ m^2$. Sie sind etwa in 1 m Tiefe unter der Erdoberfläche vergraben.

Das beschriebene Erdseil hat zwei Aufgaben zu erfüllen:

- Verringerung des über die Erde abfließenden Stromes bei Netzfehlern,
- Schutz der Leiterseile vor Blitzeinschlägen.

Bei Netzfehlern, z. B. einem Kurzschluß zwischen einem Leiter und einem Mast, kann der auftretende Kurzschlußstrom als eingeprägt angesehen werden. Sofern nun ein Erdseil vorhanden ist, fließt der Strom zum Teil über das Erdseil ab, das einen zum Erdreich parallel-

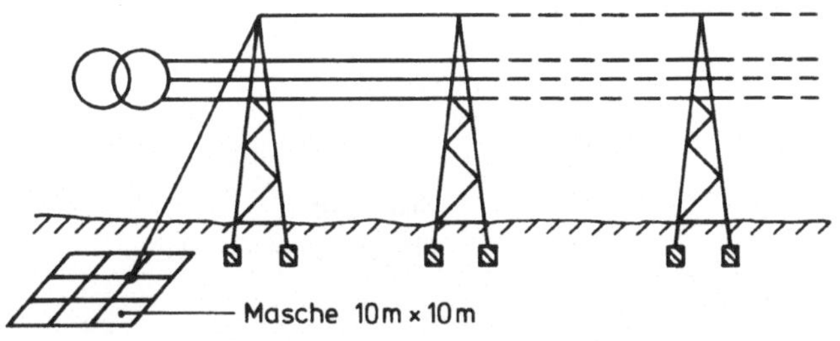

Bild 4.108
Freileitung mit Erdseil

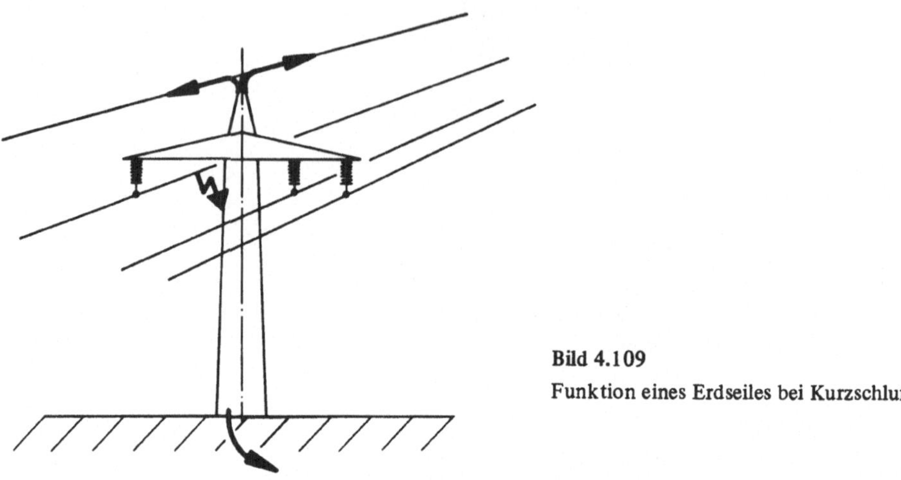

Bild 4.109
Funktion eines Erdseiles bei Kurzschluß

geschalteten Leiter darstellt (Bild 4.109). Das Erdreich wird auf diese Weise entlastet, die Gefährdungsspannung im Erdreich herabgesetzt. Weitere Ausführungen dazu erfolgen noch im Kapitel 12.

Erfahrungsgemäß schlagen Blitze bevorzugt in die Erdseile ein, wenn sie über den Leitern verlegt werden. Über benachbarte Masten wird dann die Ladung des Blitzes in die Erde abgeleitet. Der Schutzbereich der Erdseile läßt sich besonders einfach nach der Theorie von Langrehr [21] ermitteln, deren Ergebnis in Bild 4.110 verdeutlicht ist. Erfahrungsgemäß schlagen trotz des Erdseiles noch 1 ... 2 % der Blitze direkt in die Außenleiter ein. Die Schutzwirkung der Erdseile ist – wie daraus zu ersehen – auf die unmittelbare Umgebung beschränkt.

Zwischen Masttraverse und Leiterseil befinden sich die Isolatoren, die sowohl mechanisch als auch elektrisch beansprucht werden. Sie werden aus Glas oder Porzellan hergestellt. Für Niederspannungs- und Mittelspannungsfreileitungen bis ca. 20 kV werden überwiegend Stützisolatoren, bei höheren Nennspannungen Hängestabisolatoren eingesetzt, die sehr häufig als Langstabisolatoren ausgeführt werden. Ihr Aufbau ist Bild 4.111 zu entnehmen.

Stützisolatoren schwingen bei Wind nicht aus und lassen daher kleinere Mastkopfabmessungen als Hängestabisolatoren zu. Stützisolatoren werden bei höheren Spannungen aber vergleichsweise zu schwer, so daß dann der Einsatz von Hängestabisolatoren wirtschaftlicher

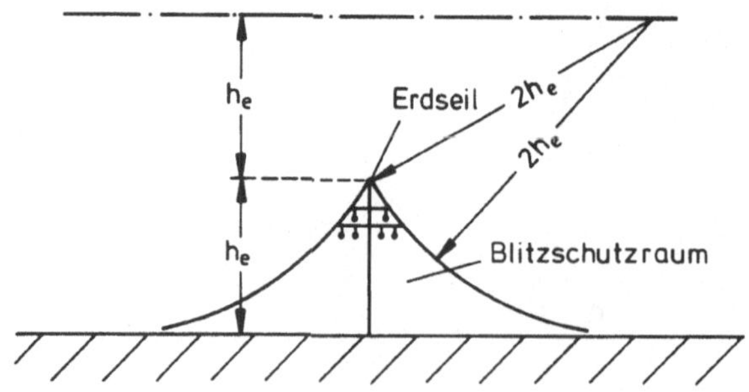

Bild 4.110
Schutzraum eines Erdseiles

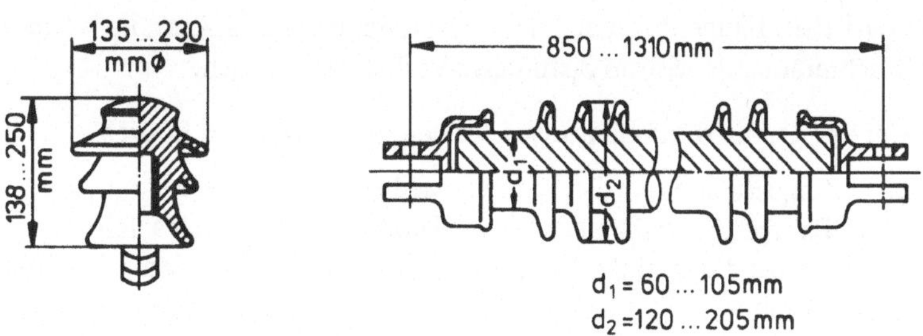

Bild 4.111 Aufbau eines Stützisolators und eines Langstabisolators

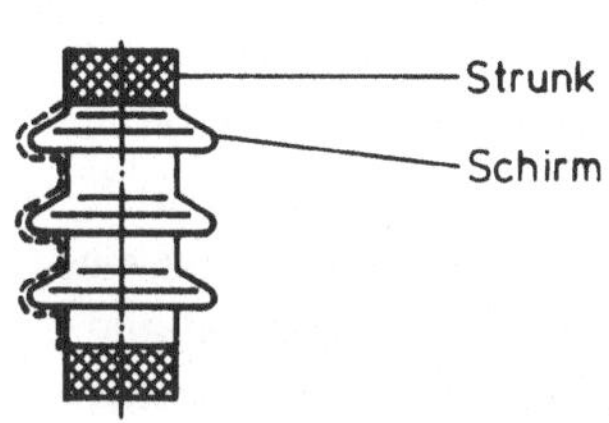

Bild 4.112 Kriechweg (gestrichelt)

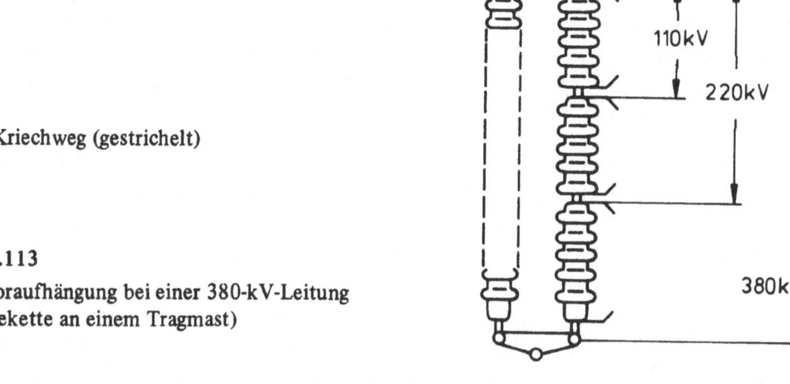

Bild 4.113
Isolatoraufhängung bei einer 380-kV-Leitung (Hängekette an einem Tragmast)

wird. Aus Gründen höherer mechanischer Sicherheit sind in Wohngebieten und bei Straßenüberquerungen anstelle eines Isolators zwei Isolatoren anzubringen (s. a. VDE 0141).

Um die Gefahr von Überschlägen zu begrenzen, müssen die Isolatoren eine ausreichende Länge aufweisen, die in den VDE-Bestimmungen 0210 und 0211 festgelegt ist. Zudem muß die Oberfläche der Isolatoren durch eine entsprechende Anzahl von Schirmen ausreichend gewellt sein, damit keine Überschläge durch Kriechströme eingeleitet werden können (Bild 4.112). Die Bemessung der notwendigen Kriechlänge hängt von den Umweltbedingungen ab (Staub, Regen usw.). In Städten hat sich z. B. ein Richtwert von ca. 2,3 cm pro kV als günstig erwiesen. In stark verschmutzten Gegenden wie z. B. Industriegebieten sind höhere Werte üblich.

Bei Hoch- und Höchstspannungen setzen sich die Isolatoren häufig nach dem Baukastenprinzip aus mehreren, gleichartigen Langstabisolatoren zu einer Kette zusammen. So werden bei einer 110-kV-Leitung ein Isolator, bei einer 220-kV-Leitung zwei und bei einer 380-kV-Leitung drei solcher Langstabisolatoren aneinandergereiht (Bild 4.113). Häufig werden an den Enden der Isolatoren noch Schutzarmaturen angebracht, z. B. in Form von Schutzringen oder auch, wie aus Bild 4.113 zu ersehen ist, in Form von Pegelfunkenstrecken. Dadurch wird u. a. die Gefahr gemindert, daß bei Überschlägen die Isolatoren beschädigt werden.

Nachdem nun die wesentlichen Elemente einer Freileitung dargestellt sind, kann im weiteren eine analytische Beschreibung des Strom-Spannungs-Verhaltens erfolgen.

4.5.2 Ersatzschaltbilder von Drehstromfreileitungen für den symmetrischen Betrieb

Vielfach werden in der Leitungstheorie nur die Verhältnisse bei einer Wechselstromleitung betrachtet, wie sie z. B. in Bahnnetzen auftreten. Diese Theorie zeigt, daß sich solche Freileitungen bis etwa 150 km Länge durch einen Vierpol mit diskreten Bauelementen beschreiben lassen. Für den Vierpol kann entweder ein Π- oder ein T-Ersatzschaltbild gewählt werden (Bild 4.114). Die Kapazitäten in diesem Vierpol sind dabei ein Maß für das elektrische Feld, das sich bei einer unbelasteten Wechselstromleitung einstellt, wenn die Anordnung mit einer niederfrequenten Spannung gespeist wird. Die vorhandenen Induktivitäten erfassen das magnetische Feld, das sich bei der Leitung ausbildet, wenn ein niederfrequenter Strom i(t) eingeprägt wird. Die auftretenden ohmschen Verluste werden durch Wirkwiderstände erfaßt. Ein solcher Vierpol beschreibt jedoch nur Vorgänge im Bereich der Netzfrequenz hinreichend genau.

Es gilt also festzuhalten, daß die obigen Ersatzschaltbilder einer Wechselstromleitung eine *räumliche* und auch eine *zeitliche Beschränkung* beinhalten. Die in dem Ersatzschaltbild verwendeten Größen L′, R′, C′, G′ werden in der Starkstromtechnik als *Leitungskonstanten* bzw. Leitungsbeläge bezeichnet.

Für die Berechnung größerer Netzanlagen ist dieses Ersatzschaltbild besonders geeignet, da es bei ausreichender Genauigkeit sehr einfach aufgebaut ist. Deshalb ist man bestrebt, auf diese Weise auch dreiphasige Freileitungen zu beschreiben. Infolge der größeren Leiteranzahl ergeben sich dort jedoch verwickeltere Feldverhältnisse, für deren Beschreibung im folgenden spezielle Induktivitäts- und Kapazitätsbegriffe abgeleitet werden. Es sei betont, daß diese Begriffe es nur gestatten, *eine größere Leiteranzahl zu erfassen,* daß damit jedoch *nicht die Genauigkeit des Ersatzschaltbildes* im Vergleich zur *Wechselstromleitung* erhöht wird. Zunächst wird auf die magnetischen Felder eingegangen.

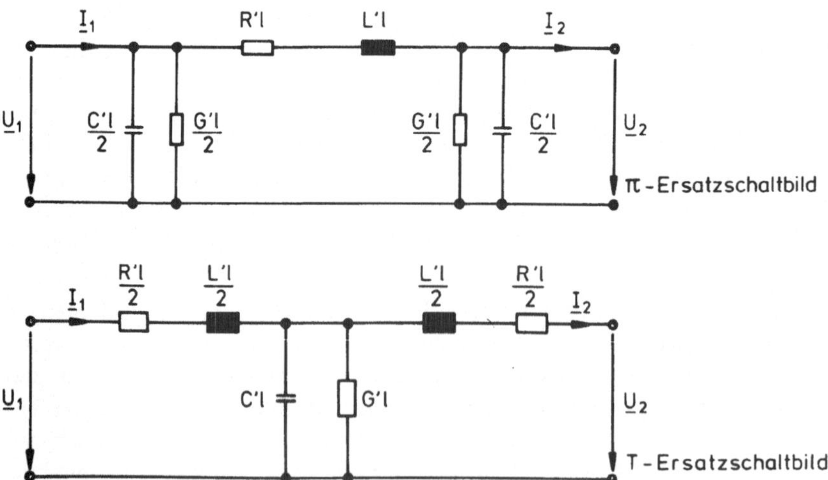

Bild 4.114 Ersatzschaltbilder von Leitungen

4.5.2.1 Induktivitätsbegriff bei Dreileitersystemen

Um einfache Verhältnisse zu erhalten, wird zunächst eine Freileitung ohne Erdseil betrachtet. Die Leiter sollen entsprechend Bild 4.115 angeordnet sein. Sie markieren die Eckpunkte einer geschlossenen Hüllfläche. Die zugehörigen Normalen sind gemäß Abschnitt 4.1 stets nach außen gerichtet.

Analog zum einphasigen Fall wird der Strom bei jedem Leiter als eingeprägt angesehen. Bevor die sich dann einstellenden magnetischen Felder betrachtet werden, sollen noch einige Voraussetzungen getroffen werden. Um die weiteren Rechnungen zu erleichtern, werden die Leiter als verlustlos angesehen, und es wird angenommen, daß die Summe der drei Leiterströme stets den Wert Null ergibt. Diese Bedingung ist u. a. dann erfüllt, wenn der Sternpunkt nicht geerdet ist *oder* wenn die Leitungen symmetrisch betrieben werden. Weiterhin seien lokale Störungen im magnetischen Feldverlauf, die durch Masten hervorgerufen werden, in Anbetracht der großen Spannfelder zu vernachlässigen.

Eine hinreichend lange Leitung erzeugt bekanntlich ein zylindrisches Magnetfeld, wobei sich der Betrag der Feldstärke aus der in Bild 4.116 angegebenen Beziehung ergibt. Die Formulierung „hinreichend lang" wird im folgenden Abschnitt noch schärfer gefaßt. Unter den getroffenen Voraussetzungen läßt sich die Differenz zwischen den Eingangs- und Ausgangsspannungen mit Hilfe des Induktionsgesetzes in einer besonders einfachen Weise berechnen. So ergibt sich für den Umlauf a (s. Bild 4.115) der Zusammenhang

$$\Delta u_{12}(t) = u_{12E}(t) - u_{12A}(t) = \frac{d\Psi_{12}}{dt} = -\left(-\oint_a E_t\, ds\right), \qquad (4\text{–}100)$$

wobei mit Ψ_{12} der Induktionsfluß bezeichnet wird, der in der Fläche A_{12} auftritt, die durch die Leiter 1 und 2 aufgespannt wird. Bei dem gewählten Umlauf müßte die Normale – der Rechtenhandregel entsprechend – nach oben gerichtet sein. Da diese Bedingung bei der

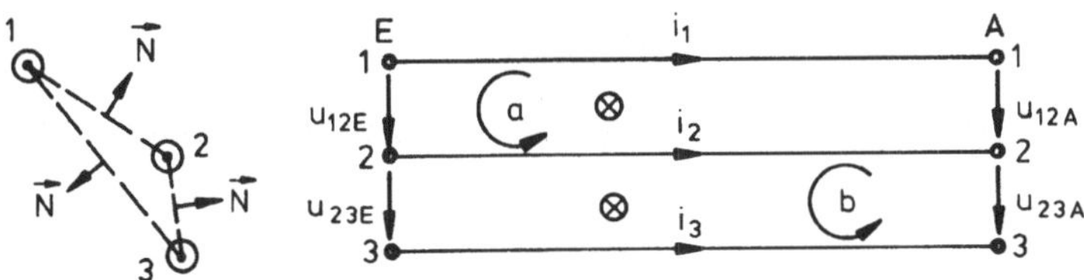

Bild 4.115 Dreileitersystem

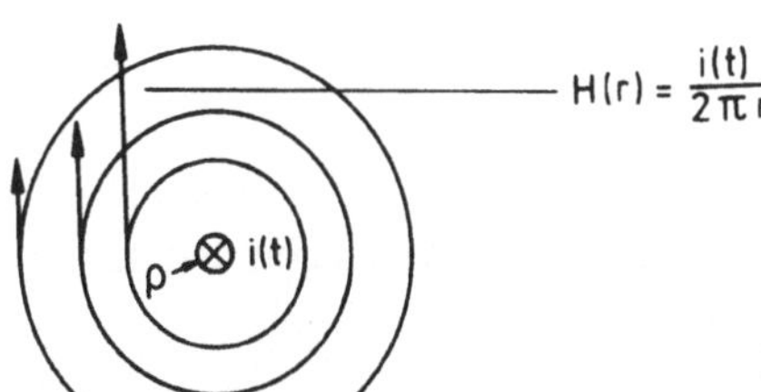

Bild 4.116
Magnetfeld eines stromführenden Leiters

Fläche A_{12} jedoch nicht erfüllt ist, muß ein weiteres Minuszeichen hinzugefügt werden (s. Bild 4.115). Die Berechnung des noch unbekannten Induktionsflusses Ψ_{12} ist bereits mit den Mitteln einer Grundlagenvorlesung zu bewältigen und wird daher nur kurz skizziert. Der Fluß Ψ_{12} setzt sich aus drei Teilflüssen zusammen, die jeweils von den Leitern 1, 2 und 3 in der Fläche A_{12} erzeugt werden:

$$\Psi_{12} = +\Phi_{12}^{(1)} - \Phi_{12}^{(2)} - \Phi_{12}^{(3)}. \qquad (4\text{–}101)$$

Es ergibt sich für den Flußanteil des Leiters 1 die Beziehung

$$\Phi_{12}^{(1)} = \frac{\mu_0 \cdot l}{2\pi} \cdot \ln \frac{d_{12}}{\rho} \cdot i_1(t)$$

und für den Anteil des Leiters 2 bei gleichem Leiterradius ρ der Ausdruck

$$\Phi_{12}^{(2)} = \frac{\mu_0 \cdot l}{2\pi} \cdot \ln \frac{d_{12}}{\rho} \cdot i_2(t).$$

Entsprechend Bild 4.117 sind die Vorzeichen dieser beiden Flußanteile unterschiedlich. Schwieriger ist es, den noch ausstehenden Flußanteil $\Phi_{12}^{(3)}$ zu ermitteln. Mit Hilfe eines Kunstgriffes läßt sich diese Berechnung jedoch auch ohne eine schwerfällige vektorielle Zerlegung bestimmen. Zu diesem Zweck wird die Maxwellsche Gleichung

$$\oint_A B_n \, dA = 0$$

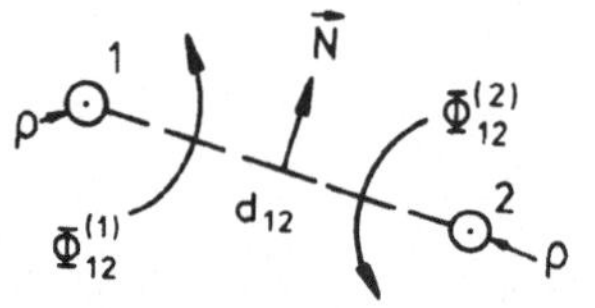

Bild 4.117
Bestimmung von $\Phi_{12}^{(1)}$ und $\Phi_{12}^{(2)}$

auf die Anordnung in Bild 4.118 angewendet. Für den Fluß, der von Leiter 3 in der Fläche A_{12} erzeugt wird, gilt demnach

$$-\Phi_{12}^{(3)} + \Phi_{13}^{(3)} - \Phi_{23}^{(3)} = 0 \quad \text{bzw.} \quad \Phi_{12}^{(3)} = +\Phi_{13}^{(3)} - \Phi_{23}^{(3)}.$$

Die Flußanteile $\Phi_{13}^{(3)}$ und $\Phi_{23}^{(3)}$ lassen sich entsprechend den bisherigen Beziehungen ermitteln, so daß sich der Ausdruck

$$\Phi_{12}^{(3)} = \frac{\mu_0 \cdot l}{2\pi} \cdot \ln \frac{d_{13}}{\rho} \cdot i_3(t) - \frac{\mu_0 \cdot l}{2\pi} \cdot \ln \frac{d_{23}}{\rho} \cdot i_3(t)$$

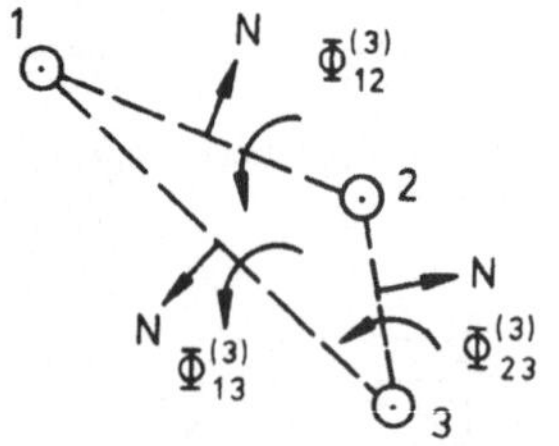

Bild 4.118
Bestimmung von $\Phi_{12}^{(3)}$

ergibt, der in

$$\Phi_{12}^{(3)} = \frac{\mu_0 \cdot l}{2\pi} \cdot \ln \frac{d_{13}}{d_{23}} \cdot i_3(t)$$

umgeformt wird. Die Addition der drei Flußanteile in Gl. (4–101) liefert damit den Ausdruck

$$\Psi_{12} = \frac{\mu_0 \cdot l}{2} \cdot \left(\ln \frac{d_{12}}{\rho} \cdot i_1(t) - \ln \frac{d_{12}}{\rho} \cdot i_2(t) - \ln \frac{d_{13}}{d_{23}} \cdot i_3(t) \right),$$

so daß sich nun gemäß Gl. (4–100) der gesuchte Spannungsabfall Δu_{12} ermitteln läßt. Der gesuchte Induktivitätsbegriff läßt sich einfacher ableiten, wenn im weiteren eine sinusförmige Anregung vorausgesetzt wird, so daß die komplexe Schreibweise angewendet werden kann. Die Beziehung (4–100) geht damit in den Zusammenhang

$$\Delta \underline{U}_{12} = j\omega \cdot \frac{\mu_0 \cdot l}{2\pi} \cdot \left(\ln \frac{d_{12}}{\rho} \cdot \underline{I}_1 - \ln \frac{d_{12}}{\rho} \cdot \underline{I}_2 - \ln \frac{d_{13}}{d_{23}} \cdot \underline{I}_3 \right) \tag{4–102}$$

über. Bisher ist nur der Umlauf a in Bild 4.115 ausgewertet worden, der das System nur teilweise beschreibt. Der Umlauf b führt auf die weitere Systemgleichung

$$\Delta u_{23}(t) = u_{23E}(t) - u_{23A}(t) = \frac{d\Psi_{23}}{dt} . \tag{4–103}$$

Auf analogem Wege läßt sich Ψ_{23} zu

$$\Psi_{23} = \frac{\mu_0 \cdot l}{2\pi} \cdot \left(\ln \frac{d_{12}}{d_{13}} \cdot i_1(t) + \ln \frac{d_{23}}{\rho} \cdot i_2(t) - \ln \frac{d_{23}}{\rho} \cdot i_3(t) \right)$$

ermitteln. In komplexer Schreibweise nimmt die Beziehung (4–103) die Gestalt

$$\Delta \underline{U}_{23} = j\omega \cdot \frac{\mu_0 \cdot l}{2\pi} \cdot \left(\ln \frac{d_{12}}{d_{13}} \cdot \underline{I}_1 + \ln \frac{d_{23}}{\rho} \cdot \underline{I}_2 - \ln \frac{d_{23}}{\rho} \cdot \underline{I}_3 \right) \tag{4–104}$$

an. Im weiteren wird die vorausgesetzte Bedingung

$$i_1(t) + i_2(t) + i_3(t) = 0 \quad \text{bzw.} \quad \underline{I}_1 + \underline{I}_2 + \underline{I}_3 = 0$$

in die Rechnung einbezogen. Dieser Zusammenhang wird in die Gln. (4–102) und (4–104) eingearbeitet, so daß sich diese Beziehungen in die Form

$$\Delta \underline{U}_{12} = j\omega \cdot \frac{\mu_0 \cdot l}{2\pi} \left(\ln \frac{d_{12} d_{13}}{\rho\, d_{23}} \cdot \underline{I}_1 - \ln \frac{d_{12} d_{23}}{\rho\, d_{13}} \cdot \underline{I}_2 \right) \tag{4–105}$$

$$\Delta \underline{U}_{23} = j\omega \cdot \frac{\mu_0 \cdot l}{2\pi} \left(\ln \frac{d_{12} d_{23}}{\rho\, d_{13}} \cdot \underline{I}_2 - \ln \frac{d_{23} d_{13}}{\rho\, d_{12}} \cdot \underline{I}_3 \right) \tag{4–106}$$

überführen lassen. Eine übersichtlichere Schreibweise dieser Ausdrücke ergibt sich mit den Abkürzungen

$$L_1 = \frac{\mu_0 \cdot l}{2\pi} \cdot \ln \frac{d_{12} d_{13}}{\rho\, d_{23}}$$

$$L_2 = \frac{\mu_0 \cdot l}{2\pi} \cdot \ln \frac{d_{12} d_{23}}{\rho\, d_{13}}$$

$$L_3 = \frac{\mu_0 \cdot l}{2\pi} \cdot \ln \frac{d_{23} d_{13}}{\rho\, d_{12}} .$$

Die Systemgleichungen lauten dann

$$\Delta \underline{U}_{12} = j\omega L_1 \underline{I}_1 - j\omega L_2 \underline{I}_2$$

$$\Delta \underline{U}_{23} = j\omega L_2 \underline{I}_2 - j\omega L_3 \underline{I}_3 .$$

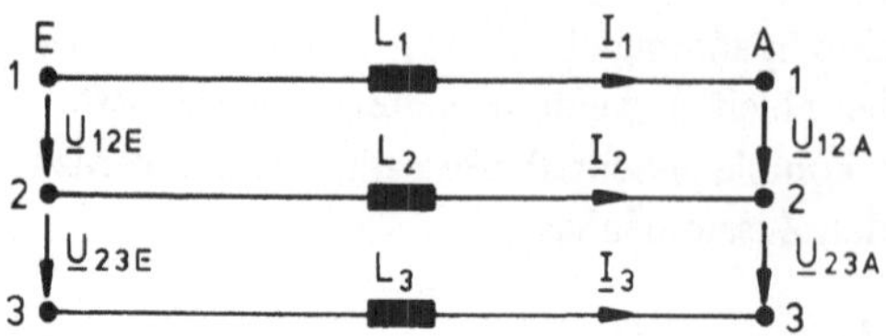

Bild 119
Ersatzschaltbild eines unsymmetrisch angeordneten Dreileitersystems bei Vernachlässigung der kapazitiven Kopplung

Diesen Beziehungen läßt sich das Ersatzschaltbild 4.119 zuordnen. Bei unsymmetrischer Aufhängung der Leiterseile sind die Induktivitäten L_1, L_2 und L_3 unterschiedlich groß, da unter dieser Bedingung auch die Abstände zwischen den Leiterseilen verschieden groß sind. Aus dem Ersatzschaltbild ist zu erkennen, daß dann die vorausgesetzten eingeprägten Ströme zwangsläufig bei den Verbrauchern am Leitungsende Spannungsverzerrungen verursachen. Die Spannungsverzerrungen sind um so größer, je länger die Leitungen sind, da sich dann wegen $L = L' \cdot l$ die Asymmetrien stärker ausprägen. Konstruktiv lassen sich diese unerwünschten Verzerrungen durch eine *Verdrillung* der Leiter vermeiden.

Jedes der drei Leiterseile wird bei einer Verdrillung so geführt, daß es vom Anfang bis zum Ende der Leitung jede der drei räumlichen Lagen zu gleichen Teilen durchläuft. Bild 4.120 zeigt einen der Verdrillungspläne, die in der Praxis angewendet werden. An diesem speziellen Verdrillungsplan ist zu beachten, daß die Reihenfolge der drei Leiter am Leitungsanfang anders verläuft als am Leitungsende.

Bei der gewählten Seilführung tritt in jedem Außenleiter die gleiche Induktivität

$$L_b = \frac{L_1}{3} + \frac{L_2}{3} + \frac{L_3}{3}$$

auf. Man bezeichnet diese Größe als *Betriebsinduktivität*. In der Literatur wird üblicherweise die Beziehung

$$L_b' = \frac{L_b}{l} = \frac{\mu_0}{2\pi} \cdot \ln \frac{D}{\rho}$$

verwendet,

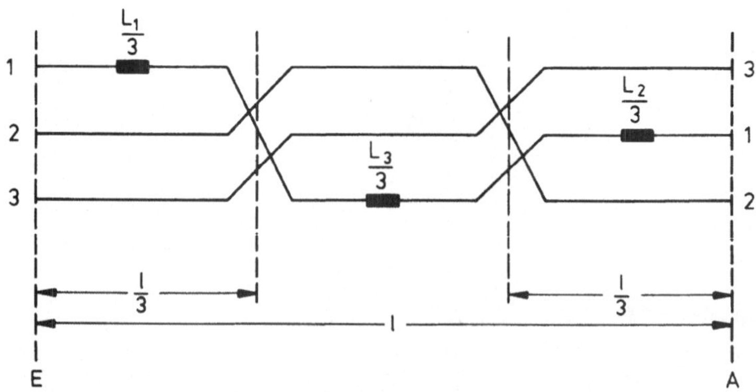

Bild 4.120 Seilführung bei einer verdrillten Drehstromeinfachleitung

wobei der Ausdruck

$$D = \sqrt[3]{d_{12}\, d_{13}\, d_{23}}$$

als *mittlerer Leiterabstand* bezeichnet wird. Das Ersatzschaltbild einer Freileitung nimmt bei verdrillten Leitungen die in Bild 4.121 gezeigte Form an. Bei einem symmetrischen Betrieb läßt sich für die Drehstromleitung auch wiederum ein einphasiges Ersatzschaltbild angeben (Bild 4.121).

Obwohl sich die Leiterabstände mit wachsender Nennspannung erheblich vergrößern, erhöht sich die Betriebsinduktivität in dem technisch interessanten Bereich nicht in diesem Maße, da die Logarithmusfunktion nivellierend wirkt. Im Mittel weist die Betriebsinduktivität einen Wert von

$$L_b' = 1\,\frac{\text{mH}}{\text{km}} \quad \text{bzw.} \quad \omega L_b' \approx 0{,}3\,\frac{\Omega}{\text{km}}$$

auf. Der Skineffekt in den Leiterseilen braucht bei netzfrequenten Vorgängen nicht berücksichtigt zu werden, da die Aufteilung in Einzelleiter die Bildung von stärkeren Wirbelströmen verhindert.

Im folgenden soll noch kurz die Betriebsinduktivität für Bündelleiter ermittelt werden. Grundlage dieser Rechnung ist wiederum die Flußbestimmung zwischen zwei Bündelleitern, die jedoch insofern komplizierter ist, als sich bereits die Teilflüsse der einzelnen Außenleiter aus mehreren Anteilen zusammensetzen, wie dies Bild 4.122 verdeutlicht.

Da der Abstand zwischen den Teilleitern eines Bündels klein im Vergleich zum Abstand zweier Bündel bzw. zweier Außenleiter ist, kann in erster Näherung der Fluß als gleich groß angesehen werden, der sich zwischen den Teilleitern jeweils zweier Bündel ausbildet. Dies

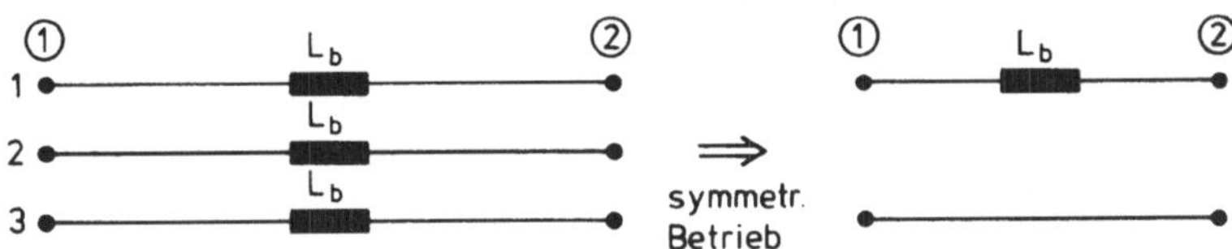

Bild 4.121 Einphasige Darstellung einer verdrillten Leitung bei symmetrischem Betrieb

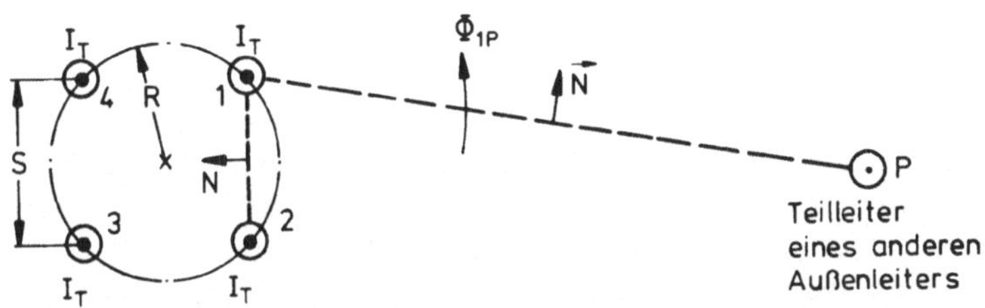

Bild 4.122 Veranschaulichung der Flußverhältnisse bei Bündelleitern

bedeutet wiederum, daß die Teilleiter jeweils eines Bündels spannungsmäßig gleich belastet werden und daß sie damit auch untereinander den gleichen Strom führen. Dieser Strom wird in Bild 4.122 mit I_T bezeichnet. Der Fluß, der sich zwischen den Teilleitern zweier Bündel ausbildet, beträgt demnach

$$\Phi_{1P} = \Phi_{1P}^{(1)}(I_T) + \Phi_{1P}^{(2)}(I_T) + \Phi_{1P}^{(3)}(I_T) + \Phi_{1P}^{(4)}(I_T).$$

In Abhängigkeit vom Strom I_T und den geometrischen Daten ergibt sich dann

$$\Phi_{1P} = 4 I_T \cdot \frac{\mu_0 \cdot l}{2\pi} \cdot \ln \frac{\sqrt[4]{d_{1P}\, d_{2P}\, d_{3P}\, d_{4P}}}{\sqrt[4]{\rho \cdot S^3 \sqrt{2}}}. \qquad (4\text{–}107)$$

Da voraussetzungsgemäß der Abstand der Teilleiter untereinander klein in bezug auf den Abstand der Außenleiter ist, nimmt mit

$$d_{1P} \approx d_{2P} \approx d_{3P} \approx d_{4P} \approx d$$

der mittlere Abstand

$$D = \sqrt[4]{d_{1P} \cdot d_{2P} \cdot d_{3P} \cdot d_{4P}} \qquad (4\text{–}108)$$

die einfache Form $D \approx d$ an. Wie aus Gl. (4–107) abzulesen ist, können in diesem Fall die 4 *Teilleiter* insgesamt durch einen *fiktiven Ersatzleiter* beschrieben werden, der mit dem *Summenstrom* $I_{ges} = 4 I_T$ belastet wird und den erheblich größeren Radius

$$\rho_{ers} = \sqrt[4]{\rho \cdot 4 \cdot R^3} \qquad (4\text{–}109)$$

aufweist. Damit ist diese Aufgabenstellung auf die Bestimmung der Betriebsinduktivität bei einem Drehstromsystem mit einfachen Leiterseilen zurückgeführt. Die Induktivität von Bündelleitern mit z. B. 4 Teilleitern ist aufgrund des größeren Ersatzradius um ca. 40 % niedriger als bei einem Einfachseil mit gleichem Leiterquerschnitt.

Wenn die Rechnung verallgemeinernd für n-Teilleiter durchgeführt wird, erhält man für den Ersatzradius den Ausdruck

$$\rho_{ers} = \sqrt[n]{\rho \cdot n \cdot R^{n-1}}. \qquad (4\text{–}110)$$

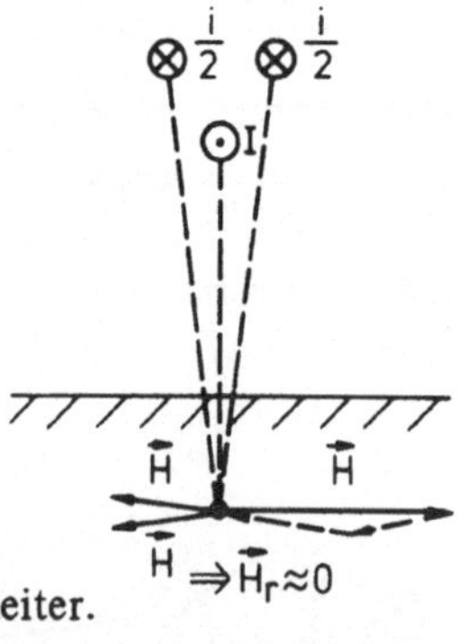

Bild 4.123

Resultierendes Magnetfeld bei einer symmetrisch betriebenen Leitung

Der Ersatzradius vergrößert sich demnach mit der Anzahl der Teilleiter.

Im weiteren soll noch auf den Einfluß der mäßig leitfähigen Erde eingegangen werden. Prinzipiell ist dort die Ausbildung von Wirbelstromeffekten möglich, die zu bisher nicht berücksichtigten Feldverzerrungen führen können. Dieser Effekt ist jedoch bei den vorliegenden Bedingungen zu vernachlässigen, da sich voraussetzungsgemäß die Ströme stets zu Null ergänzen sollen. Das resultierende Magnetfeld der drei Leiter ist dann im Erdbereich (Bild 4.123) bereits so schwach, daß bei der geringen Leitfähigkeit des Erdreiches keine nennenswerten Wirbelströme induziert werden.

Da sich bereits in geringer Entfernung eines *symmetrisch betriebenen Leitersystems* kaum noch ein Magnetfeld ausbreitet, beeinflussen sich auch bei mehrsystemigen Freileitungen die einzelnen Systeme kaum. Aus diesem Grunde ist es zulässig, die *induktive Kopplung zu anderen Systemen* bei einem *symmetrischen Betrieb nicht zu berücksichtigen.*

Mit dem untersuchten Magnetfeld ist auch stets ein elektrisches Feld verknüpft, das ebenfalls das Betriebsverhalten einer Leitung beeinflußt.

4.5.2.2 Kapazitätsbegriff bei Dreileitersystemen

Ladungen bewirken bekanntlich ein elektrisches Feld. Wenn z. B. durch Spannungsquellen auf die einzelnen Leiterseile eines Drehstromsystems eine bestimmte Ladung aufgebracht wird, so entstehen zwischen den Leitern elektrische Felder, die bei zeitlich wechselnden Größen Verschiebungsströme bewirken. Die dadurch hervorgerufenen Spannungsabfälle entlang der Leiterseile sind jedoch bei den praktischen Systemen klein im Vergleich zu den Spannungen zwischen den Leitern. Daher kann über die ganze Länge des Leiterseiles das Potential als konstant angesehen werden (Bild 4.124).

Der Zusammenhang zwischen den Verschiebungsströmen und der anliegenden Spannung läßt sich durch Teilkapazitäten beschreiben.

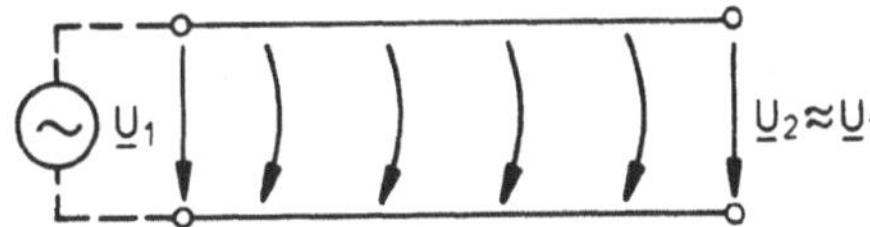

Bild 4.124
Spannungsverhältnisse bei einer leerlaufenden Leitung

4.5.2.2.1 Berechnung der Teilkapazitäten

Die prinzipielle Methode zur Berechnung der Teilkapazitäten wird an einer Freileitung ohne Erdseil dargestellt. Zunächst soll die Erde unberücksichtigt bleiben, da sie z. B. aus nicht leitfähigem Felsboden bestehen möge und somit keinen Einfluß auf die Spannungsverhältnisse ausübt. Dabei wird weiter vorausgesetzt, daß die Wechselströme so niederfrequent verlaufen, daß noch quasistatische Verhältnisse vorliegen. Dies bedeutet, daß die elektrischen Felder einer zeitlich veränderlichen Ladung Q(t) sich so aufbauen wie bei einer konstanten Ladung Q.

Durch eine Einspeisung am Leitungsanfang mögen auf die Leiterseile die Ladungen Q_1, Q_2, Q_3 aufgebracht werden. Da die Abstände der Leiter groß im Vergleich zu den Durchmessern der Leiterseile sind, kann dieses System als eine Anordnung von Linienleitern angesehen werden (Bild 4.125). Jeder unendlich lange Linienleiter erzeugt nun bekanntlich *ein* elektrisches Feld, wie es ebenfalls Bild 4.125 zu entnehmen ist. Dabei wird weiter vorausgesetzt, daß die

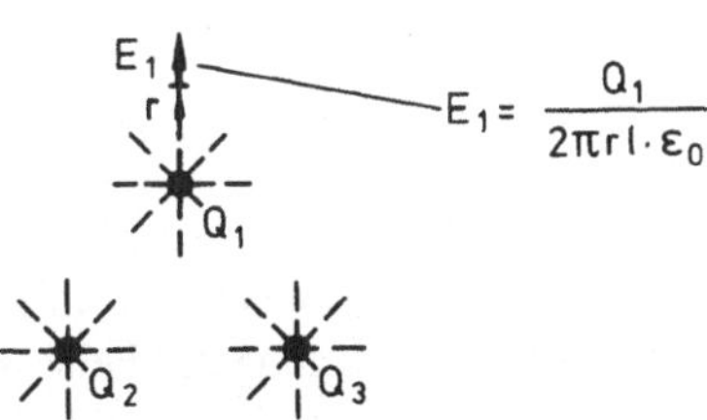

Bild 4.125
Anordnung von drei ladungsbehafteten Linienleitern (Leiterseilen)

Leitungen so lang sind, daß Randeffekte bzw. lokale Störungen durch Masten zu vernachlässigen sind. Randeffekte können immer dann vernachlässigt werden, wenn der größte Leiterabstand kleiner ist als ca. 1/10 der Leitungslänge. In diesem Fall liegt zumindest in dem interessierenden Feldbereich zwischen den Leitungen in etwa ein Radialfeld vor. Dieser Gesichtspunkt gilt in analoger Weise natürlich für das bereits behandelte magnetische Feld [22].

Im weiteren interessieren nun die Spannungen, die sich bei diesen Ladungsverhältnissen zwischen den Leitern ausbilden. Dazu muß zunächst das elektrische Feld berechnet werden. Die Beträge der Feldstärke im Abstand r_i ergeben sich bei einem Radialfeld zu

$$|E_i| = \frac{Q_i}{\epsilon_0 2\pi r_i l} .$$

Bemerkt sei, daß bei Leitungen im gesamten Feldraum nur dann ein Radialfeld auftritt, wenn die Leitung als unendlich lang und damit auch die Ladung Q_i als unendlich groß angesehen wird. Dieser Sachverhalt wird später noch benötigt.

Die tatsächlich auftretende Feldstärke erhält man durch eine Überlagerung der Einzelfelder. Das Überlagerungsprinzip ist noch einmal in Bild 4.126 veranschaulicht. Für die resultierende Feldstärke gilt demnach

$$\vec{E}_r = \vec{E}_1(Q_1) + \vec{E}_2(Q_2) + \vec{E}_3(Q_3). \qquad (4\text{–}111)$$

Die Spannung, die sich zwischen zwei Punkten – z. B. 1 und 2 – ausbildet, erhält man bekanntlich durch eine Integration der Feldstärken längs eines beliebig gewählten Weges zwischen den Punkten 1 und 2:

$$U_{12} = \int_1^2 E_t \, ds \qquad (4\text{–}112)$$

Jeder der drei Leiter liefert, wie aus den Beziehungen (4–111) und (4–112) zu sehen ist, einen Anteil, der durch einen hochgestellten Index gekennzeichnet wird. Speziell zwischen den Leitern 1 und 2 gilt

$$U_{12}^{(1)} = \int_1^2 E_1 \, (Q_1) \, ds$$

$$U_{12}^{(2)} = \int_1^2 E_2 \, (Q_2) \, ds$$

$$U_{12}^{(3)} = \int_1^2 E_3 \, (Q_3) \, ds.$$

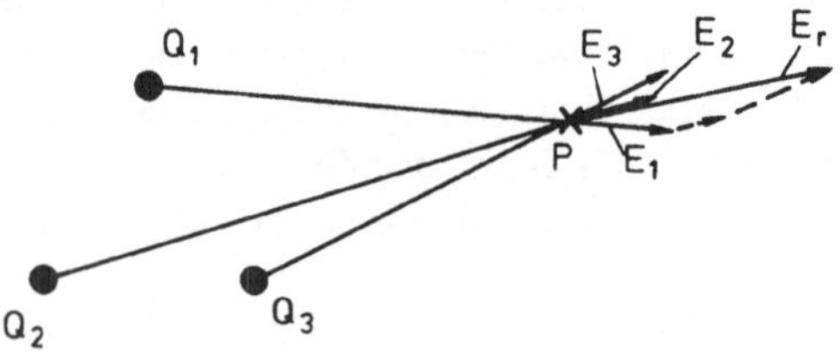

Bild 4.126 Bestimmung der resultierenden Feldstärke im Punkt P

Die Wahl der Integrationswege – an sich beliebig – wird so gelegt, daß sich die Integrale ohne vektorielle Zerlegung der Feldstärke $\vec{E}$ lösen lassen. Für den Spannungsanteil $U_{12}^{(1)}$

erfüllt der Integrationsweg längs der direkten Verbindung von Leiter 1 und 2 diese Bedingung (Bild 4.127):

$$U_{12}^{(1)} = \int_{\rho}^{d_{12}} \frac{Q_1}{2\pi \epsilon_0 r l} \, dr = \frac{1}{2\pi \epsilon_0 l} Q_1 \ln \frac{d_{12}}{\rho} .$$

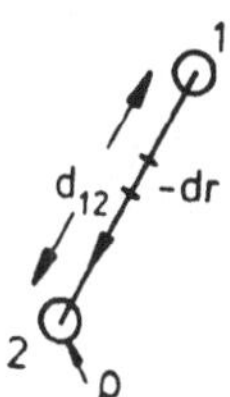

Bild 4.127
Zweckmäßiger Integrationsweg zur Berechnung der Spannung zwischen zwei Leitern

Analog dazu gilt für den Anteil von Leiter 2:

$$U_{12}^{(2)} = \int_{d_{12}}^{\rho} \frac{Q_2}{2\pi \epsilon_0 r l} \, dr = -\frac{1}{2\pi \epsilon_0 l} Q_2 \ln \frac{d_{12}}{\rho} .$$

Der Anteil $U_{12}^{(3)}$ wird in Anlehnung an das magnetische Feld unter Zuhilfenahme der weiteren Beziehung

$$\oint E_t \, ds = 0$$

ermittelt. Sie entspricht der Kirchhoffschen Maschenregel und beschreibt den Zusammenhang, daß sich in einem statischen elektrischen Feld bei einem geschlossenen Umlauf die Spannungen zu Null ergänzen. Auf die Anordnung in Bild 4.128 angewendet, ergibt sich dann für den Leiter 3 der Ausdruck

$$U_{12}^{(3)} = U_{32}^{(3)} - U_{31}^{(3)} .$$

Die Bestimmung der Terme $U_{32}^{(3)}$ und $U_{31}^{(3)}$ entspricht der bereits behandelten Aufgabenstellung. Damit erhält man

$$U_{12}^{(3)} = \frac{1}{2\pi \epsilon_0 l} Q_3 \ln \frac{d_{23}}{d_{13}} .$$

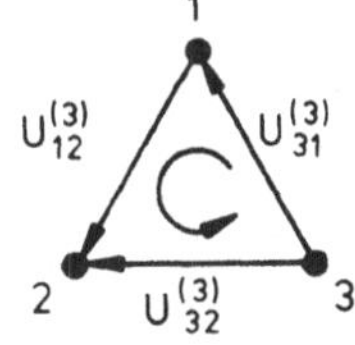

Bild 4.128 Bestimmung von $U_{12}^{(3)}$

Die resultierende Spannung zwischen den Leitern 1 und 2 erhält man entsprechend den Gln. (4–111) bzw. (4–112) zu

$$U_{12} = \frac{1}{2\pi \epsilon_0 l} \left(Q_1 \ln \frac{d_{12}}{\rho} - Q_2 \ln \frac{d_{12}}{\rho} + Q_3 \ln \frac{d_{23}}{d_{13}} \right) . \tag{4–113}$$

Völlig analog ergeben sich für die Spannungen U_{13} und U_{23} die Zusammenhänge

$$U_{13} = \frac{1}{2\pi \epsilon_0 l} \left(Q_1 \ln \frac{d_{13}}{\rho} + Q_2 \ln \frac{d_{23}}{d_{12}} - Q_3 \ln \frac{d_{13}}{\rho} \right) , \tag{4–114}$$

$$U_{23} = \frac{1}{2\pi \epsilon_0 l} \left(Q_1 \ln \frac{d_{13}}{d_{12}} + Q_2 \ln \frac{d_{23}}{\rho} - Q_3 \ln \frac{d_{23}}{\rho} \right) . \tag{4–115}$$

Die Gln. (4–113) bis (4–115) beschreiben die elektrischen Verhältnisse unter den getroffenen Voraussetzungen, d. h. für eingeprägte Ladungen. Bei einem Drehstromsystem sind normalerweise jedoch die Spannungen eingeprägt und die resultierenden Ladungen unbekannt. Daher ist es zweckmäßig, das System (4–113) bis (4–115) so umzuformen, daß die unbekannten Ladungen zu den unabhängigen und die bekannten Spannungen zu abhängigen Variablen werden. Um diesen Schritt ausführen zu können, ist noch eine Diskussion des Modells notwendig.

Bei der bisherigen Ableitung ist unterstellt worden, daß nicht nur im interessierenden Bereich, sondern im gesamten Feldraum ein Radialfeld vorliegt. Es werden also unendlich lange Leitungen vorausgesetzt. Bei unendlich langen Leitungen müssen – wie bei endlich langen stets der Fall – die Gegenladungen bereits im Endlichen vorhanden sein. Das heißt, alle Feldlinien einer Anordnung müssen im Endlichen auf einer anderen Elektrode enden, wie es auch Bild 4.129 zeigt. Anderenfalls könnten sich, wie auch rechnerisch schnell gezeigt werden kann, bei der gewählten idealisierten Modellvorstellung infolge der unendlich großen Ladung Q_i auch unendlich große Spannungen einstellen. Dieses Ergebnis wäre aus energetischen Gründen jedoch nicht sinnvoll. Gegenladungen im Unendlichen können nicht auftreten, wenn sich die Ladungen der Elektroden bzw. Leiter bereits im Endlichen stets zu Null ergänzen:

$$Q_1 + Q_2 + Q_3 = 0. \qquad (4\text{–}116)$$

Am Rande sei erwähnt, daß sich bei einer entsprechenden Anordnung aus Kugeln durchaus Gegenladungen im Unendlichen aufbauen können. Da in diesem Fall die Ladungen beschränkt sind, klingen die elektrischen Felder schneller ab, so daß die Spannung zwischen einer Kugel und ihrer Gegenladung im Unendlichen durchaus endlich bleibt. Die Feldbilder von ladungsbehafteten Kugeln und Leitungen zeigt Bild 4.129.

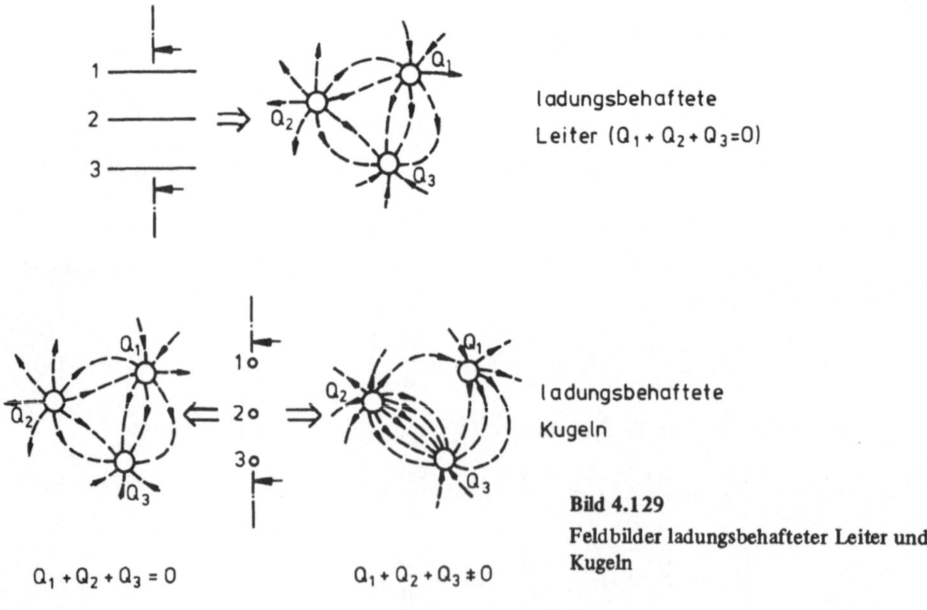

Bild 4.129
Feldbilder ladungsbehafteter Leiter und Kugeln

Die Beziehung (4–116) wird nun mit den Gln. (4–113) bis (4–115) verknüpft. Es ergeben sich recht verwickelte Ausdrücke. Aus Gründen der Übersichtlichkeit werden sie nur für den speziellen Fall

$$d_{12} = d_{13} = d_{23} = d$$

angegeben:

$$Q_1 = \frac{2\pi\epsilon_0 l}{3\ln\frac{d}{\rho}}(U_{12} + U_{13})$$

$$Q_2 = \frac{2\pi\epsilon_0 l}{3\ln\frac{d}{\rho}}(U_{23} + U_{21}) \qquad (4–117)$$

$$Q_3 = \frac{2\pi\epsilon_0 l}{3\ln\frac{d}{\rho}}(U_{31} + U_{32}).$$

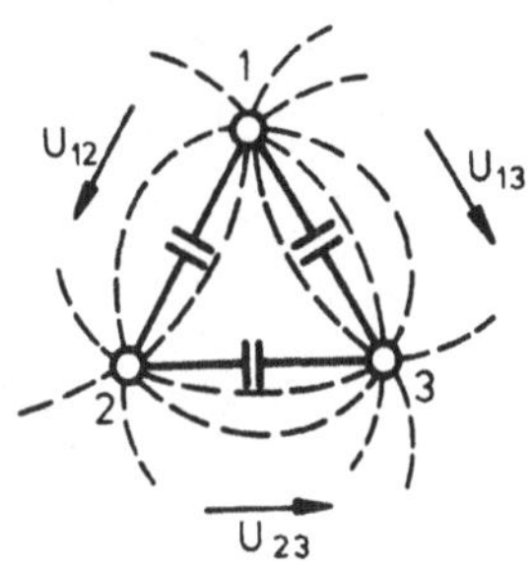

Bild 4.130 Feldbild und Teilkapazitäten zwischen drei Leitern

Die Koeffizienten dieses Gleichungssystems lassen sich in Analogie zu dem Ausdruck $Q = C \cdot U$ als Teilkapazitäten interpretieren, die jeweils zwischen den einzelnen Leiterseilen auftreten (Bild 4.130). In diesem speziellen symmetrischen Fall sind sie untereinander gleich groß.

Auf dem beschriebenen Wege lassen sich auch Anordnungen berechnen, die mehr als drei Leiter aufweisen. Dies ist z. B. bei Masten mit mehreren Leitersystemen der Fall (Bild 4.131) [23].

Im folgenden soll die bisherige Aufgabenstellung so erweitert werden, daß auch die in der Praxis gegebene Leitfähigkeit des Erdreiches berücksichtigt wird. Sie ist normalerweise so beschaffen, daß sich auch noch bei Vorgängen im Bereich der Netzfrequenz Gegenladungen auf der Erdoberfläche ausbilden, die bei der Berechnung des elektrischen Feldes berücksichtigt werden müssen. Die tatsächlichen Verhältnisse werden noch hinreichend gut angenähert, wenn die Leitfähigkeit der Erde als unendlich gut angesehen wird [22]. Bekanntlich läßt sich der Erdeinfluß dann rechnerisch einfach durch ein Spiegeln der realen Leiter an der Erdoberfläche erfassen, die dabei als waagerecht verlaufende Grenzfläche angenommen wird. Dieses Verfahren ist in Bild 4.132 veranschaulicht.

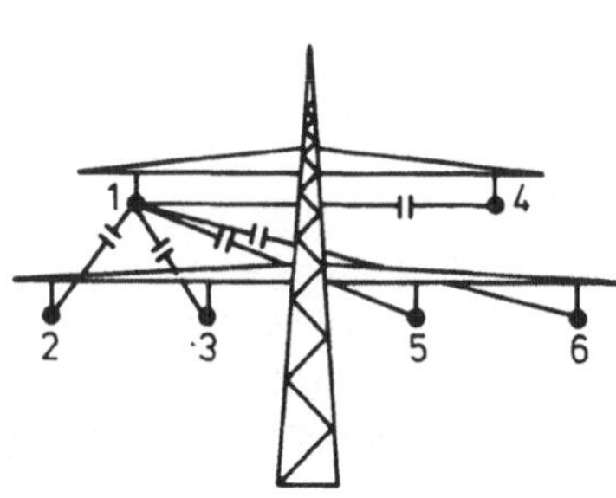

Bild 4.131 Teilkapazitäten des Leiters 1 zu den weiteren Leitern

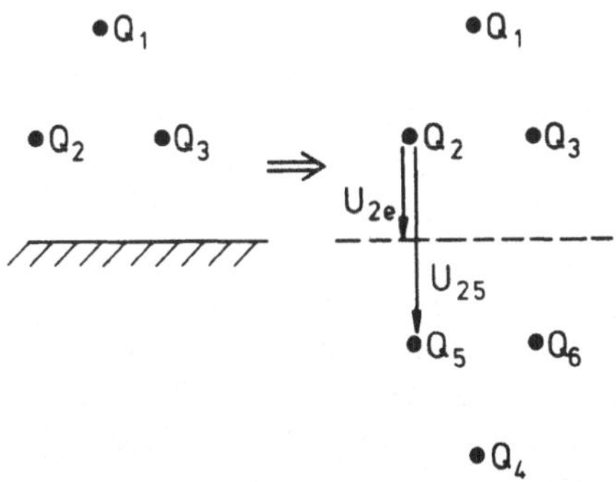

Bild 4.132 Berücksichtigung des Erdeinflusses durch Spiegeln

Es liegt damit eine Anordnung von sechs Leitern ohne Grenzfläche vor. Diese Anordnung beschreibt das Feld oberhalb der Grenzfläche so, als ob die Erde vorhanden wäre. Das Feld unterhalb der Erdgrenzfläche ist in diesem Fall physikalisch nicht sinnvoll und nur rechnerisch existent. Für diese erweiterte Leiteranordnung läßt sich nun auf dem beschriebenen Wege ein Gleichungssystem der Gestalt

$$Q_i = \sum_{k=1}^{6} b_{ik} \cdot U_{ik} \quad \text{mit} \quad i = 1, 2, \ldots, 6 \quad \text{für} \quad i \neq k$$

aufstellen. Die Koeffizienten b_{ik} werden durch die Abstände und die Radien der Leiterseile bestimmt. Nach den Regeln der Spiegelung gelten zusätzlich die Bedingungen

$$Q_1 = -Q_4, Q_2 = -Q_5, Q_3 = -Q_6$$

und somit

$$U_{1E} = \frac{U_{14}}{2}, \quad U_{2E} = \frac{U_{25}}{2}, \quad U_{3E} = \frac{U_{36}}{2}.$$

Mit diesen Beziehungen läßt sich das System auf die Form

$$\begin{aligned} Q_1 &= C_{1E}\, U_{1E} + C_{12}\, U_{12} + C_{13}\, U_{13} \\ Q_2 &= C_{2E}\, U_{2E} + C_{23}\, U_{23} + C_{21}\, U_{21} \\ Q_3 &= C_{3E}\, U_{3E} + C_{31}\, U_{31} + C_{32}\, U_{32} \end{aligned} \qquad (4\text{–}118)$$

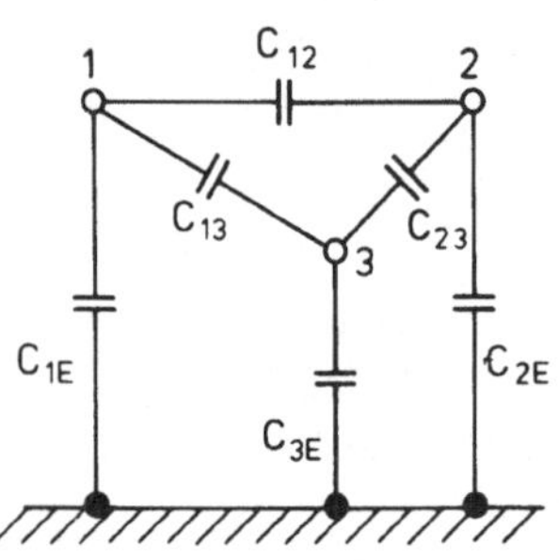

Bild 4.133 Koppel- und Erdkapazitäten einer Dreileiteranordnung

reduzieren. Für die Koeffizienten C_{iE} und C_{ik} ergeben sich recht umfangreiche Ausdrücke, die nicht mehr anschaulich sind, so daß auf ihre Angabe verzichtet wird [23]. Das Gleichungssystem (4–118) läßt sich auch durch das Ersatzschaltbild 4.133 interpretieren.

Die Koeffizienten C_{ik} werden speziell als *Koppelkapazitäten* bezeichnet, da sie die Feldverhältnisse zwischen den Leitern beschreiben; die Größen C_{iE} werden *Erdkapazitäten* genannt, weil sie die Wirkung der Feldanteile zur Erde erfassen. Sie sind um so kleiner, je größer ihr Abstand von der Erde ist. Bei realen Systemen liegen die Teilkapazitäten in der Größe von einigen Nanofarad pro km. Die Rechnungen zeigen, daß die Koppel- bzw. die Erdkapazitäten jeweils untereinander gleich groß sind, wenn die Leiter hoch über dem Erdboden aufgehängt sind und zugleich die Eckpunkte eines gleichseitigen Dreiecks markieren. Diese spezielle Anordnung soll im folgenden als *symmetrisch* bezeichnet werden.

Bemerkenswert ist, daß bei der berechneten Leiteranordnung die magnetischen und elektrischen Feldlinien nicht mehr aufeinander senkrecht stehen. Dies ist darauf zurückzuführen, daß elektrische und magnetische Felder bei hinreichend niederfrequenten Vorgängen entkoppelt sind, wenn zugleich die Leitfähigkeit des Leiters als unendlich gut angesehen wird. Sofern nun – wie es bei der Erde der Fall ist – eine Grenzfläche auftritt, die bei den vorausgesetzten quasistatischen Verhältnissen nur auf das elektrische Feld wirkt, ergeben sich für dieses Feld Verformungen und damit Abweichungen von dem orthogonalen Zusammenhang im homogenen Feldraum.

4.5.2.2.2 Festlegung einer Betriebskapazität

Im folgenden wird gezeigt, daß bei einer *symmetrisch gespeisten und symmetrisch angeordneten Drehstromleitung* die Teilkapazitäten zu einer umfassenderen *Betriebskapazität* C_b zusammengefaßt werden können.

Die untereinander gleichen Koppelkapazitäten $C_{K\Delta}$ bilden eine Dreieckschaltung (Bild 4.134), die in eine äquivalente Sternschaltung umgewandelt wird. Die zugehörigen Koppelkapazitäten weisen dann den Wert $C_{K\curlywedge} = 3 \cdot C_{K\Delta}$ auf. Bei den vorausgesetzten Betriebsverhältnissen sind sowohl die eingeprägten Leiterspannungen als auch die Spannungen U_{iE} der Leiter gegenüber der Erde symmetrisch. Unter dieser Bedingung ist bei einer symmetrisch aufgebauten Leitung in den Koppelkapazitäten die Summe der Ströme im Punkt N stets gleich Null. Damit liegt dieser Punkt auf gleichem Potential wie die Erde, wodurch sich eine Parallelschaltung aus Koppel- und Erdkapazität entsprechend Bild 4.135 ergibt.

Da die drei Leiter nach dieser Umwandlung nicht mehr kapazitiv miteinander gekoppelt sind, kann jedem Leiter die gleiche Kapazität zugeordnet werden. Damit läßt sich der Einfluß der elektrischen Felder wiederum durch ein einphasiges Ersatzschaltbild erfassen.

Bei diesem speziellen System treten am Leitungsende keine Asymmetrien in den Spannungen auf. Bei einem *asymmetrisch angeordneten System* ist dies jedoch der Fall. Abhilfe

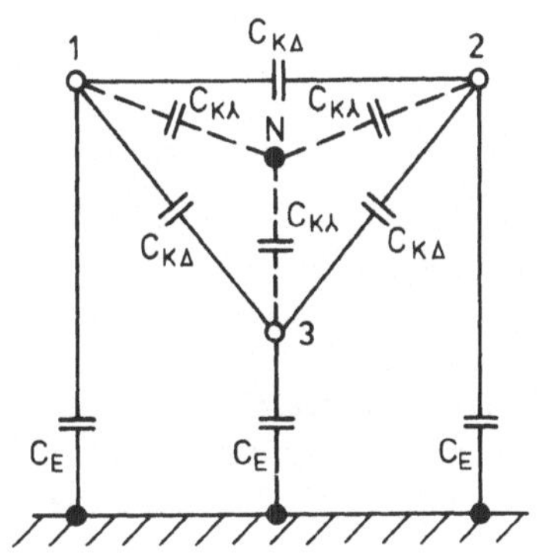

Bild 4.134
Symmetrisches Dreileitersystem

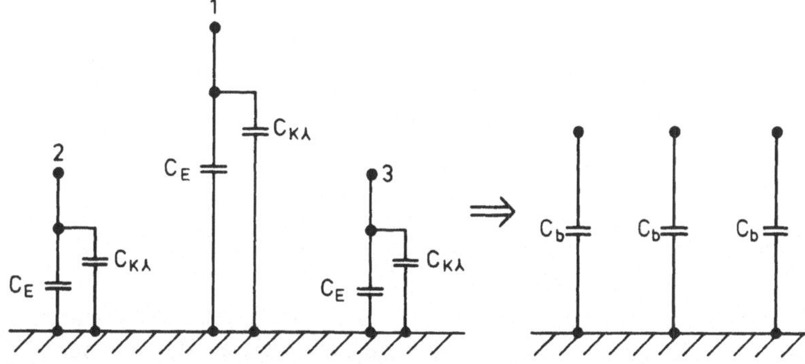

Bild 4.135 Begriff der Betriebskapazität bei einer verdrillten Leitung

bietet wiederum eine *Verdrillung.* Die jeweiligen Koppel- bzw. Erdkapazitäten der einzelnen Abschnitte addieren sich. Die *resultierenden* Koppel- bzw. Erdkapazitäten sind untereinander gleich, so daß wiederum eine symmetrisch aufgebaute Anordnung im Hinblick auf die Ausgangsspannung entsteht.

Wie sich mit den Teilkapazitäten des Gleichungssystems (4–118) nachweisen läßt, gilt für eine verdrillte Einfachleitung die Beziehung

$$C_b \approx \frac{2\pi\epsilon_0 l}{\ln\frac{D}{\rho}},$$

wobei mit $D = \sqrt[3]{d_{12}d_{13}d_{23}}$ der mittlere Leiterabstand und mit ρ der Leiterradius bezeichnet wird. Praktische Freileitungssysteme weisen einen Wert von $C_b' \approx 10$ nF/km auf. Diese Beziehung gilt in erster Näherung auch dann noch, wenn Erdseile in die Rechnung einbezogen werden [23]. Dabei sei darauf hingewiesen, daß die Teilkapazitäten zwischen Erdseil und Leiter ebenfalls Erdkapazitäten darstellen.

Der skizzierte Rechnungsgang läßt sich auch auf Bündelleiter erweitern, für die wiederum Ersatzleiter angegeben werden können. Infolge des größeren Radius weisen Bündelleiter eine größere Betriebskapazität auf als Einfachseile. Bei vier Teilleitern beträgt der Unterschied etwa 40 %. Vollständigkeitshalber sei auch noch erwähnt, daß die kapazitiven Kopplungen bei mehrsystemigen Masten in erster Näherung analog zu den induktiven unberücksichtigt bleiben können.

Wie die bisherigen Überlegungen gezeigt haben, läßt sich eine *Betriebskapazität* nur angeben, wenn die Leitung *symmetrisch aufgebaut* ist und *symmetrisch betrieben* wird. Die Betriebsinduktivität hat hingegen auch bei asymmetrischen Strömen noch einen Sinn, wenngleich dann natürlich kein einphasiges Ersatzschaltbild mehr verwendet werden kann.

4.5.2.3 Ohmscher Widerstand bei Dreileitersystemen

Bei den bisherigen Betrachtungen sind die Leiterseile als widerstandslos angesehen worden. Die endliche Leitfähigkeit wird bekanntlich durch einen konzentrierten ohmschen Widerstand im Ersatzschaltbild berücksichtigt, der mit der Induktivität in Serie geschaltet ist. Die Angabe des zugehörigen Gleichstromwiderstandes über die bekannte Beziehung

$$R = \rho \cdot \frac{l}{A}$$

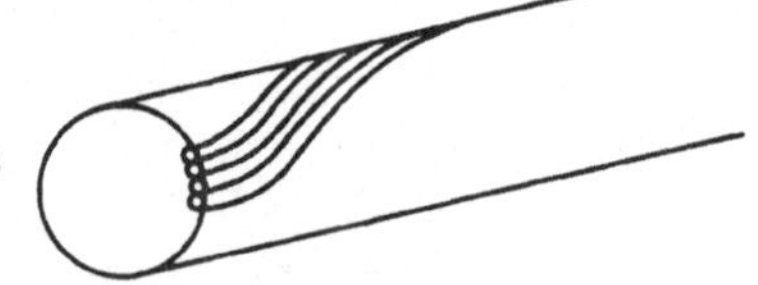

Bild 4.136 Seilschlag eines Leiterseils

ist in dieser Form zu ungenau. So erhöht sich der wirksame Widerstand bereits allein um 6 ... 8 % dadurch, daß der Seilschlag eine entsprechende Verlängerung der Seillänge l bewirkt (Bild 4.136).

Ein weiterer Zuschlag ist für die Abweichung zwischen Soll- und Nennquerschnitt A einzurechnen. Bei Verbundseilen (s. Bild 4.102) sind darüber hinaus Wirbelstromeffekte in der Stahlseele zu berücksichtigen. Aus diesen Gründen läßt sich insgesamt der Widerstand theoretisch nur schwer ermitteln. Man greift daher auf empirische Beziehungen zurück. Als Beispiel sei für einen Aluminiumleiter der Zusammenhang

$$R'_{20°C} = \frac{32}{\frac{A}{mm^2}} \frac{\Omega}{km}$$

genannt. Dabei wird mit A der Querschnitt in Quadratmillimetern bezeichnet. Weiterhin muß die betriebsmäßige Erwärmung des Leiters berücksichtigt werden. Im folgenden Abschnitt wird ein weiterer ohmscher Anteil untersucht, der sich ebenfalls als eine Leitungskonstante formulieren läßt.

4.5.2.4 Ableitungswiderstand bei Dreileitersystemen

Zwischen den Leitern und der Erde tritt der Strom nicht, wie bislang immer vorausgesetzt, als reiner Verschiebungsstrom auf, sondern er besitzt auch eine Wirkkomponente, die im Ersatzschaltbild durch einen Widerstand parallel zu den Teilkapazitäten ausgedrückt wird. Dieser Widerstand wird als *Ableitung* bezeichnet. Einerseits werden damit die *Leckströme* erfaßt, die über die Isolatorenoberfläche abfließen, andererseits werden auf diese Weise auch die Koronaverluste beschrieben, die insbesondere bei Leitungen der Hoch- und Höchstspannungsebene auftreten.

Für das *Auftreten von Teilentladungen* ist allein die *Feldstärke* E *die maßgebende Feldgröße.* Sofern die Feldstärke E einen Grenzwert überschreitet – z. B. in Luft einen Effektivwert von ca. 21 kV/cm – reicht die elektrische Festigkeit des Dielektrikums nicht mehr aus. Bei Freileitungen kommt es dann im Bereich der Leiteroberfläche zu Teilentladungen, die im Dunkeln als glänzender Kranz zu beobachten sind und zu dem Namen Korona (lat.: Kranz) geführt haben. Dieses Leuchten bleibt auf die unmittelbare Umgebung der Oberfläche beschränkt, da dort die Feldstärke mit

$$E_d = \frac{U_b}{\sqrt{3} \cdot \rho \cdot \ln \frac{D}{\rho}} \qquad (4–119)$$

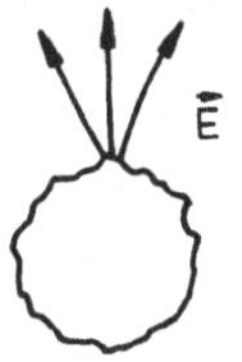

Bild 4.137
Feldverdichtung auf einem verschmutzten Leiter

am stärksten ist. Dabei wird mit der Größe D der mittlere Leiterabstand bezeichnet. Im größeren Abstand nimmt die Feldstärke Werte an, die für solche Teilentladungen nicht ausreichen.

Diese Teilentladungen führen im Vergleich zur nicht ionisierten Luft zu vielen elektrisch geladenen Teilchen, so daß nun ein Stromtransport, ein Wirkstrom, zu anderen Phasen auftritt. Bei realen Leitungen setzt die Korona schon meist bei Werten unterhalb E_{eff} = 21 kV/cm ein. Infolge von Umwelteinflüssen wie Rauhreif, Schmutz und Regen ist die Leiteroberfläche nicht völlig glatt, wie es im Ausdruck (4–119) vorausgesetzt ist; es bilden sich kleine Spitzen aus, die zu lokalen Feldverdichtungen führen (Bild 4.137). Die in diesen Bereichen auftretende hohe Feldstärke führt zu Teilentladungen. Um auch bei schlechten Wetterbedingungen die Koronaeffekte zu begrenzen, sollte aufgrund langjähriger Erfahrungen der Leiterradius stets so gewählt werden, daß für den Effektivwert der Randfeldstärke der Zusammenhang

$$E_d \leqslant 17 \frac{kV}{cm} \qquad (4–120)$$

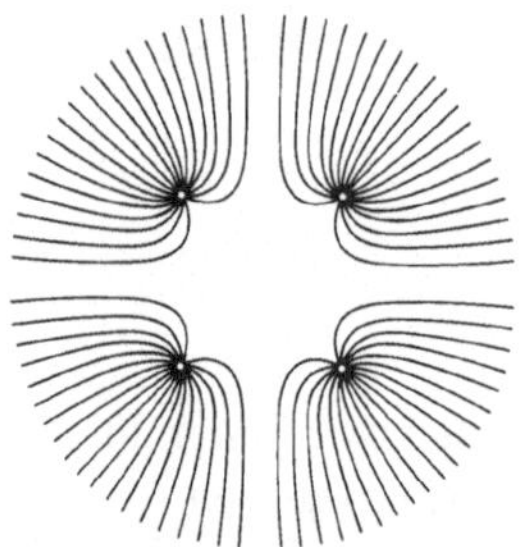

Bild 4.138 Feldbild eines Viererbündels

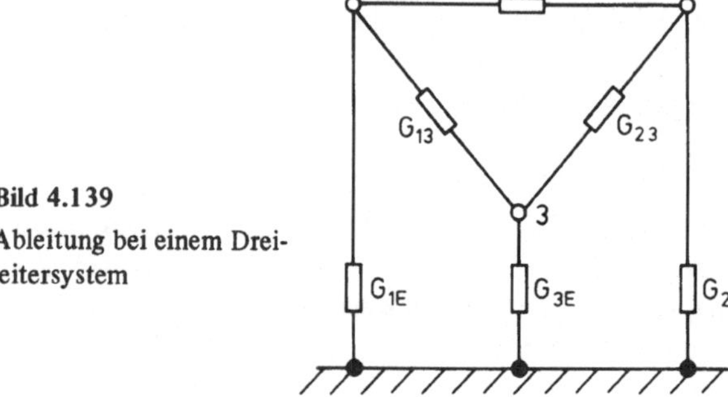

Bild 4.139
Ableitung bei einem Dreileitersystem

gilt. Sofern sich mit *dieser Dimensionierungsbedingung* bei hohen Spannungen *unwirtschaftlich große Durchmesser* ergeben, ist es ratsam, *auf Bündelleiter überzugehen.* Bündelleiter weisen, wie es auch in Bild 4.138 veranschaulicht ist, kleinere Randfeldstärken auf als flächengleiche Einfachleiterseile. Analytisch läßt sich dieses Verhalten mit dem größeren Ersatzradius ρ_{ers} begründen.

Infolge der beschriebenen Erscheinungen sind die Leiter nicht nur kapazitiv, sondern auch ohmsch gekoppelt (Bild 4.139).

Unter den gleichen Voraussetzungen wie bei den Teilkapazitäten läßt sich nun ein Betriebswert angeben, der eine weitere Leitungskonstante – die vierte und letzte – darstellt. Üblicherweise wird diese Größe als Leitwert angegeben und mit G_b' bezeichnet. Sie liegt im Bereich von 3 nS/km, also etwa bei 330 MΩ für $1/G_b$ bei 1 km Leitungslänge.

Aufgrund der in diesem Abschnitt angestellten Betrachtungen ist es nun wiederum möglich, unter bestimmten Bedingungen ein einphasiges Ersatzschaltbild anzugeben und damit das Betriebsverhalten von Drehstromleitungen bis etwa 150 km Länge zu beschreiben.

4.5.3 Betriebsverhalten von symmetrisch aufgebauten Drehstromfreileitungen bei symmetrischem Betrieb

In Bild 4.140 ist das in den vorhergehenden Abschnitten entwickelte, vollständige Ersatzschaltbild einer symmetrisch aufgebauten (verdrillten) und symmetrisch betriebenen Drehstromleitung dargestellt. Bei Untersuchungen über das Strom-Spannungs-Verhalten im Bereich der Netzfrequenz ist es bei technischen Ausführungen nicht nötig, den Ableitwiderstand zu berücksichtigen, da für die Querimpedanzen das Verhältnis $1/\omega C_b' \ll 1/G_b'$ gilt. Bei Wirkungsgradbetrachtungen wäre diese Vereinfachung jedoch nicht zulässig. Im weiteren wird zunächst das Verhalten von Freileitungen der Hochspannungsebene betrachtet. Bei diesen Leitungen gilt normalerweise für das Verhältnis zwischen der bezogenen Längsreaktanz $\omega L_b'$ und dem ohmschen Widerstand R' die Beziehung

$$\frac{R'}{\omega L_b'} \leqslant 0{,}3.$$

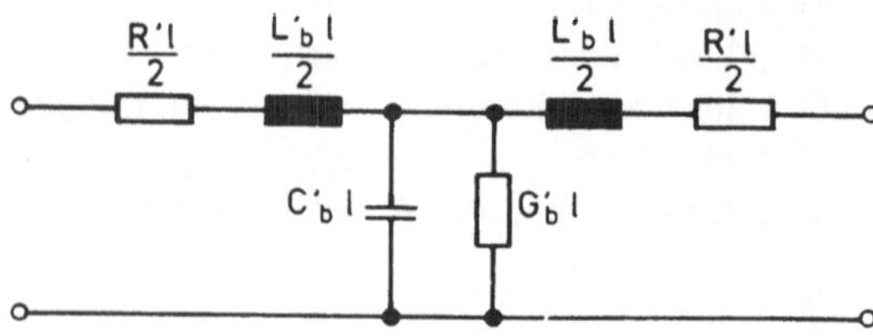

Bild 4.140
Ersatzschaltbild einer verdrillten symmetrisch betriebenen Drehstromleitung

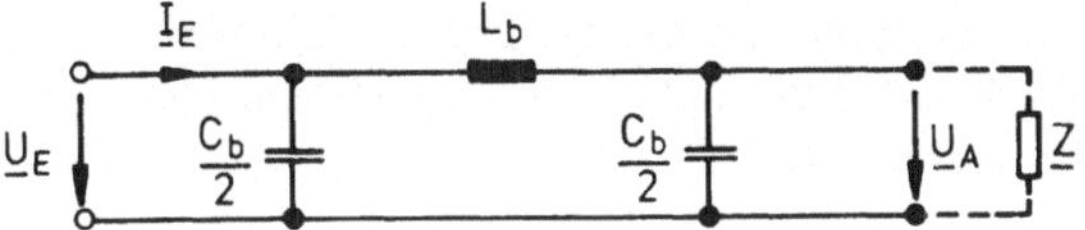

Bild 4.141
Einphasiges Ersatzschaltbild einer Höchstspannungs-Freileitung

Entsprechend den Überlegungen in Abschnitt 4.2 kann bei einer solchen Relation die ohmsche Komponente vernachlässigt werden, ohne daß sich im stationären Strom-Spannungs-Verhalten zu große systematische Fehler ergeben. Durch diese zusätzliche Vereinfachung erhält man ein Reaktanznetzwerk (Bild 4.141). Dieses Modell ermöglicht es, die wesentlichen Merkmale des Betriebsverhaltens mit geringem analytischen Aufwand darzustellen. Genauere Zusammenhänge sind [23] zu entnehmen.

Im folgenden interessiert das Eingangsverhalten einer solchen Leitung, die mit einem *reellen Widerstand* Z abgeschlossen sein möge. Das Eingangsverhalten wird durch die Impedanz

$$\underline{Z}_E = \frac{\underline{U}_E}{\underline{I}_E} = \frac{2}{j\omega C_b} \;||\; \left(j\omega L_b + \frac{2}{j\omega C_b} \;||\; Z\right) \tag{4–121}$$

beschrieben. Eine Auswertung dieser Beziehung zeigt, daß die an sich komplexe Eingangsimpedanz reell wird und in guter Näherung den Wert $\sqrt{L_b'/C_b'}$ annimmt, wenn der Abschlußwiderstand Z ebenfalls zu $\sqrt{L_b'/C_b'}$ gewählt wird. Dieses Ergebnis besagt, daß in diesem Betriebszustand die Leitung zum Aufbau der elektrischen und magnetischen Felder keine Zufuhr an Blindleistung benötigt. Die kapazitiven und induktiven Ströme kompensieren sich. Man bezeichnet diesen speziellen Betriebszustand als *Anpassung* bzw. als *natürlichen Betrieb*. Er wird analytisch durch den Zusammenhang

$$\underline{Z}_E = \frac{\underline{U}_E}{\underline{I}_E} = \frac{\underline{U}_A}{\underline{I}_A} = Z \approx \sqrt{\frac{L_b'}{C_b'}} = Z_W \tag{4–122}$$

gekennzeichnet. Bei einer Speisung mit Nennspannung nimmt die so betriebene Leitung die Wirkleistung

$$P_{nat} = 3 \cdot \left(\frac{U_n}{\sqrt{3}}\right)^2 \cdot \frac{1}{Z_W} = \frac{U_n^2}{Z_W} \tag{4–123}$$

auf, die sinngemäß als *natürliche Leistung* bezeichnet wird.

Aus der Gleichheit zwischen Eingangs- und Ausgangswiderstand darf nicht geschlossen werden, daß etwa die Ströme $\underline{I}_E$ und $\underline{I}_A$ gleich groß wären. Die Beziehung (4–122) besagt lediglich, daß die Quotienten $\underline{U}_E/\underline{I}_E$, $\underline{U}_A/\underline{I}_A$ die gleichen Werte aufweisen. Eine kurze Rechnung zeigt, daß der Eingangs- und Ausgangsstrom bzw. die zugehörigen Spannungen bei diesem Betrieb zwar betragsgleich sind, jedoch untereinander eine Phasenverschiebung aufweisen, die sich mit wachsender Leitungslänge stärker ausprägt.

Der bei diesen Betrachtungen auftretende Ausdruck $\sqrt{L_b'/C_b'}$ wird bekanntlich als *Wellenwiderstand* Z_W bezeichnet. Er beträgt bei einer 380-kV-Leitung mit Viererbündeln 4 × 240/40 Al/St

$$Z_W = \sqrt{\frac{L_b'}{C_b'}} = \sqrt{\frac{0{,}28\ \Omega s}{314\ \text{km}} \cdot \frac{\text{km}}{13\ \text{nF}}} \approx 260\ \Omega. \tag{4–124}$$

Bei Leitungen, die Einfachseile aufweisen, ist entsprechend den vorhergehenden Ausführungen die Betriebsinduktivität größer und die Betriebskapazität kleiner. Der Wellenwiderstand Z_W vergrößert sich daher und nimmt Werte bis ca. 350 Ω an.

Nun soll das Betriebsverhalten untersucht werden, wenn der Abschlußwiderstand vom Wellenwiderstand abweicht. Sofern für den Abschlußwiderstand die Bedingung

$$Z < Z_W$$

gilt, weist die Eingangsimpedanz $\underline{Z}_E$ gemäß Gl. (4–121) ein induktives Verhalten auf. Auch physikalisch ist dieser Sachverhalt anschaulich. Bei einem relativ niederohmigen Abschluß entwickelt sich ein starker Laststrom, der zu einem entsprechend starken Magnetfeld führt. Der Einfluß dieses Feldes übersteigt die Wirkungen des elektrischen Feldes, das primär von der angelegten Betriebsspannung bestimmt wird.

Das Strom-Spannungs-Verhalten zeigt andere Merkmale als im Falle der Anpassung. Die Ausgangsspannung verringert sich mit wachsender Leitungslänge im Vergleich zum Eingangswert; Eingangs- und Ausgangsstrom unterscheiden sich kaum.

Eine Auswertung des Ersatzschaltbildes 4.141 zeigt, daß bei den betrachteten Abschlußwiderständen mit $Z < Z_W$ von der Leitung eine größere Wirkleistung als im natürlichen Betrieb übertragen wird. Sinnvollerweise wird dieser Betriebszustand als *übernatürlich* bezeichnet. Demgegenüber verwendet man den Ausdruck *unternatürlich,* wenn $P < P_{nat}$ gilt. Eine solche Betriebsform liegt vor, wenn der Abschlußwiderstand die Bedingung

$$Z > Z_W$$

erfüllt. Eine Auswertung der Gl. (4–121) zeigt, daß in diesem Fall das kapazitive Verhalten dominiert. Der Laststrom und damit das Magnetfeld sind verhältnismäßig klein; die elektrischen Felder bzw. die Verschiebungsströme üben einen stärkeren Einfluß aus.

Ein ausgeprägt unternatürlicher Betrieb ist bei langen Leitungen möglichst zu vermeiden. Um dies zu erläutern, werde zunächst eine leerlaufende Leitung, also der Grenzfall $Z \to \infty$, betrachtet. In diesem Betriebszustand bilden die Längsinduktivität L_b und die Kapazität $C_b/2$ am Leitungsende im Ersatzschaltbild einen Reihenschwingkreis. Mit wachsender Leitungslänge l kommen diese beiden Blindwiderstände in die gleiche Größenordnung

$$\omega L_b' \cdot l \approx \frac{1}{\omega C_b' \cdot l} \quad \text{bzw.} \quad X_L \approx X_C,$$

so daß sich bereits für die Netzfrequenz zunehmend ein Resonanzverhalten einstellt. Die Folge davon ist, daß schon im Leerlauf ein relativ starker Blindstrom die Leitung belastet. Dieser führt an den Elementen des Reihenschwingkreises und damit auch am Leitungsende zu einer erhöhten stationären Spannung. Bei einer 1000 km langen Leitung beträgt diese Erhöhung schon ca. 100 %, bei den deutschen Größenverhältnissen maximal 10 ... 15 %. Auch mit diesen geringen Spannungserhöhungen können die laut VDE 0111 zulässigen Grenzwerte von ca. $1{,}15 \cdot U_n$ bereits verletzt werden, wenn die Betriebsspannung leicht über der Nennspannung liegt. Aus diesem Grunde ist der Betrieb von langen leerlaufenden Leitungen nicht erwünscht.

Die beschriebenen Spannungserhöhungen, auch *Ferranti-Effekt* genannt, sind nicht nur im Leerlauf, sondern in abgemindertem Umfang auch bei belasteten Leitungen vorhanden, wenn sie unternatürlich betrieben werden. Abhilfe läßt sich durch den Einbau von Kompensations-

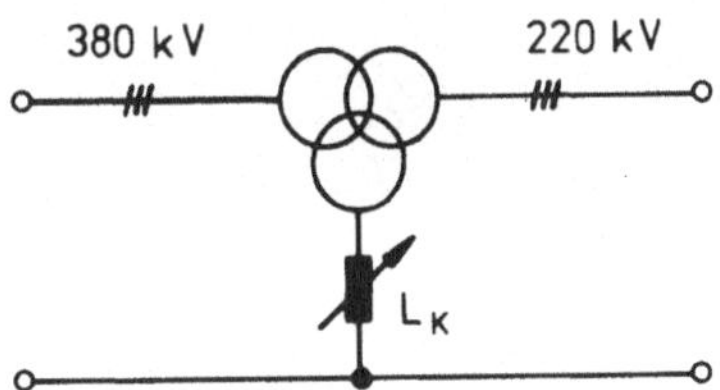

Bild 4.142 Dreiwicklungstransformator mit Kompensationsdrosselspule

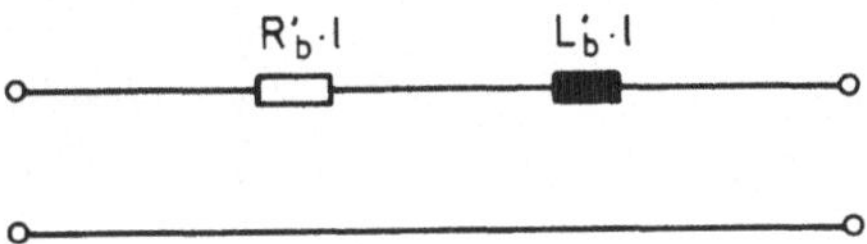

Bild 4.143 Einphasiges Ersatzschaltbild für Leitungen des Mittel- und Niederspannungsbereiches

drosselspulen erreichen, die parallel angeschlossen werden und deren Windungszahl häufig verändert werden kann. Der Anschluß erfolgt meist über Dreiwicklungstransformatoren (Bild 4.142).

Die Kompensationsdrosselspulen verkleinern die wirksame Betriebskapazität und *vergrößern somit den Wellenwiderstand.* Sie werden so gesteuert, daß der ursprünglich durch Mastbild und Leiterseil festgelegte Wellenwiderstand an die vorhandene Last angepaßt wird. Es liegt dann auch bei Teillast stets ein natürlicher Betrieb vor; die beschriebenen Spannungserhöhungen treten somit nicht auf.

Bisher sind nur verlustlose Leitungen betrachtet worden. Bei der Auswertung verlustbehafteter Modelle zeigt sich, daß sich bei den üblichen Ausführungen der Wirkungsgrad der Übertragung in der Nähe des Optimums bewegt, sofern die Last den Wert der natürlichen Leistung nicht wesentlich übersteigt. Vorteilhafterweise prägt sich bei verlustbehafteten Leitungen der Ferranti-Effekt schwächer aus. Während bei verlustlosen Leitungen sich die Spannungserhöhungen unterhalb der natürlichen Leistung einstellen, sinkt bei verlustbehafteten Freileitungen diese Grenze auf geringere Teillasten ab. Bei den üblichen 110-kV-Freileitungen ist das Verhältnis R/X bereits so groß, daß diese Erscheinung im Spannungsverhalten keine nennenswerte Rolle mehr spielt und eine Kompensation entfallen kann.

Im weiteren wird nun auf Leitungen des Mittelspannungs- und Niederspannungsbereichs eingegangen. In diesem Spannungsbereich weisen die Leitungskonstanten andere Werte auf. So kann der ohmsche Längswiderstand häufig nicht mehr im Vergleich zur Betriebsreaktanz vernachlässigt werden. Andererseits ist es jedoch nicht mehr nötig, die Betriebskapazität zu berücksichtigen, da die Leitungen in diesem Spannungsbereich vergleichsweise kurz sind und somit die Querreaktanz sehr hochohmig wird. Es resultiert daher das Ersatzschaltbild 4.143. Leitungen in diesem Spannungsbereich werden infolgedessen stets ohmsch-induktiv betrieben. Dementsprechend ist die Spannung am Leitungsanfang stets größer als am Leitungsende. Die maximal zu übertragende Leistung wird durch die in Kapitel 5 näher erläuterten Restriktionen – den zulässigen Spannungsabfall und die zulässige thermische Leitererwärmung – begrenzt.

Bisher ist das Betriebsverhalten von Leitungen untersucht worden, die auf eine ohmsche Last oder im Leerlauf arbeiten. Bei Lasten, die für ihren ordnungsgemäßen Betrieb einen Blindleistungsanteil benötigen, ergeben sich prinzipiell keine anderen Zusammenhänge. Es sei bemerkt, daß kleine Blindleistungsanteile den Wirkungsgrad der Leistungsübertragung verbessern können, während große in jedem Fall zu einer merklichen Verschlechterung führen.

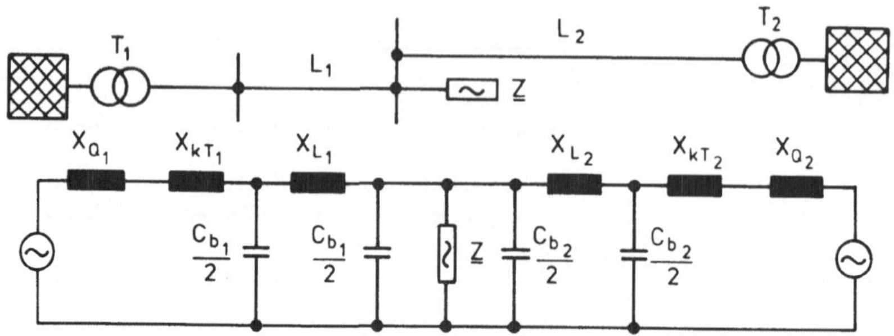

Bild 4.144 Netzplan mit dazugehörigem Ersatzschaltbild

Die ermittelten Aussagen gelten weiterhin prinzipiell auch für umfassendere Netze. Falls quantitative Aussagen erwünscht sind, ist ein Ersatzschaltbild anzufertigen und auszuwerten: Zu diesem Zweck sind dann die einzelnen Ersatzschaltbilder der Netzelemente entsprechend der Schaltskizze miteinander zu verknüpfen. Ein Beispiel ist in Bild 4.144 aufgezeigt.

Sofern bei Höchstspannungsleitungen die Leitungslänge die Grenze von 150 km um ein Mehrfaches übersteigen sollte, sind entsprechend viele Vierpole hintereinander zu schalten oder direkt die nicht weiter behandelten Leitungsgleichungen zu verwenden [23]. Mit wachsender Leitungslänge werden zum einen die erforderlichen Kompensationsanlagen immer aufwendiger, zum anderen wächst die Leitungsinduktivität, die eine wachsende Phasenverschiebung zwischen Eingangs- und Ausgangsspannung bewirkt. Bei Leitungen, die länger als 1000 km sind, übersteigt die Phasenverschiebung bereits 60°. Bei so großen Winkeln läßt sich ein stabiler Betrieb der Generatoren nicht mehr gewährleisten (s. Abschnitt 4.4). Größere Übertragungsstrecken erfordern dann den Einsatz der HGÜ. Bei den im folgenden behandelten Kabeln ist der zulässige Übertragungsbereich nochmals erheblich kleiner als bei Drehstromfreileitungen.

4.6 Kabel

Kabel stellen ein weiteres Betriebsmittel zur Übertragung elektrischer Energie dar. Sie werden überwiegend im Bereich von 0,4 kV bis 110 kV, jedoch auch im Höchstspannungsbereich eingesetzt. Ihr Schaltkurzzeichen ist in Bild 4.145 dargestellt.

Kabel werden vorwiegend unterhalb der Frostgrenze im Erdreich vergraben, jedoch in besonders wichtigen Abschnitten auch in schützenden Kabelschächten verlegt. Vor atmosphärischen Störungen sind Kabel daher weitgehend abgeschirmt. Im Vergleich zu Freileitungen tritt dadurch eine geringere Ausfallhäufigkeit auf. Es ist jedoch zu beachten, daß Kabelfehler infolge der schlechteren Zugänglichkeit im Mittel eine erheblich höhere Ausfalldauer aufweisen. Zur Veranschaulichung seien die Richtwerte für die 110-kV-Ebene in der Bundesrepublik genannt. Für Kabel ergeben sich 1,2 Fehler pro Jahr auf 100 km bei 60 h Ausfalldauer. Bei Freileitungen beträgt die Quote 2,7 Fehler pro Jahr auf 100 km, während die Ausfalldauer nur bei 2,5 h liegt [24].

Bild 4.145 Schaltkurzzeichen für ein Kabel

Ein Kostenvergleich zwischen Freileitungen und Kabeln führt im Niederspannungsbereich häufig zu keiner eindeutigen Aussage. In höheren Spannungsebenen sind die Freileitungen in jedem Fall kostengünstiger. Die Mehrkosten für Kabel wachsen mit steigender Nennspannung an und betragen im Höchstspannungsbereich ca. das Zwanzigfache der Anlagekosten für Freileitungen. – Nach diesen Vorbetrachtungen kann nun auf den Aufbau der üblicherweise eingesetzten Kabel eingegangen werden.

4.6.1 Aufbau von Kabeln

Bei Kabeln befinden sich die Leiter auf engem Raum. Um Durchschläge zu vermeiden, ist eine Isolation notwendig. Von besonderer Bedeutung sind diejenigen Kabel, bei denen die Isolation aus Kunststoff besteht. Sie werden daher als *Kunststoffkabel* bezeichnet; ihr Anwendungsbereich erstreckt sich von der *Nieder- bis zur Höchstspannungsebene* [24], [25], [26].

Im *Niederspannungsbereich* sind die Leiter vornehmlich *sektorförmig* gestaltet, die ein- oder mehrdrähtig ausgeführt sein können. Wie aus Bild 4.146 zu ersehen ist, wird dadurch eine kompaktere Anordnung erreicht [29].

Als Leiterwerkstoff wird überwiegend Aluminium, jedoch auch Kupfer verwendet. In Bild 4.146 ist der Aufbau eines besonders häufig eingesetzten Kabels (ca. 60 %) dargestellt. Die in diesem Bild sowie in den folgenden Abbildungen angeführten Normbezeichnungen werden später erläutert.

Allen Kabeltypen ist gemeinsam, daß die Leiter von einer Isolierung, der *Aderisolierung*, umgeben sind. Die Anordnung Leiter, Aderisolierung wird als *Ader* bezeichnet. Bei den zunächst betrachteten Niederspannungskunststoffkabeln besteht die Aderisolation aus PVC (Polyvinylchlorid). In dem betrachteten Niederspannungsbereich werden für den Energietransport vier Leiter benötigt. Bei dem in Bild 4.146 dargestellten Kabel wird der vierte Leiter, der Neutralleiter, als vierte Ader mitgeführt. Die vier Adern sind untereinander verseilt und nochmals durch eine weitere PVC-Isolierung, die *gemeinsame Aderumhüllung*, gegen Erde geschützt. Auf dieser Schicht befindet sich dann der *Mantel*. Er besteht meistens aus einer PVC-Mischung, die besonders widerstandsfähig gegen chemische und mechanische Belastungen ist. Daneben wird jedoch für den Mantel auch PE (Polyäthylen) verwendet. Dieser Kunststoff ist im Vergleich zu PVC erheblich kältebeständiger.

Neben der betrachteten Bauart ist im Niederspannungsbereich auch relativ häufig das Kabel in Bild 4.147 anzutreffen (ca. 25 %). Die Besonderheit dieses Typs besteht darin, daß der vierte Leiter, der Neutralleiter, als *konzentrischer Leiter* über der gemeinsamen Aderumhüllung angebracht ist.

Für Kabel mit Nennspannungen ab 10 kV sind die bisher kennengelernten Kabelelemente Leiter, Aderisolierung, gemeinsame Aderumhüllung und Mantel nicht ausreichend. So ist es

Bild 4.146

Niederspannungskabel mit runden und sektorförmigen Leitern NYY bzw. NAYY, 4 × 150 mm², 0,6/1 kV (1 Leiter, 2 Aderisolierung, 3 gemeinsame Aderumhüllung, 4 Mantel, 5 Zwickel)

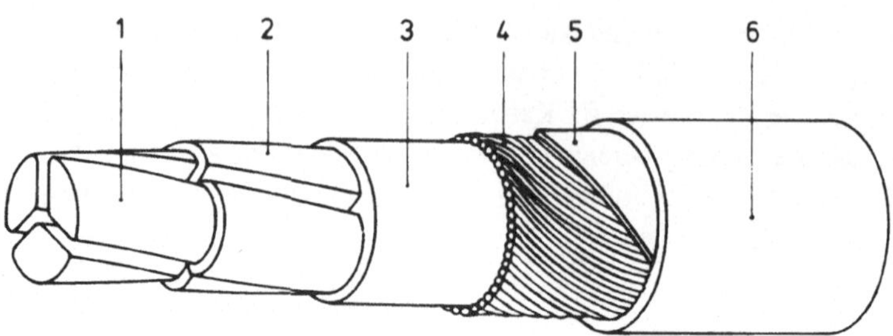

Bild 4.147 Kunststoffkabel NYCWY bzw. NAYCWY
1 Leiter (Cu, Al)
2 PVC-Isolierung
3 gemeinsame Aderumhüllung
4 konzentrischer Cu-Leiter
5 Kontaktwendel (Kupferband)
6 PVC-Mantel

notwendig, zwischen Leiter und Aderisolierung eine leitende Schicht – z. B. eine leitende Kunststoffschicht – zu legen, für die der Ausdruck *innere Leitschicht* verwendet wird. Dieses Kabelelement homogenisiert das elektrische Feld auf der Leiteroberfläche, dem Ort, wo die Feldstärke am größten ist (s. Abschnitt 4.5). Dadurch werden eventuelle Feldverdichtungen, die z. B. durch Materialunebenheiten entstehen, ausgeglichen.

Als weiteres Element wird auf die Aderisolierung eine *äußere Leitschicht* gelegt, die z. B. aus eingeriebenem Graphit bestehen kann. Darüber befindet sich eine leitfähige Polsterschicht, die wiederum mit einem Kupferband, dem *Schirm,* umwickelt ist. Üblicherweise werden Schirm und Polsterschicht jeder Ader an den beiden Kabelenden geerdet; bei Kabeln unter 500 m Länge genügt eine einseitige Erdung. Da die drei übereinanderliegenden Schichten – äußere Leitschicht, Polsterschicht, Schirm – leitfähig sind, erzwingt die Erdung auch auf der innersten, der äußeren Leitschicht, Erdpotential. Die Sternspannung fällt daher zwischen der inneren und äußeren Leitschicht ab und erzeugt nur in der Aderisolierung ein elektrisches Feld; durch den zylindrischen Aufbau ergibt sich ein *Radialfeld* (Bild 4.148). Generell werden alle Kabeltypen, bei denen *diese Feldverhältnisse* vorliegen, als *Radialfeldkabel* bezeichnet.

Die beschriebenen Maßnahmen bewirken eine *Feldsteuerung.* Damit wird bezweckt, Hohlräume außerhalb der Aderisolierung feldfrei zu halten. Sie treten besonders leicht an der Grenzfläche zwischen zwei Elementen, z. B. gemeinsame Aderumhüllung/Mantel, auf. Andernfalls würden sich in diesen Hohlräumen infolge des ϵ_r-Sprunges bevorzugt Teilentladungen ausbilden, die das Kabel allmählich zerstörten.

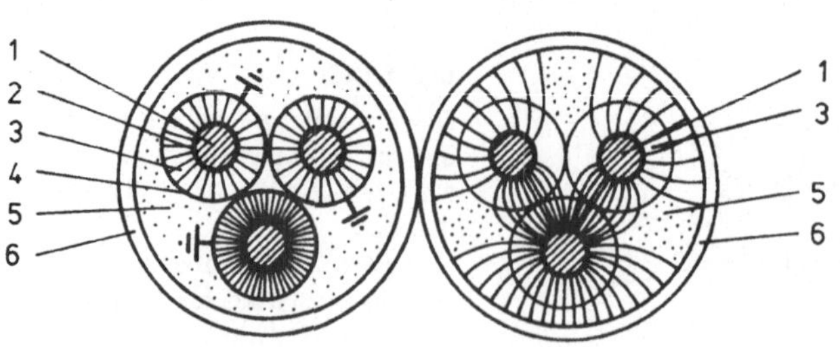

Bild 4.148
Schematisierte Darstellung eines Radialfeldkabels und einer Ausführung ohne Feldsteuerung
(1 Leiter,
2 innere Leitschicht,
3 Aderisolierung,
4 äußere Leitschicht, Polsterschicht, Schirm, 5 gemeinsame Aderumhüllung,
6 Mantel)

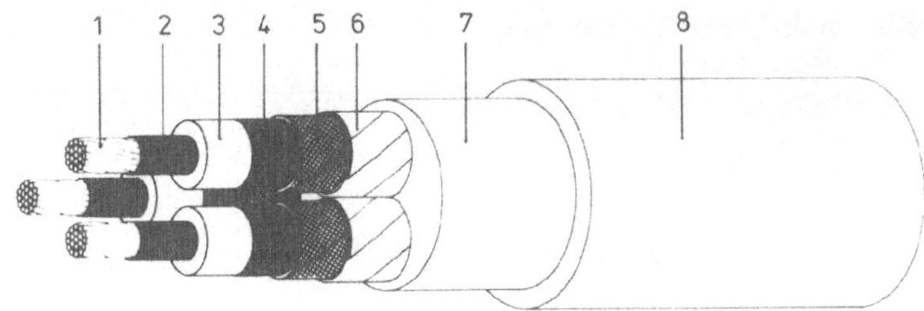

Bild 4.149 Dreiadriges 10-kV-Kabel NYSEY bzw. NAYSEY

1 Leiter (Cu, Al)
2 innere Leitschicht
3 Isolierhülle (PVC)
4 äußere Leitschicht
5 Polster (leitfähiges Gewebeband)
6 Schirm
7 gemeinsame Aderumhüllung
8 PVC-Mantel

Von ihrer konstruktiven Gestaltung her ermöglichen Schirm und Polsterschicht definierte Erdungsmaßnahmen. Die *wesentliche Aufgabe des Schirms* besteht jedoch darin, im Kurzschlußfall die Kurzschlußströme und im Betrieb die kapazitiven Ladungsströme abzuleiten.

Auf den Kupferschirm folgen dann die bereits kennengelernten Elemente: die gemeinsame Aderumhüllung und der Mantel (Bild 4.149).

Bei einer Reihe von Anwendungen werden erhöhte Anforderungen an die mechanische Belastbarkeit des Kabels gestellt. In solchen Fällen ist das Kabel durch eine Bewehrung – z. B. aus Stahlflachdraht – zu schützen. Eine *innere Schutzhülle* bewahrt den Mantel vor Druckbelastungen durch die Bewehrung, die wiederum durch eine *äußere Schutzhülle* vor Korrosion geschützt wird.

Bei Kabeln höherer Nennspannung benötigen die Leiter im Vergleich zur Niederspannungsebene eine stärkere Aderisolierung. Dadurch verliert sich bei größeren Querschnitten – bei 10-kV-Kabeln etwa ab 120 mm^2 – zunehmend der Vorteil der Sektorform. Die Leiter können daher ohne größere Nachteile im Hinblick auf den Kabeldurchmesser rund ausgeführt werden (Bild 4.150).

Für Nennspannungen ab 20 kV bis hin zum Höchstspannungsbereich werden die Kunststoffkabel üblicherweise *einadrig* hergestellt (Einleiterkabel). Wie aus dem Beispiel in Bild 4.151 zu ersehen ist, setzen sich auch die einadrigen Ausführungen aus den bereits kennengelernten Elementen zusammen. Für die Aderisolation werden jedoch anstelle von PVC die Kunststoffe PE oder VPE (vernetztes Polyäthylen) eingesetzt, die beide einen erheblich geringeren Verlustfaktor aufweisen. VPE zeichnet sich im Vergleich zu PE durch eine besonders hohe Wärmebelastbarkeit aus.

Bei einadrigen Kabeln bilden sich im Unterschied zu dreiadrigen Ausführungen im Schirm und in der Umgebung relativ starke magnetische Felder aus. Bei einer beidseitigen Erdung

Bild 4.150
Sektorleiter mit verschiedenen Isolierwanddicken

tritt daher in der Schleife „Kabel-Erdreich" eine Induktionsspannung auf, die Wirbelströme und damit zusätzliche Wirbelstromverluste bewirkt (Bild 4.152).

Durch eine konstruktive Maßnahme, *das Auskreuzen*, lassen sich diese Verluste verringern (Bild 4.153). Die z. B. im Schirm A fließenden Ströme schließen sich zum großen Teil über

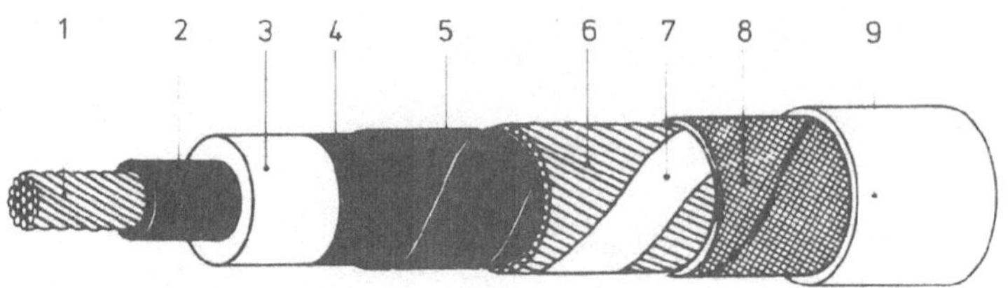

Bild 4.151 20-kV-Einleiterkabel A2YHSY

1 Leiter
2 innere Leitschicht
3 Isolierhülle (PE)
4 äußere Leitschicht
5 Polster
6 Schirm
7 Kontaktwendel
8 Bewicklung
9 PVC-Mantel

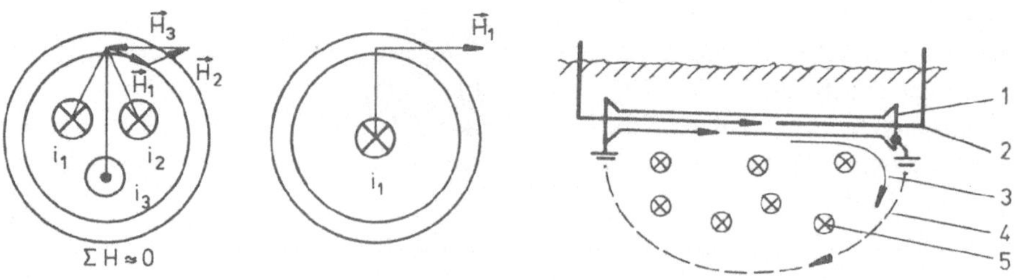

Bild 4.152 Feldverhältnisse bei einem drei- und einadrigen Kabel für die Stromwerte

$$i_1 = \frac{1}{2}\hat{I}, \quad i_2 = \frac{1}{2}\hat{I}, \quad i_3 = -\hat{I}$$

1 Schirm, 2 Leiter, 3 induzierte Spannung, 4 Wirbelstrom, 5 magnetisches Feld

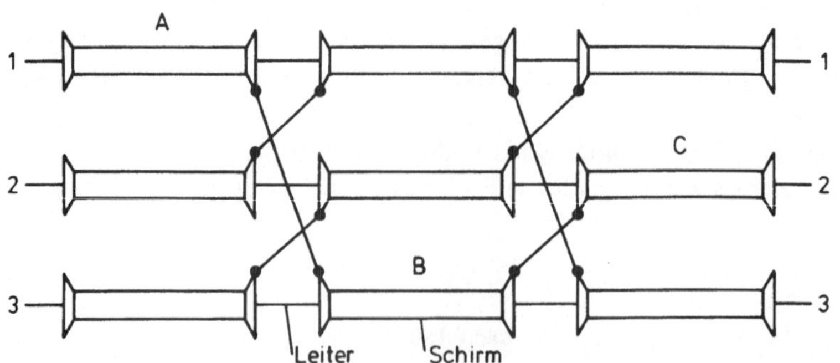

Bild 4.153 Auskreuzen der Schirme bei einadrigen Kabeln

die in Reihe liegenden Schirme B und C. Sie überlagern sich den dort induzierten Strömen. Da die Wirbelströme – wie die verursachenden Leiterströme – untereinander um 120° phasenverschoben sind, kompensieren sie sich weitgehend.

Das Auskreuzen wird vornehmlich im Hoch- und Höchstspannungsbereich vorgenommen, da dort infolge der hohen Spannungen die Verluste besonders groß sind.

Im Nieder- und Mittelspannungsbereich verdrängen die Kunststoffkabel seit Anfang der siebziger Jahre zunehmend die bis dahin eingesetzten *Massekabel,* die den Bereich bis 60 kV abgedeckt haben. Im Niederspannungsbereich werden seit Mitte der siebziger Jahre kaum noch Massekabel verwendet, in der Mittelspannungsebene verläuft dieser Prozeß gleitender. Außerdem stellen die Massekabel bei einer durchschnittlichen Lebensdauer von ca. 30 Jahren noch einen erheblichen Anteil an den bereits verlegten Netzen dar. Diese Betrachtungen zeigen, daß auf Kenntnisse über diese Kabelart noch nicht verzichtet werden kann.

Bei *Massekabeln* besteht die Isolation nicht aus Kunststoff, sondern aus *ölgetränktem Papier.* Die Verwendung einer Tränk*masse* hat zu dem Namen *Masse*kabel geführt. Die Papier-Öl-Isolation verliert im Unterschied zu Kunststoff ihre elektrische Festigkeit, wenn Feuchtigkeit in das Kabel eindringt. Zum Schutz dagegen werden Aluminium- und vor allem Bleimäntel verwendet, die beide jedoch nicht korrosionsfest sind. Dabei ist Aluminium besonders stark gefährdet. Blei ist im Vergleich zu Aluminium wiederum mechanisch gering belastbar und weist ein hohes Gewicht auf. Um die dadurch gegebene mechanische Beanspruchung aufzufangen, werden Bleimäntel in der Regel mit einer Bewehrung versehen. Da die Mäntel bei den Massekabeln bereits leitfähig sind, ist der Einbau eines Schirmes zum Ableiten der Ladungs- und Kurzschlußströme nicht notwendig. Mantel und Bewehrung werden wiederum durch die bereits beschriebenen Schutzhüllen gegen Korrosion gesichert.

Im folgenden werden einige wichtige Ausführungsformen der Massekabel skizziert. In Bild 4.154 ist ein Gürtelkabel dargestellt, das im Bereich bis 10 kV eingesetzt wird. Anstelle der gemeinsamen Aderisolierung werden die Adern von einem ölgetränkten Papiergürtel gebündelt.

Bei Nennspannungen ab 10 kV werden auch bei dieser Bauart wiederum Radialfeldkabel verwendet. Wichtige Ausführungen stellen das Höchstädter- und das Dreimantelkabel dar (Bilder 4.155 und 4.156).

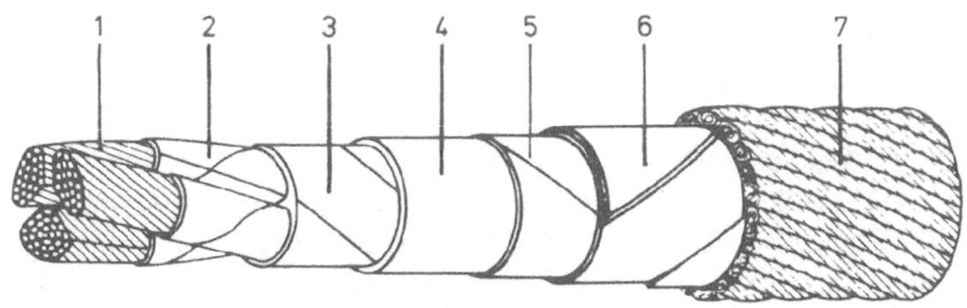

Bild 4.154 Gürtelkabel NKBA bzw. NAKBA

1 sektorförmiger Leiter (Cu, Al)
2 getränkte Papierisolierung
3 Gürtelisolierung (Papier)
4 Bleimantel
5 innere Schutzhülle (Faserstofflagen in Tränkmasse)
6 Stahlbandbewehrung
7 äußere Schutzhülle (Jute)

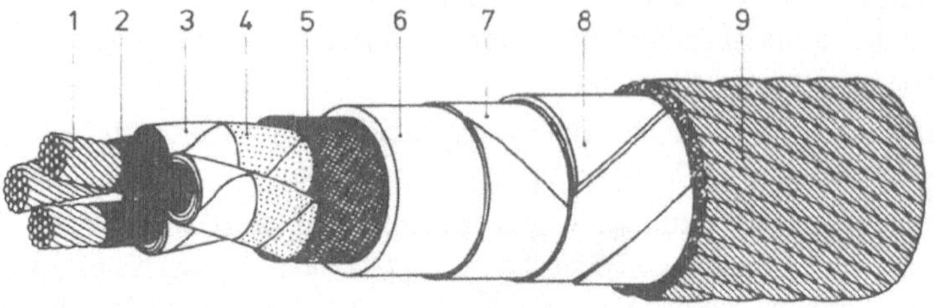

Bild 4.155 Höchstädterkabel NHKBA bzw. NAHKBA
1 Leiter (Cu, Al)
2 innere Leitschicht
3 getränkte Papierisolierung
4 äußere Leitschicht
5 Gewebeband und Tränkmasse bzw. Beilauf
6 Bleimantel
7 innere Schutzhülle
8 Stahlbandbewehrung
9 äußere Schutzhülle (Jute)

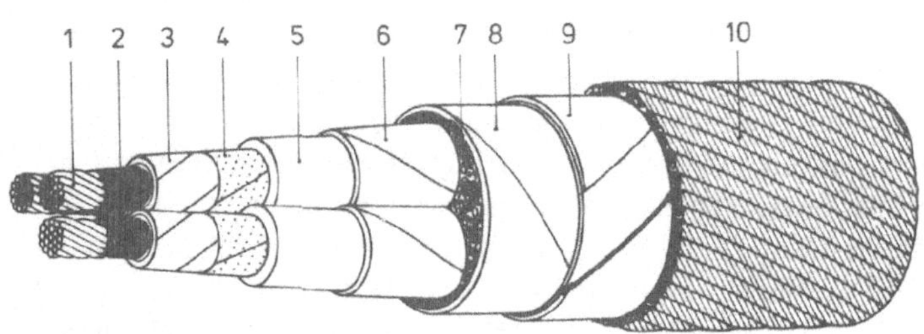

Bild 4.156 Dreimantelkabel NEKBA bzw. NAEKBA
1 Leiter (Cu, Al)
2 innere Leitschicht
3 getränkte Papierisolierung
4 äußere Leitschicht
5 Bleimantel
6 Korrosionsschutz
7 Zwickelausfüllung
8 innere Schutzhülle
9 Stahlbandbewehrung
10 äußere Schutzhülle (Jute)

Für Spannungen im Bereich 20 ... 60 kV sind einadrige Kabel eingesetzt worden. Für höhere Spannungen ist die Masseisolation nicht mehr ausreichend.

Eine Weiterentwicklung der Massekabel stellen die *Ölkabel* dar, die bevorzugt im Hoch- und Höchstspannungsbereich verwendet werden [26]. Die Isolation besteht ebenfalls aus ölgetränktem Papier. Zusätzlich wird jedoch von den Kabelenden her dünnflüssiges Öl in das Kabel gedrückt. Es dringt in eventuelle Hohlräume ein, so daß die Gefahr von Teilentladungen entfällt (Bild 4.157). In Bild 4.158 ist ein *Niederdruckölkabel* dargestellt; das Öl steht unter einem Druck bis zu 6 bar. Es handelt sich um eine Einleiterausführung. Der Ölkanal befindet sich im Leiter, der zu diesem Zweck als Hohlleiter ausgebildet ist. Bei starken Steigungen im Trassenverlauf oder, wenn längere Strecken ohne weitere Speisepunkte zu durchqueren sind, ist die gleichmäßige Verteilung des Öls gefährdet. In diesem Fall bringen höhere Öldrücke – bis zu 15 bar – eventuell Abhilfe.

Allerdings ist für Betriebsdrücke in dieser Größe das Kabel konstruktiv anders zu gestalten. Eine spezielle Bauart dieser Hochdruckölkabel, das Ölaußendruckkabel, ist Bild 4.159 zu entnehmen. Prinzipiell sind bei diesem Typ drei einadrige Papier-Öl-isolierte Kabel in einem

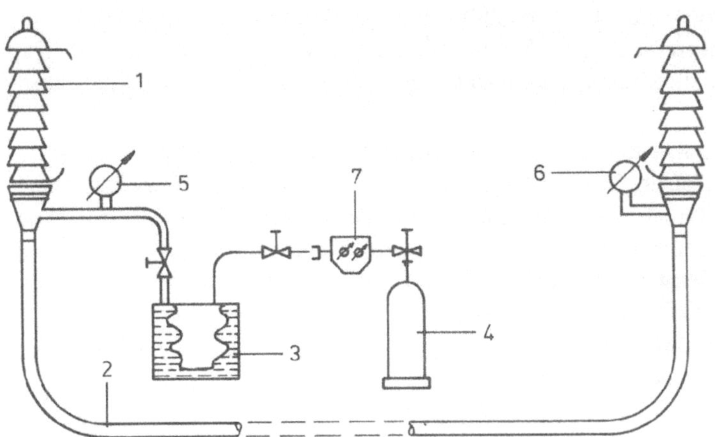

Bild 4.157 Ölkabel mit Ausgleichsgefäß
1 Kabel-Endverschluß
2 Ölkabel
3 Ölausgleichsgefäß
4 Gasflasche
5 Kontaktmanometer
6 Manometer
7 Reduzierventil

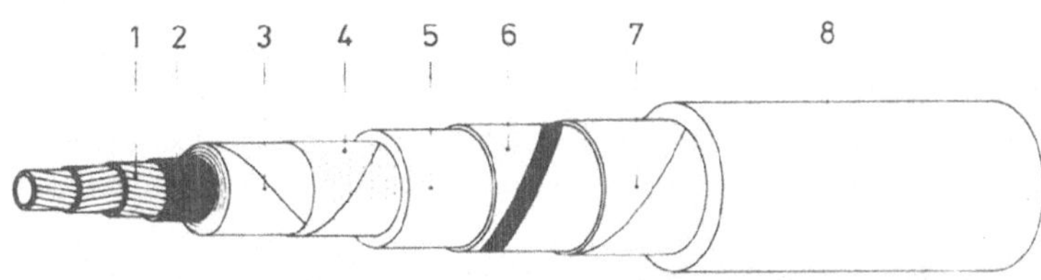

4.158 Einleiterölkabel NÖKuDEY bzw. NÖAKuDEY
1 Hohlleiter (Cu, Al) mit Öl
2 innere Leitschicht
3 getränkte Papierisolierung
4 äußere Leitschicht
5 Bleimantel
6 Druckschutzbandage
7 Bewicklung (Bitumenpapier)
8 äußere Schutzhülle (PVC)

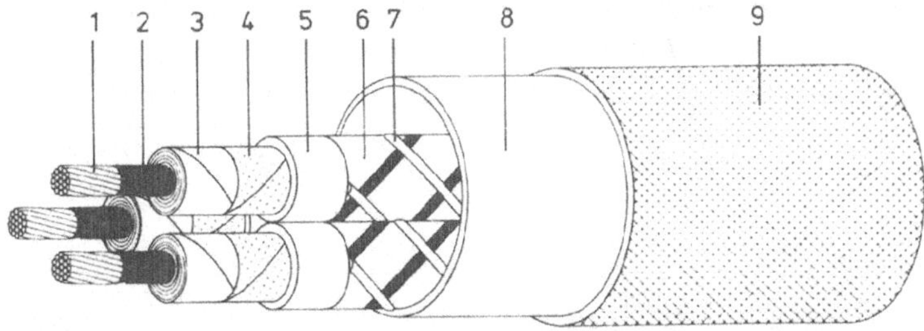

Bild 4.159 Hochdruck-Ölkabel im Stahlrohr (Außendruckausführung)
1 Leiter (Cu, Al)
2 innere Leitschicht
3 ölgetränkte Papierisolierung
4 äußere Leitschicht
5 Mantel (Blei bzw. PE)
6 Druckschutzbandage
7 Gleitdraht
8 Stahlrohr
9 Korrosionsschutz

Stahlrohr verlegt, das wiederum durch eine Bitumenhülle gegen Korrosion geschützt ist. In das Stahlrohr wird Öl gepreßt. Über die Mäntel wird die Isolierung der einadrigen Kabel zusammengedrückt. Unter diesem Druck können sich Hohlräume und damit Teilentladungen nicht ausbilden.

Anstelle von Öl kann auch Gas, und zwar Stickstoff, als Druckmittel gewählt werden. Für diese Konstruktion wird analog zu der Ölausführung der Begriff *Gasaußendruckkabel* verwendet. Daneben gibt es noch weitere Bauarten, die alle zusammenfassend als *Gaskabel* bezeichnet werden. Bei ihnen kann im Vergleich zu den Hochdruckölkabeln der Abstand zwischen den Druckeinspeisungen noch größer gewählt werden. Für Gas ist nämlich der Strömungswiderstand im Kabel erheblich kleiner als für Öl.

Neben den Öl- und Gaskabeln werden im Hoch- und Höchstspannungsbereich auch, wie bereits erwähnt, Kunststoffkabel verlegt. Der Verlustfaktor tan δ wächst bei Kunststoffkabeln vergleichsweise stark mit steigender Temperatur an. Dementsprechend vergrößern sich auch die dielektrischen Verluste

$$P_{\text{diel}} = U_b^2 \cdot \omega C \cdot \tan \delta , \qquad (4\text{–}125)$$

die eine weitere Erwärmung verursachen. Mit wachsender Erwärmung sinkt die elektrische Festigkeit; die Zerstörung des Kabels ist die Folge. Um einen solchen Wärmedurchschlag zu vermeiden, sind *Kunststoffkabel* im Vergleich zu Öl- und Gaskabeln *niedriger zu belasten.*

Generell sollten genauere Angaben zur Wärmestabilität für Hochspannungskabel direkt vom Hersteller erfragt werden, da eine Reihe von Parametern zu beachten ist [26]. Bei Kabeln liegen im Vergleich zu Freileitungen kompliziertere Verhältnisse vor. Dies zeigt sich bereits bei der Bestimmung des maximal zulässigen Dauerstroms für Kabel bis zu Nennspannungen von 60 kV.

Die in Tabellen angegebenen Dauerströme I_d gelten nur dann, wenn eine Reihe von Normalbedingungen erfüllt ist. Sofern diese Bedingungen bei dem jeweiligen Anwendungsbereich nicht gelten, muß eine Anpassung über Umrechnungsfaktoren erfolgen. So werden bestimmte Belastungsgrade wie z. B. eine Dauer- oder eine EVU-Belastung (s. VDE 0298) angenommen. Weiterhin sind u. a. der Wärmewiderstand des Bodens, die Legetiefe und die Anordnung der Kabel (Bild 4.160) zu beachten. Genauere Angaben sind u. a. [5] und der VDE-Bestimmung 0298 zu entnehmen. Eine *Nichtbeachtung dieser Bestimmungen* kann zu einer Überbeanspruchung der Kabel und damit zu einer *Verkürzung der Lebensdauer* führen.

Für Normkabel hat sich eine einheitliche Bezeichnungsweise ausgebildet. Danach wird der Kabelaufbau durch Buchstaben gekennzeichnet. Beginnend mit dem Buchstaben N, der

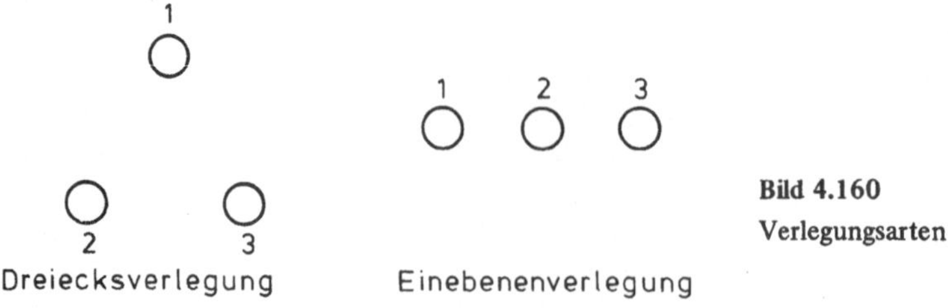

Bild 4.160
Verlegungsarten

aussagt, daß die Kabel den VDE-Bestimmungen entsprechen, sind die Abkürzungen in der Reihenfolge anzugeben, wie die Kabelelemente von innen nach außen auftreten. Die Bedeutung einiger wichtiger Buchstaben ist der Tabelle 4.3 zu entnehmen.

Tabelle 4.3: Bezeichnung der Normkabel

Buchstabe	Bedeutung
A	Al-Leiter (Cu wird nicht erwähnt)
H	Höchstädter-Folie
Y	PVC-Isolierung
2Y	PE-Isolierung
C	konzentrischer Cu-Leiter (Neutral-/Schutzleiter)
E	Mehrmantelkabel; Schutzhülle
K	Bleimantel
KL	Aluminium-Mantel
B	Stahlband-Bewehrung
F	Stahlflachdraht-Bewehrung
R	Stahlrunddraht-Bewehrung
D	Druckschutzbandage
Ö	Ölkabel
S	Schirm aus Kupfer
X	Isolierung aus vernetztem PE
A	äußere Schutzhülle aus Faserstoffen (Jute)

Zusätzlich zur Normbezeichnung werden Kabel durch ihre Nennspannung zwischen den Außenleitern sowie durch die zugehörige Sternspannung zwischen Außenleiter und Umhüllung charakterisiert, z. B. 5,6/10 kV.

Vollständigkeitshalber seien noch zwei wichtige Elemente des Kabelzubehörs beschrieben [27]. So werden zur Verbindung von Kabelstücken *Muffen* verwendet. Über spezielle Ausführungen, die Abzweigmuffen, läßt sich auch eine Verzweigung von Kabeln auf einfache Weise erreichen. In den Bildern 4.161 und 4.162 ist je eine Ausführungsform dargestellt.

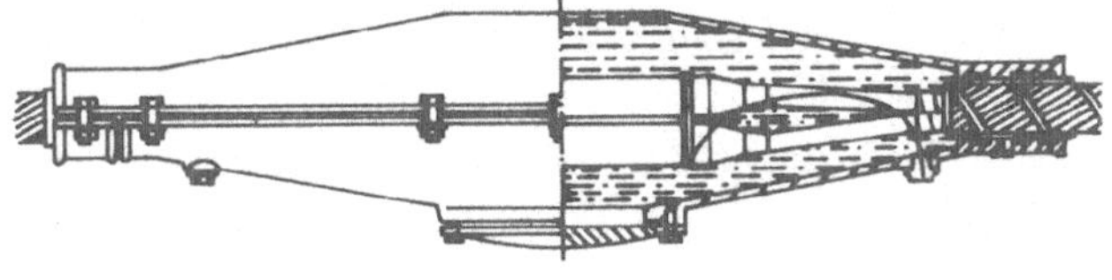

Bild 4.161
Verbindungsmuffe

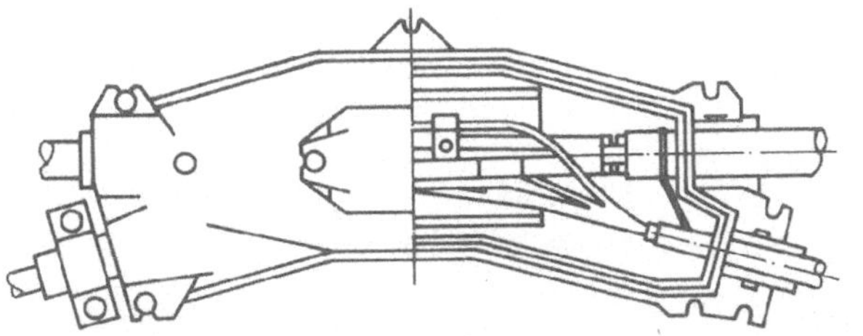

Bild 4.162
Abzweigmuffe (Doppelhausanschlußmuffe)

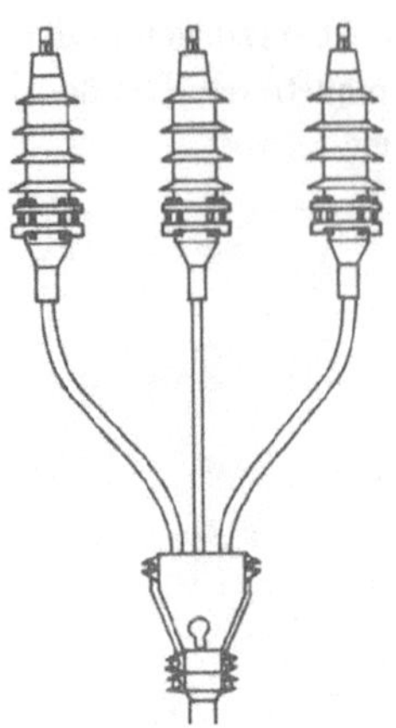

Bild 4.163 Endverschluß für Dreimantelkabel

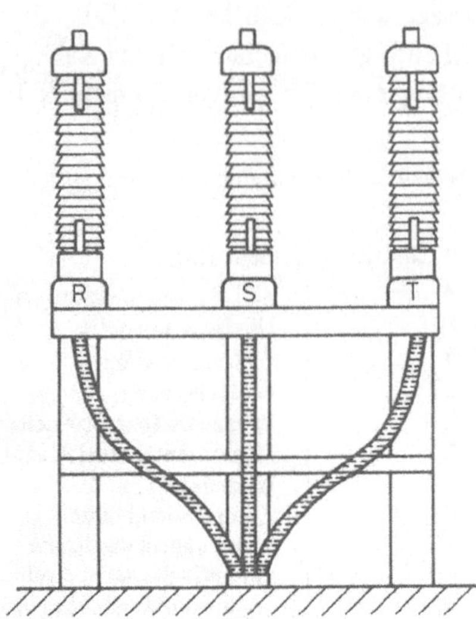

Bild 4.164 Freiluftendverschluß für Gasinnendruckkabel

Der Anschluß der Kabel an einspeisende Transformatoren oder der Übergang auf eine Freileitung erfolgt mit Hilfe von *Endverschlüssen.* Zwei Ausführungen zeigen die Bilder 4.163 und 4.164.

Nach diesen Erläuterungen ist es nun auch möglich, auf das Ersatzschaltbild und das Betriebsverhalten von Kabeln einzugehen.

4.6.2 Ersatzschaltbild und Betriebsverhalten von Drehstromkabeln

Physikalisch handelt es sich bei Kabeln ebenfalls um Leitungen. Das Ersatzschaltbild für Kabel weist daher die gleiche Struktur wie das für Freileitungen auf. Auf den Ableitwiderstand G' kann wiederum verzichtet werden. Die Ableitverluste, die im wesentlichen von den dielektrischen Verlusten gebildet werden, sind üblicherweise nur so groß, daß sie zwar bei Erwärmungs- und Wirkungsgradfragen zu beachten sind, nicht jedoch bei Betrachtungen über das Strom-Spannungs-Verhalten. Es resultiert damit das Ersatzschaltbild 4.165.

Mit dem im Abschnitt 4.5 entwickelten Freileitungsmodell sind die Leitungsparameter von Kabeln nicht in genügender Genauigkeit zu ermitteln. Der kompliziertere Aufbau von Kabeln führt zu verwickelteren Verhältnissen.

Der magnetische Fluß zwischen den Leitern ist aufgrund der geringen Leiterabstände relativ klein, so daß im Unterschied zu Freileitungen auch die Feldanteile im Leiterinneren zu be-

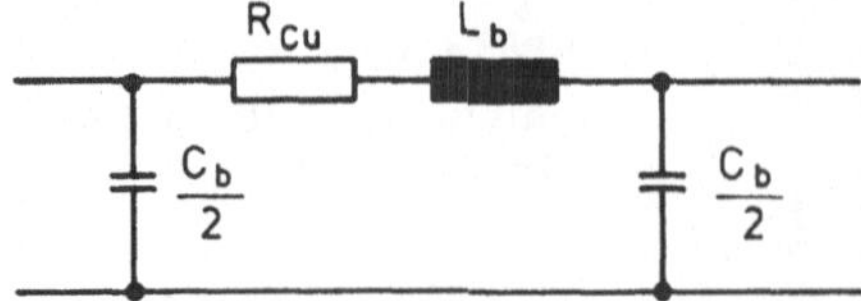

Bild 4.165
Ersatzschaltbild für Kabel

rücksichtigen sind. Das Feld setzt sich dort aus dem Eigenfeld und in etwa gleicher Größe aus Feldanteilen zusammen, die von den anderen Leitern eingekoppelt werden. Diese Felder rufen in den Leiterdrähten Wirbelströme hervor, deren Felder wiederum das verursachende Feld schwächen und damit den Induktivitätsanteil mindern, der durch das Leiterinnere bewirkt wird. Zugleich führen die Wirbelströme zu Verlusten. Diese Auswirkungen verstärken sich mit wachsender Frequenz des Leiterstromes (Oberschwingungen).

Im ähnlichen Sinne wirken, wie bereits ausgeführt, beidseitig geerdete Mäntel und Bewehrungen. Es sei bemerkt, daß die dort induzierten Wirbelströme insbesondere das äußere Feld schwächen. Dadurch wird die Kopplung zwischen parallelliegenden Kabeln gemindert. Ergänzend sei darauf hingewiesen, daß im symmetrischen Betrieb bei Dreileiterkabeln die magnetische Verknüpfung gering ist, da die Leiter eng beieinander liegen.

Eine analytische Formulierung des beschriebenen Modells führt auf ein kompliziertes Differentialgleichungssystem, das sich nur mit Rechnern auswerten läßt. Meßtechnische Untersuchungen stellen eine andere Möglichkeit dar, die Leitungsparameter mit genügender Genauigkeit zu bestimmen. Prinzipiell ergibt sich für den 50-Hz-Bereich folgendes:

Der Längswiderstand R ist größer als der Gleichstromwiderstand. Die Differenz ist ein Maß für die Wirbelstromverluste und wird in Tabellen als Zusatzwiderstand $\Delta R'$ gesondert aufgeführt. Bei einem bewehrten Bleimantelkabel $3 \times 150\ \text{mm}^2$ Cu liegt der Zusatzwiderstand z. B. bei ca. 8 % des Gleichstromwiderstandes.

Die mit dem Längswiderstand in Reihe geschaltete Betriebsinduktivität ist bei Kabeln aufgrund der geringen Leiterabstände kleiner als bei Freileitungen der gleichen Spannungsebene. Sie verringert sich bei Dreileiterkabeln knapp um einen Faktor 3. Dieser Wert reduziert sich bei Einleiterkabeln etwa auf einen Faktor 2, da der Leiterabstand dort größer ist. Infolge der geringeren Betriebsinduktivität wirkt sich bei Kabeln die ohmsche Komponente stärker aus. Zugleich verkleinert sich dadurch die Längsimpedanz. Dies hat zur Folge, daß Kabel Kurzschlußströme schwächer begrenzen als gleich lange Freileitungen. Durch eine zusätzliche Maßnahme, das Vorschalten einer Drosselspule, kann die Längsimpedanz wieder vergrößert werden. Man bezeichnet diese Drosselspulen auch als *Kurzschlußdrosselspulen*, ihr Schaltzeichen ist Bild 4.166 zu entnehmen.

Die geringen Leiterabstände bedingen einerseits relativ niedrige Induktivitäts-, andererseits jedoch relativ große Kapazitätsbeläge. Sie werden noch dadurch erhöht, daß die Isolierung eine Dielektrizitätskonstante ϵ_r zwischen 2 und 4 aufweist. Eine Berechnung der Kapazitäten führt infolge vorhandener Fertigungstoleranzen nur zu orientierenden Ergebnissen. Die folgenden qualitativen Betrachtungen sollen den Zusammenhang zwischen den Teilkapazitäten und der Betriebskapazität veranschaulichen.

Bei Kabelausführungen wie NAYY, NAKBA liegen im Hinblick auf die Teilkapazitäten ähnliche Gegebenheiten vor wie bei einer Drehstromfreileitung (Bild 4.167). Für die Betriebskapazität gilt daher ebenfalls der Zusammenhang

$$C_b' = 3\,C_{K\Delta}' + C_E' \,.$$

Bild 4.166
Schaltkurzzeichen einer Kurzschlußdrosselspule

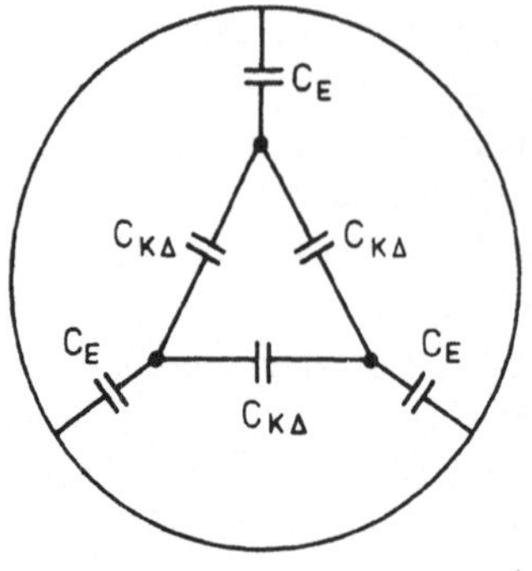

Bild 4.167
Gürtelkabel mit Koppelkapazitäten $C_{K\Delta}$ und Erdkapazitäten C_E

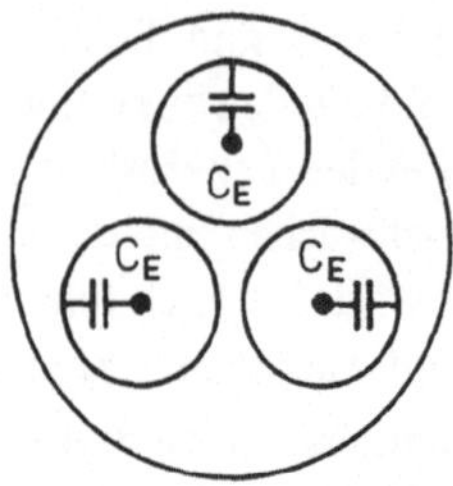

Bild 4.168 Kapazitäten eines Dreimantel- oder H-Kabels

Ihr Wert liegt bei ca. 0,4 μF/km. Bei den Kabeln für höhere Nennspannungen, den Radialfeldausführungen und den einadrigen Kabeln, treten infolge der Erdungsmaßnahmen keine Koppelkapazitäten $C_{K\Delta}$ auf (Bild 4.168). Es gilt daher die Beziehung

$$C_b' = C_E'.$$

Die Betriebswerte werden bei diesen Bauarten allein durch die Erdkapazität festgelegt, die wiederum durch Stärke und Art der Aderisolierung bestimmt ist. Der Richtwert liegt bei ca. 0,2 μF/km.

Im Vergleich zu Freileitungen sind die Kapazitätsbeläge bei Kabeln hoch. Sie bewirken im Leerlauf einen merklichen kapazitiven Strom, den *Ladestrom.* Mit steigender Last verkleinert sich diese Blindkomponente, um im übernatürlichen Betrieb induktiv zu werden. Man bezeichnet das Verhalten im Leerlauf als *Selbstauslastung eines Kabels.* Wie sich mit einer Überschlagsrechnung schnell zeigen läßt, sind im Hochspannungsbereich Längen von 30 km kaum zu überschreiten, ohne daß der Ladestrom bei Teillast, insbesondere bei Leerlauf, zu große Verluste hervorruft. Sofern im Hochspannungsbereich längere Kabelverbindungen gewünscht werden, ist eine HGÜ zu empfehlen (vgl. Abschnitt 3.1). Im Mittelspannungsbereich ist infolge der niedrigeren Spannung der Ladestrom kleiner. Dort wird die Netzausdehnung auf 10 ... 20 km durch andere Restriktionen beschränkt (s. Kapitel 5).

Zur detaillierteren Beurteilung des Betriebsverhaltens stellt der Wellenwiderstand eine wichtige Größe dar. Im Unterschied zu Freileitungen ist bei Kabeln, insbesondere bei Dreileiterkabeln, der ohmsche Längswiderstand nur in Ausnahmefällen zu vernachlässigen. Analog zu den Betrachtungen im Abschnitt 4.5 läßt sich auch für das Ersatzschaltbild 4.165 ein Wellenwiderstand berechnen. Er nimmt die Form

$$\underline{Z}_W = \sqrt{\frac{R' + j\omega L_b'}{j\omega C_b'}}$$

an. Mit den Richtwerten $\omega L_b' = 0{,}1\ \Omega/\text{km}$, $C_b' = 0{,}2\ \mu\text{F/km}$, $R' = R_{CU}' + \Delta R' = 0{,}13\ \Omega/\text{km}$ ($3 \times 150\ \text{mm}^2$ Cu) erhält man aus dem obigen Ausdruck den komplexen Wert

$$\underline{Z}_W = 51 \cdot e^{-j26°}\ \Omega.$$

Die imaginäre Komponente beeinflußt den Betrag etwa um 11 %. Für eine erste orientierende Betrachtung des Betriebsverhaltens ist es daher gestattet, einen reellen Wellenwiderstand vorauszusetzen; eine genauere Darstellung ist [23] zu entnehmen. Wie aus dem obigen Zahlenbeispiel zu ersehen ist, nimmt der Wellenwiderstand bei Kabeln deutlich niedrigere Werte an als bei Freileitungen. Dementsprechend vergrößert sich die natürliche Leistung $P_{nat} = U_n^2/Z_W$. Sie rückt im Vergleich zu Freileitungen näher an die querschnittsabhängige, thermisch zulässige Leistung heran oder übersteigt sie sogar. Ähnlich wie bei den Freileitungen unterhalb der 110 kV-Ebene prägt sich auch bei Kabeln der Ferranti-Effekt nur schwach aus. Der Einsatz von Kompensationsdrosseln ist daher ebenfalls nicht notwendig.

Die bisherigen Betrachtungen erlauben es, auf einige betriebstechnische Vorteile einzugehen, die mit dem Einsatz von Kabeln verbunden sind. Kabel hinreichender Länge weisen eine große Querkapazität auf. Für Oberschwingungen stellt die Querkapazität eine niederohmige Reaktanz dar, über die sich die Oberschwingungen schließen. Einspeisung und Verbraucher belasten sich daher gegenseitig im geringeren Maße mit ihrem Oberschwingungsgehalt. Aus ähnlichen Gründen begrenzen Kabel auch solche Überspannungen, die infolge ihrer Kurzzeitigkeit sehr hochfrequent sind. Aufgrund dieser Eigenschaften werden unabhängig von Kostengesichtspunkten die Leitungen zur Versorgung wichtiger Netzteile häufig – zumindest auf Teilstrecken – verkabelt.

Bisher sind die Erzeuger und die wesentlichen Übertragungseinrichtungen beschrieben worden. Im folgenden wird nun auf das letzte Glied dieser Kette, die Verbraucher, eingegangen.

4.7 Lasten

Die in den Energieversorgungsnetzen installierten Verbraucher verhalten sich meist ohmsch-induktiv. Sie sind in ihren Nennleistungen und Betriebsverhalten sehr unterschiedlich. Dabei werden von einer Netzeinspeisung meist mehrere Verbraucher versorgt, die summarisch als *Last* oder als *Verbraucherleistung* bezeichnet werden. Verbraucher, deren Nennleistung aus dem allgemeinen Niveau herausragt und die einen Einzelanschluß benötigen, werden im Unterschied dazu als *Punktlasten* bezeichnet (Bild 4.169).

Gemeinsam ist allen Verbrauchern, daß sie parallel geschaltet werden. Punktlasten, z. B. große Motoren, stellen im allgemeinen dreiphasige, symmetrisch aufgebaute Verbraucher dar, die das Netz dementsprechend auch symmetrisch belasten. Die einphasigen Verbraucher des Niederspannungsnetzes werden, wie bereits im Abschnitt 3.1 dargestellt, zwischen einen Außenleiter und den Sternpunktleiter geschaltet. Von seiten der Netzplanung sind den einzelnen Außenleitern jedoch so viele Verbraucher zugeordnet, daß die Netzeinspeisungen aus dem Mittelspannungsnetz ebenfalls weitgehend symmetrisch belastet werden.

Aufgrund dieser symmetrischen Verhältnisse ist eine einphasige Darstellung der Verbraucher gerechtfertigt; die Last reduziert sich auf einen Zweipol, der im Nennbetrieb durch

$$\underline{Z}_{nV} = \frac{\underline{U}_{nV}}{\sqrt{3} \cdot \underline{I}_{nV}}$$

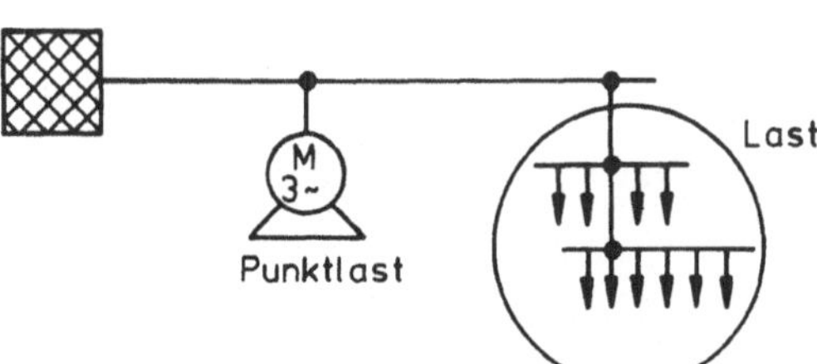

Bild 4.169
Veranschaulichung der Begriffe Last und Punktlast

gekennzeichnet wird. Die Bestimmung der Nennspannung bzw. des Nennstroms sowie der Phasenverschiebung stellt bei Punktlasten kaum eine Schwierigkeit dar. Kompliziertere Verhältnisse ergeben sich jedoch bei Lasten, die aus vielen Verbrauchern bestehen, da diese ein stochastisches Verhalten aufweisen: Es sind nicht alle Verbraucher eingeschaltet, und außerdem werden sie häufig nur mit Teillast betrieben. Zur Kennzeichnung solcher Lasten ist es günstiger, mit den Wirk- und Blindleistungen der Verbraucher als mit ihren Eingangsimpedanzen zu operieren. Leistungen sind arithmetisch und nicht geometrisch zu addieren, so daß sie für die Anschauung zugänglicher sind.

Eine Einspeisung kann maximal mit der Summe der Nennleistungen belastet werden, die jeweils bei den installierten Verbrauchern auftritt. Diese Leistung wird als *Anschlußwert* P_A bezeichnet und beträgt bei k-Verbrauchern

$$P_A = \sum_{i=1}^{k} P_{ni}. \tag{4–126}$$

Bei modernen Haushalten beträgt der Anschlußwert etwa 20 kW. Erfahrungsgemäß wird das Netz jedoch, von wenigen Ausnahmen abgesehen, nur mit der erheblich geringeren Leistung

$$P = g \cdot P_A \tag{4–127}$$

belastet, da nicht alle Verbraucher zur gleichen Zeit ihre Nennleistung ziehen. Die Größe g wird sinnvollerweise *Gleichzeitigkeitsfaktor* genannt; er beträgt bei einem Haushalt ca. 0,3, so daß ein Wohnungsanschluß nur für ca. 7 kW ausgelegt werden muß. Bei einer eventuellen Überbeanspruchung sprechen Sicherungen bzw. der Netzschutz an (s. Abschnitt 4.12). Der Gleichzeitigkeitsfaktor stellt eine reine Erfahrungsgröße dar, die im wesentlichen von Art und Anzahl der Verbraucher sowie von der Netzform abhängig ist und aus zahlreichen Messungen gewonnen worden ist. Der Leistungsfaktor $\cos\varphi$ der Last läßt sich ebenfalls als Erfahrungswert hinreichend genau abschätzen. Bei Haushalten beträgt er ca. 0,9, so daß sich damit die Blindleistung zu

$$Q = P \cdot \tan\varphi$$

bestimmen läßt. Ausführlichere Angaben über Gleichzeitigkeits- und Leistungsfaktoren für verschiedene Lasten sind der Spezialliteratur z. B. [28] zu entnehmen.

Bei vielen Verbrauchern hängt die Eingangsimpedanz nichtlinear von der Spannung ab. Als ein Beispiel seien Asynchronmotoren genannt. Dementsprechend zeigt auch die Eingangsimpedanz einer Last ein nichtlineares Verhalten. Messungen deuten darauf hin, daß im Bereich $0{,}8\,U_{nV} \leqslant U_{bV} \leqslant 1{,}2\,U_{nV}$ in vielen Fällen stationär die Zusammenhänge

$$P(U_{bV}) = P_{nV} \cdot \left(\frac{U_{bV}}{U_{nV}}\right) \tag{4–128}$$

$$Q(U_{bV}) = Q_{nV} \cdot \left(\frac{U_{bV}}{U_{nV}}\right)^2 \tag{4–129}$$

näherungsweise gelten. Der Index V kennzeichnet dabei die Werte an der Last, also an den Verbrauchern. Aus diesen Beziehungen läßt sich die Impedanz zu

$$\underline{Z}_V = \frac{\underline{U}_{bV}}{\underline{I}_{bV}} = \frac{U_{bV}}{\sqrt{\left(\frac{P_{nV}}{U_{nV}}\right)^2 + \left(\frac{U_{bV} \cdot Q_{nV}}{U_{nV}^2}\right)^2}} \cdot e^{+j \cdot \arctan\left(\frac{Q_{nV} \cdot U_{bV}}{U_{nV} \cdot P_{nV}}\right)} \tag{4–130}$$

errechnen, deren qualitativer Verlauf unter anderem in Bild 4.170 dargestellt ist [29, 30].

In der praktischen Netzberechnung kennzeichnet man meist die Lasten durch die Bedingungen

$$\begin{aligned} P(U_{bV}) &= P_{nV} \\ Q(U_{bV}) &= Q_{nV}. \end{aligned} \tag{4–131}$$

Diese Bedingungen besagen, daß die Verbraucher unabhängig von den Spannungsverhältnissen stets die Leistung aus dem Netz ziehen, die im Nennbetrieb benötigt wird. Es ist ebenfalls wieder die Angabe einer Impedanz möglich:

$$\underline{Z}_V = \frac{U_{bV}^2}{\sqrt{P_{nV}^2 + Q_{nV}^2}} \cdot e^{+j \cdot \arctan \frac{Q_{nV}}{P_{nV}}} . \tag{4–132}$$

Der prinzipielle Verlauf ist zusätzlich in Bild 4.170 skizziert. Diese Funktion verläuft steiler als die vorhergehende Lastcharakteristik. Im Kapitel 5 wird gezeigt, daß diese Lastbedingungen zu einer schärferen Beanspruchung der Netze im Normalbetrieb führen und daher bei der Auslegung eine größere Sicherheit gewähren. Bei der Kurzschlußstromberechnung sind die Bedingungen (4–131) nicht sinnvoll. Lasten werden dort stattdessen als konstante Impedanzen angesehen. Wie im Kapitel 6 gezeigt wird, entspricht diese Annahme ebenfalls einem Sicherheitszuschlag bei der Berechnung der Kurzschlußströme am Kurzschlußort.

Die Auswirkungen der Lasten auf die Strom-Spannungs-Verhältnisse im Netz lassen sich innerhalb gewisser Grenzen durch den Einbau der anschließend beschriebenen Kondensatoren steuern.

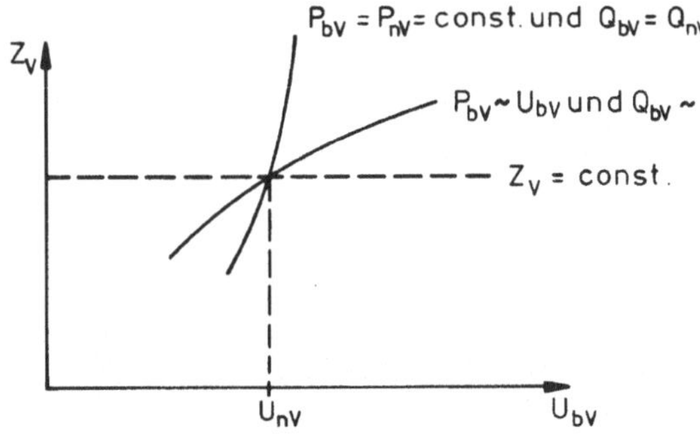

Bild 4.170
Spannungsabhängigkeit der Lasten

4.8 Leistungskondensatoren

Kondensatoren, die in Netzanlagen zum Verbessern des Leistungsfaktors eingesetzt werden, bezeichnet man als *Leistungskondensatoren.* Im Vergleich zu Synchronmaschinen, die im übererregten Betrieb (s. Abschnitt 4.4) auf das Netz wie eine Kapazität wirken, sind Leistungskondensatoren meist wirtschaftlicher. Auch von diesem Netzelement wird zunächst wiederum der Aufbau beschrieben, um dann anschließend Einsatz und Auswirkungen auf den Netzbetrieb zu untersuchen.

4.8.1 Aufbau von Leistungskondensatoren

Elektrisch leitende Aluminiumfolien und Bahnen eines isolierenden Dielektrikums werden zu Rollen gewickelt (Bild 4.171). Die Dicke des Dielektrikums hängt dabei von der gewünschten Spannungsfestigkeit ab und ist – je nach Hersteller – unterschiedlich beschaffen. Bei neueren Ausführungen von Mittelspannungskondensatoren, den Folienkondensatoren, wird z. B. bereits ganz auf Papier als Dielektrikum verzichtet. Anstelle eines Mischdielektrikums aus Papier und Kunststofflagen werden nur noch Kunststoffolien verwendet. Diese Kondensatoren zeichnen sich durch besonders geringe Verluste von $< 0{,}5$ W/kVar aus.

Die gewickelten Rollen werden im weiteren Fertigungsprozeß zu Flachwickeln gepreßt, mit Anschlüssen versehen und in einen Behälter eingesetzt. Sie werden je nach den Nenndaten über die Anschlüsse (Bild 4.171) parallel oder in Serie geschaltet (Bild 4.172). Häufig werden die einzelnen Wickel durch sogenannte Wickelsicherungen geschützt. Die Behälter der meist einphasig ausgeführten *Kondensatoreinheiten* weisen eine hohe, schlanke Form auf. Die sich ergebende große Oberfläche bewirkt eine gute Abgabe der Wärme, die durch die dielektrischen Verluste entsteht. Die Behälter werden so hergestellt, daß keine Feuchtigkeit oder Luft eindringen kann. Anderenfalls würden sich im Dielektrikum Inhomogenitäten ausbilden, die bei Überlastung zu Teilentladungen und in einem weiteren Stadium zu Durchschlägen neigen. Diese Störungen können zu einem Ausfall einzelner Wickel oder sogar des ganzen Kondensators führen.

Reichen die Anschlußwerte U_n, I_n einer Kondensatoreinheit für den Anwendungszweck nicht aus, werden eine Reihe von Kondensatoreinheiten analog zu den Wickeln in Serie oder parallel geschaltet. Diese Anordnung wird dann als *Kondensatorbatterie* bezeichnet. Eine Möglichkeit, Fehler in den Kondensatoreinheiten zu erkennen, besteht darin, eine Brückenschaltung zu wählen und die Kondensatorbatterie in zwei Teilbatterien aufzuteilen. Jede Teilbatterie wird in Stern geschaltet. Die beiden Sternpunkte werden über einen Leiter miteinander verbunden. Im Normalbetrieb ist dieser Leiter weitgehend stromlos. Sofern ein größerer Strom fließt, liegt ein Defekt vor.

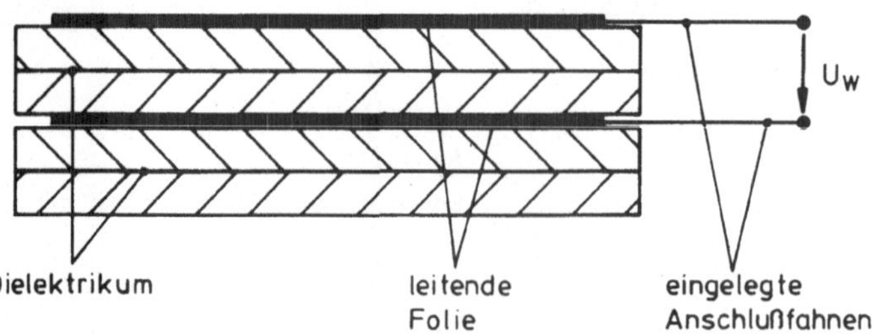

Bild 4.171 Darstellung eines abgerollten Wickels

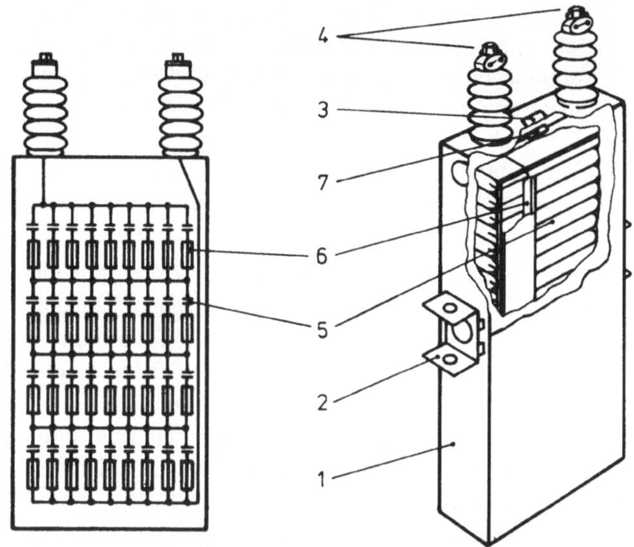

Bild 4.172 Aufbau eines Leistungskondensators
(1 Gehäuse, 2 Haltebügel, 3 Leistungsschild, 4 Durchführung, 5 Wickel, 6 Sicherung, 7 Entladewiderstand)

Bei Kondensatoren ist darauf zu achten, daß diese unter Umständen auch nach dem Abschalten vom Netz noch eine Ladung aufweisen. Insbesondere Kondensatoren größerer Leistung können nach dem Abschalten noch zu Gefährdungen führen, wenn sie von *einem Menschen berührt werden.* Deshalb werden Leistungskondensatoren mit Einrichtungen ausgerüstet, die in einer angemessenen Zeit eine Entladung bewirken (s. VDE 0560/73). Eine Möglichkeit besteht z. B. darin, hochohmige Entladewiderstände vorzusehen.

Im folgenden wird auf den Anwendungsbereich dieser Leistungskondensatoren, die Blindleistungskompensation, eingegangen.

4.8.2 Grundsätzliche Erläuterungen zur Blindleistungskompensation

Wie bereits im Abschnitt 4.7 erläutert, benötigen die Verbraucher in Energieversorgungsnetzen nicht nur Wirkleistung, sondern zum Aufbau ihrer magnetischen Felder auch induktive Blindleistung. Die Blindleistung muß bekanntlich von den Generatoren gedeckt werden. Wenn die Leistungsfaktoren kleiner als 0,9 sind, führt die Blindleistung zu merklich größeren Strömen und damit zu erhöhten Verlusten in den Leitungen. Dieser Sachverhalt ist noch einmal in Bild 4.173 dargestellt.

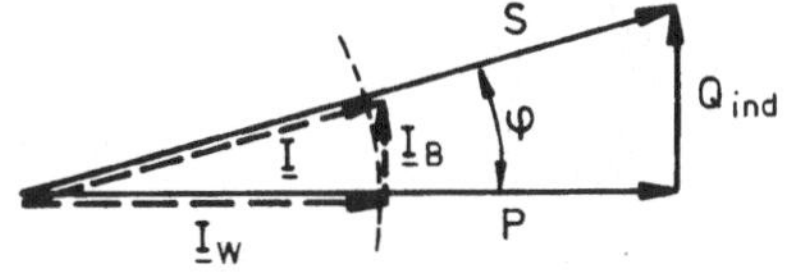

Bild 4.173
Leistungsverhältnisse

Die von den Verbrauchern benötigte Blindleistung kann jedoch nicht gesenkt werden, ohne daß deren magnetische Felder geschwächt und damit das Betriebsverhalten gestört wird. Wenn jedoch möglichst nahe an den Verbrauchern Kondensatoren eingebaut werden, können die Generatoren von der Blindleistungslieferung entlastet werden, ohne daß sich die Blindleistungsverhältnisse bei den Verbrauchern ändern. Dieses Verhalten beruht darauf, daß Kondensatoren zum Aufbau ihrer elektrischen Felder eine kapazitive Blindleistung benötigen, die, wie aus Bild 4.174 hervorgeht, zu einer Senkung – einer Kompensation – der induktiven Blindleistung führt.

Grundsätzlich gibt es die beiden Möglichkeiten, die Kondensatoren parallel oder in Reihe mit der Last zu schalten. *Normalerweise* wird in Energieversorgungsnetzen aus technischen und wirtschaftlichen Gründen die *Parallelschaltung zur Kompensation* verwendet. Ein wesentlicher Grund besteht z. B. darin, daß bei einer Reihenschaltung im Kurzschlußfall sehr hohe Ströme durch die Kondensatoren fließen können, die dort einen entsprechend hohen Spannungsabfall zur Folge haben. Die eingesetzten Kondensatoren müßten im Hinblick auf ihre Spannungsfestigkeit im Vergleich zum Normalbetrieb entweder stark überdimensioniert werden, oder es wäre ein zusätzlicher Schutz vorzusehen.

Sofern nicht kompensiert wird, führt der größere Blindleistungsanteil zu einer erhöhten Leitungsauslastung und damit zu größeren Leitungsverlusten. Die Deckung der zusätzlichen Verluste bedingt wiederum einen erhöhten Brennstoffverbrauch in den Kraftwerken. Um den Blindleistungsanteil gering zu halten, wird die Blindleistung von den Energieversorgungsunternehmen in der Tarifgestaltung gesondert berücksichtigt. Eine Form stellt der Scheinleistungstarif dar.

Unterhalb eines bestimmten Leistungsfaktors $\cos\varphi$ – z. B. $\cos\varphi_s = 0{,}96$ – wird die Scheinleistung $P/\cos\varphi$ anstelle der Wirkleistung berechnet. Für $\cos\varphi > \cos\varphi_s$ wird nur die Wirkleistung bewertet, da sie in diesem Bereich die Größe des Stromes festlegt. Aus diesem Grunde ist eine vollständige Kompensation nicht wirtschaftlich. Sie wird vielmehr nur bis zu einem Rest Q_r durchgeführt, bei dem sich gerade der Leistungsfaktor $\cos\varphi_s$ einstellt. Entsprechend Bild 4.174 muß der Kondensator dann die Blindleistung

$$Q_c = Q_{ind} - Q_r \quad \text{bzw.} \quad Q_c = P \cdot (\tan\varphi - \tan\varphi_s)$$

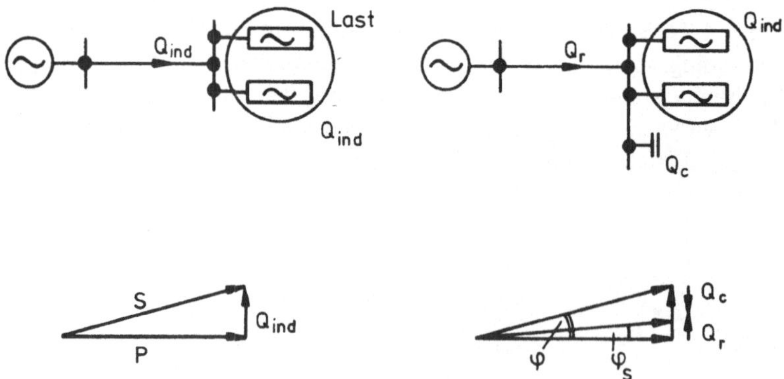

Bild 4.174 Prinzip der Blindleistungskompensation

zur Verfügung stellen. Eine in Stern geschaltete Kondensatoranlage liefert eine Blindleistung in Höhe von

$$Q_{c\curlywedge} = 3 \cdot \left(\frac{U_n}{\sqrt{3}}\right)^2 \cdot \omega C = U_n^2 \cdot \omega C, \tag{4–133}$$

bei einer Dreieckschaltung mit gleicher Kapazität erhält man dagegen einen dreimal so großen Wert. Sofern ein Kondensator spannungsmäßig sowohl für eine Stern- als auch eine Dreieckschaltung ausgelegt ist, erweist sich die Wahl der Dreieckschaltung als kostengünstiger.

Kompensationsanlagen werden vornehmlich in Industrienetzen bis 30 kV eingesetzt. In diesen Netzen befinden sich meist zahlreiche Motoren, die einen relativ hohen Blindleistungsbedarf zur Folge haben. Wenn jeweils nur der einzelne Verbraucher kompensiert wird, so spricht man von einer *Einzelkompensation.* Sofern eine Kondensatoranlage für eine Gruppe bzw. für alle Verbraucher des Werkes zuständig ist, verwendet man dafür den Ausdruck *Gruppen- bzw. Zentralkompensation.* Genauere Ausführungen dazu sind u. a. [31] zu entnehmen. In Bild 4.175 sind diese Begriffe noch einmal veranschaulicht.

In allen Fällen ist bei der Dimensionierung der Kondensatoranlage darauf zu achten, daß – z. B. bei Teillast – nicht der Fall $Q_c > Q_{ind}$ auftritt. Man bezeichnet diesen Zustand als *Überkompensation.* Als Folge davon können sich betriebsfrequente Spannungserhöhungen einstellen, die u. a. auf Reihenresonanzen beruhen, ähnlich dem Ferranti-Effekt. Bei einer Zentralkompensation umgeht man diese Gefahr überwiegend dadurch, daß man einen Regler vorsieht. Dieser schaltet jeweils nur so viele Kondensatoreinheiten ans Netz, daß ein vorgegebener Sollwert $\cos \varphi_s$ nicht überschritten wird.

Weitere Gesichtspunkte bei der Auslegung von Kompensationsanlagen sind zu beachten, wenn in der Netzanlage kräftige Oberschwingungen vorhanden sind.

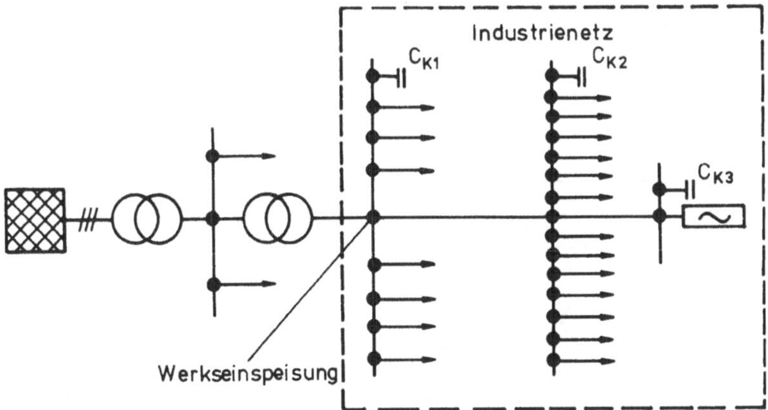

Bild 4.175 Schema einer Zentral-, Gruppen- und Einzelkompensation.
C_{K1} Zentralkompensation; C_{K2} Gruppenkompensation; C_{K3} Einzelkompensation

4.8.3 Blindleistungskompensation bei Netzen mit parasitären Oberschwingungen

In einem geringen Maße werden stationäre Oberschwingungen von leerlaufenden Transformatoren parasitär erzeugt [8]; der wesentliche Anteil rührt jedoch von Stromrichteranlagen her, die im folgenden durch das Schaltkurzzeichen in Bild 4.176 gekennzeichnet werden.

Die in den einzelnen Leitern phasenverschobenen Grundschwingungen sind mit den Oberschwingungen in der Weise verbunden, wie es Bild 4.177 zu entnehmen ist. Die Oberschwingungen sind im allgemeinen auch wieder untereinander phasenverschoben. Die Frequenz dieser Oberschwingungen beträgt stets ein ganzzahliges Vielfaches ν der Netzfrequenz ω. Die einzelnen Anlagen erzeugen abhängig von ihrem Aufbau meist nur einen Teil dieser Frequenzen. Bei einem ungestörten Dreileitersystem – das im folgenden nur betrachtet wird – können sich die durch 3 teilbaren Frequenzen dieses Spektrums *nicht* ausbilden, da sie untereinander gleichphasig verlaufen und sich nicht, wie erforderlich, im Sternpunkt zu Null ergänzen. Die übrigen Oberschwingungen des Frequenzspektrums können in einem Dreileitersystem jedoch auftreten, da sie *untereinander* wiederum um ± 120° phasenverschoben sind [23]. Bei den Oberschwingungen bis etwa 1 kHz bewegt sich deren Amplitude bei Nennbetrieb im Prozentbereich der Nennströme. Es wird angestrebt, den Effektivwert der einzelnen Oberschwingungsspannungen zu begrenzen, da sonst erfahrungsgemäß das Betriebsverhalten anderer Netzelemente beeinträchtigt wird. Für die wichtigsten Oberschwingungen mit $\nu = 5, 7, 11, 13$ gelten die Richtwerte

$$\begin{aligned} U_5\;, U_7 &\leqslant 0{,}05\;U_{nN} \\ U_{11}, U_{13} &\leqslant 0{,}03\;U_{nN}. \end{aligned} \qquad (4\text{–}134)$$

Bild 4.176 Schaltkurzzeichen einer Stromrichteranlage

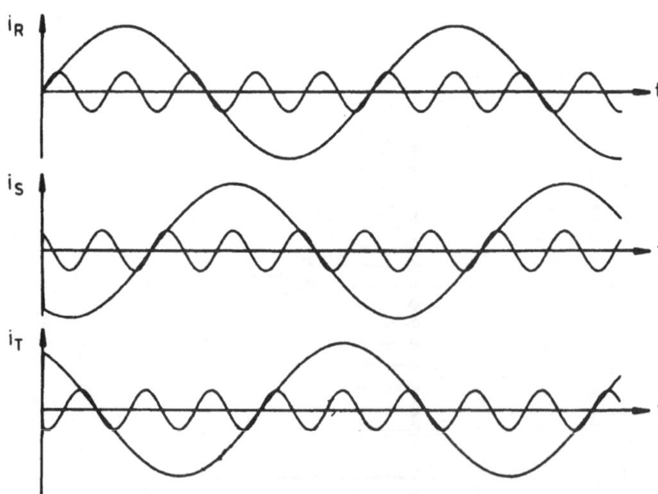

Bild 4.177 Grundschwingung mit 5.Oberschwingung beim ungestörten Dreileitersystem

Bereits Oberschwingungen in dieser Größenordnung können jedoch einen Ausfall von Kompensationsanlagen herbeiführen, wenn die Kondensatoren in der bisher kennengelernten Weise zur Kompensation eingesetzt würden. Die Ursachen für dieses Verhalten werden anhand der speziellen Anlage in Bild 4.178 erläutert.

Da Stromrichteranlagen – insbesondere bei Teillast – einen schlechten Leistungsfaktor für die 50-Hz-Grundschwingung aufweisen, ist eine Kompensation meist unumgänglich. In dem Beispiel soll die Kompensationsanlage zusammenfassend durch die Kapazität C_K beschrieben werden. Zunächst ist für diese Aufgabenstellung wiederum ein Ersatzschaltbild der Anlage aufzustellen. Da die betrachteten Oberschwingungen in allen drei Leitern entsprechend der Grundschwingung symmetrisch zueinander auftreten, ist auch bei diesen Vorgängen wiederum eine *einphasige Beschreibung* der Netzanlage zulässig. Im weiteren erfolgen noch einige vereinfachende Annahmen, die jedoch in der praktischen Projektierung – insbesondere von Industrienetzen – zulässig sind.

In der Leistungselektronik wird gezeigt, daß das *stationäre Oberschwingungsverhalten* von Stromrichteranlagen hinreichend genau beschrieben wird, wenn den interessierenden Oberschwingungen im Ersatzschaltbild jeweils eine konstante Stromquelle zugeordnet wird [32]. Es werden dann so viele Quellen parallel geschaltet, wie Oberschwingungen berücksichtigt werden sollen (Bild 4.179). Die Stromstärke dieser Quellen entspricht dabei den Oberschwingungsströmen der nachzubildenden Betriebsverhältnisse, also üblicherweise dem Nennbetrieb.

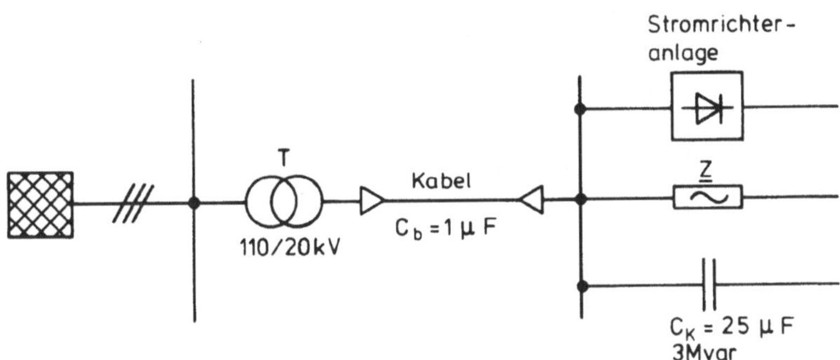

Bild 4.178 Netzschaltung
T Transformator, $\underline{Z}$ Verbraucher, C_K Kompensationskondensator

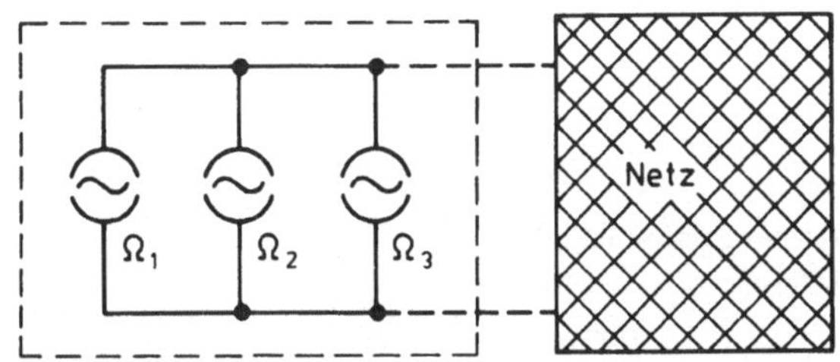

Bild 4.179
Stationäres Ersatzschaltbild einer Stromrichteranlage

Im weiteren wird bei allen Netzelementen der Anlage Linearität und damit die Gültigkeit des Überlagerungsprinzips vorausgesetzt. Darüber hinaus wird angenommen, daß bei ruhenden Betriebsmitteln für die Oberschwingungen die gleichen Induktivitäts- und Kapazitätswerte wirksam sind wie für die Grundschwingung. Am Rande sei erwähnt, daß diese Annahme bei Leitungen nur dann zutrifft, wenn sie elektrisch kurz sind, was bei Industrienetzen jedoch stets der Fall ist. Es ergeben sich noch übersichtlichere Verhältnisse, wenn ferner in dem speziellen Beispiel die ohmschen Verluste nicht in die Rechnung einbezogen werden. Man erhält dann das Ersatzschaltbild 4.180.

Da das Überlagerungsprinzip gültig ist, kann das Netzwerk zunächst so durchgerechnet werden, als ob jeweils nur eine Stromquelle vorhanden sei. Mit der komplexen Rechnung erhält man für jede der i Stromquellen den Zusammenhang

$$\underline{U}_E(\Omega_i) = \underline{Z}_E(\Omega_i) \cdot \underline{I}_E(\Omega_i) \quad \text{mit} \quad i = 1, 2, \dots \ .$$

Daraus lassen sich die Zeitverläufe ermitteln, die, miteinander überlagert, den resultierenden Oberschwingungsstrom ergeben, der sich zusätzlich zur Grundschwingung ausbildet.

Diese Rechnungen lassen sich in diesem speziellen Beispiel noch weiter vereinfachen, wenn die Last als hochohmig angesehen und die Kabelinduktivität vernachlässigt werden kann. Bei diesen Annahmen können die Kabelkapazitäten und Blindleistungskondensatoren zu einer einzigen Kapazität C_R zusammengefaßt werden. Es ergibt sich das Ersatzschaltbild 4.181.

Es handelt sich um einen Parallelresonanzkreis, dessen Resonanzfrequenz bei Industrienetzen normalerweise zwischen 0,2 kHz und 2 kHz liegt. In diesem Frequenzbereich liegen ebenfalls die eingeprägten Oberschwingungsströme. Die Eingangsimpedanz der Anlage ermittelt sich zu

$$\underline{Z}_E = j\Omega_i L_T \,||\, \frac{1}{j\Omega_i C_R} = \frac{\dfrac{L_T}{C_R}}{j\left(\Omega_i L_T - \dfrac{1}{\Omega_i C_R}\right)} \ .$$

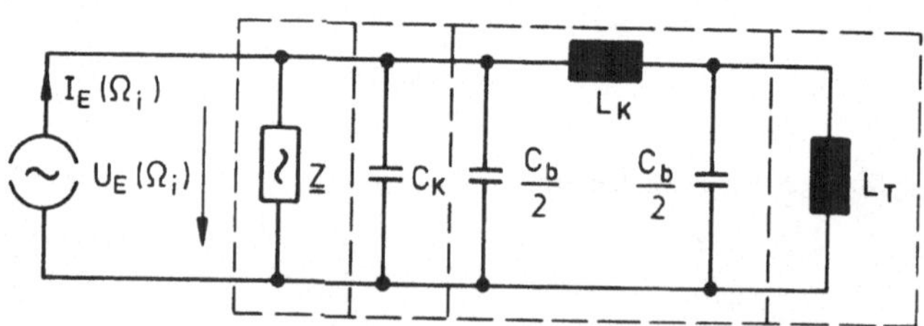

Bild 4.180 Einphasiges Ersatzschaltbild der Netzanlage in Bild 4.178

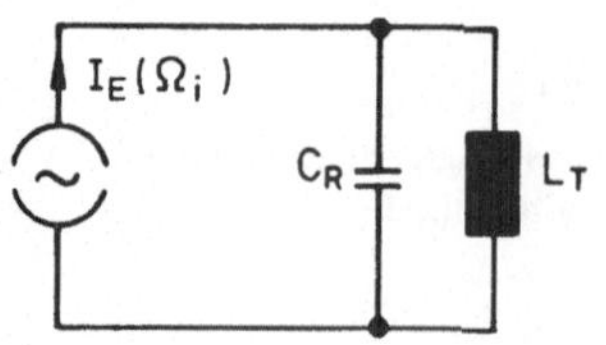

Bild 4.181 Vereinfachtes Ersatzschaltbild der Netzanlage

Fällt nun die Frequenz Ω_i eines eingeprägten Oberschwingungsstromes zufällig mit der Resonanzfrequenz der Anlage zusammen, so gilt der Zusammenhang

$$\Omega_i L_T \approx \frac{1}{\Omega_i C_R} .$$

Die Eingangsimpedanz nimmt sehr hohe Werte an. Aufgrund des ohmschen Gesetzes

$$\underline{U}_i = \underline{Z}_{E_i} \cdot \underline{I}_i$$

treten dann auch hohe Spannungen auf. Physikalisch ist die Ursache darin zu sehen, daß der eingeprägte Oberschwingungsstrom mit der Resonanzfrequenz Ω_i im Netz starke Schwingkreisströme anregt. Für die anderen Oberschwingungsströme tritt dieser Effekt nur schwach auf, da ihre Frequenzen hinreichend weit von der Resonanzstelle entfernt liegen. Es ist nur eine wesentlich geringere Eingangsimpedanz wirksam.

In der Praxis treten infolge der vorhandenen Dämpfung geringere Ströme auf, als mit diesem Modell berechnet werden. Wie Messungen zeigen, sind Werte von $0{,}4 \cdot I_n$ jedoch keine Seltenheit. Eine Auswertung von Ersatzschaltbildern, bei denen die Dämpfung berücksichtigt wird, zeigt weiterhin, daß sich die *Vernachlässigung der Dämpfung bei technischen Verhältnissen nur relativ schwach auf die Genauigkeit der Resonanzfrequenzen auswirkt,* deren Kenntnis vor allem für die weitere Gestaltung der Kompensationsanlage interessiert [33], [34].

Die beschriebene Systemantwort des Netzes auf die Oberschwingungsanregung in Form von Schwingkreisströmen wird sinnvollerweise als *Netzrückwirkung* bezeichnet. Dieses Verhalten führt zu einer zusätzlichen Belastung der gesamten Anlage. Erfahrungsgemäß fallen dabei im besonderen Maße die Kondensatoren aus. Um solchen Ausfällen vorzubeugen, müssen die Kondensatoren von seiten des Herstellers gemäß VDE 0560/73 bereits im Dauerbetrieb die folgenden Bedingungen erfüllen:

$$I_{\text{eff}_{\text{zul}}} \leqslant 1{,}3 \cdot I_n$$
$$U_{\text{eff}_{\text{zul}}} \leqslant 1{,}1 \cdot U_n . \qquad (4\text{–}135)$$

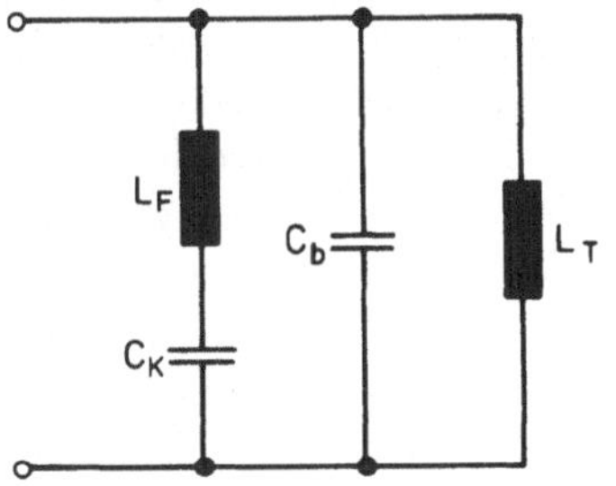

Bild 4.182 Begrenzung der Netzrückwirkung durch Einbau von Filterdrosselspulen

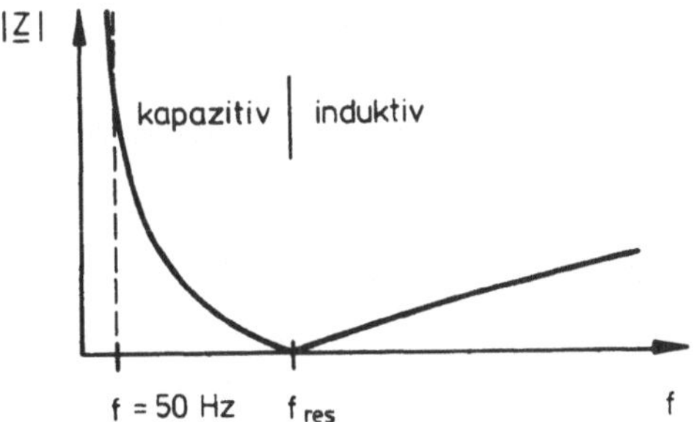

Bild 4.183
Eingangsimpedanz des Filterkreises L_F, C_K

Wenn diese Sicherheit nicht ausreicht, ist Abhilfe u. a. dadurch möglich, daß man den für die Kompensation gedachten Kondensatoren C_K eine Filterdrosselspule vorschaltet, die in Bild 4.182 mit L_F bezeichnet wird. Der dann vorliegende Reihenschwingkreis aus C_K, L_F wird auf die gefährliche Anregung Ω_i abgestimmt. Er weist das in Bild 4.183 skizzierte Frequenzverhalten auf, wie sich auch analytisch schnell zeigen läßt.

Die Eingangsimpedanz des gesamten Kreises nimmt für diese Frequenz den Wert Null an; der Reihenschwingkreis schließt die Oberschwingung, auf die er abgestimmt ist, wegen $\Omega_i \cdot L_F = 1/(\Omega_i \cdot C_R)$ kurz. Die Verhältnisse bei der Netzfrequenz ω werden von der zusätzlich eingebauten Drosselspule L_F kaum beeinflußt, da

$$\omega L_F \ll \frac{1}{\omega C_K}$$

gilt. Dieser Zusammenhang ist ebenfalls Bild 4.183 zu entnehmen. Die *Kompensationswirkung* der Kondensatoren in bezug auf die Grundschwingung wird also durch die zusätzlich installierte Drosselspule kaum gemindert.

Bei zentral kompensierten Anlagen wird normalerweise eine Regelung der Kapazität C_K vorgesehen. Die Resonanzfrequenz verändert damit je nach Blindleistungsbedarf bzw. eingestellter Kapazität ihren Wert, so daß dementsprechend noch weitere Oberschwingungen für die Anlage gefährlich werden können. Erst ab 1000 Hz sind ihre Amplituden bei den üblichen Stromrichteranlagen so klein, daß sich keine gefährlichen Verhältnisse mehr ergeben können.

Aus diesen Gründen ist es bei solchen Anlagen häufig notwendig, für mehrere Oberschwingungen solche Reihenschwingkreise vorzusehen. Zu diesem Zweck wird die Kompensationsanlage in mehrere parallele Kondensatorgruppen aufgeteilt, denen dann jeweils eine Induktivität vorgeschaltet wird. Die Drosselspulen werden so dimensioniert, daß die Resonanzfrequenz von jedem dann vorliegenden Reihenschwingkreis mit einer der gefährlichen Oberschwingungen übereinstimmt (Bild 4.184).

In diese Betrachtungen sind auch die verschiedenen Schaltzustände einer Anlage einzuschließen. Ebenfalls sind *größere Motoren,* meist Asynchronmotoren, zu berücksichtigen, da sie für Oberschwingungen eine *relativ niedrige Eingangsimpedanz* aufweisen: Die Oberschwingungen erzeugen Ständerdrehfelder, die aufgrund ihrer Frequenz eine andere Umlaufgeschwindigkeit als das Grundfeld aufweisen (s. Abschnitt 4.4). Sie werden daher durch den Kurzschlußläufer abgedämpft. Demnach sind nur die Streureaktanzen wirksam (Bild 4.185). Aus ähnlichen Gründen beträgt die *Eingangsreaktanz für Oberschwingungen* bei *Synchronmaschinen* X_d'', sofern, wie üblich, ein Sternpunktleiter nicht angeschlossen ist.

Wenn diese Gesichtspunkte berücksichtigt werden, ergeben sich häufig kompliziertere Ersatzschaltbilder als im untersuchten Beispiel. In solchen Fällen wird eine Schaltungsanalyse am zweckmäßigsten mit Hilfe von Rechnern durchgeführt.

Bei der bisher kennengelernten Methode wird die Kondensatorbatterie zu einzelnen Filterkreisen ausgebildet. Daneben ist auch eine andere Maßnahme zur Vermeidung von Netzrück-

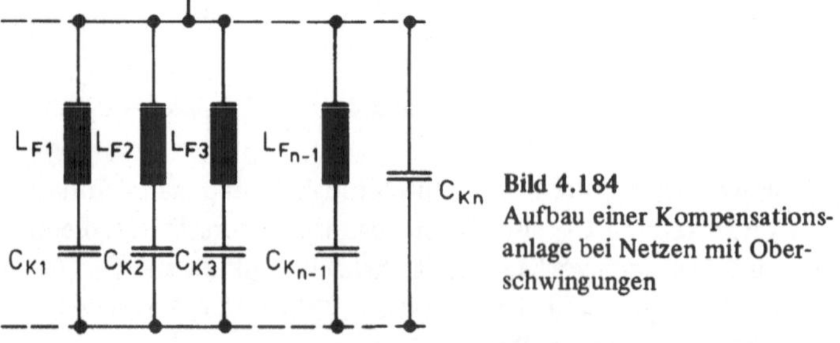

Bild 4.184 Aufbau einer Kompensationsanlage bei Netzen mit Oberschwingungen

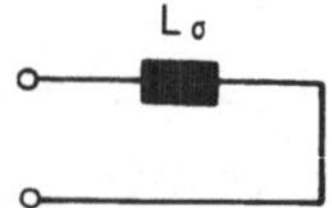

Bild 4.185 Ersatzschaltbild eines Asynchronmotors für Oberschwingungen

wirkungen üblich, die als *Verdrosselung der Kondensatoren* bezeichnet wird. In diesem Fall wird der gesamten Batterie eine Drosselspule vorgeschaltet. Die Drosselspule muß dann so ausgelegt werden, daß der Resonanzpunkt unter der niedrigsten Harmonischen liegt, die in der Anlage auftritt.

Abschließend sei erwähnt, daß eventuelle *Reihen*resonanzen für Oberschwingungen meist ungefährlicher sind. Sie können maximal einen Belastungsanstieg bewirken, der dem Oberschwingungsgehalt der Ströme in dem übergeordneten Netz entspricht.

4.9 Drosselspulen

In den bisherigen Ausführungen ist gezeigt worden, daß in Netzanlagen der Einbau von Reihen- und Kompensationsdrosselspulen notwendig werden kann. Auf die wichtigsten Gesichtspunkte, die bestimmend für die konstruktive Ausführung sind, wird im folgenden eingegangen.

Entsprechend Abschnitt 4.6 werden Reihendrosselspulen häufig mit Kabeln in Reihe geschaltet, um eventuell auftretende Kurzschlußströme zu begrenzen. Wenn Reihendrosselspulen für die Begrenzung von Kurzschlußströmen verwendet werden, bezeichnet man sie auch als *Kurzschlußdrosselspulen.* Sie werden stets *ohne Eisenkern* gebaut. Anderenfalls könnten sich bei hohen Netzströmen – gemäß der Beziehung $H \sim i$ – hohe Feldstärken im Eisen ausbilden, die zu einer Eisensättigung führten. Die Folge davon wäre, daß gerade zu solchen Zeitpunkten, in denen die strombegrenzende Wirkung der Drosselspule benötigt würde, sich die Induktivität verringerte. Ein Beispiel für die konstruktive Ausführung einer dreiphasigen Reihendrosselspule zeigt Bild 4.186. Bei dieser Bauform sind die einzelnen

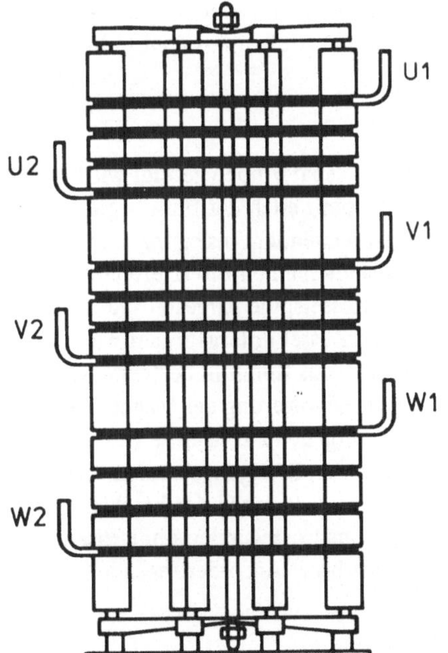

Bild 4.186
Aufbau einer dreiphasigen Reihendrosselspule

Windungen, getrennt durch eine Isolierung, zu Scheiben aufgewickelt. Die Scheiben sind wiederum in Reihe geschaltet und werden durch Klammern gehalten. Gekennzeichnet werden diese Drosselspulen durch ihren Spannungsabfall bei Nennbetrieb:

$$\Delta U_{n\lambda} = X_L \cdot I_n . \tag{4–136}$$

Durch Normierung und Erweiterung entsteht daraus die Beziehung

$$\frac{\Delta U_{n\lambda} \cdot \sqrt{3}}{U_n} = \frac{\sqrt{3}}{U_n} \cdot X_L \cdot I_n \cdot \frac{U_n}{U_n},$$

die mit dem Begriff der Durchgangsleistung

$$S_D = \sqrt{3} \cdot U_n \cdot I_n$$

in den Zusammenhang

$$X_L = \frac{\Delta u_n \cdot U_n^2}{S_D} \tag{4–137}$$

übergeht. Die Werte für den relativen Spannungsabfall

$$\Delta u_n = \frac{\Delta U_{n\lambda} \cdot \sqrt{3}}{U_n} \tag{4–138}$$

bewegen sich üblicherweise zwischen 3 % und 10 %. Beim Aufstellen der Kurzschlußdrosselspulen ist darauf zu achten, daß Metallteile anderer Netzelemente genügend weit entfernt sind. Anderenfalls könnten sich dort zu starke Wirbelströme ausbilden.

Andere Verhältnisse liegen bei *Kompensationsdrosselspulen* vor, die entsprechend Abschnitt 4.5 parallel zu langen Leitungen geschaltet werden, um den kapazitiven Querstrom der Leitungen zu begrenzen. In diesem Fall ist nicht der Leiterstrom, sondern die Netzspannung für die Höhe des Flusses bestimmend. Dies ist auch unmittelbar aus dem Induktionsgesetz

$$\frac{u_b}{\sqrt{3}} = \frac{d\Psi}{dt}$$

zu ersehen. Da sich die stationäre Sternspannung, wie später noch gezeigt wird, auch bei Fehlern nur in gewissen Grenzen erhöhen kann, ist somit auch der Fluß begrenzt. Sättigungseffekte *für stationäre Vorgänge* sind daher bei entsprechender Auslegung nicht zu befürchten. Aus diesem Grunde können Kompensationsdrosselspulen einen Eisenkern aufweisen. In Bild 4.187 ist der aktive Teil einer Kompensationsdrosselspule dargestellt, der wiederum analog zum Transformator in einem mit Öl gefüllten Kessel untergebracht wird. In den Eisenkreis sind unmagnetische Scheiben eingefügt, die z. B. aus Keramik bestehen. Die dadurch gebildeten Spalte mit der Breite d führen zu einer Linearisierung der Magnetisierungskennlinie und bewirken damit im Betriebsbereich eine weitgehend konstante Induktivität der Drosselspule. Überspannungen steuern dagegen auch den Sättigungsbereich aus. In diesem Fall wirkt die Nichtlinearität begrenzend. Erwähnt sei, daß neben der beschriebenen Bauform im Höchstspannungsbereich auch Kompensationsdrosselspulen ohne Eisenkern ausgeführt werden. Sie werden bevorzugt, wenn besonders hohe Anforderungen an die Linearität gestellt werden.

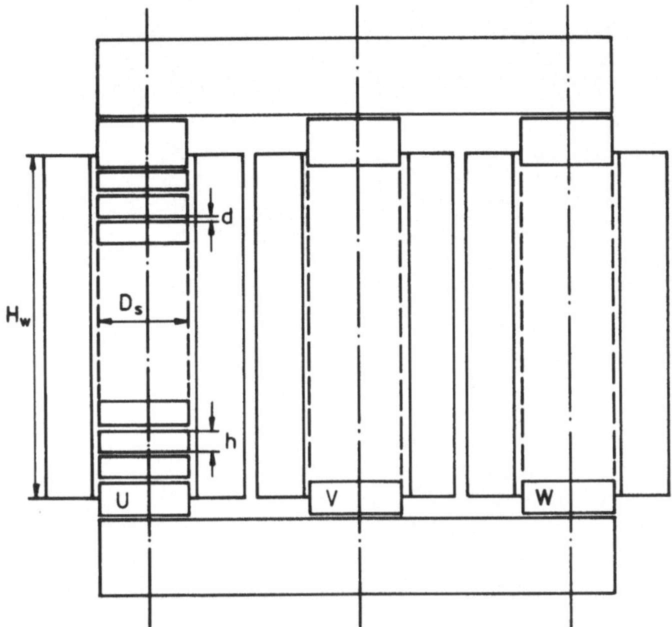

Bild 4.187 Aktiver Teil einer Kompensationsdrosselspule

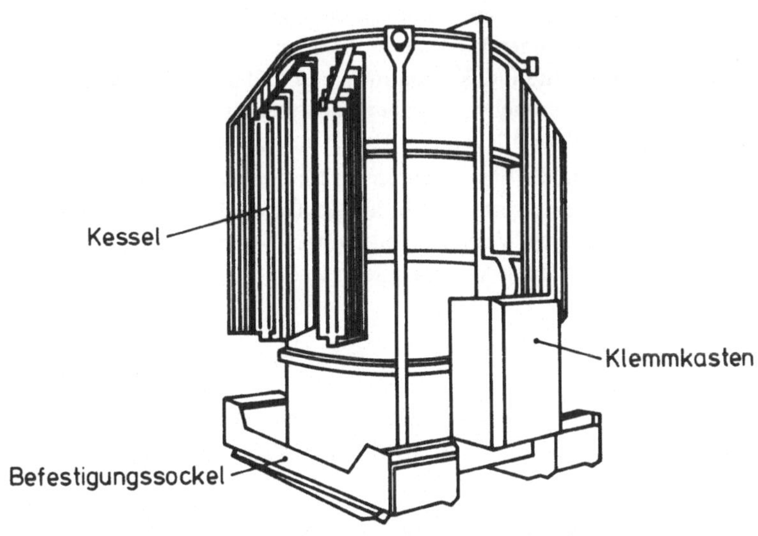

Bild 4.188 Darstellung einer Erdschlußlöschspule

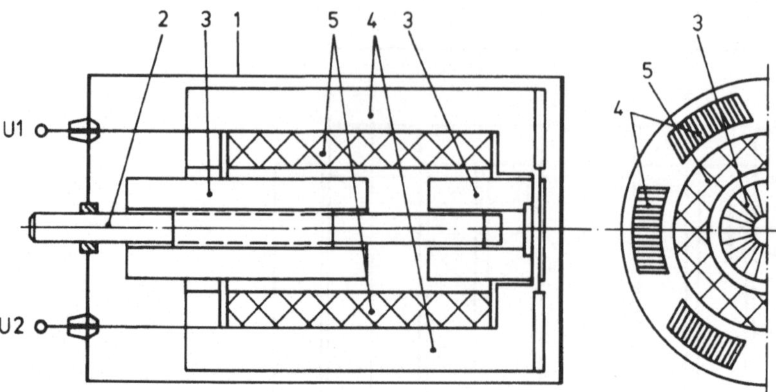

Bild 4.189 Schnitt durch eine Erdschlußlöschspule
1 Kessel
2 Spindel
3 Eisenkern (unterer Teil fest, oberer Teil beweglich)
4 Rückschlußschenkel
5 Wicklung

Neben den bereits beschriebenen Anwendungen werden in Zickzack geschaltete Drosselspulen eingesetzt, deren Sternpunkt herausgeführt ist. Die dafür benutzten Drosselspulen bezeichnet man als *Sternpunktbildner.* Sie werden dann verwendet, wenn das betrachtete Netz nicht über genügend viele herausgeführte Sternpunkte verfügt. Wie später noch erläutert wird (s. Kapitel 11), können an diese Sternpunkte auch Betriebsmittel angeschlossen werden, die in bestimmten Fehlerfällen von Bedeutung sind. Eines dieser Betriebsmittel ist die *Erdschlußlöschspule,* die auch als Löschspule oder Petersen-Spule bezeichnet wird.

Die Spannung, die stationär maximal daran abfallen kann, beträgt $U_{bN}/\sqrt{3}$. Da in diesem Fall wiederum die Spannung die bestimmende Größe ist, kann auch diese Drosselspule mit einem Eisenkern ausgeführt werden. Ihre Induktivität muß, wie später noch gezeigt wird, variabel sein. Moderne Ausführungen erreichen dies über einen verstellbaren Luftspalt. Eine konstruktive Ausführung ist den Bildern 4.188 und 4.189 zu entnehmen.

Bisher sind die Ersatzschaltbilder und die Eigenschaften der für die Energieverteilung bzw. -übertragung wichtigen Netzelemente beschrieben worden. Im folgenden soll auf die Betriebsmittel eingegangen werden, die zum Verbinden oder Unterbrechen von Strompfaden (Ein-, Ausschalten) dienen. In diesem Zusammenhang nehmen die Schalter eine wichtige Rolle ein.

4.10 Schalter

Zunächst werden die wesentlichen Anforderungen an Schalter dargestellt. Anschließend wird dann die gerätetechnische Realisierung erläutert, die ausführlich u. a. in [35] beschrieben ist.

4.10.1 Ersatzschaltbild und prinzipielle Eigenschaften von Schaltern

Eine Forderung an alle Schaltertypen besteht darin, daß sie *im eingeschalteten Zustand* den mechanischen und thermischen Wirkungen der Betriebs- und Kurzschlußströme gewachsen sein müssen, die am jeweiligen Einbauort im ungünstigsten Fall auftreten können. Diese Bedingung gilt gemäß VDE 0670 als erfüllt, wenn der maximale Betriebsstrom den Schalternennstrom I_{nS} nicht überschreitet und der maximale *dreipolige Kurzschlußstrom* ebenfalls vom Schalter beherrscht wird. Ein plötzlich auftretender dreipoliger Kurzschlußstrom wird durch den Stoßkurzschlußstrom I_s und den noch später erläuterten *thermischen Kurzzeitstrom* I_{th} gekennzeichnet. Dementsprechend gilt der dreipolige Kurzschlußstrom als beherrscht, wenn die Netzgrößen I_{sN}, I_{thN} die zulässigen Schalterwerte I_{sS}, I_{thS} nicht verletzen. Die Methoden zur Berechnung der Betriebs- und Kurzschlußströme werden in den Kapiteln 5, 6 und 7 noch entwickelt.

Bei der Berechnung der für die Auslegung interessierenden Größen wird das Ersatzschaltbild des Schalters in Bild 4.190 zugrundegelegt (s. VDE 0670/64). Dieser Schalter stellt im eingeschalteten Zustand einen unendlich guten Leiter dar. Beim Abschalten wird der Strom schlagartig unterbrochen, die Schaltstrecke wird zu einem idealen Isolator.

Bild 4.190 Elektrisches Ersatzschaltbild eines Schalters

Die mit diesem Ersatzschaltbild ermittelten Größen werden als *unbeeinflußt* bezeichnet. Damit wird zum Ausdruck gebracht, daß sowohl die meist sehr geringen Eigenkapazitäten und -induktivitäten des Schaltgerätes als auch das Verhalten der Schaltstrecke – des Schaltlichtbogens – auf die Strom-Spannungs-Verhältnisse des Netzes nicht berücksichtigt werden.

Während die bisher dargestellten Anforderungen von allen Schaltertypen erfüllt werden müssen, bestehen in anderen Eigenschaften, besonders in ihrem Abschaltvermögen, erhebliche Unterschiede.

4.10.2 Beschreibung wichtiger Schaltertypen

Zunächst wird auf die *Leistungsschalter* eingegangen. Das zugehörige Schaltkurzzeichen zeigt Bild 4.191.

Bild 4.191 Schaltkurzzeichen eines Leistungsschalters

An *Leistungsschalter* werden die härtesten Bedingungen gestellt. So muß u. a. *Einschaltsicherheit* vorliegen. Diese Forderung gewährleistet, daß mit diesen Schaltern auch direkt auf einen bestehenden Kurzschluß geschaltet werden kann, ohne daß es z. B. zu einem nennenswerten Verschweißen der Schalterkontakte kommt. Diese Fehlersituation kann z. B. dann auftreten, wenn eine in Revision gegangene Anlage wieder in Betrieb genommen wird, ohne daß zuvor die vorschriftsgemäß angebrachten Erdungen beseitigt worden sind. Darüber hinaus müssen Leistungsschalter in der Lage sein, jeden Betriebs- und Fehlerstrom zu unterbrechen, der am Einbauort auftreten kann. Ein ordnungsgemäß ausgelegter Schalter zeigt dieses Verhalten, wenn die folgenden Bedingungen erfüllt sind.

Zum einen darf der dreipolige Kurzschlußstrom, der zum Zeitpunkt des Abschaltens den Schalter belastet, nicht den zulässigen Abschaltstrom I_{aS} des Schalters überschreiten. Zum anderen dürfen von den Einschwingspannungen, die durch den Abschaltvorgang zwischen den Schalterpolen hervorgerufen werden, bestimmte Werte nicht verletzt werden. Als Beispiel seien die Einschwingfrequenzen oder Überschwingfaktoren genannt (s. VDE 0670).

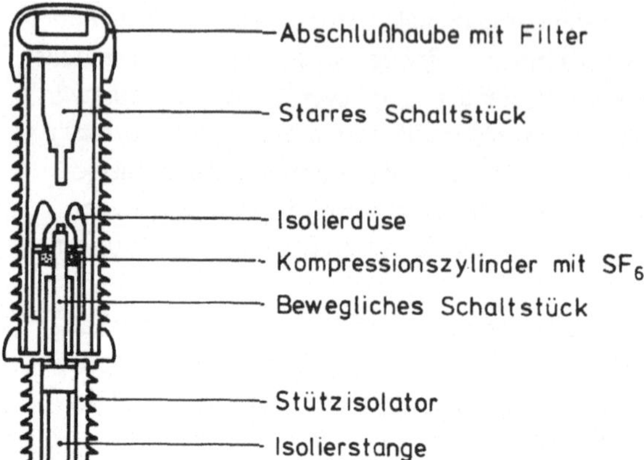

Bild 4.192
Aufbau eines SF_6-Leistungsschalters in abgeschalteter Stellung

Im weiteren wird der konstruktive Aufbau und die Funktion eines häufig eingesetzten Leistungsschalters skizziert (Bild 4.192). Der dargestellte Schalter befindet sich in abgeschalteter Stellung. Das Einschalten erfolgt z. B. mit Hilfe eines Druckluftantriebes, der über eine Isolierstange das bewegliche Schaltstück so lange auf das feststehende Schaltstück vorschiebt, bis die Kontakte im Eingriff sind. Beim Ausschaltvorgang zieht in umgekehrter Weise die Isolierstange die Kontakte auseinander. Zwischen den Kontakten bildet sich dann ein starker Lichtbogen, der Schaltlichtbogen, aus, der eine hohe Temperatur aufweist. Nach etwa 1/3 der Schaltstrecke wird der Düsenausgang freigegeben. Das im Kompressionszylinder bis zur Düsenengstelle gespeicherte SF_6-Gas steht dann unter hohem Druck, da die Trennbewegung zu einer Kompression geführt hat. Zusätzlich wird durch die Wärmeentwicklung des Lichtbogens ein Druckanstieg bewirkt. Das komprimierte SF_6-Gas entweicht und kühlt den Lichtbogen, so daß die Leitfähigkeit der Schaltstrecke erheblich abnimmt. Dieser Vorgang wird dadurch begünstigt, daß der Abstand zwischen den Schaltkontakten schnell wächst. Infolge der rasch sinkenden Leitfähigkeit ist die Schaltstrecke dann in der Lage, den Strom im nächsten oder darauf folgenden Stromnulldurchgang zu unterbrechen.

Da als Löschmittel SF_6-Gas verwendet wird, bezeichnet man diese Schalter auch als *SF_6-Schalter.* Mit SF_6-Schaltern dieser prinzipiellen Bauart können heute Wechselströme bis zu 80 kA geschaltet werden. Im Höchstspannungsbereich ist es notwendig, mehrere Kammern je Pol in Reihe zu schalten [5]. Auf jede Schaltstrecke entfällt dann nur ein Teil der Gesamtspannung. Die gleichmäßige Aufteilung der Spannung wird durch Kondensatoren, die *Steuerkondensatoren,* bewirkt, die parallel zu den einzelnen Kammern geschaltet werden. Häufig weisen sie Werte um 200 pF auf.

Als Löschmittel setzt sich bei Leistungsschaltern zunehmend das SF_6-Gas anstelle von Luft oder Öl durch. SF_6 weist günstigere Löscheigenschaften auf, z. B. im Hinblick auf die Wärme leitfähigkeit. Da es zugleich eine etwa zwei- bis dreimal höhere elektrische Festigkeit als Luft besitzt, können diese Schalter relativ klein und damit platzsparend gebaut werden.

Zum Schutz des Personals und der Anlagen müssen Abschaltungen mit Leistungsschaltern zusätzlich durch eine Trennstrecke im Zuge des Strompfades erkennbar gemacht werden. Das Isoliervermögen der Trennstrecke muß so beschaffen sein, daß die Wahrscheinlichkeit eines elektrischen Versagens bei der Trennstrecke deutlich geringer ist als bei der Isolation zur Erde. Die genaueren Angaben zum Isoliervermögen sind den VDE-Bestimmungen 0111 und 0670 zu entnehmen. Um diese Forderungen zu gewährleisten, werden zusätzlich zu den Leistungsschaltern noch sogenannte *Trenner* eingebaut. Ihr Schaltkurzzeichen zeigt Bild 4.193.

Bild 4.193 Schaltkurzzeichen eines Trenners

Wichtig ist nun, daß Trenner grundsätzlich nur zum annähernd stromlosen Schalten zu verwenden sind, wenn die Unterbrechung gegen die volle Betriebsspannung erfolgt. Die obere Grenze für das Schalten von kapazitiven Strömen, die durch die Steuerkondensatoren oder Streukapazitäten in Schaltanlagen hervorgerufen werden, liegt für Hochspannungstrenner bei 0,5 A. Eine Ausnahme liegt dann vor, wenn beim Abschalten zwischen den Schaltstücken keine wesentliche Änderung der Spannung auftritt. Als Beispiel dafür sei der noch später erläuterte Sammelschienentrenner genannt (Stromkommutierung).

In Bild 4.194 ist der Aufbau eines Trenners, eines Einsäulen-Scherentrenners, dargestellt, der vornehmlich ab der 220-kV-Ebene eingesetzt wird. Durch Motoren wird der Trenner „hoch und herunter" gefahren und so der Kontakt mit dem Leiterseil hergestellt oder getrennt.

Ergänzend sei darauf hingewiesen, daß man im Hinblick auf Revisionsarbeiten Trenner auch dazu installiert, abgeschaltete Anlagenteile bzw. Betriebsmittel kurzzuschließen und zu erden. Man bezeichnet solche Trenner aufgrund ihrer speziellen Funktion als ***Erdungsschalter*** bzw. Erder. Sie können *einschaltsicher* ausgeführt sein. Der Antrieb ermöglicht dann ein schnelles Zuschalten. Dadurch werden die Auswirkungen des Schaltlichtbogens, der stets kurz vor dem Eingriff der Kontakte auftritt, begrenzt.

Es gilt festzuhalten, daß beim Einschalten zuerst die Trenner betätigt werden müssen und erst dann die Leistungsschalter in Funktion treten dürfen. Beim Ausschalten ist die umge-

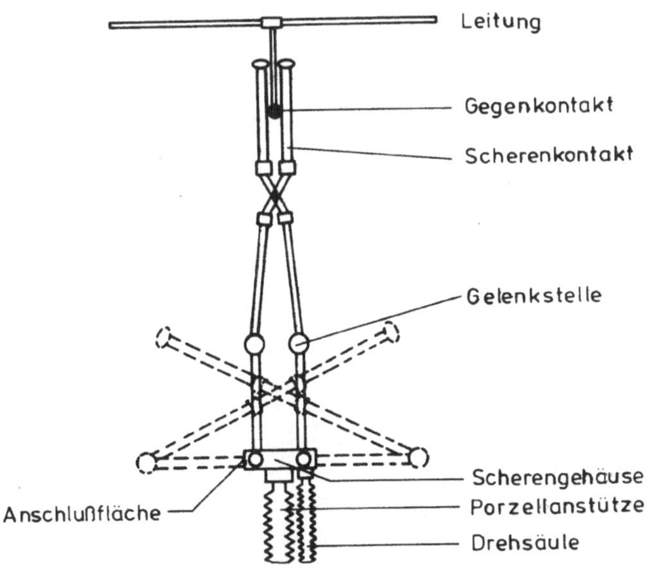

Bild 4.194
Einsäulen-Scherentrenner

kehrte Reihenfolge einzuhalten. Um Bedienungsfehlern vorzubeugen, werden Verriegelungsschaltungen installiert. Sie garantieren eine richtige Schaltfolge.

Die hohen Anforderungen, die an Leistungsschalter gestellt werden, spiegeln sich in hohen Kosten wider. In Mittelspannungsnetzen werden daher überwiegend anstelle der Leistungsschalter die kostengünstigeren *Lastschalter* verwendet, deren Schaltkurzzeichen Bild 4.195a zu entnehmen ist. Im Unterschied zu Leistungsschaltern liegt bei Lastschaltern nur dann Einschaltsicherheit zwingend vor, wenn vom Hersteller eine entsprechende Angabe erfolgt. Die beiden Schaltertypen unterscheiden sich dagegen stets in ihrem Ausschaltvermögen. **Lastschalter können *nur Betriebsströme,* also Ströme im ungestörten Zustand, mit einem induktiven Leistungsfaktor von ca. $\cos\varphi \geqslant 0{,}7$ abschalten; geringe Überströme sind zulässig.** Kurzschlußströme können sie dagegen nicht unterbrechen. Diese Aufgabe wird von *vorgeschalteten Sicherungen* übernommen, die in Abschnitt 4.12 noch beschrieben werden. In sehr begrenztem Umfang können auch kapazitive Ströme geschaltet werden. Die genauen Bedingungen (Mehrzweck-, Einzwecklastschalter) sind in der VDE-Bestimmung 0670 festgelegt. **Die Lastschalter sind aus den gleichen Gründen wie bei den Leistungsschaltern mit Trennern zu kombinieren.**

Um die Kosten für diese Trenner einzusparen, sind sogenannte *Lasttrennschalter* entwickelt worden, die vornehmlich in Mittelspannungsnetzen eingesetzt werden; das zugehörige Schaltzeichen ist dem Bild 4.195b zu entnehmen. **Lasttrennschalter weisen die Eigenschaften eines Lastschalters auf, stellen jedoch zusätzlich eine sichtbare Trennstrecke her, deren Isoliervermögen den erforderlichen Bedingungen genügt.** Dadurch können die Verriegelungsschaltungen und die bei Lastschaltern zusätzlich erforderlichen Trenner entfallen.

Aus Bild 4.196 ist der Aufbau eines solchen Lasttrennschalters zu ersehen. Wenn von den vorgeschalteten Sicherungen (s. auch Bild 4.207) und von der Löschkammer abgesehen wird, unterscheiden sich Lasttrennschalter und Trenner im Mittelspannungsbereich im äußeren Aufbau nicht sehr stark.

Beim Abschaltvorgang tritt zwischen dem Abreißkontakt und dem Abreißmesser ein Lichtbogen auf. Er wird durch ein Zurückschnellen des Abreißkontaktes in die Löschkammer geleitet. Die den Lichtbogen umhüllenden Löschbacken bestehen aus einem Material, das unter der Wärmeeinwirkung des Lichtbogens intensiv Gas abgibt. Das freigesetzte Gas verringert die Leitfähigkeit der Schaltstrecke im wesentlichen dadurch, daß es die elektrisch geladenen Teilchen, das Lichtbogenplasma, wegbläst; der Strom wird unterbrochen.

Bild 4.195 Schaltkurzzeichen eines Lastschalters (a) und eines Lasttrennschalters (b)

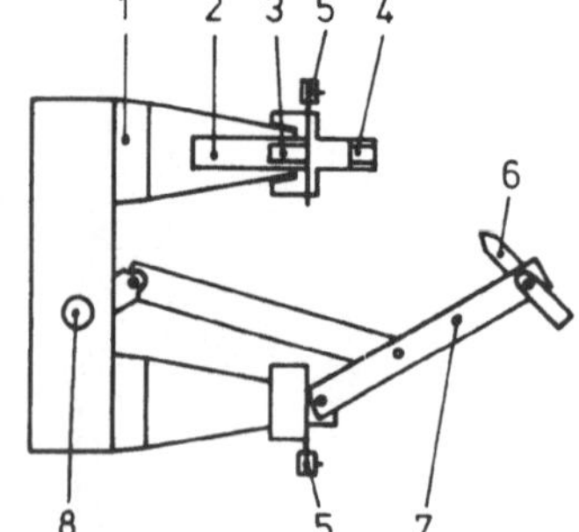

Bild 4.196 Lasttrennschalter

1 Oberer Stützer
2 Löschkammer
3 Abreißkontakt
4 Oberer Hauptkontakt
5 Anschlußstücke
6 Abreißmesser
7 Haupttrenner
8 Schalterwelle

Die Anzahl der zulässigen Schaltspiele zwischen zwei Revisionen muß gemäß VDE 0670/79 bei Lasttrennschaltern mindestens 1000 betragen. Die tatsächliche Anzahl ist herstellerabhängig und liegt höher, überwiegend jedoch niedriger als bei den anderen Schaltertypen.

Rein räumlich werden die Schalter in Schaltanlagen eingesetzt, deren Funktion und Aufbau im folgenden beschrieben wird.

4.11 Schaltanlagen

Als Schaltanlagen bezeichnet man die *an einer Stelle* zusammengeschlossenen elektrischen Betriebsmittel, die zum Verteilen elektrischer Energie dienen. Falls in diesen Anlagen Umspanner vorhanden sind, verwendet man dafür auch den spezielleren Ausdruck *Umspannanlage.* Sofern Umspanner fehlen, ist es üblich, Schaltanlagen als *Verteileranlagen* zu bezeichnen. Zunächst wird der prinzipielle Aufbau der Schaltanlagen in den verschiedenen Spannungsebenen skizziert und dann auf das Ersatzschaltbild im Hinblick auf Netzberechnungen eingegangen. Genauere Darstellungen zum Aufbau und zur Auslegung von Schaltanlagen sind [31], [36], [37], [38] sowie u. a. den VDE-Bestimmungen 0100, 0101, 0102, 0103, 0105, 0111, 0670 zu entnehmen.

4.11.1 Aufbau von Schaltanlagen

Schaltanlagen können sich sowohl in geschlossenen Räumen als auch im Freien befinden. Dementsprechend bezeichnet man sie als Innenraum- oder Freiluftschaltanlagen.

4.11.1.1 Freiluftschaltanlagen

Freiluftschaltanlagen sind Anlagen, deren elektrische Betriebsmittel den Witterungseinflüssen unmittelbar ausgesetzt sind. Der Anwendungsbereich der Freiluftschaltanlagen erstreckt sich üblicherweise auf den Hoch- und Höchstspannungsbereich. Es haben sich mehrere typische Standardformen ausgebildet, von denen eine in Bild 4.197 dargestellt ist. Sie wird in der Hochspannungsebene bevorzugt eingesetzt. Wie auch aus diesem Bild zu ersehen ist, werden die Freiluftschaltanlagen fast ausschließlich entsprechend VDE 0101 auf Unterkonstruktionen gesetzt. Die Höhe wird so gewählt, daß die betriebstechnisch notwendige Begehbarkeit für das Personal gewährleistet ist.

Die wesentlichen Elemente einer Umspannanlage sind Bild 4.197 zu entnehmen. Das Kernstück dieser sowie aller weiteren Ausführungen stellt im Hinblick auf die Stromführung stets die *Sammelschiene* dar. Es handelt sich in dem Beispiel um ein Doppelsammelschienensystem. Für die einzelnen Sammelschienen werden kurze Freileitungsseile verwendet, die an Portalen abgespannt werden. Auf den ebenfalls eingezeichneten Überspannungsableiter wird erst im Abschnitt 4.12 eingegangen. Weiterhin ist zu ersehen, daß Leistungsschalter und Trenner, wie bereits ausgeführt, stets gemeinsam eingesetzt werden.

Die üblichen, nicht weiter aufgeführten Ausführungsformen der Schaltanlagen unterscheiden sich in der Anordnung der Betriebsmittel. Eine Angabe über die günstigste Bauform ist nicht möglich. Die Wahl wird von örtlichen Bedingungen bestimmt. Als Beispiele seien die Abgangsrichtungen der Freileitungen oder auch die Vorstellungen über wünschenswerte Abstände für Transporte und Revisionsarbeiten genannt.

Wie auch aus dem Bild 4.197 zu ersehen ist, besteht eine Schaltanlage aus mehreren Schaltfeldern. Bild 4.198 zeigt den Übersichtsschaltplan einer größeren Anlage. Sie weist 7 Felder

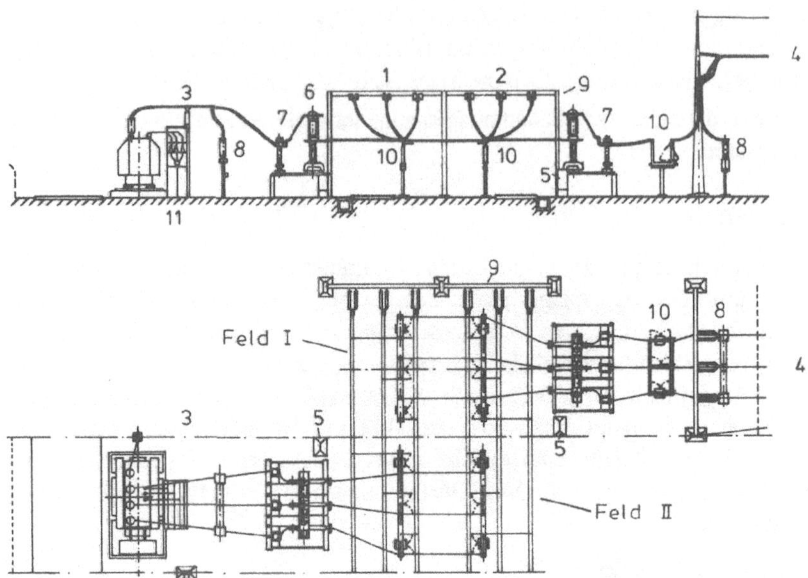

Bild 4.197 110-kV-Freiluftschaltanlage in Reihenlängs-Bauform

1 Sammelschiene I
2 Sammelschiene II
3 Transformatorenabzweig
4 Freileitungsabzweig
5 Steuerschrank
6 Leistungsschalter
7 Stromwandler
8 Überspannungsableiter
9 Portal
10 Trenner
11 Kabelabgang

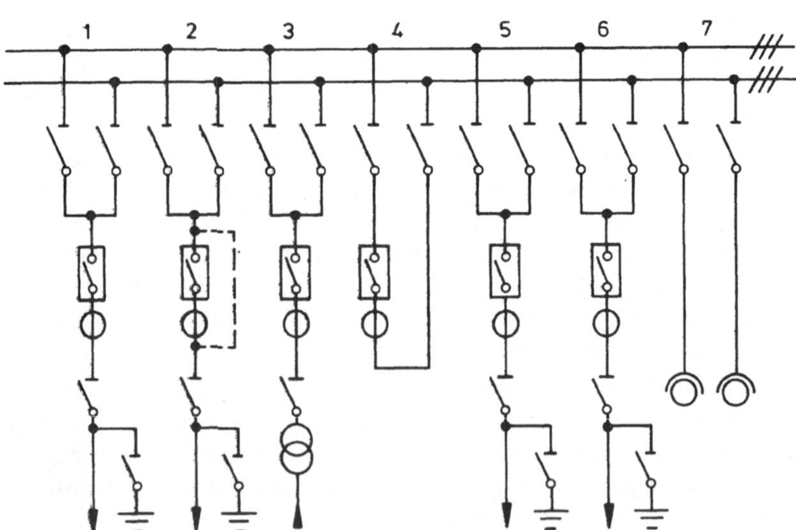

Bild 4.198 Schaltanlage mit Doppelsammelschienensystem, einer Einspeisung (3), vier Abgangsfeldern (1, 2, 5, 6), einem Kuppelfeld (4) und einem Meßfeld (7)

auf, die ihrer Funktion entsprechend als *Einspeise-, Abgangs- und Meßfeld* bezeichnet werden. Außerdem ist noch das Feld 4 zu erwähnen, das eine Kupplung, eine Querkupplung, der beiden Sammelschienen ermöglicht. Man spricht daher vom Kuppelfeld bzw. Kuppelschalter. Es handelt sich um einen Leistungsschalter, der auch im Fehlerfall Schaltmaßnahmen ermöglicht.

Die in den Beispielen dargestellten Doppelsammelschienen werden sehr häufig eingesetzt. Bei besonders wichtigen Schaltanlagen geht man sogar auf drei und mehr Sammelschienensysteme über, da solche Anlagen ein hohes Maß an betrieblicher Freizügigkeit – z. B. im Falle von Revisionsarbeiten – bieten. Die Anzahl der Systeme läßt sich kleiner halten, wenn Sammelschienen mit Längstrennung verwendet werden (Bild 4.199). Für die Kupplung kann ein Trenner eingesetzt werden, der jedoch nur im ungestörten Betrieb betätigt werden darf (s. Abschnitt 4.10). Eine Unterteilung in einzelne Sammelschienenabschnitte ist nur dann sinnvoll, wenn in den einzelnen Abschnitten betriebsmäßig ein Gleichgewicht zwischen eingespeister und abgehender Leistung besteht.

In Anlagen, die hohe Betriebs- und Kurzschlußströme aufweisen, wird für die Sammelschienen nicht die Seilausführung, sondern die *Rohrbauweise* gewählt (Bild 4.200). Bemerkt sei, daß in Höchstspannungsanlagen die Sammelschienen im Falle einer Seilausführung auch als Bündelleiter ausgebildet werden.

Freiluftschaltanlagen sind im Vergleich zu den im folgenden erläuterten Innenraumschaltanlagen wirtschaftlicher, wenn die Grundstücks- und Erschließungskosten deutlich unter den Kosten für die Gebäude liegen.

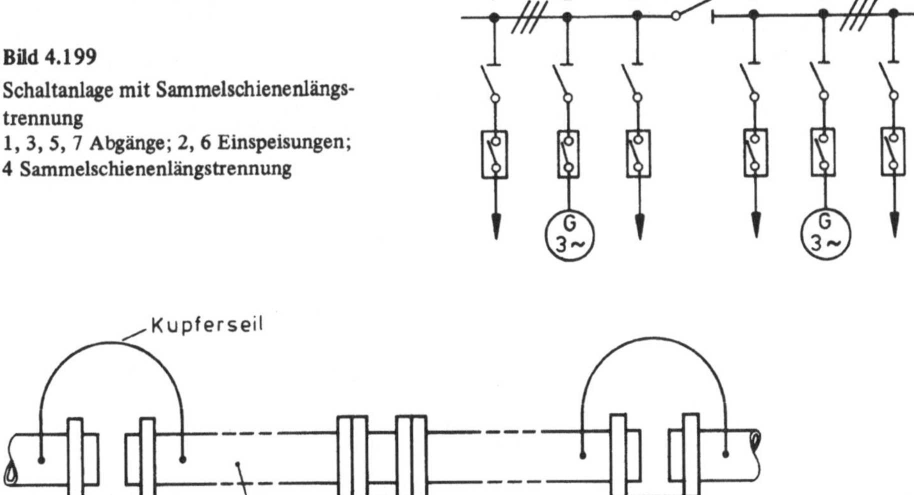

Bild 4.199
Schaltanlage mit Sammelschienenlängstrennung
1, 3, 5, 7 Abgänge; 2, 6 Einspeisungen;
4 Sammelschienenlängstrennung

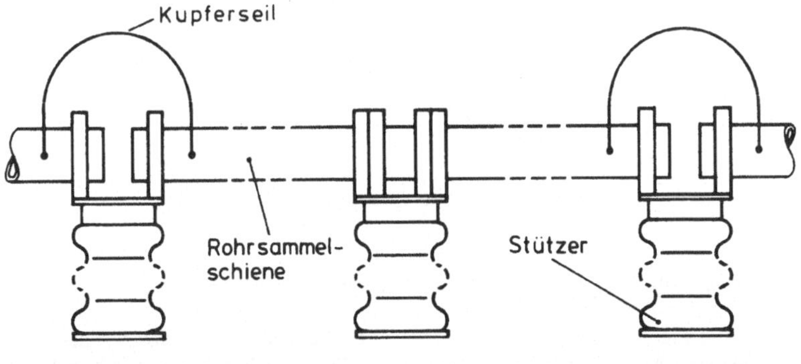

Bild 4.200 Rohrschiene über drei Stützen mit Festpunkt und seitlichen Schiebepunkten

4.11.1.2 Innenraumschaltanlagen

In Bild 4.201 ist der prinzipielle Aufbau einer älteren *konventionellen Innenraumschaltanlage* für die Hochspannungsebene dargestellt. Diese Bauform, die seit Anfang der siebziger Jahre nicht mehr üblich ist, ähnelt dem Aufbau von Freiluftschaltanlagen.

Da die Betriebsmittel durch die Gebäude von Witterungseinflüssen abgeschirmt sind, können Innenraum- im Vergleich zu Freiluftschaltanlagen kompakter gestaltet werden. Die benötigte Grundfläche läßt sich noch weiter verkleinern, wenn die einzelnen Felder z. B. durch Drahtglas voneinander getrennt und die Sammelschienen mit Feststoffdielektrikum isoliert werden.

Die ständig steigenden Kosten für Grundstücke – insbesondere in Stadtgebieten – haben bewirkt, daß nicht nur einzelne Betriebsmittel, sondern auch Hochspannungsanlagen in ihrer Gesamtheit vollisoliert ausgeführt werden. Diese vollisolierten Hochspannungsschaltanlagen benötigen nur etwa 20 % des Gebäudevolumens, das für konventionelle Anlagen erforderlich ist. Sie werden auch für den Höchstspannungsbereich hergestellt, wenngleich der Schwerpunkt des Einsatzes zur Zeit im 110-kV-Bereich liegt.

Unter *vollisolierten Schaltanlagen* versteht man Anlagen, bei denen alle im Betrieb unter Spannung stehenden Einrichtungen von einer Metallhülle umgeben sind. Der Raum zwischen den spannungsführenden Teilen und der Hülle wird meist mit dem isolierend wirkenden SF_6-Gas gefüllt. Dadurch wird die erforderliche Spannungsfestigkeit gegen die geerdete Umhüllung erreicht. Der prinzipielle Aufbau eines Schaltfeldes ist Bild 4.202 zu entnehmen. Für die vollisolierten SF_6-Anlagen sind spezielle Schaltgeräte, Wandler und Kabelanschlüsse entwickelt worden. Ergänzend sei angeführt, daß bei der gewählten Konzeption an eine Reihe von zusätzlich zu installierenden Erdungsschaltern geringere Anforderungen gestellt werden können. So kann nicht nur auf die Forderung nach Einschaltsicherheit, sondern auch auf die sonst übliche Bedingung verzichtet werden, daß eine Zuschaltung bei anliegender Netzspannung möglich sein muß. Schalter dieser Bauart werden als *Arbeitserder* bezeichnet.

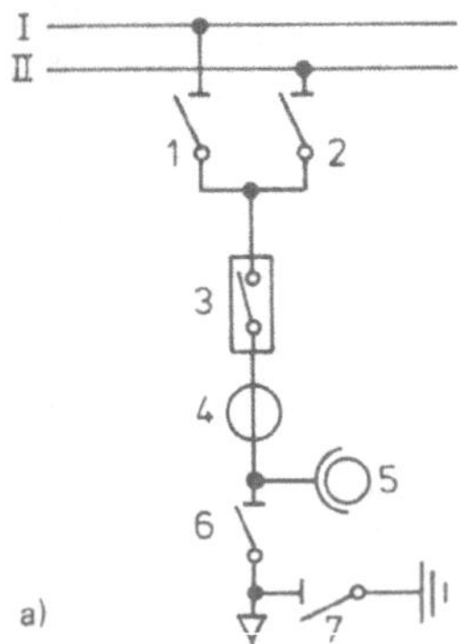

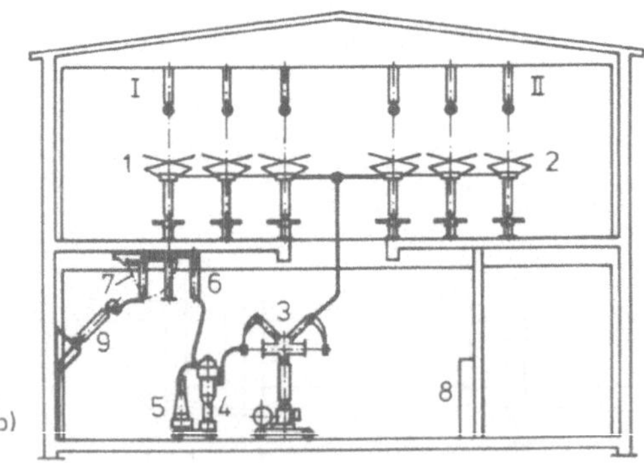

Bild 4.201 Innenraumschaltanlage mit Doppelsammelschienensystem in Rohrausführung
a) Übersichtsplan, b) Schnitt
1 Trenner von Sammelschiene I; 2 Trenner von Sammelschiene II; 3 Leistungsschalter; 4 Stromwandler; 5 Spannungswandler; 6 Abgangstrenner; 7 Arbeitserder; 8 Schaltschränke am Bedienungsgang; 9 Kabelanschluß

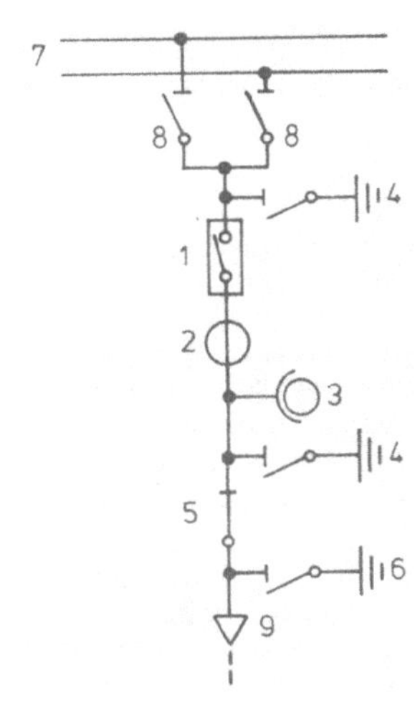

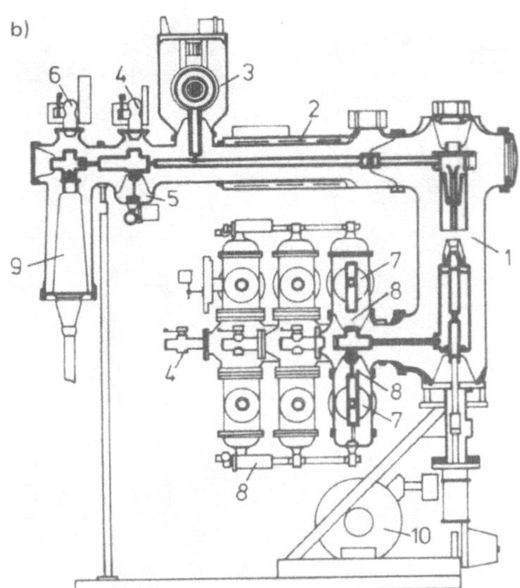

Bild 4.202 Einpolig gekapseltes SF_6-isoliertes Schaltfeld mit Doppelsammelschiene (110 kV)
a) Schaltbild, b) Schnitt

1 Leistungsschalter
2 Stromwandler
3 Spannungswandler
4 Arbeitserder
5 Abgangstrenner
6 Einschaltsicherer Erder
7 Sammelschiene
8 Sammelschienentrenner
9 Kabelabgang
10 Schalterantrieb

Bei den bisher betrachteten Ausführungsformen handelt es sich um Umspannanlagen der Hoch- und Höchstspannungsebene, die aufgrund ihrer Bedeutung auch als *Umspannwerke* bezeichnet werden. Im Unterschied dazu wählt man für Schaltanlagen, die aus der 110-kV-Ebene in die Mittelspannungsebene einspeisen, häufig den Ausdruck *Umspannstation.* Bei diesen Anlagen handelt es sich meist um fabrikfertige Ausführungen; die einzelnen Felder sind in Zellen untergebracht.

Bei älteren Anlagen sind die Schaltzellen meist in einer *offenen Bauform* ausgeführt. In diesem Zusammenhang bedeutet offen, daß einzelne Betriebsmittel wie z. B. die Sammelschienen *nicht allseitig gegen Berühren* geschützt sind. Unterhalb dieser Anlagen befinden sich die Kabelkanäle bzw. der Kabelkeller. Im Keller selbst können noch zusätzliche Betriebsmittel wie Strom- und Spannungswandler eingebaut werden. Einen Eindruck von diesen Anlagen vermittelt Bild 4.203.

Man spricht demgegenüber von einer *gekapselten Bauweise,* wenn die Betriebsmittel *allseitig gegen Berühren* z. B. durch eine Verkleidung aus Stahlblech geschützt sind. Durch eine weitgehende Isolation aller blanken, spannungsführenden Teile mit Gießharz oder anderen hochwertigen Isolierstoffen können die Anlagen sehr kompakt gestaltet werden. Man bezeichnet sie auch als *Kompaktanlagen;* sie weisen zugleich eine erhöhte Schutzart auf. Bei dieser Bauweise können die Mindestabstände, die blanke Teile gemäß der VDE-Bestimmung 0101 untereinander und gegen Erde aufweisen müssen, unterschritten werden. In diesem

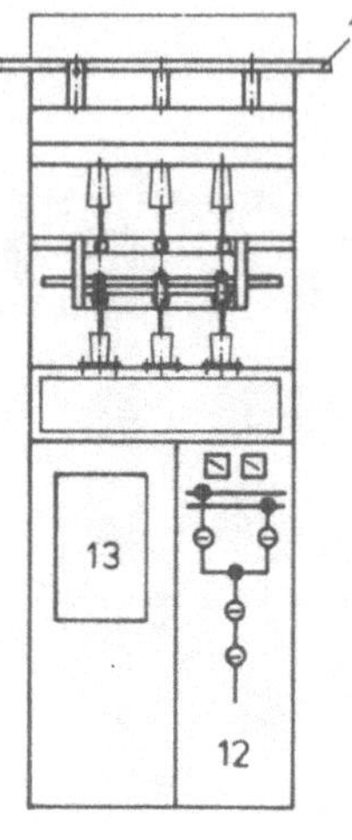

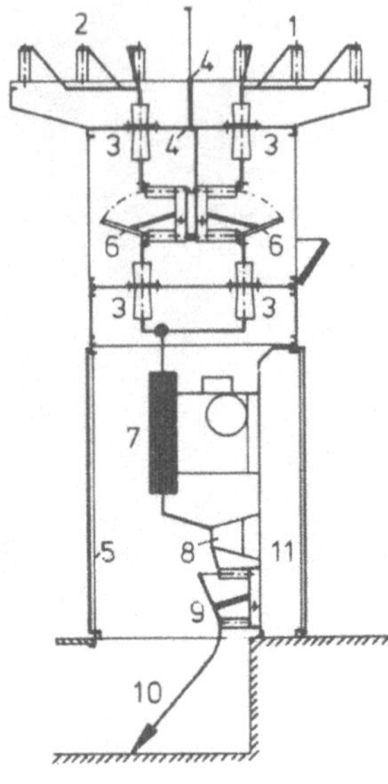

Bild 4.203

Einspeise- oder Abgangsfeld einer offenen Innenraum-Schaltanlage für 10 bis 30 kV
1 vorderes Sammelschienensystem; 2 hinteres Sammelschiedensystem; 3 Hochspannungsdurchführungen; 4 Lichtbogenschutzdecken bzw. -wände; 5 Stahlblechtür; 6 Sammelschienentrenner; 7 Leistungsschalter; 8 Stromwandler; 9 Kabeltrenner; 10 Kabel; 11 Steuerschrank, 12 Blindschaltbild; 13 Beobachtungsfenster

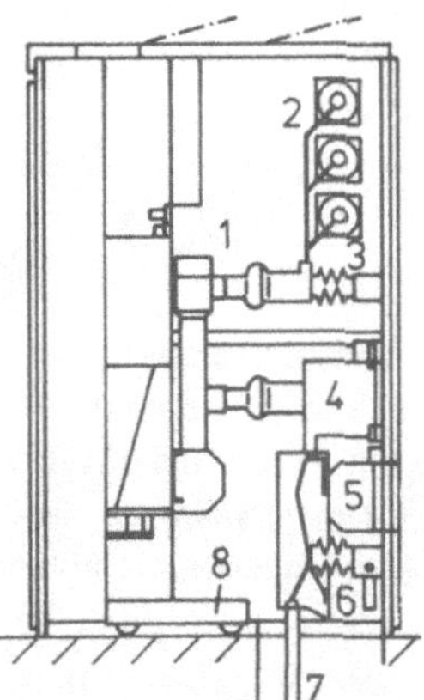

Bild 4.204

Ausführung eines metallgekapselten Schaltfeldes
1 Leistungsschalter; 2 Sammelschiene; 3 Isolator; 4 Stromwandler; 5 Spannungswandler; 6 Erdungsschalter; 7 Kabelanschluß; 8 ausfahrbarer Schaltwagen

Fall ist der Nachweis der Funktionsfähigkeit durch eine *Typenprüfung* gemäß der VDE-Bestimmung 0670 zu erbringen (typgeprüfte Schaltfelder). In Bild 4.204 ist die Ausführung eines solchen metallgekapselten, typgeprüften Schaltfeldes dargestellt.

Häufig befinden sich bei typgeprüften Schaltfeldern die Leistungsschalter und bei vielen Ausführungen zusätzlich die Spannungswandler auf einem ausfahrbaren Wagen. Die elektrischen Anschlüsse werden durch Einfahrkontakte hergestellt. Durch das Ausfahren der Leistungsschalterwagen in die Trennstellung wird eine zuverlässig erkennbare Trennstrecke gebildet, so daß auf den Einbau von Trennern verzichtet werden kann. Das Schaltkurzzeichen einer solchen Schaltwageneinheit zeigt Bild 4.205.

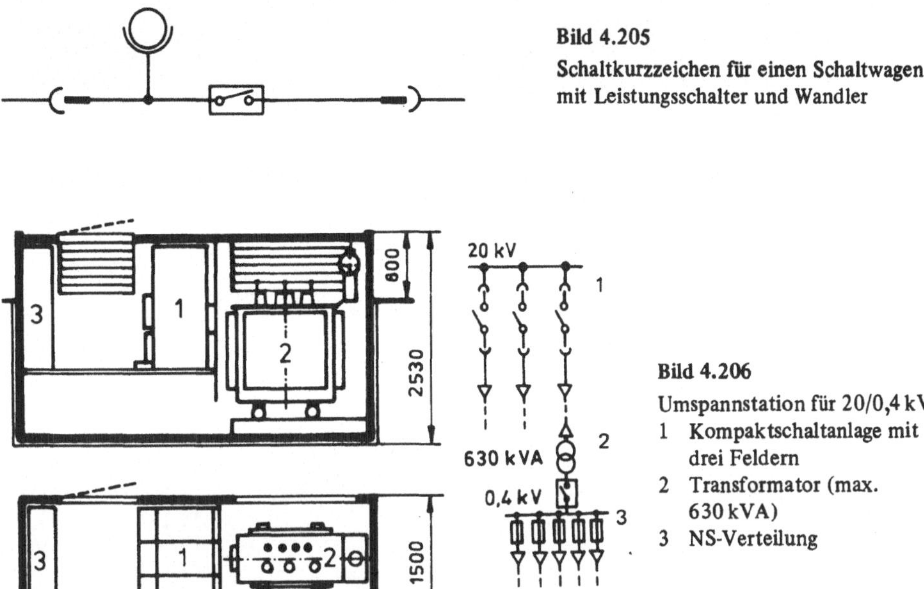

Bild 4.205
Schaltkurzzeichen für einen Schaltwagen mit Leistungsschalter und Wandler

Bild 4.206
Umspannstation für 20/0,4 kV
1 Kompaktschaltanlage mit drei Feldern
2 Transformator (max. 630 kVA)
3 NS-Verteilung

Wiederum ein modifiziertes Erscheinungsbild weisen die Schaltanlagen der 10/0,4-kV und 20/0,4-kV-Spannungsebene auf. Bei kleineren Umspannstationen, den Kleinumspannstationen, wird die Schutzart bereits so hoch gewählt, daß sie auch direkt im Freien bzw. in Fabrikhallen aufgestellt werden können. Der Aufbau ist sehr kompakt (Bild 4.206). Sie bestehen z. B. aus Stahlblech oder Betonfertigteilen und werden heutzutage anstelle der Kleinumspannstationen in Massivbauweise eingesetzt.

Als ein Beispiel für eine ältere Kleinumspannstation in Massivbauweise seien die Turmstationen angeführt,die vor allem in Freileitungsnetzen zu finden sind (Bild 4.207).

Kleinumspannstationen weisen Nennleistungen bis ca. 630 kVA auf. Sie werden häufig als *Netzstationen* bezeichnet (s. Kapitel 3). Ihrer Funktion im Netz entsprechend werden dafür auch die Ausdrücke wie *End-* oder *Durchgangsstation* verwendet. Bei einem Einsatz von gekapselten Anlagen in Fabriken ist es üblich, von *Schwerpunktstationen* zu sprechen.

Zur Versorgung einzelner, abseits gelegener Verbraucher werden bei Leistungen bis ca. 250 kVA statt der beschriebenen Netzstationen auch häufig sogenannte *Maststationen* eingesetzt. Ihr prinzipieller Aufbau ist in Bild 4.208 dargestellt. Diese Ausführungsart besteht aus freiluftfähigen Betriebsmitteln.

Zur Versorgung von Betrieben sind häufig auch in der 10/0,4-kV-Ebene größere Schaltanlagen – bis zu einigen MVA – notwendig, die heutzutage meist als *gekapselte Schrankanlagen* ausgeführt werden. Unmittelbar vor Ort werden für die zahlreichen Niederspannungsverbraucher noch weitere, unterlagerte Schaltanlagen errichtet. Je nach Bedeutung spricht man von *Haupt-* und *Unterverteilungen.* Letztere werden bei kleinen Leistungen in Kurzform auch als *Verteiler* bezeichnet und meist im Baukastensystem hergestellt. Die einzelnen

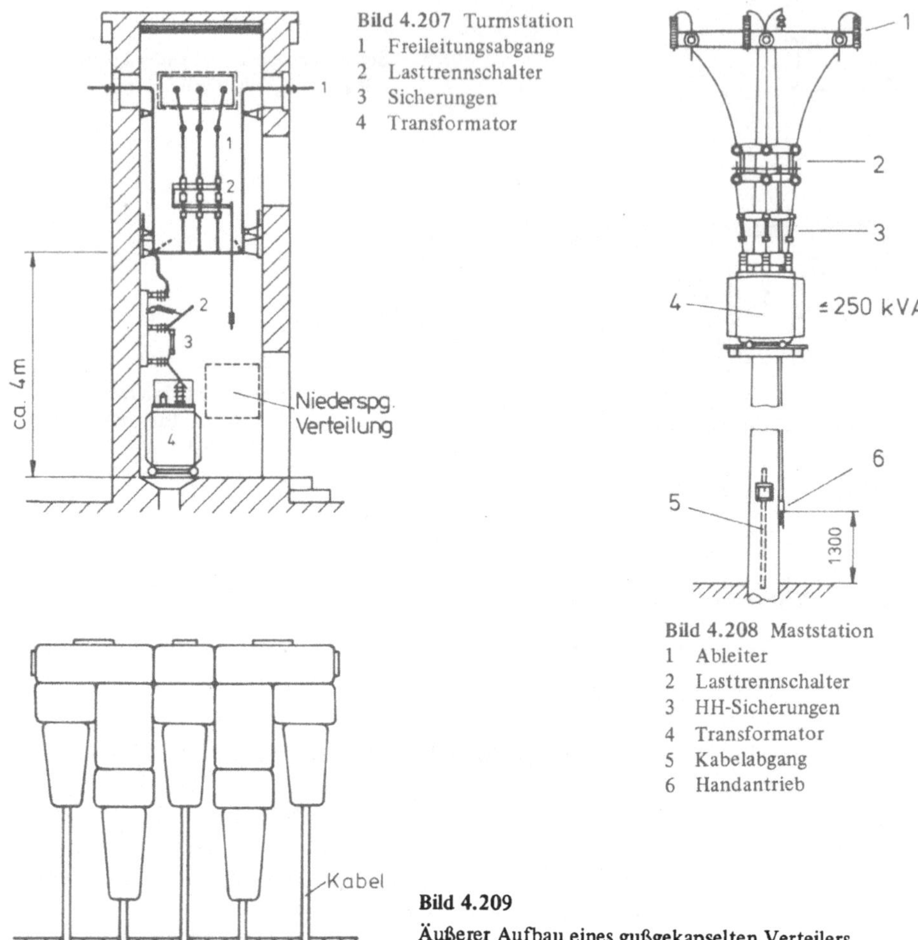

Bild 4.207 Turmstation
1 Freileitungsabgang
2 Lasttrennschalter
3 Sicherungen
4 Transformator

Bild 4.208 Maststation
1 Ableiter
2 Lasttrennschalter
3 HH-Sicherungen
4 Transformator
5 Kabelabgang
6 Handantrieb

Bild 4.209
Äußerer Aufbau eines gußgekapselten Verteilers

Kästen enthalten die üblichen Elemente wie Sammelschienen, Sicherungen oder Lasttrennschalter. Eine spezielle konstruktive Ausführung eines gußgekapselten Verteilers zeigt Bild 4.209.

4.11.2 Berücksichtigung von Schaltanlagen in Ersatzschaltbildern

Aus den bisherigen Ausführungen geht hervor, daß bei Schaltanlagen in allen Spannungsebenen für die Stromführung im wesentlichen die Sammelschienen maßgebend sind. Da sie in allen Fällen im Vergleich zu den angeschlossenen Freileitungen und Kabeln kurz sind, ist ihr Einfluß auf das Betriebsverhalten gering und deshalb im Ersatzschaltbild vernachlässigbar. Aus diesem Grunde sind die Schaltanlagen in einem *Ersatzschaltbild für stationäre Verhältnisse* nur durch *einen Knotenpunkt* zu berücksichtigen. Sie entsprechen in dieser Beziehung Abzweigmuffen in Kabelnetzen.

Bei *transienten* Vorgängen wie z. B. Überspannungseffekten können jedoch auch die geringen, im weiteren nicht berücksichtigten Induktivitäten und Kapazitäten der Sammelschienen eine Rolle spielen [58].

In den Schaltanlagen ist zugleich auch ein großer Teil der Einrichtungen untergebracht, deren Aufgabe darin besteht, die Betriebsmittel vor Überbeanspruchungen zu schützen. Der Aufbau und die Funktion dieser Schutzeinrichtungen wird im anschließenden Abschnitt skizziert.

4.12 Überblick über wichtige Einrichtungen zum Schutz von Netzelementen

Gewitter oder Kurzschlüsse können u. a. in Netzen Ströme und Spannungen hervorrufen, die so hoch sind, daß die zulässigen Werte bei einzelnen Netzelementen überschritten werden. Die Auswirkungen äußern sich je nach Höhe in einer verkürzten Lebensdauer oder in Beschädigungen. Um diese Folgen zu vermeiden, werden besondere Einrichtungen zum Schutz der Betriebsmittel eingesetzt.

4.12.1 Einrichtungen zum Schutz vor Überspannungen

Bevor auf die Schutzeinrichtungen eingegangen wird, ist es notwendig, einige Eigenschaften der Überspannungen zu kennen. Man bezeichnet dabei mit dem Begriff *Überspannung* alle diejenigen Spannungen, die *nicht betriebsfrequent* sind und die zugleich *die höchste dauernd zulässige Betriebsspannung überschreiten.* Überspannungen treten meist nur kurzzeitig zwischen den Leitern oder gegen Erde auf. Der prinzipielle Verlauf einer Überspannung hängt davon ab, ob sie eine innere oder äußere Überspannung darstellt.

Von *inneren Überspannungen* spricht man dann, wenn die Spannungen durch Schaltmaßnahmen oder Netzfehler, z. B. Kurzschlüsse, hervorgerufen werden. Abhängig von der Ursache entwickeln sich Schwingungen, deren Frequenz sich zwischen einigen hundert Hertz und ca. 50 kHz bewegt. Entsprechend Bild 4.210 erstrecken sich diese Schwingungen meist nur über eine 50-Hz-Periode, da sie schnell abgedämpft werden.

Diese inneren Überspannungen übersteigen nur in sehr seltenen Fällen den doppelten Wert der Außenleiterspannung. Als Beispiel für diese seltenen Fälle sei der *aussetzende Erdschluß* (s. Kapitel 11) oder die *Ferroresonanz* genannt. Diese Effekte können sich nur dann ausbilden, wenn mehrere ungünstige Bedingungen zugleich erfüllt sind. So ist erst dann eventuell mit Ferroresonanz zu rechnen, wenn z. B. infolge eines vorausgegangenen Fehlers eine Kapazität und eine Induktivität mit Eisenkern in Reihe geschaltet werden. Die Resonanzfrequenz des sich dann ergebenden Schwingkreises muß deutlich unter der Netzfrequenz liegen.

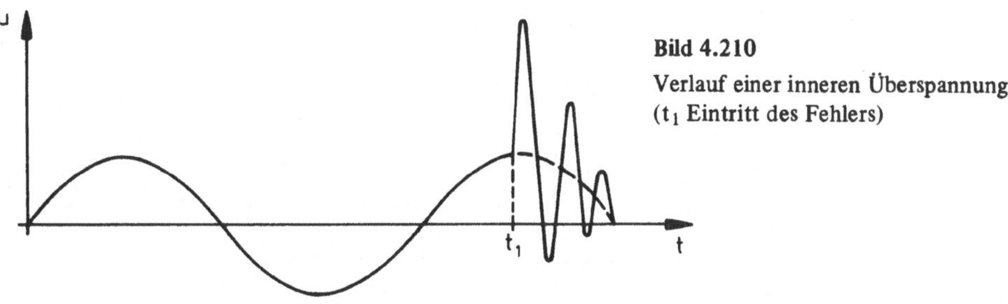

Bild 4.210
Verlauf einer inneren Überspannung (t_1 Eintritt des Fehlers)

Laut VDE-Bestimmung 0111 ist die Isolation bereits bei den einzelnen Betriebsmitteln so zu wählen, daß sie weitgehend gegen eine Überspannung geschützt sind; in dieser Vorschrift ist u. a. festgelegt, welche Prüfverfahren anzuwenden sind. So sind z. B. hochbeanspruchte Teile wie Trennstrecken mit einer betriebsfrequenten Wechselspannung in Höhe von ca. $2{,}2 \cdot U_{nN}$ zu belasten, ohne daß es zu Überschlägen kommen darf (Nennstehwechselspannung).

Einen anderen Verlauf weisen die *äußeren Überspannungen* auf, die durch Gewitter bzw. atmosphärische Störungen verursacht werden. Diese Spannungen steigen innerhalb von einigen Mikrosekunden auf ihren Maximalwert an, um dann relativ langsam, etwa in einer halben Millisekunde, abzuklingen. Aufgrund ihres stoßartigen Anstiegs bezeichnet man diese Verläufe auch als *Stoßspannungen* (Bild 4.211).

Der Maximalwert einer Stoßspannung liegt normalerweise erheblich über den Werten der inneren Überspannungen. Die Betriebsmittel müssen diese Stoßspannungen innerhalb gewisser Grenzen ebenfalls ohne weitere Schutzeinrichtungen aushalten können. Der Grenzwert für besonders gefährdete Teile der Betriebsmittel liegt bei ca. $3{,}7 \cdot U_{nN}$ (s. VDE-Bestimmung 0111).

Die Gefahr, daß sich innere oder äußere Überspannungen in den Netzen ausbilden, die das Isoliervermögen der einzelnen Betriebsmittel übersteigen, ist auch bei diesem bereits recht hoch gewählten Isolationsniveau nicht auszuschließen. Daher ist es unumgänglich, spezielle Schutzeinrichtungen einzubauen. Von besonderer Wichtigkeit sind *Ventilableiter;* sie begrenzen die Überspannungen. Räumlich erstreckt sich der Schutzbereich nur auf solche Netzelemente, die nicht mehr als 20 ... 50 m vom Ventilableiter entfernt sind.

In Kabelnetzen mit Innenraumschaltanlagen können die Ableiter entfallen, da äußere Überspannungen nicht zu befürchten sind und hohe innere Überspannungen so selten auftreten, daß sich der zusätzliche Schutzaufwand im Hinblick auf den Umfang der zu erwartenden Schäden nicht lohnt.

Ventilableiter werden durch das Schaltkurzzeichen in Bild 4.212 gekennzeichnet. Ihr äußerer Aufbau ist ebenfalls diesem Bild zu entnehmen. Im Prinzip besteht der Ableiter aus einer Funkenstrecke und einem nachgeschalteten nichtlinearen Widerstand aus Siliziumkarbid. Die zugehörigen Kennlinien sind in Bild 4.213 wiedergegeben.

Abhängig davon, ob eine innere oder äußere Überspannung vorliegt, schlägt die Funkenstrecke bei einer bestimmten Ansprechspannung durch. Der Abstand der Funkenstrecke wird so gewählt, daß die Ansprechspannungen unterhalb des Schwellwertes liegen, bei dem die Betriebsmittel gefährdet werden. Nach dem Ansprechen der Funkenstrecke fällt die Überspannung am

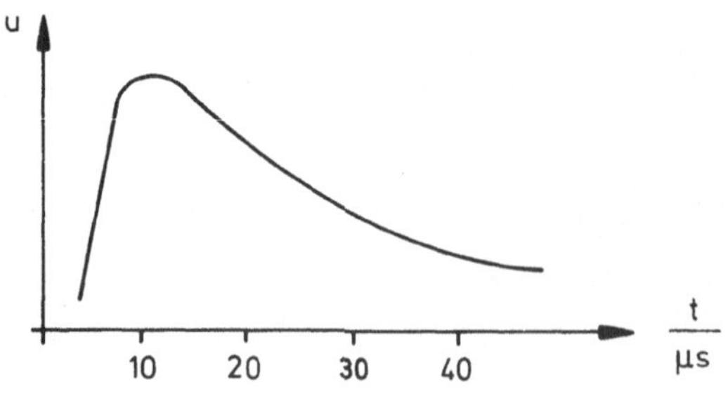

Bild 4.211
Verlauf einer äußeren Überspannung

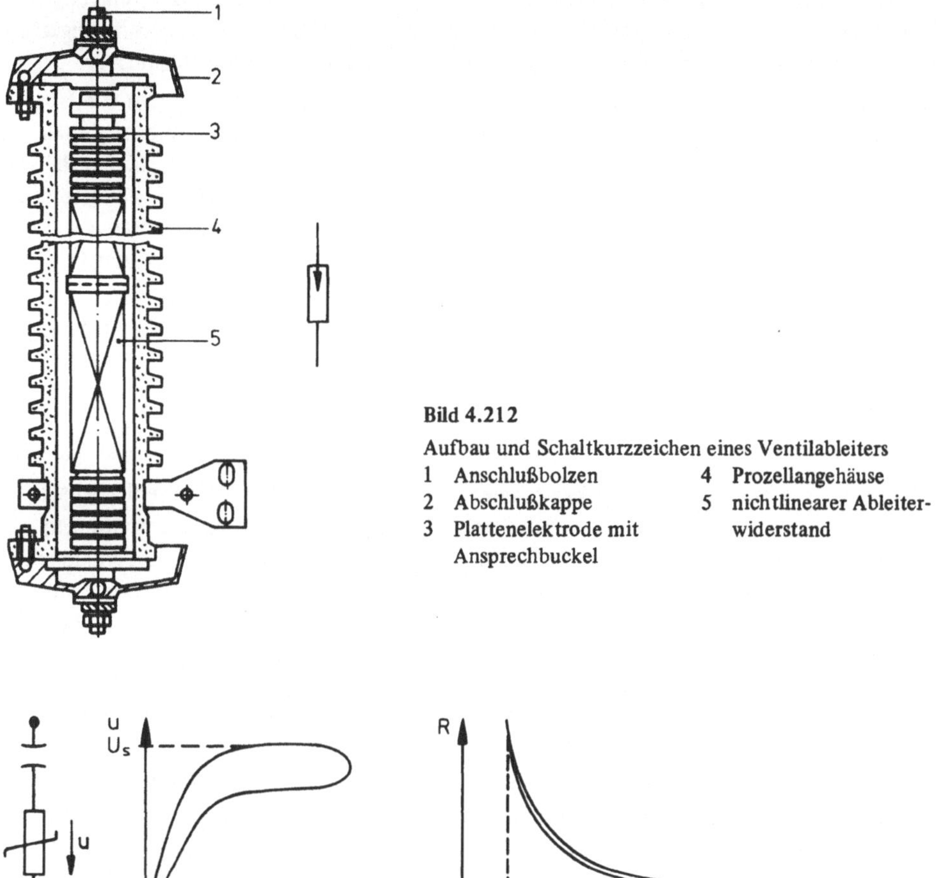

Bild 4.212

Aufbau und Schaltkurzzeichen eines Ventilableiters

1 Anschlußbolzen
2 Abschlußkappe
3 Plattenelektrode mit Ansprechbuckel
4 Prozellangehäuse
5 nichtlinearer Ableiterwiderstand

Bild 4.213 Ersatzschaltbild eines Ventilableiters mit zugehörigen Kennlinien

nichtlinearen Widerstand ab. Bei hohen Überspannungen fließt dann ein hoher Strom über den Ableiter, wobei der Spannungsabfall, die sogenannte Restspannung, am Ableiter nahezu vom Strom unabhängig ist; der Widerstand nimmt niedrige Werte an. Beim Absinken der Überspannung vergrößert sich der Widerstand dagegen so sehr, daß die Funkenstrecke in der Nähe der Betriebsspannung verlöscht: Der Ableiter sperrt. Wie aus diesen Ausführungen zu ersehen ist, werden die Netzelemente im Schutzbereich des Ableiters maximal mit der Restspannung belastet. Deren höchster Wert wird daher auch als *Schutzpegel* U_s bezeichnet.

Eine ähnliche Funktion erfüllen die Schutzfunkenstrecken, die bereits im Abschnitt 4.5.1 bei den Isolatoren erwähnt worden sind. Im Unterschied zu den Ableitern liegt nach dem Ansprechen einer Funkenstrecke stets ein Kurzschluß gegen Erde vor, der auch nach Abklingen der Überspannung noch vorhanden ist. Der Kurzschluß wird erst durch weitere Schutzeinrichtungen abgeschaltet, die auf den dann fließenden Kurzschlußstrom ansprechen. Außerdem können Schutzfunkenstrecken infolge eines *Ansprechverzuges* von *einigen Mikrosekunden* solche Stoßspannungen nur mäßig begrenzen, die bereits innerhalb einiger Mikrosekunden ihren Maximalwert erreichen und daher besonders gefährlich sind.

Sofern *betriebsfrequente Spannungen* höhere Werte aufweisen, ist es üblich, nicht von Überspannungen, sondern von *Spannungserhöhungen* zu sprechen. Solche Erhöhungen können z. B. durch den Ferranti-Effekt hervorgerufen werden und übersteigen im ungestörten Betrieb kaum den 1,4-fachen Wert der Nennspannung. Eine Verminderung auf die zulässigen Werte läßt sich meist mit betrieblichen Maßnahmen erreichen, indem die Übersetzung der Transformatoren, die Einstellung der Kompensationsdrosselspulen oder die Erregung in den Generatoren verändert wird.

Mit den beschriebenen Schutzmaßnahmen können zu hohe Spannungen auf ungefährliche Werte begrenzt werden. Sie beseitigen jedoch nicht die Ursachen, wie es bei den Einrichtungen zum Schutz vor Überströmen der Fall ist.

4.12.2 Einrichtungen zum Schutz vor Überströmen

Die Einrichtungen zum Schutz vor Überströmen sind darauf ausgerichtet, die fehlerbehafteten Netzelemente schnell zu erkennen und diese dann freizuschalten. Diese Einrichtungen verhalten sich, wie man sagt, *selektiv*. Im Niederspannungs- und Mittelspannungsbereich läßt sich dieser Schutz auf einfache Weise durch Sicherungen oder spezielle Schalter, den Leitungsschutzschalter und den I_s-Begrenzer, erreichen. Sofern dies nicht möglich ist, sind die bereits betrachteten Schalter einzusetzen, die mit vergleichsweise aufwendigen Schutzsystemen zu verknüpfen sind, auf deren Aufbau anschließend auch noch eingegangen wird.

4.12.2.1 Sicherungen, Leitungsschutzschalter, I_s-Begrenzer

Sicherungen stellen ein Schutzorgan dar, das dazu dient, den fehlerbehafteten Stromkreis selbsttätig zu unterbrechen. Sie werden in den Schaltplänen durch das Kurzzeichen in Bild 4.214 gekennzeichnet.

Die verwendeten Sicherungen weisen meist einen oder mehrere Schmelzleiter auf, die häufig aus einer Silberlegierung bestehen und in Quarzsand eingebettet sind. In Bild 4.215 ist der Aufbau einer *Hochspannungs-Hochleistungs-Sicherung*, einer HH-Sicherung, veranschaulicht, die in Deutschland für Nennspannungen von 1 ... 36 kV verwendet wird und, wie bereits erörtert, beim Einsatz von Lasttrenn- bzw. Lastschaltern den Kurzschlußschutz übernimmt.

Der Schmelzleiter ist so ausgelegt, daß Stromstärken ab einer bestimmten Größe den Schmelzvorgang einleiten. Nach einem Zeitraum t_s ist der Leiter abgeschmolzen, die erzeugte Wärme Q übersteigt dann den dazu erforderlichen Wert Q_s. Der Widerstand der Sicherung R_s kann

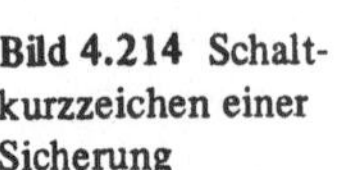

Bild 4.214 Schaltkurzzeichen einer Sicherung

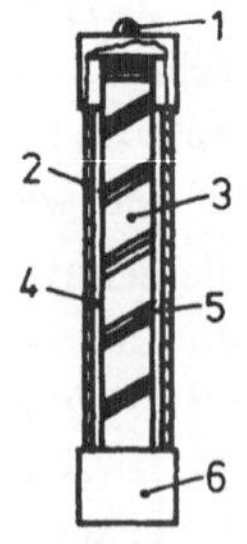

Bild 4.215
Aufbau einer HH-Sicherung
1 Schlagstift
2 Porzellanrohr
3 Keramikkörper
4 Sand
5 Schmelzleiter
6 Kontaktkappen

im Zeitraum $t_s > 0{,}1$ s (s. VDE 0670 Teil 4) in hinreichender Näherung als konstant angesehen werden, so daß dann die Vorgänge durch die Beziehung

$$Q = \int_0^{t_s} i^2(t) \cdot R_s \cdot dt \geqslant Q_s \qquad (4\text{–}139)$$

beschrieben werden. Bei Werten $t_s < 0{,}1$ s stellt die daraus ermittelte Schmelzzeit nur eine Ersatzschmelzzeit, eine Bezugsgröße, dar.

Bei *strombegrenzenden Sicherungen* wird die notwendige Schmelzwärme Q_s in weniger als einer Viertelperiode erzeugt, so daß der Kurzschlußstrom nicht mehr seine erste Amplitude erreicht (Bild 4.216). In diesem Falle wird der Strom auf den *Durchlaßstrom* I_d begrenzt. Der anschließend entstehende Lichtbogen verlöscht innerhalb eines Zeitintervalls t_l, der *Löschzeit*. Sie liegt in der Regel unter 10 ms.

Der Schmelzleiter wird so gestaltet, daß die Löschzeit t_l bestimmte Grenzwerte nicht unterschreitet. Anderenfalls könnten sich bei induktiven Verbrauchern, die der Sicherung nachgeschaltet sind, Schaltspannungen einstellen, die die zulässigen Werte überschreiten:

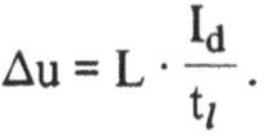

$$\Delta u = L \cdot \frac{I_d}{t_l}.$$

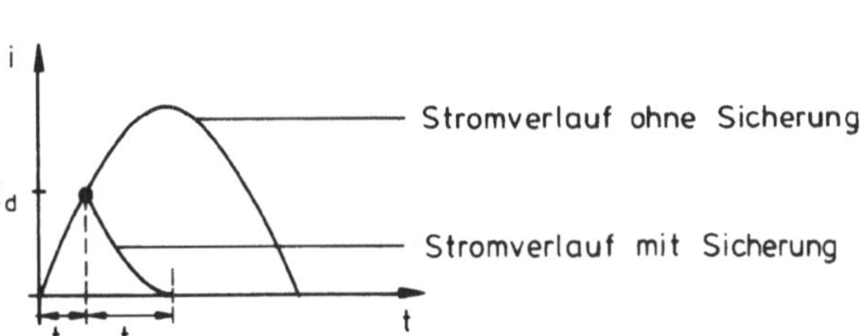

Bild 4.216
Stromverlauf nach Ansprechen einer Sicherung

Die Höhe der zulässigen Schaltspannungen wächst gemäß VDE 0111, 0670 mit der Nennspannung der Sicherung an. Falls in einem Netz Sicherungen eingesetzt werden, deren Nennspannungen die des Netzes übersteigen, können die durch den Löschvorgang tatsächlich ausgelösten Schaltspannungen – je nach Hersteller – zu hohe Werte annehmen und zu Schäden führen. Angaben über den Verlauf der Schaltspannungen sind nur in diesen Sonderfällen erforderlich. Die im weiteren erörterten Daten sind dagegen stets für die Projektierung einer Sicherung notwendig. Diese Daten sind u. a. Diagrammen zu entnehmen, die vom Hersteller geliefert werden. Es handelt sich dabei zum einen um die *Strom-Zeit-Kennlinie* (s. Bild 4.217). Ströme, die kleiner als die dort angegebenen Minimalwerte von ca. 2,5 I_n sind, führen zu keiner sicheren Auslösung. Die darin angegebenen Schmelzzeiten gelten für stationäre Wechselströme, die in den Anlagen den Dauerkurzschlußwechselströmen I_k entsprechen. Bei nicht sinusförmig verlaufenden Strömen können die dann geltenden Werte mit der Beziehung (4–139) ermittelt werden.

Zum anderen wird eine *Durchlaßkennlinie* geliefert. Daraus ist der *Durchlaßstrom* I_d zu ermitteln. Der Durchlaßstrom wird durch den Nennstrom I_n und den unbeeinflußten Kurzschlußstrom I_k'' gekennzeichnet. Bei der Größe I_k'' handelt es sich um den Anfangskurzschlußwechselstrom, der am Einbauort auftreten würde, wenn die Sicherung nicht vorhanden wäre. Dieser Strom darf bei einer ordnungsgemäßen Projektierung einen maximalen Wert, den *Nennausschaltstrom*, nicht überschreiten, der als zusätzliche Angabe einer beigefügten Liste des

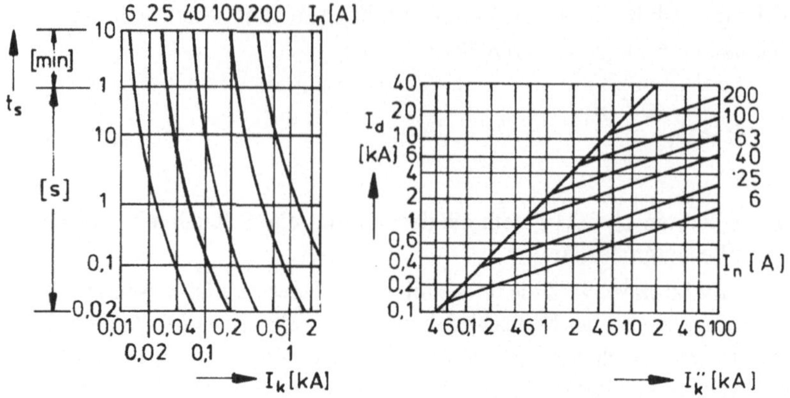

Bild 4.217 Strom-Zeit- und Durchlaßkennlinie von HH-Sicherungen (Streubereich etwa ± 10 % des Stromes)

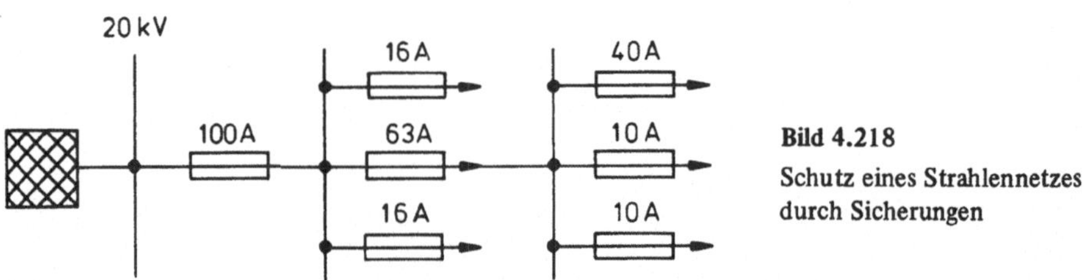

Bild 4.218 Schutz eines Strahlennetzes durch Sicherungen

Sicherungsherstellers zu entnehmen ist. Auf die Berechnung der Kurzschlußströme I_k'' in umfassenderen Netzanlagen wird noch im Kapitel 6 eingegangen. Für die Gleichströme, die sich gemäß Abschnitt 4.4 eventuell den Wechselströmen überlagern, sind in den Durchlaßkennlinien bereits ungünstige Werte zugrundegelegt, so daß sie nicht gesondert berücksichtigt werden müssen.

Aus Bild 4.217 ist zu ersehen, daß sich die einzelnen Kennlinien – auch bei Berücksichtigung der Streubereiche – nicht schneiden. Unter dieser Voraussetzung ist es möglich, in Strahlennetzen die einzelnen Abzweige selektiv gegen Kurzschlußströme zu schützen (Bild 4.218). Dazu ist es nur notwendig, daß im jeweils übergeordneten Strahl Sicherungen mit einem größeren Nennstrom eingesetzt werden. Bei einer solchen Staffelung spricht jeweils nur die Sicherung an, die unmittelbar vor dem Fehler liegt. Das Netz muß natürlich so gestaltet sein, daß im Fehlerfall die Kurzschlußströme den Minimalwert von ca. 2,5 I_n überschreiten, damit eine Auslösung erfolgt. Bei der Auswahl von HH-Sicherungen – z. B. in Netzstationen – ist darauf zu achten, daß sie sich selektiv zu den unterlagerten Schutzorganen des Niederspannungsnetzes verhalten.

Als Schutzorgane werden in Niederspannungsnetzen im Bereich von 6 ... 1250 A *NH-Sicherungen,* die Niederspannungs-Hochleistungs-Sicherungen, eingesetzt. Kennlinien eines Herstellers zeigt Bild 4.219.

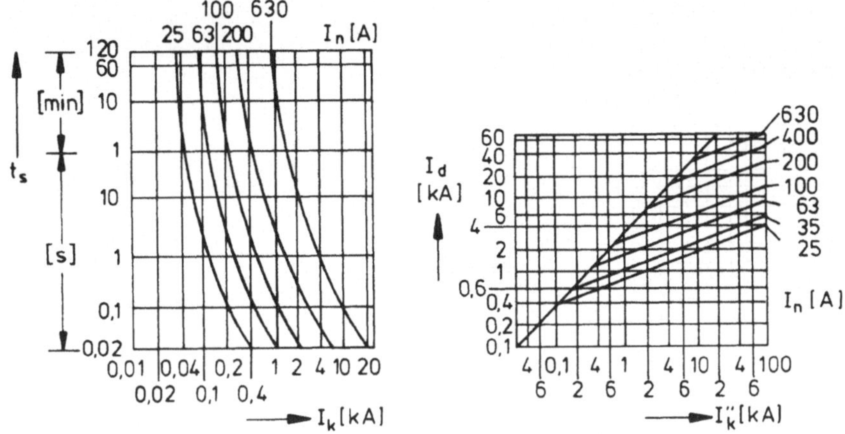

Bild 4.219 Strom-Zeit- und Durchlaßkennlinie von NH-Sicherungen

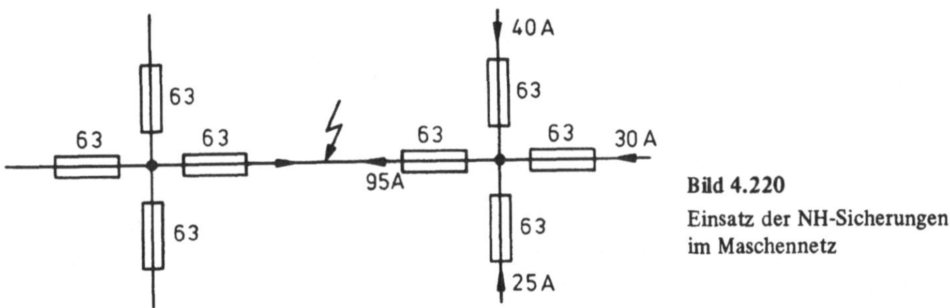

Bild 4.220
Einsatz der NH-Sicherungen im Maschennetz

Die NH-Sicherungen sprechen im Unterschied zu HH-Sicherungen bereits bei Überströmen ab etwa 1,2 · I_n an. Sie stellen einen Überlast- und Kurzschlußschutz zugleich dar. Aufgrund dieses Verhaltens können NH-Sicherungen als alleiniges Element zum Schutz von Kabeln verwendet werden. Sie können nicht nur in Strahlen-, sondern auch in Maschennetzen eingesetzt werden. Dann muß jedoch in jedem Zweig die *gleiche* Sicherung vorhanden sein. Bei einer *hinreichend starken Vermaschung* führt der fehlerbehaftete Zweig einen deutlich größeren Strom, so daß dort die Sicherungen merklich früher ansprechen (Bild 4.220). Dadurch ist die die gewünschte Selektivität gegeben.

Neben der NH-Sicherung werden im Niederspannungsbereich – vorwiegend in der Installation – weitere Sicherungsarten wie z. B. Schraubsicherungen eingesetzt, die aber nicht weiter behandelt werden sollen. Eine ähnliche Funktion wie Sicherungen weisen die *Leitungsschutzschalter* auf. Für eine spezielle Variante ist die Kennlinie dem Bild 4.221 zu entnehmen.

Wie daraus zu ersehen ist, schützen diese Schalter sowohl vor Überlast als auch vor Kurzschlußströmen. Der Überlastschutz spricht auf die Erwärmung an und wird durch Bimetall realisiert; der Kurzschlußschutz wird durch eine elektromagnetische Schnellauslösung bewirkt, die bei Überschreiten eines Grenzstromes auslöst.

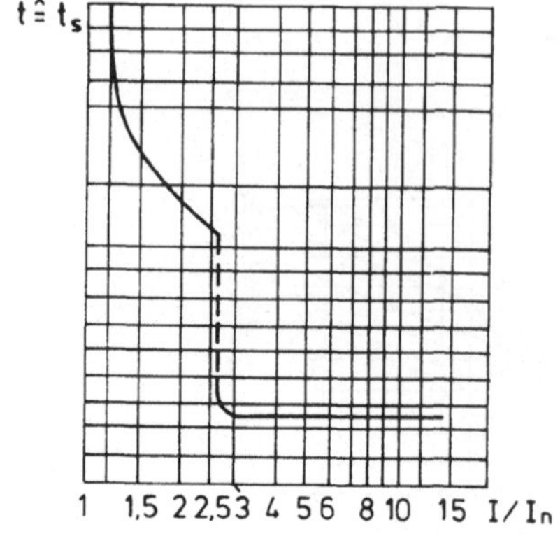

Bild 4.221
Auslösekennlinie eines Leitungsschutzschalters (G-Typ)

Im Niederspannungs- und Mittelspannungsbereich werden zur Stromunterbrechung auch spezielle Schalter, die sogenannten I_s-*Begrenzer*, eingesetzt. Wenn der Stromstieg $\Delta i/\Delta t$ einen bestimmten Wert überschreitet, wird eine Sprengkapsel gezündet, die den Stromkreis vor Erreichen des ersten Strommaximums auftrennt. Aufgrund dieser Eigenschaft ist der Durchlaßstrom besonders niedrig. Durch eine stets parallelgeschaltete Sicherung kann noch ein Energieausgleich erfolgen, so daß sich eventuelle induktive Überspannungen in zulässigen Grenzen halten.

4.12.2.2 Schutzsysteme

Die bisher betrachteten Schutzorgane des Mittelspannungs- und Niederspannungsbereiches sind so ausgebildet, daß der Stromkreis sowohl durch dieselbe Geräteeinheit überwacht als auch aufgetrennt wird. Bei großen Leistungen sowie höheren Spannungen kann der Stromkreis nur von einem *Schalter* befriedigend unterbrochen werden. Der Zeitpunkt der Unterbrechung wird von einer speziellen Schutzeinrichtung bestimmt.

Die Schutzeinrichtung verarbeitet überwiegend Strom- und Spannungsmeßwerte, die von Wandlern auf das erforderliche Niveau transformiert werden. Es werden parallel dazu häufig noch die indirekten Wirkungen von Strömen meßtechnisch erfaßt und ausgewertet, z. B. die Erwärmung. Sofern ein Fehler vorliegt und Meßwerte bestimmte Kriterien erfüllen, wird von der Schutzeinrichtung ein Signal, ein Auskommando, auf den Schalter gegeben, das eine Schaltmaßnahme bewirkt. Der grobe Aufbau eines Schutzsystems, das für elektrische Meßgrößen bestimmt ist, gibt Bild 4.222 wieder.

Üblicherweise sind Netzelemente wie Transformatoren, Generatoren, Sammelschienen und Leitungen mit mehreren solcher Schutzsysteme versehen, die unterschiedliche Kriterien abprüfen. Die Gesamtheit aller Schutzsysteme wird dann je nach Netzelement als *Transfor-*

Bild 4.222 Prinzipieller Aufbau eines Schutzsystems

mator-, Generator- oder Sammelschienenschutz bezeichnet. Für die Schutzsysteme von Freileitungen und Kabeln verwendet man den Ausdruck *Netzschutz* [39].

Die Kriterien, nach denen die einzelnen Netzelemente überwacht werden, können sich durchaus ähneln. In *analytischer* Hinsicht handelt es sich meist um *eine oder mehrere Ungleichungen.* Die Anforderungen an die Toleranzgrenzen und Schnelligkeit bedingen jedoch Unterschiede in den Schutzkonzeptionen für die einzelnen Netzelemente. Die Schutzsysteme müssen so abgestimmt sein, daß jeweils nur das fehlerbehaftete Element außer Betrieb genommen wird.

Dem jeweiligen Stand der Technologie entsprechend sind die elektrischen Größen bis zum Anfang der siebziger Jahre mit Hilfe von Schaltungen in Relaistechnik ausgewertet worden. Anschließend sind zunehmend elektronische Schaltungen eingeführt worden, die eine größere Schnelligkeit aufweisen, gepaart mit einer höheren Genauigkeit. Der prinzipielle Aufbau und die zugrundegelegten Schutzkriterien unterscheiden sich bei beiden Realisierungen nur geringfügig. Einige wichtige Schutzkriterien sollen im folgenden erläutert werden.

Als Beispiel sei das *Vergleichsprinzip* genannt, bei dem Ein- und Ausgangsgrößen eines Netzelementes miteinander verglichen werden (Bild 4.223). Bei zu großen Unterschieden wird eine Schaltmaßnahme ausgelöst. Man bezeichnet ein derartiges Schutzsystem auch als *Differentialschutz.* Sofern die Toleranzgrenze mit der Höhe der Meßgröße ebenfalls anwächst, spricht man von einem *stabilisierten Differentialschutz.* Häufig handelt es sich bei der überwachten Meßgröße um den Strom. Man spricht dann genauer von einem *Stromdifferentialschutz.* Dieses Schutzprinzip wird bei *Generatoren, Transformatoren, Sammelschienen* und bei *kurzen Leitungen* angewendet. Bei Leitungen wird auch häufig anstelle der Strommeßwerte die Richtung der Eingangs- und Ausgangsleistungen miteinander verglichen. Sofern die Leistungen auf beiden Seiten in die Leitung hineinfließen, während dies im ungestörten Betrieb nicht der Fall ist, erfolgt eine Auslösung. Für dieses Schutzsystem wird der anschauliche Ausdruck *Richtungsvergleichsschutz* verwendet.

Ein anderes Prinzip besteht darin, den *Überstrom als Auslösekriterium* zu wählen. Dieser sogenannte *Überstromschutz* wird häufig zum Schutz von einfach aufgebauten Netzen eingesetzt. Überwiegend wird dieses System dort als Kurzschluß-, nicht als Überlastschutz ausgebildet: Es spricht an, wenn ein Grenzstrom überschritten wird. Es lassen sich damit nicht nur einzelne Stichleitungen, sondern auch Strahlennetze selektiv schützen, wenn analog zu den Sicherungen die Auslösezeiten zur Einspeisung hin zunehmen (Bild 4.224): Beginnend

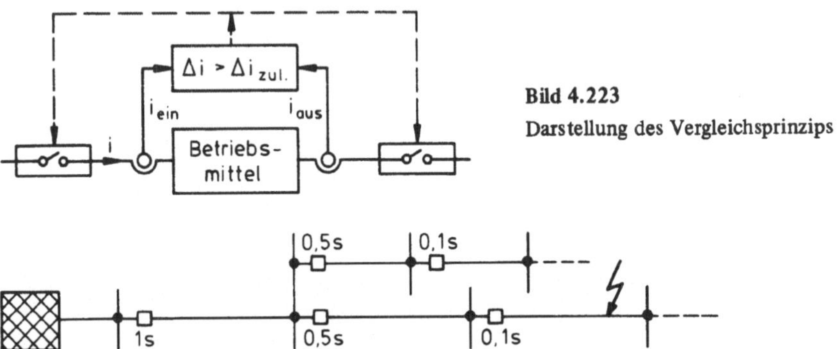

Bild 4.223 Darstellung des Vergleichsprinzips

Bild 4.224 Staffelung der Auslösezeiten bei einem Überstromschutz

mit etwa 0,1 s werden die Auslösezeiten jeweils z. B. um 0,4 ... 0,5 s erhöht. Ein Vorteil dieser Schutzeinrichtung besteht darin, daß bei Ausfall eines Relais die jeweils nachgeschalteten den Schutz mit ihrer Auslösezeit übernehmen. Der gravierende Nachteil des Überstromschutzes liegt in den langen Ausschaltzeiten in der Nähe der Netzeinspeisung: Dort sind die Leitungsimpedanzen vergleichsweise klein und damit gerade die Kurzschlußströme besonders groß.

Diesen Nachteil vermeidet man, wenn man den aufwendigeren *Distanzschutz* einsetzt, der die Impedanz der Leitung $Z_L = U/I$ als *ein* Auslösekriterium verwendet. Die Impedanz $Z_L = |R_L' + jX_L'| \cdot l$ ist ein Maß für die Entfernung – die Distanz – zum Kurzschlußort auf der Leitung. Aus dieser Eigenschaft leitet sich auch der Name ab.

Je nach Entfernung vom Kurzschlußort bzw. je nach Größe von Z_L wird ein Auskommando unmittelbar oder verzögert auf den Schalter gegeben, wobei die Verzögerung von einem als *Zeitglied* bezeichneten Element vorgenommen wird. Diese Verhältnisse werden für den Spezialfall einer einseitig gespeisten Leitung durch die Kennlinie in Bild 4.225 beschrieben.

Um bei komplizierteren Netzen Selektivität zu erreichen, ist ein weiteres Kriterium – die Leistungsrichtung – zu verwenden. Nur wenn auch diese Bedingung zusätzlich erfüllt ist, wird ein Auskommando an den Schalter gegeben. In Bild 4.226 ist die Schutzwirkung verdeutlicht. Daraus ist zu ersehen, daß bei dieser Konzeption im Unterschied zum Überstromschutz *alle Leitungsabschnitte* mit der *Schnellzeit* geschützt sind, die sich in Mittelspannungsnetzen bei ca. 100 ms und in Höchstspannungsnetzen – u. a. im Hinblick auf die Netzstabili-

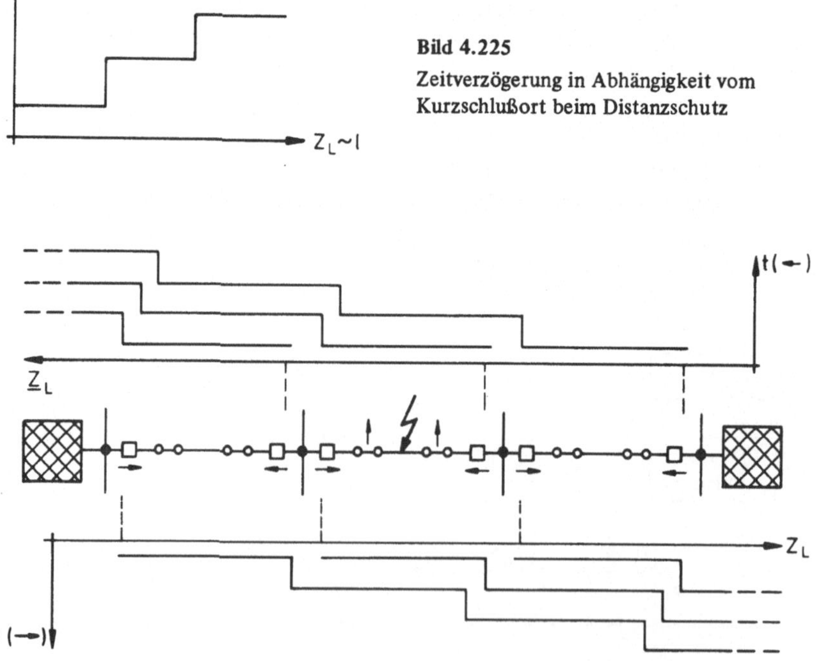

Bild 4.225
Zeitverzögerung in Abhängigkeit vom Kurzschlußort beim Distanzschutz

Bild 4.226 Staffelzeiten bei einem Distanzschutz für eine zweiseitig gespeiste Leitung

tät – bei ca. 30 ms bewegt. Wie beim Überstromschutz stellen die jeweils nachgeschalteten Relais wiederum einen Reserveschutz dar.

Den Meßwerken für die Impedanz- und Richtungsmessung wird bei praktischen Ausführungen ein Anregeglied vorgeschaltet, das in Mittelspannungsnetzen häufig nur in zwei, in der Hoch- und Höchstspannungsebene meist in allen drei Außenleitern eingebaut wird. Es führt den Meßwerken nur dann Meßwerte zu, wenn bestimmte Bedingungen erfüllt sind, die auf Netzfehler schließen lassen. In Mittelspannungsnetzen ist dafür die Bedingung $I > I_{zul}$ maßgebend. Je nach Überlastbarkeit der Anlage bewegt sich I_{zul} im Bereich $(1{,}2 \ldots 2) \cdot I_n$ [39].

Für Hoch- und Höchstspannungsnetze ist diese Bedingung allein nicht ausreichend. In diesen Netzen können die Kurzschlußströme bei Schwachlastzeiten infolge der dann geringeren Anzahl von einspeisenden Blöcken auf die Größe der Nennströme absinken (s. Kapitel 7). Ein zuverlässiges Kriterium für einen Kurzschluß stellt in diesen Fällen die Impedanz der Leitung dar. Eine Anregung des Meßgliedes erfolgt immer dann, wenn ein Schwellwert in der Impedanz unterschritten wird. Man spricht daher von einer *Unterimpedanzanregung* bzw. einem *Unterimpedanzanregeglied.* Wenn eine der beiden Anregungen bestehen bleibt, ohne daß es zu einer Auslösung kommt, spricht der Distanzschutz spätestens nach einem Zeitintervall von ca. 3 s an. Dieser Zeitpunkt wird als *ungerichtete Endzeit* bezeichnet.

Bei kurzen Leitungen, insbesondere bei Kabeln, sind die Impedanzen Z_L so klein, daß die Genauigkeit des Distanzschutzes nicht ausreicht, um eine einwandfreie Funktion sicherzustellen. In diesem Fall wird stattdessen meist ein Differentialschutz und parallel dazu der Überstromschutz angewendet. In den Kapiteln 10 und 11 werden nach der Behandlung der unsymmetrischen Fehler noch einige Schutzprinzipien erläutert, die für den sogenannten *Erdschlußschutz* maßgebend sind.

Die dargestellten Schutzkriterien dürften in Zukunft durch den Einsatz von Rechnern erheblich verfeinert und modifiziert werden. Die Rechner ermöglichen die Speicherung vieler Daten und zugleich eine bessere Auswertung. Schutzeinrichtungen, die auf Erwärmungen ansprechen, z. B. die *Temperaturwächter* bei Transformatoren, sind wahrscheinlich von dieser Entwicklung nur in einem geringen Maße betroffen. Ähnlich dürfte es sich mit dem *Buchholzschutz* bei Transformatoren verhalten, dessen Funktion im folgenden erläutert wird:

Sofern durch Überspannungen im Innern von Öltransformatoren ein Durchschlag eingeleitet wird, führt der anschließende Strom an der Fehlerstelle zu einer Gasbildung. Diese Gase werden aufgefangen. Bei Überschreiten eines bestimmten Grenzvolumens wird der Transformator außer Betrieb genommen.

In den bisherigen Ausführungen sind die wichtigsten Einrichtungen zum Schutz von Betriebsmitteln betrachtet worden. Sie beeinflussen das Netzverhalten in Störfällen wesentlich. Bei normalen Betriebsverhältnissen üben die Schutzeinrichtungen auf das Systemverhalten von Netzen kaum einen Einfluß aus. Der oben verwendete Begriff „normale Betriebsverhältnisse" oder kürzer „Normalbetrieb" wird im folgenden Kapitel genauer erörtert.

5 Bemessung von Netzen mit elektrisch kurzen Leitungen im Normalbetrieb

Im vorigen Kapitel ist im wesentlichen das Betriebsverhalten einzelner Netzelemente beschrieben worden. In den folgenden Abschnitten wird darauf aufbauend nun das Betriebsverhalten von Netzanlagen untersucht, die sich aus diesen Betriebsmitteln zusammensetzen. Es interessieren nur solche Netze, bei denen die Ströme und Spannungen sowohl im ungestörten als auch gestörten Betrieb gewisse Bedingungen einhalten. Im Abschnitt 5.1 werden nur die Kriterien für den Normalbetrieb formuliert. Anschließend werden Verfahren aufgezeigt, mit denen das Strom-Spannungs-Verhalten für den Normalbetrieb analytisch und numerisch zu berechnen ist, so daß die Kriterien überprüft werden können. Zunächst werden nur Netze betrachtet, die aus Leitungen bestehen.

5.1 Bemessungskriterien für den Normalbetrieb und Erläuterungen zu elektrisch kurzen Leitungen

Bei der Auslegung von Netzen für den Normalbetrieb gibt es eine Reihe von Kriterien, von denen an dieser Stelle die beiden wichtigsten dargestellt werden. So darf der Laststrom den *thermisch zulässigen Dauerstrom* I_d (s. Abschnitte 4.5 und 4.6) nicht überschreiten:

$$I \leqslant I_d . \qquad (5-1)$$

Ferner ist es im Rahmen einer ausreichenden Versorgung notwendig, daß sich die Spannung am Verbraucher unabhängig vom Betriebszustand des Netzes in gewissen Toleranzgrenzen bewegt. Diese Bedingung wird auch häufig als die Forderung nach einer *ausreichenden Spannungshaltung* bezeichnet. Analytisch kann sie als eine Dreiecksungleichung

$$U_{nN} - \Delta U_{zul_1} \leqslant U_{bN} \leqslant U_{nN} + \Delta U_{zul_2} \qquad (5-2)$$

formuliert werden. Die obere Grenze ist durch die VDE-Bestimmung 0111 festgelegt und beträgt etwa $1{,}15 \cdot U_{nN}$. Die untere Spannung liegt für Verteilernetze üblicherweise bei $0{,}95 \cdot U_{nN}$, in Hochspannungsnetzen bei etwa $0{,}9 \cdot U_{nN}$.

Höhere Spannungsabsenkungen können kurzzeitig unter Umständen für den Anlauf großer Motoren zugelassen werden. Sofern die Spannungsabsenkung dabei als nicht mehr vertretbar angesehen wird, ist es häufig hilfreich, bei der Planung einen Dreiwicklungstransformator entsprechend Bild 5.1 vorzusehen. Dadurch lassen sich die unruhigen von den ruhigen Verbrauchern trennen.

Um die Bedingungen (5–1) und (5–2) erfüllen zu können, muß das Strom-Spannungs-Verhalten des Netzes bekannt sein. Im weiteren werden die Leitungen als kurz vorausgesetzt. Entsprechend Abschnitt 4.5 werden solche Leitungen bereits bei kleinen Leistungen übernatürlich betrieben. Das bedeutet, daß mit steigender Last, d. h. mit steigender Verbraucherleistung, die Leitungsströme und damit auch die Spannungsabfälle auf den Leitungen an-

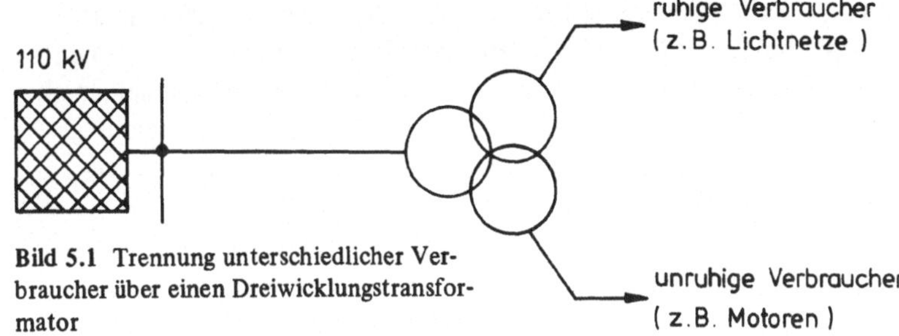

Bild 5.1 Trennung unterschiedlicher Verbraucher über einen Dreiwicklungstransformator

wachsen. Für die Planung von Netzen wird gemäß Abschnitt 4.7 das Verhalten der Last vielfach durch die Bedingungen

$$P(U_{bV}) = P_{nV} \tag{5-3a}$$

$$Q(U_{bV}) = Q_{nV} \tag{5-3b}$$

beschrieben. Dabei stellt U_{bV} die Betriebsspannung dar, die an der Lastimpedanz abfällt. Wie aus dem Bild 4.170 zu entnehmen ist, führen diese Annahmen häufig bei einer Spannung U_{bV} oberhalb der Nennspannung auf zu große, unterhalb der Nennspannung auf zu kleine Lastimpedanzen. Bei Netzen, die mit Nennspannung gespeist und übernatürlich betrieben werden, können die Spannungen an den Lastknoten nur kleiner sein als die Netznennspannungen U_{nN} an den Einspeisungen. Die *Lastbeschreibung gemäß den Beziehungen (5–3)* führt dazu, daß sich in den Lasten bei diesen Spannungsverhältnissen größere Ströme einstellen, als es die bisher bekannten Messungen zeigen. Diese sehr vereinfachende Modellvorstellung von dem Lastverhalten hat demnach *eine größere Belastung des Netzes* und damit *größere Spannungsabfälle zur Folge.* In dieser Eigenschaft liegt neben der Einfachheit der Lastbeschreibung ein weiterer Vorteil.

Im folgenden soll der bereits verwendete Begriff der kurzen – genauer der elektrisch kurzen – Leitung erläutert werden. Das Merkmal einer kurzen Leitung besteht darin, daß zwischen Eingangs- und Ausgangsspannung nur eine kleine Phasenverschiebung von einigen Grad besteht. Dieser Fall liegt immer dann vor, wenn die Resonanzfrequenz des Serienschwingkreises im Π- oder T-Ersatzschaltbild einer Leitung groß im Vergleich zur Netzfrequenz ist. Der Einfluß der Querimpedanzen ist bei elektrisch kurzen Freileitungen zu vernachlässigen. Zur Verdeutlichung ist in Bild 5.2 noch einmal das Zeigerdiagramm einer elektrisch kurzen Freileitung dargestellt.

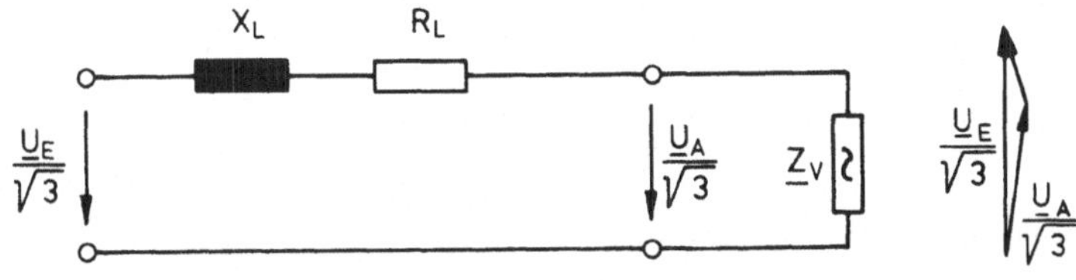

Bild 5.2 Zeigerdiagramm einer elektrisch kurzen Leitung

Freileitungen des Nieder- und Mittelspannungsbereiches sind stets als elektrisch kurz anzusehen, für Hochspannungsleitungen ist die Zulässigkeit dieser Voraussetzung im einzelnen zu überprüfen. Etwas andere Verhältnisse ergeben sich für Kabel, bei denen im allgemeinen ab ca. 20 kV die Kapazität zu berücksichtigen ist. Auch bei den Kabeln des Mittelspannungsbereiches kann die Vorstellung elektrisch kurzer Leitungen jedoch beibehalten werden, wenn die Kapazitäten als Lasten betrachtet werden.

Neben der Bedingung elektrisch kurzer Leitungen werden bei den folgenden Rechnungen stets ohmsch-induktive Verbraucher vorausgesetzt, wenn von den Leitungskapazitäten bei den Kabeln abgesehen wird. Besonders umfassende Aufgabenstellungen treten vor allem in Transportnetzen auf. Sie können analytisch mit vertretbarem Aufwand nicht mehr gelöst werden. Diese Aufgabenstellungen erfordern den Einsatz numerischer Methoden und damit von Rechnern. Auch diese Ergebnisse können fehlerhaft sein z. B. infolge von Fehlern bei der Dateneingabe. Daher müssen auch diese Ergebnisse – zumindest anhand von Sonderfällen – überprüft werden. Dafür ist u.a. auch die Kenntnis der im folgenden beschriebenen Verfahren notwendig, die vor allem für eine manuelle Berechnung der Strom-Spannungs-Verhältnisse gedacht sind. Sie werden zunächst an einer einseitig gespeisten Leitung entwickelt.

5.2 Einseitig gespeiste Leitung ohne Verzweigung

Die unverzweigte, einseitig gespeiste Leitung, wie sie Bild 5.3 zeigt, stellt gemäß Abschnitt 3.2 den einfachsten Fall eines Verteilernetzes dar. Anhand dieses Beispiels wird im folgenden der prinzipielle Ablauf der Dimensionierung nach den Kriterien (5–1) und (5–2) beschrieben. Zunächst werden Lastimpedanzen angenommen, die unabhängig von der Spannung konstante Ströme anstelle konstanter Leistungen ziehen. Im *ersten Schritt* wird ein beliebiger Leiter aus den verfügbaren Normquerschnitten gewählt. Gemäß Abschnitt 5.1 darf der zulässige Spannungsabfall an keiner Stelle der Leitung überschritten werden. Es ist also daher nur die größte Spannungsabsenkung zu berücksichtigen, die bei einer einseitig gespeisten Leitung stets am Leitungsende auftritt. Für die Berechnung dieser Größe wird das in Bild 5.4 dargestellte Ersatzschaltbild zugrundegelegt. Die Impedanzen der Leitungen werden in bekannter Weise (s. Abschnitt 4.5) aus den Belägen R' und L' bestimmt, die durch den gewählten Leitungsquerschnitt festgelegt sind. Sofern der im folgenden noch zu berechnende Spannungsabfall zu hoch ist, muß ein größerer Querschnitt gewählt werden. Falls auf der anderen Seite der Spannungsabfall im Vergleich zum Grenzwert relativ gering ist, sollte die

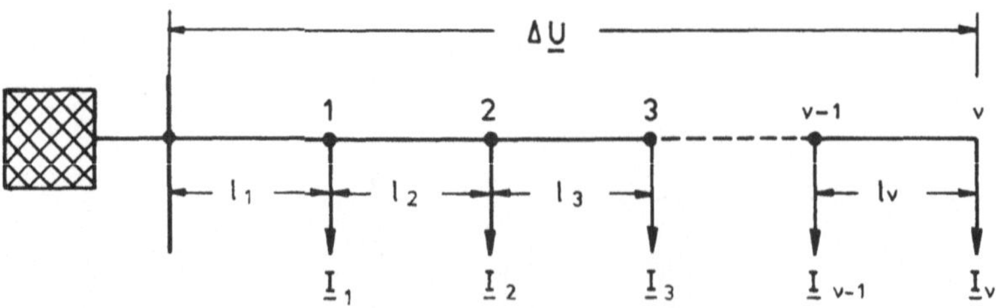

Bild 5.3 Unverzweigte, einseitig gespeiste Leitung mit Lasten

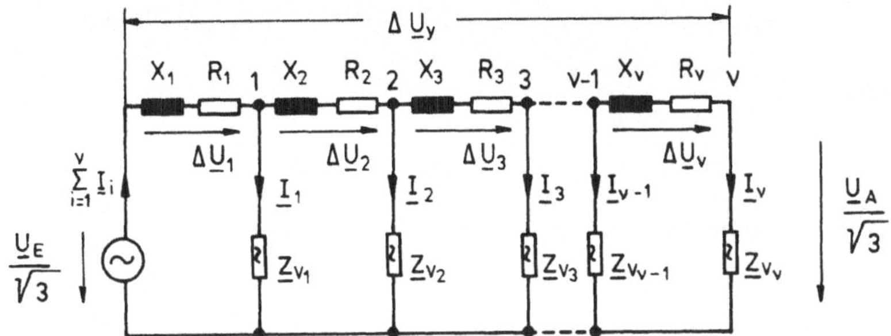

Bild 5.4 Ersatzschaltbild einer einseitig gespeisten Leitung

Rechnung für einen kleineren Querschnitt wiederholt werden, da ansonsten eine Überdimensionierung des Netzes vorliegt.

Die benötigte Spannungsabsenkung $\Delta\underline{U}_y$ am Leitungsende ergibt sich nach den Kirchhoffschen Gesetzen als Differenz zwischen der Ausgangsspannung $\underline{U}_A$ und der eingeprägten Spannung $\underline{U}_E$ am Leitungsanfang:

$$\Delta\underline{U}_y = \frac{\underline{U}_E - \underline{U}_A}{\sqrt{3}} \quad . \tag{5–4}$$

Der Index y soll kennzeichnen, daß es sich bei dieser Größe um eine Sternspannung handelt. Bei Lasten mit einer konstanten Stromentnahme kann die Spannungsdifferenz $\Delta\underline{U}_y$ unter Berücksichtigung der Beziehungen

$$R_i = R' \cdot l_i$$

$$X_i = \omega L' \cdot l_i = X' \cdot l_i$$

in der Form

$$\Delta\underline{U}_y = \sum_{i=1}^{\nu} \underline{I}_i \cdot (R' + jX') \cdot l_1 + \sum_{i=2}^{\nu} \underline{I}_i \cdot (R' + jX') \cdot l_2 + \ldots + \sum_{i=\nu-1}^{\nu} \underline{I}_i \cdot (R' + jX') \cdot l_{\nu-1} + \underline{I}_\nu \cdot (R' + jX') \cdot l_\nu \tag{5–5}$$

dargestellt werden. Eine weitere Umformung führt auf den Ausdruck

$$\Delta\underline{U}_y = (R' + jX') \cdot [\underline{I}_1 \cdot l_1 + \underline{I}_2(l_1 + l_2) + \ldots + \underline{I}_\nu(l_1 + l_2 + \ldots + l_\nu)], \tag{5–6}$$

wobei für den Strom unter der Annahme einer ohmsch-induktiven Last der Zusammenhang

$$\underline{I}_i = I_i \cdot e^{-j\varphi_i} = I_i \cdot (\cos\varphi_i - j\sin\varphi_i) \tag{5–7}$$

gilt.

Die Verknüpfung der Beziehungen (5–6) und (5–7) liefert die Bestimmungsgleichung

$$\begin{aligned}\Delta\underline{U}_y = & (R' + jX') \cdot \{[I_1 \cos\varphi_1 \cdot l_1 + I_2 \cos\varphi_2 \cdot (l_1 + l_2) + \ldots + \\ & + I_\nu \cos\varphi_\nu \cdot (l_1 + l_2 + \ldots + l_\nu)] - j \cdot [I_1 \sin\varphi_1 \cdot l_1 + \\ & + I_2 \sin\varphi_2 (l_1 + l_2) + \ldots + I_\nu \sin\varphi_\nu (l_1 + l_2 + \ldots + l_\nu)]\}. \end{aligned} \qquad (5\text{–}8a)$$

Die Terme in den eckigen Klammern werden mit den Bezeichnungen M_W und M_B abgekürzt:

$$\Delta\underline{U}_y = (R' + jX')(M_W - jM_B). \qquad (5\text{–}8b)$$

Da die Ausdrücke in den eckigen Klammern jeweils aus Produkten von Strömen und Längen bestehen, werden sie in Anlehnung an die Mechanik als *Stromwirkmoment* M_W bzw. *Stromblindmoment* M_B bezeichnet. Eine Umformung der Gl. (5–8b) führt auf den Zusammenhang

$$\begin{aligned}\Delta\underline{U}_y &= (R' \cdot M_W + X' \cdot M_B) + j(X' \cdot M_W - R' \cdot M_B) \\ &= \Delta U_{ly} \qquad\qquad + j \cdot \Delta U_{qy}. \end{aligned} \qquad (5\text{–}9)$$

Demnach läßt sich der Spannungsabfall über der Leitung aufteilen in einen Längsspannungsabfall ΔU_{ly}, der dieselbe Phasenlage wie die treibende Spannung $\underline{U}_E/\sqrt{3}$ hat, und einen dazu senkrechten Querspannungsabfall $\Delta\underline{U}_{qy}$. Diesen Zusammenhang veranschaulicht das in Bild 5.5 skizzierte Zeigerbild.

Für den Betrag des Spannungsabfalles ergibt sich somit die Beziehung

$$|\Delta\underline{U}_y| = \Delta U_y = \sqrt{\Delta U_{ly}^2 + \Delta U_{qy}^2} = \Delta U_{ly} \cdot \sqrt{1 + \left(\frac{\Delta U_{qy}}{\Delta U_{ly}}\right)^2}. \qquad (5\text{–}10)$$

Bei elektrisch kurzen Leitungen, wie sie hier vorausgesetzt werden, tritt nur eine geringe Phasenverschiebung zwischen $\underline{U}_E$ und $\underline{U}_A$ auf. Solange $\Delta U_{qy} \leq 0{,}3 \cdot \Delta U_{ly}$ gilt (s. auch Abschnitt 4.2), kann der Querspannungsabfall im Vergleich zum Längsspannungsabfall vernachlässigt werden. Der Fehler liegt im Bereich von einigen Prozent. Infolgedessen wird der Betrag der Spannungsabsenkung am Leitungsende durch die Beziehung

$$\Delta U_y \approx \Delta U_{ly} = R' \cdot M_W + X' \cdot M_B$$

hinreichend genau angenähert. Häufig wird der Spannungsabfall im Drehstromnetz auch als Dreieckspannung angegeben. Dann gilt

$$\Delta U = \sqrt{3} \cdot \Delta U_y = \sqrt{3} \cdot (R' \cdot M_W + X' \cdot M_B). \qquad (5\text{–}11)$$

Bei der bisherigen Ableitung ist von der *Annahme konstanter Lastströme* ausgegangen worden.

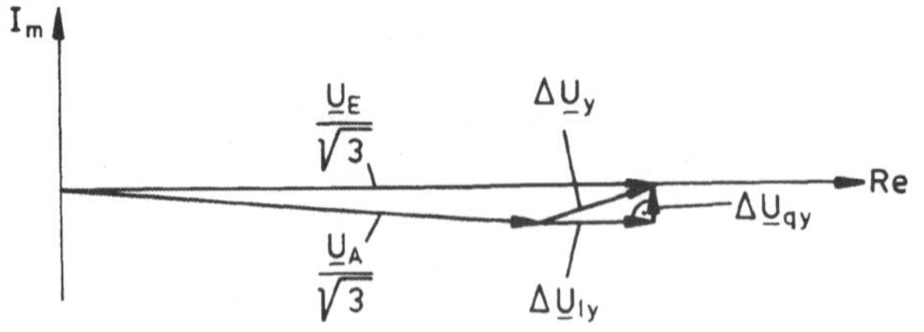

Bild 5.5
Aufteilung des Spannungsabfalles

Im Hinblick auf einen praktischen Einsatz sind diese Rechnungen auf die *Lastbedingungen* (5–3) zu erweitern. Diese Bedingungen können durch eine *übergeordnete Iteration* einbezogen werden. Zu diesem Zweck wird im ersten Schritt zunächst jeder Laststrom $\underline{I}_i$ aus den Beziehungen

$$\cos\varphi_{nV_i} = \frac{P_{nV_i}}{\sqrt{P_{nV_i}^2 + Q_{nV_i}^2}} \tag{5–12a}$$

und

$$I_i = \frac{P_{nV_i}}{\sqrt{3}\cdot U_i \cdot \cos\varphi_{nV_i}} \tag{5–12b}$$

berechnet. Beim ersten Schritt wird an allen Knoten für die Spannungen U_i die Netzspannung U_{nN} eingesetzt. Die weitere Rechnung vereinfacht sich, wenn man diese Ströme nicht einzeln ermittelt, sondern die Beziehungen (5–12) und (5–8) direkt miteinander verknüpft. Es ergeben sich dann Ausdrücke, die leichter zu handhaben sind. Nach einigen Umformungen erhält man den Zusammenhang

$$\begin{aligned}\Delta\underline{U}_y = \frac{R' + jX'}{\sqrt{3}\cdot U_{nV}} \cdot \{&P_{nV_1} l_1 + P_{nV_2}(l_1 + l_2) + \ldots + P_{nV_\nu}(l_1 + l_2 + \ldots + l_\nu) - \\ &-j\,[P_{nV_1} l_1 \tan\varphi_{nV_1} + P_{nV_2}(l_1 + l_2)\tan\varphi_{nV_2} + \ldots + P_{nV_\nu}(l_1 + l_2 + \\ &+ \ldots + l_\nu)\tan\varphi_{nV_\nu}]\}.\end{aligned} \tag{5–13a}$$

Dieser Ausdruck läßt sich wiederum analog zur Beziehung (5–8a) umformen in

$$\Delta\underline{U}_y = \frac{R' + jX'}{\sqrt{3}\cdot U_{nN}}(M_W^* - jM_B^*). \tag{5–13b}$$

In Anlehnung an die Gl. (5–8) wird ebenfalls M_W^* als *Leistungswirkmoment* und M_B^* als *Leistungsblindmoment* bezeichnet. Entsprechend Gl. (5–9) ist auch bei diesen Beziehungen eine Aufteilung in Längs- und Querspannungsabfall möglich:

$$\Delta\underline{U}_y = \frac{R'\cdot M_W^* + X'\cdot M_B^*}{\sqrt{3}\cdot U_{nN}} + j\,\frac{X'\cdot M_W^* - R'\cdot M_B^*}{\sqrt{3}\cdot U_{nN}} = \Delta U_{ly} + j\Delta U_{qy}. \tag{5–14}$$

Unter Vernachlässigung des Querspannungsabfalles folgt im ersten Iterationsschritt daraus für elektrisch kurze Leitungen der Term

$$\Delta U_y \approx \Delta U_{ly} = \frac{R'\cdot M_W^* + X'\cdot M_B^*}{\sqrt{3}\cdot U_{nN}} \tag{5–15a}$$

oder

$$\Delta U = \sqrt{3}\cdot\Delta U_y \approx \frac{R'\cdot M_W^* + X'\cdot M_B^*}{U_{nN}}\ . \tag{5–15b}$$

Bisher ist nur die Spannungsabsenkung am Ende einer Leitung berechnet worden. Für die weiteren Iterationsschritte interessieren die Spannungsabfälle, die sich über einen Teil der Leitung – z. B. bis zum Knotenpunkt 3 – erstrecken und sinnvollerweise als *Teilspannungsabfälle* bezeichnet werden. Wie sich analytisch schnell zeigen läßt, können auch die Teilspannungsabfälle mit den Beziehungen (5–15) ermittelt werden. Dazu ist es nur notwendig,

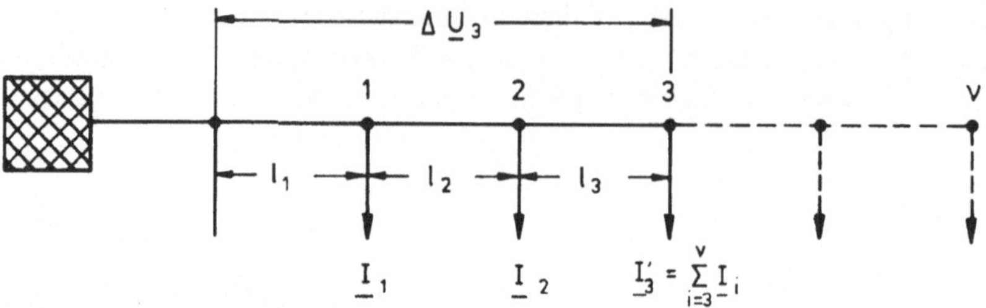

Bild 5.6 Bestimmung von Teilspannungsabfällen

daß am jeweils betrachteten Knotenpunkt der zugehörige Laststrom mit allen folgenden Lastströmen zu einem fiktiven Gesamtstrom zusammengefaßt wird. Der betrachtete Knotenpunkt wird im weiteren dann wie ein Leitungsende behandelt. Bild 5.6 veranschaulicht diesen Sachverhalt.

Mit den so berechneten Teilspannungsabfällen kann nun der zweite Iterationsschritt durchgeführt werden. Dazu werden wiederum zunächst die Lastströme bestimmt. Jedoch werden für U_i anstelle der Nennspannung die Spannungen $(U_{nN} - \Delta U_i)$ in die Gln. (5–12) eingesetzt und dann erneut die Spannung ΔU_y berechnet. Man erhält so eine bessere Näherung, deren Genauigkeit durch weitere Iterationsschritte noch erhöht werden kann. Es läßt sich zeigen, daß dieses Iterationsverfahren bei der einseitig gespeisten Leitung auf die exakten Werte $\underline{U}_i, \underline{I}_i, P_{nV_i}$ und Q_{nV_i} konvergiert [40].

Die Spannungsabfälle, die in den einzelnen Iterationsstufen ermittelt werden, sind stets etwas zu klein, da die tatsächlichen Spannungen U_i immer etwas geringer als die Werte sind, die aus der vorhergehenden Iteration ermittelt werden. Da sich bei praktischen Verteilernetzen ΔU_{zul} bei 5 % bewegt, kann der maximale Fehler in ΔU bereits *nach der ersten Iteration* auch nur 5 % betragen. Für die Dimensionierung von Netzen ist dieser systematische Fehler hinreichend klein, so daß nur die erste Iteration notwendig ist. In Grenzfällen, wo ΔU sich bis ca. 5 % an ΔU_{zul} annähert, ist es dann jedoch erforderlich, den nächstgrößeren Normquerschnitt zu wählen oder weitere Iterationen anzuschließen. Bei dieser Vorgehensweise ist zugleich gewährleistet, daß die Sicherheit, die eventuell in der Lastbeschreibung liegt, nicht angetastet wird.

Nachdem die Leitung auf diese Weise auf ausreichende Spannungshaltung dimensioniert worden ist, muß überprüft werden, ob der ermittelte Querschnitt auch eine ausreichende thermische Festigkeit aufweist. Da der größte Strom bei einer einseitig gespeisten Leitung am Leitungsanfang auftritt, kann für diese Aufgabenstellung die Bedingung (5–1) in der speziellen Form

$$\left| \sum_{i=1}^{\nu} \underline{I}_i \right| \leqslant I_d \tag{5–16}$$

dargestellt werden. Falls diese Beziehung nicht erfüllt ist, muß ein größerer Leitungsquerschnitt eingesetzt werden, für den die Ungleichung (5–16) erneut zu überprüfen ist.

Mit den in diesem Abschnitt beschriebenen Berechnungsverfahren ist man auch in der Lage, bereits umfassendere Strahlennetze zu dimensionieren.

5.3 Einseitig gespeiste Leitung mit Verzweigungen

Die Auslegung einer verzweigten, einseitig gespeisten Leitung kann, wie im folgenden gezeigt wird, auf die bereits in Abschnitt 5.2 beschriebene Aufgabenstellung zurückgeführt werden. Der Ablauf des Verfahrens soll anhand des in Bild 5.7 dargestellten Netzes erläutert werden.

Zunächst wird ein Leitungszug als Hauptleitung festgelegt, der so gewählt wird, daß die Summe der von dieser Leitung direkt gespeisten Lasten möglichst groß ist. In Bild 5.7 ist die gewählte Hauptleitung durch die Knotenpunkte 1 bis 7 bestimmt. Die Leitungen 2–23 und 4–42 werden als Zweigleitungen betrachtet. Die Lastströme dieser Zweigleitungen werden nun jeweils zu einem resultierenden Laststrom zusammengefaßt, der anschließend an die Stelle der Zweigleitung tritt. Es entsteht somit die in Bild 5.8 dargestellte, unverzweigte Ersatzleitung, die in bekannter Weise dimensioniert werden kann.

Im weiteren werden die Teilspannungsabfälle ΔU für diejenigen Knotenpunkte bestimmt, in denen Zweigleitungen beginnen. Die Differenz aus diesen Werten und der maximal zulässigen Spannungsabsenkung ΔU_{zul} bestimmt den zulässigen Spannungsabfall $\Delta U_{zul_{Zw}}$ entlang der jeweiligen Zweigleitung, auch *Restspannung* genannt. Da aufgrund der Voraussetzung elektrisch kurzer Leitungen der Querspannungsabfall vernachlässigt werden darf, kann die Restspannung auf einfache Weise als arithmetische Differenz berechnet werden:

$$\Delta U_{zul_{Zw_i}} = \Delta U_{zul} - \Delta U_i \qquad (5\text{–}17)$$

Mit dem so berechneten zulässigen Spannungsabfall wird die jeweilige Zweigleitung in bekannter Weise als unverzweigte, einseitig gespeiste Leitung dimensioniert. Falls von der

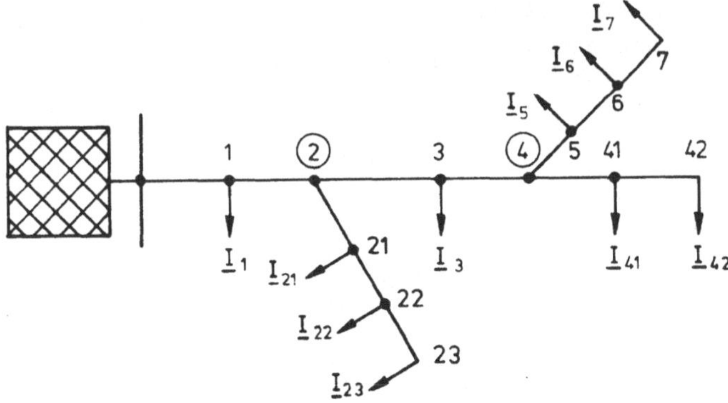

Bild 5.7 Verzweigte, einseitig gespeiste Leitung

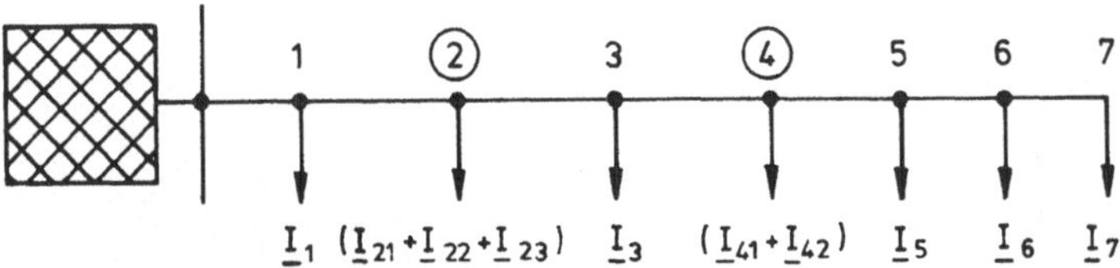

Bild 5.8 Unverzweigte Ersatzleitung

Zweigleitung eine weitere Stichleitung abgeht, wird wiederum in der beschriebenen Weise verfahren, indem auch die Zweigleitung als verzweigte, einseitig gespeiste Leitung behandelt wird. Als maximal zulässiger Spannungsabfall gilt in diesem Falle die für die Zweigleitung ermittelte Restspannung. Das in diesem Kapitel erläuterte Verfahren wird aufgrund dieser Eigenschaft auch als *Restspannungsverfahren* bezeichnet. Die Dimensionierung auf thermische Festigkeit erfolgt sowohl bei der Hauptleitung als auch bei den Zweigleitungen auf dem bereits beschriebenen Wege.

Bisher wurde nur eine einzige Einspeisung vorausgesetzt. Den einfachsten Fall eines Verteilungsnetzes mit zwei Einspeisungen stellt die zweiseitig gespeiste Leitung dar, die als weiteres Beispiel untersucht wird.

5.4 Zweiseitig gespeiste Leitung

Eine zweiseitig gespeiste Leitung liegt dann vor, wenn bei einer einfachen Leitung an beiden Enden eingespeist wird (Bild 5.9). Sie umfaßt den wichtigen Spezialfall der Ringleitung (s. Abschnitt 3.2) und ist darüber hinaus für die weitere Theorie von großer Bedeutung. Ihr Betriebsverhalten wird aus diesem Grunde relativ ausführlich behandelt. Die Spannungen $\underline{U}_{NA}$, $\underline{U}_{NB}$ seien für die weiteren Betrachtungen sowohl in der Amplitude als auch Phase unterschiedlich.

Auch die Berechnung einer zweiseitig gespeisten Leitung kann auf die bekannte Aufgabenstellung der einseitig gespeisten Leitung zurückgeführt werden. Dazu wird eines der beiden speisenden Netze zunächst als eine zu versorgende Last aufgefaßt. Es liegt dann wieder eine einseitig gespeiste Leitung vor. So soll beispielsweise bei der Leitung in Bild 5.9 der Netzstrom $\underline{I}_{NB}$ als Laststrom betrachtet werden. Die auf diese Weise entstandene Ersatzanordnung zeigt Bild 5.10.

Für die weitere Rechnung wird zweckmäßigerweise, wie in Bild 5.11 veranschaulicht, das Koordinatensystem so gelegt, daß die Spannung des als speisend angesehenen Netzes – in

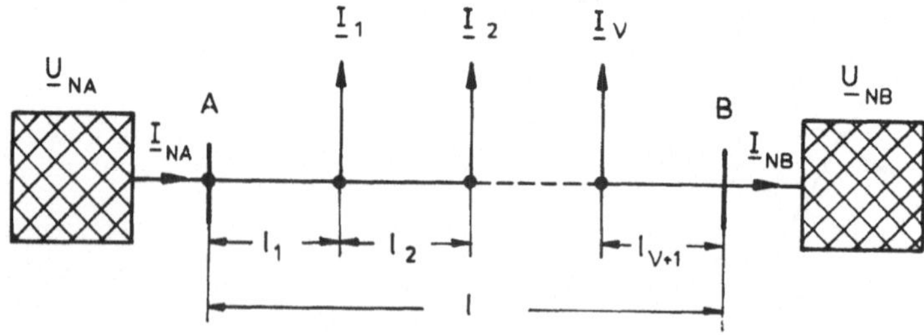

Bild 5.9 Zweiseitig gespeiste Leitung

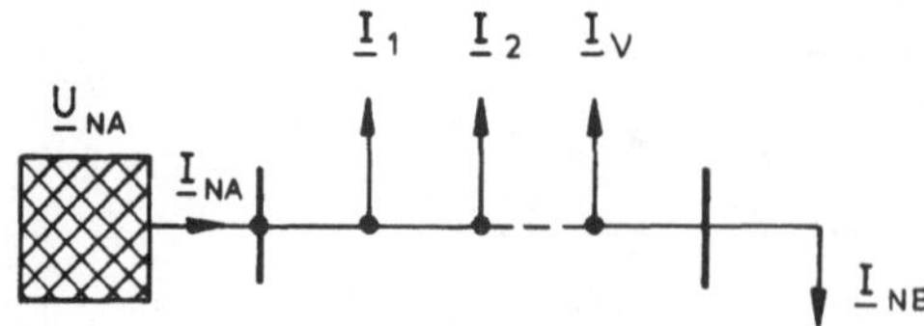

Bild 5.10
Ersatzanordnung für die zweiseitig gespeiste Leitung nach Bild 5.9

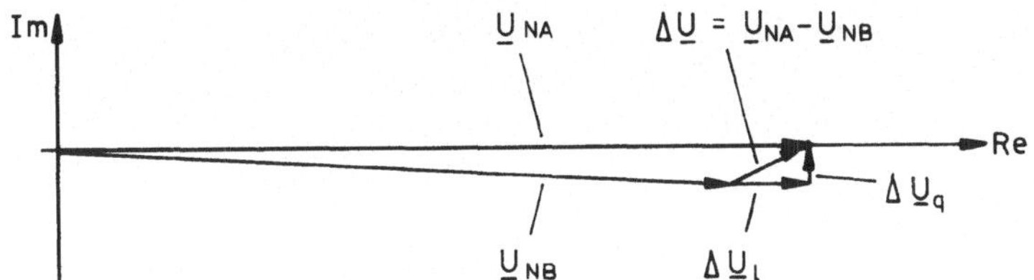

Bild 5.11 Zeigerdiagramm der Spannungen bei einer zweiseitig gespeisten Leitung

diesem Falle $\underline{U}_{NA}$ – in der reellen Achse liegt. Der Netzstrom wird den Lasten entsprechend als ohmsch-induktiv angenommen:

$$\underline{I}_{NB} = I_{NB_W} - j I_{NB_B}. \tag{5–18}$$

Nach dieser an sich willkürlichen Festlegung ist man nun in der Lage, mit den Lastströmen $\underline{I}_1$ bis $\underline{I}_\nu$ nach Gl. (5–8) das Stromwirkmoment M_W und das Stromblindmoment M_B zu ermitteln. Anschließend kann der Spannungsabfall $\Delta\underline{U} = \Delta U_l + j\Delta U_q$ am Ende der Leitung auf dem bereits beschriebenen Wege gemäß Abschnitt 5.2 zu

$$\Delta U_l = \sqrt{3} \cdot \Delta U_{ly} = \sqrt{3}[R'(M_W + I_{NB_W} \cdot l) + X'(M_B + I_{NB_B} \cdot l)] \tag{5–19}$$

$$\Delta U_q = \sqrt{3} \cdot \Delta U_{qy} = \sqrt{3}[X'(M_W + I_{NB_W} \cdot l) - R'(M_B + I_{NB_B} \cdot l)] \tag{5–20}$$

bestimmt werden. Bei einer zweiseitig gespeisten Leitung sind diese Werte durch die anliegenden Netzspannungen $\underline{U}_{NA}$, $\underline{U}_{NB}$ eingeprägt. Es gilt daher:

$$\Delta U_l = \mathrm{Re}\,\{\underline{U}_{NA} - \underline{U}_{NB}\}$$

$$\Delta U_q = \mathrm{Im}\,\{\underline{U}_{NA} - \underline{U}_{NB}\}.$$

Somit stehen zwei Bestimmungsgleichungen für den Wirk- und Blindanteil des unbekannten Netzstromes $\underline{I}_{NB}$ zur Verfügung. Die Auflösung dieser beiden Gleichungen führt auf die Ausdrücke

$$I_{NB_W} = \frac{R' \cdot \mathrm{Re}\,\{\underline{U}_{NA} - \underline{U}_{NB}\} + X' \cdot \mathrm{Im}\,\{\underline{U}_{NA} - \underline{U}_{NB}\}}{\sqrt{3} \cdot (R'^2 + X'^2) \cdot l} - \frac{M_W}{l}$$

$$I_{NB_B} = \frac{X' \cdot \mathrm{Re}\,\{\underline{U}_{NA} - \underline{U}_{NB}\} - R' \cdot \mathrm{Im}\,\{\underline{U}_{NA} - \underline{U}_{NB}\}}{\sqrt{3} \cdot (R'^2 + X'^2) \cdot l} - \frac{M_B}{l}.$$

Eingesetzt in Gl. (5–18) ergibt sich daraus

$$\underline{I}_{NB} = \frac{\underline{U}_{NA} - \underline{U}_{NB}}{\sqrt{3} \cdot (R' + jX') \cdot l} - \left(\frac{M_W}{l} - j\,\frac{M_B}{l}\right). \tag{5–21}$$

Diese Gleichung läßt sich anschaulich interpretieren. Mit den Definitionen

$$\underline{I}_D = \frac{\underline{U}_{NA} - \underline{U}_{NB}}{\sqrt{3} \cdot (R' + jX') \cdot l} \tag{5–22}$$

und

$$\underline{I}'' = \frac{M_W}{l} - j\,\frac{M_B}{l} \tag{5–23}$$

nimmt die Beziehung (5–21) die Gestalt

$$\underline{I}_{NB} = \underline{I}_D - \underline{I}'' \qquad (5\text{–}24)$$

an, die als Knotenpunktgleichung aufgefaßt werden kann (Bild 5.12).

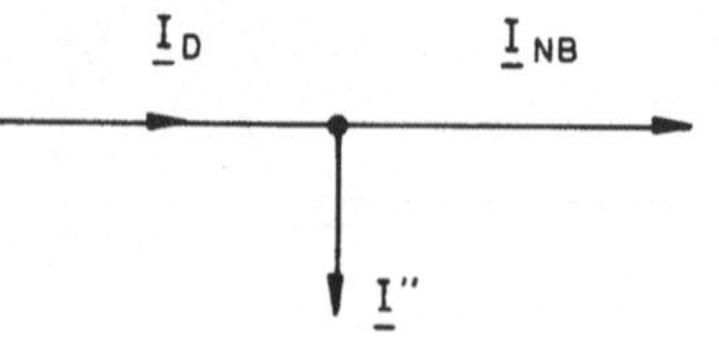

Bild 5.12 Leitungsende mit Ersatzströmen

$\underline{I}_D$ stellt einen stationären Ausgleichsstrom zwischen den beiden Netzen dar, der nur fließt, wenn die Netzspannungen $\underline{U}_{NA}$, $\underline{U}_{NB}$ unterschiedlich sind. Der andere Stromanteil $\underline{I}''$ ist als ein fiktiver Laststrom anzusehen, der am Leitungsende angreift. Bezüglich des Leitungsanfanges führt er zu denselben Lastmomenten M_W, M_B wie die wirklichen Lastströme $\underline{I}_1$ bis $\underline{I}_\nu$. Andererseits ist das Lastmoment von $\underline{I}''$ gegenüber dem Leitungsende Null, da analog zur Mechanik kein „Hebelarm" vorhanden ist. Die Verhältnisse am Leitungsende werden also durch $\underline{I}''$ nicht erfaßt. Dazu sind noch zusätzliche Betrachtungen notwendig.

Für den noch unbekannten Netzstrom $\underline{I}_{NA}$ ergibt sich nach den Kirchhoffschen Gesetzen der Zusammenhang

$$\underline{I}_{NA} = (\underline{I}_1 + \underline{I}_2 + \ldots + \underline{I}_\nu) + \underline{I}_{NB},$$

der durch Verknüpfen mit Gl. (5–24) in die Beziehung

$$\underline{I}_{NA} = (\underline{I}_1 + \underline{I}_2 + \ldots + \underline{I}_\nu) + \underline{I}_D - \underline{I}'' \qquad (5\text{–}25)$$

übergeht. Mit der Definition

$$\underline{I}' = (\underline{I}_1 + \underline{I}_2 + \ldots + \underline{I}_\nu) - \underline{I}'' \qquad (5\text{–}26)$$

erhält man daraus den Ausdruck

$$\underline{I}_{NA} = \underline{I}_D + \underline{I}', \qquad (5\text{–}27)$$

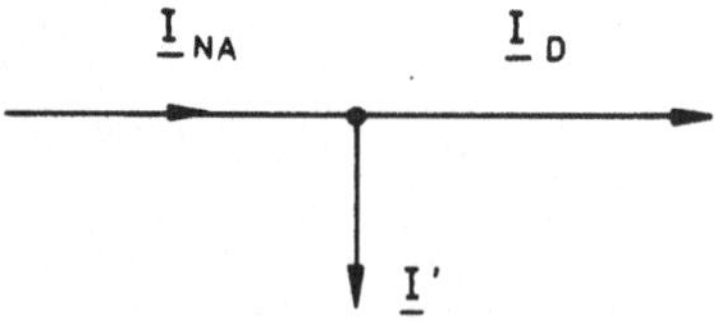

Bild 5.13 Leitungsanfang mit Ersatzströmen

der sich analog zu Gl. (5–24) als Knotenpunktgleichung auffassen läßt (Bild 5.13).

Der Strom $\underline{I}'$ kann wiederum als fiktiver Laststrom interpretiert werden, der in diesem Falle am Leitungsanfang angreift. Wie anhand von Gl. (5–8) leicht nachgewiesen werden kann, bildet er bezüglich des Leitungsendes das gleiche Lastmoment wie die Lastströme $\underline{I}_1$ bis $\underline{I}_\nu$. Darüber hinaus entspricht die Summe der beiden fiktiven Lastströme zugleich der Summe aller Lastströme $\underline{I}_i$:

$$\underline{I}' + \underline{I}'' = \sum_{i=1}^{\nu} \underline{I}_i.$$

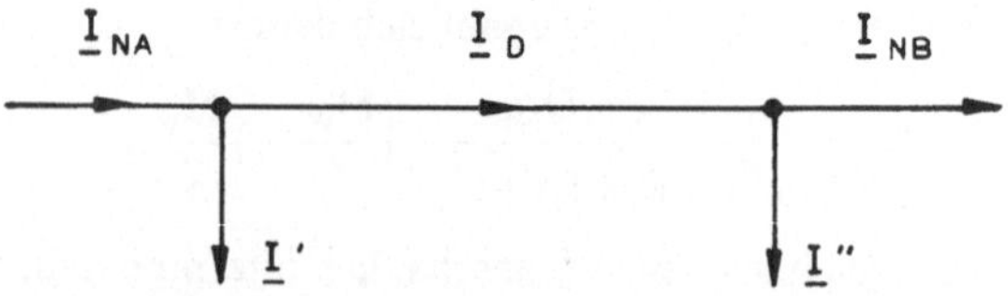

Bild 5.14
Ersatzschaltung einer zweiseitig gespeisten Leitung

Aufgrund dieser Eigenschaften kann für die Anordnung nach Bild 5.9 die in Bild 5.14 dargestellte Ersatzschaltung angegeben werden. Sie weist das gleiche Ein- und Ausgangsverhalten auf wie die wirkliche Leitung. Die Spannungsverhältnisse entlang der Leitung werden jedoch nicht richtig wiedergegeben.

Durch das beschriebene Verfahren werden die Lasten formal an den Anfang und das Ende der Leitung verschoben. Daher spricht man auch von einem „*Verwerfen der Lasten*".
Für die Dimensionierung des Querschnitts auf ausreichende Spannungshaltung muß der größte Spannungsabfall längs der Leitung bekannt sein. Um diesen zu erhalten, muß man relativ umständlich schrittweise von Last zu Last den Spannungsabfall zwischen den Knotenpunkten berechnen. Mit den in Bild 5.9 definierten Bezeichnungen erhält man dafür die Ausdrücke

$$\Delta \underline{U}_{A1} = \sqrt{3} \cdot (R' + jX') l_1 \cdot \underline{I}_{NA}$$

$$\Delta \underline{U}_{12} = \sqrt{3} \cdot (R' + jX') \cdot l_2 \cdot [\underline{I}_{NA} - \underline{I}_1]$$

$$\Delta \underline{U}_{23} = \sqrt{3} \cdot (R' + jX') \cdot l_3 \cdot [\underline{I}_{NA} - (\underline{I}_1 + \underline{I}_2)]$$

$$\vdots$$

$$\Delta \underline{U}_{(\nu-1),\nu} = \sqrt{3} \cdot (R' + jX') \cdot l_\nu \cdot \left[\underline{I}_{NA} - \sum_{i=1}^{\nu-1} \underline{I}_i \right] \tag{5–28}$$

$$\Delta \underline{U}_{NB} = \sqrt{3} \cdot (R' + jX') \cdot l_{\nu+1} \cdot \left[\underline{I}_{NA} - \sum_{i=1}^{\nu} \underline{I}_i \right] = \sqrt{3} \cdot (R' + jX') \cdot l_{\nu+1} \cdot \underline{I}_{NB} .$$

Um den Ausgleichstrom $\underline{I}_D$ möglichst gering zu halten, wird im praktischen Netzbetrieb darauf geachtet, daß die Netzspannungen $\underline{U}_{NA}$, $\underline{U}_{NB}$ annähernd phasengleich sind. Wenn darüber hinaus, wie in Verteilernetzen stets der Fall, elektrisch kurze Leitungen vorliegen, ist der Querspannungsabfall ΔU_q wiederum vernachlässigbar. Unter diesen Verhältnissen kann für die Spannung entlang der Leitung prinzipiell der in Bild 5.15 skizzierte Verlauf angegeben werden.

Wie aus diesem Bild zu ersehen ist, gibt es auf der Leitung eine Stelle mit einer maximalen Spannungsabsenkung ΔU_{max}. Dieser Wert ist für die Dimensionierung des Querschnittes im Hinblick auf *Spannungshaltung* heranzuziehen und darf, wie beschrieben, eine zulässige Grenze ΔU_{zul} nicht überschreiten. In *thermischer Hinsicht* tritt die größte Belastung jedoch am Anfang oder am Ende der Leitung auf. Die thermische Auslegung ist demnach dann ausreichend, wenn sowohl I_{NA} als auch I_{NB} den thermisch zulässigen Dauerstrom I_d für den gewählten Querschnitt nicht überschreiten.

Einen Spezialfall einer zweiseitig gespeisten Leitung stellt, wie bereits erwähnt, *die Ringleitung* dar. Sie ist entsprechend Abschnitt 3.2 dadurch gekennzeichnet, daß ihr Anfangs-

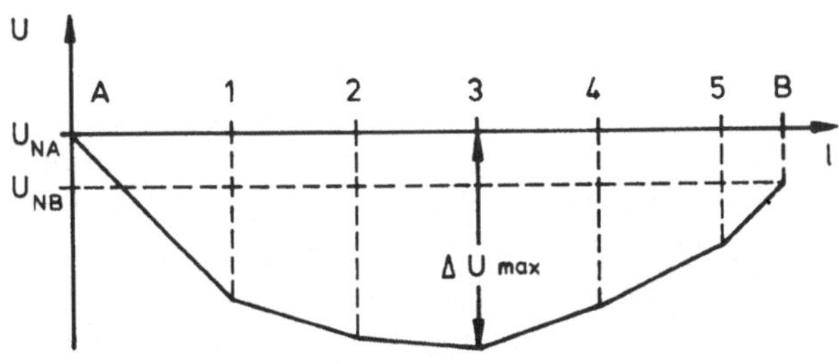

Bild 5.15
Verlauf der Spannung auf einer zweiseitig gespeisten Leitung

und Endpunkt aus derselben Netzstation bzw. demselben Umspannwerk versorgt werden, wie aus Bild 5.16 ersichtlich ist. Da Anfang und Ende der Leitung zusammenfallen, sind die Netzspannungen $\underline{U}_{NA}$ und $\underline{U}_{NB}$ identisch. Demzufolge tritt gemäß Gl. (5–22) aufgrund der Bedingung

$$\underline{U}_{NA} - \underline{U}_{NB} = 0$$

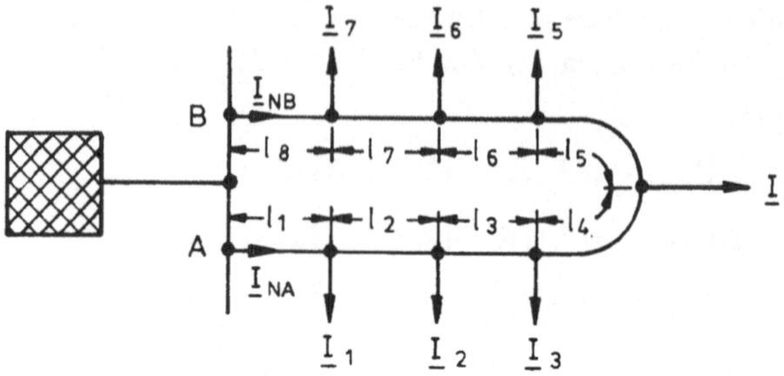

Bild 5.16
Ringleitung mit Lasten

kein Ausgleichsstrom $\underline{I}_D$ auf. Das Verwerfen der Lasten erfolgt wiederum nach den Beziehungen (5–23) und (5–26). Die so berechneten Ströme $\underline{I}'$ und $\underline{I}''$ stellen direkt die Speiseströme $\underline{I}_{NA}$ und $\underline{I}_{NB}$ dar, sofern die Zählpfeilrichtung von $\underline{I}_{NB}$ wie in Bild 5.16 vereinbart wird:

$$\underline{I}_{NA} = \underline{I}'$$
$$\underline{I}_{NB} = \underline{I}''.$$

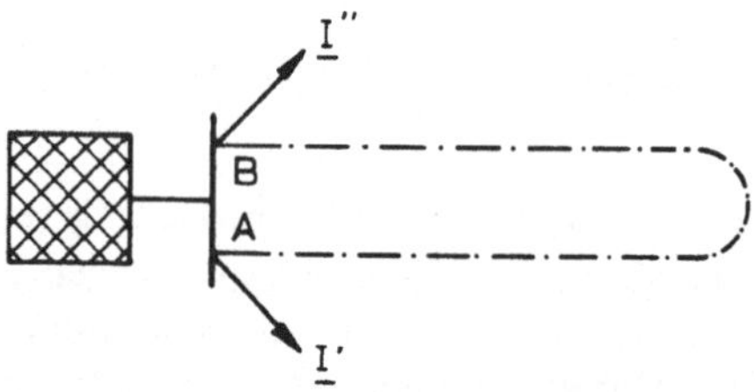

Bild 5.17
Ringleitung nach Verwerfen der Lasten

Eine Ringleitung kann somit durch die in Bild 5.17 skizzierte Ersatzschaltung beschrieben werden. Die von den Lasten bereinigte Leitung ist demnach stromlos. Das Ein- und Ausgangsverhalten wird durch die Ersatzströme $\underline{I}'$ und $\underline{I}''$ vollständig beschrieben.

Mit dem erläuterten Berechnungsverfahren einer zweiseitig gespeisten Leitung ist es auch möglich, vermaschte Netze vereinfacht zu berechnen und damit auszulegen.

5.5 Vermaschtes Netz

Die Berechnung komplizierterer Netzstrukturen wird im allgemeinen durch die hohe Anzahl von Knotenpunkten relativ aufwendig. Die Knotenzahl läßt sich jedoch vermindern, indem durch das bereits beschriebene Verwerfen der Lasten die Leitungen bereinigt und somit Lastknoten eliminiert werden. Die analytische Behandlung solcher Systeme wird anhand des in Bild 5.18 dargestellten Netzes erläutert.

Zunächst werden für alle Spannungen und Ströme Zählpfeile festgelegt. Nach dem Verwerfen der Ströme ergibt sich dann die in Bild 5.19 skizzierte Ersatzschaltung. Es sei betont, daß durch die Einführung der Zählpfeile für die Leitungsströme auch Anfang und Ende der Leitungen feststehen und somit eindeutig bestimmt ist, welche Ersatzströme mit $\underline{I}'$ und welche mit $\underline{I}''$ bezeichnet werden. Die Ausgleichsströme sind nach dem Verwerfen der Lasten zunächst unbekannt, weil über die Spannungsabsenkungen in den Knotenpunkten noch keine Aussage möglich ist.

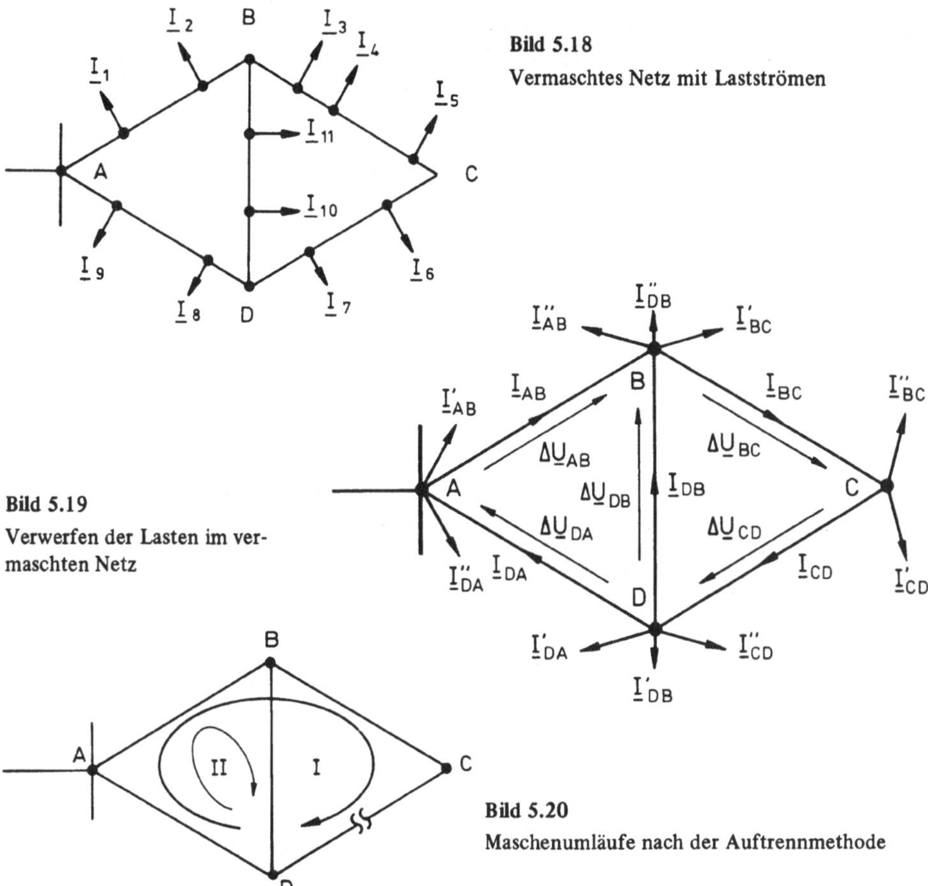

Bild 5.18
Vermaschtes Netz mit Lastströmen

Bild 5.19
Verwerfen der Lasten im vermaschten Netz

Bild 5.20
Maschenumläufe nach der Auftrennmethode

Die Bestimmung der unbekannten Größen kann unter Beachtung der gewählten Zählpfeilrichtungen nach den üblichen Methoden der Netzwerkberechnung erfolgen. Es werden zunächst die Spannungsgleichungen aufgestellt, wobei nach jedem Spannungsumlauf ein beliebiger Zweig der betrachteten Masche aufgetrennt wird (Bild 5.20). Anschließend werden nur noch die jeweils verbleibenden Zweige berücksichtigt. Auf diese Weise ist gewährleistet, daß keine Masche doppelt verwendet wird.

Die Spannungsumläufe führen nach Bild 5.20 auf die Gleichungen

$$\Delta \underline{U}_{AB} + \Delta \underline{U}_{BC} + \Delta \underline{U}_{CD} + \Delta \underline{U}_{DA} = 0 \qquad \text{(I)}$$

$$\Delta \underline{U}_{AB} - \Delta \underline{U}_{DB} + \Delta \underline{U}_{DA} = 0. \qquad \text{(II)}$$

Im nächsten Schritt werden, wie aus der Grundlagenliteratur bekannt, die Knotenpunktgleichungen aufgestellt. Um ein linear unabhängiges Gleichungssystem zu erhalten, muß dabei ein frei zu wählender Knoten unberücksichtigt bleiben. Weiterhin kann über das ohmsche Gesetz für jede Leitung der Spannungsabfall mit dem Strom und der zugehörigen Leitungsimpedanz verknüpft werden. Für die Leitung A–B lautet diese Beziehung z. B.

$$\Delta \underline{U}_{AB} = \sqrt{3} \cdot \underline{I}_{AB} \cdot (R'_{AB} + j X'_{AB}) \cdot l_{AB}.$$

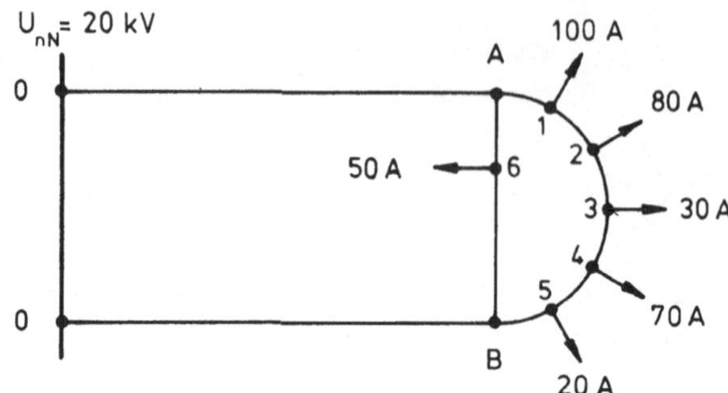

$l_{0A} = 5\,\text{km}$, $l_{0B} = 5\,\text{km}$, $l_{A1} = 2\,\text{km}$, $l_{12} = 2{,}5\,\text{km}$,
$l_{23} = 3\,\text{km}$, $l_{34} = 2\,\text{km}$, $l_{45} = 1\,\text{km}$, $l_{5B} = 0{,}5\,\text{km}$,
$l_{A6} = 1\,\text{km}$, $l_{6B} = 3\,\text{km}$

Bild 5.21
Beispiel eines einfachen vermaschten Netzes

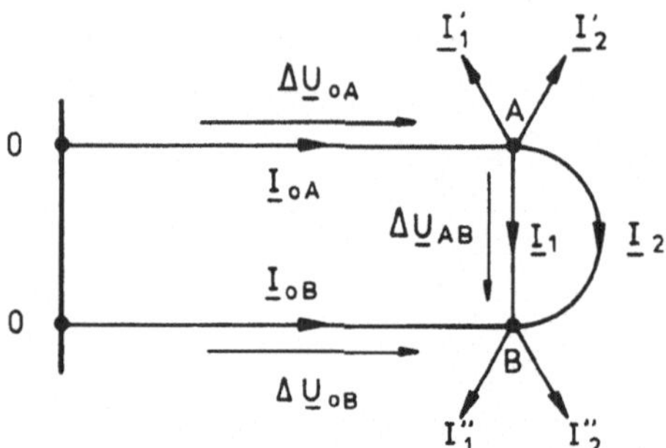

Bild 5.22
Festlegung der Zählpfeile

Man erhält somit für die unbekannten fünf Spannungen und fünf Ströme ein System aus zehn komplexen Gleichungen, das nach den üblichen Verfahren der linearen Algebra gelöst werden kann. Bei größeren Netzen ist dazu der Einsatz von Rechnern erforderlich. Eine weitere Möglichkeit besteht darüber hinaus in der Nachbildung des Netzes auf einem Netzmodell, an dem die gesuchten Modellgrößen dann direkt gemessen werden können.

Die beschriebenen Berechnungsverfahren sollen im folgenden am Beispiel eines vermaschten Netzes veranschaulicht werden. Dessen Aufbau und die gegebenen Daten zeigt Bild 5.21. Bei der Dimensionierung ist von der Voraussetzung auszugehen, daß es sich bei dem Netz um 20-kV-Freileitungen *gleichen* Querschnitts handelt. Der Leistungsfaktor aller angegebenen Lastströme beträgt $\cos\varphi = 0{,}8$; als zulässige Spannungsabsenkung wird $\Delta U_{zul} = 5\,\% \cdot U_{nN}$ angenommen.

Zunächst werden die Zählpfeilrichtungen festgelegt (Bild 5.22). Damit sind Anfang und Ende der Leitungen definiert. Mit den Zählpfeilen werden dann die Ströme verworfen.
Die Strommomente und Ersatzströme werden in der folgenden Weise nach den Beziehungen (5–8) und (5–23) bestimmt. Für die Leitung A–6–B ergibt sich mit den Strommomenten

$$M_{w_1} = 50\,\text{A} \cdot 1\,\text{km} \cdot 0{,}8 = 40\,\text{A} \cdot \text{km},$$

$$M_{B_1} = 50\,\text{A} \cdot 1\,\text{km} \cdot \sin(\arccos 0{,}8) = 30\,\text{A} \cdot \text{km}$$

der Strom $\underline{I}_1''$ zu

$$\underline{I}_1'' = \frac{M_{w_1}}{l_{A6} + l_{6B}} - j\,\frac{M_{B_1}}{l_{A6} + l_{6B}} = 12{,}5 \cdot e^{-j36{,}9^\circ}\ \mathrm{A}.$$

Mit $\underline{I}_1 + \underline{I}_2 + \ldots + \underline{I}_\nu = 50 \cdot e^{-j36{,}9^\circ}$ A erhält man gemäß Gl. (5–26) den weiteren Ersatzstrom

$$\underline{I}_1' = 37{,}5 \cdot e^{-j36{,}9^\circ}\ \mathrm{A}.$$

Für die zweite Leitung A–1–2–3–4–5–B ergeben sich analog die Momente zu

$$M_{w_2} = (100\,\mathrm{A} \cdot 2\,\mathrm{km} + 80\ \mathrm{A} \cdot 4{,}5\ \mathrm{km} + 30\ \mathrm{A} \cdot 7{,}5\ \mathrm{km} + 70\ \mathrm{A} \cdot 9{,}5\ \mathrm{km} + 20\ \mathrm{A} \cdot 10{,}5\ \mathrm{km}) \cdot 0{,}8$$
$$= 1328\ \mathrm{A} \cdot \mathrm{km},$$

$$M_{B_2} = \frac{M_{w_2}}{\cos\varphi} \cdot \sin\varphi = \frac{M_{w_2}}{0{,}8} \cdot 0{,}6 = 996\ \mathrm{A} \cdot \mathrm{km}.$$

Die Ströme weisen dann die Werte

$$\underline{I}_2'' = 150{,}9 \cdot e^{-j36{,}9^\circ}\ \mathrm{A}, \qquad \underline{I}_2' = 149{,}1 \cdot e^{-j36{,}9^\circ}\ \mathrm{A}$$

auf. Mit Hilfe der Kirchhoffschen Regeln und des Ohmschen Gesetzes lassen sich nun zur Bestimmung der noch unbekannten Größen die folgenden Gleichungen aufstellen:

$$\Delta\underline{U}_{0A} + \Delta\underline{U}_{AB} - \Delta\underline{U}_{0B} = 0$$

$$\underline{I}_1' + \underline{I}_2' + \underline{I}_1 + \underline{I}_2 - \underline{I}_{0A} = 0$$

$$\underline{I}_1'' + \underline{I}_2'' - \underline{I}_1 - \underline{I}_2 - \underline{I}_{0B} = 0$$

$$\Delta\underline{U}_{0A} = \sqrt{3} \cdot \underline{I}_{0A} \cdot (R' + jX') \cdot l_{0A}$$

$$\Delta\underline{U}_{0B} = \sqrt{3} \cdot \underline{I}_{0B} \cdot (R' + jX') \cdot l_{0B}$$

$$\Delta\underline{U}_{AB} = \sqrt{3} \cdot \underline{I}_1 \cdot (R' + jX') \cdot l_{AB_1}$$

$$\Delta\underline{U}_{AB} = \sqrt{3} \cdot \underline{I}_2 \cdot (R' + jX') \cdot l_{AB_2}.$$

Dabei werden die Definitionen

$$l_{AB_1} = l_{A6} + l_{6B}$$

$$l_{AB_2} = l_{A1} + l_{12} + l_{23} + l_{34} + l_{45} + l_{5B}$$

verwendet. Das Gleichungssystem liefert für die gesuchten Ströme die Lösungen

$$\underline{I}_2 = \frac{(\underline{I}_1'' + \underline{I}_2'') \cdot l_{0B} - (\underline{I}_1' + \underline{I}_2') \cdot l_{0A}}{l_{0A} + l_{0B} + \dfrac{l_{AB_2}}{l_{AB_1}} \cdot (l_{0A} + l_{0B} + l_{AB_1})} = -2{,}39 \cdot e^{-j36{,}9^\circ}\ \mathrm{A},$$

$$\underline{I}_1 = \underline{I}_2 \cdot \frac{l_{AB_2}}{l_{AB_1}} = -6{,}58 \cdot e^{-j36{,}9^\circ}\ \mathrm{A},$$

$$\underline{I}_{0A} = \underline{I}_1' + \underline{I}_2' + \underline{I}_1 + \underline{I}_2 = 177{,}63 \cdot e^{-j36{,}9^\circ}\ \mathrm{A},$$

$$\underline{I}_{0B} = \underline{I}_1'' + \underline{I}_2'' - \underline{I}_1 - \underline{I}_2 = 172{,}37 \cdot e^{-j36{,}9^\circ}\ \mathrm{A}.$$

Mit den ermittelten Strömen können die Spannungsabfälle berechnet werden, wobei allerdings zunächst ein Leitungsquerschnitt vorgegeben werden muß. Für die hier betrachtete Problemstellung wird eine Leitung mit den Daten

$$A = 120\,\text{mm}^2, \qquad I_d = 510\,\text{A}$$

$$R' = 0{,}25\,\frac{\Omega}{\text{km}}, \qquad X' = 0{,}34\,\frac{\Omega}{\text{km}}$$

ausgewählt. Die Leitungen haben demnach den Impedanzbelag

$$\underline{Z}' = (R' + jX') = 0{,}422 \cdot e^{j53{,}7°}\,\frac{\Omega}{\text{km}}.$$

Am Anfang der Leitung A–6–B fließt der Strom

$$\underline{I}_{A6} = \underline{I}_1' + \underline{I}_1 = 30{,}92 \cdot e^{-j36{,}9°}\,\text{A},$$

mit dem die Spannungsabfälle auf dieser Leitung zu

$$\Delta\underline{U}_{A6} = \sqrt{3} \cdot \underline{I}_{A6} \cdot \underline{Z}' \cdot l_{A6} = 22{,}60 \cdot e^{j16{,}8°}\,\text{V}$$

$$\Delta\underline{U}_{6B} = \sqrt{3} \cdot (\underline{I}_{A6} - 50 \cdot e^{-j36{,}9°}\,\text{A}) \cdot \underline{Z}' \cdot l_{6B} = -41{,}84 \cdot e^{j16{,}8°}\,\text{V}$$

bestimmt werden. Auf analoge Weise berechnet man für die Leitung A–1–2–3–4–5–B die Spannungsabfälle

$$\Delta\underline{U}_{A1} = 214{,}47 \cdot e^{j16{,}8°}\,\text{V}$$

$$\Delta\underline{U}_{12} = 85{,}35 \cdot e^{j16{,}8°}\,\text{V}$$

$$\Delta\underline{U}_{23} = -73{,}00 \cdot e^{j16{,}8°}\,\text{V}$$

$$\Delta\underline{U}_{34} = -92{,}52 \cdot e^{j16{,}8°}\,\text{V}$$

$$\Delta\underline{U}_{45} = -97{,}43 \cdot e^{j16{,}8°}\,\text{V}$$

$$\Delta\underline{U}_{5B} = -56{,}02 \cdot e^{j16{,}8°}\,\text{V}.$$

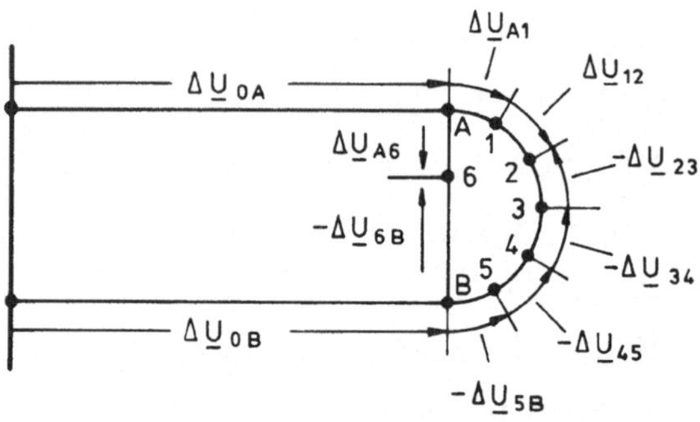

Bild 5.23 Orientierung der berechneten Spannungsabfälle

Zwischen der Sammelschiene und den Knoten A, B entstehen die Spannungsabfälle

$$\Delta\underline{U}_{0A} = \sqrt{3} \cdot \underline{I}_{0A} \cdot \underline{Z}' \cdot l_{0A} = 649{,}17 \cdot e^{j16{,}8°}\,\text{V}$$

$$\Delta\underline{U}_{0B} = \sqrt{3} \cdot \underline{I}_{0B} \cdot \underline{Z}' \cdot l_{0B} = 629{,}95 \cdot e^{j16{,}8°}\,\text{V}.$$

Die so ermittelte Spannungsverteilung ist in Bild 5.23 veranschaulicht.

Aus diesem Bild ist ersichtlich, daß die Spannungsabsenkung in den Knoten 2 und 6 ein Maximum erreicht:

$$|\Delta\underline{U}_{02}| = |\Delta\underline{U}_{0A} + \Delta\underline{U}_{A1} + \Delta\underline{U}_{12}| = 949\,\text{V}$$

$$|\Delta\underline{U}_{06}| = |\Delta\underline{U}_{0A} + \Delta\underline{U}_{A6}| = 671{,}8\,\text{V}.$$

Die größte Spannungsabsenkung tritt demnach im Knoten 2 auf und beträgt 949 V. Zulässig ist der Wert

$$\Delta U_{zul} = 5\,\% \cdot U_{nN} = 0{,}05 \cdot 20\ \text{kV} = 1\ \text{kV}.$$

Die gewählte Dimensionierung erweist sich damit bezüglich der geforderten Spannungshaltung als ausreichend. Wäre das nicht der Fall, müßte ein größerer Querschnitt gewählt werden. Die Ermittlung der Spannungsabfälle, die im Anschluß an die Bestimmung der Ströme erfolgt, wäre dann erneut durchzuführen.

Für die Überprüfung der thermischen Festigkeit ist der größte Strom maßgebend. Er tritt, wie die Rechnung zeigt, in der Leitung 0–A auf und beträgt

$$|\underline{I}_{0A}| = 177{,}6\ \text{A}.$$

Dieser Wert liegt weit unter dem thermisch zulässigen Dauerstrom $I_d = 510$ A, womit die gewählte Dimensionierung auch in thermischer Hinsicht ausreichend ist.

Wie leicht zu ersehen ist, stellt in dem betrachteten Beispiel die Forderung nach ausreichender Spannungshaltung eine wesentlich schärfere Restriktion dar als die Bedingung nach einer ausreichenden thermischen Festigkeit. Dieser Effekt tritt häufig bei Verteilernetzen auf, die sich aus Freileitungen zusammensetzen. Bei Kabelnetzen, die eine geringere Induktivität und damit einen geringeren Spannungsabfall aufweisen, ist häufig die thermische Restriktion einschneidender.

Bei den bisher betrachteten Netzen sind stets nur Leitungen miteinander verknüpft worden. Selbstverständlich ist mit den abgeleiteten Beziehungen auch die Behandlung von solchen Netzen möglich, in denen zwischen den Leitungen noch andere Betriebsmittel liegen wie z. B. Transformatoren oder Drosselspulen. Man muß dann das Strom-Spannungs-Verhalten dieser zusätzlichen Netzelemente, das bereits aus Kapitel 4 bekannt ist, in die Rechnung einbeziehen. Auf diese Weise entsteht lediglich ein etwas umfangreicheres Gleichungssystem. An den prinzipiellen Zusammenhängen ändert sich jedoch nichts.

Das beschriebene Berechnungsverfahren führt bei großen Netzen trotz der aufgeführten Vereinfachungen sehr schnell auf umfangreiche, unübersichtliche Gleichungssysteme. Man ist daher bestrebt, das Netz weiter zu reduzieren, so daß nur noch diejenigen Knoten übrigbleiben, die für die Rechnung wesentlich sind. Die Teilnetze, die keinen interessierenden Knotenpunkt enthalten, können manchmal mit relativ geringem Aufwand durch einfachere Ersatzschaltungen dargestellt werden.

5.6 Nachbildung von Teilnetzen

Bei der Nachbildung von Teilnetzen versucht man, eine möglichst einfache Ersatzschaltung zu finden, die das Strom-Spannungs-Verhalten des wirklichen Teilnetzes an bestimmten, vorzugebenden Knotenpunkten richtig beschreibt. Bei Fremdnetzen von anderen Unternehmen können beispielsweise die Kuppelstellen solche Knotenpunkte darstellen. Um zu kennzeichnen, daß die Einspeisung nicht aus einem Generator, sondern einem Netz erfolgt, verwendet man dafür den Ausdruck *Netzeinspeisung*.

Besonders einfache Verhältnisse liegen vor, wenn nur eine Kuppelstelle zwischen den beiden Netzen vorhanden ist. Das Fremdnetz bzw. das nachzubildende Teilnetz kann dann bei dem vorausgesetzten symmetrischen Betrieb mit Hilfe der Zweipoltheorie auf einen Ersatzzwei-

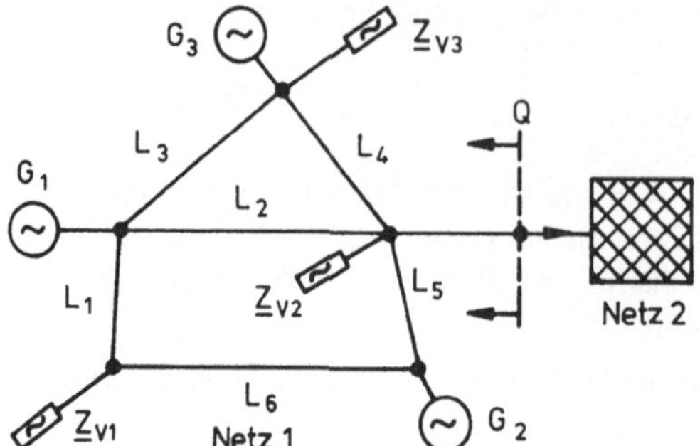

Bild 5.24
Zwei Netze mit einer gemeinsamen Kuppelstelle

pol reduziert werden. Das Verfahren wird im folgenden anhand der in Bild 5.24 dargestellten Anordnung erläutert.

Das skizzierte Netz 1 soll in einen Ersatzzweipol umgewandelt werden. Die Schnittstelle möge der Knotenpunkt Q sein. Entsprechend der Zweipoltheorie wird die Eingangsimpedanz $\underline{Z}_Q$ des Netzes 1 an der Kuppelstelle bestimmt. Sie ergibt sich für den subtransienten Zeitraum als Quotient aus der Sternspannung $\underline{U}_{0Q}/\sqrt{3}$ (Leerlaufspannung) und dem Kurzschlußstrom an der Kuppelstelle Q. Der für die Bemessung maßgebende größtmögliche Wert $\underline{I}_k''$ dieses Stromes ist üblicherweise bekannt. Er stellt sich laut der VDE-Bestimmung 0102 definitionsgemäß dann ein, wenn die Leerlaufspannung U_{0Q} den Effektivwert $1{,}1 \cdot U_{nQ}$ in Hoch- und Mittelspannungsnetzen bzw. U_{nQ} in Niederspannungsnetzen annimmt. Von dieser Festlegung ausgehend, ermitteln sich in Hoch- und Mittelspannungsnetzen die Innenimpedanzen zu

$$\underline{Z}_Q = R_Q + jX_Q = \frac{1{,}1 \cdot U_{nQ}}{\sqrt{3} \cdot \underline{I}_k''} . \qquad (5\text{–}29)$$

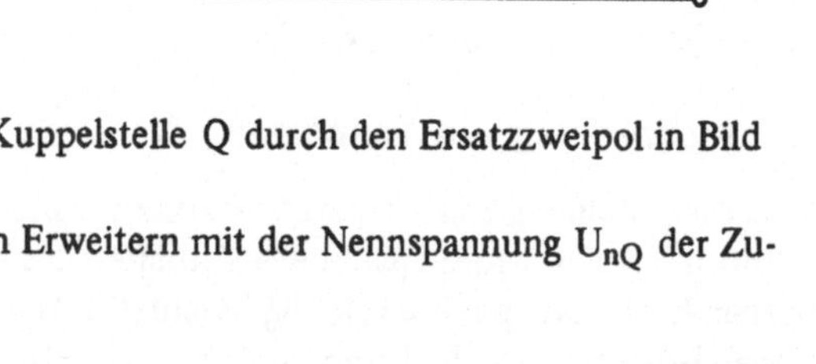

Bild 5.25
Ersatzschaltbild eines Netzes

Das betrachtete Netz kann somit an der Kuppelstelle Q durch den Ersatzzweipol in Bild 5.25 beschrieben werden.

Aus der Beziehung (5–29) läßt sich durch Erweitern mit der Nennspannung U_{nQ} der Zusammenhang

$$Z_Q = \frac{1{,}1 \cdot U_{nQ}^2}{\sqrt{3} \cdot U_{nQ} \cdot I_k''} = \frac{1{,}1 \cdot U_{nQ}^2}{S_k''} \qquad (5\text{–}30)$$

gewinnen. Der darin auftretende Ausdruck S_k'' wird als *Kurzschlußleistung* bezeichnet und stellt eine *reine Rechengröße* dar. Wie in Kapitel 6 noch näher ausgeführt wird, erweist sich die Kurzschlußleistung bei der Projektierung als eine geeignete Kenngröße von Netzen. Richtwerte sind der Tabelle 5.1 zu entnehmen. Danach steigt die Kurzschlußleistung mit wachsen-

Tabelle 5.1: Übliche Kurzschlußleistungen für verschiedene Spannungsebenen

U_n	S_k''
10 kV	0,5 GVA
110 kV	8 GVA
220 kV	25 GVA
380 kV	40 GVA

der Netznennspannung an. Diese Tendenz ist darauf zurückzuführen, daß die höheren Spannungsebenen über größere und zahlreichere Einspeisungen verfügen (s. Kapitel 7).

Der ohmsche Anteil R_Q der Innenimpedanz $\underline{Z}_Q$ kann bei Hoch- und Mittelspannungs-Freileitungsnetzen im allgemeinen vernachlässigt werden, weil sie aufgrund der Bedingung

$$\frac{R_Q}{X_Q} \approx 0{,}1 \ldots 0{,}2$$

ein hinreichend induktives Verhalten aufweisen. Die Beziehung (5–30) geht dann in den Ausdruck

$$X_Q = \frac{1{,}1 \cdot U_{nQ}^2}{S_k''} \qquad (5\text{–}31)$$

über. Im Unterschied dazu sind die ohmschen Widerstände in Niederspannungsnetzen in der Regel zu berücksichtigen. Richtwerte können der VDE-Bestimmung 0102 Teil 2 entnommen werden.

Die Erfahrung zeigt, daß die Nachbildung von Netzteilen als Zweipol in der beschriebenen, einfachen Form hinreichend genau ist. Dabei ist bisher stets vorausgesetzt worden, daß zu dem betrachteten Teilnetz oder Fremdnetz nur eine *einzige Kuppelstelle* besteht. Eine vereinfachte Nachbildung ist jedoch auch auf ähnliche Weise möglich, wenn mehrere Kuppelstellen vorhanden sind. Die Anwendung der linearen Netzwerktheorie führt dann das gesamte Netz auf einen sogenannten *Mehrpol* zurück, dessen Strom-Spannungs-Verhalten am zweckmäßigsten mit Hilfe von Matrizengleichungen ermittelt wird. Bild 5.26 veranschaulicht das Ergebnis [40].

In dieser allgemeingültigen Form wird das Verfahren als *Netzreduktion* bezeichnet. Da selbst eine elektronische Rechenanlage aufgrund beschränkter Kapzität nicht beliebig viele Knoten verarbeiten kann, wird die Netzreduktion z. B. bei sehr umfassenden Netzberechnungen, den sogenannten *Lastflußrechnungen,* angewendet.

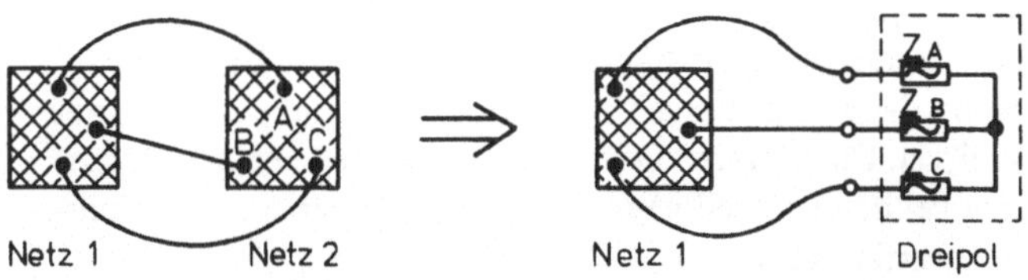

Bild 5.26 Überführung eines passiven Netzes mit drei Kuppelstellen in ein vereinfachtes Ersatzschaltbild

5.7 Lastflußrechnung

In den bisherigen Ausführungen ist das Strom-Spannungs-Verhalten spezieller, kleinerer Netzanlagen bestimmt worden. Das beschriebene Verfahren ist für manuelle Rechnungen auf Netze dieser Größenordnung beschränkt, da anderenfalls der Rechenaufwand zu groß wird. Darüber hinaus ist diese Methode schlecht zu formalisieren, denn für jedes Netz muß das Gleichungssystem neu aufgestellt werden. Eine Programmierung bzw. ein Rechnereinsatz ist aus diesem Grunde nicht sinnvoll.

Abhilfe bietet das *Knotenpunktverfahren,* das eine spezielle Formulierung der Kirchhoffschen Gesetze darstellt. Bei diesem Verfahren tritt zwar ein noch höherer numerischer Aufwand auf, doch dafür ist es gut formalisierbar. Diese Methode ist somit für den Einsatz auf Rechnern geeignet.

Das Verfahren geht auch wieder von den Lastströmen $\underline{I}$ aus. Über eine Matrizenbeziehung, die prinzipiell die Form

$$[\underline{U}] = [\underline{Z}] \cdot [\underline{I}] \qquad (5\text{–}32)$$

aufweist, werden die *gesuchten Spannungen* in den Knoten des Netzes bestimmt. Für den Aufbau der Matrizen, auf den nicht näher eingegangen werden soll, ergibt sich unabhängig von der Netzkonfiguration stets dieselbe Gesetzmäßigkeit. Sie können aus diesem Grunde für beliebige Netze aufgestellt werden. Der weitere Rechnungsgang verläuft im Prinzip analog zur kennengelernten Methode. Die Leistungsbedingungen für P_{nV} und Q_{nV} werden wiederum in der bekannten Weise einbezogen: Aus den Leistungen werden die Lastströme $[\underline{I}]$ bestimmt. Der *Unterschied* besteht lediglich darin, daß an die Stelle der *manuell aufgestellten Bestimmungsgleichungen für den Spannungsabfall* $\Delta\underline{U}_y$ *eine Matrizengleichung tritt* und daß infolge des Rechnereinsatzes kein Abbruch mehr nach der ersten Iteration zu erfolgen braucht. Ferner kann die Voraussetzung elektrisch kurzer Leitungen entfallen, wodurch das Verfahren auch vom Ansatz her noch genauer wird. Außerdem können neben den Leistungsbedingungen noch weitere Restriktionen in den Algorithmus einbezogen werden.

Insbesondere in Verbundnetzen treten zusätzliche Nebenbedingungen bei Netz- und Generatoreinspeisungen auf. Sie werden vorwiegend durch die Bedingungen

$$|U| = \text{const.} \qquad (5\text{–}33a)$$

$$P = \text{const.} \qquad (5\text{–}33b)$$

gekennzeichnet. Sie sind darauf zurückzuführen, daß bei Generatoren der Betrag der Spannung durch den Spannungsregler der Synchronmaschine und die Wirkleistung durch den Leistungsregler der Turbine stationär konstant gehalten werden. Diese Forderungen können auf ähnliche Weise wie die Leistungsbedingungen (5–3) für P_{nV} und Q_{nV} iterativ in das Verfahren einbezogen werden. Dazu sind jedoch eine Reihe von Iterationen notwendig, weil die Konvergenz für die Einspeiserestriktionen (5–33) im Vergleich zu den Lastbedingungen schlecht ist. Beim Rechnereinsatz ist dieses Konvergenzverhalten weniger bedeutsam. Dagegen ist beim manuellen Verfahren aufgrund dieser Eigenschaft eine Berücksichtigung der Nebenbedingungen (5–33) nicht mehr sinnvoll. Die Eleganz der manuellen Methode geht ohnehin verloren, wenn nicht bereits – wie bei den Lastbedingungen – nach dem ersten Iterationsschritt die Rechnung abgebrochen werden kann.

Mit Hilfe des umfassenderen numerischen Verfahrens können an beliebiger Stelle eines Netzes neben Strom und Spannung auch die Wirk- und Blindleistung bestimmt werden. Man kann somit bei vorgegebenen Einspeise- und Lastverhältnissen feststellen, auf welchem Wege die Leistung von den Einspeisungen zu den Verbrauchern fließt. Aus diesem Umstand leitet sich die Bezeichnung „Lastflußrechnung" für dieses Verfahren ab. Auf weitere Einzelheiten dieses Algorithmus bzw. seiner Modifikationen soll im Rahmen der hier behandelten Grundlagen nicht näher eingegangen werden [40].

Ergänzend sei noch darauf hingewiesen, daß früher, als noch keine Rechner zur Verfügung standen, die Netze auf sogenannten Netzmodellen analog nachgebildet wurden. Mit Hilfe dieser Netznachbildung konnte dann auch für größere Netze die Lösung der Gl. (5–32) ermittelt werden, die für die einzelnen Iterationsschritte jeweils benötigt wird.

Bisher sind nur Netze im Normalbetrieb betrachtet worden. In den folgenden Kapiteln soll auch auf Störfälle, insbesondere auf den Kurzschluß, eingegangen werden.

6 Dreipoliger Kurzschluß

Bei Kurzschlüssen handelt es sich um spezielle Fehler. Sie liegen dann vor, wenn ein spannungsführender Leiter mit mindestens einem weiteren Leiter niederohmig verbunden wird. Die niederohmige Verbindung kann in der Praxis sehr unterschiedlich beschaffen sein; für zwei spezielle Fälle haben sich eigenständige Bezeichnungen ausgebildet. So spricht man von einem *satten Kurzschluß,* wenn zwischen den kurzgeschlossenen Leitern ein direkter metallischer Kontakt vorliegt, also ein Übergangswiderstand praktisch nicht vorhanden ist. Zum anderen wird der Ausdruck *Lichtbogenkurzschluß* verwendet. Darunter versteht man solche Kurzschlüsse, bei denen die Leiter über einen Lichtbogen leitend verbunden sind. Lichtbogen stellen, wie in Abschnitt 7.1 noch erläutert wird, nichtlineare Widerstände dar, die im Bereich von wenigen Ohm liegen. Besonders auffällige Lichtbogenkurzschlüsse bilden sich aufgrund der relativ großen Leiterabstände in Freileitungsnetzen aus.

Zusätzlich werden die Kurzschlußarten nach der Anzahl der beteiligten Leiter gekennzeichnet. Man spricht von einem *dreipoligen Kurzschluß,* wenn die drei Leiter L1, L2, L3 eines Drehstromsystems miteinander kurzgeschlossen werden. In diesem Kapitel wird nur diese Kurzschlußart betrachtet.

Bemerkenswert ist, daß dreipolige Kurzschlüsse meistens wie eine Abschaltung von Verbrauchern wirken, die Last also verkleinern. Entsprechend Abschnitt 2.4.1.1 erhöht sich dann – zumindest tendenziell – die Frequenz. Aus dieser Sicht ist es auch ohne Kenntnis des im weiteren abgeleiteten Berechnungsverfahrens bereits plausibel, daß die meist sehr großen Kurzschlußströme überwiegend Blindströme darstellen, die den Wirkleistungshaushalt des Netzes kaum beeinflussen.

Die Ermittlung der dreipoligen Kurzschlußströme stellt bei der Projektierung von Netzanlagen eine zentrale Aufgabe dar, weil diese Ströme – bis auf wenige Ausnahmen – zu den stärksten mechanischen und thermischen Beanspruchungen führen. Es sind daher Berechnungsverfahren entwickelt worden, die einen möglichst geringen analytischen und numerischen Aufwand erfordern. Sie sind u. a. der VDE-Bestimmung 0102 zu entnehmen. Mit den Verfahren werden, wie auch zahlreiche Messungen gezeigt haben, Kurzschlußströme errechnet, die bis zu ca. 8 % über den tatsächlichen Strömen liegen [41]. Sofern in Grenzfällen genauere Ergebnisse erwünscht sind, dürfen verfeinerte Verfahren zur Berechnung verwendet werden.

Besonders einfache Verhältnisse ergeben sich bei den sogenannten generatorfernen Kurzschlüssen, die darum zunächst dargestellt werden.

6.1 Generatorferner dreipoliger Kurzschluß

Kurzschlüsse bezeichnet man als *generatorfern,* wenn bei den Generatoren, aus denen die Energie bezogen wird, auch *nach dem Eintritt des Kurzschlusses* noch die *synchrone Reaktanz wirksam ist* (s. Abschnitt 4.4.3.3). Mit diesem Verhalten ist nur dann zu rechnen, wenn die Reaktanz zwischen der Fehlerstelle und dem Generator jeweils hinreichend groß ist. Eine Reaktanz in dieser Größenordnung liegt z. B. dann vor, wenn der Kurzschluß hinter dem Umspanner einer Netzeinspeisung, also in einem unterlagerten Netz auftritt. Um zunächst ein besonders einfaches Modell zu erhalten, wird im weiteren das Verfahren an einer unverzweigten Anlage für stationäre Verhältnisse entwickelt.

6.1.1 Berechnung des stationären Kurzschlußstromverlaufes in unverzweigten Netzen

Als Beispiel sei die unverzweigte, einseitig gespeiste Anlage in Bild 6.1 gewählt, bei der an der Stelle F ein *satter dreipoliger Kurzschluß* auftreten möge. Verbraucher sind bei diesem Schaltzustand nicht vorhanden, die Anlage ist also *unbelastet.*

Im ersten Schritt gilt es, für diese Anlage ein Ersatzschaltbild aufzustellen. Daraus werden dann erst in einem zweiten Schritt die betriebsfrequenten, stationären Wechselströme berechnet, die sich spätestens einige Sekunden nach dem Auftreten des Kurzschlusses einstellen und die als *Dauerkurzschlußströme* bezeichnet werden (s. Abschnitt 4.4.3.3). Auch im Rahmen dieser Aufgabenstellung können Transformatoren, Freileitungen und Kabel nach wie vor als lineare Betriebsmittel angesehen werden. Ihre Impedanzen sind daher unabhängig von den Strom-Spannungs-Verhältnissen, die beim dreipoligen Kurzschluß stark vom Nennbetrieb abweichen können. Da ferner auch bei einem dreipoligen Kurzschluß symmetrische Verhältnisse vorliegen, falls das Netz symmetrisch aufgebaut ist, dürfen für diese Fehlerart die bisher abgeleiteten einphasigen Ersatzschaltbilder verwendet werden (s. Abschnitt 3.1 und Kapitel 4). Die Leitungen werden als elektrisch kurz angesehen, so daß ihre Kapazitäten unberücksichtigt bleiben können.

Für die Netzeinspeisung gilt das bereits in Bild 5.25 dargestellte Ersatzschaltbild. Wie in Abschnitt 5.6 erläutert, ist als Leerlaufspannung der Effektivwert $1{,}1 \cdot U_{nQ}/\sqrt{3}$ einzusetzen, da nur dann der größtmögliche Kurzschlußstrom der Netzeinspeisung richtig ermittelt wird. Für die betrachtete Netzanlage resultiert somit das Ersatzschaltbild 6.2.

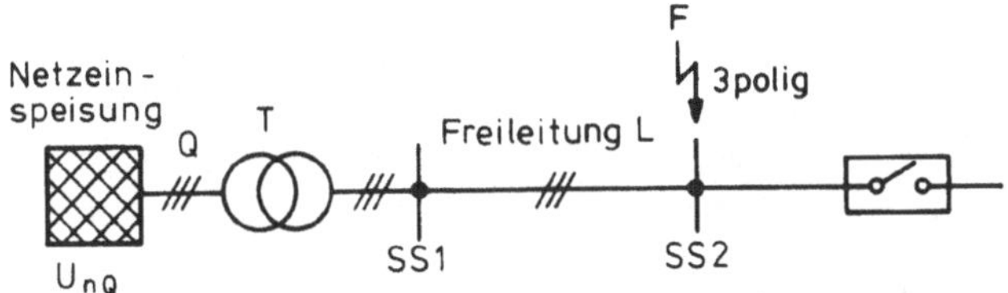

Bild 6.1 Einseitig gespeiste Netzanlage mit dreipoligem Kurzschluß

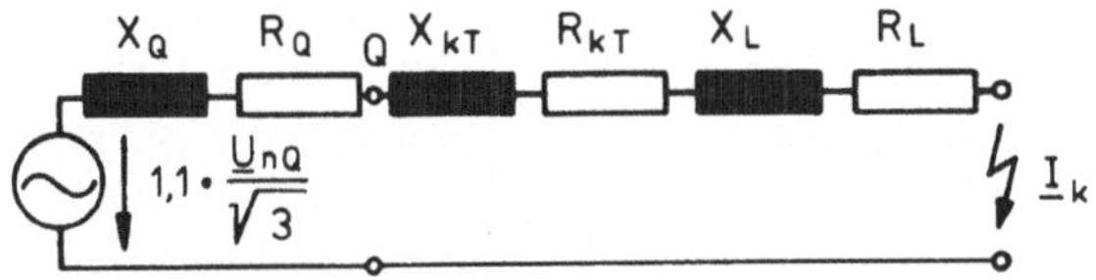

Bild 6.2
Einphasiges Ersatzschaltbild für die Netzanlage in Bild 6.1 im Fall eines generatorfernen dreipoligen Kurzschlusses

Bei der rechnerischen Auswertung des Ersatzschaltbildes ist es zweckmäßig, die Ausdrücke

$$R_k = R_Q + R_{kT} + R_L = \sum_i R_i$$
$$X_k = X_Q + X_{kT} + X_L = \sum_i X_i \qquad (6\text{–}1)$$

zu verwenden. Nach den Gesetzen der Wechselstromrechnung erhält man dann den komplexen Kurzschlußstrom

$$\underline{I}_k = \frac{1{,}1 \cdot \underline{U}_{nQ}}{\sqrt{3} \cdot (R_k + jX_k)} = \frac{1{,}1 \cdot U_{nQ}}{\sqrt{3} \cdot \sqrt{R_k^2 + X_k^2}} \cdot e^{-j\varphi_k} \qquad (6\text{–}2)$$

mit

$$\varphi_k = \arctan \frac{X_k}{R_k}. \qquad (6\text{–}3)$$

Wird weiterhin vorausgesetzt, daß die treibende Spannung der Netzeinspeisung im Kurzschluß durch den Zusammenhang

$$u_Q(t) = \frac{\hat{U}_Q}{\sqrt{3}} \cdot \sin(\omega t + \varphi) \quad \text{mit} \quad \hat{U}_Q = \sqrt{2} \cdot 1{,}1 \cdot U_{nQ}$$

beschrieben wird, so ergibt sich der zeitliche Verlauf des Dauerkurzschlußstroms aus dem komplexen Ausdruck (6–2) zu

$$i_{k_p}(t) = \frac{\hat{U}_Q}{\sqrt{3} \cdot \sqrt{R_k^2 + X_k^2}} \cdot \sin(\omega t + \varphi - \varphi_k). \qquad (6\text{–}4)$$

Der stationäre Kurzschlußstrom eilt also der treibenden Spannung des Netzes um einen Phasenwinkel φ_k nach. Diese Phasenverschiebung, auch Kurzschlußwinkel genannt, wird nur durch die Netzimpedanzen bestimmt. Sie liegt in Hochspannungsnetzen bei ca. 86°... 89°, in Mittel- und Niederspannungsnetzen bei ca. 60°.

In dem betrachteten Beispiel wird von dem ungünstigsten Fall, einem satten Kurzschluß, ausgegangen. In Hoch- und Mittelspannungsnetzen wird mit dieser Annahme der größtmögliche Kurzschlußstrom hinreichend genau ermittelt. In Niederspannungsnetzen ist dagegen der Einfluß der Übergangswiderstände zu beachten. Sie sind erfahrungsgemäß in dieser Spannungsebene gegenüber den Netzimpedanzen nicht mehr zu vernachlässigen, denn diese weisen infolge der kurzen Leitungslängen erheblich kleinere Werte als in Hochspannungsnetzen auf.

Im einzelnen sind die Übergangswiderstände schwer zu erfassen. Gemäß der VDE-Bestimmung 0102 Teil 2 wird eine Überdimensionierung jedoch weitgehend vermieden, wenn man sie summarisch erfaßt, indem man die treibende Spannung verringert. Anstelle von $1{,}1 \cdot U_{nQ}/\sqrt{3}$ ist der Wert $1{,}0 \cdot U_{nT}/\sqrt{3}$ zu verwenden. Die Größe U_{nT} bezeichnet dabei die unterspannungsseitige Nennspannung des Transformators, mit dem in das Niederspannungsnetz eingespeist wird.

In vielen Niederspannungsanlagen ist der Einfluß der Übergangswiderstände eher noch ausgeprägter, so daß bei diesem Vorgehen der Kurzschlußstrom häufig trotzdem noch mit einem Sicherheitszuschlag ermittelt wird.

In *speziellen Fällen,* z. B. dem Ansprechen von Sicherungen bzw. des Netzschutzes, ist es im Hinblick auf eine ausreichende Sicherheit ratsamer, die Übergangswiderstände verstärkt zu berücksichtigen. Dies geschieht in dem Berechnungsverfahren dadurch, daß man die treibende Spannung noch weiter verkleinert. In den Niederspannungsnetzen der öffentlichen Energieversorgung liegt für diese speziellen Probleme die erforderliche Sicherheit dann vor, wenn der Spannungswert zu $0{,}95 \cdot U_{nT}/\sqrt{3}$ gewählt wird (s. VDE 0102 Teil 2).

Bisher sind nur stationäre dreipolige Kurzschlußwechselströme ermittelt worden. Zusätzlich stellen sich zeitflüchtige Stromkomponenten ein, wenn der Kurzschluß stoßartig einsetzt. Auf diese transienten Anteile wird im folgenden eingegangen. Dabei werden vereinfachend zunächst wieder nur unverzweigte Netze betrachtet.

6.1.2 Berechnung des transienten Kurzschlußstromverlaufes in unverzweigten Netzen

Bei den in Kapitel 4 aufgestellten Ersatzschaltbildern sind überwiegend stationäre Verhältnisse vorausgesetzt worden. Aus diesem Grunde können die Ersatzschaltbilder generell nur für solche Einschwingvorgänge aussagekräftig sein, die nicht wesentlich schneller als die Netzfrequenz ablaufen [22]. Zusätzlich sind bei der Bestimmung des transienten Anteils stets die ohmschen Widerstände zu berücksichtigen, da anderenfalls die Abklingvorgänge nicht richtig beschrieben werden.

In diesem Zusammenhang gilt es, die Transformatoren gesondert zu betrachten. Wie auch aus Erläuterungen in [42] zu ersehen ist, kann für Transformatoren das vereinfachte Ersatzschaltbild 4.38 nur dann verwendet werden, wenn die Hauptinduktivität groß im Vergleich zu der Summe der Induktivitäten ist, die insgesamt im Kurzschlußkreis liegen. Diese Bedingung wird von Energieversorgungsnetzen üblicherweise erfüllt.

Eine weitere Komplikation tritt bei Drehstromtransformatoren mit phasendrehender Schaltgruppe – z. B. mit der Schaltgruppe Dy5 – auf. Infolge der Phasendrehung von $k \cdot 30°$ bzw. $5 \cdot 30°$ (s. Abschnitt 4.2.1.3.3) sind sowohl die Ströme als auch die Spannungen auf der Ober- und Unterspannungsseite gegeneinander phasenverschoben. Wenn ein Kurzschluß eintritt, bilden sich daher üblicherweise unterschiedliche Gleichglieder aus. Demnach kann eine einphasige Ersatzschaltung prinzipiell den zeitlichen Verlauf des Einschwingvorganges jeweils nur vor oder hinter dem Transformator richtig beschreiben. Mit genaueren Betrachtungen läßt sich zeigen, daß die größten Beträge der Ströme, die für die Auslegung von Betriebsmitteln überwiegend interessieren, richtig wiedergegeben werden. Zu ergänzen ist noch, daß mit den bisher verwendeten einphasigen Darstellungen nur dann transiente Vorgänge in Drehstromsystemen beschrieben werden dürfen, wenn die Anlage vor dem Kurzschlußeintritt *symmetrisch betrieben* worden ist. Die Anfangswerte weisen nur in diesem Fall die notwendigen Symmetriebedingungen auf [42].

Diese Betrachtungen zeigen, daß mit den bisher verwendeten einphasigen Ersatzschaltungen unter gewissen Einschränkungen auch transiente Verläufe ermittelt werden können. In diesem

Sinne wird das Ersatzschaltbild 6.2 ausgewertet. Aus einem Maschenumlauf folgt mit Hilfe der Definitionen (6–1) die Differentialgleichung

$$R_k \cdot i_k + L_k \cdot \frac{di_k}{dt} = \frac{\hat{U}_Q}{\sqrt{3}} \cdot \sin(\omega t + \varphi), \qquad (6\text{–}5)$$

deren Lösung sich bekanntlich aus einem homogenen und einem partikulären Teil zusammensetzt. Der partikuläre Teil $i_{kp}(t)$ ist identisch mit der stationären Lösung (6–4). Für die homogene Lösung erhält man den Ausdruck

$$i_{kh}(t) = A \cdot e^{-\frac{t}{\tau}} \quad \text{mit} \quad \tau = \frac{L_k}{R_k}.$$

Berücksichtigt man ferner, daß die unbelastete Anlage die Anfangsbedingung $i(t = 0) = 0$ erfüllen muß, so erhält man als Gesamtlösung für den Bezugsleiter, z. B. für L1

$$i_k(t) = \frac{\hat{U}_Q}{\sqrt{3} \cdot \sqrt{R_k^2 + X_k^2}} \cdot (e^{-\frac{t}{\tau}} \cdot \sin(\varphi_k - \varphi) + \sin(\omega t + \varphi - \varphi_k)). \qquad (6\text{–}6)$$

Die Ströme in den beiden anderen Leitern – z. B. L2, L3 – ergeben sich dadurch, daß der Schaltwinkel φ durch die Ausdrücke $(\varphi - 120°)$ bzw. $(\varphi - 240°)$ ersetzt wird.

Neben dem Kurzschlußwechselstrom tritt jeweils ein abklingender Gleichstromanteil auf. Er kann u. a. bei Stromwandlern eine Sättigung des Eisenkernes hervorrufen und damit zu falschen Meßwerten führen. Sofern bereits während des transienten Zeitbereiches korrekte Meßwerte benötigt werden, sind besondere Maßnahmen erforderlich. Eine Möglichkeit besteht in dem Einsatz linearisierter Kerne [14].

Die weitere Diskussion der Lösung erleichtert sich, wenn mit der Größe I_k (s. Gl. (6–2)) und dem Term

$$I_{kg} = \sqrt{2} \cdot I_k \cdot \sin(\varphi_k - \varphi)$$

eine andere Schreibweise gewählt wird:

$$i_k(t) = I_{kg} \cdot e^{-\frac{t}{\tau}} + \sqrt{2} \cdot I_k \cdot \sin(\omega t + \varphi - \varphi_k). \qquad (6\text{–}7)$$

Aus dieser Beziehung ist unmittelbar abzulesen, daß die Amplitude des Wechselstromanteils konstant bleibt. Im Unterschied zum bereits behandelten *Klemmenkurzschluß* bei Synchrongeneratoren ist demnach beim *generatorfernen Kurzschluß* der Anfangskurzschlußwechselstrom genauso groß wie der Dauerkurzschlußstrom:

$$I_k'' = I_k. \qquad (6\text{–}8)$$

Der zeitliche Verlauf des gesamten Kurzschlußstromes ist in Bild 6.3 für einen positiven Schaltwinkel φ veranschaulicht. Aus diesen Bild ist zu ersehen, daß der Kurzschlußstrom nach einigen Millisekunden, zum Zeitpunkt t_s, seinen größten Augenblickswert erreicht. Wie aus der Beziehung (6–7) hervorgeht, hängt die Höhe dieses größten Augenblickswertes vom Schaltwinkel φ ab.

Für die mechanische Auslegung von Anlagen interessiert der maximale Wert, der sogenannte *Stoßkurzschlußstrom* I_s. Dieser Wert läßt sich durch eine Extremwertbetrachtung ermitteln.

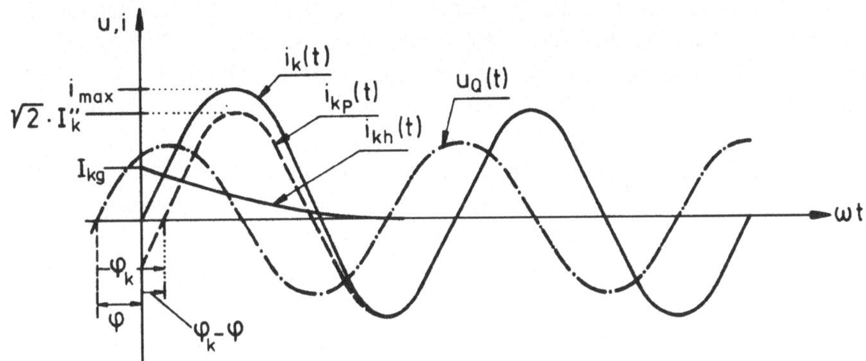

Bild 6.3 Verlauf des Kurzschlußstromes und seiner Komponenten bei einem ohmsch-induktiven Netz

Dazu wird der Strom als zweidimensionale Funktion $i_k(t, \varphi)$ angesehen. Ein eventuelles Maximum wird durch die Bedingungen

$$\frac{\partial i_k}{\partial t} = 0, \quad \frac{\partial i_k}{\partial \varphi} = 0$$

gekennzeichnet. Eine Auswertung dieser Beziehungen zeigt, daß der Stoßkurzschlußstrom stets dann auftritt, wenn der Kurzschluß bei dem Schaltwinkel $\varphi = 0$ der Spannung wirksam wird. Man erhält eine sehr prägnante Darstellung, wenn man den Ausdruck

$$\kappa = 1 + e^{-\frac{t_s}{\tau}} \cdot \sin \varphi_k \qquad (6\text{–}9)$$

verwendet. Berücksichtigt man ferner die Identität (6–8), so ergibt sich für den Stoßkurzschlußstrom der einfache Zusammenhang

$$I_s = \kappa \cdot \sqrt{2} \cdot I_k''. \qquad (6\text{–}10)$$

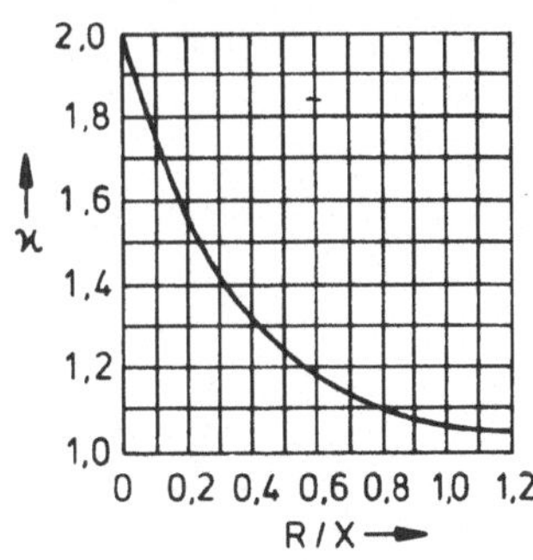

Bild 6.4
Abhängigkeit des Stoßfaktors κ von dem Verhältnis $R/X = R_k/X_k$

Der Parameter κ wird als *Stoßfaktor* bezeichnet. Er ermöglicht es, den Stoßkurzschlußstrom I_s direkt aus dem Anfangskurzschlußwechselstrom I_k'' zu ermitteln und ist nur noch von den Daten des Kurzschlußkreises, den Größen R_k und X_k, abhängig. Wie aus Bild 6.4 zu ersehen ist, beträgt der maximale Wert des Stoßfaktors 2,0 für $R_k \ll X_k$. Der Stoßkurzschlußstrom wird dann doppelt so groß wie die Amplitude des Anfangskurzschlußwechselstromes. In Anlagen liegt dieser besonders ungünstige Fall näherungsweise dann vor, wenn Kurzschlüsse direkt hinter Transformatoren oder Kurzschlußdrosselspulen auftreten.

Bisher ist davon ausgegangen worden, daß die Netzanlage unbelastet sei. Es stellt sich nun die Frage, wie sich eine Vorbelastung auf den Kurzschlußstrom auswirkt. Analytisch bedeutet dies, daß beim Eintritt des Kurzschlusses bereits ein Strom $i(t = 0)$ fließt, also eine Anfangsbedingung auftritt. Wenn weiterhin, der Praxis entsprechend, eine ohmsch-induktive Last angenommen wird, läßt sich durch eine leichte Modifikation der bereits dargestellten Rechnung zeigen, daß sich das *Gleichglied* und damit auch der Stoßkurzschlußstrom um den Wert $i(t = 0)$ verkleinert. Eine Vernachlässigung der Vorbelastung ist demnach gerechtfertigt. Die so ermittelten Ströme führen zu einer größeren Beanspruchung der Anlage. Diese Vereinfachung ist *nicht mehr zulässig,* falls die Vorbelastung ein *kapazitives Verhalten* aufweist.

Nach diesen Überlegungen soll das betrachtete, sehr spezielle Modell in einem weiteren Schritt etwas verallgemeinert werden. Die Voraussetzung, der Kurzschluß sei generatorfern, wird aufgegeben.

6.2 Generatornaher dreipoliger Kurzschluß

Kurzschlüsse, die nicht generatorfern sind, bewirken gemäß Abschnitt 4.4.3 Änderungen in den Reaktanz- und Spannungsverhältnissen des Generators. Sie werden im folgenden als *generatornah* bezeichnet. Zunächst wird vereinfachend angenommen, daß der Kurzschluß so nah am Generator auftritt, daß er in seinem Verhalten einem Klemmenkurzschluß entspricht (s. Abschnitt 4.4.3.3). Das Verfahren wird wiederum an einer unverzweigten Anlage entwickelt.

6.2.1 Berechnung des Anfangskurzschlußwechselstromes in unverzweigten Netzen

Ein generatornaher Kurzschluß wird durch einen subtransienten, transienten und stationären Zeitbereich gekennzeichnet. Die entsprechenden Ersatzschaltbilder sind Bild 4.95 zu entnehmen. Um nun die zugehörigen Kurzschlußwechselströme ermitteln zu können, ist die Generatoreinspeisung jeweils durch eine dieser Ersatzschaltungen darzustellen. Die Vorgehensweise wird an der Anlage in Bild 6.5 erläutert; das Ersatzschaltbild für den subtransienten Zeitraum zeigt Bild 6.6.

Die Bestimmung der Größen $\underline{E}''$, X''_d, R_{sG} ist bereits in Abschnitt 4.4.3 erläutert. Für die subtransiente Reaktanz X''_d ist bei der Kurzschlußstromberechnung laut der VDE-Bestim-

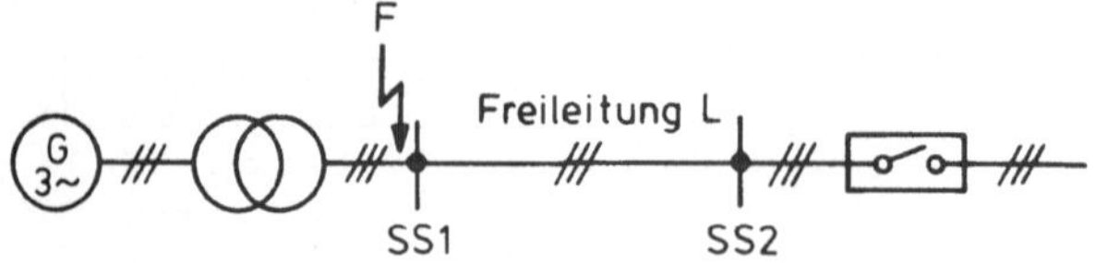

Bild 6.5
Netzanlage mit einem generatornahen, dreipoligen Kurzschluß

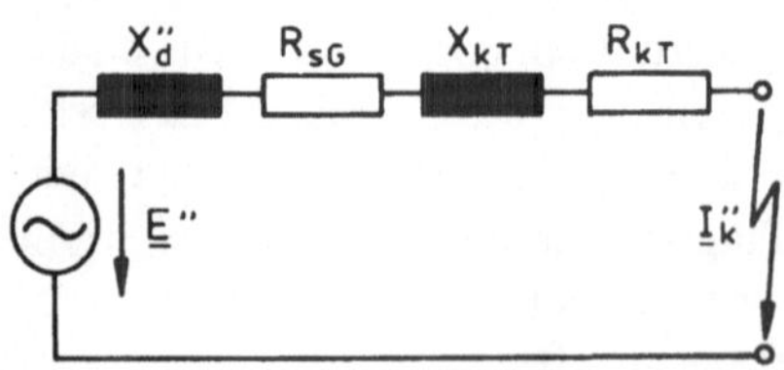

Bild 6.6
Einphasiges Ersatzschaltbild für die Anlage in Bild 6.5

mung 0102 der gesättigte, also der ungünstigste Wert zugrundezulegen. Ein genaueres Verfahren ist in [43] angegeben.

Der Anfangskurzschlußwechselstrom $\underline{I}_k''$ läßt sich aus dem Ersatzschaltbild 6.6 errechnen und ergibt sich mit Hilfe der Abkürzungen

$$R_k = R_{sG} + R_{kT} = \sum_i R_i$$

$$X_k = X_d'' + X_{kT} = \sum_i X_i$$

zu

$$\underline{I}_k'' = \frac{\underline{E}''}{R_k + jX_k} \quad . \tag{6–11}$$

In dieser Beziehung ist nur die Größe E'' geringfügig von der Wirklast abhängig (s. Abschnitt 4.4.3), die vor dem Kurzschluß ins Netz eingespeist worden ist. Der *Kurzschlußstrom* I_k'' wird deshalb nur in einem *schwachen Maße vom Betriebszustand des Generators vor dem Kurzschluß beeinflußt.* Ferner gilt in Hoch- und Höchstspannungsnetzen üblicherweise $R_k \ll X_k$. Die anfangs getroffene Aussage, daß die Kurzschlußströme in diesen Netzen überwiegend Blindströme darstellen, ist damit nun auch analytisch verifiziert.

Um das Verfahren möglichst einfach zu gestalten, darf für die Anfangsspannung E'' gemäß der VDE-Bestimmung 0102 – wie bei den Netzeinspeisungen – mit dem Wert $1{,}1 \cdot U_{nN}/\sqrt{3}$ gerechnet werden. Der Faktor 1,1 berücksichtigt sowohl die bei Synchrongeneratoren auftretende Erhöhung von E'' als auch die Gegebenheit, daß die Generatornennspannung U_{nG} um 5 % höher liegt als die zugehörige Netznennspannung U_{nN}. Lediglich wenn die bezogene Reaktanz x_d'' den Wert 0,2 überschreitet, ist eine genauere Bestimmung von E'' zu erwägen (s. VDE 0102).

Für die Berechnung des Kurzschlußstromes im sich anschließenden transienten Zeitbereich ergeben sich ähnliche Zusammenhänge, die nicht weiter behandelt werden sollen. Interessanter ist die Frage, wie sich der Kurzschlußstrom verhält, wenn die Reaktanz zwischen der Fehlerstelle und dem Generator so beschaffen ist, daß weder das Modell des generatorfernen noch des Klemmenkurzschlusses herangezogen werden kann. Die qualitativen Verhältnisse sind bereits in Abschnitt 4.4.3.3 dargestellt. Prinzipiell kann diese Fragestellung nur durch die Lösung eines umfangreichen nichtlinearen Differentialgleichungssystems gelöst werden [44], [45]. Um solche aufwendigen Rechnungen zu vermeiden, wird auch bei diesen Verhältnissen ein Klemmenkurzschluß angenommen; der ermittelte Anfangskurzschlußwechselstrom weist dann höchstens einen Sicherheitszuschlag auf, da die subtransiente Reaktanz die kleinstmögliche Reaktanz darstellt.

Dieses Vorgehen ist nicht mehr sinnvoll, wenn die Kurzschlußstelle bereits als generatorfern zu bezeichnen ist. Umfassende Simulationsrechnungen zeigen, daß die Generatorferne hinreichend gut erfüllt ist, wenn das Kriterium

$$I_k'' < 2 \cdot I_{nG} \tag{6–12}$$

eingehalten wird. Dabei kennzeichnet die Größe I_{nG} den Generatornennstrom. Unter dieser Voraussetzung liefert das bereits bekannte stationäre Modell gemäß Abschnitt 6.1 genauere Resultate.

Analog zur Vorgehensweise beim generatorfernen Kurzschluß wird nun auf die Ermittlung der transienten Stromanteile und die Bestimmung des Dauerkurzschlußstromes eingegangen.

6.2.2 Berechnung des Stoßkurzschluß-, Ausschaltwechsel- und Dauerkurzschlußstromes in unverzweigten Netzen

Die genaue Höhe des Stoßkurzschlußstromes ist bei einem generatornahen Kurzschluß wiederum nur über die Lösung eines umfangreichen Differentialgleichungssystems zu ermitteln. Genauere Simulationen zeigen, daß dieser größtmögliche Wert I_s sich hinreichend genau mit Hilfe der Beziehung (6–10) bestimmen läßt. Der Stoßfaktor κ kann wie bei einem generatorfernen Kurzschluß dem Bild 6.4 entnommen werden.

Speziell für die Auslegung von Schaltern interessiert eine weitere Größe, der *Ausschaltwechselstrom* I_a. Es handelt sich dabei um den Strom, der im Schalter zum Zeitpunkt der Trennung der Schalterkontakte auftritt [5]. Diese erfolgt erst nach einer Verzugszeit t_V, die im wesentlichen von der Auslösezeit des Netzschutzes bestimmt wird (s. Abschnitt 4.12.2.2). Üblicherweise ist zu diesem Zeitpunkt bereits die Reaktanzerhöhung in den Synchrongeneratoren wirksam geworden, so daß der Ausschaltwechselstrom bei generatornahen Kurzschlüssen häufig niedriger ist als der Anfangskurzschlußwechselstrom. Die Schalter brauchen demnach im Hinblick auf das Ausschaltvermögen nur für diesen schwächeren Strom bemessen zu werden.

Die Berechnung des Ausschaltwechselstromes erfordert prinzipiell wiederum eine genauere Simulation, die wegen ihrer Aufwendigkeit nicht praxisgerecht ist. Um solche Rechnungen zu vermeiden, hat man die Ergebnisse dieser detaillierten Betrachtungen wieder in normierter Form dargestellt. Zu diesem Zweck ist analog zum Stoßfaktor ein *Abklingfaktor* μ definiert worden. Dieser Abklingfaktor verknüpft den Ausschaltwechselstrom entsprechend der Beziehung

$$I_a = \mu \cdot I_k'' \qquad (6\text{–}13)$$

mit dem Anfangskurzschlußwechselstrom. Für technisch übliche Generatorausführungen ist der Abklingfaktor dem Bild 6.7 zu entnehmen. Er ist dort als Funktion des Quotienten

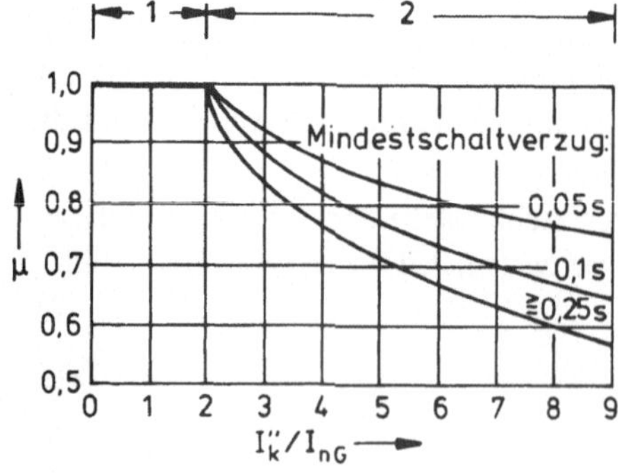

Bild 6.7
Abklingfaktor μ für technisch übliche Generatorausführungen
(1: generatorfern, 2: generatornah)

aus dem Anfangskurzschlußwechselstrom und dem Generatornennstrom dargestellt. Diese Verläufe sind so festgelegt, daß der Ausschaltwechselstrom mit einem Sicherheitszuschlag ermittelt wird [5]. In diesen Kennlinien tritt als Parameter der Schaltverzug t_v auf. Um die Schalter für den ungünstigsten Fall auszulegen, ist sinnvollerweise die *Mindestverzugszeit* zugrundezulegen, die durch die *minimale Auslösezeit des Netzschutzes* bestimmt wird. Für $I_k''/I_{nG} < 2$ nimmt in Bild 6.7 der Abklingfaktor μ den Wert eins an. Der Bedingung (6–12) entsprechend ist dann der Kurzschluß als generatorfern anzusehen; die Amplitude des Kurzschlußwechselstromes bleibt im wesentlichen konstant. Dasselbe Verhalten weist der Kurzschlußstrom bei Kurzschlüssen an *Netzeinspeisungen* auf; der Abklingfaktor nimmt dort ebenfalls *stets den Wert eins an.*

Zu beachten ist, daß unter gewissen Voraussetzungen (s. VDE 0102) bei *Synchrongeneratoren mit Stromrichtererregung* das gewünschte Abklingen des Kurzschlußwechselstromes nicht auftritt. In diesen speziellen Fällen ist ebenfalls mit dem Wert $\mu = 1$ zu rechnen.

Mit Hilfe des Stoßfaktors und des Abklingfaktors ist es möglich, bei unverzweigten Netzanlagen die interessierenden Werte *eines an sich recht komplizierten transienten Verlaufes über einfache Wechselstromrechnungen zu ermitteln.* Analog dazu läßt sich auch der Dauerkurzschlußstrom I_k bestimmen. Diese Größe ist relativ stark vom Betriebszustand abhängig (s. Abschnitt 4.4.3). Für Planungsrechnungen, die den gesamten Betriebsbereich abdecken müssen, ermittelt man deshalb mit Hilfe der Beziehungen

$$I_{k\,max} = \lambda_{max} \cdot I_{nG}$$
$$I_{k\,min} = \lambda_{min} \cdot I_{nG} \qquad (6–14)$$

den größten und den kleinsten Dauerkurzschlußstrom. Der Faktor λ_{max} gilt z. B. bei Turbogeneratoren für den 1,3-fachen Nennerregerstrom, während für λ_{min} die Leerlauferregung der Maschine maßgebend ist. Falls der Generator für höhere Erregerströme ausgelegt sein sollte, sind die λ_{max}-Faktoren gemäß der VDE-Bestimmung 0102 umzurechnen. Die beiden Größen λ_{max}, λ_{min} werden als *Dauerfaktoren* bezeichnet. Sie sind wiederum aus einem genaueren Modell ermittelt worden und speziell für Turbogeneratoren dem Bild 6.8 zu entnehmen.

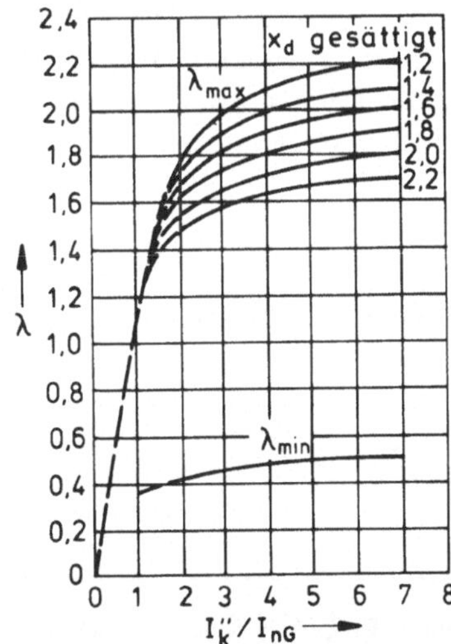

Bild 6.8

Dauerfaktoren λ_{max}, λ_{min} für Turbogeneratoren

Für den Betrieb von Netzen interessiert der Dauerkurzschlußstrom nur in seltenen Fällen, da der Netzschutz überwiegend bereits im transienten Bereich den Fehler abschaltet. Der Dauerkurzschluß kann sich dann gar nicht mehr ausbilden. In der Netzplanung wird $I_{k\,max}$ jedoch als Zwischengröße für die Dimensionierung von Anlagen auf thermische Kurzschlußfestigkeit benötigt (s. Abschnitt 7.3). Das Verhältnis $I_k''/I_{k\,max}$ dient dort als Maß für die Abklingzeitkonstante des Kurzschlußwechselstromes. Der minimale Dauerkurzschlußstrom $I_{k\,min}$ ist u. a. für die Auslegung des Netzschutzes, z. B. die Einstellung der Überstromanregerelais, maßgebend.

Aus den Größen I_k'', I_a, I_k leiten sich einige Leistungsbegriffe ab. So werden die Begriffe *Anfangskurzschlußwechselstromleistung* oder abkürzend *Kurzschlußleistung*

$$S_k'' = \sqrt{3} \cdot U_{nN} \cdot I_k'' \tag{6–15}$$

und die *Ausschaltleistung*

$$S_a = \sqrt{3} \cdot U_{nN} \cdot I_a \tag{6–16}$$

verwendet. Bei diesen Leistungen handelt es sich prinzipiell um *reine Rechengrößen* ohne physikalische Realität; die Größen U_{nN}, I_k'' bzw. I_a treten am Kurzschlußort niemals gleichzeitig auf. Die betrachteten Leistungsbegriffe lassen sich im nachhinein als ein Maß für die Scheinleistung interpretieren, die im Verlauf des dreipoligen Fehlers ins Netz eingespeist wird (s. Bild 6.5). Übliche Kurzschlußleistungen sind der Tabelle 5.1 zu entnehmen.

Bei den vorausgegangenen Betrachtungen sind Lasten nicht in die Rechnungen einbezogen worden. Das Verfahren soll in einem weiteren Schritt so erweitert werden, daß auch Kurzschlüsse im belasteten Netz behandelt werden können. Diese Aufgabenstellung erfordert Kenntnisse über das Kurzschlußverhalten von Verbrauchern.

6.3 Ersatzschaltbilder von Verbrauchern beim dreipoligen Kurzschluß

In der bereits betrachteten Anlage seien nun zusätzlich Lasten wirksam. Das zugehörige Ersatzschaltbild zeigt Bild 6.9. Wie dieses Beispiel zeigt, treten durch die Lasten Verzweigungen auf. Die in den einzelnen Längs- und Querzweigen fließenden Anteile des Kurzschlußstromes werden als *Teilkurzschlußströme* bezeichnet. Für die Berechnung dieser Kurzschlußströme ist es zweckmäßig, zwischen *ruhenden* und *motorischen* Verbrauchern zu unterscheiden. Zunächst wird auf ruhende Verbraucher eingegangen. Es wird also angenommen, daß der Anteil von Motoren an dieser Last gering ist.

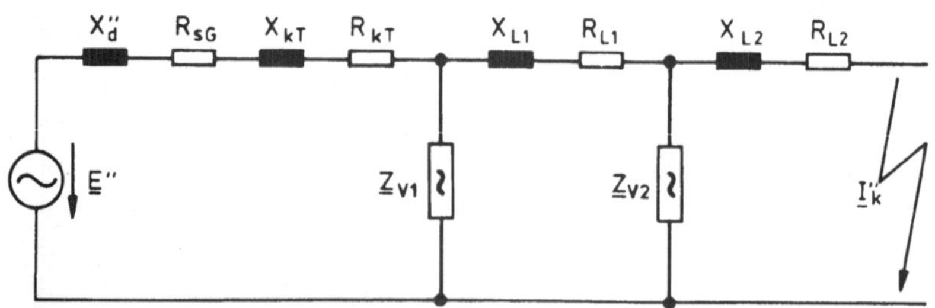

Bild 6.9 Dreipoliger Kurzschluß im belasteten Netz

Eine genauere Bestimmung des Lastverhaltens ist im allgemeinen nicht möglich, so daß man auf relativ grobe Modellvorstellungen angewiesen ist. Für drei unterschiedliche Modelle ist die Abhängigkeit der Lastimpedanz von der Spannung *bei stationären Verhältnissen* bereits in Bild 4.170 skizziert. Speziell für *Kurzschlußstromberechnungen* ist eine Lastbeschreibung zweckmäßig, die auf lineare Netzwerke führt, so daß sich die lineare Netzwerktheorie anwenden läßt. Diese Forderung ist erfüllt, wenn Lasten näherungsweise durch konstante Impedanzen dargestellt werden. Es liegt nun nahe, für die Größe dieser konstanten Lastimpedanzen jeweils den Nennwert

$$\underline{Z}_{nV} = \frac{U_{nV}^2}{\sqrt{P_{nV}^2 + Q_{nV}^2}} \cdot e^{j\arctan\frac{Q_{nV}}{P_{nV}}} \tag{6-17}$$

zu wählen. Im weiteren gilt es noch zu klären, welchen Fehler diese spezielle Lastbeschreibung zur Folge hat (Bild 6.10).

Tendenziell dürfte sich auch im subtransienten Zeitbereich ein ähnliches Lastverhalten einstellen wie bei stationären Verhältnissen. Unter dieser Voraussetzung verkleinert sich während eines Kurzschlusses die in den Gln. (4–128) und (4–129) zugrundegelegte Lastimpedanz im Vergleich zu ihrem Nennwert (s. Bild 4.170), weil mit einem Kurzschluß eine Spannungsabsenkung verbunden ist. Wenn man annimmt, daß die Last im gesamten Spannungsbereich mit ihrem Nennwert wirksam ist, erhält man für $U < U_{nN}$ demnach eine zu große Lastimpedanz. Wie eine Auswertung des Ersatzschaltbildes zeigt, wird dadurch beim vorliegenden, einseitig gespeisten Netz der Kurzschlußstrom an der Fehlerstelle geringfügig *zu groß*, also mit einem Sicherheitszuschlag ermittelt. Im Unterschied dazu ergibt sich bei dieser Vorstellung für den Teilkurzschlußstrom im Generator ein etwas *zu kleiner* Wert. Für die Teilkurzschlußströme nach den Lastverzweigungen können keine generellen Aussagen getroffen werden. Sie können, je nach Netzgegebenheit, systematische Fehler aufweisen, die sich sowohl auf der sicheren als auch der unsicheren Seite bewegen.

Als Spezialfall einer ruhenden Last können auch Leistungskondensatoren angesehen werden. Ihr Einfluß auf den Kurzschlußstrom ist jedoch in den meisten Fällen zu vernachlässigen [13].

Anders als bei ruhenden Verbrauchern können *motorische Lasten* nicht mehr durch ein passives Ersatzschaltbild dargestellt werden, da sie *einen eigenen Beitrag zum Anfangskurzschlußwechselstrom liefern.* Man unterscheidet hauptsächlich zwischen Synchron- und Asynchronmotoren. Zunächst wird auf das Kurzschlußverhalten der *Synchronmotoren* eingegangen.

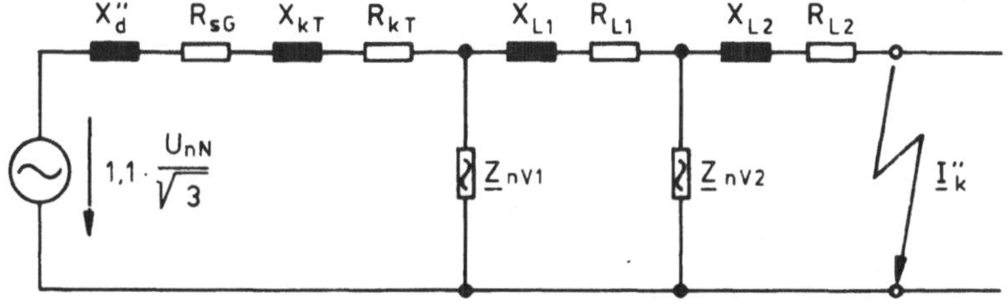

Bild 6.10 Berücksichtigung von ruhenden Verbrauchern durch konstante Impedanzen

Eine Synchronmaschine befindet sich im Motorbetrieb, wenn der Ständer an eine Spannung gelegt und der Läufer zwar erregt, jedoch nicht angetrieben wird. Unter diesen Bedingungen eilt das Polrad gegenüber dem Leerlaufzustand nach; es stellt sich ein negativer Polradwinkel θ_G ein.

Bei einem Kurzschluß an den Anschlußklemmen bleibt die Drehzahl eines großen Synchronmotors wegen der Massenträgheit des Läufers für einige Netzperioden nahezu unverändert. Auch die Erregung kann während der ersten Netzperiode nach dem Kurzschluß als eingeprägt angesehen werden. Infolgedessen verhält sich ein Synchronmotor in diesem Zeitbereich in erster Näherung wie ein Synchrongenerator und kann als Generatoreinspeisung berücksichtigt werden. Zu beachten ist jedoch, daß Synchronmotoren zum dreipoligen Dauerkurzschlußstrom *keinen Beitrag* liefern. Sie brauchen daher bei der Ermittlung dieses Stromes nicht im Ersatzschaltbild berücksichtigt zu werden.

Im Gegensatz zum Synchronmotor rotiert bei einem *Asynchronmotor* ein Läufer mit einer kurzgeschlossenen Wicklung *ohne eingeprägte Erregung*. Trotz dieses Unterschiedes liegen unmittelbar nach einem Klemmenkurzschluß ähnliche Feldverhältnisse vor wie bei einem Synchronmotor, so daß auch ein Asynchronmotor wie ein Generator wirkt. Das Ersatzschaltbild besteht demnach ebenfalls aus einer Spannungsquelle und einer Impedanz. Aufgrund der *anderen Bauart* und der *fehlenden eigenständigen Erregung* klingt der Kurzschlußwechselstrom in diesen Maschinen jedoch *wesentlich schneller ab als bei Synchronmotoren*. Einen Beitrag zum dreipoligen Dauerkurzschlußstrom liefern daher auch Asynchronmotoren nicht. Weitere Ausführungen sind z. B. [13], [46] oder der VDE-Bestimmung 0102 zu entnehmen.

Die Lasten, z. B. die Motoren, führen zu Netzverzweigungen. In einem nächsten Schritt gilt es nun, das bisherige Verfahren so zu verallgemeinern, daß auch diese kompliziertere Netzstrukturen erfaßt werden können.

6.4 Dreipoliger Kurzschluß in verzweigten Netzen

Die bisherigen Betrachtungen haben gezeigt, daß die Betriebsmittel und Lasten durch lineare Ersatzschaltbilder zu beschreiben sind. Bei vermaschten Netzen ergeben sich daher zwar umfangreichere, jedoch ebenfalls lineare Ersatzschaltungen. Daraus sind die Kurzschlußströme dann prinzipiell durch eine Überlagerung der bisher dargestellten Methoden zu ermitteln. In den weiteren Darstellungen wird sich zeigen, daß durch einige Kunstgriffe der Aufwand zur Berechnung der Anfangskurzschlußwechselströme erheblich gesenkt werden kann.

6.4.1 Ermittlung des Anfangskurzschlußwechselstromes in verzweigten Netzen

Die Berechnung der dreipoligen Kurzschlußströme in verzweigten Netzen soll am Beispiel der in Bild 6.11 skizzierten Netzanlage erläutert werden. Der Fehler möge an der Stelle F

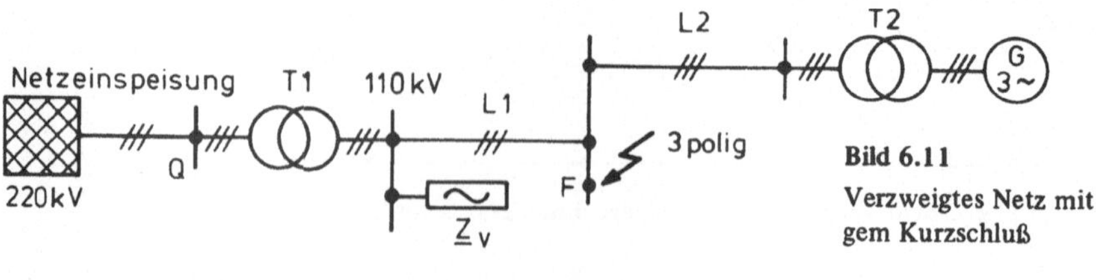

Bild 6.11
Verzweigtes Netz mit dreipoligem Kurzschluß

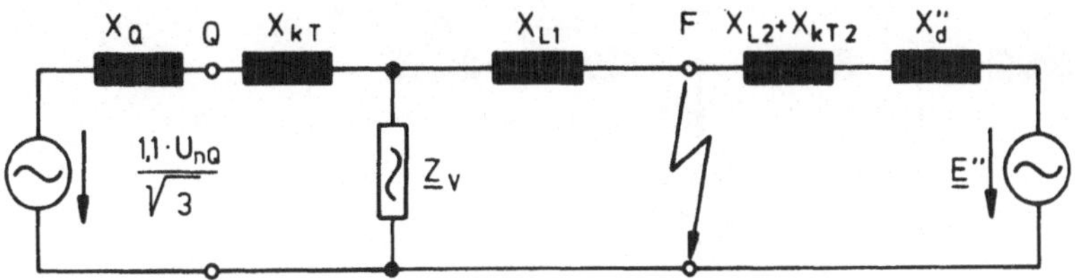

Bild 6.12 Ersatzschaltbild der Netzanlage in Bild 6.11

auftreten. Das Ersatzschaltbild für die gesamte Anlage ergibt sich auf die bereits beschriebene Weise (Bild 6.12). Um die prinzipielle Vorgehensweise zu kennzeichnen, wird vereinfachend angenommen, daß die ohmschen Widerstände im Vergleich zu den Längsreaktanzen zu vernachlässigen sind, wie es eigentlich nur in Hoch- und Höchstspannungsnetzen der Fall ist.

Auf das vorliegende lineare Netzwerk können die Methoden der linearen Netzwerktheorie angewendet werden. So läßt sich der Kurzschluß an der Fehlerstelle F durch die Gegeneinanderschaltung von zwei gleichen, fiktiven Hilfsspannungsquellen nachbilden. Ihre Größe ist an sich beliebig; für die weiteren Betrachtungen ist es jedoch zweckmäßig, die Spannung $\underline{U}_{0F}$ einzusetzen, die sich *ohne den Kurzschluß an der Fehlerstelle einstellen würde* (Bilder 6.13 und 6.14).

Aufgrund der Linearität dieser Ersatzschaltung ist es weiterhin zulässig, das Netzwerk mit jeweils nur einem Teil der Spannungsquellen durchzurechnen und dann die sich daraus ergebenden Ströme und Spannungen zu überlagern. Eine solche Möglichkeit, die sich im folgenden als sehr zweckmäßig herausstellen wird, ist dem Bild 6.14 zu entnehmen.

Zunächst wird das Netzwerk 1 betrachtet: Unter der Voraussetzung, daß für die fiktive Hilfsspannung der Wert $\underline{U}_{0F}$ gewählt wird, tritt in diesem Netzwerk an der Fehlerstelle die gleiche Spannung wie im ungestörten Zustand auf. Wenn die Hilfsspannungsquelle weggelassen wird, nimmt das Ersatzschaltbild die gleiche Struktur wie im Normalbetrieb an. Für die weiteren Überlegungen ist außerdem zu beachten, daß in diesem Fall ebenfalls die Lastverhältnisse dem Normalbetrieb entsprechen und somit die verwendeten Ersatzschaltbilder der Generatoren und Netzeinspeisungen die Klemmenspannungen vor dem Kurzschluß nachbilden (s. Abschnitt 4.4.3.3). Auch ohne die eingeprägte Hilfsspannungsquelle stellt sich also im Netzwerk 1 an der Fehlerstelle stets die Spannung $\underline{U}_{0F}$ ein. Es ist deshalb gerechtfertigt, die

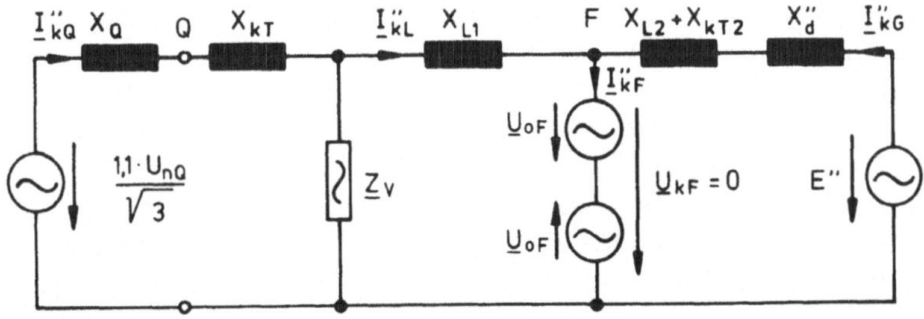

Bild 6.13 Nachbildung eines Kurzschlusses durch zwei gegeneinandergeschaltete Spannungsquellen

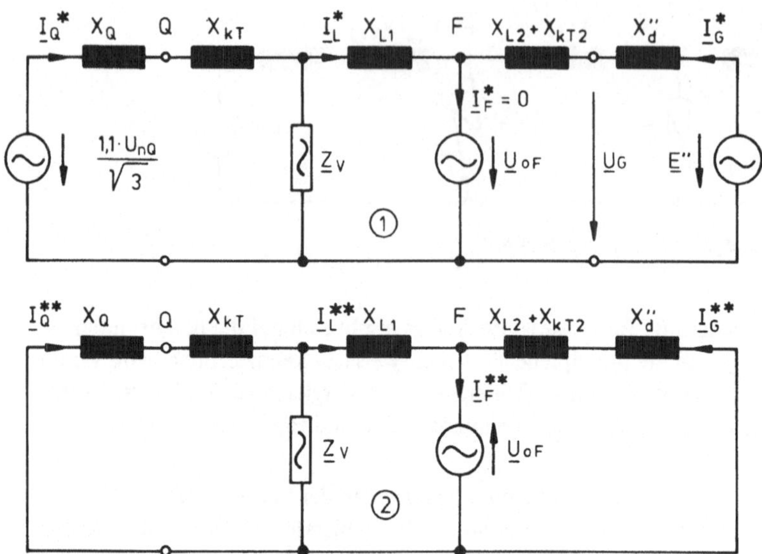

Bild 6.14 Anwendung des Überlagerungsprinzips auf die Netzlage in Bild 6.13
1 Normalbetrieb ($I_F^* = 0$)
2 Ersatzspannungsquelle an der Fehlerstelle

Hilfsspannungsquelle unberücksichtigt zu lassen; der Strom $\underline{I}_F^*$ ist zwangsläufig Null. Die Auswertung des Netzwerkes 1 führt demnach auf die Berechnung der Betriebsströme, die vor dem Kurzschluß vorhanden gewesen sind. Es handelt sich folglich um eine Aufgabenstellung, die mit einer Lastflußrechnung bzw. einem entsprechenden Programm auch unabhängig von einer Kurzschlußstromberechnung gelöst werden kann.

Das Netzwerk 2 weist nur *eine* Spannungsquelle, die fiktive Hilfsspannung $\underline{U}_{0F}$ auf. Da Gegenspannungen fehlen, nehmen in diesem Netzwerk die Ströme hohe Werte an. Die Überlagerung dieser „Kurzschlußströme" mit den Betriebsströmen aus dem Netzwerk 1 führt schließlich auf die gesuchten tatsächlichen Kurzschlußströme. So gilt z. B. an der Netzeinspeisung Q der Zusammenhang

$$\underline{I}_{kQ}'' = \underline{I}_Q^* + \underline{I}_Q^{**} .$$

Bei einem Kurzschluß direkt an der Netzeinspeisung sollte dort auch bei dieser Ersatzschaltung der maximale Kurzschlußstrom I_{kQ}'' auftreten. Dieser Strom stellt sich definitionsgemäß jedoch nur dann ein, wenn im Ersatzschaltbild als treibende Spannung der Wert $1{,}1 \cdot U_{nQ}/\sqrt{3}$ verwendet wird. Bei dem bisher beschriebenen Verfahren weist diese Spannung dagegen die Größe $\underline{U}_{0F}$ auf, die sich nach den Lastgegebenheiten einstellt. Der so ermittelte Teilkurzschlußstrom I_{kQ}'' kann daher den angegebenen Maximalwert über- bzw. unterschreiten. Dieser eigentlich unerwünschte Effekt ist durch eine etwas modifizierte Netznachbildung zu vermeiden, die in [43] beschrieben wird.

Der bisher geschilderte Rechnungsgang läßt sich bei technisch üblich gestalteten Netzen *noch erheblich vereinfachen.* Die Betriebsströme sind üblicherweise betragsmäßig klein im

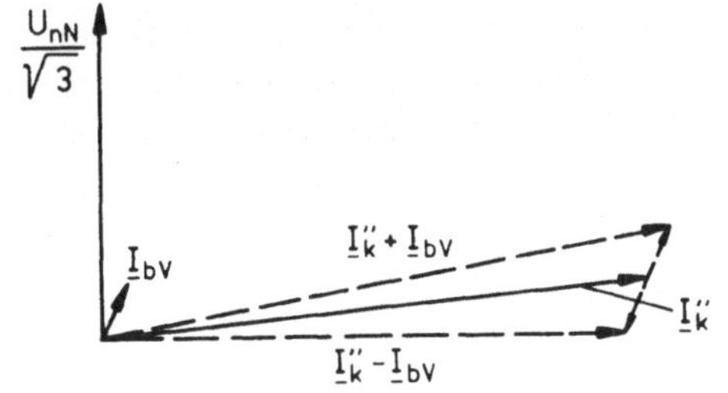

Bild 6.15
Einfluß der Betriebsströme auf den Kurzschlußstrom

Vergleich zu den „Kurzschlußströmen", die im Netzwerk 2 ermittelt werden. Ferner beträgt die Phasenverschiebung der Betriebsströme selten mehr als 30°, während sich dieser Wert bei den „Kurzschlußströmen" im Netzwerk 2 zwischen 60° und 89° bewegt. Bei diesen Verhältnissen beeinflussen die Betriebsströme die resultierenden Kurzschlußströme nur bis zu ca. 5 % (Bild 6.15), so daß es auch zulässig ist, von vornherein auf die Überlagerung zu verzichten. Die Kurzschlußströme werden dann *allein durch das Netzwerk 2* in Bild 6.14 beschrieben. In einem weiteren Schritt ist es nun naheliegend, in diesem Netzwerk 2 die Lastimpedanzen der ruhenden Verbraucher nicht zu berücksichtigen, da sie im Vergleich zu den Leitungsimpedanzen sehr hochohmig sind. Eine Aussage darüber, ob durch diese Vereinfachungen der Kurzschlußstrom bzw. die Teilkurzschlußströme vergrößert oder verkleinert werden, ist ohne Rechnung nur in Ausnahmefällen zu treffen.

Die vereinfachte Kurzschlußstromberechnung weist vorteilhafterweise selbst bei komplizierteren vermaschten Netzen *allein die Spannungsquelle* auf, die an der Fehlerstelle als Hilfsspannung eingeführt ist. Für diese Spannung darf gemäß der VDE-Bestimmung 0102 wiederum der Wert $1{,}1 \cdot U_{nN}/\sqrt{3}$ eingesetzt werden. Mit diesem Schritt bleibt der Einfluß der jeweils vorliegenden Vorbelastung unberücksichtigt. Wie eine Reihe von Untersuchungen [41], [47] gezeigt hat, liegen dann trotz der beschriebenen Vereinfachungen die Ergebnisse insgesamt auf der sicheren Seite.

Die Ursache ist u. a. darin zu sehen, daß in dem Modell bereits eine Reihe von Sicherheiten enthalten sind. So wird z. B. auch bei Kurzschlüssen, die nicht die Voraussetzungen eines Klemmenkurzschlusses erfüllen, das Generatorverhalten stets durch die subtransiente Reaktanz X''_d beschrieben; für diese wird in einer weiteren Näherung der kleinstmögliche, der gesättigte Wert zugrundegelegt. Ferner wird grundsätzlich von einem stoßartig eintretenden Kurzschluß ausgegangen, der häufig – z. B. bei Lichtbogenkurzschlüssen – in dieser Form nicht auftritt.

Die Kurzschlußströme, die mit diesem vereinfachten Verfahren ermittelt werden, liegen bei Netzen mit Nennspannungen von höchstens 380 kV bis zu 8 % über den tatsächlichen Werten [41]. Bei noch höheren Nennspannungen werden die Verhältnisse u. a. aufgrund der langen Leitungen, die in solchen Netzen auftreten, nicht mehr hinreichend genau erfaßt. Es ergeben sich dann zu kleine Kurzschlußströme [41]. In einem solchen Fall ist das vollständige Überlagerungsverfahren ohne die beschriebenen Vereinfachungen anzuwenden. Dabei sind dann auch die kapazitiven Querreaktanzen der Leitungen zu berücksichtigen.

Bisher ist stets vorausgesetzt worden, daß alle Transformatoren im Netz eine feste Übersetzung aufweisen, die dem Verhältnis der Netznennspannungen entspricht. Falls Transformatoren mit einstellbarer Übersetzung im Netz auftreten, richtet sich der Kurzschlußstrom nach den tatsächlich wirksamen Übersetzungen, die sich von Transformator zu Transformator unterscheiden können. Für die praktische Projektierungstätigkeit interessiert nun nicht die Vielzahl der möglichen Betriebszustände, sondern allein die Einstellung, die zu den größten Kurzschlußströmen führt. Durch eine Modifikation des bisher dargestellten Verfahrens, die u. a. in [13], [43] dargestellt ist, lassen sich auch diese betriebstechnischen Gegebenheiten noch erfassen.

Neben dem Anfangskurzschlußwechselstrom interessieren für die Auslegung wiederum der Stoßkurzschlußstrom I_s, der Ausschaltwechselstrom I_a sowie der maximale und minimale Dauerkurzschlußstrom, der sich in verzweigten Netzen einstellt.

6.4.2 Berechnung des Stoßkurzschluß-, Ausschaltwechsel- und Dauerkurzschlußstromes in verzweigten Netzen

Zunächst wird auf die Ermittlung des Stoßkurzschlußstromes eingegangen. Für diese Aufgabenstellung sind die bisher vernachlässigten ohmschen Widerstände unbedingt zu berücksichtigen. Im Rahmen einer genaueren Modellvorstellung müßte wiederum eigentlich ein umfassendes Differentialgleichungssystem gelöst werden, das sowohl die Maschinen als auch das Netz erfaßt. Dies ist jedoch sehr zeitaufwendig; für die praktische Projektierung ist deshalb ein einfacheres Verfahren entwickelt worden [48].

Besonders *einfache Verhältnisse* ergeben sich, wenn in einem verzweigten Netz die *Kurzschlußstelle von mehreren Spannungsquellen sternförmig gespeist wird* (Bild 6.16). Das Netz besteht dann im Hinblick auf den Kurzschlußstrom aus mehreren unverzweigten Kurzschlußkreisen. Für jeden dieser Kurzschlußkreise kann der Stoßkurzschlußstrom jeweils mit den bereits bekannten Verfahren berechnet werden (s. Abschnitte 6.1.2 und 6.2.2). Der an der Fehlerstelle auftretende Stoßkurzschlußstrom ergibt sich anschließend aus der Überlagerung der Teilkurzschlußströme. In der Praxis können viele Problemstellungen auf diesen wichtigen Spezialfall zurückgeführt werden. Anderenfalls ist der Strom I_{sF} nach einem empirischen Verfahren zu ermitteln. Dazu wird das gesamte Netz in dem vereinfachten Kurzschlußmodell (s. Abschnitt 6.4.1, Netzwerk 2) – von der Fehlerstelle aus gesehen – zu einer Ersatzimpedanz $\underline{Z}_{kF} = R_{kF} + jX_{kF}$ zusammengefaßt. *Wechselstrommäßig* wird das verzweigte Netzwerk damit auf ein *unverzweigtes* Netz zurückgeführt. Es liegt nun nahe, die für unverzweigte Netze angegebenen Beziehungen zu verwenden und aus der Ersatzimpedanz wiederum einen Stoßfaktor $\kappa_F = f(R_{kF}/X_{kF})$ zu bestimmen. Ein Vergleich mit genaueren Rechnungen zeigt, daß der so ermittelte Stoßfaktor häufig auf *zu kleine* Stoßkurzschlußströme führt. Die Ursache ist darin zu sehen, daß in verzweigten Netzen *mehrere* Gleichglieder mit unterschiedlichen Zeitkonstanten auftreten, die insgesamt langsamer abklingen als das *eine* Gleich-

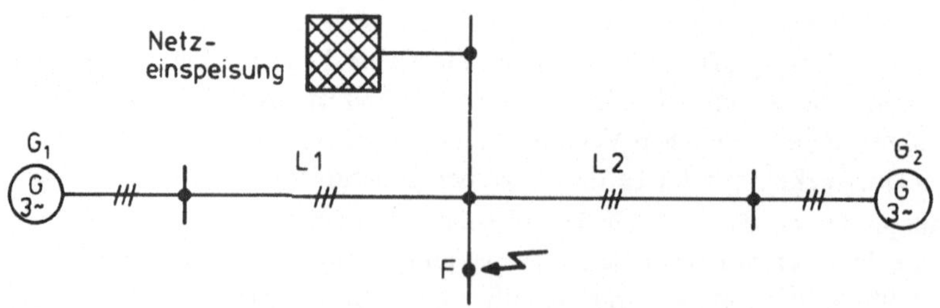

Bild 6.16 Sternförmige Einspeisung an der Fehlerstelle F

glied des Ersatzkreises. Die Durchrechnung einer Vielzahl von Netzen hat jedoch gezeigt, daß die Ergebnisse wieder auf der sicheren Seite liegen, wenn der Stoßfaktor κ_F mit einem Korrekturfaktor 1,15 multipliziert wird. Bei der Kurzschlußstromberechnung ohne Berücksichtigung der Vorbelastung darf der Stoßkurzschlußstrom deshalb nach der Beziehung

$$I_{sF} = 1{,}15 \cdot \kappa_F \cdot \sqrt{2} \cdot I''_{kF} \tag{6–18}$$

ermittelt werden [46]. Dabei gilt die Nebenbedingung

$$1{,}15 \cdot \kappa_F \leqslant \kappa_{max} = 1{,}8.$$

Falls sich für den Ausdruck $1{,}15 \cdot \kappa_F$ ein größerer Wert als 1,8 ergibt, ist κ_{max} einzusetzen. Der theoretisch größte Stoßfaktor $\kappa_F = 2$ tritt in der Praxis nicht auf. Zum einen liegt dies an den stets vorhandenen ohmschen Verlusten. Zum anderen stellen größere Netzverbände infolge der Kapazitäten, die in dem Modell nicht berücksichtigt sind, Systeme dar, bei denen sich die Übergangsvorgänge aus vielen Schwingungen (Eigenschwingungen) zusammensetzen. Das reale Verhalten eines solchen Systems läßt sich hinreichend genau durch das bisher verwendete ohmsch-induktive Netzwerk annähern, wenn der Stoßfaktor den Wert 1,8 nicht überschreitet.

Die Ermittlung des ebenfalls *interessierenden Ausschaltwechselstroms* I_{aF} *an der Fehlerstelle* geht von den Teilkurzschlußströmen I''_{ki} in den einzelnen Generatoren aus. Mit Hilfe dieser Ströme werden in bekannter Weise zunächst in den einzelnen Zweigen i die Ausschaltwechselströme

$$I_{ai} = \mu_i \cdot I''_{ki} \tag{6–19}$$

bestimmt. Für Netzeinspeisungen gilt dabei der Abklingfaktor $\mu_i = 1$ (s. Abschnitt 6.2.2). Der Ausschaltwechselstrom an der Fehlerstelle ergibt sich aus der Überlagerung aller Teilausschaltwechselströme I_{ai}, die vorher auf dieselbe Spannungsebene umzurechnen sind.

Für die *Ermittlung der Dauerkurzschlußströme* werden wiederum die Teilkurzschlußströme I''_{ki} benötigt. Bei den Netzeinspeisungen sind diese Ströme identisch mit den Dauerkurzschlußströmen I_{ki}. In solchen Zweigen, in denen sich Generatoren befinden, sind die Dauerkurzschlußströme I_{ki} mit Hilfe der Ströme I''_{ki} und der Generatornennströme genauso zu ermitteln wie in unverzweigten Netzen. Der resultierende Dauerkurzschlußstrom I_{kF} an der Fehlerstelle ergibt sich, analog zum Ausschaltwechselstrom, aus der Überlagerung aller Teilströme I_{ki}.

Das in diesem Abschnitt beschriebene Verfahren zur Kurzschlußstromberechnung wird im folgenden an einem Beispiel veranschaulicht.

6.5 Veranschaulichung der Kurzschlußstromberechnung an einem Beispiel

Als Beispiel wird die Netzanlage in Bild 6.17 betrachtet. Es möge sich um ein Industriewerk handeln, das durch einen eigenen Synchrongenerator G2 und eine Einspeisung aus einem öffentlichen 110-kV-Netz versorgt wird. Dieses verfügt wiederum über einen Synchrongenerator G1 und eine Einspeisung aus einem 220-kV-Netz.

Im Rahmen einer Projektierungsaufgabe sind die Größen I''_{kF}, I_{sF}, I_{aF} sowie $I_{k\,max\,F}$, $I_{k\,min\,F}$ zu berechnen, die sich bei einem dreipoligen, satten Kurzschluß an der Fehlerstelle F einstellen. Die Mindestverzugszeit des Netzschutzes beträgt $t_v = 0{,}1$ s. Für die Betriebsmittel werden folgende Daten angenommen:

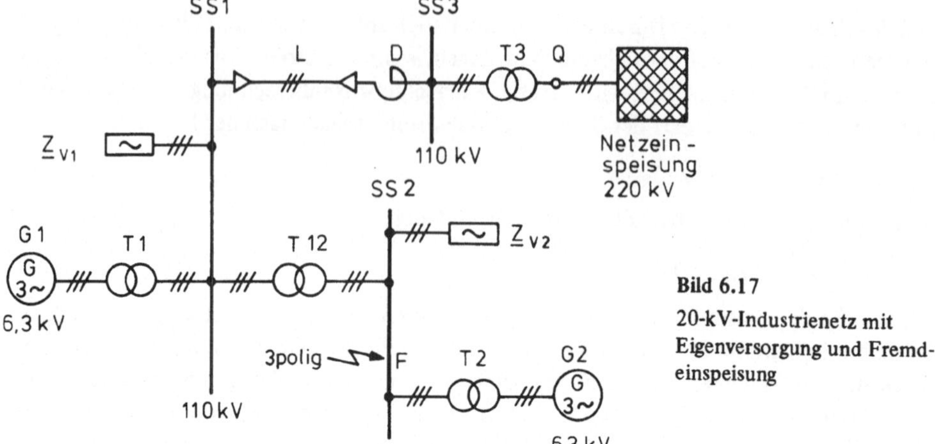

Bild 6.17
20-kV-Industrienetz mit Eigenversorgung und Fremdeinspeisung

G 1: $U_{nG1} = 6{,}3$ kV
$S_{nG1} = 80$ MVA
$x_{d1} = 1{,}6$
$x''_{d1} = 0{,}16$
$\dfrac{R_{sG}}{X''_d} = 0{,}05$

G 2: $U_{nG2} = 6{,}3$ kV
$S_{nG2} = 40$ MVA
$x_{d2} = 1{,}6$
$x''_{d2} = 0{,}16$
$\dfrac{R_{sG}}{X''_d} = 0{,}05$

Netzeinspeisung: $U_{nQ} = 220$ kV, $S''_{kQ} = 15$ GVA, $\dfrac{R_Q}{X_Q} = 0{,}10$

T 1: $ü_{n1} = 110$ kV/6 kV
$S_{nT1} = 80$ MVA
$u_{kT1} = 12\,\%$
$\dfrac{R_{kT1}}{X_{kT1}} = 0{,}02$

T 2: $ü_{n2} = 20$ kV/6 kV
$S_{nT2} = 40$ MVA
$u_{kT2} = 8\,\%$
$\dfrac{R_{kT2}}{X_{kT2}} = 0{,}04$

T 12: $ü_{n12} = 110$ kV/20 kV
$S_{nT12} = 40$ MVA
$u_{kT12} = 12\,\%$
$\dfrac{R_{kT12}}{X_{kT12}} = 0{,}02$

T 3: $ü_{n3} = 220$ kV/110 kV
$S_{nT3} = 80$ MVA
$u_{kT3} = 13\,\%$
$\dfrac{R_{kT3}}{X_{kT3}} = 0{,}02$

L: $X'_L = 0{,}15\,\dfrac{\Omega}{\text{km}}$
$R'_L = 0{,}1\,\dfrac{\Omega}{\text{km}}$
$l = 10$ km

D: $I_{nD} = 425$ A
$\Delta u_n = 6\,\%$
$\dfrac{R_D}{X_D} = 0{,}10$

$\underline{Z}_{V1}$, $\underline{Z}_{V2}$: nichtmotorische (ruhende) Lasten

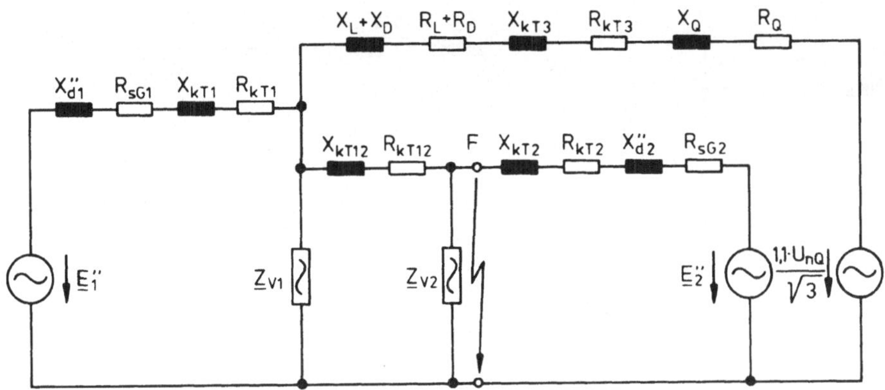

Bild 6.18 Ersatzschaltbild der betrachteten Netzanlage

Zunächst wird für die betrachtete Netzanlage ein Ersatzschaltbild angegeben, wobei die Lasten durch konstante Impedanzen dargestellt werden (Bild 6.18). Als Bezugsspannung wird die Netznennspannung an der Fehlerstelle $U_{nN_F} = 20$ kV gewählt. Für die Impedanzen der Betriebsmittel erhält man dann die Werte

$$X''_{d1} = x''_{d1} \cdot \frac{U^2_{nG1}}{S_{nG1}} \cdot \left(\frac{20}{6}\right)^2 = 0{,}882\,\Omega; \qquad R_{sG1} = 0{,}05 \cdot X''_{d1} = 0{,}044\,\Omega$$

$$X''_{d2} = x''_{d2} \cdot \frac{U^2_{nG2}}{S_{nG2}} \cdot \left(\frac{20}{6}\right)^2 = 1{,}764\,\Omega; \qquad R_{sG2} = 0{,}05 \cdot X''_{d2} = 0{,}088\,\Omega$$

$$X_Q = 1{,}1 \cdot \frac{U^2_{nNF}}{S''_{kQ}} = 0{,}029\,\Omega\;; \qquad R_Q = 0{,}10 \cdot X_Q = 0{,}003\,\Omega$$

$$X_{kT1} = u_{kT1} \cdot \frac{U^2_{nF}}{S_{nT1}} = 0{,}6\,\Omega; \qquad R_{kT1} = 0{,}02 \cdot X_{kT1} = 0{,}012\,\Omega$$

$$X_{kT2} = 0{,}8\,\Omega; \qquad R_{kT2} = 0{,}032\,\Omega$$

$$X_{kT12} = 1{,}2\,\Omega; \qquad R_{kT12} = 0{,}024\,\Omega$$

$$X_{kT3} = 0{,}65\,\Omega; \qquad R_{kT3} = 0{,}013\,\Omega$$

$$X_L = 0{,}15\,\frac{\Omega}{\text{km}} \cdot 10\,\text{km} \cdot \left(\frac{20}{110}\right)^2 = 0{,}05\,\Omega; \qquad R_L = 0{,}033\,\Omega$$

$$X_D = \frac{\Delta u_n \cdot 110\,\text{kV}}{\sqrt{3} \cdot I_{nD}} \cdot \left(\frac{20}{110}\right)^2 = 0{,}296\,\Omega; \qquad R_D = 0{,}030\,\Omega.$$

Um nun den Anfangskurzschlußwechselstrom I''_{kF} zu ermitteln, ist an der Fehlerstelle entsprechend den Ausführungen in Abschnitt 6.4.2 eine Ersatzspannungsquelle einzufügen, die den Wert $1{,}1 \cdot 20\,\text{kV}/\sqrt{3}$ aufweist. Sie ist im weiteren als einzige Spannungsquelle wirksam. Ferner sind bei diesem Verfahren die ruhenden Lasten $\underline{Z}_{V1}$, $\underline{Z}_{V2}$ zu vernachlässigen. Das resultierende, vereinfachte Ersatzschaltbild zeigt Bild 6.19. In dieser Ersatzschaltung sind die Reaktanzen und Widerstände der einzelnen Zweige jeweils zu einer Impedanz zusammengefaßt.

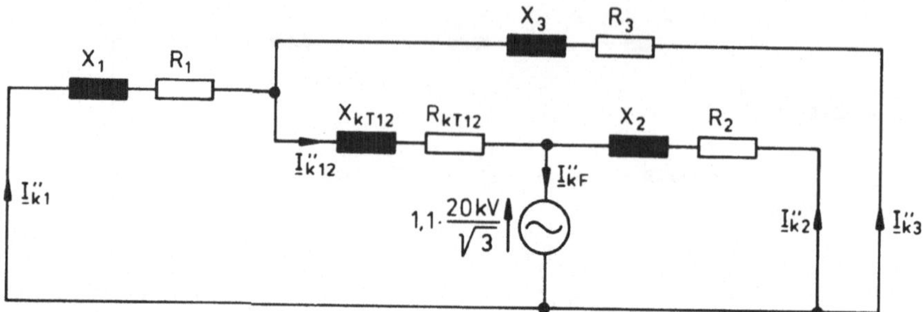

Bild 6.19 Vereinfachtes Ersatzschaltbild mit einer Ersatzspannungsquelle

Diese Zweigimpedanzen weisen die Werte

$$\underline{Z}_1 = R_1 + jX_1 = 0{,}056\,\Omega + j\,1{,}482\,\Omega$$

$$\underline{Z}_2 = R_2 + jX_2 = 0{,}120\,\Omega + j\,2{,}564\,\Omega$$

$$\underline{Z}_3 = R_3 + jX_3 = 0{,}079\,\Omega + j\,1{,}025\,\Omega$$

auf. Wie man sieht, ist in allen Zweigen die Bedingung $R/X < 0{,}3$ erfüllt. Bei der Berechnung des Anfangskurzschlußwechselstromes dürfen deshalb alle ohmschen Widerstände vernachlässigt werden. Es ergibt sich dann der Zusammenhang

$$I''_{kF} = I''_{k2} + I''_{k12} = 4{,}95\text{ kA} + 7{,}04\text{ kA} = 11{,}99\text{ kA}.$$

Als weitere Projektierungsgröße ist der Stoßkurzschlußstrom zu ermitteln. Zu diesem Zweck ist die resultierende Kurzschlußimpedanz $\underline{Z}_{kF}$ an der Fehlerstelle zu bestimmen:

$$\underline{Z}_{kF} = \underline{Z}_2 \,||\, (\underline{Z}_{T12} + \underline{Z}_1 \,||\, \underline{Z}_3) = 0{,}041\,\Omega + j\,1{,}06\,\Omega.$$

Mit Hilfe des Quotienten $R_{kF}/X_{kF} = 0{,}039$ ist dann aus Bild 6.4 der Stoßfaktor $\kappa_F = 1{,}92$ zu entnehmen; in diesem Fall überschreitet der Ausdruck $1{,}15 \cdot \kappa_F$ den Maximalwert $\kappa_{max} = 1{,}8$. Daher ist die Größe $\kappa_{max} = 1{,}8$ in die Gleichung (6–18) einzusetzen. Der Stoßkurzschlußstrom errechnet sich dann zu

$$I_{sF} = 1{,}8 \cdot \sqrt{2} \cdot I''_{kF} = 30{,}52\text{ kA}.$$

Im weiteren interessiert der Ausschaltwechselstrom I_{aF} an der Fehlerstelle. Um diese Größe ermitteln zu können, werden zunächst die Teilausschaltwechselströme in den einzelnen Zweigen bestimmt. So erhält man für den Beitrag der Netzeinspeisung – bezogen auf 20 kV – wegen $\mu_3 = 1$ den einfachen Zusammenhang

$$I_{a3} = I''_{k3} = I''_{k12} \cdot \frac{X_1}{X_1 + X_3} = 4{,}16\text{ kA}.$$

Der Generator G1 liefert, umgerechnet auf die 6-kV-Spannungsebene, den Anteil

$$I^*_{a1} = \mu_1 \cdot I''_{k1} \cdot \frac{20\text{ kV}}{6\text{ kV}} = \mu_1 \cdot 9{,}59\text{ kA}.$$

Um zu kennzeichnen, daß diesem Wert eine andere Bezugsebene zugeordnet ist, wird die Größe mit einem Stern versehen. Der Abklingfaktor μ_1 ergibt sich mit Hilfe des Generatornennstromes

$$I_{nG1} = \frac{S_{nG1}}{\sqrt{3} \cdot U_{nG1}} = \frac{80\,\text{MVA}}{\sqrt{3} \cdot 6{,}3\,\text{kV}} = 7{,}33\,\text{kA}$$

aus Bild 6.7 bei einer Verzugszeit $t_v = 0{,}1\,\text{s}$ zu

$$\mu_1 = f\left(\frac{9{,}59\,\text{kA}}{7{,}33\,\text{kA}}\right) = 1.$$

Für den Generator G1 handelt es sich demnach um einen generatorfernen Kurzschluß. Es gilt also

$$I''_{k1} = I_{a1} = I_{k1}.$$

Durch die gleiche Vorgehensweise erhält man für den Generator G2 den Abklingfaktor

$$\mu_2 = f\left(\frac{16{,}5\,\text{kA}}{3{,}67\,\text{kA}}\right) = 0{,}79$$

und, bezogen auf die 6-kV-Ebene, den Ausschaltwechselstrom

$$I^*_{a2} = 0{,}79 \cdot 16{,}5\,\text{kA} = 13{,}04\,\text{kA}.$$

Der Ausschaltwechselstrom an der Fehlerstelle resultiert somit zu

$$I_{aF} = I_{a3} + I^*_{a1} \cdot \left(\frac{6\,\text{kV}}{20\,\text{kV}}\right) + I^*_{a2} \cdot \left(\frac{6\,\text{kV}}{20\,\text{kV}}\right) = 10{,}95\,\text{kA}.$$

Im weiteren werden noch der maximale und der minimale Dauerkurzschlußstrom ermittelt. Zu diesem Zweck brauchen lediglich die Dauerfaktoren für den Generator G2 bestimmt zu werden, da die Kurzschlußwechselströme der Netzeinspeisung und des Generators G1 nicht abklingen. Dem Bild 6.8 sind die Dauerfaktoren

$$\lambda_{max\,G2} = 1{,}93, \quad \lambda_{min\,G2} = 0{,}49$$

zu entnehmen, mit deren Hilfe sich für den größten und den kleinsten Dauerkurzschlußstrom des Generators G2 die Ausdrücke

$$I^*_{k\,max\,G2} = 1{,}93 \cdot I_{nG2} = 7{,}08\,\text{kA}$$

$$I^*_{k\,min\,G2} = 0{,}49 \cdot I_{nG2} = 1{,}8\,\text{kA}$$

ergeben. Analog zu den Verhältnissen beim Ausschaltwechselstrom resultieren somit an der Fehlerstelle die Zusammenhänge

$$I_{k\,max\,F} = 4{,}16\,\text{kA} + 2{,}87\,\text{kA} + 7{,}08\,\text{kA} \cdot \left(\frac{6\,\text{kV}}{20\,\text{kV}}\right) = 9{,}15\,\text{kA}$$

$$I_{k\,min\,F} = 4{,}16\,\text{kA} + 2{,}87\,\text{kA} + 1{,}8\,\text{kA} \cdot \left(\frac{6\,\text{kV}}{20\,\text{kV}}\right) = 7{,}57\,\text{kA}.$$

Kurzschlußströme führen im allgemeinen zu einer hohen thermischen und mechanischen Beanspruchung der Betriebsmittel. Auf diese Beanspruchungen wird im weiteren eingegangen.

7 Kurzschlußfestigkeit von Anlagen

Neben einer ausreichenden elektrischen Festigkeit gegen Überspannungen (s. Abschnitt 4.12.1) müssen Netzanlagen den mechanischen und thermischen Beanspruchungen gewachsen sein, die durch Kurzschlüsse verursacht werden; die Anlagen müssen, wie man sagt, *kurzschlußfest* sein. Lichtbogenkurzschlüsse stellen dabei, wie aus dem nächsten Abschnitt hervorgeht, eine besondere Gefahrenquelle dar.

7.1 Lichtbogenkurzschlüsse in Anlagen

Eine Reihe von Fehlern, u. a. Überspannungen, können Lichtbogen auslösen, die erst dann wieder verlöschen, wenn diejenigen Mindeststromstärken unterschritten werden, die der VDE-Bestimmung 0228 Teil 2 zu entnehmen sind. Die Temperatur einer Lichtbogensäule beträgt ca. 10000 ... 30000 °C. Bei dieser Temperatur ist insbesondere die thermische Ionisation so ausgeprägt, daß genügend Ladungsträger vorhanden sind, um den Stromkreis zu schließen. Maßgebend für den Spannungsabfall am Lichtbogen ist die elektrische Feldstärke, die sich dort einstellt. Ihr prinzipieller zeitlicher Verlauf ist für eine 50-Hz-Periode Bild 7.1 zu entnehmen. Die Amplitude $\hat{E}_l$ hängt u.a. davon ab, in welcher Gasatmosphäre (SF_6 oder Luft) sich der Lichtbogen ausbildet. Sofern Zusätze von vergasenden Isolierstoffen oder Metalldämpfen vorhanden sind, ergeben sich wiederum andere Werte. An frei brennenden Lichtbogen in Luft stellen sich z. B. bei Atmosphärendruck elektrische Feldstärken von

$$1\,\frac{\text{kV}}{\text{m}} < \hat{E}_l < 2\,\frac{\text{kV}}{\text{m}}$$

ein. Die größeren Werte gelten dabei für stromstarke Lichtbogen ab etwa 15 kA. Der Spannungsabfall an einem Lichtbogen wächst bei einer homogenen Bogensäule mit der Länge des Lichtbogens l_l und ergibt sich stark vereinfachend zu

$$U_l = E_l \cdot l_l. \tag{7–1}$$

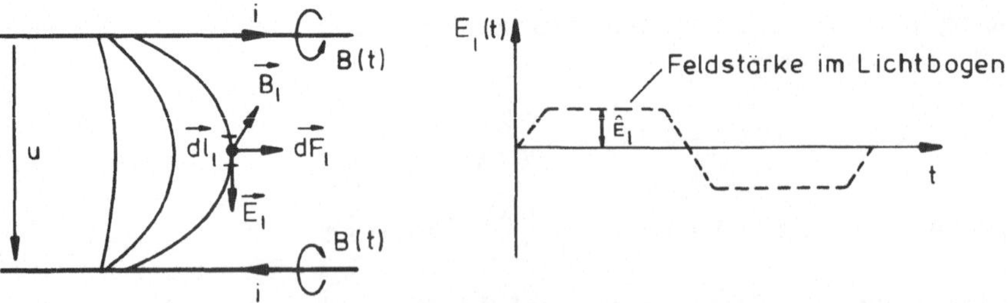

Bild 7.1 Schematisierte Darstellung der Feldverhältnisse bei einem Lichtbogen

Die Länge eines Lichtbogens ist u. a. in Bild 7.1 veranschaulicht. Für den Lichtbogen wird im wesentlichen nur Wirkleistung benötigt. Im Ersatzschaltbild genügt es daher, dem Lichtbogen einen ohmschen Widerstand zuzuordnen. Bereits stark vereinfachte Lichtbogenmodelle führen bei der Berechnung dieser Größen auf recht komplizierte Beziehungen. Sie zeigen, wie auch Messungen bestätigen, daß der ohmsche Widerstand nichtlinear von der Brenndauer und vom Lichtbogenstrom, dem Kurzschlußstrom, abhängt. Eine hinreichend genaue Berechnung ist zur Zeit in allgemeiner Form noch nicht möglich. Eine erste Abschätzung der Größenordnung ist jedoch mit Gl. (7–2) und dem sogenannten *unbeeinflußten Kurzschlußstrom* I_k'' möglich, also dem Strom, der ohne Berücksichtigung des Lichtbogenwiderstands auftritt:

$$R_l = \frac{U_l}{I_k''} = \frac{E_l \cdot l}{I_k''} \,. \tag{7–2}$$

Die Auswertung dieser Beziehung sowie Messungen zeigen, daß der Widerstand im Bereich von einigen Ohm liegt. Die im Lichtbogen umgesetzte Wirkleistung, die *Lichtbogenleistung,* ermittelt sich daraus zu

$$P_l = I_k'' \cdot E_l \cdot l. \tag{7–3}$$

Die Lichtbogenleistung ist nicht mit der Kurzschlußleistung $S_k'' = \sqrt{3} \cdot U_{nN} \cdot I_k''$ zu verwechseln, die meist erheblich größer ist. Sie stellt eine Rechengröße zur Kennzeichnung des Kurzschlußverhaltens von Netzen dar. Die *Lichtbogenleistung,* eine Wirkleistung, wird dagegen *physikalisch real* zu ca. 95 % in Form von Wärme an die Umgebung abgegeben. Der restliche Anteil wird infolge von Stoßionisationen in elektromagnetische Strahlung umgesetzt, die ein beachtliches Maß an ultraviolettem Licht enthält, das für das menschliche Auge schädlich ist. Die Wärmeentwicklung und Strahlung führen zu einer weiteren Ionisation der umgebenden Luft bzw. Gasatmosphäre. Dadurch sinkt ihre elektrische Festigkeit. Als Folge davon können weitere Durchschläge in der Anlage auftreten. Ein Übergreifen auf andere Felder der Schaltanlage ist jedoch unwahrscheinlich, sofern bei der Errichtung und beim Betrieb der Anlage die zuständigen VDE-Bestimmungen, z. B. 0101, 0111, 0670, eingehalten werden. Dann ist auch sichergestellt, daß keine Gefährdung für das Betriebspersonal besteht, solange die Anlagenbereiche nicht verlassen werden, die auch während des Betriebes für eine Begehung zulässig sind.

Bei den sehr kompakt gebauten Mittelspannungsanlagen sind die Abstände erheblich kleiner als in Freiluftanlagen (s. Abschnitt 4.11). Durch das Einziehen von Trennwänden bzw. durch die Kapselung wird u. a. das erforderliche Maß an Sicherheit erreicht.

Die Trennwände verhindern dort zugleich auch ein Wandern der Lichtbogen zwischen den Leitern über größere Distanzen. Zum Wandern neigen insbesondere die stromstärkeren Lichtbogen, etwa ab Kurzschlußströmen von 5 kA. Als Beispiel sei die Wanderungsgeschwindigkeit bei Lichtbogen mit Strömen von ca. 20 kA genannt. Sie beträgt etwa 100 m/s. Verursacht wird dieses Verhalten durch die elektrodynamischen Kräfte F_l, die sich aus der Beziehung

$$\overrightarrow{dF_l} = (\overrightarrow{dl_l} \times \overrightarrow{B_l}) \cdot i \tag{7–4}$$

bestimmen lassen [9]. Die Größe dl_l bezeichnet darin ein Wegelement der Bogensäule; B_l kennzeichnet die durch die Außenleiterströme i verursachte Induktion.

An Hindernissen, z. B. Trennwänden, bleiben Lichtbogen stehen; die Kräfte führen dann lediglich zu einer Aufbauchung der Lichtbogen. Das Stehenbleiben der Lichtbogenfußpunkte verursacht dann einen merklichen Abbrand an den Elektroden. Es hat sich gezeigt, daß bei Lichtbogen in Luft unabhängig vom Material ca. 5 ... 10 g Abbrand pro kAs auftreten. Dieser Zusammenhang ist häufig eine Hilfe bei Störungsaufklärungen. Aus der Abbrandmenge und der Brenndauer des Lichtbogens, die in erster Näherung mit der Auslösezeit des Schutzes, übereinstimmt, kann auf den Lichtbogenstrom geschlossen werden, der meist weitere Hinweise zur Kennzeichnung der Fehlersituation ermöglicht. Im weiteren wird auf die mechanische Beanspruchung einer Anlage im Kurzschlußfall eingegangen.

7.2 Mechanische Kurzschlußfestigkeit

Stromdurchflossene Leiter werden bekanntlich mit elektrodynamischen Kräften belastet. Bei normalen Betriebsströmen sind diese Kräfte üblicherweise gering. Im Kurzschlußfall können sie jedoch infolge der hohen Kurzschlußströme sehr große Werte annehmen und sind für die Auslegung der Anlage maßgebend. Beanspruchungen durch eventuell wirksame Fremdlasten werden im weiteren nicht berücksichtigt. Der prinzipielle Ablauf dieser Rechnungen wird zunächst an einer besonders einfachen Anlage dargestellt.

7.2.1 Auslegung von dünnen Leiterschienen

Zunächst wird der Spezialfall von parallelen, linienförmigen Leiterschienen betrachtet, die darüber hinaus noch biegesteif sein sollen. Solche Leiter werden im folgenden als *Hauptleiter* bezeichnet. Linienförmige Leiterschienen liegen immer dann vor, wenn der Querschnitt der Schienen klein im Vergleich zu der Schienenlänge und ihren gegenseitigen Abständen ist. Für die in Bild 7.2 dargestellte Anordnung von zwei Schienen werden die Kräfte ermittelt.

Die Stromkräfte von linienförmigen Leitern lassen sich mit der bereits angeführten Beziehung (7–4) ermitteln. Dabei kennzeichnet $\vec{dl}$ ein Wegelement des jeweils betrachteten Leiters. Die Größe $\vec{B}$ stellt die Induktion dar, die auf dieses Wegelement wirkt. Die Kräfte sind entsprechend Gl. (7–4) gleichmäßig über die ganze Leiterlänge verteilt und wirken als *Streckenlast.* Wie aus dieser Beziehung weiter hervorgeht, ziehen sich die beiden Leiter bei gleichgerichteten Strömen an und stoßen sich bei entgegengesetzt verlaufenden Strömen ab.

Die zeitabhängigen Ströme führen auch zu zeitabhängigen Kräften. Sie berechnen sich bei einem Leiterabstand a_H für den Leiter 1 der Anordnung in Bild 7.2 zu

$$\frac{dF_1}{dl_1} = B_2(t) \cdot i_1(t) \qquad (7–5)$$

mit

$$B_2(t) = i_2(t) \cdot \frac{\mu_0}{2\pi a_H} \; . \qquad (7–6)$$

Über die ganze Leiterlänge l addieren sich die Teilkräfte dF zu

$$F_1(t) = l \cdot \frac{\mu_0}{2\pi a_H} \cdot i_1(t) \cdot i_2(t). \qquad (7–7)$$

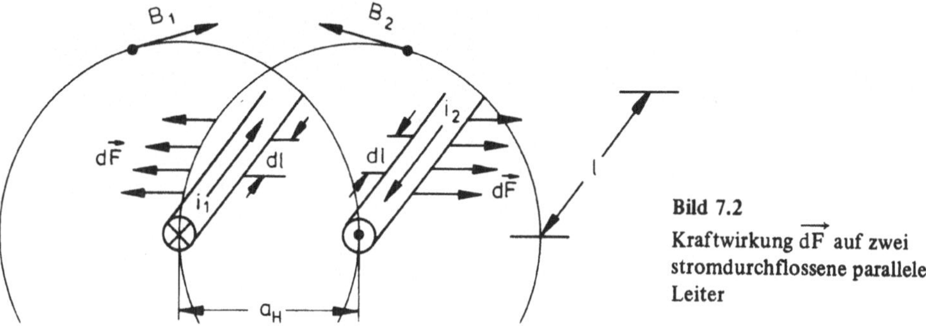

Bild 7.2
Kraftwirkung $\overrightarrow{dF}$ auf zwei stromdurchflossene parallele Leiter

Bei einem einphasigen System, bei dem definitionsgemäß $i_1(t) = -i_2(t)$ gilt, berechnet sich für den speziellen Fall eines sinusförmigen Leiterstromes die Amplitude dieser Kraft $F_1(t)$ zu

$$\hat{F}_1 = l \cdot \frac{\mu_0}{2\pi a_H} \cdot \hat{I}^2. \tag{7–8}$$

In Bild 7.3 ist der gesamte Verlauf der Leiterkräfte für diesen Spezialfall dargestellt.

Bei einem Drehstromsystem treten kompliziertere Verhältnisse auf, da die Ströme in den einzelnen Leitern meist phasenverschoben sind und im Kurzschlußfall zusätzlich Gleichanteile enthalten. Die folgenden analytischen Ableitungen werden auf die in Bild 7.4 dargestellte, spezielle Leiteranordnung beschränkt, die, wie üblich, gleich große Abstände und Querschnitte aufweisen soll. Für anders angeordnete Leiter ist eine gesonderte Betrachtung notwendig, die, wenngleich auch analytisch aufwendiger, von der Methodik her völlig analog durchzuführen ist.

Gemäß Gl. (7–4) können die Leiterkräfte nur berechnet werden, wenn das von anderen Leitern herrührende Feld bekannt ist. Diese Rechnung gestaltet sich bei der Anordnung in

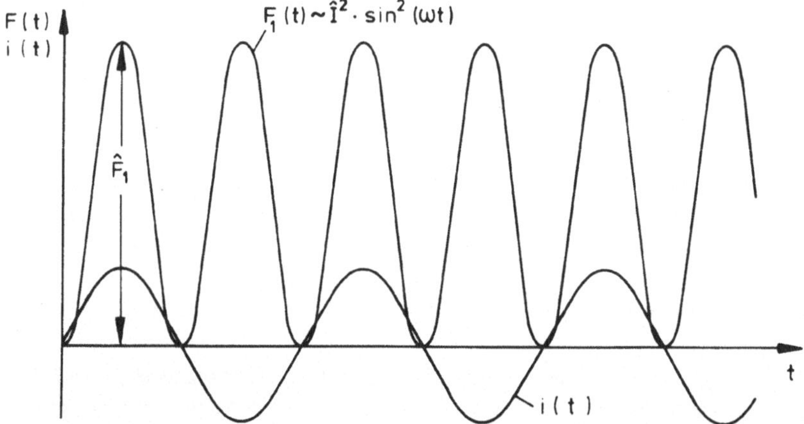

Bild 7.3 Kräfteverlauf bei einem einphasigen System für einen sinusförmigen Leiterstrom

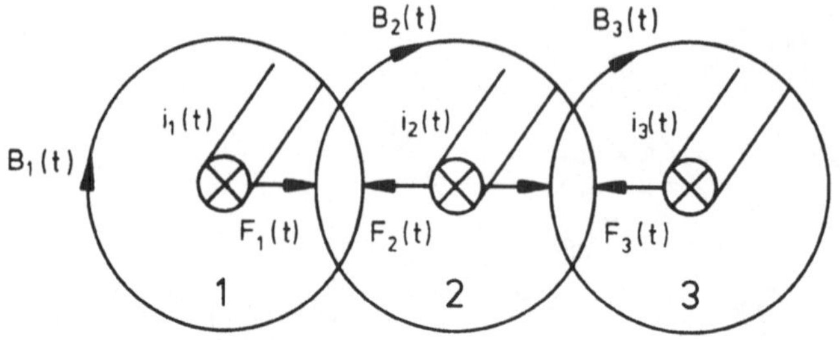

Bild 7.4
Kraftwirkung bei einem Drehstromsystem

Bild 7.4 sehr einfach, da die Leiterschienen in einer Ebene liegen. Die Felder können arithmetisch addiert werden. Die Gl. (7–4) nimmt damit die Form

$$F_2(t) = l \cdot \frac{\mu_0}{2\pi\, a_H} \cdot (i_1(t) - i_3(t)) \cdot i_2(t) \tag{7–9}$$

an. Die entsprechenden Beziehungen für die anderen Leiter ergeben sich analog.

Um nun eine kurzschlußfeste Anordnung zu erhalten, ist von der ungünstigsten Beanspruchung auszugehen, die in einem Fehlerfall auftreten kann. Wenn man voraussetzt, daß stets nur ein Fehler zur Zeit vorhanden ist, stellt der dreipolige Kurzschluß den ungünstigsten Fehler dar. Abhängig vom Schaltwinkel α bilden sich im Falle eines generatornahen dreipoligen Kurzschlusses gemäß Kapitel 6 die Ströme

$$\begin{aligned} i_1(t) &= I_k'' \cdot [\sin(\omega t - \alpha - \varphi)] + i_{g1}(t, \alpha) \\ i_2(t) &= I_k'' \cdot [\sin(\omega t - 120^\circ - \alpha - \varphi)] + i_{g2}(t, \alpha) \\ i_3(t) &= I_k'' \cdot [\sin(\omega t - 240^\circ - \alpha - \varphi)] + i_{g3}(t, \alpha) \end{aligned} \tag{7–10}$$

aus. Mit i_{g1}, i_{g2}, i_{g3} sind dabei die Gleichstromanteile und mit dem Winkel φ die Phasenverschiebung des Stromes zur Sternspannung bezeichnet. Die Beziehungen (7–4) und (7–10) bestimmen demnach die Stromkräfte, die auf die Leiterschienen wirken.

Eine genaue Diskussion dieser wiederum zeitabhängigen Stromkräfte zeigt, daß die mittlere Leiterschiene mechanisch am stärksten beansprucht wird. Die größte Kraft F_H tritt dort genau dann auf, wenn der Kurzschluß 45° nach dem Nulldurchgang der zugehörigen Sternspannung einsetzt. Die Kraft F_H ergibt sich dann zu

$$F_H = l \cdot \frac{\mu_0}{2\pi\, a_H} \cdot (0{,}93 \cdot I_{s3pol})^2 . \tag{7–11}$$

Mit der Größe I_s wird in dieser Beziehung, wie bisher, der Stoßkurzschlußstrom bezeichnet. Hervorzuheben ist, daß unter diesen Bedingungen die größte mechanische Beanspruchung auftritt. Zu bemerken ist jedoch, daß bei diesem Schaltwinkel in keinem der drei Leiter der Stoßkurzschlußstrom fließt (s. Kapitel 6). Mit diesen Betrachtungen sind die *Beanspruchungsgrößen* der Schienen ermittelt. Nun kann ihre *Dimensionierung* vorgenommen werden.

Bei der Dimensionierung der Leiterschienen wird die erläuterte Zeitabhängigkeit zunächst formal nicht berücksichtigt. Die maximale Kraft F_H wird als *Dauerlast* angenommen, so daß die in der Mechanik üblichen Berechnungsmethoden für *statische Probleme* angewendet werden können. Sie sind jeder Grundlagenliteratur, z. B. [49], zu entnehmen und sollen daher nur kurz skizziert werden.

Das in Bild 7.5 dargestellte Leitersystem ist zweifach gelagert. Man faßt es entsprechend den Regeln der Mechanik als zweiseitig eingespannten Balken auf. Bei einer solchen Anordnung nimmt das größte Biegemoment, wie sich nach einer Berechnung der Auflagerkräfte zeigt, den Wert

$$M_H = \frac{F_H \cdot l}{12} \qquad (7\text{–}12)$$

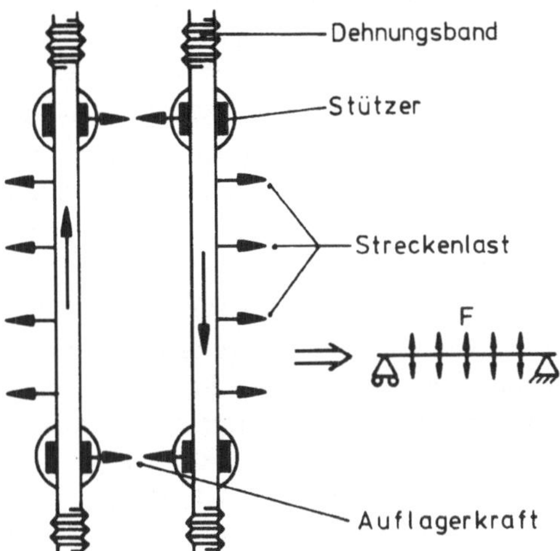

Bild 7.5
Zweifach gelagertes Leitersystem

an. Mit dem Widerstandsmoment W_H errechnet sich dann die mechanische Biegespannung σ_H des Leiters daraus zu

$$\sigma_H = \frac{M_H}{W_H}. \qquad (7\text{–}13)$$

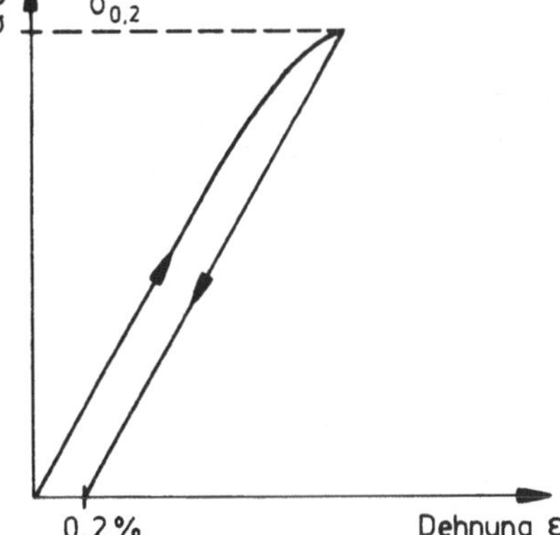

Bild 7.6
Veranschaulichung der bleibenden Materialdehnung

Diese mechanische Spannung muß stets kleiner sein als eine zulässige Biegespannung:

$$\sigma_H \leqslant \sigma_{zul}. \qquad (7\text{–}14)$$

Leiter gelten erfahrungsgemäß als kurzschlußfest, wenn diese mechanische Spannung zu

$$\sigma_{zul} = \sigma_{0,2} \cdot 1,5 \qquad (7\text{–}15)$$

gewählt wird. Mit $\sigma_{0,2}$ wird die Streckgrenze des jeweiligen Materials bezeichnet (Bild 7.6), bei der nach einer Zugspannung eine Materialdehnung von 0,2 % bestehen bleibt. Die bei dieser Dimensionierung zulässige Dehnung beeinträchtigt die Funktionsfähigkeit der Anlagen nicht.

Die zulässige mechanische Spannung kann im Unterschied zu einer rein statischen Aufgabenstellung relativ hoch angesetzt werden, da die Last nur sehr kurzzeitig wirkt. Auf diese Art wird die Zeitabhängigkeit der Last indirekt berücksichtigt.

Es hat sich gezeigt, daß dieses Verfahren in manchen Fällen zu einer überdimensionierten Anlage führt. Genauere und aufwendigere Berechnungsmethoden können die Zeitabhängigkeit besser berücksichtigen. Eine weitere Vertiefung soll in dieser Einführung jedoch nicht erfolgen. Ein genaueres Verfahren ist u. a. in der VDE-Bestimmung 0103 dargestellt.

In diesem Zusammenhang sei darauf hingewiesen, daß sich für andere Lagerungen der Leiter andere mechanische Modelle und damit auch andere Beziehungen ergeben, die u. a. den gängigen Handbüchern und auch der VDE-Bestimmung 0103 für übliche Ausführungen zu entnehmen sind. Das prinzipielle Berechnungsverfahren läuft analog ab. Ein Beispiel für ein anderes mechanisches Modell zeigt Bild 7.7.

Abschließend soll noch kurz die allgemeinere Aufgabenstellung betrachtet werden, daß gekrümmte, dünne Leiter (Bild 7.8) vorliegen, die ebenfalls wiederum biegesteif sein sollen. Bei der Bestimmung der Beanspruchungsgrößen von gekrümmten Leitern ist zu beachten, daß prinzipiell neben den Fremdfeldern von den anderen Leitern noch das Eigenfeld des jeweils betrachteten Leiters zu berücksichtigen ist. Dieses Eigenfeld bewirkt eine zusätzliche Kraft auf den erzeugenden Leiter. Bei geradlinigen Leitern kommt dieser Anteil nicht zum

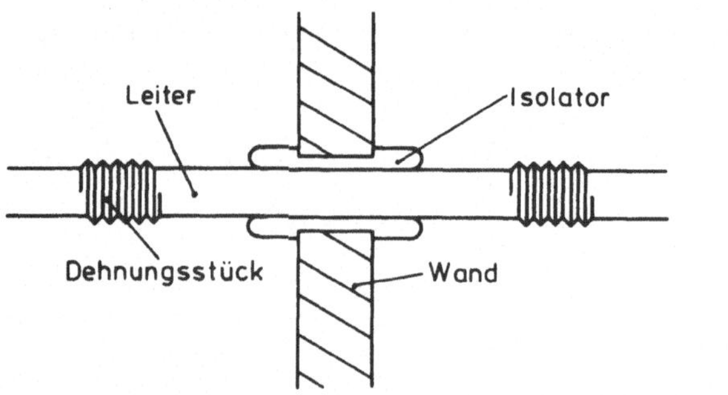

Bild 7.7 Leiterdurchführung und ihr mechanisches Modell

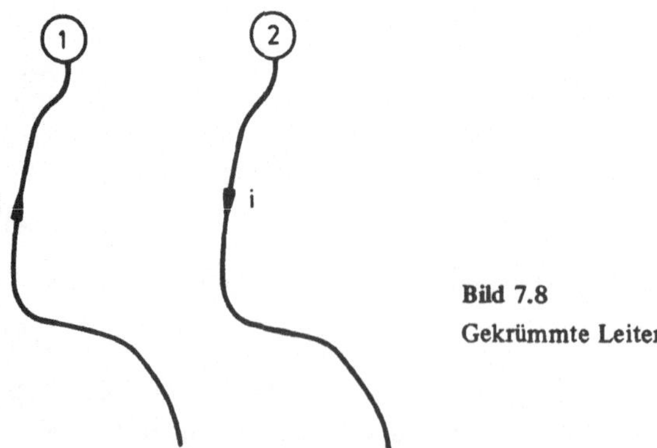

Bild 7.8
Gekrümmte Leiter

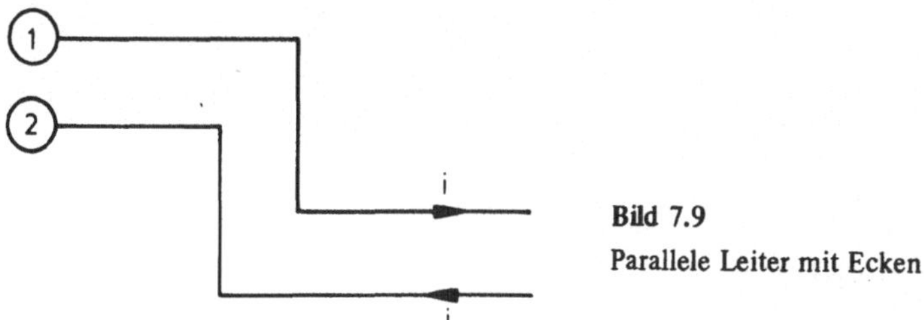

Bild 7.9
Parallele Leiter mit Ecken

Tragen. Die einzelnen Feldanteile lassen sich über das Biot-Savartsche Gesetz bestimmen. Für Leiter, bei denen die Krümmungen in scharfkantige Ecken übergehen (Bild 7.9), gestaltet sich die Feldberechnung recht aufwendig. In solchen Fällen sei auf die Spezialliteratur wie z. B. [50] verwiesen.

7.2.2 Auslegung von Leiterschienen mit großen Querschnittsabmessungen

Gl. (7–11) gilt streng genommen nur für linienförmige Stromleiter. Die Erfahrung hat gezeigt, daß die angegebenen Beziehungen in erster Näherung noch für Leiter beliebigen Querschnitts gültig sind, sofern ihr Abstand etwa um den Faktor 10 größer ist als die größte Leiterabmessung. Bei *Hochstromschienen,* also Leiterschienen, die mit größeren Strömen belastet werden (Bild 7.10), treffen diese Voraussetzungen häufig nicht zu. Hochstromschienen werden z. B. als *Generatorableitungen* benötigt, die – häufig in gekapselter Bauweise – Generator und Transformator miteinander verbinden.

Eine genauere Berechnung solcher Leiterschienen beruht auf einer Integration der Kraftkomponenten, die die einzelnen Linienleiter aufeinander ausüben, mit denen der Gesamtquerschnitt entsprechend Bild 7.11 approximiert wird.

Um die praktische Projektierungstätigkeit von solchen aufwendigen Rechnungen zu entlasten, sind die Ergebnisse für einzelne Profile in normierter Form dargestellt. Über Korrekturfakt-

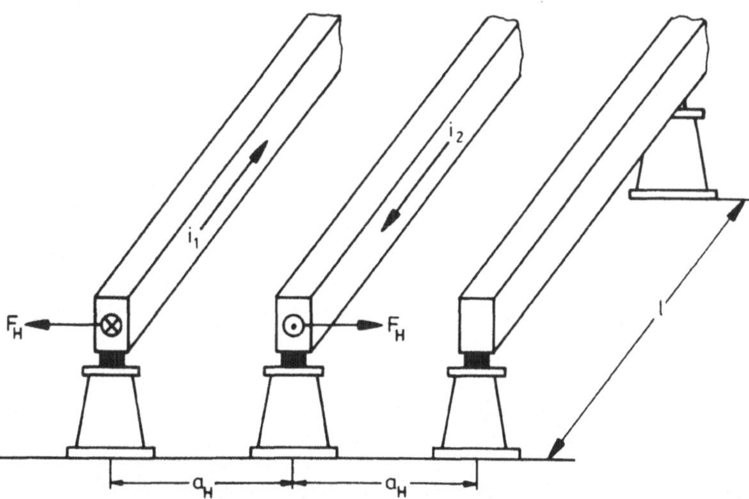

Bild 7.10 Kraftwirkung auf stromdurchflossene Sammelschienen

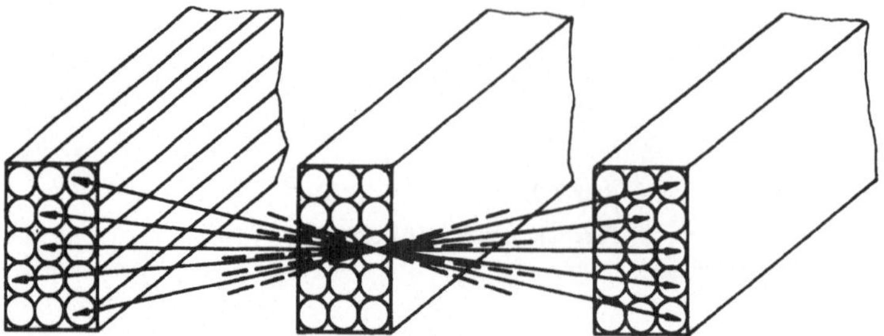

Bild 7.11 Aufteilung eines Sammelschienensystems in viele Linienleiter

ren gehen sie in die bisher bekannten Berechnungsverfahren ein [5]. Für die besonders häufig eingesetzten Rechteckprofile ist eine solche normierte Darstellung aus Bild 7.12 zu ersehen. Es wird in der Beziehung (7–11) anstelle der Leiterabstände a_H ein korrigierter Wert a_T eingeführt, so daß sich die modifizierte Form

$$F_H = l \cdot \frac{\mu_0}{2 \cdot \pi} \cdot (0{,}93 \cdot I_s)^2 \cdot \frac{1}{a_T} \qquad (7\text{–}16)$$

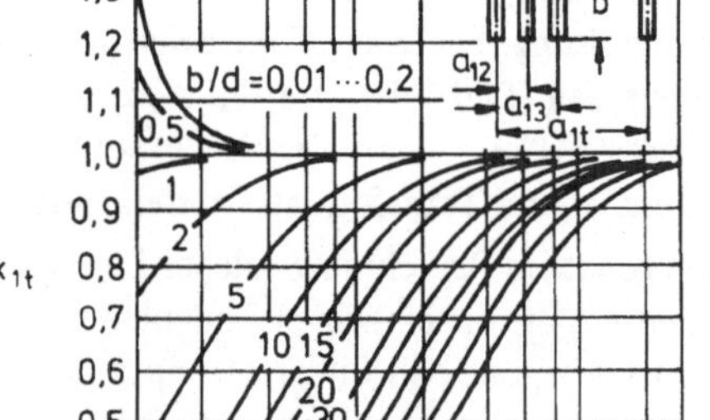

Bild 7.12
Korrekturfaktor für wirksamen Mittenabstand zweier Leiter

ergibt. Der benötigte Korrekturfaktor ermittelt sich lediglich aus den geometrischen Abmessungen der Leiterschienen. In Bild 7.12 ist auf der Abszisse der Quotient aus den Größen a_{1t} und d aufgetragen. Mit d wird die Breite der untereinander gleichen Leiterschienen und mit a_{1t} der Mittenabstand zwischen der ersten und der jeweils betrachteten Leiterschiene bezeichnet. Der Parameter b/d bestimmt den zugehörigen Kurvenzug, wobei die Größe b die Höhe der Schiene kennzeichnet. Mit diesen Angaben ergibt sich für zwei Leiterschienen auf der Ordinate der Wert k_{12}. Der korrigierte Abstand a_T für die Sammelschienen in Bild 7.10 ist dann der Quotient aus a_H und k_{12}:

$$a_T = \frac{a_H}{k_{12}} \,. \qquad (7\text{–}17)$$

Bei *Höchststromanlagen* dürfen die Profile gewisse Abmessungen nicht überschreiten, da sich anderenfalls Stromverdrängungseffekte zu stark bemerkbar machen. Daher unterteilt man

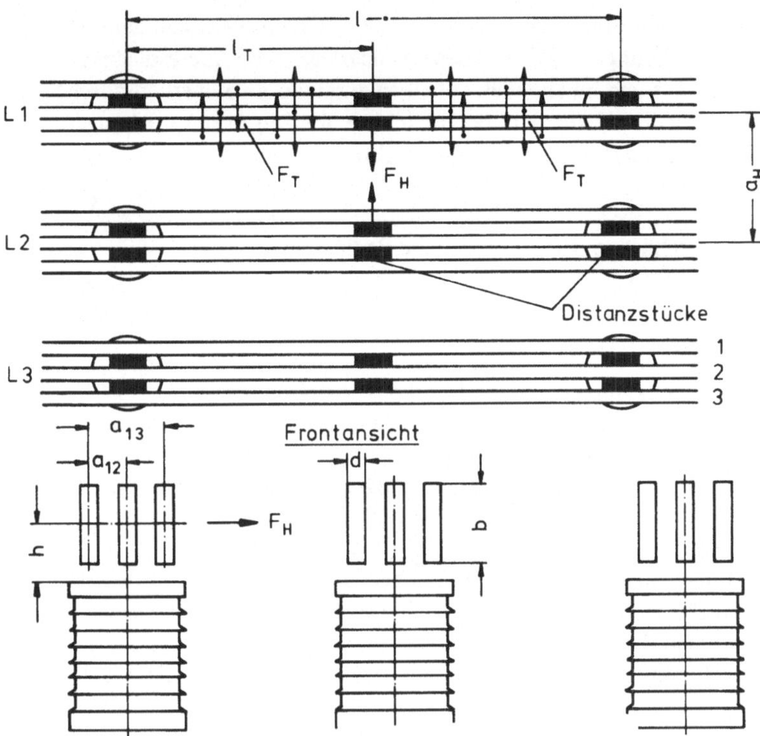

Bild 7.13 Dreileitersystem mit Teilleitern (F_T Teilleiterkräfte, F_H Hauptleiterkräfte)

die Hauptleiter in mehrere, parallel geführte *Teilleiter* gemäß Bild 7.13. Der für die Dimensionierung maßgebende Strom I_s teilt sich auf die einzelnen Teilleiter entsprechend ihrer Anzahl t auf.

Die *Kraftwirkung zwischen den Teilleitern* läßt sich ebenfalls mit einer leicht modifizierten Form der Beziehung (7–11) zu

$$F_T = l_T \cdot \frac{\mu_0}{2 \cdot \pi} \cdot \left(\frac{I_s}{t}\right)^2 \cdot \frac{1}{a_T} \tag{7–18}$$

berechnen. Der Faktor 0,93 tritt bei dieser Beziehung nicht auf, da die Ströme in den Teilleitern gleichphasig sind. Der korrigierte Abstand a_T ergibt sich aus der Addition der Einzelterme

$$\frac{1}{a_T} = \frac{k_{12}}{a_{12}} + \frac{k_{13}}{a_{13}} + \ldots + \frac{k_{1t}}{a_{1t}} \, . \tag{7–19}$$

Zu beachten ist, daß im Unterschied zu der Kraftwirkung zwischen den Hauptleitern die damit ermittelten *Teilleiterkräfte nicht die Auflager* – die Stützer – beanspruchen, sondern *von den Distanzstücken aufgefangen werden* (Bild 7.13).

Die wirksame Biegebeanspruchung in den Leitern selber wird sowohl von den Haupt- als auch von den Teilleitern hervorgerufen. Die mechanischen Spannungen, die sich nach der

Beziehung (7–13) aus den Beanspruchungen (7–16) und (7–18) ergeben, sind dementsprechend für die Dimensionierung der Leiterschiene zu überlagern. Im Interesse eines einfachen Berechnungsverfahrens und im Hinblick auf einen zusätzlichen Sicherheitszuschlag wird die Phasenverschiebung der Kräfte nicht berücksichtigt, die Biegebeanspruchungen werden arithmetisch addiert. Als Dimensionierungsvorschrift gilt daher

$$\sigma_H + \sigma_T \leq 1{,}5 \cdot \sigma_{0,2} . \qquad (7\text{–}20)$$

Um entartete Profile auszuschließen, gilt zusätzlich die Bedingung

$$\sigma_T \leq \sigma_{0,2} . \qquad (7\text{–}21)$$

7.2.3 Auslegung von Stützern

Stützer stellen in Energieversorgungsanlagen die *technische Realisierung der Auflager für die Leiterschienen* dar. Für ihre Wahl ist in erster Linie die Nennspannung maßgebend. Die eigentliche Dimensionierung ist recht einfach. Das Moment $F_d \cdot h_d$, das von der Stromschiene am Stützer hervorgerufen wird, muß stets kleiner als eine zulässige Beanspruchung sein:

$$F_d \cdot h_d \leq F_u \cdot h_u . \qquad (7\text{–}22)$$

Die Bedeutung der einzelnen Größen ist aus Bild 7.14 zu ersehen. Die Stützer selber stehen zumeist auf Unterkonstruktionen oder sind mit Portalen verbunden, die diese Beanspruchungsgrößen wiederum aufnehmen. Die Dimensionierung dieser Anlagenelemente wird überwiegend von Maschinen- und Bauingenieuren und nur in Ausnahmefällen von Elektrotechnikern übernommen.

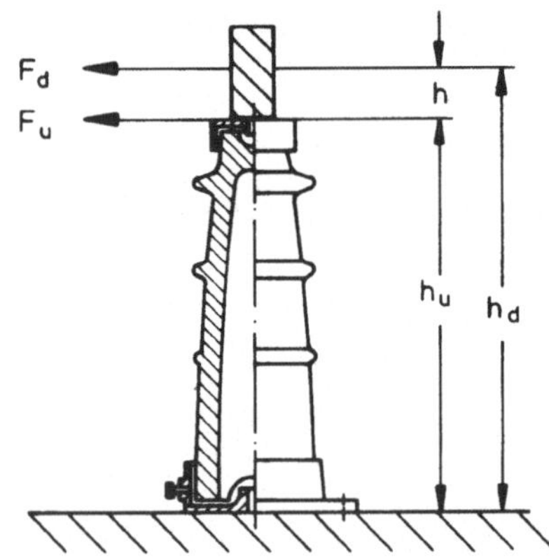

Bild 7.14 Stützer mit Rechteckschiene

F_u Umbruchkraft
F_d Kraft an Stützeroberkante
h_u Höhe der Stützeroberkante
h_d Höhe des angenommenen Kraftangriffspunktes
h Höhe über Stützeroberkante

7.2.4 Auslegung von Leiterseilen und Kabeln

Leiterseile werden prinzipiell wie Schienen berechnet und dimensioniert. Zusätzlich ist dabei jedoch noch ihr Eigengewicht zu berücksichtigen, das zu nicht mehr vernachlässigbaren Querkräften führt. Daher werden entsprechend modifizierte Beziehungen verwendet. Näheres ist der VDE-Bestimmung 0103 zu entnehmen.

Kabel werden nur *thermisch dimensioniert.* Ein in dieser Hinsicht ausgelegtes Kabel ist auch den mechanischen Kurzschlußbeanspruchungen gewachsen. Die Berechnungsmethoden für die angesprochene thermische Dimensionierung werden im folgenden erläutert.

7.3 Thermische Kurzschlußfestigkeit

Die hohen Kurzschlußströme, deren Berechnung in Kapitel 6 erläutert ist, belasten die Betriebsmittel auch thermisch sehr stark. Die während der *Kurzschlußdauer* T_k erzeugte Wärmemenge ΔQ darf innerhalb dieses Zeitraums einen für die Betriebsmittel jeweils zulässigen Wert nicht übersteigen. Dieser Sachverhalt läßt sich durch die Ungleichung

$$\Delta Q \leqslant \Delta Q_{zul} \tag{7–23}$$

beschreiben. Bei einer Verletzung dieser Beziehung liegt keine Kurzschlußfestigkeit mehr vor, und es ist mit einer Schädigung der Anlage bzw. des Betriebsmittels zu rechnen. Im folgenden wird ein praxisgerechtes Verfahren zur Berechnung der entstehenden Wärmemenge ΔQ dargestellt.

Bei einem Betriebsmittel mit dem Widerstand R_B, das während der Fehlerdauer T_k vom Kurzschlußstrom $i_k(t)$ durchflossen wird, kann die Wärmemenge ΔQ aus den ohmschen Verlusten zu

$$\Delta Q = R_B \cdot \int_0^{T_k} i_k^2(t)\,dt \tag{7–24}$$

berechnet werden. Als repräsentative Kenngröße für die Wärmemenge ΔQ hat man einen sogenannten *Kurzzeitstrom* I_{th} eingeführt:

$$\Delta Q = R_B \cdot I_{th}^2 \cdot T_k = R_B \cdot \int_0^{T_k} i_k^2(t)\,dt. \tag{7–25}$$

Wie aus Gl. (7–25) hervorgeht, soll dieser Strom I_{th} während des Zeitraums T_k die gleiche Wärmemenge erzeugen wie der tatsächlich fließende Kurzschlußstrom mit seinen Gleich- und Wechselstromanteilen. Es handelt sich also um einen Effektivwert über den Zeitraum T_k. Die Bedingung (7–23) kann daher auf die äquivalente Form

$$I_{th} \leqslant I_{th_{zul}} \tag{7–26}$$

gebracht werden. Diese Ausführungen zeigen, daß eine Berechnung der erzeugten Wärme bzw. des äquivalenten Kurzzeitstromes zunächst die Kenntnis des genauen Kurzschlußstromverlaufes $i_k(t)$ voraussetzt und darüber hinaus eine aufwendige Integration erfordert. Um die praktische Projektierungstätigkeit von dieser Integration zu entlasten, ist diese Berechnung für verschiedene Netzverhältnisse bereits durchgeführt und dann in normierter Form dargestellt worden:

$$I_{th} = I_k'' \cdot \sqrt{m + n}. \tag{7–27}$$

Für die Ermittlung des Kurzzeitstroms wird demnach vom dreipoligen Anfangskurzschlußwechselstrom I_k'' ausgegangen. Dieses Vorgehen ist sinnvoll, weil der dreipolige Kurzschluß meist zu den größten thermischen Beanspruchungen führt. Falls in seltenen Fällen andere Kurzschlußarten ungünstigere Belastungen zur Folge haben sollten (s. VDE 0102), sind diese durch die Angabe eines kleineren Wertes $I_{th_{zul}}$ bereits vom Hersteller zu berücksichtigen. So wird sichergestellt, daß der *dreipolige Kurzschluß,* wie es die VDE-Bestimmung 0103 vorschreibt, *stets das alleinige Auswahlkriterium für die thermische Kurzschlußfestigkeit der Betriebsmittel ist.*

Die beiden Parameter m und n in der Beziehung (7–27) kennzeichnen die Wärmeanteile, die durch den Gleich- bzw. Wechselstromanteil hervorgerufen werden und hängen von den jeweiligen Netzverhältnissen ab. Ihre Bestimmung geht aus den Bildern 7.15 und 7.16 hervor. Es sei darauf hingewiesen, daß bei diesen Berechnungen auch der maximale Dauerkurzschlußstrom als Parameter benötigt wird, der zweckmäßigerweise über die λ-Faktoren aus dem Generatornennstrom I_{nG} bestimmt wird (s. Abschnitt 6.2.2). Im folgenden wird dieses Berechnungsverfahren noch auf einen wichtigen Spezialfall erweitert.

Bei *Fehlern auf Freileitungen* handelt es sich zu ca. *80 % um Lichtbogenkurzschlüsse.* Bei solchen Fehlern ist die sogenannte *Kurzunterbrechung* (KU) sehr vorteilhaft. Die Spannung wird für eine Pause von ca. 0,2 s abgeschaltet, der Lichtbogen verlöscht dann; anschließend wird wieder zugeschaltet, und die Anlage kann wieder ordnungsgemäß betrieben werden. Falls es sich um keinen Lichtbogenfehler, sondern z. B. um einen satten Kurzschluß handelt, liegt der Fehler auch nach dem Wiedereinschalten noch vor. Dann erfolgt eine endgültige Abschaltung.

Bei Schaltzyklen mit Pausenzeiten im Bereich von wenigen zehntel Sekunden wird die Wärme kaum abgegeben, die während der einzelnen Kurzschlußphasen entsteht. Sie addiert sich zu

$$\Delta Q = R_B \cdot \int_{t_1}^{t_2} i_k^2(t)\,dt + R_B \cdot \int_{t_3}^{t_4} i_k^2(t)\,dt = R_B \cdot I_{th}^2 \cdot (T_{k1} + T_{k2}) \qquad (7–28)$$

mit

$$T_{k1} = t_2 - t_1, \quad T_{k2} = t_4 - t_3.$$

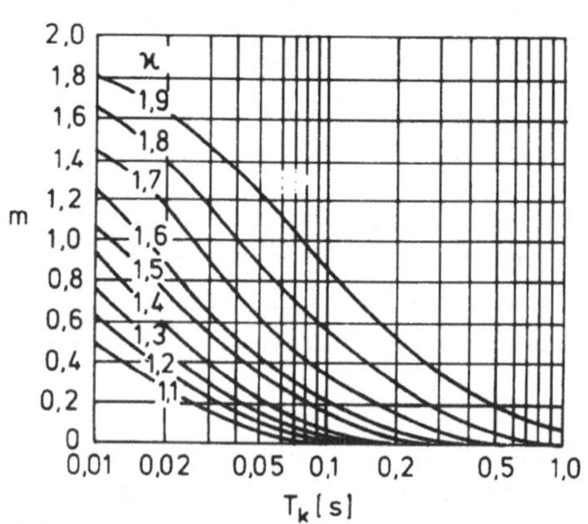

Bild 7.15

Faktor m für die Wärmewirkung des Gleichstromanteils bei Dreh- und Wechselstrom

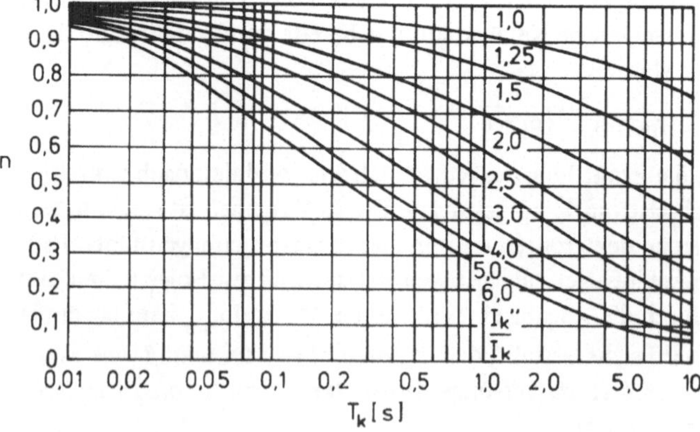

Bild 7.16

Faktor n für die Wärmewirkung des Wechselstromgliedes bei dreipoligem Kurzschluß

Für den resultierenden Kurzzeitstrom ergibt sich somit bei ν Zyklen der Wert

$$I_{th} = \sqrt{\frac{1}{T_k} \sum_{i=1}^{\nu} I_{th_i}^2 \cdot T_{ki}} \quad \text{mit} \quad T_k = \sum_{i=1}^{\nu} T_{ki} \,. \tag{7–29}$$

Dieser Zusammenhang wird in Bild 7.17 veranschaulicht.

Im weiteren sollen noch einige Erläuterungen *zur Festlegung des zulässigen Kurzzeitstromes* $I_{th_{zul}}$ gegeben werden. Für *Betriebsmittel* – wie z. B. Wandler – wird dafür vom Hersteller ein Nennkurzzeitstrom I_{th_n} angegeben, der für eine ebenfalls angegebene Nennkurzschlußdauer T_{k_n} gilt. Diese beträgt *häufig eine Sekunde*. Auch bei kürzeren Kurzschlußzeiten darf dieser Kurzzeitstrom I_{th_n} nicht überschritten werden [5], weil sonst, beispielsweise durch einen Wärmestau, Schäden hervorgerufen werden könnten. Im Zeitraum

$$T_k \leqslant T_{k_n}$$

gilt somit für Betriebsmittel

$$I_{th_{zul}} = I_{th_n} \,. \tag{7–30}$$

Die zulässige Wärmemenge

$$\Delta Q_{zul} \sim I_{th_{zul}}^2 \cdot T_k = I_{th_n}^2 \cdot T_{k_n} \tag{7–31}$$

darf auch dann nicht überschritten werden, wenn die Kurzschlußdauer T_k größer ist als die Nennkurzschlußdauer T_{k_n}. Der zulässige Kurzzeitstrom ist daher in einem solchen Falle gemäß Gl. (7–31) zu reduzieren, so daß für den Bereich

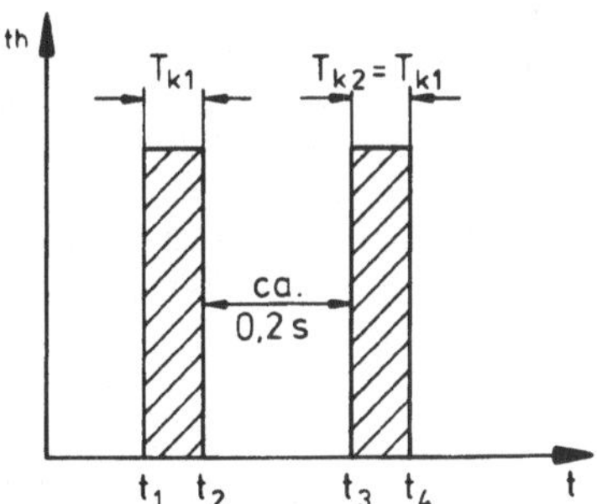

Bild 7.17 Prinzip einer erfolglosen Kurzunterbrechung

$$T_k > T_{k_n}$$

die Bedingung

$$I_{th_{zul}} = I_{th_n} \cdot \sqrt{\frac{T_{k_n}}{T_k}} \tag{7–32}$$

angegeben werden kann.

Zur *Dimensionierung von Leitungen* ist es zweckmäßiger, den *Kurzzeitstrom auf den Leiterquerschnitt A* zu beziehen:

$$S_{th} = \frac{I_{th}}{A} \,. \tag{7–33}$$

Die Größe S_{th} wird als *Kurzzeitstromdichte* bezeichnet. In Analogie zu Gl. (7–26) ist eine Leitung dann ausreichend dimensioniert, wenn die Bedingung

$$S_{th} \leqslant S_{th_{zul}} \tag{7–34}$$

erfüllt ist. Für die zulässige Kurzzeitstromdichte $S_{th_{zul}}$ gilt wiederum bei der Kurzschlußdauer $T_k = T_{k_n}$ die Nennkurzzeitstromdichte S_{th_n}:

$$S_{th_{zul}} = S_{th_n} \,. \tag{7–35}$$

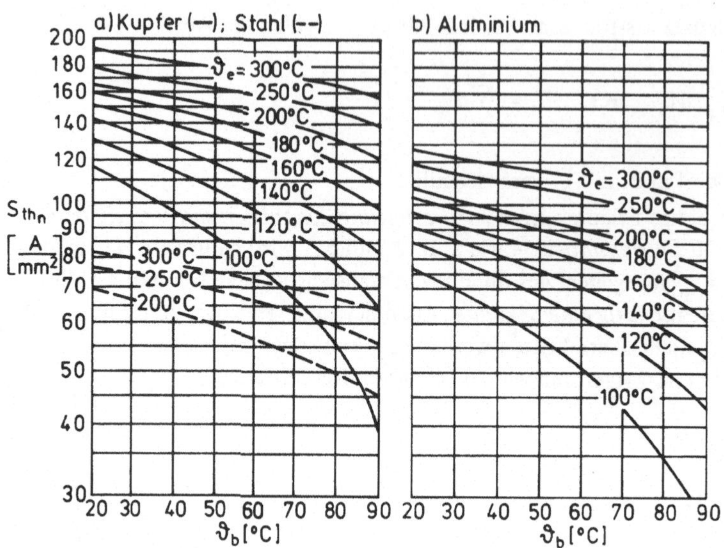

Bild 7.18 Nennkurzzzeitstromdichte S_{th_n}

a) für Kupfer (durchgezogene Kurven) und Stahl (gestrichelte Kurven)

b) für Aluminium

Die Größe S_{th_n} ist abhängig von der Betriebstemperatur θ_b und der zulässigen Endtemperatur θ_e des Leiters im Kurzschlußfall. Werte für die Nennkurzzeitstromdichte können Bild 7.18 entnommen werden.

Falls die Kurzschlußdauer von der Nennkurzschlußdauer abweicht, kann die zulässige Kurzzeitstromdichte wiederum analog zu Gl. (7–31) umgerechnet werden. *Im Gegensatz zu sonstigen Betriebsmitteln ist diese Umrechnung bei Leitungen auch im Fall* $T_k < T_{k_n}$ *zulässig,* weil für die Leiter kein Wärmestau zu befürchten ist. Für Leitungen gilt somit bei allen Kurzschlußdauern

$$S_{th_{zul}} = S_{th_n} \cdot \sqrt{\frac{T_{k_n}}{T_k}} \,. \qquad (7\text{–}36)$$

Es zeigt sich, daß die *thermische Belastung eines Betriebsmittels* im Kurzschlußfall sowohl von der *Kurzschlußdauer* als auch von der *Höhe des Kurzschlußstromes* abhängt. Eine wesentliche Voraussetzung für eine *wirtschaftliche Auslegung* der Netzelemente ist demnach ein *schneller Netzschutz,* der auf Schalter mit einer geringen Verzugszeit einwirkt. Wie man ferner sieht, können unter Umständen schwächer bemessene und damit preisgünstigere Betriebsmittel ausgewählt werden, wenn es gelingt, die Höhe des Kurzschlußstromes zu verringern. Die gängigen Methoden, mit denen die Kurzschlußleistung eines Netzes beeinflußt werden kann, sind im folgenden Abschnitt dargestellt.

7.4 Maßnahmen zur Beeinflussung der Kurzschlußleistung

Zur Beeinflussung der Kurzschlußleistung stehen eine Reihe von Maßnahmen zur Verfügung, von denen die wichtigsten im folgenden behandelt werden. Zum besseren Verständnis dieser

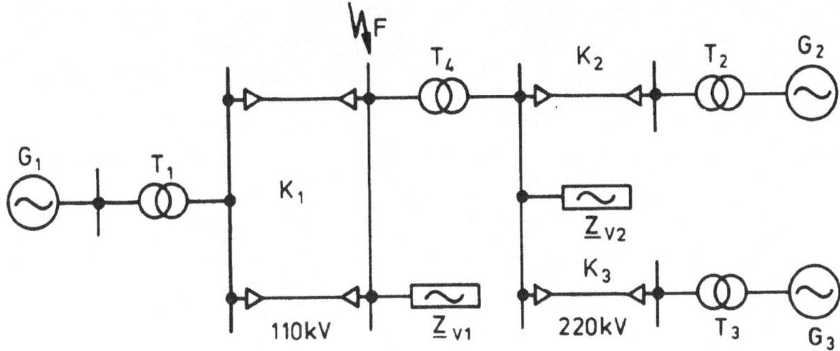

Bild 7.19 Netzanlage mit mehreren einspeisenden Generatoren

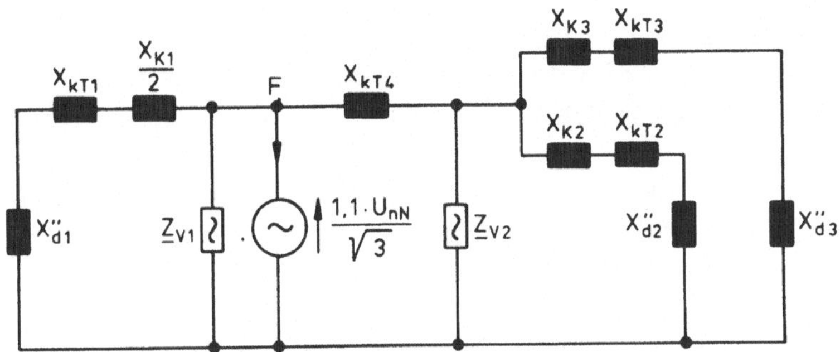

Bild 7.20 Ersatzschaltbild der Netzanlage in Bild 7.19 für einen dreipoligen Kurzschluß an der Fehlerstelle F

Methoden ist jedoch die Kenntnis der wesentlichen Einflußgrößen auf den Kurzschlußstrom notwendig. Diese werden zunächst am Beispiel der in Bild 7.19 skizzierten speziellen Netzanlage untersucht.

Diese dargestellte Netzanlage kann bei einem dreipoligen Kurzschluß an der Stelle F gemäß Kapitel 6 durch das Ersatzschaltbild 7.20 beschrieben werden. Wie aus dem Ersatzschaltbild ersichtlich ist, wird die Innenimpedanz des Netzes im Kurzschlußfall und damit der Kurzschlußstrom in starkem Maße von der Anzahl der parallelen Zweige beeinflußt. Die *Kurzschlußleistung* wird demnach wesentlich durch die *Anzahl der Synchronmaschinen im Netz bestimmt. Dagegen kann der Einfluß der gefahrenen Maschinenleistung auf die Höhe der Kurzschlußleistung vernachlässigt werden.*

Die Innenimpedanz des Netzes hängt außerdem von der Größe der Impedanzen in den einzelnen Zweigen ab. Da viele parallele Leitungen die Netzreaktanz herabsetzen, stellt somit auch der *Grad der Vermaschung* einen wesentlichen, *bestimmenden Faktor für die Kurzschlußleistung* dar. Der *Kurzschlußstrom verringert* sich demnach, wenn man *die Anzahl der einspeisenden Generatoren verringert und zugleich die Vermaschung herabsetzt.* Eine Vielzahl der noch im weiteren erläuterten Maßnahmen, die Kurzschlußleistung zu begrenzen, zielt darauf ab.

Der Netzplaner hat *ferner die Möglichkeit,* die Höhe der begrenzend wirkenden Impedanz und damit die Höhe der Kurzschlußleistung durch die *Auswahl der Betriebsmittel* zu beeinflussen. So führt, wie das Ersatzschaltbild 7.20 zeigt, eine *große subtransiente Reaktanz* X''_d *der Generatoren* zu kleineren Kurzschlußströmen. Große subtransiente Reaktanzen beeinflussen andererseits die bereits angesprochene Netzstabilität (s. Abschnitt 4.4) negativ (geringe Maschinensteifigkeit), so daß eine Beeinflussung der Kurzschlußströme über diese Größe nur in engen Grenzen erfolgen kann [17]. Ähnlich verhält es sich bei der Wahl von *Transformatoren mit einer großen relativen Kurzschlußspannung* u_k. Der dadurch bedingte erhöhte Spannungsabfall im Normalbetrieb muß dann wieder durch eine stärkere Dimensionierung der nachfolgenden Leitungen ausgeglichen werden.

Eine sehr wirksame Maßnahme, die Vermaschung herabzusetzen, besteht in dem *Aufbau einer höheren Spannungsebene* entsprechend Bild 7.21. In diesem Fall kann das unterlagerte Netz in einzelne Netzgruppen aufgeteilt werden, so daß dort die Vermaschung geringer gehalten werden kann. Außerdem können bei einer Neuplanung die Einspeisungen überwiegend in das übergeordnete Netz verlagert werden. Dadurch verkleinert sich in den einzelnen Netzgruppen die Anzahl der Generatoren. Sofern die unterlagerten Netze bereits bestehen, wird man nur die Einspeisungen in das übergeordnete Netz einbinden, die für den weiteren Ausbau geplant sind.

In Netzen mit höheren Nennspannungen lassen sich die Kurzschlußströme leichter beherrschen Die Ursache ist darin zu sehen, daß sich bei Generatoren gleicher Nennleistung und bei Transformatoren gleicher Durchgangsleistung gemäß den Beziehungen

$$X''_d = x''_d \cdot \frac{U^2_{nG}}{S_{nG}}, \quad X_{kT} = u_k \cdot \frac{U^2_{nT}}{S_{nT}}$$

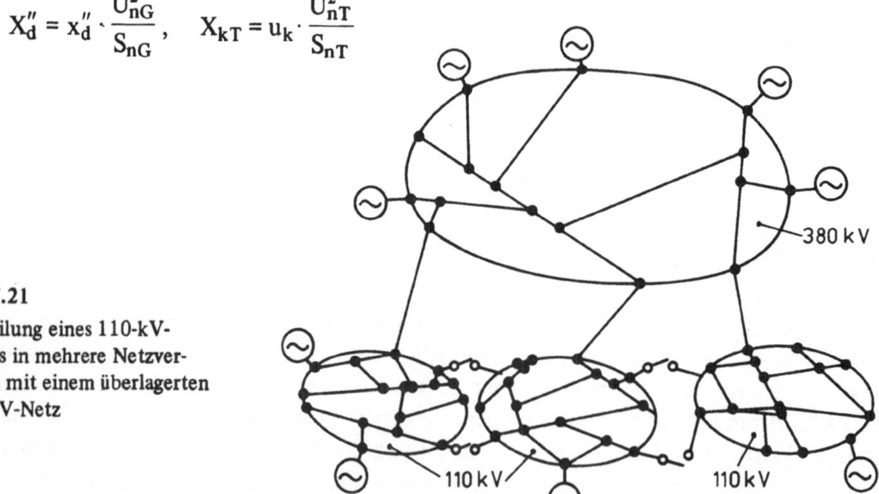

Bild 7.21
Aufteilung eines 110-kV-Netzes in mehrere Netzverbände mit einem überlagerten 380-kV-Netz

die absoluten Reaktanzen mit steigender Nennspannung quadratisch erhöhen, während die treibende Spannung dagegen nur linear steigt.

Neben den Möglichkeiten, die Kurzschlußleistung im Rahmen der Netzplanung zu beeinflussen, gibt es betriebliche Maßnahmen, die den Bau einer überlagerten Netzebene zumindest noch hinauszögern. Dazu ist es notwendig, *während des Betriebs* immer dann eine Netzauftrennung bzw. eine *Entmaschung durchzuführen,* wenn die *Kurzschlußleistung einen kriti-*

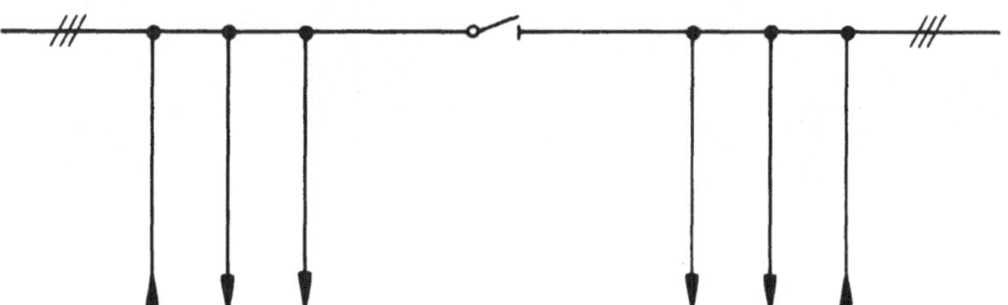

Bild 7.22 Sammelschiene mit Längskupplung und zwei Einspeisungen

schen Wert übersteigt. Diese Maßnahme erfolgt naturgemäß vor allem in der Nähe der Spitzenlast, wenn die Anzahl der einspeisenden Maschinen vergleichsweise groß ist.

Eine Möglichkeit, eine Entmaschung zu erreichen, besteht in der Schaltanlage gemäß Bild 7.22 darin, die Sammelschiene mit offener Längskupplung zu betreiben. Auf jedem der beiden Sammelschienenteile ist dann nur noch eine einzige Einspeisung wirksam. Bei Mehrsammelschienensystemen erhöht sich die Freizügigkeit entsprechend Abschnitt 4.11.

Eine *weitgehende Entkopplung der Einspeisungen* kann ohne Schaltmaßnahme im Fehlerfall dadurch erfolgen, daß Kurzschlußdrosselspulen eingesetzt werden (Bild 7.23). Ihr Anwendungsbereich beschränkt sich jedoch auf die Mittelspannungsebene.

In Bild 7.23a ist eine Kurzschlußdrosselspule in das Sammelschienensystem mit eingebunden. Man spricht daher von einer *Sammelschienendrosselspule.* Sie erhöht die Innenimpedanz vornehmlich im Kurzschlußfall. Bei einer Schaltung als Abzweig- oder Gruppendrosselspule (Bild 7.23b und c) sind die Reaktanzen auch im Normalbetrieb voll wirksam und ver-

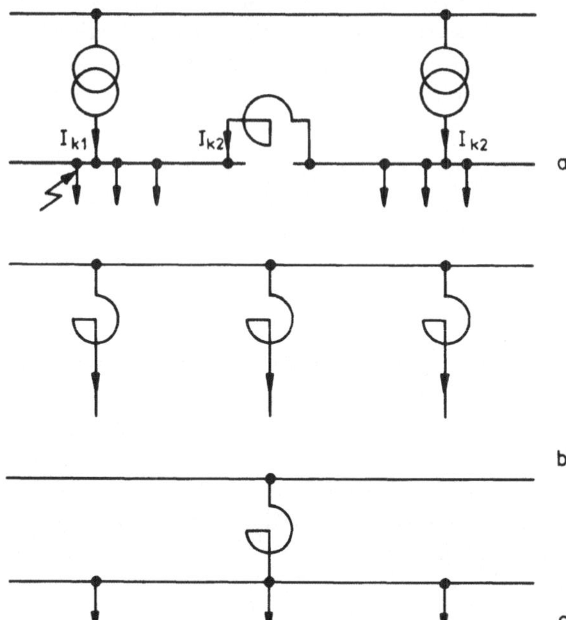

Bild 7.23
Schaltungen von Kurzschlußdrosselspulen
a) Sammelschienendrosselspulen
b) Abzweigdrosselspulen
c) Gruppendrosselspulen

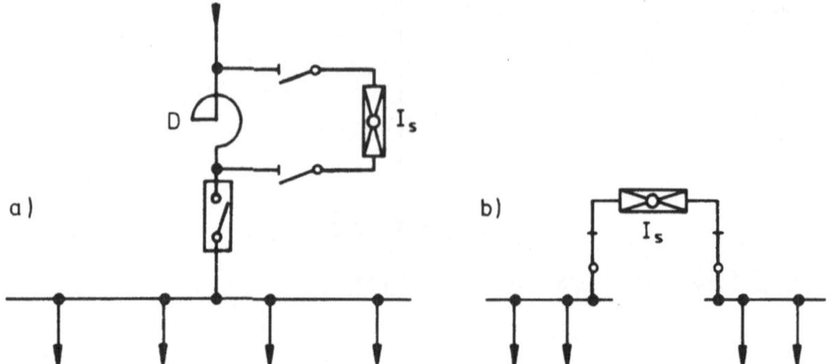

Bild 7.24 Einsatz von I_s-Begrenzern bei Kurzschlußdrosselspulen (a) und zur Sammelschienen-Schnellentkupplung (b)

schlechtern die Spannungshaltung. Der zusätzliche Spannungsabfall an den Gruppen- und Abzweigdrosselspulen kann im Normalbetrieb jedoch dadurch verhindert werden, daß parallel zur Drosselspule ein I_s-Begrenzer geschaltet wird (Bild 7.24a). Dieses Schaltgerät, dessen Funktion in Abschnitt 4.12 erläutert ist, unterbricht im Kurzschlußfall den parallelen Zweig, so daß die Drosselspule wirksam wird und den Kurzschlußstrom begrenzt. Ein I_s-Begrenzer kann auch bei der Längskupplung von Sammelschienen verwendet werden, um im Fall eines Kurzschlusses die Verbindung aufzusprengen (Bild 7.24b). Die Kurzschlußleistung wird gerade dann verkleinert, wenn Gefahr besteht. Dieser Vorgang wird auch als *Sammelschienen-Schnellentkupplung* bezeichnet.

Eine weitere Anwendung des I_s-Begrenzers liegt in der direkten Abschaltung eines gefährdeten Betriebsmittels im Kurzschlußfall. Wie in Abschnitt 4.12 bereits ausgeführt ist, erfolgt die Unterbrechung des Strompfads dabei schon vor dem ersten Strommaximum, so daß sich der Kurzschlußstrom gar nicht erst voll ausbilden kann. Ähnlich begrenzend wirken auch Sicherungen (Abschnitt 4.12).

Eine weitere prinzipielle Möglichkeit, die Kurzschlußleistung von sehr großen Drehstromnetzen zu begrenzen, besteht darin, Teilnetze zu bilden und diese nur über HGÜ-Leitungen zu vermaschen. Da nur die Wirkleistung mit Gleichstrom übertragen wird, kann ein Kurzschlußstrom, der in den betroffenen Höchstspannungsnetzen annähernd nur einen Blindstrom darstellt, sich praktisch nicht im anderen Teilnetz auswirken. Die Netze sind somit bezüglich der Kurzschlußströme entkoppelt.

In außergewöhnlichen Fällen kann ferner die im folgenden erläuterte Begrenzungskupplung zur Verringerung der Kurzschlußströme eingesetzt werden (Bild 7.25). Die Begrenzungskupplung ist im Normalbetrieb auf Reihenresonanz mit $\underline{Z} \rightarrow 0$ abgestimmt. Falls die Kupplung von einem Kurzschlußstrom durchflossen wird, geht die Induktivität L_R in Sättigung, so daß dann wegen $L_R \rightarrow 0$ im wesentlichen nur noch die Induktivität L_S wirksam ist. Diese ist zusammen mit der Kapazität C so ausgelegt, daß sie im Kurzschlußfall einen Sperrkreis bilden und so den Kurzschlußstrom stark begrenzen.

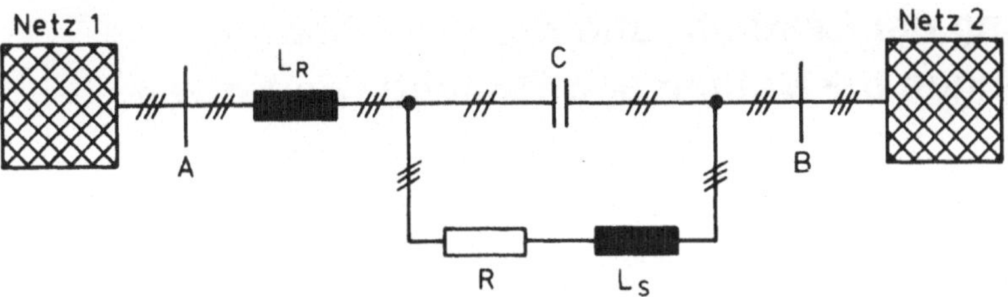

Bild 7.25 Prinzipielles Schaltbild einer Begrenzungskupplung

In den bisherigen Ausführungen sind Methoden entwickelt worden, mit denen das Systemverhalten von Netzen im Normalbetrieb und bei einem dreipoligen Kurzschluß berechnet werden kann. Zugleich ließen sich daraus auch Maßnahmen ableiten, mit denen das Systemverhalten gezielt zu beeinflussen ist. Wie im folgenden Kapitel gezeigt wird, können mit diesen Kenntnissen bereits wichtige Aufgabenstellungen des Betriebs und der Planung von Netzen behandelt werden.

8 Anwendung der Lastfluß- und Kurzschlußstromberechnungen bei Betrieb und Planung von Netzen

Zunächst wird die Anwendung der Lastfluß- und Kurzschlußstromberechnung beim Betrieb, anschließend bei der Planung von Netzen gezeigt.

Ein Netz ist so zu betreiben, daß die Verbraucher sicher versorgt werden. Die gewünschte Versorgungssicherheit liegt nach der anerkannten Sicherheitsphilosophie dann vor, wenn zumindest ein einfacher Ausfall beherrscht wird. Das heißt, nach Ausfall eines beliebigen Netzelementes muß in sehr kurzer Zeit die Versorgung wieder aufgenommen werden können. Die Erfahrung hat gezeigt, daß diese Maxime, auch (N–1)-*Prinzip* genannt, ausreichend ist. Diese Forderung bedeutet, daß auch nach Eintritt eines beliebigen Fehlers oder nach Durchführung von zulässigen Schaltmaßnahmen die notwendigen Bedingungen

- Kurzschlußfestigkeit,
- thermische Dauerlast,
- Spannungshaltung

eingehalten werden, die im einzelnen bereits in den vorhergehenden Kapiteln erläutert worden sind. Sofern eine dieser Bedingungen verletzt wird, spricht man von einer *Schwachstelle*. Bei *Transportnetzen* sind noch zusätzlich *Stabilitätsfragen* zu beachten.

Bei kleineren Netzen kann der Lastverteiler die Auswirkungen von Fehlern bzw. von Schaltmaßnahmen, gestützt auf seine Erfahrungen, meist hinreichend genau übersehen. Mit wachsender Größe und Auslastung des Netzes wird dies jedoch problematischer. In solchen Fällen, meist ab der 110-kV-Ebene, ist der Einsatz von Prozeßrechnern interessant, die den Schaltzustand des Netzes und die Auslastung der Betriebsmittel über Fernwirkanlagen selbsttätig erfassen. Um vorhandene Schwachstellen bei der jeweiligen Netzkonstellation erkennen und eventuell beseitigen zu können, wird in gewissen Zeitabständen, z. B. alle 15 Minuten, eine Ausfallsimulation vorgenommen, die nach unterschiedlichen Kriterien erfolgen kann.

Eine zweckmäßige Strategie besteht z. B. darin, daß man die am stärksten belasteten Betriebsmittel durch einen *fiktiven dreipoligen Kurzschluß* ausfallen läßt. Es werden die dadurch verursachten Kurzschlußströme in der Anlage ermittelt und auf ihre Zulässigkeit überprüft. Anschließend wird mit einer *Lastflußrechnung* geklärt, ob auch nach Ausfall des am stärksten belasteten Betriebsmittels die Anlage noch eine zulässige Spannungshaltung und eine zulässige thermische Dauerbelastung aufweist. Im weiteren wird dann ein Ausfall für das am zweitstärksten ausgelastete Betriebsmittel angenommen und im entsprechenden Sinn die Rechnung wiederholt. Die Anzahl der nach diesem Ordnungsprinzip durchgerechneten Ausfallsimulationen wird im allgemeinen von dem Bedienungspersonal vorgegeben und findet ihre Begrenzung in der dafür benötigten Rechenzeit.

Auch die Planung von Netzen läßt sich zum großen Teil auf eine Vielzahl von Kurzschluß- und Lastflußrechnungen zurückführen. Als *optimal* ist *diejenige Planung* anzusehen, bei der im *Normalbetrieb die Netzverluste bei einer vorgesehenen Investitionssumme minimal sind und zugleich ein einfacher Ausfall im Rahmen der genannten Restriktionen beherrscht wird.* Da diese Restriktionen recht scharf sind, konkurrieren meist nur wenige zulässige Planungsvarianten miteinander.

Im weiteren soll an einem einfachen Beispiel, einem Verteilernetz, der prinzipielle Ablauf einer Netzplanung veranschaulicht werden. Ausgegangen wird bei einer Netzplanung stets von den Lasten, die in diesem Fall durch die Bauplanung bzw. durch den Entwurf des Architekten (Bild 8.1) festgelegt sind.

Es handelt sich um ein Neubauprojekt von ca. 1000 Wohneinheiten (WE), die im Schnitt 70 m^2 groß sind. Sie sollen *allelektrisch* versorgt werden; die Warmwasserbereitung sowie die Heizung sollen ebenfalls elektrisch erfolgen. Im Schnitt soll der Anschlußwert dieser Wohnungen bei ca. 28 kW pro Wohnungseinheit liegen. Um nun ihre Netzbelastung zu erhalten, ist der Anschlußwert noch mit dem Gleichzeitigkeitsfaktor zu multiplizieren. Der Gleichzeitigkeitsfaktor ist infolge des Heizanteils höher zu wählen, als es in Abschnitt 4.7 angegeben ist. Er beträgt ca. 0,35. Die Netzbelastung ergibt sich damit zu ca. 10 kW, der Leistungsfaktor bewegt sich bei ca. 0,85.

Die direkte Bebauung des Komplexes erstreckt sich etwa auf 0,15 km^2. Das Wohngebiet soll aus der etwa 2 km entfernt gelegenen 110/10-kV-Umspannstation versorgt werden. Ein bereits verlegtes Mittelspannungskabel ist in die Planung einzubeziehen; für das weitere Netz soll ein einheitlicher Querschnitt verwendet werden.

Die Frage ist nun, in welchem Maße das Niederspannungsnetz zur Versorgung heranzuziehen ist. *Prinzipiell kann das übergeordnete Netz erst geplant werden,* wenn die *Struktur des unterlagerten* Netzes, in diesem Fall des Niederspannungsnetzes, *feststeht.* Es müssen außer der Lage der Netzstationen auch noch deren Anschlußdaten bekannt sein.

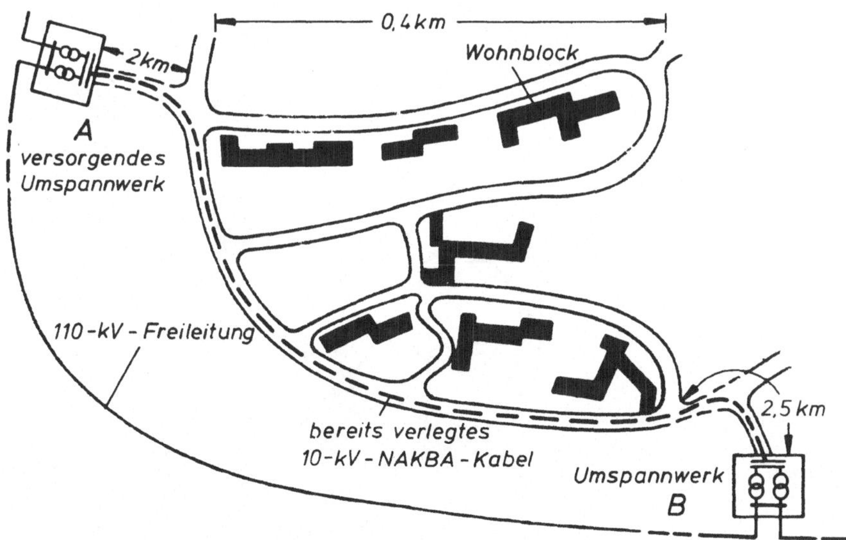

Bild 8.1 Lageplan einer allelektrisch versorgten Wohnsiedlung

Für die Struktur des unterlagerten Niederspannungsnetzes ist die Lastdichte ein maßgebliches Kriterium. Bei diesem Beispiel liegt eine extrem hohe Lastdichte von

$$\frac{1000\ \mathrm{WE} \cdot 10\ \mathrm{kW}}{0{,}15\ \mathrm{km}^2 \cdot 0{,}85\ \mathrm{WE}} \approx 78\ \frac{\mathrm{MW}}{\mathrm{km}^2}$$

vor. Bei so hohen Lastdichten kommt gemäß Kapitel 3 nur die Form eines Anschlußnetzes infrage. Die Verteilerfunktion wird bereits vom Mittelspannungsnetz voll übernommen. Dabei ist es zweckmäßig, jeweils einen Wohnblock mit einer Station zu versorgen. Die einzelnen Blöcke umfassen ca. 40 Wohnungen. Je nach genauer Anzahl werden aus dem angebotenen Typenprogramm 500 kVA bzw. 630 kVA Netzstationen ausgewählt. Damit ergibt sich die in Bild 8.2 dargestellte Verteilung dieser Netzstationen, so daß nun die Planung des Mittelspannungsnetzes erfolgen kann.

In die Planung des Mittelspannungsnetzes ist ebenfalls das bereits verlegte, zweiseitig gespeiste 10-kV-Kabel mit 150-mm²-Aluminiumleitern einzubeziehen, das die beiden in der Nähe gelegenen 110/10-kV-Umspannanlagen A und B miteinander verbindet. *Die Restriktion, bereits bestehende Netzteile in die Planung einzubeziehen, findet sich sehr häufig.* Die Struktur des weiteren Netzes wird durch die Straßenzüge festgelegt. Es bietet sich die in Bild 8.3 dargestellte Variante an.

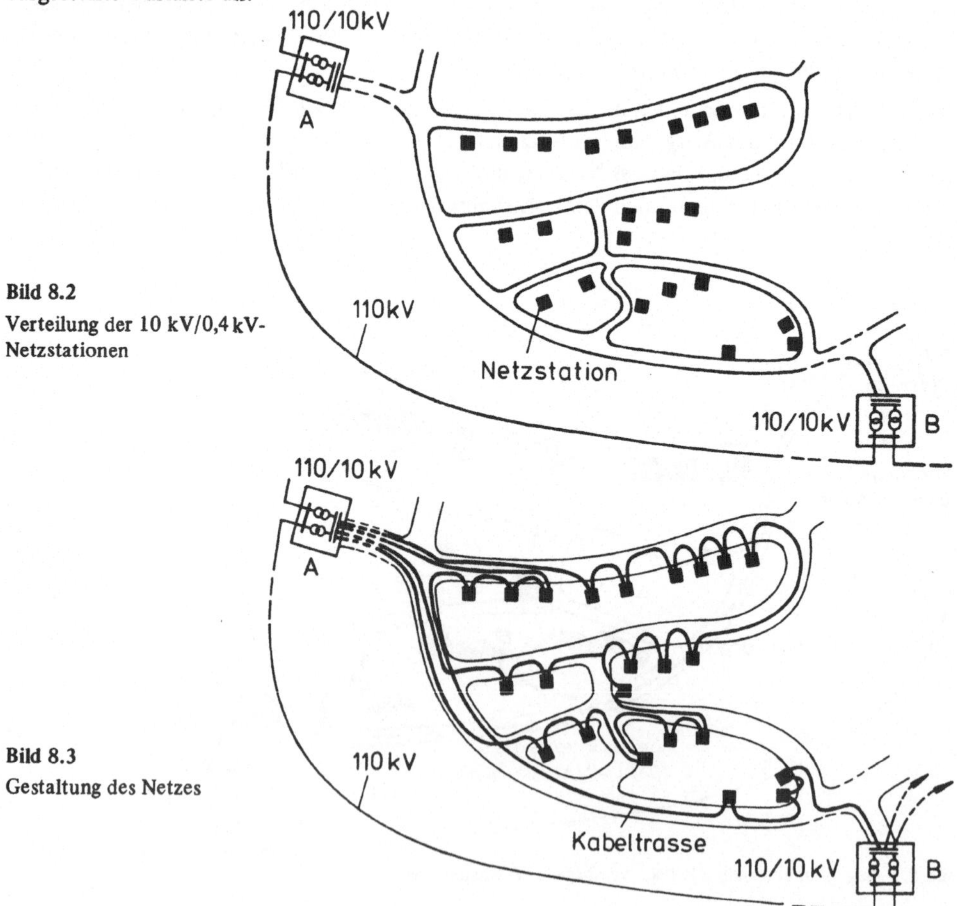

Bild 8.2
Verteilung der 10 kV/0,4 kV-Netzstationen

Bild 8.3
Gestaltung des Netzes

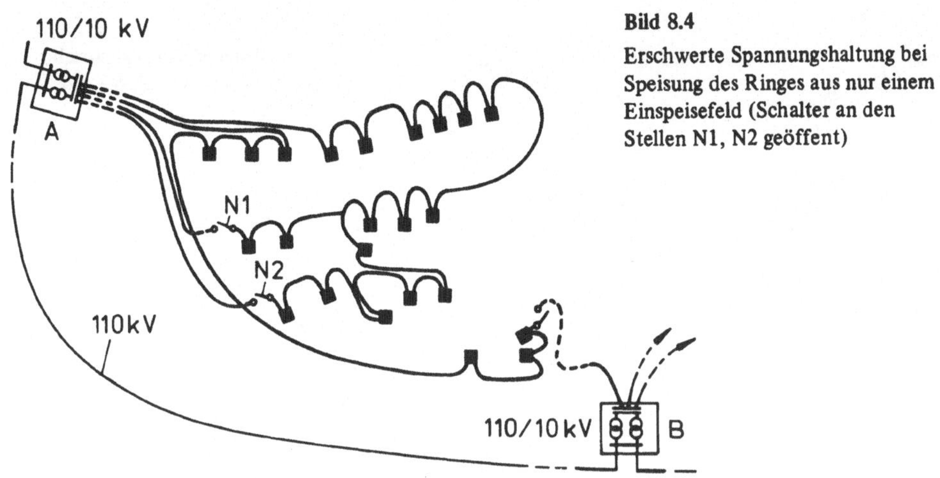

Bild 8.4
Erschwerte Spannungshaltung bei Speisung des Ringes aus nur einem Einspeisefeld (Schalter an den Stellen N1, N2 geöffent)

Das Netz setzt sich aus einer *zweiseitig gespeisten Leitung* und einem *verzweigten Ring* mit drei Einspeisungen zusammen (vgl. Abschnitt 3.2). Einfachfehler im Netz können bei dieser Netzform infolge der Ringstruktur bzw. der zweiseitigen Speisung des 150-mm^2-Kabels durch reine Schaltmaßnahmen aufgefangen werden. Bei dieser Netzgestaltung ist daher, wie erforderlich, das (N–1)-Ausfallprinzip gewahrt.

Dieses Maß an Sicherheit (Eigensicherheit) müssen natürlich auch die Umspannstationen des 110-kV-Ringes aufweisen. Die entsprechende Redundanz liegt vor, wenn zwei Umspanner und ein Doppelsammelschienensystem mit Schnellentkupplung zugrundegelegt werden. Von den drei Einspeisefeldern der Umspannanlage A, an die der verzweigte 10-kV-Ring angeschlossen ist, können sogar zwei Felder ohne Beeinträchtigung der Versorgung ausfallen, wenn der Ring im Hinblick auf die Spannungshaltung und thermische Dauerbelastung entsprechend ausgelegt ist (Bild 8.4).

Bei dem Schaltzustand in Bild 8.4 liegt eine erschwerte Spannungshaltung und eine erhöhte thermische Dauerbelastung vor. *Grundsätzlich wird die Anlage in diesem Sinn um so stärker beansprucht, je geringer bei dem betrachteten Schaltzustand die Vermaschung und die Anzahl der Einspeisungen ist. Die Netzanlage wird daher in dem Maße sicherer gestaltet, je ungünstiger der Schaltzustand gewählt wird, anhand dessen die beiden Restriktionen überprüft werden.* Im allgemeinen ergeben sich mehrere Varianten. In dem betrachteten Beispiel treten aufgrund der drei Einspeisungen drei ungünstige Möglichkeiten auf, von denen ein Schaltzustand Bild 8.4 zeigt. Die entsprechenden Lastflußrechnungen für diese drei Schaltungsvarianten zeigen, daß bei der Wahl eines Kabelquerschnitts von 240 mm^2 Al mit einem Dauerstrom von I_d = 520 A noch eine ausreichende Spannungshaltung und thermische Dauerbelastung gegeben ist.

Eine mögliche Schaltungsvariante des so dimensionierten Netzes im Normalbetrieb zeigt Bild 8.5. Es liegen vier Strahlen vor, die jeweils 5 bis 6 Stationen zu versorgen haben. Die Spannungshaltung ist bei dieser Lastaufteilung in jedem Fall gesichert. Auch der Spannungsabfall auf dem 150-mm^2-Kabel ist vertretbar.

Der Vorteil dieser einfachen Netzschaltung liegt darin, daß in den Umspannstationen ein preisgünstiger Überstromzeitschutz verwendet werden kann. Die Wahl einer höheren Ver-

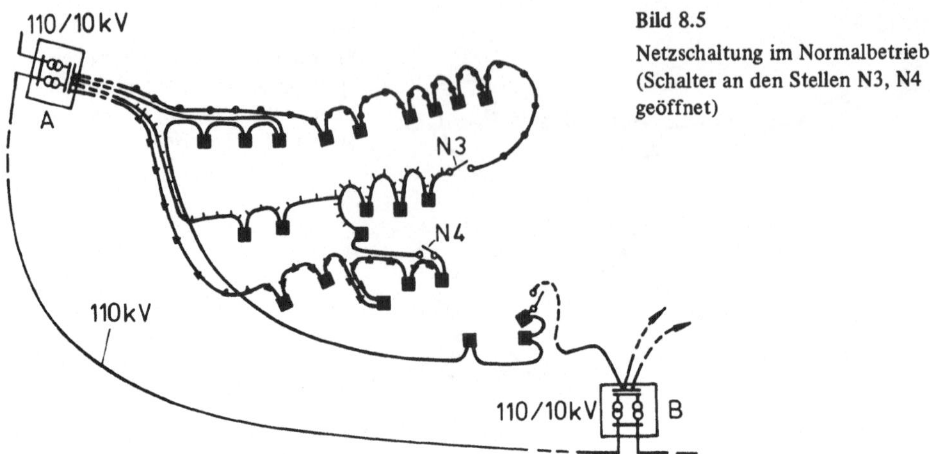

Bild 8.5
Netzschaltung im Normalbetrieb (Schalter an den Stellen N3, N4 geöffnet)

maschung würde bei einer eventuellen ungleichmäßigen Belastung der einzelnen Strahlen die Netzverluste senken, jedoch erhöhte Anforderungen an den Schutz stellen. Genauere Betrachtungen zeigen, daß die damit verbundenen Investitionskosten erheblich höher sind als die Einsparungen an Betriebskosten, wenn die Netzverluste verringert werden.

Der Transformator in der Umspannanlage benötigt bei dem geschätzten Leistungsfaktor der Last von 0,85 eine Leistung von

$$S_{nT} = 1000 \text{ WE} \cdot \frac{10}{0{,}85} \frac{\text{kW}}{\text{WE}} = 11{,}8 \text{ MVA}.$$

Im Hinblick auf Überlast es üblich, Netzumspanner im Normalbetrieb nur zu 60 % auszulasten. Daher wird für den einzelnen Umspanner die dann nächste Typenleistung von 20 MVA gewählt.

Die *härteste Belastung* für die dritte Restriktion, *die Kurzschlußfestigkeit,* tritt im Unterschied zu den bisherigen Betrachtungen dann auf, wenn bei dem vorhergehenden Schaltzustand *ein hoher Vermaschungsgrad des Netzes vorliegt* und *die Last aus möglichst vielen Einspeisungen gedeckt* wird. Üblicherweise ergeben sich mehrere Schaltungsvarianten, die diese Bedingungen erfüllen. Für jeden dieser Schaltungszustände sind die Kurzschlußleistungen an den einzelnen Knotenpunkten zu ermitteln und die Kurzschlußfestigkeit der gewählten Netzelemente, u. a. auch der Schalter, zu überprüfen.

Bei dem vorliegenden Netz liegen besonders einfache Verhältnisse vor, da beim Ring die Kabelquerschnitte gleich groß gewählt worden sind. In diesem speziellen Fall kann in dem Kabel maximal der Kurzschlußstrom auftreten, der bei einem Sammelschienenkurzschluß in der Schaltanlage fließt. Er wird hauptsächlich durch die Reaktanz der Transformatoren begrenzt. Die entsprechenden Kurzschlußstromberechnungen führen bei den geplanten Transformatoren auf einen erforderlichen u_k-Wert von 12,5 %. Im Hinblick auf die Spannungshaltung werden Ausführungen mit einer einstellbaren Übersetzung gewählt. Der Stellbereich wird zweckmäßigerweise zu ± 13 % gewählt, da dann auch die Spannungsabfälle im Transformator ausgeglichen werden können.

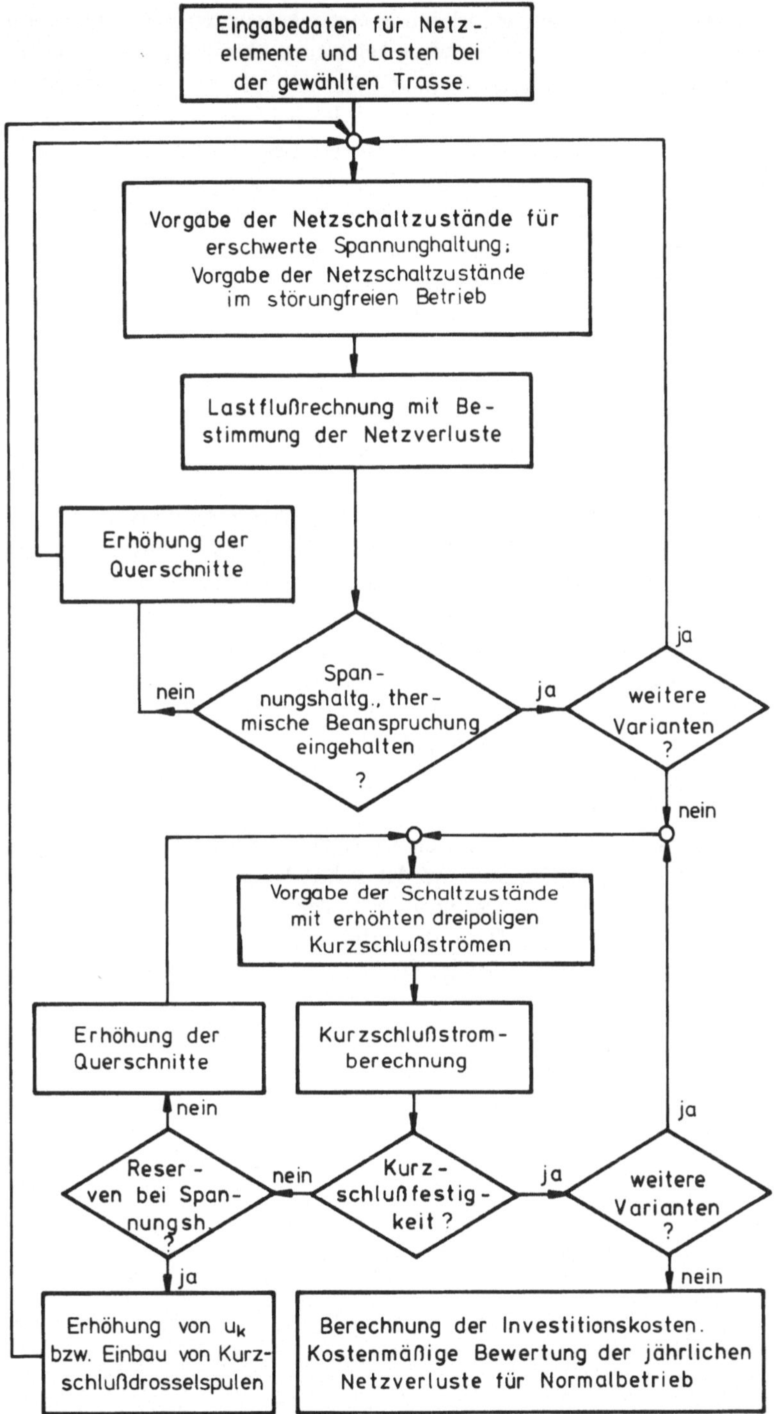

Bild 8.6 Ablauf der Planungsrechnung für eine vorgegebene Variante

Die relative Kurzschlußspannung u_k kann jedoch nur in einem begrenzten Maße variiert werden (s. Abschnitt 4.2.1.1.2). Falls sich auf diese Weise keine ausreichende Kurzschlußfestigkeit erreichen ließe, müßte entweder statt des Aluminiumkabels ein Kupfer- oder ein Doppelkabel vorgesehen werden. Querschnitte über 240 mm² werden bei Kabeln aus verlegungstechnischen Gründen nur ungern gewählt. Bei dem bereits verlegten 150-mm²-Kabel ist in diesem Beispiel die Kurzschlußfestigkeit nur gewährleistet, wenn einseitig gespeist wird. Der Betriebszustand der zweiseitigen Speisung ist daher auszuschließen. Damit sind die wesentlichen Netzelemente, die Daten des Transformators und der Kabelquerschnitt, festgelegt. Weitere Netzvarianten sind im Rahmen der genannten Restriktionen aus Kostengründen (Netzschutz) kaum sinnvoll. In Bild 8.6 ist der Berechnungsgang noch einmal veranschaulicht.

Die Verwendung einfacher Netzstrukturen wie im vorliegenden Beispiel erleichtert die Planung. In diesem Fall ist der Querschnitt der Kabel im wesentlichen die bestimmende Größe für die Spannungshaltung, während der u_k-Wert des Transformators durch die Kurzschlußfestigkeit der Anlage festgelegt wird.

Bei vielen Netzen ist darüber hinaus noch die weitere Bebauung mit in den Entwurf einzubeziehen. Die einzelnen Ausbaustufen und der Endausbau sind aufeinander abzustimmen. Erschwerend kommt in der Praxis hinzu, daß sich die ursprüngliche Ausbauplanung häufig ändert und sich die Belastung meist erhöht. Im Rahmen der weiteren Bebauung wird dann oft das Netz höher vermascht als zunächst vorgesehen, da diese Maßnahme überwiegend kostengünstiger ist, als eine weitere Umspannstation zu erstellen. Die erhöhte Vermaschung ermöglicht vielfach unzulässige Schaltzustände, bei denen z. B. die Restriktion Kurzschlußfestigkeit nicht eingehalten werden kann. Der Betrieb solcher gewachsener Netze stellt deshalb erhöhte Anforderungen an das Personal, die durch den Einsatz von Prozeßrechnern, wie beschrieben, gemildert werden.

Die bisherigen Betrachtungen erstrecken sich auf die Formgebung des Netzes, Wahl der Leiterquerschnitte und Bestimmung der Transformatordaten. Mit den bisher kennengelernten Methoden können jedoch noch keine Aussagen über die Auslegung der Erdungsanlagen und die Behandlung der Sternpunkte erfolgen. Dazu ist es erforderlich, unsymmetrisch belastete Netze berechnen zu können. Die dazu notwendige Methodik wird in den folgenden Kapiteln erläutert.

9 Berechnung von unsymmetrisch gespeisten Drehstromnetzen mit symmetrischem Aufbau

Bei den bisher behandelten Drehstromnetzen sind Aufbau und Speisung stets als symmetrisch vorausgesetzt worden. Unter dieser Voraussetzung kann man die Anlagen durch einphasige Ersatzschaltbilder mit speziellen Begriffen wie Betriebsinduktivität und -kapazität beschreiben. Im weiteren soll nun das Strom-Spannungs-Verhalten von *symmetrisch aufgebauten Netzen* ermittelt werden, bei denen die *Speisung unsymmetrisch erfolgt.* Wie später noch gezeigt wird, können die im folgenden entwickelten Methoden sogar noch erweitert werden. Es sind damit auch Netze zu behandeln, deren Symmetrie durch punktuelle Fehler, z.B. Kurzschlüsse, gestört ist.

Bei unsymmetrisch betriebenen Drehstromnetzen unterscheiden sich im allgemeinsten Fall die Leiterströme $\underline{I}_R, \underline{I}_S, \underline{I}_T$ in ihren Beträgen und weisen zugleich andere Phasenverschiebungen als im symmetrischen Betrieb auf. Solche Netze lassen sich besonders leicht berechnen, wenn das Verfahren der symmetrischen Komponenten verwendet wird [17], [29], [40], [51], [52]. Ein wesentlicher Vorteil liegt z.B. darin, daß die vom symmetrischen Betrieb her bekannten, einfachen Impedanzbegriffe erhalten bleiben.

9.1 Methode der symmetrischen Komponenten

Die Methode der symmetrischen Komponenten beruht auf dem Überlagerungsprinzip und stellt damit einen linearen Algorithmus dar. Dieses Verfahren ermöglicht es, ein System aus drei beliebigen Zeigern in drei Systeme mit unterschiedlicher Symmetrie zu zerlegen. Im allgemeinen sind diese Systeme untereinander wiederum phasenverschoben.

In Bild 9.1 wird die Zerlegung eines Zeigersystems veranschaulicht. Dabei wird im weiteren stets ein *stationärer Betrieb* vorausgesetzt, da mit Zeigern keine transienten Vorgänge beschrieben werden können.

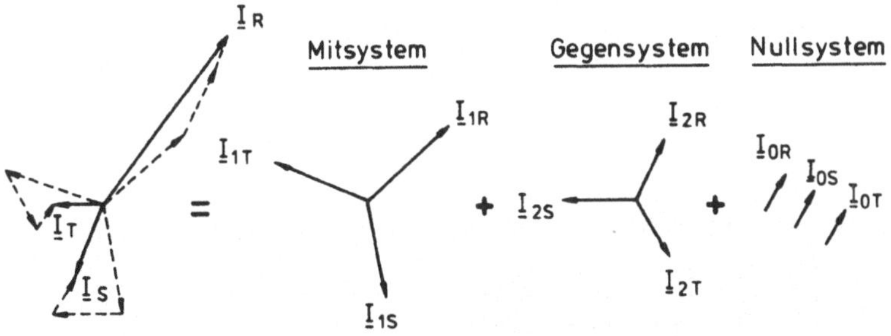

Bild 9.1 Graphische Zerlegung komplexer Zeiger in symmetrische Komponenten

Die in Bild 9.1 dargestellte Zerlegung läßt sich im elektrotechnischen Sinn sehr anschaulich interpretieren [29]. Man erhält ein symmetrisches Drehstromsystem mit normaler Phasenfolge, das im folgenden als *Mitsystem* bezeichnet wird. Weiterhin ergibt sich ein symmetrisches System mit entgegengesetzter Phasenfolge, das üblicherweise *Gegensystem* genannt wird. Darüber hinaus führt die Zerlegung auf drei Ströme mit gleicher Phasenlage und gleichem Betrag. Dieses System wird als *Nullsystem* bezeichnet, da es nur dann auftritt, wenn die *Summe der Zeiger* $\underline{I}_R, \underline{I}_S, \underline{I}_T$ *ungleich Null ist.* Im weiteren werden die jeweiligen Zeiger des Mit-, Gegen- und des Nullsystems entsprechend der DIN 4897 mit den Indizes 1, 2, 0 gekennzeichnet, gefolgt von dem Index, der den Ort, also den *Leiter*, charakterisiert. Der Zeiger $\underline{I}_R$ im Gegensystem lautet demnach $\underline{I}_{2R}$.

Die bisher nur graphisch durchgeführte Zerlegung in ein Mit-, Gegen- und Nullsystem läßt sich durch die folgenden Gleichungen auch analytisch beschreiben:

$$\begin{aligned} \underline{I}_R &= \underline{I}_{1R} + \underline{I}_{2R} + \underline{I}_{0R} \\ \underline{I}_S &= \underline{I}_{1S} + \underline{I}_{2S} + \underline{I}_{0S} \\ \underline{I}_T &= \underline{I}_{1T} + \underline{I}_{2T} + \underline{I}_{0T}. \end{aligned} \tag{9–1}$$

Dieses Gleichungssystem gibt die Zerlegung jedoch nur bedingt wieder. Es ist noch die Eigenschaft einzuarbeiten, daß die drei Zeiger des Mit- und Gegensystems untereinander bei gleichem Betrag jeweils um 120° phasenverschoben sind und daß darüber hinaus die Zeiger des Nullsystems untereinander identisch sind. Analytisch lassen sich diese Zusammenhänge dadurch formulieren, daß man jeweils einen Zeiger in den drei Systemen als Bezugsgröße betrachtet. Üblicherweise werden die Komponentenzeiger $\underline{I}_{1R}, \underline{I}_{2R}, \underline{I}_{0R}$ des Leiters R gewählt. Wenn weiterhin die Ausdrücke $\underline{a} = e^{j120°}$ und $\underline{a}^2 = e^{j240°}$ verwendet werden, lassen sich die anderen Zeiger durch die folgenden Zusammenhänge beschreiben:

$$\begin{aligned} &\underline{I}_{1S} = \underline{a}^2 \underline{I}_{1R}, \qquad \underline{I}_{1T} = \underline{a}\,\underline{I}_{1R}, \\ &\underline{I}_{2S} = \underline{a}\,\underline{I}_{2R}, \qquad \underline{I}_{2T} = \underline{a}^2 \underline{I}_{2R}, \\ &\underline{I}_{0R} = \underline{I}_{0S} = \underline{I}_{0T}. \end{aligned}$$

Eingesetzt in die Beziehung (9–1), ergibt sich demnach das Gleichungssystem

$$\begin{aligned} \underline{I}_R &= \underline{I}_{1R} + \underline{I}_{2R} + \underline{I}_{0R} \\ \underline{I}_S &= \underline{a}^2 \underline{I}_{1R} + \underline{a}\,\underline{I}_{2R} + \underline{I}_{0R} \\ \underline{I}_T &= \underline{a}\,\underline{I}_{1R} + \underline{a}^2 \underline{I}_{2R} + \underline{I}_{0R}. \end{aligned} \tag{9–2}$$

Für die weiteren Betrachtungen wird nun die Matrizenschreibweise eingeführt. Sie führt zu einer größeren Übersichtlichkeit in der Darstellung des Gleichungssystems und erleichtert damit die Interpretation. Das System (9–2) nimmt in dieser Schreibweise die Form

$$\begin{bmatrix} \underline{I}_R \\ \underline{I}_S \\ \underline{I}_T \end{bmatrix} = \begin{bmatrix} 1 & 1 & 1 \\ \underline{a}^2 & \underline{a} & 1 \\ \underline{a} & \underline{a}^2 & 1 \end{bmatrix} \cdot \begin{bmatrix} \underline{I}_{1R} \\ \underline{I}_{2R} \\ \underline{I}_{0R} \end{bmatrix} \tag{9–3}$$

an. Für die einzelnen Matrizen werden im folgenden abkürzend die Symbole

$$\underset{\sim}{\underline{I}_d} = \begin{bmatrix} \underline{I}_R \\ \underline{I}_S \\ \underline{I}_T \end{bmatrix}; \quad \underset{\sim}{\underline{T}} = \begin{bmatrix} 1 & 1 & 1 \\ \underline{a}^2 & \underline{a} & 1 \\ \underline{a} & \underline{a}^2 & 1 \end{bmatrix}; \quad \underset{\sim}{\underline{I}_k} = \begin{bmatrix} \underline{I}_{1R} \\ \underline{I}_{2R} \\ \underline{I}_{0R} \end{bmatrix}$$

verwendet, wobei der *Index d* die Ströme des Drehstromsystems und der *Index k* die Bezugsströme der Komponentensysteme kennzeichnet, die im folgenden als Komponentenströme bezeichnet werden sollen. Mit diesen Definitionen ergibt sich die Matrizenbeziehung

$$\underline{\tilde{I}}_d = \underline{\tilde{T}} \cdot \underline{\tilde{I}}_k . \tag{9–4}$$

Die Matrix $\underline{\tilde{T}}$ transformiert die Komponentenströme $\underline{\tilde{I}}_k$ in die tatsächlichen Leiterströme $\underline{\tilde{I}}_d$. Da dieser Schritt in der Beziehung (9–4) linear erfolgt, spricht man auch von einer linearen Transformation. Von gleichem Interesse ist auch die umgekehrte bzw. inverse Transformation. In diesem Fall sind $\underline{I}_R, \underline{I}_S, \underline{I}_T$ die Ausgangsgrößen, aus denen dann die Komponentenströme $\underline{I}_{1R}, \underline{I}_{2R}, \underline{I}_{0R}$ zu berechnen sind. Analytisch läßt sich dieses Ziel durch elementares Umformen des Gleichungssystems (9–2) auf die Form

$$\begin{aligned} \underline{I}_{1R} &= \frac{1}{3} \cdot (\underline{I}_R + \underline{a}\,\underline{I}_S + \underline{a}^2 \underline{I}_T) \\ \underline{I}_{2R} &= \frac{1}{3} \cdot (\underline{I}_R + \underline{a}^2 \underline{I}_S + \underline{a}\,\underline{I}_T) \\ \underline{I}_{0R} &= \frac{1}{3} \cdot (\underline{I}_R + \underline{I}_S + \underline{I}_T) \end{aligned} \tag{9–5}$$

erreichen. In Matrizenschreibweise nimmt dieses System die Gestalt

$$\begin{bmatrix} \underline{I}_{1R} \\ \underline{I}_{2R} \\ \underline{I}_{0R} \end{bmatrix} = \frac{1}{3} \cdot \begin{bmatrix} 1 & \underline{a} & \underline{a}^2 \\ 1 & \underline{a}^2 & \underline{a} \\ 1 & 1 & 1 \end{bmatrix} \cdot \begin{bmatrix} \underline{I}_R \\ \underline{I}_S \\ \underline{I}_T \end{bmatrix} \tag{9–6}$$

an. Mit den schon eingeführten Bezeichnungen $\underline{\tilde{I}}_k, \underline{\tilde{I}}_d$ und der Definition

$$\underline{\tilde{T}}^{-1} = \frac{1}{3} \cdot \begin{bmatrix} 1 & \underline{a} & \underline{a}^2 \\ 1 & \underline{a}^2 & \underline{a} \\ 1 & 1 & 1 \end{bmatrix}$$

erhält man eine zu Gl. (9–4) analoge Form:

$$\underline{\tilde{I}}_k = \underline{\tilde{T}}^{-1} \cdot \underline{\tilde{I}}_d . \tag{9–7}$$

Die beschriebene Transformation kann natürlich auch bei solchen komplexen Zeigern vorgenommen werden, die Spannungen darstellen. In Anlehnung an die bisherige Schreibweise gilt dann

$$\underline{\tilde{U}}_k = \underline{\tilde{T}}^{-1} \cdot \underline{\tilde{U}}_d \tag{9–8}$$

und

$$\underline{\tilde{U}}_d = \underline{\tilde{T}} \cdot \underline{\tilde{U}}_k . \tag{9–9}$$

Erwähnt sei, daß die Matrizen $\underline{\tilde{T}}$ und $\underline{\tilde{T}}^{-1}$ andere Elemente aufweisen, wenn die Bezugszeiger anders gewählt und dafür nicht die Größen $\underline{I}_{1R}, \underline{I}_{2R}, \underline{I}_{0R}$ verwendet werden.

Mit den bisherigen Erläuterungen sind die Grundlagen dafür gelegt, unsymmetrisch betriebene Netze, die jedoch symmetrisch aufgebaut sein sollen, in einer vereinfachten Form analytisch zu beschreiben.

9.2 Anwendung der symmetrischen Komponenten auf unsymmetrisch betriebene Drehstromnetze

Die Berechnung unsymmetrisch gespeister Netze wird zunächst an einem einfachen Beispiel erläutert, das in Bild 9.2 dargestellt ist. Bei diesem einfachen Netz kann es sich z.B. um eine dreiphasige Drosselspule mit einem Sternpunktleiter gemäß Bild 9.3 handeln. Die Drosselspule wird unter Berücksichtigung der in Bild 9.3 eingetragenen Zählpfeile (s. Abschnitt 4.1) durch das folgende Gleichungssystem beschrieben:

$$\begin{aligned} \underline{U}_{RN} &= j\omega L_R \underline{I}_R - j\omega M_{SR} \underline{I}_S - j\omega M_{TR} \underline{I}_T \\ \underline{U}_{SN} &= -j\omega M_{RS} \underline{I}_R + j\omega L_S \underline{I}_S - j\,\omega M_{TS} \underline{I}_T \\ \underline{U}_{TN} &= -j\omega M_{RT} \underline{I}_R - j\omega M_{ST} \underline{I}_S + j\omega L_T \underline{I}_T . \end{aligned} \tag{9–10}$$

Dabei bezeichnet z.B. die Größe $\underline{U}_{RN}$ die Spannung zwischen dem Außenleiter R und dem Neutralleiter N. Die Bauweise der Drosselspule kann als symmetrisch angenommen werden. Die eingefügten Luftspalte (Bild 9.3) werden so gewählt, daß sich die unterschiedlichen Längen der Eisenschenkel bei einem üblichen $\mu_r \approx 6000$ nur geringfügig bemerkbar machen. Daher gilt in guter Näherung

$$M_{RS} = M_{SR} = M_{RT} = M_{TR} = M_{TS} = M_{ST} = M,$$
$$L_R = L_S = L_T = L.$$

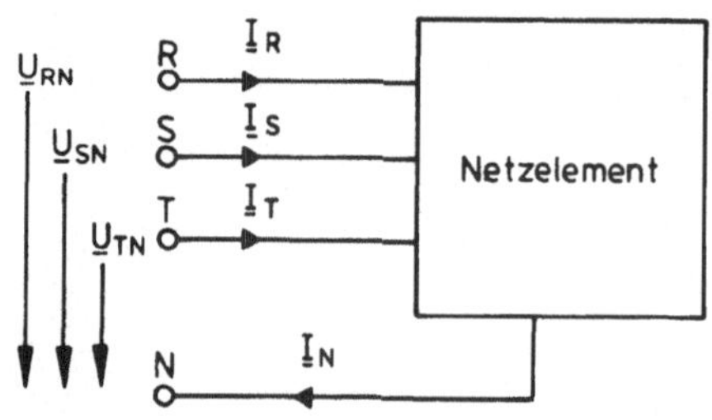

Bild 9.2
Netzelement mit angeschlossenem Neutralleiter

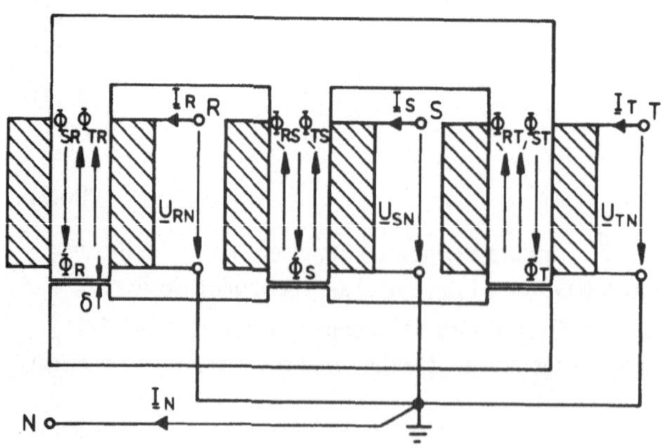

Bild 9.3
Drehstromdrosselspule

Im folgenden werden die Ausdrücke $(-j\omega M)$ bzw. $j\omega L$ mit $\underline{Z}_a$ bzw. $\underline{Z}$ bezeichnet. Das Gleichungssystem nimmt dann in der Matrizenschreibweise die Gestalt

$$\begin{bmatrix} \underline{U}_{RN} \\ \underline{U}_{SN} \\ \underline{U}_{TN} \end{bmatrix} = \begin{bmatrix} \underline{Z} & \underline{Z}_a & \underline{Z}_a \\ \underline{Z}_a & \underline{Z} & \underline{Z}_a \\ \underline{Z}_a & \underline{Z}_a & \underline{Z} \end{bmatrix} \cdot \begin{bmatrix} \underline{I}_R \\ \underline{I}_S \\ \underline{I}_T \end{bmatrix} \tag{9–11}$$

an. Es läßt sich in verkürzter Form als

$$\underline{\tilde{U}}_d = \underline{\tilde{Z}}_d \cdot \underline{\tilde{I}}_d \tag{9–12}$$

schreiben. Man verwendet für die Matrix $\underline{\tilde{Z}}_d$ auch den Ausdruck *Impedanzmatrix*. In diesem speziellen Beispiel sind die Elemente symmetrisch zur Diagonalen angeordnet. Daher werden Matrizen dieser Struktur als *diagonalsymmetrisch* bezeichnet [17], [29].

Da bei der Ableitung dieses Zusammenhanges keine Bedingungen an den Betrag und die Phasenlage der Ströme und Spannungen gestellt sind, gilt die Beziehung (9–11) sowohl für symmetrische als auch unsymmetrische Verhältnisse. Eine Transformation mit den symmetrischen Komponenten erleichtert die Auswertung solcher Gleichungssysteme, wie in den folgenden Ausführungen gezeigt wird.

Zu diesem Zweck werden in der Beziehung (9–11) die Ströme durch die Gl. (9–2) substituiert. Analog wird mit den Spannungen verfahren. Das sich ergebende System läßt sich nun nach einer Reihe von algebraischen Operationen auf die Form

$$\underline{\tilde{U}}_k = \underline{\tilde{Z}}_k \cdot \underline{\tilde{I}}_k \tag{9–13}$$

bringen. Wenn man bei diesen Operationen den Zusammenhang

$$\underline{a}^2 + \underline{a} + 1 = 0 \tag{9–14}$$

beachtet, ergibt sich für $\underline{Z}_k$ der einfache Aufbau

$$\underline{\tilde{Z}}_k = \begin{bmatrix} \underline{Z} - \underline{Z}_a & 0 & 0 \\ 0 & \underline{Z} - \underline{Z}_a & 0 \\ 0 & 0 & \underline{Z} + 2\underline{Z}_a \end{bmatrix} . \tag{9–15}$$

Es sind also nur die Diagonalelemente ungleich Null. Mit den Bezeichnungen

$$\begin{aligned} \underline{Z}_1 &= \underline{Z} - \underline{Z}_a \\ \underline{Z}_2 &= \underline{Z} - \underline{Z}_a \\ \underline{Z}_0 &= \underline{Z} + 2\underline{Z}_a \end{aligned} \tag{9–16}$$

nimmt die Gl. (9–13) die Gestalt

$$\begin{bmatrix} \underline{U}_{1R} \\ \underline{U}_{2R} \\ \underline{U}_{0R} \end{bmatrix} = \begin{bmatrix} \underline{Z}_1 & 0 & 0 \\ 0 & \underline{Z}_2 & 0 \\ 0 & 0 & \underline{Z}_0 \end{bmatrix} \cdot \begin{bmatrix} \underline{I}_{1R} \\ \underline{I}_{2R} \\ \underline{I}_{0R} \end{bmatrix} \tag{9–17}$$

an. In Anlehnung an die Strom- und Spannungszeiger werden die sich ergebenden Impedanzen $\underline{Z}_1$, $\underline{Z}_2$, $\underline{Z}_0$ *als Mit-, Gegen- und Nullimpedanz bezeichnet.* Der bisher nicht betrachtete Strom im Neutralleiter $\underline{I}_N$ ergibt sich im R, S, T-System zu

$$\underline{I}_N = \underline{I}_R + \underline{I}_S + \underline{I}_T$$

und nimmt nach der Transformation den Wert

$$\underline{I}_N = 3 \cdot \underline{I}_{0R}$$

an. Das System (9–17) umfaßt drei Gleichungen, die im Unterschied zum System (9–11) nicht miteinander gekoppelt sind und daher einfacher ausgewertet werden können. Eine Rücktransformation mit den Beziehungen (9–3) liefert dann wieder die tatsächlichen Leiterströme. Physikalisch läßt sich dieses Ergebnis folgendermaßen interpretieren.

Die betrachtete Drosselspule wird nach der Transformation insgesamt durch drei symmetrische Betriebszustände beschrieben. Im Unterschied zur unsymmetrisch gespeisten Drosselspule führt die Symmetrie in diesen drei Betriebszuständen jeweils zu einfacheren Verhältnissen bei den elektrischen und magnetischen Feldern. Dieser Zusammenhang gilt dann auch für die Impedanzen, da diese als integrale Kenngrößen für die sich einstellenden Feldverteilungen aufgefaßt werden können. Aus diesem Grund sind bei den Impedanzen nach der Transformation die Kopplungen zwischen den einzelnen Leitern nicht mehr gesondert zu berücksichtigen. Daher ist auch eine einphasige Beschreibung möglich, wobei üblicherweise der Außenleiter R als Bezugsleiter verwendet wird. In Bild 9.4 sind die Zusammenhänge noch einmal verdeutlicht. Es gilt festzuhalten, daß diese Transformation bei der Beschreibung der Netzelemente zu zwei Vorteilen führt:

- einfachere Impedanzbegriffe,
- einfacher strukturierte Gleichungssysteme.

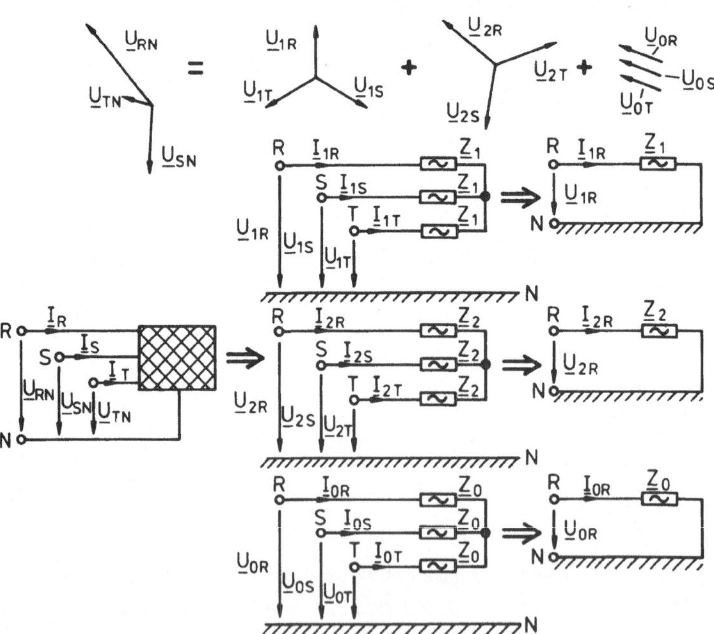

Bild 9.4 Interpretation der Transformation mit den symmetrischen Komponenten

Die Transformation mit den symmetrischen Komponenten gestaltet sich noch einfacher, wenn der Neutralleiter nicht vorhanden ist und ein Dreileitersystem vorliegt. In diesem Fall kann kein Strom aus der Drosselspule abfließen; die Ströme $\underline{I}_R, \underline{I}_S, \underline{I}_T$ ergänzen sich stets zu Null. Dementsprechend kann sich *kein Nullsystem im Strom ausbilden.* Für das Betriebsverhalten einer Drosselspule ohne Neutralleiter ist nur das Mit- und Gegensystem maßgebend.

Im weiteren gilt es noch den Sonderfall zu behandeln, daß im R, S, T-System drei einzelne Drosselspulen vorliegen, die nicht miteinander gekoppelt sind. Es gilt dann $\underline{Z}_a = 0$. In diesem Fall weist bereits die Matrix $\underset{\sim}{\underline{Z}}_d$ eine reine Diagonalform auf (s. Gl. (9–11)). Die Reaktanz $\underline{Z}$ geht nach der Transformation jeweils unverändert in die Mit-, Gegen- und Nullreaktanz über. Bei diesen Bedingungen führt die Transformation daher zu keiner Rechenvereinfachung.

Bisher sind die symmetrischen Komponenten nur auf ein spezielles Netzelement, die Drosselspule, angewendet worden. Die an diesem Beispiel *abgeleiteten Zusammenhänge* gelten – ohne es im einzelnen zu belegen – in analoger Weise *bei allen ruhenden, symmetrisch aufgebauten Betriebsmitteln* [17]. Maßgebend dafür ist, daß sich deren Betriebsverhalten im R, S, T-System durch äquivalente Gleichungssysteme beschreiben läßt: Die Impedanzmatrix $\underline{Z}_d$ weist entweder eine reine Diagonalform auf oder ist zumindest diagonalsymmetrisch.

Auch *das unsymmetrische Betriebsverhalten von Synchronmaschinen* kann in hinreichender Genauigkeit durch lineare Gleichungen beschrieben werden. Im Gegensatz zu ruhenden Betriebsmitteln weist die Impedanzmatrix u.a. bei Schenkelpolmaschinen im R, S, T-System nur eine schwächere, *eine zyklische Symmetriestruktur* auf:

$$\underset{\sim}{\underline{Z}}_d = \begin{bmatrix} \underline{Z} & \underline{Z}_a & \underline{Z}_b \\ \underline{Z}_b & \underline{Z} & \underline{Z}_a \\ \underline{Z}_a & \underline{Z}_b & \underline{Z} \end{bmatrix} . \tag{9–18}$$

Matrizen dieser Struktur nehmen jedoch nach der Transformation mit den symmetrischen Komponenten ebenfalls noch die vorteilhafte Diagonalform an [17].

Bei unsymmetrisch aufgebauten Betriebsmitteln läßt sich dagegen das Betriebsverhalten nur durch *Gleichungssysteme* beschreiben, *deren Impedanzmatrizen eine noch schwächere Symmetrie aufweisen.* In diesem Fall ergibt sich im transformierten System nicht mehr die gewünschte Diagonalform in der Matrix $\underset{\sim}{\underline{Z}}_k$. Es sind dann zusätzlich Elemente außerhalb der Diagonale besetzt. Damit treten auch in den transformierten Gleichungen Koppelglieder auf. *In solchen Fällen bietet die Transformation keine wesentlichen Vorteile mehr,* da die Impedanzen $\underline{Z}_1, \underline{Z}_2, \underline{Z}_0$ allein nicht mehr zur Beschreibung des Betriebsverhaltens ausreichen.

Die bisherigen Überlegungen haben gezeigt, daß sich das Betriebsverhalten von vielen symmetrisch aufgebauten Netzelementen durch eine Transformation mit Hilfe der symmetrischen Komponenten übersichtlicher formulieren läßt. Es schließt sich nun die Frage an, zu welchen Ergebnissen die *Transformation bei Netzanlagen* führt, die sich aus mehreren Betriebsmitteln zusammensetzen. Die Art der jeweiligen Verknüpfung wird analytisch durch die Kirchhoffschen Gesetze erfaßt. Es gilt daher, die Transformation dieser Beziehungen genauer zu untersuchen.

Bei einer dreiphasigen, symmetrisch aufgebauten Netzanlage wird jeder Knotenpunkt mit m Leitungszweigen infolge der Dreiphasigkeit durch drei Gleichungen der Form

$$\sum_{i=1}^{m} \underline{I}_{R_i} = 0, \quad \sum_{i=1}^{m} \underline{I}_{S_i} = 0, \quad \sum_{i=1}^{m} \underline{I}_{T_i} = 0$$

beschrieben. Eine Transformation dieser Knotenpunktgleichungen mit den Beziehungen (9–1) führt auf den folgenden Zusammenhang:

$$\begin{aligned} 0 &= \sum_{i=1}^{m} \underline{I}_{R_i} & & \sum_{i=1}^{m} \underline{I}_{1R_i} = 0 \\ 0 &= \sum_{i=1}^{m} \underline{I}_{S_i} & \Longrightarrow \quad & \sum_{i=1}^{m} \underline{I}_{2R_i} = 0 \\ 0 &= \sum_{i=1}^{m} \underline{I}_{T_i} & & \sum_{i=1}^{m} \underline{I}_{0R_i} = 0. \end{aligned} \qquad (9\text{–}19)$$

Den Knotenpunktströmen im realen Drehstromsystem R, S, T entsprechen demnach analoge Knotenpunktströme im einphasigen Mit-, Gegen- und Nullsystem. Ähnlich einfach läßt sich zeigen, daß dieses Ergebnis im gleichen Sinne auch für Maschenumläufe gilt. Damit ist sichergestellt, daß die *reale Netzstruktur durch die Transformation nicht verändert wird. Die Mit-, Gegen- und Nullimpedanzen können deshalb in den transformierten Ebenen ebenso verknüpft werden, wie es im tatsächlichen Netz der Fall ist.* Die entsprechenden Netzwerke werden als *Komponentennetzwerke* bezeichnet. In Bild 9.5 erfolgt eine Veranschaulichung dieser Zusammenhänge.

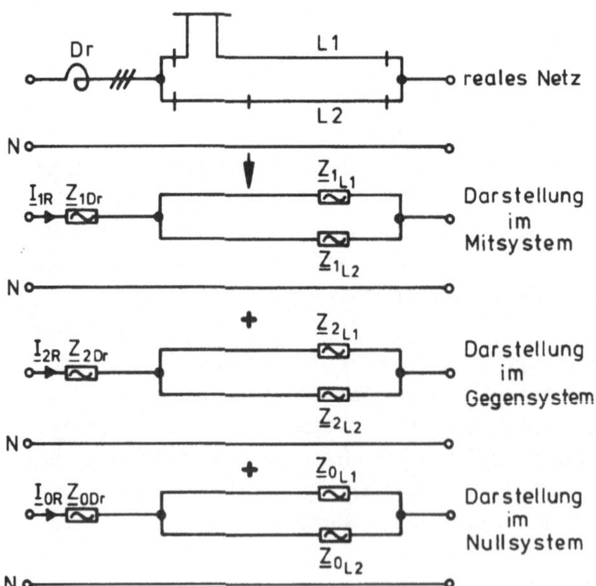

Bild 9.5
Struktur der Komponentennetzwerke

Da die drei Komponentennetzwerke einphasig aufgebaut und nicht miteinander gekoppelt sind, liegen nach der Transformation drei voneinander unabhängige Netzwerke vor. Jedes dieser Gleichungssysteme weist jeweils nur 1/3 des Umfangs im Vergleich zum dreiphasigen R, S, T-System auf. Die Lösung der drei kleineren Gleichungssysteme ist vergleichsweise mit erheblich geringerem Aufwand verbunden.

Abschließend soll noch einmal das *Berechnungsverfahren herausgestellt werden. Im ersten Schritt* werden die eingeprägten unsymmetrischen Größen in ihre symmetrischen Komponenten zerlegt. Üblicherweise handelt es sich um Spannungen. *Im zweiten Schritt* werden dann die drei Komponentennetzwerke aufgestellt. Dabei wird die Mit-, Gegen- und Nullkomponente der eingeprägten Größe im zugehörigen Komponentennetzwerk je nach Art als Spannungs- oder Stromquelle eingeführt. *Anschließend* werden dann mit den üblichen Methoden der linearen Netzwerktheorie die Komponentenströme bzw. -spannungen jeweils an solchen Stellen der drei Komponentennetzwerke berechnet, die auch im realen Netz von Interesse sind. *Im letzten Schritt* sind dann aus den jeweils drei Komponentenströmen bzw. -spannungen die tatsächlichen Leiterströme und Netzspannungen zu ermitteln. Für die Rücktransformation sind wieder die Beziehungen (9–3) bzw. (9–9) maßgebend.

Bevor zur Veranschaulichung dieses Verfahrens ein konkretes Beispiel gegeben wird, ist es zunächst notwendig, die Mit-, Gegen- und Nullimpedanzen bei den einzelnen Betriebsmitteln zu bestimmen. Prinzipiell sind sie durch die Beziehung (9–16) definiert. Eine Berechnung über die Impedanzen $\underline{Z}$, $\underline{Z}_a$ ist jedoch nicht zweckmäßig, da bei der Bestimmung dieser Größen keine Symmetrie in den Strom-Spannungs-Verhältnissen vorausgesetzt werden kann. Diese besteht, wenn man direkt von den Betriebszuständen des Mit-, Gegen- und Nullsystems ausgeht.

9.3 Impedanzen wichtiger Betriebsmittel im Mit- und Gegensystem der symmetrischen Komponenten

Abweichend vom Nullsystem handelt es sich beim Mit- und Gegensystem jeweils um *symmetrische dreiphasige Systeme.* Besonders einfache Verhältnisse ergeben sich beim Mitsystem. Die Mitimpedanz ist nach Gl. (9–17) als

$$\underline{Z}_1 = \frac{\underline{U}_{1R}}{\underline{I}_{1R}} \tag{9–20}$$

definiert. Dementsprechend ist diese Impedanz immer dann wirksam, wenn ein symmetrischer Betrieb vorliegt. Daher besteht zwischen den bereits abgeleiteten Impedanzbegriffen im Kapitel 4 und den *Mitimpedanzen* der Betriebsmittel eine *Identität.*

Zur meßtechnischen Bestimmung der Mitimpedanzen ist lediglich die Definition (9–20) schaltungstechnisch nachzubilden. Zu diesem Zweck ist das Netzelement mit einem symmetrischen Strom- oder Spannungssystem zu speisen. Der Quotient aus einer Sternspannung und dem zugehörigen Leiterstrom ergibt dann die Impedanz $\underline{Z}_1$. Die Schaltung ist Bild 9.6 zu entnehmen.

Die Gegenimpedanz

$$\underline{Z}_2 = \frac{\underline{U}_{2R}}{\underline{I}_{2R}} \tag{9–21}$$

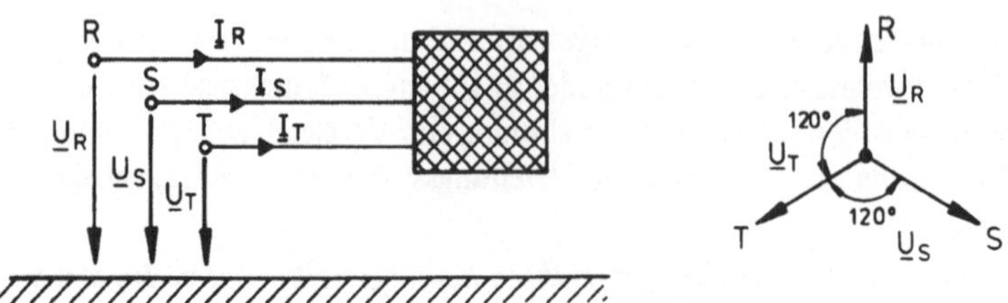

Bild 9.6 Schaltung eines Netzelements zur Bestimmung der Mitimpedanz

läßt sich auf ähnliche Weise bestimmen. Zu diesem Zweck muß nur das Mitsystem in ein Gegensystem überführt werden. Schaltungstechnisch geschieht dies am einfachsten dadurch, daß die Leiter S und T miteinander vertauscht werden. Bei symmetrisch aufgebauten, ruhenden Betriebsmitteln führt diese Maßnahme zu keinen Änderungen in den Feldverhältnissen, da aufgrund der Symmetrie kein Leiter bevorrechtigt ist. Daraus folgt, daß *bei ruhenden Betriebsmitteln Mit- und Gegenimpedanzen stets identisch sind.*

Andere Verhältnisse ergeben sich bei Drehfeldmaschinen [25]. Im wesentlichen wird nur kurz auf die Vollpolmaschine eingegangen. Zu diesem Zweck möge die betrachtete Maschine ständerseitig aus einer Stromquelle mit einem eingeprägten Gegensystem gespeist werden (Bild 9.7). Dieses Gegensystem führt parallel zu den eventuell im Ständer fließenden Strömen des Mitsystems zu einem weiteren Drehfeld. Im Unterschied zu den Drehfeldern, die aus einem Mitsystem herrühren, bewegt sich das Drehfeld eines Gegensystems aufgrund der unterschiedlichen Phasenverschiebungen entgegengesetzt zur Umlaufrichtung des Läufers, die vom Antrieb vorgegeben wird. Die dadurch bedingte hohe Relativgeschwindigkeit zwischen dem Läufer und dem Drehfeld des Gegensystems bewirken im Dämpferkäfig starke Ströme, die wiederum das Hauptfeld im Luftspalt stark schwächen. Maßgebend für das Betriebsverhalten sind daher nur noch die Streuflüsse der Ständer- und Läuferwicklung, denen die Reaktanz

$$X_\sigma \approx X_{\sigma S} + X_{\sigma D} \approx X''_d$$

zuzuordnen ist. Entsprechend Abschnitt 4.4.3 handelt es sich bei dieser Größe um die subtransiente Reaktanz X''_d, die auch nach einem Stoßkurzschluß wirksam ist. Im Vergleich dazu besteht jedoch ein *wesentlicher Unterschied* darin, daß *bei einem Gegensystem die*

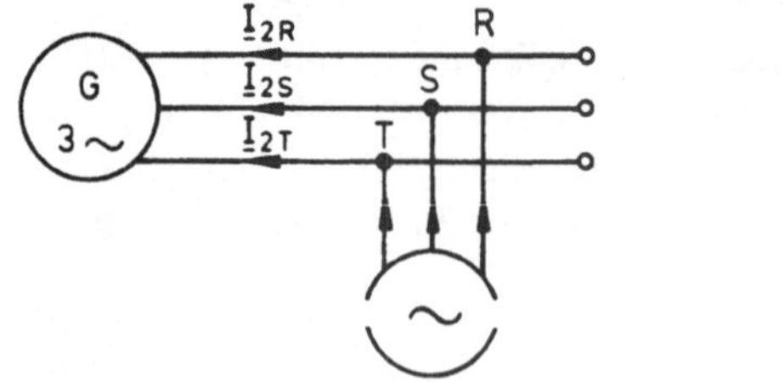

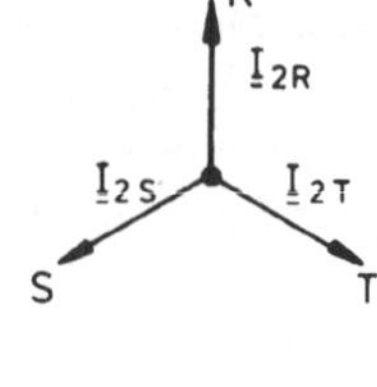

Bild 9.7 Speisung einer belasteten Synchronmaschine mit einem Stromgegensystem
($\underline{I}_{2R}$, $\underline{I}_{2S}$, $\underline{I}_{2T}$: Ströme des Gegensystems)

subtransiente Reaktanz X_d'' *dauernd wirksam ist und nicht in die Reaktanz* X_d' *bzw.* X_d *übergeht.*

Es gilt festzuhalten, daß nur unmittelbar nach einem Stoßkurzschluß die Mit- und Gegenreaktanz gleich sind. Für spätere Zeitbereiche wird bei der Mitimpedanz die Reaktanz X_d' bzw. X_d wirksam.

Ein weiteres Merkmal des Gegensystems besteht bei symmetrisch aufgebauten Vollpolmaschinen darin, daß im Ersatzschaltbild keine Spannungsquelle zu berücksichtigen ist. Dies ist darauf zurückzuführen, daß sich die Polradspannung aus einem Drehfeld des Mitsystems ergibt und bei symmetrisch aufgebauten Maschinen stets symmetrisch ist. Eine eingeprägte Spannung im Gegensystem kann daher unter diesen Bedingungen nicht auftreten. Damit ist das Ersatzschaltbild im Gegensystem vollständig festgelegt. Es ist Bild 9.8 zu entnehmen.

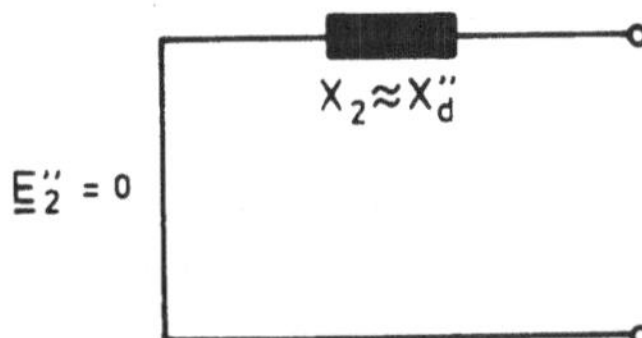

Bild 9.8
Ersatzschaltbild einer Vollpolmaschine im Gegensystem

Bei Schenkelpolmaschinen ergeben sich aufgrund der unsymmetrischen Bauweise des Polrads kompliziertere Verhältnisse. Bei der in der Praxis üblichen Betriebsweise kann jedoch letztlich ebenfalls ein ähnliches, einphasiges Ersatzschaltbild wie bei Vollpolmaschinen angegeben werden. Auf das Verhalten von Asynchronmaschinen wird nicht weiter eingegangen, da sie meist nur in speziellen Netzen, den Industrienetzen, von Bedeutung sind [5], [13], [46].

Abschließend gilt festzustellen, daß *bei ruhenden Betriebsmitteln die Mit- und Gegenimpedanzen stets identisch sind, bei Drehfeldmaschinen jedoch Unterschiede auftreten.* In beiden Fällen können die Verhältnisse mit den bereits aufgestellten Impedanzbegriffen beschrieben werden. Die *zugehörigen einphasigen Komponentennetzwerke* lassen sich *vorteilhafterweise in der gewohnten Begriffswelt formulieren.* Eine Berechnung unsymmetrisch gespeister Netze im R, S, T-System wäre nicht nur numerisch aufwendiger, sondern würde auch eine andere Vorgehensweise beim Aufstellen der Ersatzschaltungen erfordern. In diesen Auswirkungen liegen die wesentlichen Vorteile des Verfahrens der symmetrischen Komponenten. Die Impedanzen des Nullsystems nehmen eine gewisse Sonderstellung ein.

9.4 Impedanzen wichtiger Betriebsmittel im Nullsystem der symmetrischen Komponenten

Die Definition für eine Nullimpedanz ist wiederum der Gl. (9–17) zu entnehmen:

$$\underline{Z}_0 = \frac{\underline{U}_{0R}}{\underline{I}_{0R}} . \qquad (9\text{–}22)$$

Die Größen $\underline{U}_{0R}$, $\underline{I}_{0R}$ stellen jeweils Zeiger eines Nullsystems dar. Bei einem Netzelement ist demnach lediglich die Impedanz $\underline{Z}_0$ wirksam, wenn sowohl die Außenleiterströme als auch die Sternspannungen jeweils ein Nullsystem bilden. Bei den Sternspannungen ist diese Bedingung dann erfüllt, wenn sie in Betrag und Phase übereinstimmen. Schaltungstechnisch kann dieser Betriebszustand dadurch erreicht werden, daß die drei Außenleiter parallel geschaltet werden. Wenn im weiteren das Netzelement eingangsseitig aus einer Spannungsquelle, also einer eingeprägten Nullspannung, gespeist wird, stellen sich in den drei Außenleitern aufgrund des vorausgesetzten symmetrischen Aufbaus zwangsläufig gleich große Ströme ein. Sie bilden dann ebenfalls ein Nullsystem.

Die bisherigen Überlegungen zeigen, daß der Betriebszustand, der bei der Beziehung (9–22) vorausgesetzt wird, sich nicht nur gedanklich, sondern auch schaltungstechnisch relativ einfach verwirklichen läßt. Damit besteht die Möglichkeit, auf einfache Weise die Nullimpedanzen meßtechnisch zu bestimmen. Den prinzipiellen Schaltungsaufbau zeigt Bild 9.9 [29]. Diese Schaltung verdeutlicht den bereits abgeleiteten Zusammenhang, daß sich trotz einer vorhandenen Nullspannung nur dann ein Nullstrom ausbilden kann, wenn der Neutralleiter angeschlossen ist. Anderenfalls nimmt die Nullimpedanz den Wert Unendlich an. Abgesehen von diesem Entartungsfall können analytische Aussagen über Nullimpedanzen auf folgendem Wege ermittelt werden: *Man denkt sich das Netzelement entsprechend Bild 9.9 verschaltet. Im weiteren bestimmt man dann die sich einstellenden Feldverteilungen und leitet daraus die Impedanzen ab.* Wie die folgenden Rechnungen zeigen, unterscheiden sich die Nullimpedanzen bei der Mehrzahl der Betriebsmittel erheblich von den Mitimpedanzen, überwiegend sind sie größer. Zunächst wird auf ein Freileitungssystem ohne Erdseil eingegangen.

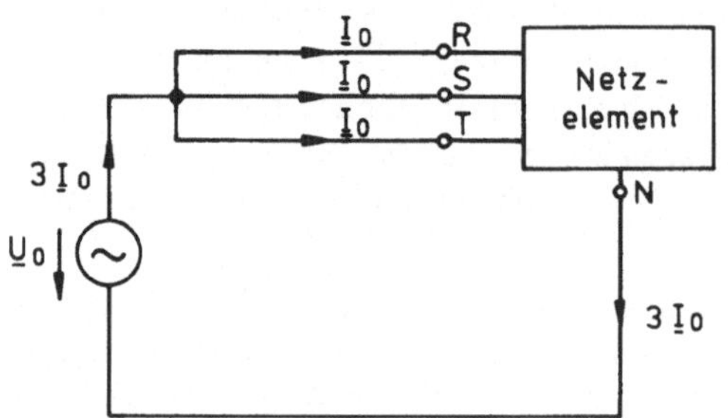

Bild 9.9
Grundsätzlicher Aufbau der Schaltung zur Bestimmung von Nullimpedanzen

9.4.1 Nullimpedanz einer Freileitung ohne Erdseil

Besonders einfache Verhältnisse liegen vor, wenn der Neutralleiter, wie es im Niederspannungsbereich der Fall ist, mitgeführt wird. Zur Bestimmung der Nullimpedanzen wird von der angesprochenen Grundschaltung ausgegangen, die Bild 9.10 zu entnehmen ist. Es handelt sich um ein Mehrleitersystem, dessen Betriebsverhalten analog zu der Betrachtungs-

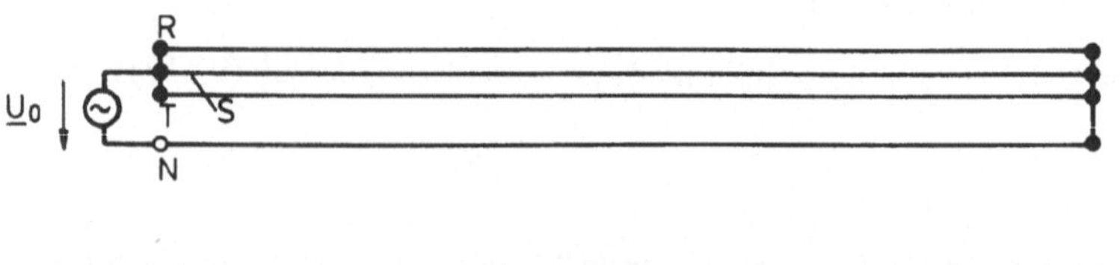

Bild 9.10 Aufbau der Schaltung zur Bestimmung der Nullimpedanz einer Drehstromleitung mit Neutralleiter

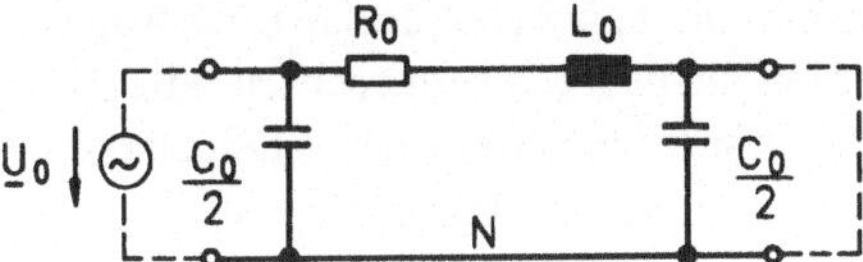

Bild 9.11
Prinzipieller Aufbau des Ersatzschaltbildes einer nullspannungsgespeisten Drehstromfreileitung

weise im Abschnitt 4.5 durch eine Vierpolersatzschaltung (Bild 9.11) beschrieben werden kann. Es gelten natürlich wieder die dort bereits genannten Einschränkungen im Hinblick auf die Leitungslänge und auf das Übertragungsverhalten. Unter diesen Bedingungen können wiederum gesondert die ohmsche, kapazitive und induktive Komponente untersucht werden.

9.4.1.1 Ohmscher Widerstand einer nullspannungsgespeisten Freileitung

Bei der in Bild 9.12 dargestellten Niederspannungsleitung wird zunächst die ohmsche Komponente betrachtet. Aus diesem Bild ist auch die Stromverteilung zu erkennen, die sich bei der Speisung mit einer Nullspannung einstellt. Der Leiterwiderstand R_L wird mit dem Nullstrom $\underline{I}_0$ und der Rückleiterwiderstand R_N mit $3\underline{I}_0$ belastet. Ein Spannungsumlauf führt auf die Beziehung

$$\underline{U}_0 = R_L \cdot \underline{I}_0 + R_N \cdot 3\underline{I}_0 .$$

Der resultierende ohmsche Widerstand des Nullsystems beträgt dann

$$R_0 = \frac{\underline{U}_0}{\underline{I}_0} = R_L + 3 \cdot R_N . \qquad (9\text{–}23)$$

Der Widerstand R_N des Rückleiters geht also mit dem dreifachen Wert in den Ersatzwiderstand ein. Man erhält somit für die ohmsche Komponente ein einphasiges Ersatzschaltbild gemäß Bild 9.13.

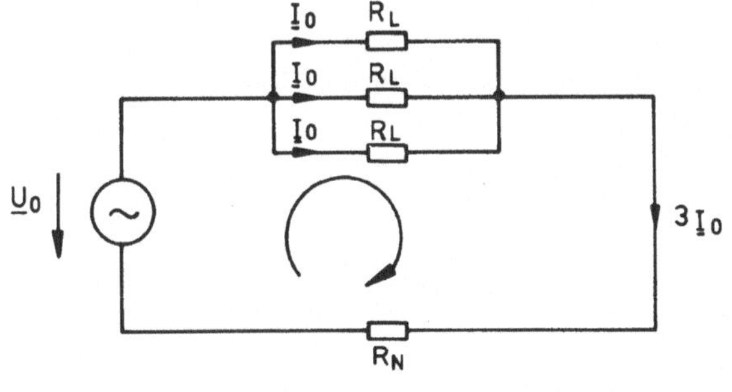

Bild 9.12
Ohmsche Komponenten im Nullsystem einer Freileitung mit Neutralleiter

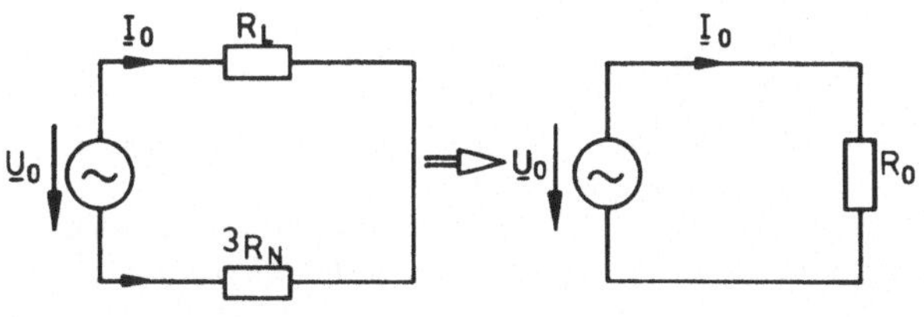

Bild 9.13
Resultierender Ersatzwiderstand im Nullsystem

Die Magnetfelder der vier Leiter dringen in die Erde ein und induzieren dort Wirbelströme. Wie aus der bisherigen Ableitung zu ersehen ist, werden die dadurch verursachten Wirbelstromverluste jedoch vernachlässigt. Dies ist zulässig, da sich die magnetischen Feldstärken der Außenleiterströme und des Stroms im Neutralleiter weitgehend kompensieren. Bei den technisch üblichen Aufhängungen der Niederspannungsfreileitungen treten im Erdreich so niedrige Feldstärken auf, daß die Wirbelstromeffekte sehr gering sind.

Kompliziertere Verhältnisse ergeben sich, wenn – wie bei Nennspannungen ab 1 kV üblich – kein Neutralleiter mitgeführt wird. In diesem Fall (Bild 9.14) bildet das Erdreich den Rückleiter. Es tritt dort ein dreidimensionales Strömungsfeld auf, das durch die Stromdichte $\vec{S}$ gekennzeichnet wird.

Die Maxwellschen Gleichungen beschreiben natürlich auch diese Felder. Ihre Auswertung führt dabei auf partielle Differentialgleichungen, die bisher in der Literatur analytisch nur für relativ einfache Modellvorstellungen gelöst worden sind [41], [53], [54], [55]. Eine vereinfachende Voraussetzung – die überwiegend getroffen wird – besteht in der Annahme zeitlich stationärer Ströme. Eine solche Annahme führt bei den hier durchgeführten Betrachtungen zu keiner Einschränkung, weil ohnehin nur das Betriebsverhalten untersucht werden soll. Eine weitere Annahme besteht darin, daß ein parallelebenes Strömungsfeld vorausgesetzt wird, wie es sich bei hinreichend langen Leitungen ausbildet. In einem solchen Feld weisen die Vektoren der Stromdichte $\vec{S}$ überall dieselbe Richtung auf. In Bild 9.14 liegt diese Feldverteilung etwa zwischen den Punkten A und B vor. Die Stromverteilung außerhalb der Strecke $\overline{AB}$ stellt Übergangsbereiche dar, die gesondert zu berücksichtigen sind. In diesen Übergangsbereichen ist die Stromverteilung im wesentlichen davon abhängig, auf welche Art die Nullströme in die Erde eingeleitet werden. Auf diese Zusammenhänge wird im Kapitel 12 noch genauer eingegangen. Die Stromverteilung im Bereich $\overline{AB}$ wird nicht nur vom Rückstrom $3 \cdot \underline{I}_0$, sondern auch von den Wirbelströmen bestimmt, die durch die drei Außenleiterströme der Leitung verursacht werden. Im Unterschied zu einer Freileitung mit Neutralleiter tritt bei der betrachteten Anordnung im Erdreich ein starkes resultierendes Magnetfeld auf, das entsprechende Wirbelströme hervorruft.

Im weiteren unterscheiden sich die einzelnen Modelle darin, wie genau dieser physikalische Sachverhalt beschrieben wird. Die einzelnen Abweichungen werden im Rahmen dieser Betrachtungen jedoch nicht weiter behandelt.

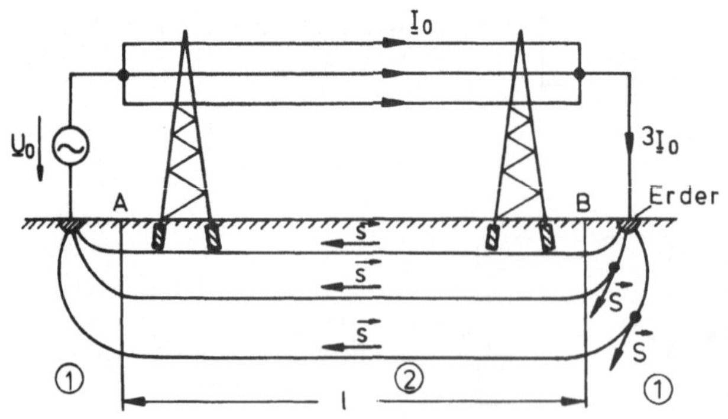

Bild 9.14

Veranschaulichung des Strömungsfelds im Erdreich
(1 Übergangsbereich, 2 Bereich des parallelebenen Feldes)

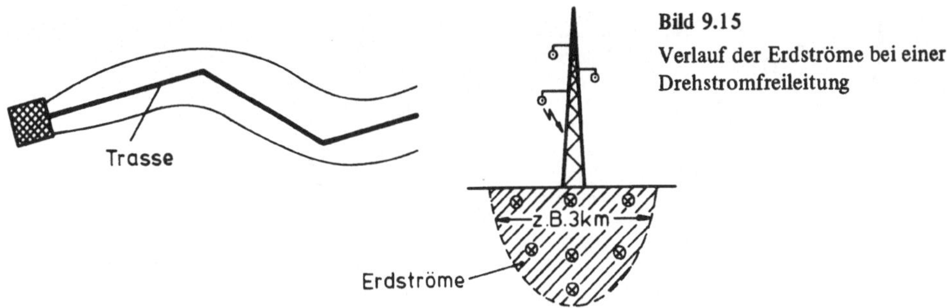

Bild 9.15
Verlauf der Erdströme bei einer Drehstromfreileitung

Aus allen Modellvorstellungen folgt übereinstimmend, daß *bei 50 Hz* der Strom in der Erde *nicht den kürzesten Weg einschlägt, sondern stets in einem Bereich von einigen Kilometern Tiefe und Breite dem Verlauf der Leitungstrasse folgt* (Bild 9.15), um so in die Spannungsquelle zurückzufließen.

Bemerkenswert ist in diesem Zusammenhang, daß die Größe der Querschnittsfläche, die vom vom Strom durchflossen wird, vom spezifischen Widerstand ρ_E des Erdreichs abhängt. Wie die Berechnungen zeigen, wird der Querschnitt mit wachsendem ρ_E größer (Bild 9.16).

Die Querschnittsfläche A stellt sich dabei jeweils so ein, daß der ohmsche Widerstand unabhängig vom spezifischen Widerstand ist und konstant bleibt.

Wichtig ist weiterhin, daß die Ausbreitungsfläche und damit auch der Widerstand R_E von der Frequenz f abhängig sind: Je höher f ist, desto geringer ist die räumliche Ausdehnung des Stromes. Bei konstantem ρ_E des Erdreichs wächst der Erdwiderstand R_E mit der Frequenz. Aus allen Theorien ergibt sich der wirksame Widerstand des Erdreichs für 50 Hz zu

$$R'_E = 50\,\frac{\text{m}\Omega}{\text{km}}. \qquad (9\text{–}24)$$

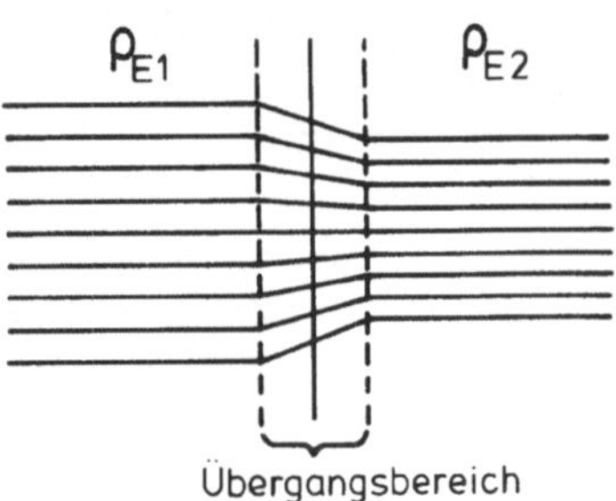

Bild 9.16
Änderung des stromdurchflossenen Querschnitts bei unterschiedlichen spezifischen Widerständen im Erdreich ($\rho_{E1} > \rho_{E2}$)

Dieses Ergebnis ermöglicht es, das ohmsche Verhalten der gesamten Anordnung, wie gewünscht, durch einen resultierenden Widerstand

$$R_0 = R_L + 3 \cdot R_E = R_L + 3 \cdot 50\,\frac{\text{m}\Omega}{\text{km}} \cdot l \qquad (9\text{–}25)$$

zu beschreiben. Es sei noch erwähnt, daß sich Gleichstrom im Unterschied zu Wechselstrom theoretisch über ein unendlich großes Gebiet ausdehnt. Diese Verhältnisse lassen sich nach den Gesetzen der Elektrostatik durch eine Überlagerung der Einzelpotentiale bzw. Feldstärken berechnen (Bild 9.17).

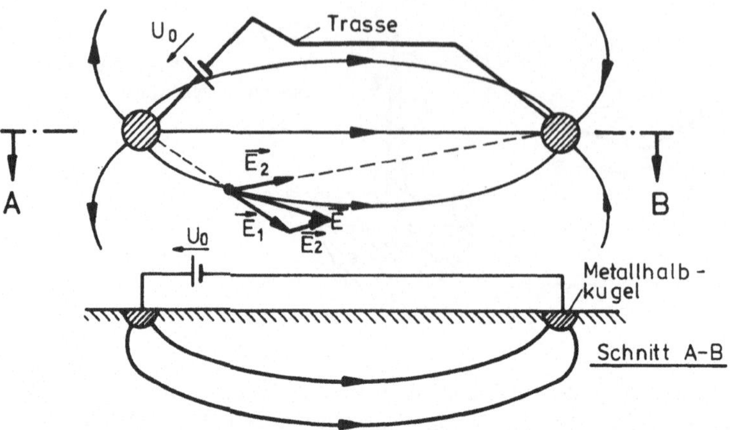

Bild 9.17 Darstellung des Strömungsfeldes einer gleichspannungsgespeisten Freileitung

Bisher sind nur die ohmschen Verhältnisse betrachtet worden. Auf die magnetischen Verhältnisse, also die induktiven Gegebenheiten, wird im folgenden eingegangen.

9.4.1.2 Induktivität einer nullspannungsgespeisten Freileitung

Zunächst wird wieder eine Anordnung *mit Neutralleiter* entsprechend Bild 9.10 betrachtet, in der Wirbelstromeffekte im Erdreich vernachlässigbar sind. Bei dieser Modellvorstellung erhält man eine Mehrleiteranordnung, die mit den im Abschnitt 4.5 dargestellten Methoden behandelt werden kann.

Die drei Leiter R, S, T *stellen ein Bündel* dar, für das sich ein *Ersatzleiter mit dem Radius* r_B ermitteln läßt (Bild 9.18). Es ist zweckmäßig, anstelle der Beziehung (4–110) den Zusammenhang

$$r_B = \sqrt[3]{r_L \cdot D^{*2}} \qquad \text{mit } D^* = \sqrt[3]{d_{RS} \cdot d_{ST} \cdot d_{RT}}$$

zu verwenden. In dieser Formulierung ist nicht mehr die Voraussetzung enthalten, daß die Leiter symmetrisch auf einem Kreisbogen angeordnet sind. Mit diesem Schritt ist die Aufgabenstellung auf die *Berechnung der Induktivität einer Leiterschleife zurückgeführt, die sich aus dem Ersatz- und Neutralleiter zusammensetzt.* Zu beachten ist, daß bei der vorliegen-

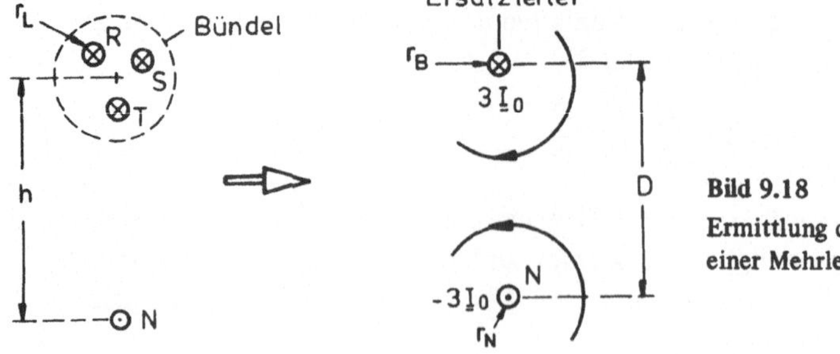

Bild 9.18
Ermittlung der Nullinduktivität bei einer Mehrleiteranordnung

den Mehrleiteranordnung anstelle des geometrischen Abstandes h der mittlere Abstand D zu verwenden ist, wenn der Neutralleiter in der Nähe der Leiter R, S, T liegt (s. Gln. (4–107) und (4–108)), wie es z.B. bei Niederspannungsfreileitungen gegeben ist. In diesem Fall können Beziehungen dieser einfachen Struktur nur angegeben werden, wenn zusätzlich die Anordnung symmetrisch aufgebaut ist, wie es z.B. durch Verdrillungen erreicht wird.

Für die Nullinduktivität L_0' ergibt sich mit den bereits im Abschnitt 4.5 abgeleiteten Beziehungen der Ausdruck

$$L_0' = \frac{\mu_0}{2\pi} \cdot \left(3 \cdot \ln \frac{D}{r_B} + 3 \cdot \ln \frac{D}{r_N}\right) = \frac{\mu_0}{2\pi} \cdot 3 \cdot \ln \frac{D^2}{r_B \cdot r_N}. \qquad (9\text{–}26)$$

Andere Verhältnisse treten auf, wenn der *Erdboden den Rückleiter darstellt.* Die Auswertung der bereits im vorhergehenden Abschnitt skizzierten Modellvorstellungen zeigt, daß sich im Bereich der 50-Hz-Frequenz die magnetischen Feldverläufe gut annähern lassen, wenn man sich in der Tiefe δ einen dünnen, fiktiven Ersatzleiter angeordnet denkt. *Eine Besonderheit* dieses fiktiven Leiters besteht darin, daß *dieser Ersatzleiter zwar den Strom führt, jedoch kein eigenes Magnetfeld erzeugt.* Damit ist die Induktivitätsberechnung der betrachteten Anordnung mit einer geringen Modifikation auch wieder auf die bekannte Induktivitätsberechnung einer Leiterschleife zurückgeführt (Bild 9.19). Es ergibt sich der Zusammenhang

$$L_0' = \frac{\mu_0}{2\pi} \cdot 3 \cdot \ln \frac{\delta}{r_B}. \qquad (9\text{–}27)$$

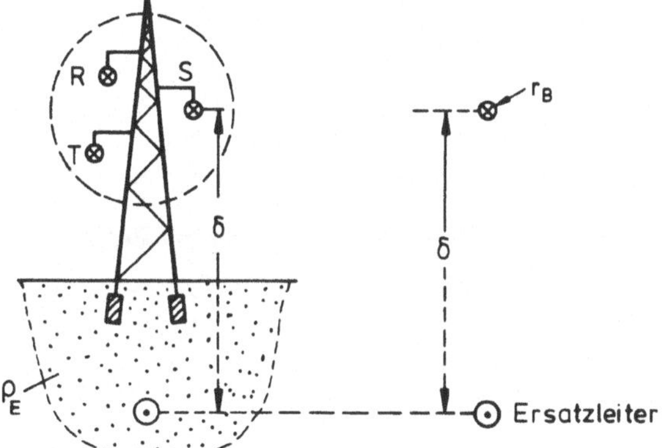

Bild 9.19
Reduktion eines Mehrleitersystems mit der Erde als Rückleiter

In der Angabe der Größe δ unterscheiden sich die einzelnen Modellvorstellungen. Es werden üblicherweise die Ergebnisse der Pollaczekschen Theorie verwendet [54]. Sie führt zu den größten Nullreaktanzen. Bei Netzberechnungen erhält man dadurch die höchsten Spannungsverlagerungen in den Sternpunkten und damit in dieser Hinsicht die ungünstigsten Verhältnisse. Aus dieser Theorie ergibt sich die Beziehung

$$\delta = 658 \sqrt{\frac{\rho_E}{f}}, \qquad (9\text{–}28)$$

die als Zahlenwertgleichung geschrieben ist. Dabei bezeichnet ρ_E den spezifischen Widerstand des Erdreichs in Ωm und f die Frequenz in Hz. Für $\rho_E = 100\ \Omega$m (Ackerboden) und f = 50 Hz folgt daraus $\delta = 931$ m. Mit diesem Richtwert erhält man für die Nullinduktivität einer Leiteranordnung ohne Erdseil – bezogen auf die Betriebsgrößen L'_b bzw. X'_b – den Wert

$$\frac{X'_0}{X'_b} = \frac{L'_0}{L'_b} \approx 3{,}3. \tag{9–29}$$

Es sei darauf hingewiesen, daß die *Nullinduktivität im Unterschied zum ohmschen Widerstand von der Leitfähigkeit des Bodens abhängig ist.* Im weiteren wird auf die kapazitiven Verhältnisse eingegangen.

9.4.1.3 Kapazitäten einer nullspannungsgespeisten Freileitung

Wie im Abschnitt 4.5 gezeigt ist, lassen sich in einem Dreileitersystem den elektrischen Feldern die Teilkapazitäten entsprechend Bild 9.20 zuordnen.

Da im Nullsystem die drei Außenleiter gleiches Potential aufweisen, fließen keine Ladeströme über die Koppelkapazitäten C_K. Aus diesem Grund sind nur die Erdkapazitäten C_E für das Nullsystem maßgebend. Somit gilt

$$C'_0 = C'_E \approx 0{,}4 \cdot C'_b.$$

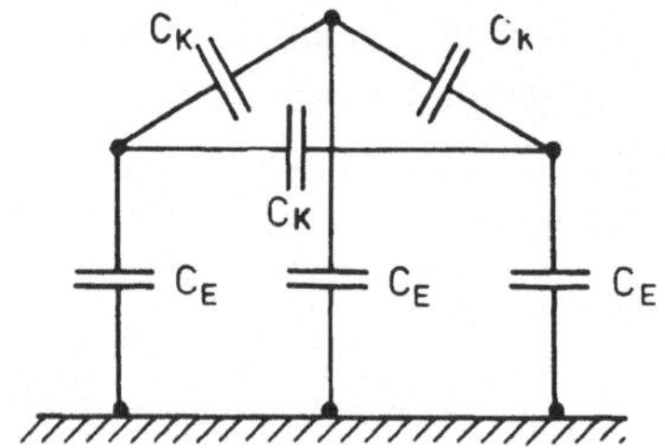

Bild 9.20
Kapazitäten bei einer verdrillten Freileitung
C_E Erdkapazitäten
C_K Teilkapazitäten

Die bisher abgeleiteten Beziehungen nehmen, wie im folgenden gezeigt wird, eine andere Form an, wenn es sich um Freileitungen handelt, die mit Erdseilen ausgerüstet sind.

9.4.2 Nullimpedanz einer Freileitung mit Erdseil

Im folgenden wird ein verdrilltes Freileitungssystem mit einem Erdseil betrachtet, das üblicherweise ab der 110-kV-Ebene anzutreffen ist. Dabei soll angenommen werden, daß dieses Erdseil isoliert auf den Masten angebracht ist. Bei tatsächlichen Anlagen ist das überwiegend nicht der Fall. Diese Betrachtungen ermöglichen es jedoch, auch die tatsächlichen Verhältnisse zu erfassen, die noch im Kapitel 12 behandelt werden. Zunächst wird nur das induktive Verhalten der Anordnung in Bild 9.21 untersucht.

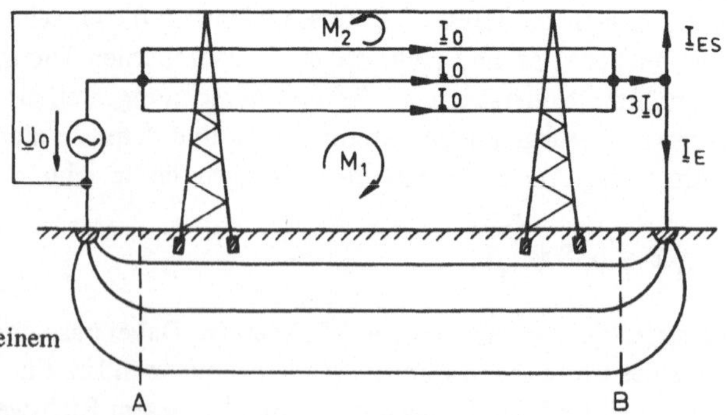

Bild 9.21
Verteilung der Nullströme bei einem Drehstromsystem mit Erdseil (M_1, M_2 Maschenumläufe)

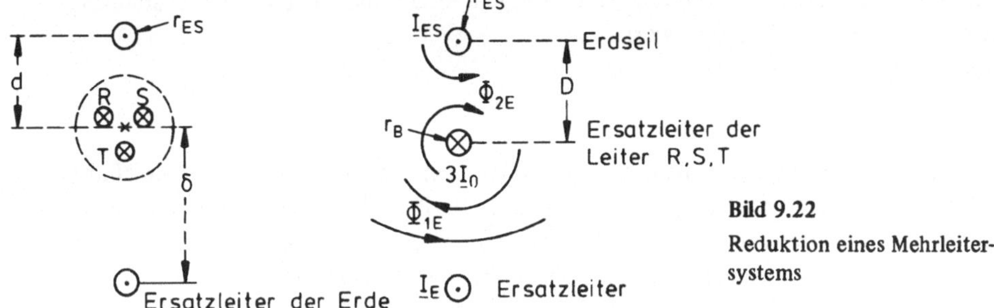

Bild 9.22
Reduktion eines Mehrleitersystems

Mit Hilfe des fiktiven Ersatzleiters für die Erdströme läßt sich diese Anordnung wieder auf ein Mehrleitersystem zurückführen. Wie auch aus Bild 9.22 zu ersehen ist, können die Leiter R, S, T zu einem weiteren Ersatzleiter zusammengefaßt werden. Da das Erdseil meist in der Nähe der „Bündelleiter" liegt, ist für den Abstand dieses Ersatzleiters zum Erdseil wieder der *mittlere Abstand* D maßgebend. Die Entfernung zwischen den Leitern R, S, T und dem Ersatzleiter der Erde ist dagegen üblicherweise so groß, daß der mittlere dem tatsächlichen geometrischen Abstand entspricht. Aufgrund dieser Größenverhältnisse gilt die Relation $\delta \gg d$.

Es handelt sich bei der reduzierten Anordnung um ein induktiv gekoppeltes System, das durch die Stromsumme

$$3\underline{I}_0 = \underline{I}_E + \underline{I}_{ES} \tag{9–30}$$

und die beiden Maschengleichungen

$$\begin{aligned} -u_0 + \frac{d\Phi_{1_E}}{dt} &= 0 \rightarrow \underline{U}_0 = j\omega\Phi_{1_E} \\ -u_0 + \frac{d\Phi_{2_E}}{dt} &= 0 \rightarrow \underline{U}_0 = j\omega\Phi_{2_E} \end{aligned} \tag{9–31}$$

beschrieben wird, die sich gemäß Bild 9.21 aus den beiden Umläufen M_1, M_2 ergeben. Die Größen Φ_{1_E}, Φ_{2_E} bezeichnen die Flüsse, die in den einzelnen Leiterschleifen auftreten (Bild 9.22).

Mit $\delta + D \approx \delta$ ergeben sich in der bekannten Weise die Beziehungen

$$\begin{aligned} \underline{\Phi}_{1_E} &= \frac{\mu_0 l}{2\pi} \cdot \left(3\underline{I}_0 \cdot \ln\frac{\delta}{r_B} - \underline{I}_{ES} \ln\frac{\delta}{D}\right) \\ \underline{\Phi}_{2_E} &= \frac{\mu_0 l}{2\pi} \cdot \left(3\underline{I}_0 \cdot \ln\frac{D}{r_B} + \underline{I}_{ES} \ln\frac{D}{r_{ES}}\right). \end{aligned} \tag{9–32}$$

Aus diesen Gleichungen läßt sich die Nullinduktivität zu

$$L_0' = \frac{\underline{U}_0}{\underline{I}_0 \cdot j\omega \cdot l} = \frac{\mu_0}{2\pi} \cdot \left(\ln\frac{\delta^3}{r_B^3} - 3\,\frac{\ln^2\frac{\delta}{D}}{\ln\frac{\delta}{r_{ES}}}\right) \tag{9–33}$$

bestimmen. Auf die Betriebsinduktivität bezogen, erhält man bei üblichen Ausführungen für ein δ von 931 m den Richtwert

$$\frac{L_0'}{L_b'} \approx 2{,}7. \tag{9–34}$$

Dieses Ergebnis ist auch physikalisch anschaulich. Der Strom im Erdseil ist dem Nullstrom in den Außenleitern entgegengerichtet, wodurch der Fluß zwischen dem fiktiven Erdleiter und dem Außenleiter vermindert wird. Dementsprechend ist die Nullinduktivität im Vergleich zur Freileitung ohne Erdseil kleiner. Sofern zwei Erdseile vorhanden sein sollten, verstärkt sich dieser Einfluß noch. Das Verhältnis L_0'/L_b' sinkt dann bei üblichen Ausführungen auf etwa 2,1 [37], [52].

Für spätere Aufgabenstellungen ist es nun noch von Interesse, welcher Anteil der Außenleiterströme $3 \cdot \underline{I}_0$ bei der betrachteten Anordnung über das Erdseil bzw. über das Erdreich in die Spannungsquelle zurückfließt. Aus den Zusammenhängen (9–30) bis (9–32) resultiert für den in der Erde fließenden Strom

$$\underline{I}_E = \frac{\ln \dfrac{D}{r_{ES}}}{\ln \dfrac{\delta}{r_{ES}}} \cdot 3\underline{I}_0 = r \cdot 3\underline{I}_0 . \tag{9–35}$$

Mit dem Radius $r_{ES} \approx 6$ mm eines 95/55 Al-St Erdseils, dem mittleren Abstand D = 10 m für einen großen Mast sowie mit δ = 931 m ergibt sich für den Faktor r der Wert 0,62. Das Erdseil senkt also den Erdstrom $\underline{I}_E$, der ohne Erdseil auftreten würde, auf 62 % ab. Die *Größe* r stellt ein Maß für diese Absenkung dar und wird daher als *Reduktionsfaktor* bezeichnet [13], [52]. Wenn zusätzlich die ohmschen Widerstände berücksichtigt werden, nimmt dieser Faktor einen komplexen Wert an (s. Abschnitt 12.3).

Im folgenden werden vollständigkeitshalber noch die Ersatzschaltbilder für die Kapazitäten und ohmschen Widerstände im Nullsystem angegeben (Bild 9.23). Aus diesen Ersatzschaltbildern lassen sich auch wieder resultierende Größen für den Vierpol in Bild 4.140 ermitteln. Auf die Angabe dieser Werte wird verzichtet. Noch komplizierter gestalten sich die Verhältnisse bei einer Doppelleitung.

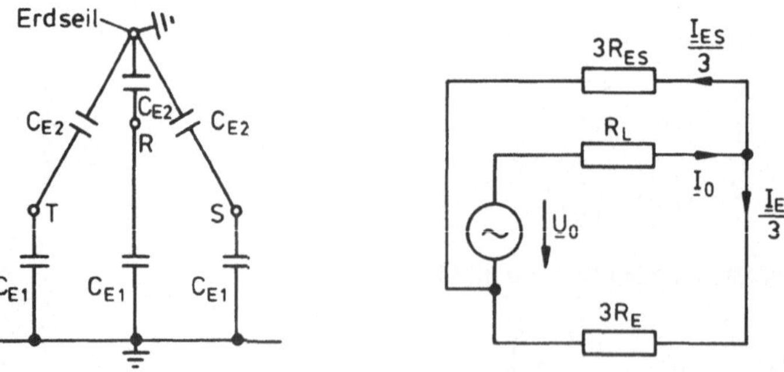

Bild 9.23 Ersatzschaltbilder für die Kapazitäten und ohmschen Widerstände im Nullsystem für ein verdrilltes Freileitungssystem mit Erdseil

9.4.3 Nullimpedanz einer Doppelleitung

Betrachtet sei die Doppelleitung nach Bild 9.24, deren Systeme auch galvanisch parallel geschaltet seien. Das Verhalten der Nullimpedanzen bei dieser Anordnung wird anhand der Grundschaltung diskutiert, die ebenfalls Bild 9.24 zu entnehmen ist. Beide Freileitungssysteme werden durch die Nullspannung $\underline{U}_0$ gleichphasig erregt und erzeugen dementsprechende Magnetfelder. Im Unterschied zum Strom im Erdseil verstärken in diesem Fall die Ströme des benachbarten Leitungssystems den Fluß zwischen den Außenleitern und dem fiktiven Ersatzleiter der Erde. Die induktive Kopplung vergrößert daher die Nullinduktivität. Eine analytische Betrachtung führt auf ähnliche, jedoch erheblich umfangreichere Beziehungen als im vorhergehenden Abschnitt. Eine Auswertung dieser nicht weiter ermittelten Gleichungen zeigt, daß sich als Richtwert für *jeweils ein System* etwa

$$\frac{L_0'}{L_b'} \approx 5{,}8 \qquad (9\text{–}36)$$

ergibt. Erdseile führen auch bei Doppelleitungen zu niedrigeren Nullinduktivitäten. Es gelten dann die Richtwerte:

$$\begin{aligned} &\text{1 Erdseil:} \quad \frac{L_0'}{L_b'} \approx 4{,}6 \\ &\text{2 Erdseile:} \quad \frac{L_0'}{L_b'} \approx 3{,}7. \end{aligned} \qquad (9\text{–}37)$$

Für die ohmschen und kapazitiven Nullgrößen sind die Verhältnisse ebenfalls weitgehend ähnlich, so daß darauf nicht näher eingegangen wird.

Es soll jedoch abschließend eine Besonderheit angesprochen werden. Sie liegt dann vor, wenn die Nullströme von einer Leitung eines Systems zur Spannungsquelle zurückgeführt werden, wie es in Bild 9.25 dargestellt ist. In der Praxis interessiert dieser Fall immer dann, wenn an einer solchen Stelle ein Kurzschluß gegen Erde auftritt. Für diese Anordnung ergeben sich andere Feldverhältnisse. Eine genauere Untersuchung zeigt, daß sich die Nullreaktanz je nach Lage der Kurzschlußstelle F mehr oder weniger verkleinert. Am niedrigsten wird sie, wenn der Kurzschlußort bereits am Anfang des Leitungssystems im Punkt A liegt.

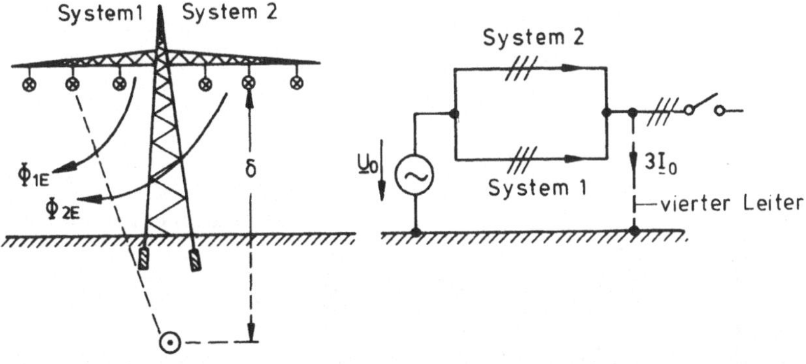

Bild 9.24 Feld- und Stromverteilung bei einer nullspannungsgespeisten Doppelleitung

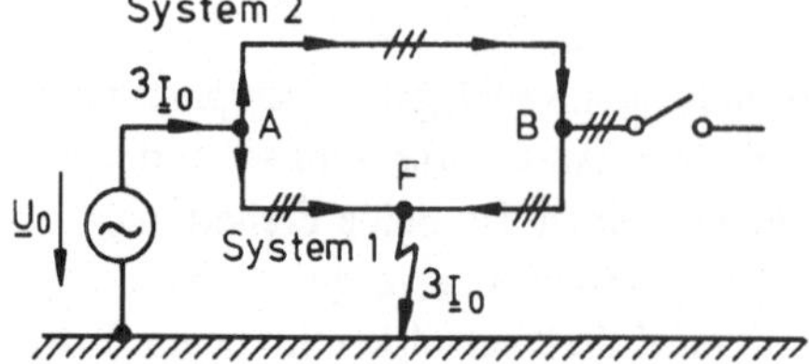

Bild 9.25
Nullstromverteilung bei einem Kurzschluß innerhalb einer Leitung

9.4.4 Nullimpedanz von Kabeln

Im folgenden wird die Größenordnung der Nullimpedanzen nur für besonders häufig vorkommende Kabelausführungen angegeben. Im Unterschied zu den vorher behandelten Freileitungen läßt sich bei Kabeln ein hinreichend genaues Modell nur sehr schwierig erstellen. Die Inhomogenitäten im Kabelaufbau und im umgebenden Erdreich üben meist einen so großen Einfluß auf die Nullimpedanzen aus, daß sich zwischen den Rechnungen und den Messungen große Abweichungen ergeben. Prinzipiell haben die Ersatzschaltbilder die gleiche Struktur wie bei Freileitungen. Zunächst werden einige orientierende Überlegungen zum induktiven Verhalten dargelegt.

In Bild 9.26 ist ein Dreileiterkabel mit Kabelmantel in einem Schacht dargestellt, wie es z.B. in Industrienetzen eingesetzt wird; der Mantel möge nur einseitig geerdet sein. Für diese Anordnung ergeben sich bei einer Speisung mit einer Nullspannung besonders einfache Verhältnisse. Der Nullstrom fließt allein über den Kabelmantel zurück, Wirbelstromeffekte treten bei den gewählten Erdungsverhältnissen nur in geringfügiger Weise auf.

Die Induktivität dieser Anordnung wird daher weitgehend von der Größe des Feldraums im Inneren des Kabels bestimmt. Eine analytische Berechnung kann über den Ansatz

$$\frac{1}{2} \cdot L_0 \cdot I_0^2 = \frac{1}{2} \cdot \int_V \vec{B} \cdot \vec{H} \cdot dV \tag{9–38}$$

erfolgen. Rechnung und Messung zeigen, daß die Nullinduktivität in der Größenordnung der Betriebsinduktivität liegt. Als grober Richtwert gilt etwa

$$\frac{L_0'}{L_b'} \approx 1{,}5. \tag{9–39}$$

Sofern das Kabel nicht in einem Kabelschacht, sondern im Erdreich verlegt ist, teilt sich der zurückfließende Nullstrom auf Kabelmantel und Erdreich auf (Bild 9.27). Bei einer ge-

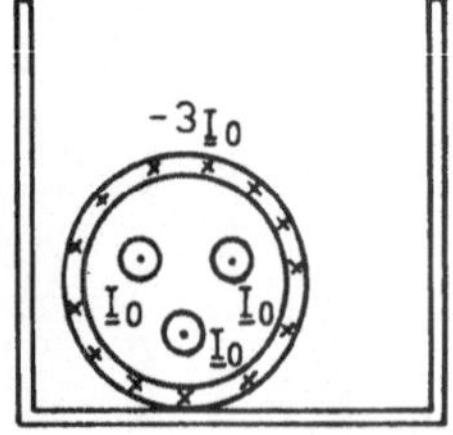

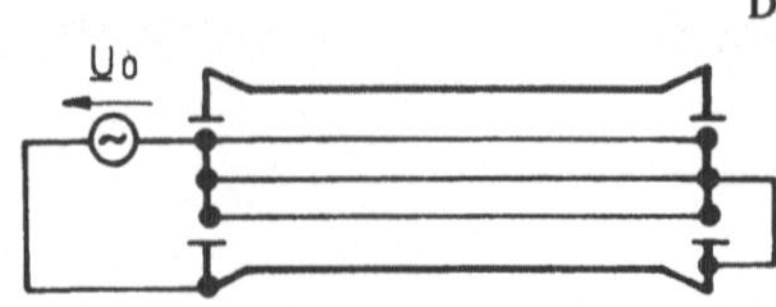

Bild 9.26
Dreileiterkabel im Kabelschacht

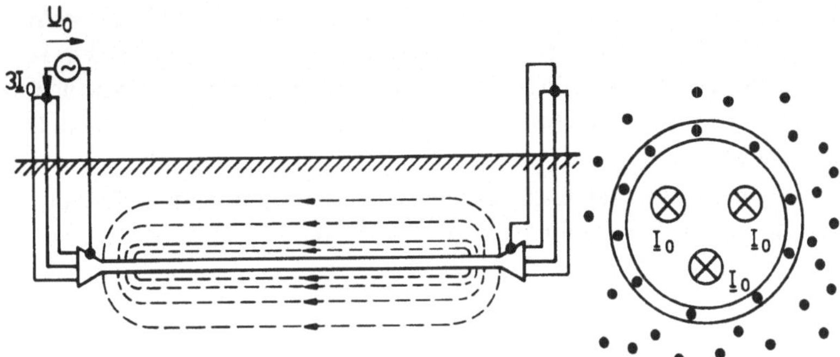

Bild 9.27 Nullstromverteilung bei einem im Erdreich verlegten Dreileiterkabel

naueren Betrachtung wären die Wirbelstromeffekte zu berücksichtigen. Auch ohne Rechnung läßt sich qualitativ feststellen, daß sich der Strom über einen größeren Bereich verteilt, so daß sich dadurch der *Ausbreitungsraum des Magnetfeldes* und damit der Fluß vergrößern. Entsprechend den vorhergehenden Überlegungen führen diese Feldverteilungen zu höheren Induktivitätswerten. Messungen zeigen, daß in der Praxis etwa das Verhältnis

$$\frac{L_0'}{L_b'} \approx 15 \qquad (9\text{–}40)$$

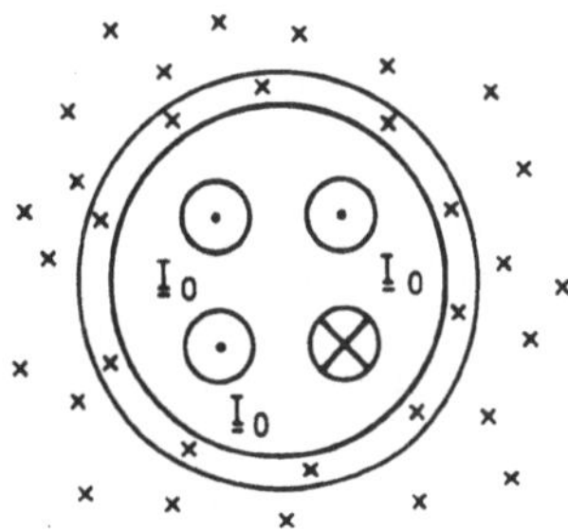

Bild 9.28
Nullstromverteilung bei einem im Erdreich verlegten Vierleiterkabel

gilt [31]. Bei Vierleiterkabeln gemäß Bild 9.28 reduziert sich dieser Wert, da der Rückstrom im Neutralleiter das Magnetfeld stark schwächt. Als Richtwert gilt etwa $L_0'/L_b' \approx 3$.

Die vorangegangenen Betrachtungen zeigen, daß die *Nullinduktivität von Kabeln größer als ihre Betriebsinduktivität ist.* Der Unterschied kann je nach Ausführung sogar eine Größenordnung (Faktor 10) betragen.

Andere Verhältnisse ergeben sich bei den Kapazitäten. Die *Nullkapazitäten* entsprechen, wie bei den Freileitungen, den *Erdkapazitäten.* Nach Abschnitt 4.6 sind sie entweder kleiner oder höchstens gleich den Betriebskapazitäten.

Die ohmschen Widerstände im Nullsystem sind dagegen stets größer als im Normalbetrieb. Dies liegt u.a. daran, daß der Widerstand des Rückleiters mit dem dreifachen Wert in den Nullwiderstand eingeht, wie auch aus der Beziehung (9–23) zu ersehen ist. Je nach Ausführung können Schwankungen im Bereich

$$3 < \frac{R_0'}{R_b'} < 15 \qquad (9\text{–}41)$$

auftreten, wobei R'_b den Betriebswert kennzeichnet. Die oberen Werte gelten für solche Anordnungen, bei denen sich im Kabelmantel starke Wirbelströme ausbilden. Dieser Effekt ist bei Einleiterkabeln besonders ausgeprägt. Diese Kabelart wird jedoch nicht näher behandelt, da dort keine prinzipiell neuen Gesichtspunkte zu beachten sind. Übliche Richtwerte sind u.a. [20], [46] zu entnehmen.

Ähnlich wie bei Kabeln kann bei den anschließend behandelten Transformatoren der Einfluß der wichtigsten Parameter auf die Nullimpedanzen überwiegend nur qualitativ formuliert werden.

9.4.5 Nullimpedanz von Transformatoren

Von den Nullimpedanzen des Transformators interessieren insbesondere die Null*reaktanzen*, da der Einfluß der weiteren Größen auf die betrachteten niederfrequenten Vorgänge nur gering ist. Die Nullgrößen sind im wesentlichen von den Parametern

- Kernbauart,
- Schaltgruppe,
- Behandlung der Sternpunkte

abhängig. Zunächst werden die Verhältnisse für die verschiedenen Schaltungen bei Dreischenkel- und dann abschließend bei Fünfschenkeltransformatoren untersucht.

9.4.5.1 Dreischenkeltransformatoren

Im folgenden wird ein Transformator in Dreischenkelausführung betrachtet, dessen Wicklung die Schaltgruppe Yyn aufweisen möge. An dem herausgeführten Sternpunkt auf der Unterspannungsseite sei ein Sternpunktleiter angeschlossen. Die Nullimpedanz dieser Anordnung wird aus den Schaltungen in Bild 9.29 ermittelt. Aus dieser Darstellung ist zu ersehen, daß sich oberspannungsseitig kein Nullsystem im Strom ausbilden kann, da der Neutralleiter fehlt.

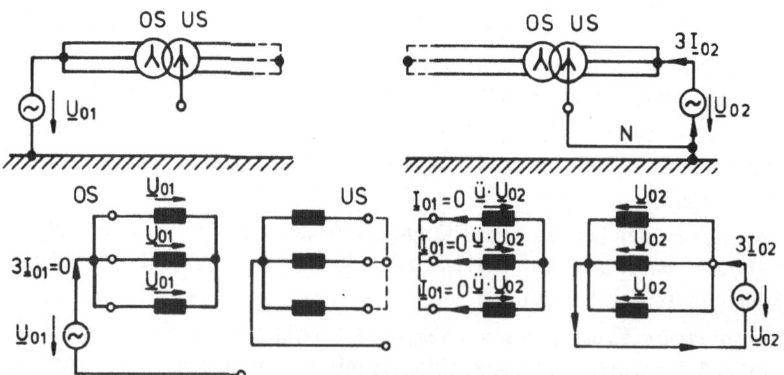

Bild 9.29 Ober- und unterspannungsseitige Speisung eines Transformators der Schaltgruppe Yyn0 mit einer Nullspannung
(1: Oberspannung, 2: Unterspannung)

Es gilt demnach

$$\underline{Z}_{01} = \frac{\underline{U}_{01}}{\underline{I}_{01}} = \infty. \tag{9–42}$$

Andere Verhältnisse liegen unterspannungsseitig vor. Die Impedanzen des Neutralleiters sollen dabei im Vergleich zu den anderen Größen vernachlässigbar sein. Sofern diese Annahme nicht zutrifft, sind sie, wie aus den Ableitungen des Abschnitts 9.4.1.1 hervorgeht, mit dem dreifachen Wert zu den Nullimpedanzen des Netzelements bzw. des Transformators zu addieren.

Infolge der anderen Sternpunktbehandlung können sich auf der Unterspannungsseite Nullströme ausbilden, die in jedem der drei Wicklungsstränge ein gleichphasiges Magnetfeld erzeugen (Bild 9.30). Die drei Felder ergänzen sich aufgrund der Gleichphasigkeit nicht mehr wie beim symmetrischen Betrieb zu Null, sondern müssen sich bei dieser Kernbauart von Joch zu Joch schließen. Der Einfluß des Kesselbleches wird im weiteren zunächst außer acht gelassen.

Vereinfachend läßt sich auch bei dieser Anordnung der Gesamtfluß in einen Haupt- und Streufluß aufteilen: Der Hauptfluß ist wie im Mitsystem wieder mit je einem Wicklungsstrang der Ober- und Unterspannung verknüpft, der Streufluß nur mit *einem Strang* einer Wicklung. Die Reaktanz der gesamten Anordnung setzt sich dann – entsprechend diesen Flußanteilen – additiv aus einer Nullstreu- und einer Nullhauptreaktanz zusammen. Aufgrund der baulichen Symmetrie ist es auch wieder möglich, ein einphasiges Ersatzschaltbild anzugeben (Bild 9.31), das die Form eines einfachen Zweipols aufweist.

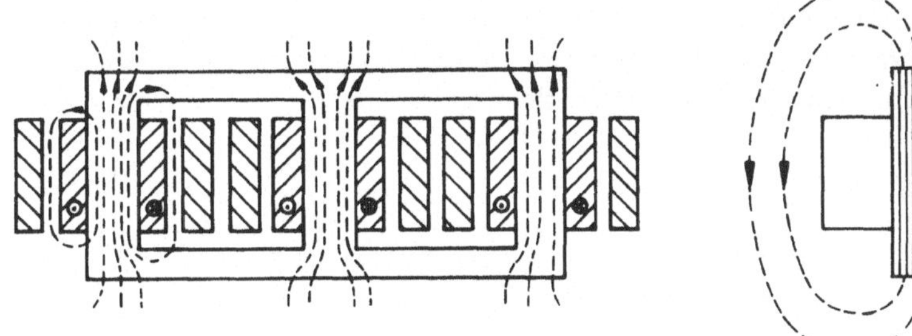

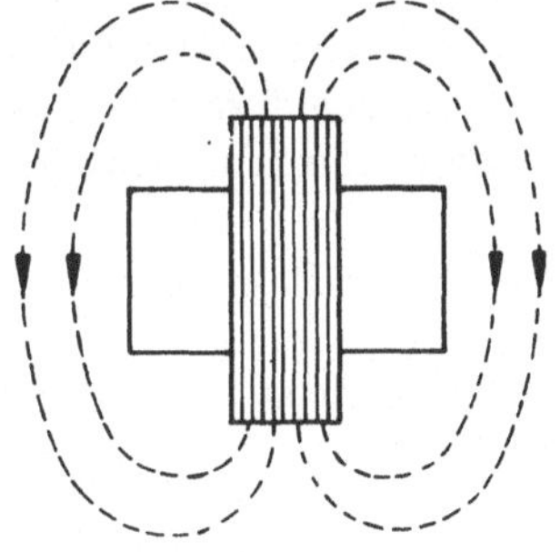

Bild 9.30 Qualitatives Feldbild eines Dreischenkeltransformators der Schaltgruppe Yyn0 bei Speisung mit einem Nullsystem (Längsschnitt und Seitenansicht)

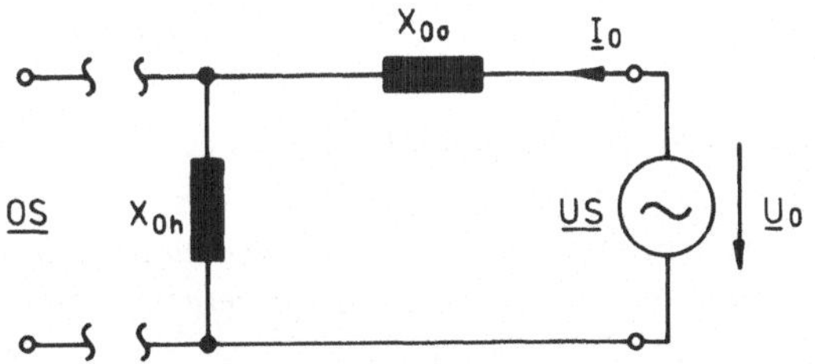

Bild 9.31
Ersatzschaltbild eines Dreischenkeltransformators der Schaltgruppe Yyn im Nullsystem

Der bisher nicht betrachtete Kessel sowie eiserne Konstruktionsteile, die sich im Transformator befinden, beeinflussen den Flußverlauf. Ein Teil des Nullhauptflusses schließt sich über den Kessel bzw. durchsetzt die weiteren Konstruktionsteile. Dort entstehen dann Wirbelströme. Die damit verbundene Wirbelstromverlustleistung äußert sich in einer Erwärmung des Kessels. Um diese Erwärmung zu begrenzen, dürfen Dreischenkeltransformatoren mit der Wicklungsschaltung Yyn nur über einen gewissen Zeitraum mit einem Nullstrom belastet werden, der zugleich gewisse Grenzwerte nicht überschreiten darf. In der VDE-Bestimmung 0532 ist daher u.a. festgelegt, daß solche Transformatoren maximal einen Nullstrom bis zu 25 % des Nennstroms über 1,5 Stunden führen dürfen. Ein solcher Transformator kann deshalb z.B. zur Versorgung von Niederspannungsnetzen (Vierleiternetz) nur bedingt eingesetzt werden. Bei den üblicherweise zu erwartenden Asymmetrien in den Lasten ist meist mit einer stärkeren Sternpunktbelastung über den angeschlossenen Sternpunktleiter zu rechnen. Für Nullströme, die nur sehr kurzzeitig – z.B. weniger als 0,2 s – wirken, gelten diese Beschränkungen nicht. Die Transformatoren sind dafür hinreichend ausgelegt, wenn sie die Bedingungen der Kurzschlußfestigkeit erfüllen (s. Kapitel 7).

Die induzierten Wirbelströme bewirken neben der Erwärmung auch eine Verringerung des Nullhauptflusses. Dadurch verkleinert sich die im Nullsystem wirksame Hauptreaktanz X_{0h}. Die Verringerung ist um so deutlicher ausgeprägt, je stärker sich die Wirbelströme im Kessel ausbilden. Die Höhe der Wirbelströme hängt dabei im wesentlichen von der konstruktiven Gestaltung des Kessels ab. So ist z.B. bei Wellblechkesseln die Wirbelstrombildung schwächer ausgeprägt als bei Glattblechkesseln.

Bei diesen Überlegungen ist zu beachten, daß die Hauptreaktanz im Nullsystem X_{0h} bereits ohne den Einfluß des Kessels erheblich kleinere Werte aufweist als die entsprechende Hauptreaktanz im Mitsystem. Der Grund liegt darin, daß der Nullhauptfluß, ähnlich wie der Streufluß, weitgehend in Luft verläuft. Die Nullhauptreaktanz liegt damit auch in der Größenordnung der Streureaktanzen des Mitsystems. Je nach konstruktiver Ausführung des Transformators bewegt sich die Nullhauptreaktanz im Bereich

$$\frac{X_{0h}}{X_k} \approx 2 \dots 9. \tag{9–43}$$

Die Streureaktanzen im Nullsystem $X_{0\sigma_1}$, $X_{0\sigma_2}$ entsprechen etwa den Werten X_{σ_1}, X_{σ_2} im Mitsystem:

$$X_{0\sigma} \approx X_{0\sigma_1} \approx X'_{0\sigma_2} \approx X_{\sigma_1} \approx X'_{\sigma_2} \approx \frac{X_k}{2}.$$

Mit den angegebenen, meist meßtechnisch ermittelten Richtwerten ergeben sich für die resultierende Nullreaktanz $X_0 = X_{0h} + X_{0\sigma}$ üblicherweise die Werte

$$\frac{X_0}{X_k} = 3 \dots 10. \tag{9–44}$$

Am Rande sei erwähnt, daß Sättigungseffekte eine gewisse Stromabhängigkeit der Nullreaktanz bewirken können.

Wichtig ist, daß ein *Transformator dieser Kernbauart und Schaltgruppe bei dem untersuchten Betriebszustand keinen Vierpol mehr darstellt* (s. Bild 9.31). Das Vierpolverhalten tritt erst dann wieder auf, wenn an beide Sternpunkte ein Rückleiter angeschlossen wird. In der Praxis wird diese Schaltung jedoch möglichst vermieden, da dann Nullströme in das angekoppelte Netz übertragen werden, die dort zu *unerwünschten Potentialverschiebungen* führen. Bei *Spartransformatoren* ist dieser Nachteil infolge der galvanischen Verbindung *stets vorhanden.* Entsprechende Ersatzschaltungen, die deren Verhalten genauer beschreiben, sind [19] zu entnehmen. Die weiteren Ausführungen beschränken sich auf *Volltransformatoren*, die, solange nur *ein* Sternpunkt angeschlossen ist, generell einen Zweipol darstellen.

Im folgenden wird auf die Schaltung Dyn eingegangen, die bei Verteilungstransformatoren bevorzugt verwendet wird. Dabei werden wiederum die beiden Fälle betrachtet, daß die Speisung mit einer Nullspannung einmal oberspannungsseitig, zum anderen unterspannungsseitig erfolgt (Bild 9.32).

Aus Bild 9.32 ist zu ersehen, daß sich bei einer oberspannungsseitigen Speisung keine Nullströme ausbilden können, da kein Rückleiter vorhanden ist. Die Nullreaktanz nimmt daher wieder den Wert Unendlich an. Bei der ebenfalls dargestellten Speisung auf der Unterspannungsseite kann sich dagegen ein Nullsystem im Strom ausbilden. Die magnetischen Flüsse, die mit diesen Strömen verknüpft sind, induzieren wiederum Spannungen in der Oberspannungswicklung. Im Gegensatz zur Yyn-Schaltung können diese Spannungen einen Strom treiben, da die Dreieckschaltung einen geschlossenen Kreis bildet. Dadurch entstehen in der Dreieckwicklung Ringströme, die ihrerseits einen Fluß aufbauen. Dieser wirkt wiederum dem Fluß entgegen, der vom Nullstrom auf der Unterspannungsseite erzeugt wird. Die beiden Flüsse kompensieren sich weitgehend; es verbleiben im wesentlichen nur die Streufelder. Das Verhalten eines Transformators in Dyn-Schaltung, der mit einem Nullsystem belastet wird, entspricht daher in einer einphasigen Darstellung einem oberspannungsseitigen Kurzschluß. Das Ersatzschaltbild erweitert sich demzufolge auf die in Bild 9.33 dargestellte Form.

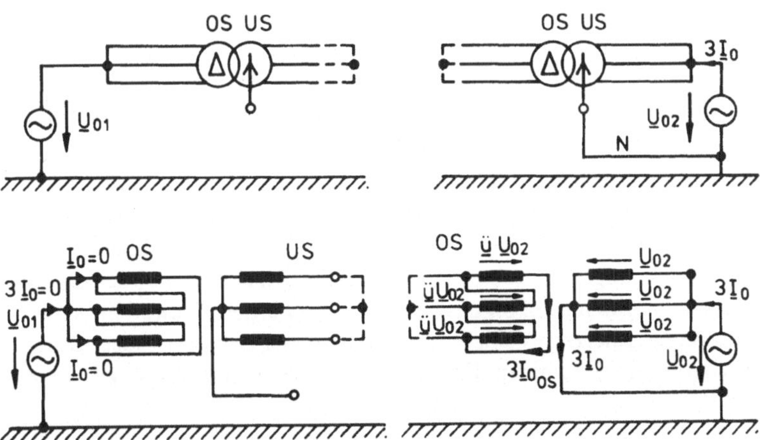

Bild 9.32 Ober- und unterspannungsseitige Speisung eines Transformators der Schaltgruppe Dyn mit einer Nullspannung

Bild 9.33
Ersatzschaltbild eines Transformators in Dyn-Schaltung bei Speisung mit einem Nullsystem

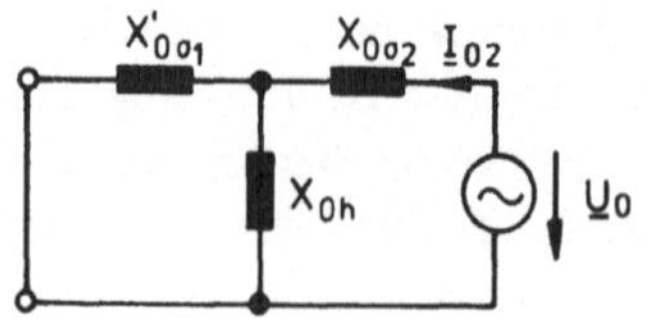

Aus dem Ersatzschaltbild ist die Beziehung

$$X_0 = X_{0\sigma_2} + X'_{0\sigma_1} \parallel X_{0h}$$

abzulesen. Der Kessel wirkt dabei zusätzlich wie eine weitere Wicklung, die Nullströme führt. Der Richtwert für die Nullreaktanz der gesamten Anordnung liegt im Bereich

$$\frac{X_0}{X_k} \approx 0{,}8 \ldots 1. \tag{9–45}$$

Bei diesen Werten ist der Hauptfluß im Nullsystem so niedrig, daß der Kessel nur in einem geringen Maß erwärmt wird. Der Sternpunkt darf deshalb bis zur Höhe des Nennstroms belastet werden (s. VDE 0532).

Die prinzipiellen Eigenschaften dieser Schaltung bleiben auch dann erhalten, wenn die Dreieckschaltung nicht ober-, sondern unterspannungsseitig angeordnet ist. Eine Diskussion der Schaltgruppe YNd kann daher entfallen.

Bei den bereits diskutierten Transformatoren mit der Schaltung Yy läßt sich eine höhere Belastbarkeit des Sternpunktes (s. VDE 0532) nur durch eine zusätzliche bauliche Maßnahme erreichen. Es ist auf den drei Schenkeln eine dritte, in Dreieck geschaltete Wicklung anzubringen, die üblicherweise innen liegt. Sie wird – sofern die Anschlüsse nicht herausgeführt sind – als *Ausgleichswicklung* bezeichnet und häufig mit AW gekennzeichnet. Ohne es im einzelnen zu begründen, sei gesagt, daß die Ausgleichswicklung im Normalfall maximal mit $\frac{1}{3}$ der Nennleistung beansprucht werden kann. Es ist daher eine schwächere Auslegung als bei einer Leistungswicklung möglich, die zumindest für die Nennleistung zu dimensionieren ist. Die Ausgleichswicklung kompensiert den Nullfluß prinzipiell in gleicher Weise wie die Dreieckwicklung in den Schaltgruppen Dyn bzw. YNd. Die Nullreaktanz liegt üblicherweise im Bereich

$$\frac{X_0}{X_k} \approx 1 \ldots 1{,}4. \tag{9–46}$$

Im Falle einer unterspannungsseitigen Speisung gelten die niedrigeren Werte; die größeren Reaktanzen sind bei einer oberspannungsseitigen Speisung zu verwenden.

Ohne es im einzelnen zu begründen, sei noch erwähnt, daß *Transformatoren in Zickzackschaltung die niedrigsten Nullinduktivitäten aufweisen* und daß deren Sternpunkt mit Nullströmen bis zur Höhe des Nennstroms belastbar ist [5]. Wie später noch im Abschnitt 11.4 ausgeführt wird, ergeben sich aufgrund der geringen Nullinduktivität bei dieser Schaltung besonders geringe Spannungserhöhungen im unsymmetrischen Betrieb. Dieses Verhalten ist vorwiegend in Niederspannungsnetzen (Vierleiternetzen) erwünscht, in denen diese Schaltungsvarianten bevorzugt eingesetzt werden. Für die Schaltungen Yzn und Dzn gilt etwa der Richtwert

$$\frac{X_0}{X_k} \approx 0{,}15. \tag{9–47}$$

Die bisherigen Überlegungen sind so gehalten, daß sie es auch ermöglichen, die Größenordnung von Nullreaktanzen anderer Schaltgruppen bei Dreischenkeltransformatoren zu ermitteln. Neue Gesichtspunkte sind jedoch zu beachten, wenn sich die Kernbauart ändert.

9.4.5.2 Fünfschenkeltransformatoren

Es werden im folgenden bei den Fünfschenkeltransformatoren die gleichen Schaltgruppen wie bei den Dreischenkeltransformatoren untersucht. *Prinzipiell weisen die Ersatzschaltbilder für das Nullsystem die gleiche Struktur auf. Ein wesentlicher Unterschied besteht jedoch in der Größenordnung der Hauptreaktanz* X_{0h}. Die Fünfschenkeltransformatoren besitzen einen magnetischen Rückschluß in den äußeren Schenkeln des Eisenkerns. Der Hauptfluß im Nullsystem schließt sich daher über diese Schenkel (Bild 9.34) und nicht mehr – wie beim Dreischenkeltransformator – über den Luftspalt bzw. den Kessel. Die Folge davon ist, daß sich im Vergleich zum Dreischenkeltransformator ein starker Nullhauptfluß ausbildet. Dementsprechend weist bei dieser Kernbauart die Hauptreaktanz im Nullsystem große Werte auf.

Die resultierenden Nullreaktanzen einer Yyn-Schaltung liegen aufgrund der hohen Hauptreaktanz üblicherweise im Bereich

$$\frac{X_0}{X_k} \approx 10 \ldots 100.$$

Eine Belastung des Sternpunktes ist zu vermeiden, da sie zu hohen Potentialverschiebungen führt. Günstigere Verhältnisse ergeben sich wieder, wenn analog zum Dreischenkeltransformator eine Ausgleichswicklung vorhanden ist. Noch niedrigere Werte treten auf, wenn eine Dyn-Schaltung vorliegt:

$$\frac{X_0}{X_k} \approx 1.$$

Aus diesen Angaben ist zu ersehen, daß im Hinblick auf die Sternpunktbelastbarkeit zwischen Drei- und Fünfschenkeltransformatoren keine wesentlichen Unterschiede auftreten. Im weiteren werden noch die Verhältnisse bei den Synchronmaschinen behandelt.

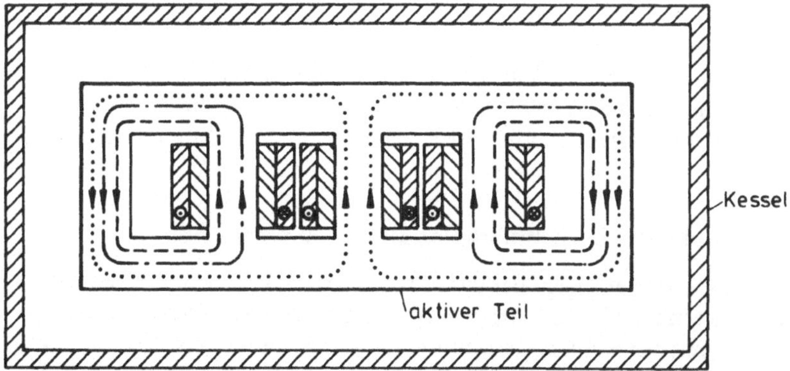

Bild 9.34 Prinzipieller Feldverlauf bei Fünfschenkeltransformatoren

9.4.6 Nullimpedanz von Synchronmaschinen

Synchronmaschinen werden in der Praxis nur *selten geerdet*, so daß üblicherweise $Z_0 = \infty$ gilt. Falls jedoch ein Neutralleiter angeschlossen sein sollte, kann sich ein Nullsystem ausbilden. Die phasengleichen Ströme rufen dann in den drei Ständerwicklungssträngen phasengleiche Wechselfelder hervor, die räumlich jedoch um 120° phasenverschoben sind. Wie aus Bild 9.35 zu ersehen ist, ergänzen sich die harmonischen Grundanteile dieser drei Luftspaltfelder zu Null, so daß nur die Streufelder des Ständers und die höheren harmonischen Anteile übrig bleiben.

Die Nullreaktanz weist somit einen sehr kleinen Wert auf, der in der Größenordnung der subtransienten Reaktanz liegt [13], [29]. Messungen führen auf

$$X_0 \approx \left(\frac{1}{6} \cdots \frac{1}{3}\right) \cdot X_d''. \qquad (9\text{–}49)$$

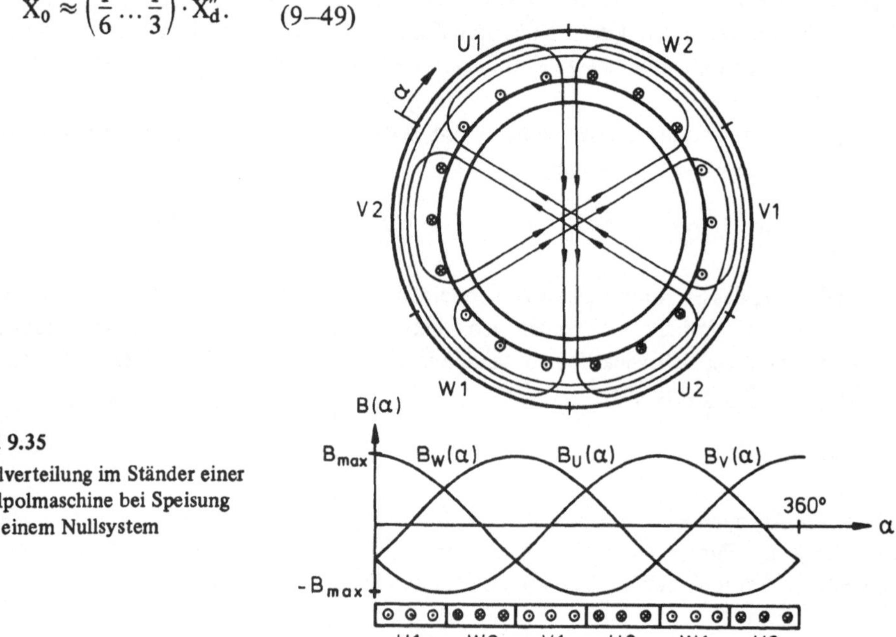

Bild 9.35
Feldverteilung im Ständer einer Vollpolmaschine bei Speisung mit einem Nullsystem

Mit diesen Erläuterungen sind die Nullimpedanzen der wichtigsten Netzelemente bestimmt. Nun ist es konkret möglich, mit dem bereits in Abschnitt 9.2 entwickelten Algorithmus das Betriebsverhalten von unsymmetrisch gespeisten Netzen mit symmetrischem Aufbau zu berechnen.

9.5 Veranschaulichung des Berechnungsverfahrens an einem Beispiel

Die dargestellte Methode wird an einem Beispiel erläutert. Gegeben sei eine symmetrisch aufgebaute Netzanlage gemäß Bild 9.36. Sie möge durch ein unsymmetrisches Spannungssystem nach Bild 9.37 gespeist werden. Gesucht werden – z.B. im Rahmen einer Störungsaufklärung – die Leiterströme der 20-kV-Leitung, die Belastung der Sternpunkt-Erdungsdrosselspule und die 6-kV-seitigen Lastströme. Die Leitungen seien elektrisch kurz. Im Hin-

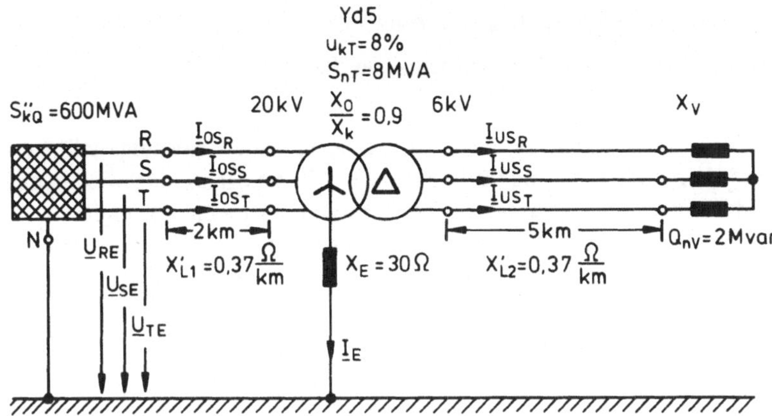

Bild 9.36 Untersuchte Netzanlage

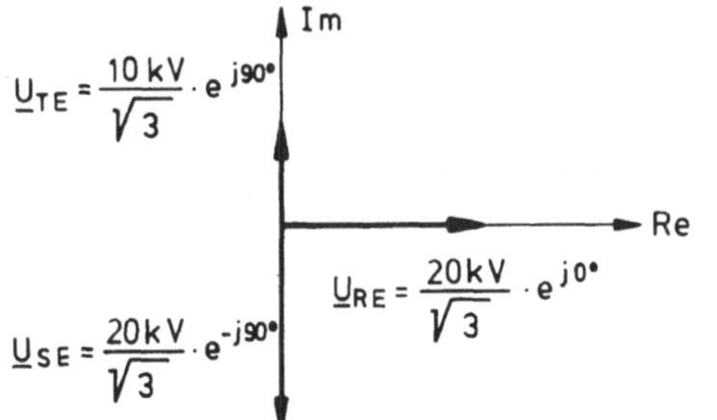

Bild 9.37
Spannungssystem mit angenommener Asymmetrie

blick auf eine übersichtliche Rechnung können dann die Kapazitäten und die ohmschen Widerstände vernachlässigt werden. Der weitere Ablauf erfolgt entsprechend den bereits im Abschnitt 9.2 dargestellten Schritten.

1. Schritt: Zerlegung des unsymmetrischen Spannungssystems in symmetrische Komponenten

Über die Beziehung

$$\underline{\tilde{U}}_k = \underline{\tilde{T}}^{-1} \cdot \underline{\tilde{U}}_d$$

werden die Komponentenspannungen $\underline{U}_{1R}$, $\underline{U}_{2R}$ und $\underline{U}_{0R}$ ermittelt. Setzt man

$$\underline{U}_{RE} = \frac{20\ \text{kV}}{\sqrt{3}} \cdot e^{j0°}, \quad \underline{U}_{SE} = \frac{20\ \text{kV}}{\sqrt{3}} \cdot e^{-j90°}, \quad \underline{U}_{TE} = \frac{10\ \text{kV}}{\sqrt{3}} \cdot e^{j90°}$$

in die Beziehung

$$\begin{bmatrix} \underline{U}_{1R} \\ \underline{U}_{2R} \\ \underline{U}_{0R} \end{bmatrix} = \frac{1}{3} \cdot \begin{bmatrix} 1 & \underline{a} & \underline{a}^2 \\ 1 & \underline{a}^2 & \underline{a} \\ 1 & 1 & 1 \end{bmatrix} \cdot \begin{bmatrix} \underline{U}_{RE} \\ \underline{U}_{SE} \\ \underline{U}_{TE} \end{bmatrix}$$

ein, so erhält man mit $\underline{a} = e^{j120°}$

$$\underline{U}_{1R} = 8{,}9 \cdot e^{j6{,}2°}\ \text{kV}, \quad \underline{U}_{2R} = 1{,}5 \cdot e^{j140{,}1°}\ \text{kV}, \quad \underline{U}_{0R} = 4{,}3 \cdot e^{-j26{,}6°}\ \text{kV}.$$

2. Schritt: Bestimmung der einphasigen Ersatzschaltbilder

Als Bezugsspannung U_{bez} wird – an sich willkürlich – der Wert 20 kV gewählt.

a) Mitsystem

Im Mitsystem kann das Ersatzschaltbild auf die bisher kennengelernte Weise aufgestellt werden. Die Struktur des Netzwerks ist aus Bild 9.38 zu ersehen. Es sei darauf hingewiesen, daß die Ströme, die auf der Unterspannungsseite des Transformators auftreten, noch mit der Übersetzung $\underline{ü}$ umzurechnen sind. Als treibende Spannung wird aus dem *Spannungsmitsystem* die Sternspannung $\underline{U}_{1R}$ des Bezugsleiters gewählt, die u.a. bereits im ersten Schritt bestimmt ist.

Für die Reaktanzen des Mitsystems ergeben sich die folgenden Werte:

$$X_Q = \frac{1{,}1 \cdot U_{bez}^2}{S_{kQ}''} = 0{,}73\ \Omega, \qquad X_{L1} = X_{L1}' \cdot l_1 = 0{,}74\ \Omega,$$

$$X_{kT} = \frac{u_{kT} \cdot U_{bez}^2}{S_{nT}} = 4\ \Omega, \qquad X_{L2} = X_{L2}' \cdot l_2 \cdot ü^2 = 20{,}56\ \Omega,$$

$$X_V = \frac{U_{bez}^2}{Q_{nV}} = 200\ \Omega.$$

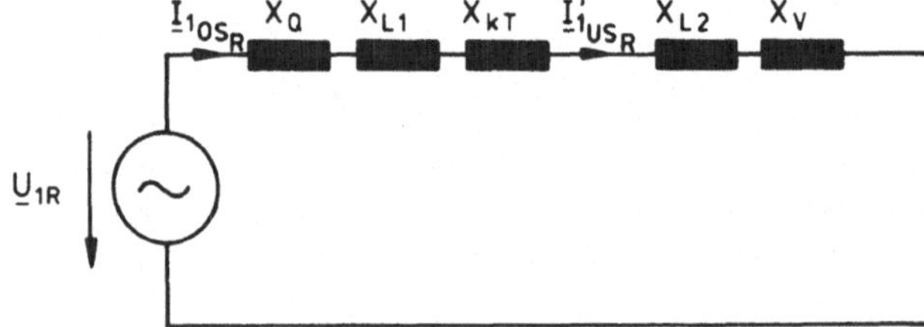

Bild 9.38
Einphasiges Komponentenersatzschaltbild im Mitsystem

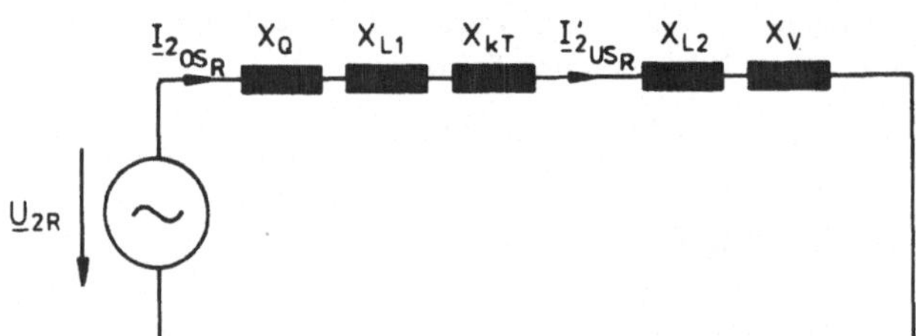

Bild 9.39
Einphasiges Komponentenersatzschaltbild im Gegensystem

b) Gegensystem

In dem vorliegenden Beispiel handelt es sich nur um ruhende Betriebsmittel. Daher können sowohl die Struktur des Ersatzschaltbildes als auch die Impedanzen des Mitsystems übernommen werden. Hieraus folgt das in Bild 9.39 dargestellte Ersatzschaltbild. Als treibende Spannung ist aus dem bereits ermittelten Spannungsgegensystem die Sternspannung $\underline{U}_{2R}$ des Bezugsleiters R einzusetzen.

c) Nullsystem

Im Nullsystem sind die Komponentenersatzschaltbilder für die einzelnen Betriebsmittel dem Schaltplan entsprechend zu verknüpfen. Damit ergibt sich das Netzwerk gemäß Bild

9.40. Bei dem speisenden 20-kV-Netz soll es sich um ein Freileitungsnetz ohne Erdseile handeln. Die Eingangsreaktanz X_{0Q} ist zu bestimmen. Bei Freileitungen ohne Erdseil besteht zwischen Null- und Mitreaktanz etwa das Verhältnis 3,3 (s. Abschnitt 9.4.1). Dementsprechend erhält man die Eingangsreaktanz des Netzes im Nullsystem X_{0Q} dadurch, daß man die Eingangsreaktanz X_Q mit dem Wert 3,3 multipliziert. Auf ähnliche einfache Weise ermittelt man zweckmäßigerweise auch die Nullimpedanzen der übrigen Betriebsmittel. Die dafür maßgebenden Richtwerte sind den vorhergehenden Erläuterungen zu entnehmen:

$$X_{0L1} = 3{,}3 \cdot X_{L1} = 2{,}44\ \Omega$$

$$X_{0Q} = 3{,}3 \cdot X_Q = 2{,}41\ \Omega$$

$$X_{0T} = 0{,}9 \cdot X_{kT} = 3{,}6\ \Omega.$$

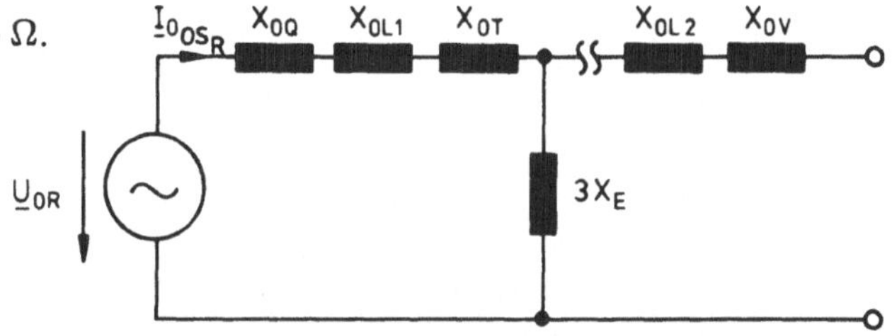

Bild 9.40
Einphasiges Komponentenersatzschaltbild im Nullsystem

Die Impedanz des Rückleiters – im wesentlichen die Reaktanz X_E – geht mit dem dreifachen Wert ein:

$$X_{0E} = 3 \cdot X_E = 90\ \Omega.$$

Wie aus dem Ersatzschaltbild weiter zu ersehen ist, kann sich ein Nullsystem nur auf der 20-kV-Seite ausbilden. Die angegebene Transformatorschaltung (Zweipol) überträgt kein Nullsystem auf die 6-kV-Seite.

3. Schritt: Berechnung der Komponentenströme

Aus den drei ermittelten Ersatzschaltbildern werden nun jeweils die drei Komponentenströme $\underline{I}_{1OS_R}$, $\underline{I}_{2OS_R}$ und $\underline{I}_{0OS_R}$ berechnet:

$$\underline{I}_{1OS_R} = \frac{\underline{U}_{1R}}{j(X_Q + X_{L1} + X_{kT} + X_{L2} + X_V)} = 39{,}38 \cdot e^{-j83{,}8^\circ}\ \text{A}$$

$$\underline{I}_{2OS_R} = \frac{\underline{U}_{2R}}{j(X_Q + X_{L1} + X_{kT} + X_{L2} + X_V)} = 6{,}64 \cdot e^{j50{,}1^\circ}\ \text{A}$$

$$\underline{I}_{0OS_R} = \frac{\underline{U}_{0R}}{j(X_{0Q} + X_{0L1} + X_{0T} + 3X_E)} = 43{,}69 \cdot e^{-j116{,}6^\circ}\ \text{A}.$$

4. Schritt: Berechnung der Netzströme auf der 20-kV-Seite

Die Ströme der realen Netzanlage erhält man durch Addition der drei Komponentenströme an der jeweils interessierenden Stelle gemäß den Regeln der symmetrischen Komponenten. Dabei ist zu beachten, daß im Komponentennetzwerk des Nullsystems nur in bestimmten Teilen Nullströme auftreten. Bei der betrachteten Netzanlage ist dies nur auf der 20-kV-Seite der Fall. Andererseits treten dort auch Ströme auf – z.B. in der Sternpunkt-Erdungsdrosselspule –, die im Mit- und Gegensystem nicht vorhanden sind.

Für die Rücktransformation der Leiterströme $\underline{I}_{OS_R}$, $\underline{I}_{OS_S}$ und $\underline{I}_{OS_T}$ (s. Bild 9.36) gilt die Beziehung

$$\begin{bmatrix} \underline{I}_{OS_R} \\ \underline{I}_{OS_S} \\ \underline{I}_{OS_T} \end{bmatrix} = \begin{bmatrix} 1 & 1 & 1 \\ \underline{a}^2 & \underline{a} & 1 \\ \underline{a} & \underline{a}^2 & 1 \end{bmatrix} \cdot \begin{bmatrix} 39{,}38 \cdot e^{-j83{,}8^\circ}\ \mathrm{A} \\ 6{,}64 \cdot e^{j50{,}1^\circ}\ \mathrm{A} \\ 43{,}69 \cdot e^{-j116{,}6^\circ}\ \mathrm{A} \end{bmatrix}.$$

Die numerische Auswertung führt auf

$$\underline{I}_{OS_R} = 73{,}96 \cdot e^{-j98{,}6^\circ}\ \mathrm{A}$$
$$\underline{I}_{OS_S} = 65{,}90 \cdot e^{j199{,}5^\circ}\ \mathrm{A}$$
$$\underline{I}_{OS_T} = 26{,}41 \cdot e^{-j56{,}6^\circ}\ \mathrm{A}.$$

Den Strom in der Sternpunkt-Erdungsdrosselspule erhält man aus der bereits abgeleiteten Beziehung

$$\underline{I}_E = 3 \cdot \underline{I}_{0OS_R} = 131{,}07 \cdot e^{-j116{,}6^\circ}\ \mathrm{A}.$$

5. Schritt: Berechnung der Ströme auf der 6-kV-Seite

Kompliziertere Verhältnisse ergeben sich bei der Berechnung der Ströme $\underline{I}_{US_R}$, $\underline{I}_{US_S}$, $\underline{I}_{US_T}$ auf der 6-kV-Seite. Zu diesem Zweck ist es notwendig, wiederum die drei Komponentenströme an dieser Stelle zu bestimmen. Im einphasigen Komponentenersatzschaltbild für das Mit- und Gegensystem treten an dieser Stelle die transformierten Ströme $\underline{I}'_{1US_R}$, $\underline{I}'_{2US_R}$ auf. Sie sind mit der komplexen Übersetzung zunächst umzurechnen. Im Mitsystem gelten dabei die bereits kennengelernten Zusammenhänge (s. Abschnitt 4.2):

$$\underline{\ddot{u}}_1 = \frac{\underline{U}_{1OS}}{\underline{U}_{1US}} = \frac{U_{nOS}}{U_{nUS}}\, e^{+jk \cdot 30^\circ}, \quad \frac{\underline{I}_{1OS}}{\underline{I}_{1US}} = \frac{1}{\underline{\ddot{u}}_1^*}.$$

Beim Gegensystem liegt eine entgegengesetzte Phasenfolge vor. Dadurch ändert sich in der Übersetzung das Vorzeichen des Phasenwinkels:

$$\underline{\ddot{u}}_2 = \frac{\underline{U}_{2OS}}{\underline{U}_{2US}} = \frac{U_{nOS}}{U_{nUS}} \cdot e^{-jk \cdot 30^\circ}.$$

Für die Ströme im Gegensystem gilt analog zum Mitsystem:

$$\frac{\underline{I}_{2OS}}{\underline{I}_{2US}} = \frac{1}{\underline{\ddot{u}}_2^*}.$$

Berücksichtigt man ferner die Identitäten

$$\underline{I}_{1OS_R} = \underline{I}'_{1US_R}, \quad \underline{I}_{2OS_R} = \underline{I}'_{2US_R},$$

so ergeben sich im Mit- und Gegensystem, bezogen auf die 6-kV-Ebene, die Ströme

$$\underline{I}_{1US_R} = \underline{\ddot{u}}_1^* \cdot \underline{I}_{1OS} = 39{,}38 \cdot e^{-j83{,}8^\circ} \cdot \frac{20}{6} \cdot e^{-j150^\circ}\ \mathrm{A} = 131{,}27 \cdot e^{j126{,}2^\circ}\ \mathrm{A},$$

$$\underline{I}_{2US_R} = \underline{\ddot{u}}_2^* \cdot \underline{I}_{2OS} = 6{,}64 \cdot e^{j50{,}1^\circ} \cdot \frac{20}{6} \cdot e^{j150^\circ}\ \mathrm{A} = 22{,}13 \cdot e^{j200{,}1^\circ}\ \mathrm{A}.$$

Entsprechend den vorhergehenden Erläuterungen gilt auf der 6-kV-Seite für den Strom im Nullsystem die einfache Bedingung

$$\underline{I}_{0US_R} = 0.$$

Damit sind die drei Komponentenströme ermittelt. Die tatsächlichen Netzströme resultieren aus der Rücktransformation

$$\begin{bmatrix} \underline{I}_{US_R} \\ \underline{I}_{US_S} \\ \underline{I}_{US_T} \end{bmatrix} = \begin{bmatrix} 1 & 1 & 1 \\ \underline{a}^2 & \underline{a} & 1 \\ \underline{a} & \underline{a}^2 & 1 \end{bmatrix} \cdot \begin{bmatrix} 131{,}27 \cdot e^{j126{,}2^\circ}\,A \\ 22{,}13 \cdot e^{j200{,}1^\circ}\,A \\ 0 \end{bmatrix}$$

zu

$$\begin{aligned} \underline{I}_{US_R} &= 139{,}0 \cdot e^{j135^\circ}\,A \\ \underline{I}_{US_S} &= 147{,}5 \cdot e^{-j0{,}01^\circ}\,A \\ \underline{I}_{US_T} &= 109{,}9 \cdot e^{-j116{,}56^\circ}\,A. \end{aligned}$$

Im folgenden Kapitel wird gezeigt, daß dieses Berechnungsverfahren so erweitert werden kann, daß damit auch punktuelle Asymmetrien im Netzaufbau erfaßt werden können.

10 Berechnung von symmetrisch gespeisten Drehstromnetzen mit punktuellen Asymmetrien im Aufbau

Der symmetrische Aufbau von Netzen ist häufig nur an diskreten Punkten gestört. Es werden zunächst diejenigen Ursachen erläutert, die in der Praxis von besonderer Bedeutung sind. Anschließend wird gezeigt, daß die symmetrischen Komponenten auch zur Berechnung von Netzen mit punktuellen Asymmetrien verwendet werden können. Vorteile und Grenzen dieses Verfahrens werden anschließend bei der konkreten Berechnung mehrerer Fehler sichtbar.

10.1 Beschreibung häufiger Asymmetrien

Am wichtigsten ist der einpolige *Erdschluß*. Er liegt definitionsgemäß dann vor, wenn nur ein Außenleiter leitend mit der Erde verbunden ist. Eine Veranschaulichung dieses Fehlers erfolgt in Bild 10.1. Etwa 80 % aller Fehler, die in Freileitungsnetzen vorkommen, treten in Form einpoliger Erdschlüsse – häufig als Lichtbogenkurzschlüsse – auf.

Der Erdschluß ist – wie später noch gezeigt wird – für die Auslegung von Erdungsanlagen maßgebend und damit von ähnlich großer Bedeutung wie der dreipolige Kurzschluß, der für die thermische und mechanische Beanspruchung herangezogen wird. Wenn zum gleichen Zeitpunkt zwei einpolige Erdschlüsse in verschiedenen Leitern und an unterschiedlichen Orten auftreten, so spricht man von einem *Doppelerdschluß*. In Bild 10.2 ist dieser Fehler veranschaulicht.

Der Grenzfall, daß die beiden Erdschlüsse am gleichen Ort auftreten, wird gesondert als *zweipoliger Kurzschluß mit Erdberührung* bezeichnet. Ein praktisches Beispiel für einen solchen Fehler ist Bild 10.3 zu entnehmen.

Bildet sich nun der Lichtbogen nicht zum Mast, sondern zu einem anderen Außenleiter, so spricht man von einem *zweipoligen Kurzschluß ohne Erdberührung* (Bild 10.4).

Punktuelle Asymmetrien können z.B. durch defekte Netzelemente verursacht werden. Oft handelt es sich hierbei um schadhafte Schalter, bei denen einzelne Schaltpole entweder

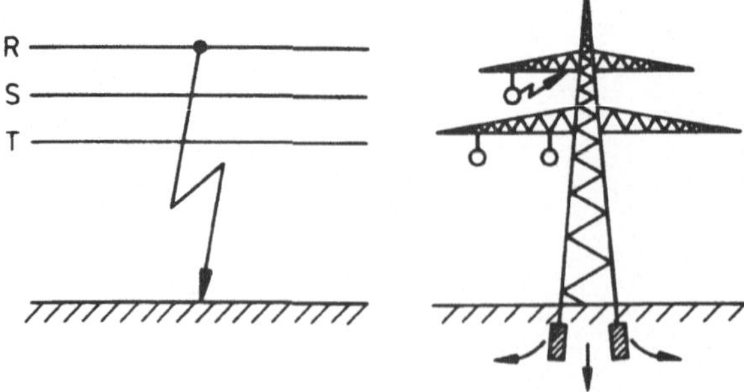

Bild 10.1
Schematisierte Darstellung und praktische Veranschaulichung eines Erdschlusses

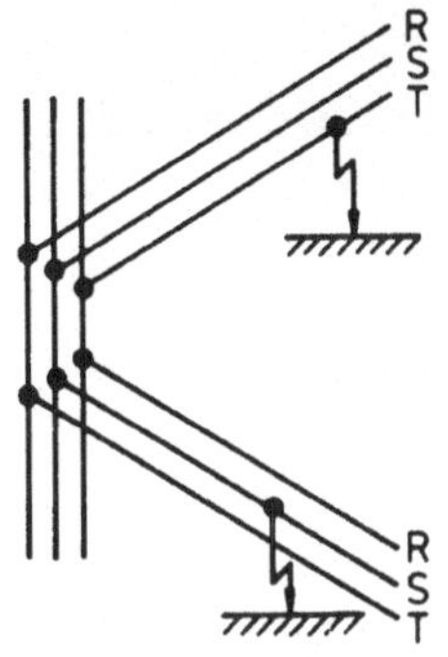

Bild 10.2 Darstellung eines Doppelerdschlusses

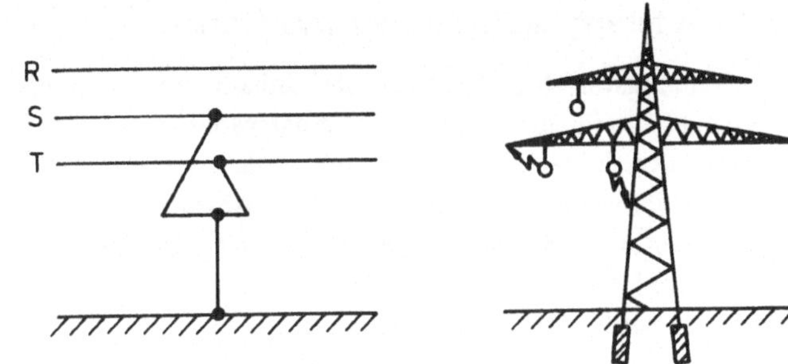

Bild 10.3 Schematisierte Darstellung und praktische Veranschaulichung eines zweipoligen Kurzschlusses mit Erdberührung

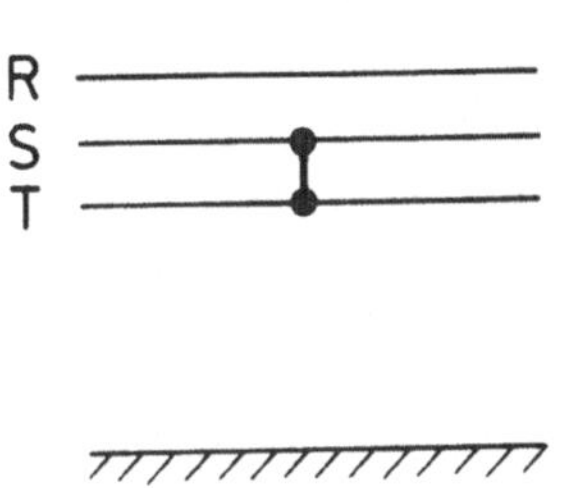

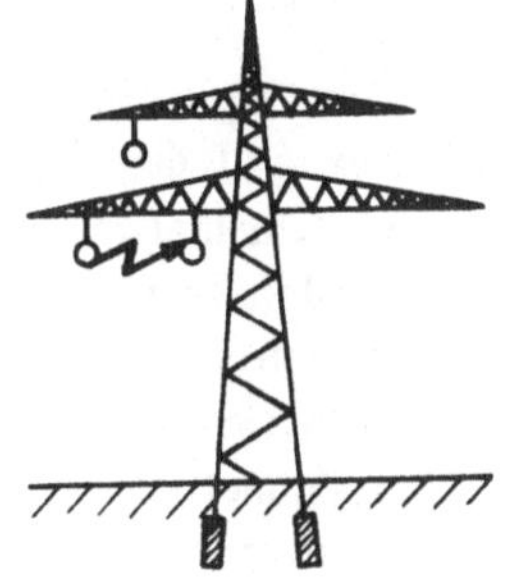

Bild 10.4 Schematisierte Darstellung und praktische Veranschaulichung eines zweipoligen Kurzschlusses ohne Erdberührung

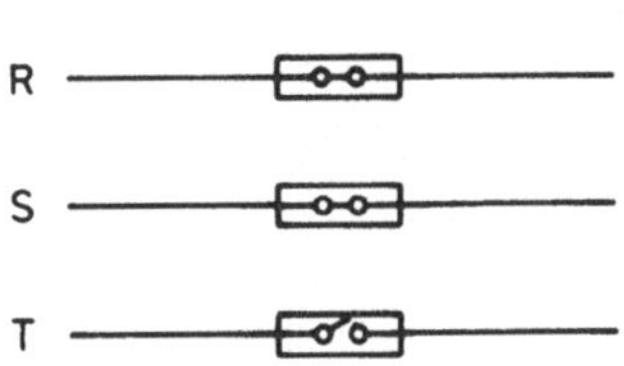

Bild 10.5 Darstellung einer einpoligen Leiterunterbrechung

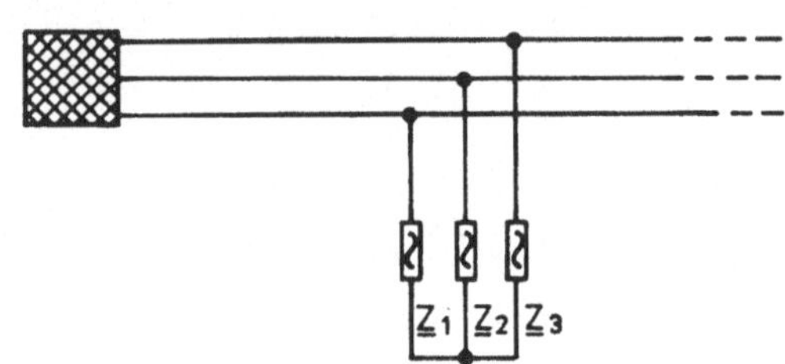

Bild 10.6 Unsymmetrische Lasten

nicht schließen oder nicht öffnen. Eine solche Fehlerart ist in Bild 10.5 dargestellt. Sie wird als *einpolige Leiterunterbrechung* bezeichnet.

In der Praxis sind häufig auch Kombinationen der bisher beschriebenen Fehler anzutreffen. Daneben können auch unsymmetrische Lasten die Symmetrie in einem Energieversorgungsnetz stören (Bild 10.6).

Das Betriebsverhalten von Netzen, die in dieser Art punktuell gestört sind, läßt sich auf recht einfache Weise mit den symmetrischen Komponenten berechnen.

10.2 Erläuterung des Berechnungsverfahrens

Das Berechnungsverfahren wird zunächst anhand eines einpoligen Erdschlusses entwickelt und anschließend in allgemeinerer Form dargestellt. Gegeben sei das einfache Netz in Bild 10.7. Die Leitungen seien elektrisch kurz, so daß wieder die ohmschen Widerstände und die Kapazitäten vernachlässigbar sind. Bei dieser Anlage sei die Symmetrie durch einen Erdschluß am Leiter R im Punkt F gestört. Es wird weiterhin der besonders einfache Fall des satten Kurzschlusses angenommen. Der Übergangswiderstand ist somit sehr klein. Diese Idealisierung wird später fallengelassen.

Punktuelle Fehler wie der Erdschluß lassen sich eindeutig durch die Strom-Spannungs-Verhältnisse an der Fehlerstelle kennzeichnen (Bild 10.8). Für die Fehlerströme gilt

$$\underline{I}_{F_R} = \underline{I}''_{k\,1p} \text{ (unbekannt)}, \quad \underline{I}_{F_S} = 0, \quad \underline{I}_{F_T} = 0. \tag{10–1}$$

Für die Spannungen an der Fehlerstelle erhält man analog

$$\underline{U}_{F_R} = 0, \quad \underline{U}_{F_S}: \text{(unbekannt)}, \quad \underline{U}_{F_T}: \text{(unbekannt)}. \tag{10–2}$$

Diese Gleichungen werden *Fehlerbedingungen* genannt. Im weiteren bezeichnet der Index F die Fehlerstelle, der folgende Index R bzw. S, T den betreffenden Leiter. Für punktuelle Fehler oder solche, die als hinreichend punktuell angesehen werden können, stellen die Fehlerbedingungen jeweils ein System aus drei Spannungs- und drei Stromzeigern dar. Ein *wesentlicher Gedanke* des Algorithmus besteht nun darin, die *Methode der symmetrischen Komponenten* bereits auf diese *unsymmetrischen Zeigersysteme an der Fehlerstelle anzuwenden.* Damit ergeben sich jeweils drei symmetrische Systeme für die Ströme bzw. Spannungen an der Fehlerstelle, die anschließend einfacher zu behandeln sind. So erhält man für einen Erdschluß mit Hilfe der Bedingung

$$\begin{bmatrix} \underline{I}_{1F_R} \\ \underline{I}_{2F_R} \\ \underline{I}_{0F_R} \end{bmatrix} = \frac{1}{3} \cdot \begin{bmatrix} 1 & \underline{a} & \underline{a}^2 \\ 1 & \underline{a}^2 & \underline{a} \\ 1 & 1 & 1 \end{bmatrix} \cdot \begin{bmatrix} \underline{I}_{F_R} = \underline{I}''_{k\,1p} \\ \underline{I}_{F_S} = 0 \\ \underline{I}_{F_T} = 0 \end{bmatrix}$$

das Ergebnis

$$\underline{I}_{1F_R} = \underline{I}_{2F_R} = \underline{I}_{0F_R} = \frac{\underline{I}''_{k\,1p}}{3}. \tag{10–3}$$

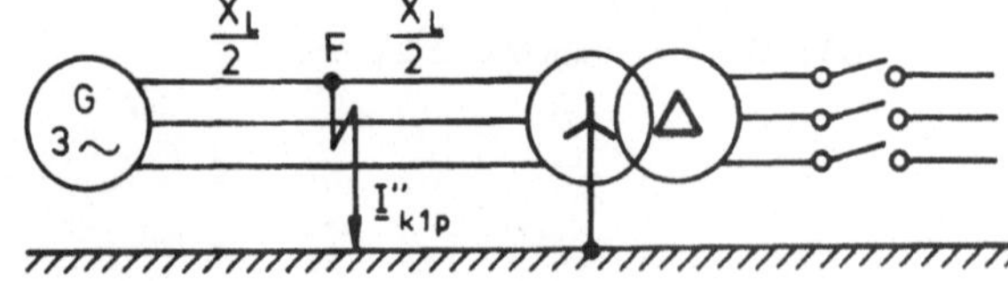

Bild 10.7
Netz mit einpoligem Erdschluß des Leiters R in der Mitte der Leitung L

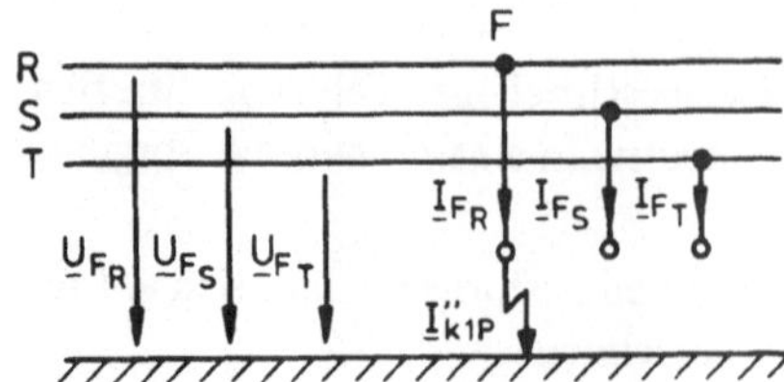

Bild 10.8
Strom-Spannungs-Verhältnisse an der Fehlerstelle beim einpoligen Erdschluß

Diese Aussage entspricht den Fehlerbedingungen (10–1). Ähnlich lassen sich auch die Spannungsbedingungen transformieren. Über den Zusammenhang

$$\begin{bmatrix} \underline{U}_{F_R} = 0 \\ \underline{U}_{F_S} \\ \underline{U}_{F_T} \end{bmatrix} = \begin{bmatrix} 1 & 1 & 1 \\ \underline{a}^2 & \underline{a} & 1 \\ \underline{a} & \underline{a}^2 & 1 \end{bmatrix} \cdot \begin{bmatrix} \underline{U}_{1F_R} \\ \underline{U}_{2F_R} \\ \underline{U}_{0F_R} \end{bmatrix}$$

erhält man u.a. die Beziehung

$$\underline{U}_{F_R} = 0 = \underline{U}_{1F_R} + \underline{U}_{2F_R} + \underline{U}_{0F_R} . \tag{10–4}$$

Die Transformation der Fehlerbedingungen allein ermöglicht natürlich noch keine Berechnung des gestörten Netzes. Analytisch ist dies auch daran zu sehen, daß sechs Gleichungen neun Unbekannte gegenüberstehen. Die *fehlenden Aussagen erhält man nur dann, wenn die Fehlerströme bzw. -spannungen mit dem Netz verknüpft werden.* Zu diesem Zweck bietet es sich an, das bis auf die Fehlerstelle symmetrisch aufgebaute reale Netzwerk ebenfalls zu transformieren und wie bisher durch ein Komponentennetzwerk im Mit-, Gegen- und Nullsystem zu beschreiben. Die Fehlerbedingungen werden dadurch berücksichtigt, daß *an der Störstelle die noch unbekannten Fehlerströme an einem zusätzlich eingefügten Knotenpunkt angreifen.* Dieser Schritt – *der Kerngedanke des Algorithmus* – ist zulässig, da lineare Netzwerke vorliegen und damit das Überlagerungsverfahren anwendbar ist, das ohnehin der Transformation zugrundeliegt.

Die transformierten *Fehlerströme* verändern die Strom-Spannungs-Verhältnisse in den drei linearen Komponentennetzwerken. So sind auch die an der Fehlerstelle auftretenden Spannungen, die *Fehlerspannungen*, jeweils von der Größe der Fehlerströme abhängig. Die Zusammenhänge zwischen den Fehlerströmen und Fehlerspannungen lassen sich nach den üblichen Methoden der Netzwerkberechnung ermitteln. Man erhält weitere drei unabhängige lineare Beziehungen. Damit liegt ein System von neun Gleichungen mit neun Unbekannten vor, das eine Bestimmung der Fehlerströme und -spannungen ermöglicht. Diese Überlegungen werden nun auf das angegebene Beispiel (s. Bild 10.7) angewendet.

Für das Komponentennetzwerk im Mitsystem erhält man das einphasige Netzwerk nach Bild 10.9. Die Generatorreaktanz wächst nach dem Kurzschluß von dem Wert X''_d auf X_d. Dementsprechend bewegt sich die treibende Spannung zwischen $\underline{E}''$ und $\underline{E}$.

Beim Aufstellen des Komponentennetzwerks im Gegensystem sind einige Unterschiede zu beachten. Für den Generator ist zum einen das in Bild 9.8 angegebene Ersatzschaltbild zu verwenden, zum anderen weist die Gegenreaktanz dauernd den Wert X''_d auf (Bild 10.10). Beim Nullsystem ergeben sich wiederum andere Verhältnisse. Da der Generator, wie üblich,

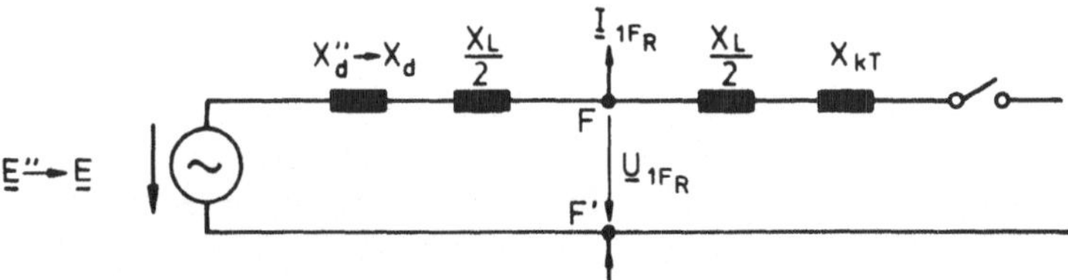

Bild 10.9 Einphasiges Komponentenersatzschatlbild im Mitsystem

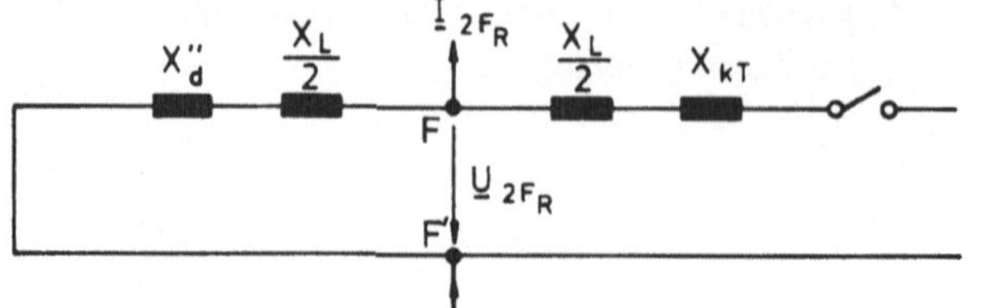

Bild 10.10
Einphasiges Komponentenersatzschaltbild im Gegensystem

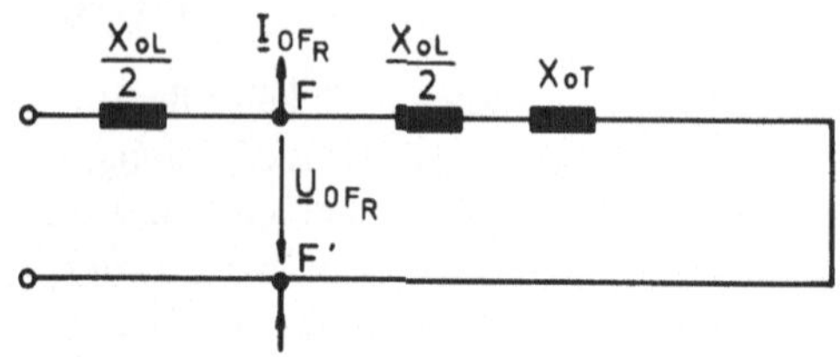

Bild 10.11
Einphasiges Komponentenersatzschaltbild im Nullsystem

ungeerdet betrieben wird, ist – abweichend von den Netzwerken im Mit- und Gegensystem - die Nullreaktanz dieses Netzelements unendlich groß (Bild 10.11).

Aus den Komponentenersatzschaltbildern sind durch Maschenumläufe die bereits erwähnten zusätzlichen drei linearen Bedingungen

$$\begin{aligned} \underline{U}_{1F_R} &= f(\underline{I}_{1F_R}) = \underline{E}'' - j\underline{I}_{1F_R}\left(X_d'' + \frac{X_L}{2}\right) \\ \underline{U}_{2F_R} &= f(\underline{I}_{2F_R}) = 0 - j\underline{I}_{2F_R}\left(X_d'' + \frac{X_L}{2}\right) \\ \underline{U}_{0F_R} &= f(\underline{I}_{0F_R}) = 0 - j\underline{I}_{0F_R}\left(\frac{X_{0L}}{2} + X_{0T}\right) . \end{aligned} \qquad (10\text{–}5)$$

zu ermitteln. Mit den Beziehungen (10–3), (10–4) und (10–5) erhält man ein vollständiges lineares System von neun Gleichungen mit den neun Unbekannten $\underline{I}_{1F_R}, \underline{I}_{2F_R}, \underline{I}_{0F_R}, \underline{U}_{1F_R}, \underline{U}_{2F_R}, \underline{U}_{0F_R}, \underline{I}''_{k1p}, \underline{U}_{F_S}$ und $\underline{U}_{F_T}$. *Im Unterschied zur Berechnung unsymmetrisch betriebener Netze* sind bei dieser erweiterten Aufgabenstellung *die Komponentennetzwerke über die Fehlerbedingungen miteinander gekoppelt.* Die Systemgleichungen im R, S, T-System können daher durch die Transformation nicht mehr in drei kleinere, voneinander unabhängige Gleichungssysteme aufgespalten werden. *Es sinkt jedoch der Grad der Kopplung,* da keine Koppelimpedanzen zwischen den Netzwerken bestehen. *Diese Vereinfachung führt zu einer leichteren Lösbarkeit des transformierten Systems.* Ein weiterer Vorteil liegt darin, daß die Gleichungen weitgehend in der bisher kennengelernten Begriffswelt aufzustellen sind.

Bei dem betrachteten Fehler, dem Erdschluß, können die Komponentennetzwerke sogar zu einem umfassenderen Ersatzschaltbild verschaltet werden. Die Fehlerbedingungen (10–3) und (10–4) sind dann stets erfüllt. Die gewünschte schaltungstechnische Interpretation liegt vor, wenn die Komponentennetzwerke in Serie geschaltet werden (Bild 10.12).

Diese Verschaltung gewährleistet, daß die zu- und abfließenden Fehlerströme in den Komponentennetzwerken stets gleich groß sind und daß sich dabei zugleich die Fehlerspannun-

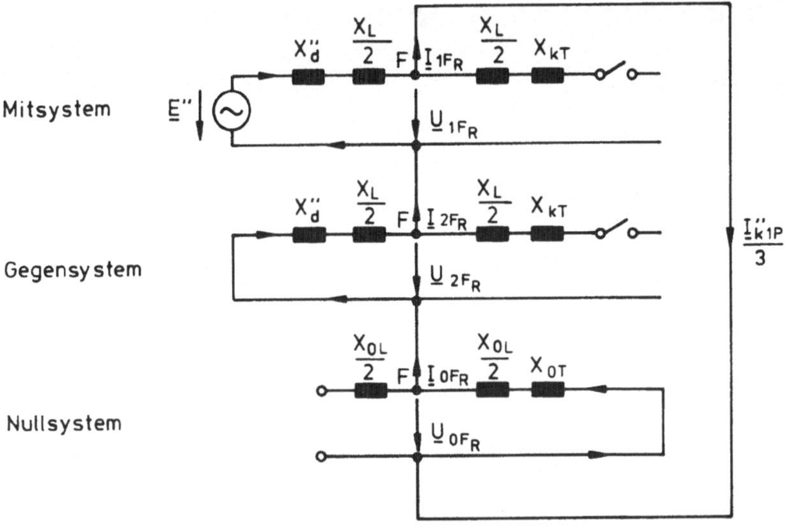

Bild 10.12 Ersatzschaltbild für einen einpoligen Erdschluß im subtransienten Zeitbereich

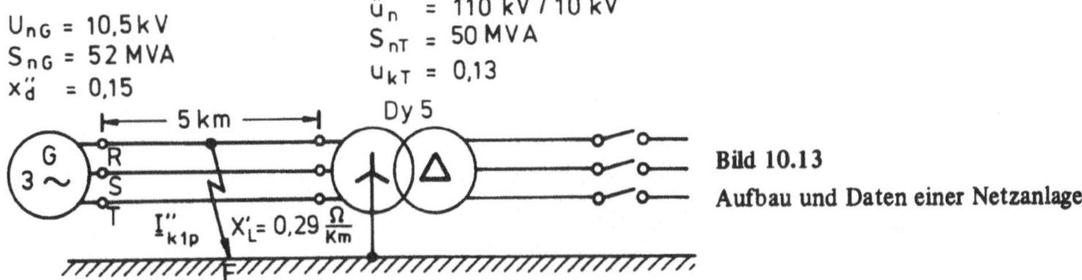

Bild 10.13 Aufbau und Daten einer Netzanlage

gen zu Null ergänzen. Aus diesem Ersatzschaltbild können sechs Gleichungen gewonnen werden, mit denen die Komponentenströme und -spannungen sowohl an der Fehlerstelle als auch im gesamten Netz zu ermitteln sind. Die Auswertung des Ersatzschaltbilds wird im folgenden an einem Beispiel verdeutlicht. Es wird die bereits in Bild 10.7 dargestellte Anlage gewählt. Die spezifischen Daten sind Bild 10.13 zu entnehmen.

a) Berechnung der Reaktanzen

Als Bezugsebene wird die 10-kV-Seite des Transformators gewählt. Die Reaktanzen ergeben sich dann zu

$$X_d'' = 0{,}15 \cdot \frac{(10{,}5\ \text{kV})^2}{52\ \text{MVA}} = 0{,}318\ \Omega$$

$$X_L = 0{,}29\ \frac{\Omega}{\text{km}} \cdot 5\ \text{km} = 1{,}45\ \Omega; \quad X_{0L} = 3{,}3 \cdot X_L = 4{,}8\ \Omega$$

$$X_{kT} = 0{,}13 \cdot \frac{(10\ \text{kV})^2}{50\ \text{MVA}} = 0{,}26\ \Omega; \quad X_{0T} = 0{,}8 \cdot X_{kT} = 0{,}208\ \Omega.$$

Die resultierenden Impedanzen des Mit- und Gegensystems lassen sich zu

$$X_1 = X_2 = X_d'' + \frac{X_L}{2} = 1{,}318\ \Omega$$

zusammenfassen. Im Nullsystem erhält man

$$X_0 = \frac{X_{0L}}{2} + X_{0T} = 2{,}608\ \Omega.$$

b) Berechnung des Kurzschlußstroms

Aus dem Ersatzschaltbild 10.12 ergibt sich

$$\underline{I}''_{k1p} = 3 \cdot \frac{\underline{E}''}{j(2X_1 + X_0)}.$$

Mit den Anlagenparametern erhält man daraus

$$\underline{I}''_{k1p} = \frac{\sqrt{3} \cdot 1{,}1 \cdot 10\ \text{kV}}{j(2 \cdot 1{,}318\ \Omega + 2{,}608\ \Omega)} = -j\,3{,}63\ \text{kA}.$$

c) Berechnung der Leiterströme

Die zur Berechnung der Leiterströme benötigten Komponentenströme sind aus dem Ersatzschaltbild 10.12 zu ermitteln.

Im folgenden bezeichnet der Index r bzw. l die Ströme rechts bzw. links von der Fehlerstelle. Links von der Fehlerstelle erhält man somit

$$\begin{bmatrix} \underline{I}_{R_l} \\ \underline{I}_{S_l} \\ \underline{I}_{T_l} \end{bmatrix} = \begin{bmatrix} 1 & 1 & 1 \\ \underline{a}^2 & \underline{a} & 1 \\ \underline{a} & \underline{a}^2 & 1 \end{bmatrix} \cdot \begin{bmatrix} \underline{I}_{1R_l} = \dfrac{\underline{I}''_{k1p}}{3} \\ \underline{I}_{2R_l} = \dfrac{\underline{I}''_{k1p}}{3} \\ \underline{I}_{0R_l} = 0 \end{bmatrix}.$$

Damit gilt für die Leiterströme

$$\underline{I}_{R_l} = \frac{2}{3} \cdot \underline{I}''_{k1p}, \quad \underline{I}_{S_l} = -\frac{1}{3} \cdot \underline{I}''_{k1p}, \quad \underline{I}_{T_l} = -\frac{1}{3} \cdot \underline{I}''_{k1p}.$$

Das Minuszeichen zeigt an, daß die realen Ströme entgegengesetzt zur Richtung der Komponentenströme fließen, die im Ersatzschaltbild – an sich willkürlich – gewählt sind. Analog erhält man rechts von der Fehlerstelle

$$\begin{bmatrix} \underline{I}_{R_r} \\ \underline{I}_{S_r} \\ \underline{I}_{T_r} \end{bmatrix} = \begin{bmatrix} 1 & 1 & 1 \\ \underline{a}^2 & \underline{a} & 1 \\ \underline{a} & \underline{a}^2 & 1 \end{bmatrix} \cdot \begin{bmatrix} \underline{I}_{1R_r} = 0 \\ \underline{I}_{2R_r} = 0 \\ \underline{I}_{0R_r} = \dfrac{\underline{I}''_{k1p}}{3} \end{bmatrix}.$$

Hieraus folgt für die Leiterströme auf der rechten Seite

$$\underline{I}_{R_r} = \underline{I}_{S_r} = \underline{I}_{T_r} = \frac{\underline{I}''_{k1p}}{3}.$$

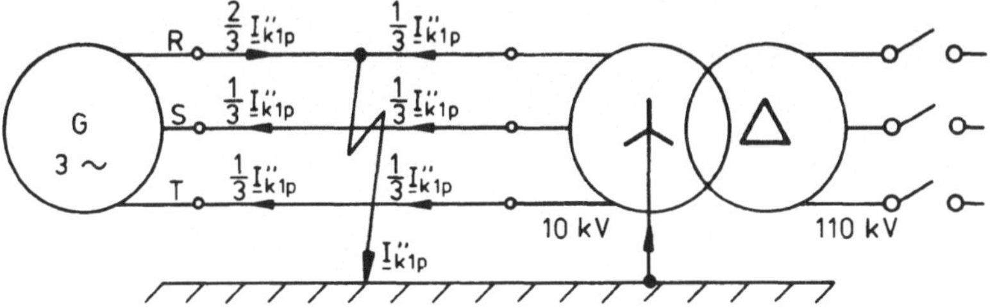

Bild 10.14 Stromaufteilung bei einem einpoligen Erdschluß

In Bild 10.14 sind die Ergebnisse noch einmal veranschaulicht.

In diesem Zusammenhang sei darauf hingewiesen, daß bei einer Berechnung eventueller oberspannungsseitiger Ströme wiederum, wie in Abschnitt 9.5, unterschiedliche Übersetzungen für das Mit- und Gegensystem zu beachten sind. Es sei noch einmal betont, daß mit diesem Verfahren nur die betriebsfrequenten Vorgänge des subtransienten und stationären Zeitbereichs berechnet werden können. Der Gleichstromanteil, der bei schnell eintretenden Kurzschlüssen zusätzlich entsteht, ist mit dem beschriebenen Verfahren nicht zu ermitteln. Darauf wird noch gesondert eingegangen.

Grundlage der bisherigen Rechnung stellen das Ersatzschaltbild 10.12 für den Erdschluß bzw. die beschreibenden Systemgleichungen dar. Das Verfahren zur Bestimmung dieser Systemgleichungen wird noch einmal herausgestellt und dann in dem folgenden Abschnitt auf weitere Fehlerarten angewendet:

1. Formulierung der Fehlerbedingungen im R, S, T-System,
2. Transformation mit Hilfe der symmetrischen Komponenten,
3. Aufstellen der einphasigen Komponentennetzwerke unter Berücksichtigung der symmetrischen Fehlerströme an der Fehlerstelle,
4. Ermittlung der Strom-Spannungs-Beziehungen

$$\underline{U}_{1F_R} = f(\underline{I}_{1F_R}), \quad \underline{U}_{2F_R} = f(\underline{I}_{2F_R}) \quad \text{und} \quad \underline{U}_{0F_R} = f(\underline{I}_{0F_R})$$

   aus den einphasigen Komponentennetzwerken an der Fehlerstelle,
5. Lösung des Gleichungssystems unter Einschluß der Fehlerbedingungen.

10.3 Anwendung des Berechnungsverfahrens auf verschiedene Fehlerarten

Im wesentlichen wird auf diejenigen Fehlerarten eingegangen, die bereits im Abschnitt 10.1 erläutert worden sind.

10.3.1 Erdschluß mit Übergangswiderstand

Im folgenden wird die Aufgabenstellung auf einen einpoligen Erdschluß mit einem konstanten Übergangswiderstand erweitert (Bild 10.15). Er liegt z.B. dann vor, wenn ein Lichtbogenkurzschluß auftritt, dessen Lichtbogenwiderstand näherungsweise durch einen konstanten Wert erfaßt werden kann. Das weitere Vorgehen erfolgt nach der angegebenen Methodik.

1. Schritt

Die Fehlerbedingungen werden festgelegt:

$$\underline{I}_{F_R} = \underline{I}''_{k1p}, \quad \underline{I}_{F_S} = 0, \quad \underline{I}_{F_T} = 0$$
$$\underline{U}_{F_R} = \underline{I}''_{k1p} \cdot R_F, \quad \underline{U}_{F_S}: \text{(unbekannt)}, \quad \underline{U}_{F_T}: \text{(unbekannt)}.$$

2. Schritt

Die Transformation führt auf

$$\underline{I}_{1F_R} = \underline{I}_{2F_R} = \underline{I}_{0F_R} = \frac{1}{3} \cdot \underline{I}''_{k1p}$$

bzw.

$$\underline{U}_{F_R} = \underline{I}''_{k1p} \cdot R_F = \underline{U}_{1F_R} + \underline{U}_{2F_R} + \underline{U}_{0F_R}.$$

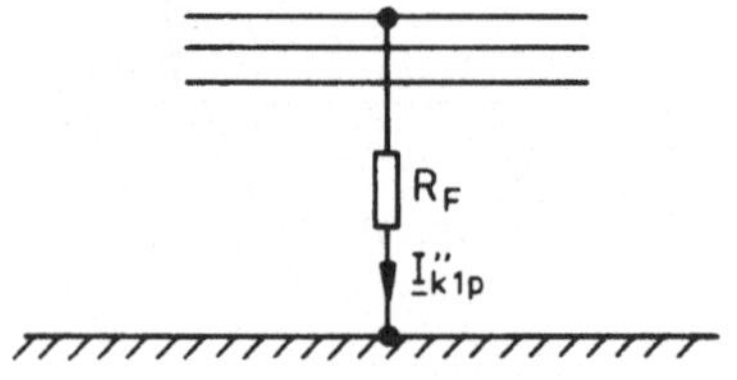

Bild 10.15 Einpoliger Erdschluß mit einem Übergangswiderstand R_F

3., 4. und 5. Schritt

Die im weiteren benötigten einphasigen Komponentennetzwerke des fehlerfreien Netzes werden durch den Übergangswiderstand nicht beeinflußt. Dementsprechend ändern sich auch die daraus zu ermittelnden Beziehungen nicht (Schritt 4). Die transformierten Fehlerbedingungen für den Strom lassen sich wiederum durch eine Reihenschaltung am Komponentennetzwerk erfüllen. Die Spannungsbedingung kann über eine geringe Modifikation im Ersatzschaltbild berücksichtigt werden. Man erweitert die bisherige Beziehung

$$\underline{U}_{F_R} = \underline{I}''_{k1p} \cdot R_F$$

auf die Form

$$\underline{U}_{F_R} = \frac{1}{3} \cdot \underline{I}''_{k1p} \cdot 3R_F = \underline{U}_{1F_R} + \underline{U}_{2F_R} + \underline{U}_{0F_R}.$$

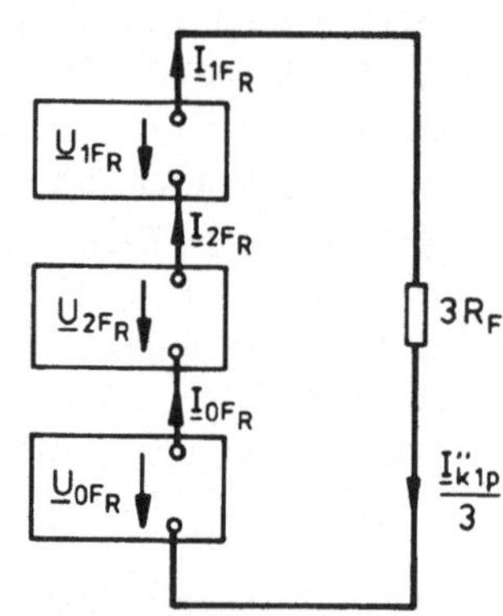

Bild 10.16 Komponentenersatzschaltbild für einen einpoligen Erdschluß mit einem Übergangswiderstand R_F

Die Summe der Mit-, Gegen- und Nullspannung nimmt im Ersatzschaltbild dann den gewünschten Wert $\underline{U}_{F_R}$ an, wenn man den Widerstand $3R_F$ einfügt [17], [52]. Das resultierende Ersatzschaltbild ist in schematisierter Form Bild 10.16 zu entnehmen.

Die entwickelte Methode soll nun auf eine weitere Fehlerart, den zweipoligen Kurzschluß mit Erdberührung, angewendet werden.

10.3.2 Zweipoliger Kurzschluß mit Erdberührung

Bei dem in Bild 10.17 dargestellten Fehler handelt es sich zunächst um satte Kurzschlüsse; die Übergangswiderstände sowie der ohmsche Widerstand des Übergangsbereiches im Erdboden seien vernachlässigbar (s. Abschnitt 9.4.1.1). Die Betrachtung möge sich auf den subtransienten Zeitbereich beschränken, so daß im Mitsystem die Größen $\underline{E}''$ und X''_d wirksam sind. Die Berechnung dieser Fehlerart erfolgt wiederum nach der entwickelten Methodik.

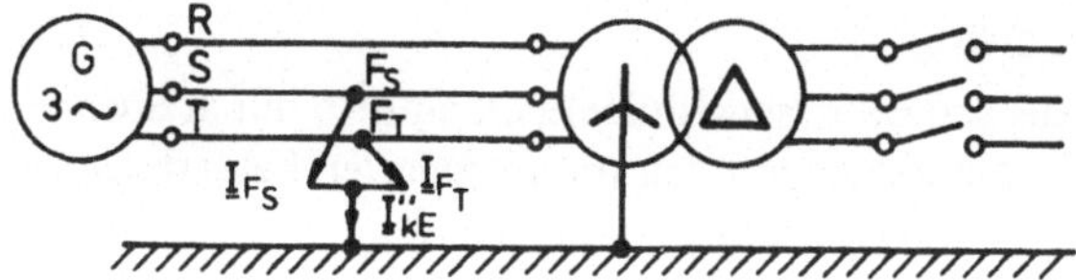

Bild 10.17
Zweipoliger Kurzschluß mit Erdberührung in einer betrachteten Netzanlage

1. Schritt

Aus der Darstellung in Bild 10.17 folgen die Fehlerbedingungen

$$\underline{I}_{F_R} = 0, \quad \underline{I}_{F_S}: \text{(unbekannt)}, \quad \underline{I}_{F_T}: \text{(unbekannt)}$$

und

$$\underline{U}_{F_R}: \text{(unbekannt)}, \quad \underline{U}_{F_S} = 0, \quad \underline{U}_{F_T} = 0.$$

Im Vergleich zum einpoligen Erdschluß sind die Strom-Spannungs-Verhältnisse vertauscht.

2. Schritt

Mit den symmetrischen Komponenten lassen sich die Bedingungen in Anlehnung an die Verhältnisse beim einpoligen Fehler auch in der Gestalt

$$\underline{I}_{1F_R} + \underline{I}_{2F_R} + \underline{I}_{0F_R} = 0$$

und

$$\underline{U}_{1F_R} = \underline{U}_{2F_R} = \underline{U}_{0F_R} = \frac{1}{3}\underline{U}_{F_R}$$

formulieren.

3. Schritt

Die zur Aufstellung der zusätzlichen Beziehungen benötigten einphasigen Komponentennetzwerke sind in Bild 10.18 dargestellt.

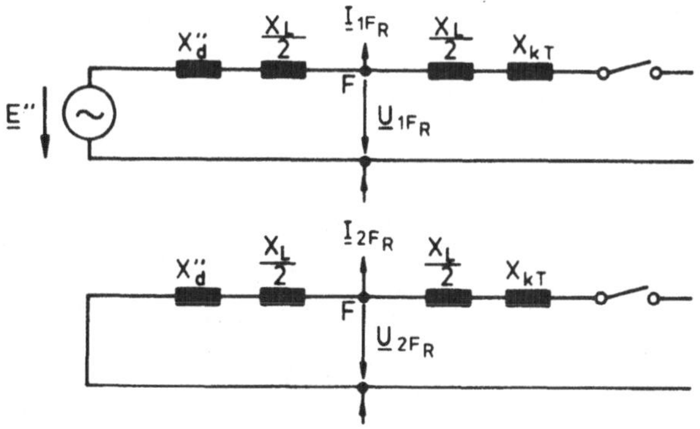

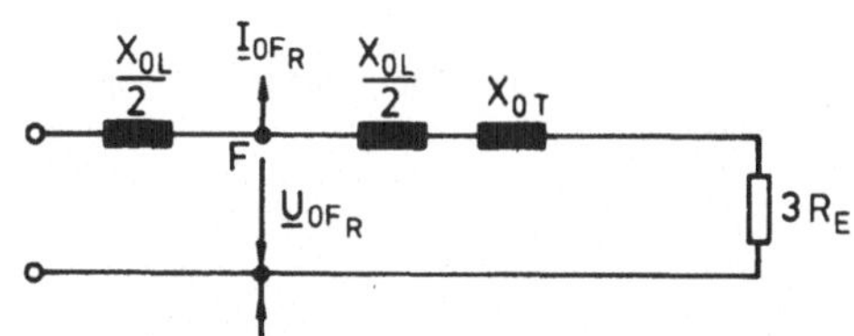

Bild 10.18
Einphasige Komponentennetzwerke der betrachteten Netzanlage

4. Schritt

Aus den Ersatzschaltbildern erhält man durch Spannungsumläufe ein Gleichungssystem, das zusammen mit den transformierten Fehlerbedingungen ein System von sechs Gleichungen mit sechs Unbekannten ergibt:

$$\underline{I}_{1F_R} + \underline{I}_{2F_R} + \underline{I}_{0F_R} = 0 \tag{10–6}$$

$$\underline{U}_{1F_R} = \underline{U}_{2F_R} \tag{10–7}$$

$$\underline{U}_{2F_R} = \underline{U}_{0F_R} \tag{10–8}$$

$$\underline{U}_{1F_R} = \underline{E}'' - j\underline{I}_{1F_R} \cdot \left(X''_d + \frac{X_L}{2}\right) \tag{10–9}$$

$$\underline{U}_{2F_R} = 0 - j\underline{I}_{2F_R} \cdot \left(X''_d + \frac{X_L}{2}\right) \tag{10–10}$$

$$\underline{U}_{0F_R} = 0 - j\underline{I}_{0F_R} \cdot \left(\frac{X_{0L}}{2} + X_{0T}\right). \tag{10–11}$$

5. Schritt

Das aufgestellte Gleichungssystem ist lösbar. In dem behandelten Beispiel können die Komponentenersatzschaltbilder wieder so verschaltet werden, daß die Strom-Spannungs-Bedingungen (10–6), (10–7) und (10–8) gemeinsam erfüllt werden. Zu diesem Zweck sind die drei Netzwerke entsprechend Bild 10.19 parallel zu schalten. Die unbekannten Größen im R, S,

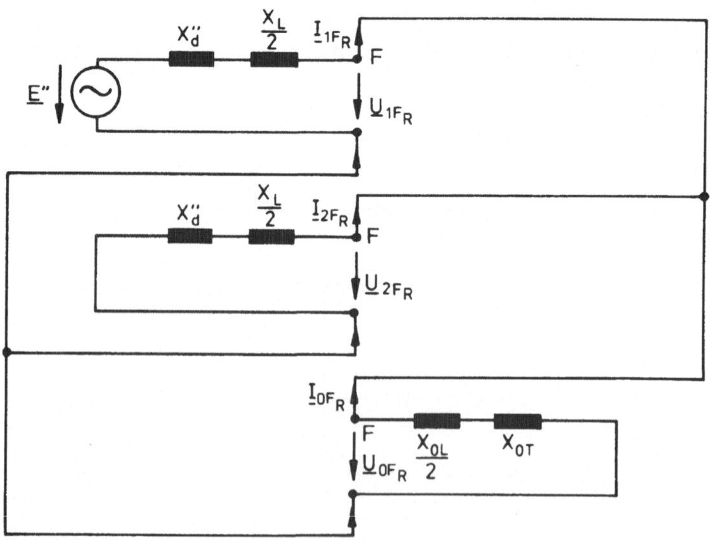

Bild 10.19 Einphasiges Komponentenersatzschaltbild für einen zweipoligen Kurzschluß mit Erdberührung

T-System ergeben sich schließlich mit Hilfe der so ermittelten Komponentenspannungen und -ströme zu

$$\underline{U}_{F_R} = \underline{U}_{1F_R} + \underline{U}_{2F_R} + \underline{U}_{0F_R} = 3 \cdot \underline{U}_{0F_R}$$
$$\underline{I}_{F_S} = \underline{a}^2 \cdot \underline{I}_{1F_R} + \underline{a} \cdot \underline{I}_{2F_R} + \underline{I}_{0F_R}$$
$$\underline{I}_{F_T} = \underline{a} \cdot \underline{I}_{1F_R} + \underline{a}^2 \cdot \underline{I}_{2F_R} + \underline{I}_{0F_R} .$$

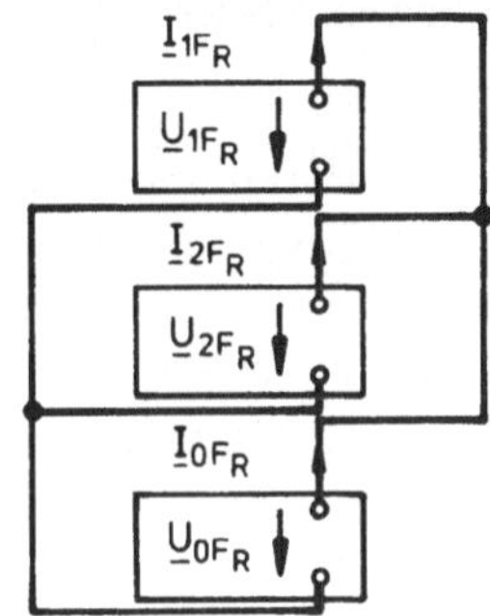

Bild 10.20
Einphasiges Komponentenersatzschaltbild für einen zweipoligen Kurzschluß in schematisierter Form

Der ebenfalls interessierende Strom $\underline{I}''_{kE}$, der an der Fehlerstelle in die Erde fließt, läßt sich nach der Knotenpunktregel zu

$$\underline{I}''_{kE} = \underline{I}_{F_S} + \underline{I}_{F_T}$$

berechnen. Es sei noch bemerkt, daß sich diese Beziehung auch auf den Ausdruck

$$\underline{I}''_{kE} = 3 \cdot \underline{I}_{0F_R}$$

zurückführen läßt. Eine verallgemeinerte schematische Darstellung gibt Bild 10.20 wieder.

Die Aufgabenstellung wird in Anlehnung an den vorhergehenden Abschnitt erweitert. Die Übergangswiderstände an den Leitern S und T werden als nicht mehr vernachlässigbar angesehen (Bild 10.21).

1. Schritt

Die Fehlerbedingungen sind aus Bild 10.21 zu ersehen. Wiederum gilt für die Fehlerströme

$$\underline{I}_{F_R} = 0, \quad \underline{I}_{F_S}: \text{(unbekannt)}, \quad \underline{I}_{F_T}: \text{(unbekannt)}. \tag{10–12}$$

Die Spannungsbedingungen ändern sich jedoch im Vergleich zu dem Fehler ohne Übergangswiderstände und lauten

$$\underline{U}_{F_R}: \text{(unbekannt)},$$
$$\underline{U}_{F_S} = \underline{I}_{F_S} \cdot \underline{Z}_S \rightarrow \underline{U}_{F_S} - \underline{I}_{F_S} \cdot \underline{Z}_S = 0 \tag{10–13}$$
$$\underline{U}_{F_T} = \underline{I}_{F_T} \cdot \underline{Z}_T \rightarrow \underline{U}_{F_T} - \underline{I}_{F_T} \cdot \underline{Z}_T = 0. \tag{10–14}$$

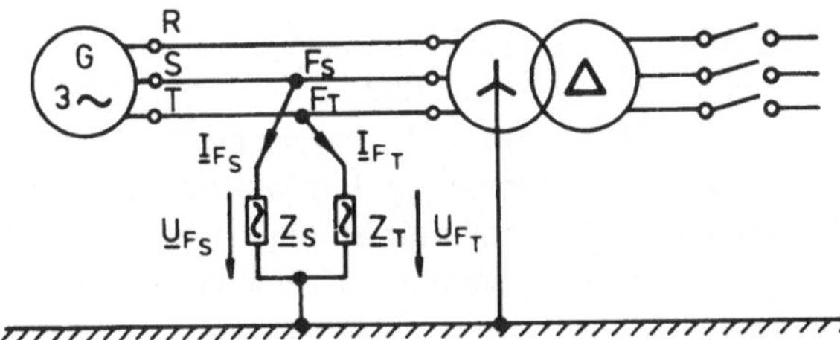

Bild 10.21
Zweipoliger Kurzschluß mit Übergangswiderständen

2. Schritt

In die Beziehungen (10–12), (10–13) und (10–14) werden die symmetrischen Komponenten eingeführt:

$$\underline{I}_{1F_R} + \underline{I}_{2F_R} + \underline{I}_{0F_R} = 0 \tag{10–15}$$

$$\underline{a}^2(\underline{U}_{1F_R} - \underline{Z}_S \cdot \underline{I}_{1F_R}) + \underline{a}(\underline{U}_{2F_R} - \underline{Z}_S \cdot \underline{I}_{2F_R}) + \underline{U}_{0F_R} - \underline{Z}_S \cdot \underline{I}_{0F_R} = 0 \tag{10–16}$$

$$\underline{a}(\underline{U}_{1F_R} - \underline{Z}_T \cdot \underline{I}_{1F_R}) + \underline{a}^2(\underline{U}_{2F_R} - \underline{Z}_T \cdot \underline{I}_{2F_R}) + \underline{U}_{0F_R} - \underline{Z}_T \cdot \underline{I}_{0F_R} = 0. \tag{10–17}$$

3., 4. und 5. Schritt

Die drei Komponentennetzwerke und die daraus resultierenden Beziehungen (10–9), (10–10) und (10–11) ändern sich nicht. Diese Beziehungen führen zusammen mit den transformierten Fehlerbedingungen (10–15), (10–16) und (10–17) wiederum auf sechs Gleichungen mit sechs Unbekannten. Dieses System läßt sich analytisch lösen.

Die Bedingungen (10–16) und (10–17) lassen sich mit den Beziehungen (10–15) und (9–14) in die Ausdrücke (10–18) überführen:

$$\begin{aligned} \underline{U}_{1F_R} + (\underline{a} \cdot \underline{Z}_S + \underline{a}^2 \cdot \underline{Z}_T)\underline{I}_{1F_R} &= \underline{U}_{2F_R} + (\underline{a}^2 \cdot \underline{Z}_S + \underline{a} \cdot \underline{Z}_T)\,\underline{I}_{2F_R} \\ \underline{U}_{1F_R} + (\underline{a}^2 \cdot \underline{Z}_S + \underline{a} \cdot \underline{Z}_T)\underline{I}_{1F_R} &= \underline{U}_{0F_R} + (\underline{a} \cdot \underline{Z}_S + \underline{a}^2 \cdot \underline{Z}_T)\,\underline{I}_{0F_R} . \end{aligned} \tag{10–18}$$

Ein Ersatzschaltbild müßte nun so beschaffen sein, daß sowohl die Bedingungen (10–18) als auch (10–15) schaltungstechnisch in Form zusätzlich eingefügter Knotenpunkte und Maschen erfaßt werden können. Wie einige Versuche schnell zeigen, ist dieses Ziel bei der Vielzahl der Bedingungen auf dem beschriebenen passiven Weg nicht zu verwirklichen. Die Anzahl läßt sich jedoch verringern, wenn beide Übergangswiderstände als gleich groß angenommen werden, also $\underline{Z}_S = \underline{Z}_T = \underline{Z}$ gilt:

$$\underline{U}_{1F_R} - \underline{Z} \cdot \underline{I}_{1F_R} = \underline{U}_{2F_R} - \underline{Z} \cdot \underline{I}_{2F_R} = \underline{U}_{0F_R} - \underline{Z} \cdot \underline{I}_{0F_R} . \tag{10–19}$$

Diese reduzierten Bedingungen und die Gl. (10–15) werden durch das Ersatzschaltbild 10.22 erfaßt. In diesem Bild ist im Hinblick auf weitere Betrachtungen zusätzlich der ohmsche Widerstand R_E des Erdreichs berücksichtigt. Eine verallgemeinerte Darstellung gibt Bild 10.23 wieder.

Aus den bisher betrachteten Beispielen ist abzulesen, daß punktuelle Fehler mit dem entwickelten Verfahren stets erfaßt werden können. Die Darstellung des Gleichungssystems in einem *Ersatzschaltbild* ist jedoch *nur in Spezialfällen möglich.* Ohne es im einzelnen zu beweisen, läßt sich zeigen, daß die Komponentenersatzschaltbilder zu einem gemeinsamen Ersatzschaltbild verschaltet werden können, *wenn die Fehlerbedingungen für zwei der drei Leiter gleichartig sind* [17]. Damit ist nun auch verständlich, warum beim zweipoligen Kurzschluß nur dann ein Ersatzschaltbild angegeben werden kann, wenn für die Übergangswiderstände $\underline{Z}_S = \underline{Z}_T = \underline{Z}$ gilt.

Im weiteren soll noch ein Grenzfall behandelt werden. Zu diesem Zweck wird angenommen, daß der ohmsche Widerstand R_E der Nullimpedanz $\underline{Z}_0$ (s. Bild 10.22) sehr groß sei im Vergleich zu den anderen Impedanzen. Dies ist z.B. dann der Fall, wenn die Leitfähigkeit des Erdbodens sehr gering ist, wie es bei Felsboden gegeben ist. Ein Nullstrom tritt dann nicht mehr auf. Der zweipolige Kurzschluß mit Erdberührung geht in den Spezialfall des zweipoligen Kurzschlusses „ohne Erdberührung" über, der nur noch entsprechend Bild 10.24 vom Mit- und Gegensystem bestimmt wird.

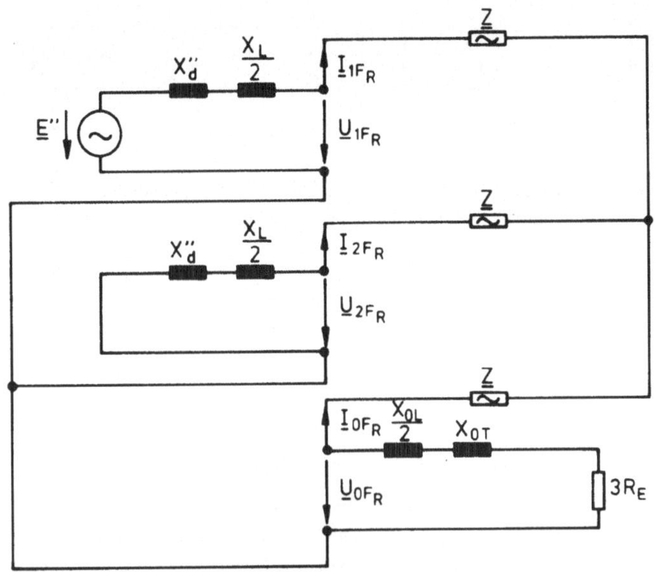

Bild 10.22 Einphasiges Komponentenersatzschaltbild für einen zweipoligen Kurzschluß mit Übergangswiderständen $\underline{Z}$

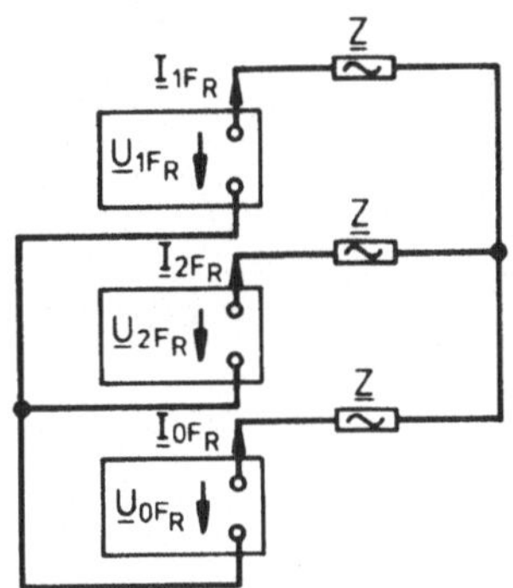

Bild 10.23 Schematisierte Darstellung des Komponentenersatzschaltbildes in Bild 10.22

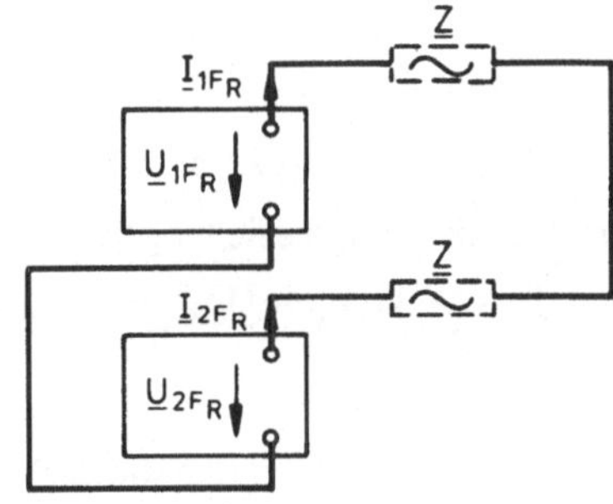

Bild 10.24 Komponentenersatzschaltbild des zweipoligen Kurzschlusses ohne Erdberührung

Im folgenden soll eine andere Fehlerart, die einpolige Leiterunterbrechung, untersucht werden.

10.3.3 Leiterunterbrechung

Zu diesem Zweck wird die Anlage in Bild 10.25 betrachtet. Ein Außenleiter sei unterbrochen. Da wiederum in zwei Leitern gleiche Verhältnisse bestehen, läßt sich nach den vorhergehenden Erörterungen ein Ersatzschaltbild für diesen Fehler angeben, das im folgenden ermittelt werden soll.

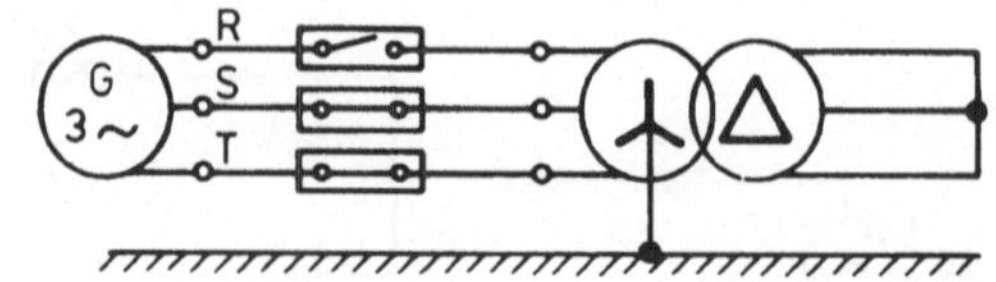

Bild 10.25
Leiterunterbrechung in einer Netzanlage

1. Schritt

Bei der Formulierung der Fehlerbedingungen wird von den in Bild 10.26 angegebenen Bezeichnungen ausgegangen. Damit lassen sich die Fehlerbedingungen unmittelbar zu

$$\underline{I}_{R_A} = \underline{I}_{R_B} = 0,$$
$$\underline{I}_{S_A} + \underline{I}_{S_B} = 0,$$
$$\underline{I}_{T_A} + \underline{I}_{T_B} = 0$$

und

$$\underline{U}_{R_A} - \underline{U}_{R_B} = \text{(unbekannt)},$$
$$\underline{U}_{S_A} - \underline{U}_{S_B} = 0,$$
$$\underline{U}_{T_A} - \underline{U}_{T_B} = 0$$

ablesen.

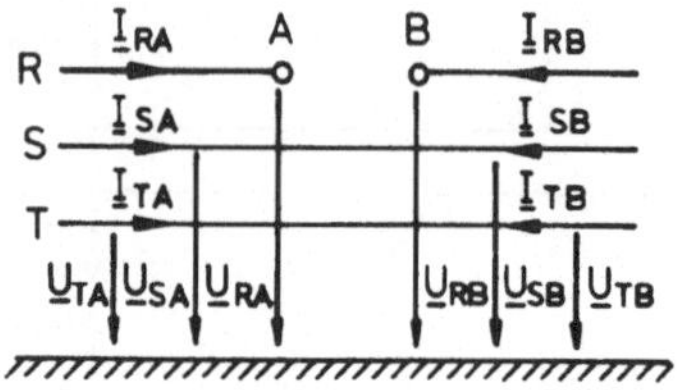

Bild 10.26 Bezeichnung der Ströme und Spannungen am Fehlerort bei einer einpoligen Leiterunterbrechung

2. Schritt

Die Transformation dieser Bedingungen führt auf:

$$\underline{I}_{1R_A} + \underline{I}_{2R_A} + \underline{I}_{0R_A} = 0 \qquad (10\text{–}20)$$

$$\underline{I}_{1R_B} + \underline{I}_{2R_B} + \underline{I}_{0R_B} = 0 \qquad (10\text{–}21)$$

$$\underline{a}^2(\underline{U}_{1R_A} - \underline{U}_{1R_B}) + \underline{a}(\underline{U}_{2R_A} - \underline{U}_{2R_B}) + \underline{U}_{0R_A} - \underline{U}_{0R_B} = 0 \qquad (10\text{–}22)$$

$$\underline{a}(\underline{U}_{1R_A} - \underline{U}_{1R_B}) + \underline{a}^2(\underline{U}_{2R_A} - \underline{U}_{2R_B}) + \underline{U}_{0R_A} - \underline{U}_{0R_B} = 0. \qquad (10\text{–}23)$$

Aus den Spannungsbeziehungen folgt der Zusammenhang

$$\underline{U}_{1R_A} - \underline{U}_{1R_B} = \underline{U}_{2R_A} - \underline{U}_{2R_B} = \underline{U}_{0R_A} - \underline{U}_{0R_B}. \qquad (10\text{–}24)$$

3. Schritt

Aus Bild 10.26 ergeben sich die in Bild 10.27 dargestellten einphasigen Komponentennetzwerke.

4. Schritt

Aus den Ersatzschaltbildern folgt das Gleichungssystem

$$\begin{aligned}
\underline{U}_{1R_A} &= \underline{E}'' - j\underline{I}_{1R_A} \cdot \left(X_d'' + \frac{X_L}{2}\right)\\
\underline{U}_{1R_B} &= -j\underline{I}_{1R_B}\left(X_{kT} + \frac{X_L}{2}\right)\\
\underline{U}_{2R_A} &= -j\underline{I}_{2R_A}\left(X_d'' + \frac{X_L}{2}\right)\\
\underline{U}_{2R_B} &= -j\underline{I}_{2R_B}\left(X_{kT} + \frac{X_L}{2}\right)\\
\underline{I}_{0R_A} &= \underline{I}_{0R_B} = 0,
\end{aligned} \qquad (10\text{–}25)$$

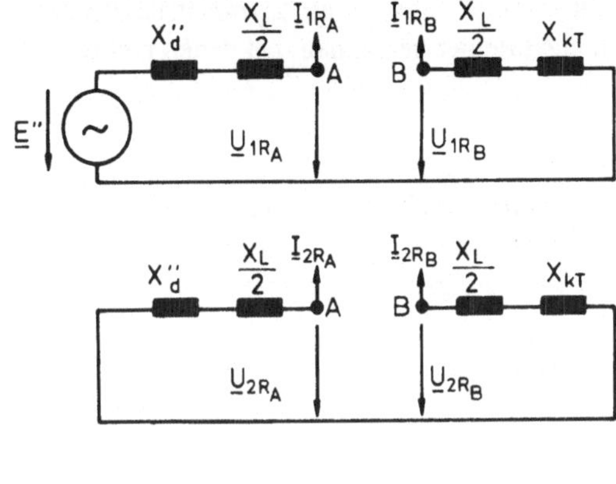

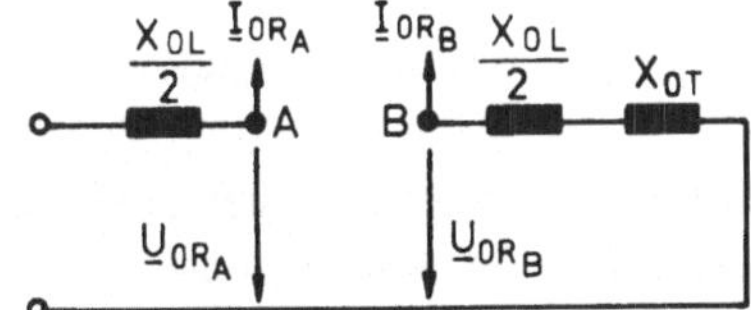

Bild 10.27
Aufbau der einphasigen Komponentennetzwerke bei einer einpoligen Leiterunterbrechung

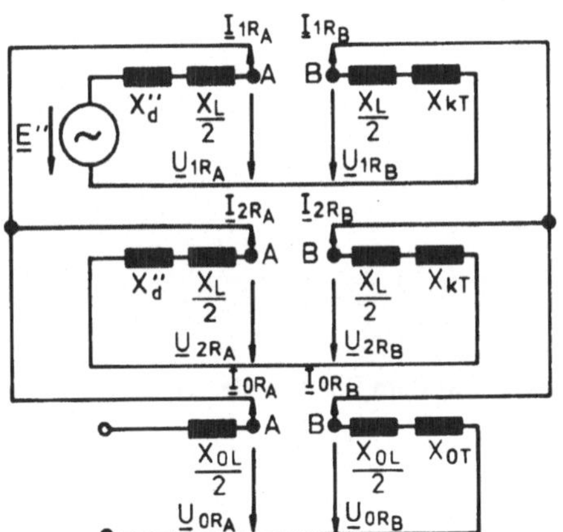

Bild 10.28 Komponentenersatzschaltbild bei einer Leiterunterbrechung

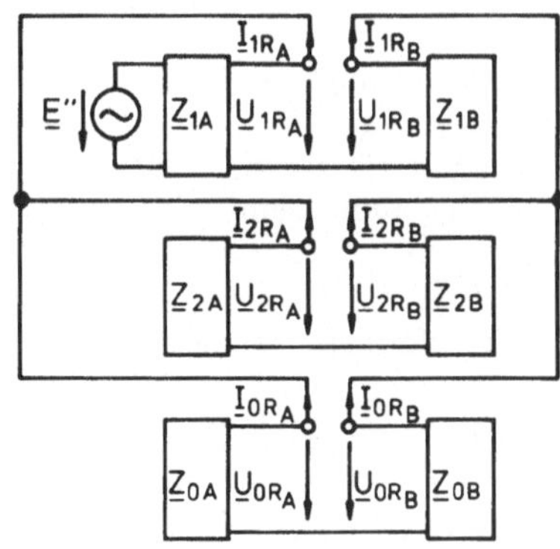

Bild 10.29 Schematisiertes Ersatzschaltbild für eine Leiterunterbrechung

das zusammen mit den Beziehungen (10–20), (10–21) und (10–24) auf ein vollständiges System führt.

5. Schritt

Das Gleichungssystem läßt sich, wie schon angedeutet, auch schaltungstechnisch interpretieren, indem man die Fehlerstellen A und B jeweils in einem Knotenpunkt zusammenführt (Bild 10.28). In dem speziellen Beispiel kann sich kein Nullstrom ausbilden. In verallgemeinerter, schematisierter Form erhält man die Darstellung gemäß Bild 10.29.

Die bisher untersuchten Fehlerarten führen nur zu einer punktuellen Asymmetrie. Mit dem kennengelernten Verfahren lassen sich jedoch auch Fehler berechnen, bei denen mehrere punktuelle Störungen im Netz vorliegen.

10.3.4 Mehrfachfehler

Die Berechnung von Fehlern, die mehrere Asymmetrien im Netz bewirken, erfolgt weitgehend analog zu den vorhergehenden Betrachtungen und wird wiederum anhand eines speziellen Fehlers, des Doppelerdschlusses, erläutert. Folgende Vorgehensweise bietet sich an.

Jede einzelne Asymmetrie wird – wie bisher – durch Fehlerbedingungen beschrieben. Wiederum erfolgt eine Transformation mit den symmetrischen Komponenten. Anschließend wird jeder Fehlerstrom durch einen zusätzlichen Knotenpunkt im Komponentennetzwerk berücksichtigt. Die Auswertung der drei Ersatzschaltbilder führt neben den Fehlerbedingungen zu den zusätzlich benötigten Bedingungen, die das Gleichungssystem vervollständigen.

Als Beispiel wird die Anlage gemäß Bild 10.30 mit Erdschlüssen in den Punkten A und B gewählt. Im folgenden werden zunächst wiederum die Fehlerbedingungen formuliert.

1. Schritt

Fehlerbedingungen an der Fehlerstelle A:

$$\underline{I}_{R_A} = \underline{I}''_{kA}, \quad \underline{I}_{S_A} = 0, \quad \underline{I}_{T_A} = 0$$
$$\underline{U}_{R_A} = 0, \quad \underline{U}_{S_A}: \text{unbekannt}, \quad \underline{U}_{T_A}: \text{unbekannt}.$$

Fehlerbedingungen an der Fehlerstelle B:

$$\underline{I}_{R_B} = 0, \quad \underline{I}_{S_B} = \underline{I}''_{kB}, \quad \underline{I}_{T_B} = 0$$
$$\underline{U}_{R_B}: \text{unbekannt}, \quad \underline{U}_{S_B} = 0, \quad \underline{U}_{T_B}: \text{unbekannt}.$$

2. Schritt

Die Transformation an den beiden Fehlerstellen ergibt mit dem Bezugsleiter R:

$$\underline{I}_{1R_A} = \underline{I}_{2R_A} = \underline{I}_{0R_A} = \frac{1}{3} \cdot \underline{I}''_{kA}$$
$$\underline{U}_{1R_A} + \underline{U}_{2R_A} + \underline{U}_{0R_A} = 0$$
$$\underline{a}^2 \cdot \underline{I}_{1R_B} = \underline{a} \cdot \underline{I}_{2R_B} = \underline{I}_{0R_B} = \frac{1}{3} \cdot \underline{I}''_{kB}$$
$$\underline{a}^2 \cdot \underline{U}_{1R_B} + \underline{a} \cdot \underline{U}_{2R_B} + \underline{U}_{0R_B} = 0.$$

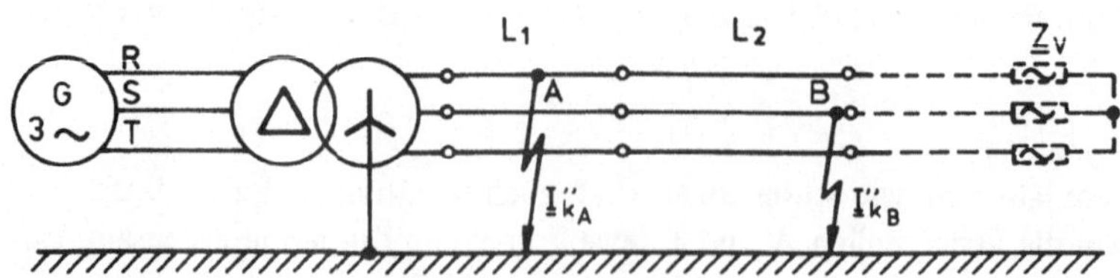

Bild 10.30 Netzanlage mit einem Doppelerdschluß

3. Schritt

Die drei einphasigen Komponentennetzwerke der betrachteten Anlage sind Bild 10.31 zu entnehmen. Die Fehlerströme der beiden Erdschlüsse sind ebenfalls eingezeichnet.

4. Schritt

Aus den Komponentennetzwerken lassen sich die zusätzlich benötigten Beziehungen zwischen den Fehlerströmen und Fehlerspannungen ermitteln. Sie sind dem Netzwerk entsprechend wiederum linear:

$$\underline{U}_{1R_A} = f(\underline{I}_{1R_A}, \underline{a}^2 \cdot \underline{I}_{1R_B})$$
$$\underline{U}_{2R_A} = f(\underline{I}_{2R_A}, \underline{a} \cdot \underline{I}_{2R_B})$$
$$\underline{U}_{0R_A} = f(\underline{I}_{0R_A}, \underline{I}_{0R_B})$$
$$\underline{a}^2 \cdot \underline{U}_{1R_B} = \underline{a}^2 \cdot f(\underline{I}_{1R_A}, \underline{a}^2 \cdot \underline{I}_{1R_B})$$
$$\underline{a} \cdot \underline{U}_{2R_B} = \underline{a} \cdot f(\underline{I}_{2R_A}, \underline{a} \cdot \underline{I}_{2R_B})$$
$$\underline{U}_{0R_B} = f(\underline{I}_{0R_A}, \underline{I}_{0R_B}).$$

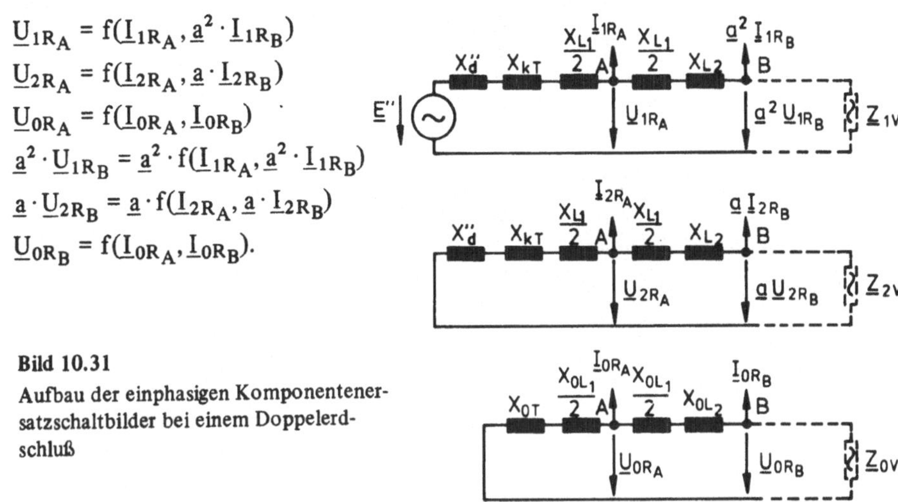

Bild 10.31
Aufbau der einphasigen Komponentenersatzschaltbilder bei einem Doppelerdschluß

In speziellen Fällen ist es auch für Mehrfachfehler möglich, die Komponentenersatzschaltbilder zu einem umfassenderen Ersatzschaltbild zu verschalten [17]. Die Fehlerbedingungen für jeden einzelnen Fehler werden durch zusätzliche Maschen bzw. Knotenpunkte schaltungstechnisch interpretiert. Für ihre Nachbildung werden phasendrehende Einphasentransformatoren benötigt. Solche Transformatoren sind elektronisch, jedoch nicht mehr passiv zu realisieren. Zur Abrundung sei in Bild 10.32 ein derartiges Komponentenersatzschaltbild für das betrachtete Beispiel des Doppelerdschlusses angegeben.

Erhöht sich die Anzahl der Asymmetrien noch weiter, so ist eine Berechnung in der dargestellten Weise auch noch möglich. Es wird jedoch bei einer *analytischen Auswertung zunehmend schwieriger, die aus den Komponentennetzwerken benötigten Gleichungssysteme aufzustellen.* Von zwei Fehlern ab kann es daher bereits günstiger sein, auf die Transformation zu verzichten und direkt im R, S, T-System zu rechnen. Die *Koeffizienten der Systemgleichungen* im R, S, T-System ermittelt man dann am zweckmäßigsten aus den *Mit-, Gegen- und Nullimpedanzen.* Bei ruhenden Betriebsmitteln sind dafür die Beziehungen (9–16) maßgebend. *Aufgrund dieser Möglichkeit ist darauf verzichtet worden, die Systemgleichungen* im R, S, T-System bereits im Kapitel 4 so *allgemeingültig* herzuleiten, daß damit beliebige Betriebszustände erfaßt werden können. Im folgenden schließt sich noch ein kurzer Ausblick auf die Berechnung der transienten Gleichstrom- und Gleichspannungsanteile an.

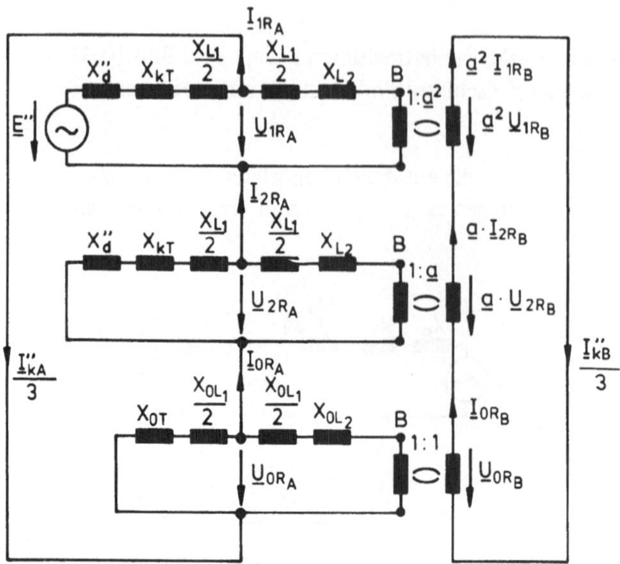

Bild 10.32 Ersatzschaltbild für einen Doppelerdschluß mit
$\frac{1}{3} \cdot I''_{kB} = \underline{a}^2 \cdot \underline{I}_{1R_B} = \underline{a} \cdot \underline{I}_{2R_B} = \underline{I}_{0R_B}$

10.4 Vereinfachte Bestimmung des Stoßkurzschluß-, Ausschaltwechsel- und Dauerkurzschlußstroms für einige wichtige Asymmetrien

Wenn die beschriebenen Fehler schlagartig auftreten, bestehen die Kurzschlußströme wie beim dreipoligen Kurzschluß aus einem betriebsfrequenten Wechselstrom und einem transienten Gleichanteil. Sofern es sich um generatornahe Fehler handelt, weisen die betriebsfrequenten Kurzschlußströme zeitlich veränderliche Amplituden auf, da die Reaktanz der Synchronmaschinen zeitlich veränderlich ist ($X''_d \rightarrow X_d$). Beim transienten Anteil handelt es sich wieder um einen auf Null abklingenden Gleichstrom, sofern im Netz, wie üblich, die kapazitiven Einflüsse vernachlässigt werden können.

Die genaue Berechnung des Gleichstromglieds ist sehr aufwendig, da jedesmal ein umfangreiches Differentialgleichungssystem zu lösen wäre. Zur Verminderung dieses Rechenaufwandes sind für ein- und zweipolige Fehler, die im Rahmen der Projektierung von Netzanlagen besonders häufig ermittelt werden müssen, vereinfachte Berechnungsmethoden entwickelt worden [46]. In Anlehnung an den dreipoligen Kurzschluß werden die interessierenden Werte I_s, I_a und I_k ebenfalls mit Hilfe der Faktoren κ, μ und λ ermittelt.

Der Stoßkurzschlußstrom I_s, der nach einem einpoligen Erdschluß auftritt, wird wiederum aus dem Verlauf κ(R/X) bestimmt, der bereits für den dreipoligen Kurzschluß verwendet wird. Das Verhältnis R/X ist aus dem Ersatzschaltbild für das Mitsystem zu ermitteln. Genauere Berechnungen bzw. Messungen zeigen, daß bei diesem Fehler eine Bestimmung von μ und λ entfallen kann, da der Strom so langsam abklingt, daß eine Unterscheidung zwischen I''_k, I_a und I_k nicht nötig ist.

Beim zweipoligen Kurzschluß wird bezüglich des Stoßkurzschlußstroms I_s analog verfahren. Ohne auf Einzelheiten weiter einzugehen, sei noch erwähnt, daß man bei dieser Fehlerart zur Bestimmung der Faktoren μ und λ das Verhältnis

$$\frac{\text{Mitkomponente von } I''_{k2p}}{I_{nG}}$$

verwendet, wobei die Kurven $\mu(I''_k/I_{nG})$, $\lambda(I''_k/I_{nG})$ zu verwenden sind, die bereits in Abschnitt 6.2 bei der Behandlung des dreipoligen Kurzschlusses dargestellt worden sind [46].

Es sei darauf hingewiesen, daß sich in vielen Fällen die interessierenden Werte bzw. die transienten Verläufe auch dadurch bestimmen lassen, daß die stationären Zusammenhänge, die sich aus den Betrachtungen in den Kapiteln 9 und 10 ergeben, als *Fouriertransformierte* angesehen werden. Die zugehörigen Verläufe bzw. Werte im Zeitbereich ergeben sich dann nach einer *Rücktransformation.* Die dazu notwendige Theorie ist u.a. [22] zu entnehmen.

Mit der bisher geschilderten Theorie kann das Strom-Spannungs-Verhalten von Netzanlagen bei unsymmetrischen Störfällen berechnet werden. Die Höhe der Ströme, die dabei eventuell im Erdreich fließen, wird maßgeblich von der resultierenden Nullimpedanz bestimmt. Die Größe dieser Nullimpedanz wird wiederum wesentlich von der Art beeinflußt, wie die einzelnen Sternpunkte mit den Erdern verbunden sind, deren Aufgabe darin besteht, die Ströme ins Erdreich einzuleiten.

11 Sternpunktbehandlung in Energieversorgungsnetzen

Es haben sich im Laufe der Zeit verschiedene Arten der Sternpunktbehandlung als zweckmäßig erwiesen. Auf die üblichen Ausführungen wird im folgenden näher eingegangen. Die Auswirkungen der Sternpunktbehandlung auf den Netzbetrieb werden anhand eines einpoligen Erdschlusses dargestellt, da dieser Fehler bei weitem am häufigsten auftritt und somit am meisten interessiert. Dabei wird wie bisher angenommen, daß der Einfluß des Erders auf die Stromverteilung zu vernachlässigen ist (s. Kapitel 12). Zunächst wird auf die Netze eingegangen, bei denen alle Sternpunkte isoliert, also nicht mit den Erdern verbunden sind.

11.1 Netze mit isolierten Sternpunkten

Historisch gesehen handelt es sich bei dieser Sternpunktbehandlung um die älteste Art, die auch heute noch bei ca. 10 % der 6-kV- und 10-kV-Netze angewendet wird. Ihre Vor- und Nachteile sollen an der Anlage in Bild 11.1 erläutert werden. Diese möge am Punkt F einen Erdschluß aufweisen, die ohmschen Widerstände seien zu vernachlässigen. Die sich bei diesem Fehler einstellenden Strom-Spannungs-Verhältnisse sind aus dem Ersatzschaltbild 11.2 zu ermitteln. Im Unterschied zu den bisherigen Betrachtungen werden die kapazitiven Einflüsse der Leitungen berücksichtigt. Die Kapazitäten der anderen Netzelemente sollen – wie bei normalen Anlagen üblich – im Vergleich zu den Leitungskapazitäten so klein sein, daß sie vernachlässigt werden können. Die Reaktanzen $1/\omega C$ der Leitungskapazitäten selber sind wieder sehr hochohmig im Vergleich zu den Längsreaktanzen der Netzelemente.

Aus dem Ersatzschaltbild ist zu ersehen, daß unter diesen Bedingungen der Erdschlußstrom I_{eF} (e: Zustand Erdschluß) im wesentlichen nur durch die Erdkapazität C_E bestimmt wird:

$$I_{eF} = I_{C_E} \approx \sqrt{3} \cdot U_{bF} \cdot \omega C_E \qquad (11-1)$$

Dabei bezeichnet die Größe U_{bF} die Betriebsspannung, die an der Fehlerstelle *ohne den Erdschluß* auftreten würde. Wie aus dieser Beziehung zu ersehen ist, bewirkt die hochohmige, kapazitive Erdreaktanz nur einen kleinen Fehlerstrom; dieser *überlagert sich als kapazitiver Blindstrom dem Betriebsstrom*, der im Nennbetrieb mindestens um eine Größenordnung höher ist. Eine weitere Auswertung des Ersatzschaltbilds zeigt, daß sich der Erd-

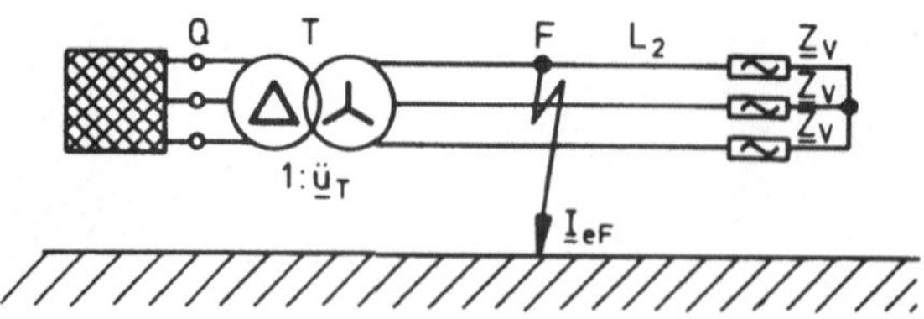

Bild 11.1
Erdschluß in einem Netz mit isolierten Sternpunkten

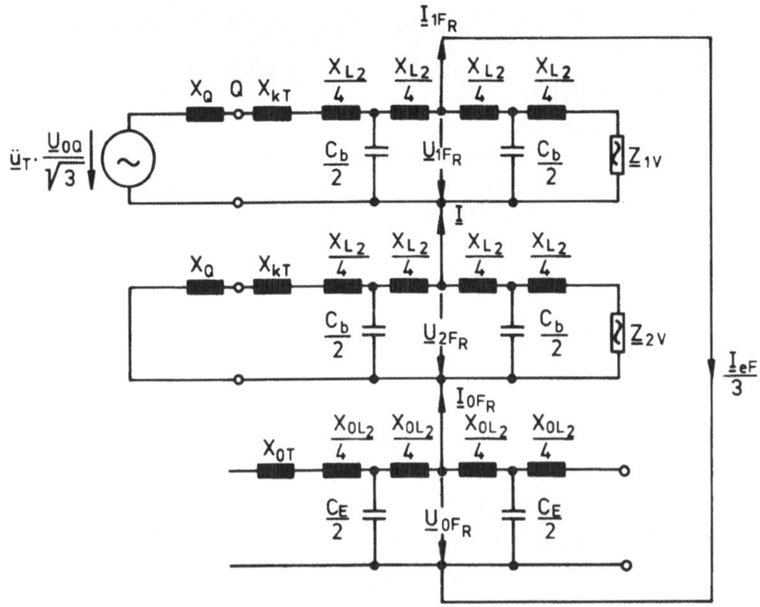

Bild 11.2 Ersatzschaltbild der Anlage in Bild 11.1

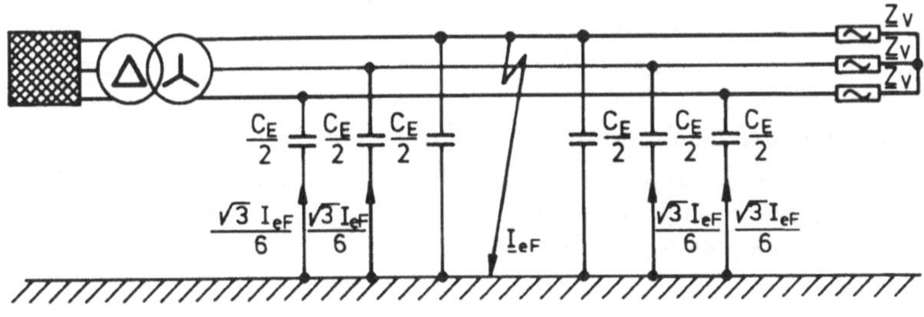

Bild 11.3 Verteilung der Fehlerströme (Beträge) bei einem Erdschluß

schlußstrom in der Anlage entsprechend Bild 11.3 verteilt. In dem Bild wurden aus Darstellungsgründen nur die Beträge, nicht ihre Phasenverschiebungen angegeben.

Der Erdschlußstrom I_{eF} fließt über die Fehlerstelle ab und schließt sich über die verteilten Erdkapazitäten. Im weiteren soll nun untersucht werden, wie sich die Zusammenhänge bei verzweigten Netzen gestalten. Zur Veranschaulichung wird das Komponentenersatzschaltbild für das Nullsystem einer speziellen, verzweigten Netzanlage in Bild 11.4 dargestellt.

Für die Größenverhältnisse der Impedanzen untereinander werden dieselben Annahmen getroffen wie bei der Anlage in Bild 11.1. In diesem Fall sind wiederum die Erdkapazitäten der einzelnen Leitungen für die Größe des Fehlerstroms bestimmend. Sie können als parallel geschaltet angesehen werden, da die Längsreaktanzen vergleichsweise klein sind. Die insgesamt wirksame Kapazität beträgt daher

$$C_{E_{ges}} \approx C_{E1} + C_{E2} + C_{E3} .$$

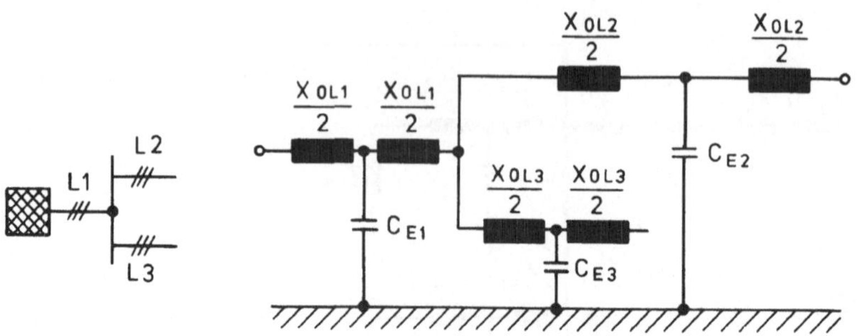

Bild 11.4 Nullsystem einer verzweigten Leitung

Der Fehlerstrom läßt sich mit der Beziehung (11–1) berechnen, wenn anstelle von C_E die Größe $C_{E_{ges}}$ verwendet wird. Dieses Ergebnis zeigt, daß der *Erdschlußstrom* I_{eF} *mit wachsender Netzausdehnung ansteigt.* Es stellt sich nun die Frage, bis zu welcher Höhe in der Praxis dieser Strom als zulässig angesehen wird. Die folgenden Überlegungen geben darauf eine Antwort.

In Freileitungsnetzen werden viele Erdschlüsse durch Feuchtigkeits- oder Schmutzbrücken auf den Isolatoren eingeleitet. Lichtbogen können sich jedoch stationär entsprechend den Überlegungen im Abschnitt 7.1 nicht ausbilden, wenn der maximal mögliche Fehlerstrom bereits die dafür erforderliche Mindeststromstärke unterschreitet. Diese Grenze beträgt nach der VDE-Bestimmung 0228 bei isoliert betriebenen 20-kV-Netzen etwa 35 A und bei entsprechenden 110-kV-Netzen etwa 50 A. Zumeist beseitigt der kurzfristig auftretende Stromfluß diese Brücken, so daß die Fehlerursache anschließend nicht mehr vorhanden ist. Freileitungsnetze mit isolierten Sternpunkten, deren Fehlerstrom unterhalb der genannten Werte bleibt, besitzen daher für viele Erdschlüsse eine selbstheilende Wirkung. Falls die leitfähige Verbindung und damit ein dauernder Stromfluß weiterbesteht, spricht man von einem *Dauererdschluß.*

Bei Kabelnetzen weiten sich infolge der geringen Leiterabstände die Erdschlüsse – insbesondere bei Dreileiterkabeln – meist zu dreipoligen, stromstarken Kurzschlüssen aus. Die Fehlerstelle wird dann vom Netzschutz freigeschaltet. Die Ausweitung des Erdschlusses auf einen dreipoligen Kurzschluß wird jedoch stark verzögert, wenn die Fehlerströme im Erdschlußfall niedrig sind [56].

Es gilt also festzuhalten, *daß Netze mit isolierten Sternpunkten vorteilhafterweise auch im Fall eines Erdschlusses zumindest* über einen gewissen Zeitraum weitergefahren werden können. Sie weisen mithin eine *erhöhte Versorgungssicherheit* auf. Die selbstheilende Wirkung kann jedoch nur bei Fehlerströmen unterhalb der Löschgrenze, also *nur bei räumlich eng begrenzten Netzen* erreicht werden.

Dauererdschlüsse sind möglichst schnell freizuschalten, da sie zu einer erheblichen *Spannungserhöhung* im Netz führen. Sofern der Isolationszustand z.B. durch Verschmutzung der Isolatoren nicht befriedigend ist, kann der bereits erwähnte Dauererdschluß zu unangenehmen Folgen führen und die angestrebte Versorgungssicherheit in das Gegenteil verwandeln. Zum Nachweis wird noch einmal das Ersatzschaltbild 11.2 betrachtet. Bei den angegebenen Impedanzverhältnissen gilt in guter Näherung an der Fehlerstelle mit $U_{FRE} = \frac{U_{bF}}{\sqrt{3}}$ der Zusammenhang

$$\underline{U}_{1F_R} = \underline{U}_{FRE}, \quad \underline{U}_{2F_R} = 0, \quad \underline{U}_{0F_R} = -\underline{U}_{FRE}.$$

Die Rücktransformation führt *im Fehlerfall* auf die Sternspannungen

$$\underline{U}_{F_R} = 0, \quad \underline{U}_{F_S} = \sqrt{3} \cdot \underline{U}_{FRE} \cdot e^{j210^\circ}, \quad \underline{U}_{F_T} = \sqrt{3} \cdot \underline{U}_{FRE} \cdot e^{j150^\circ}.$$

Während eines *Dauererdschlusses erhöht* sich demnach *die Sternspannung der fehlerfreien Leiter um den Faktor* $\sqrt{3}$. Diese Spannungserhöhung belastet die Betriebsmittel. Dies ist in Bild 11.5 an einem Freileitungsmast veranschaulicht. *Besonders gefährdet sind die im Netz installierten Wandler.* Während eines Dauererdschlusses können sich dort weitere Überspannungen infolge von Ferroresonanz ausbilden [57]. Dadurch steigt die Gefahr, daß an einer anderen Stelle im Netz ein weiterer Erdschluß auftritt. Der bisher einpolige Fehler weitet sich dann zu einem Doppelerdschluß aus, der zu starken Kurzschlußströmen führen kann. In diesem Fall spricht der Netzschutz an und löst eine Abschaltung aus.

Der verwendete Netzschutz ist üblicherweise nur in der Lage, einen der beiden Erdschlüsse freizuschalten. Der andere Fehler bleibt bestehen, da die Fehlerstelle eines einzelnen Dauererdschlusses – wie noch erläutert wird – meßtechnisch schwer zu ermitteln ist. Dadurch ist die Gefahr eines erneuten Durchschlags an einer weiteren Stelle gegeben. Dieser Vorgang kann zu einem Wandern des Fehlers führen und infolge der damit verbundenen Leitungsabschaltungen sogar ein *Zusammenbrechen des Netzes hervorrufen.*

Die *Existenz eines Erdschlusses* läßt sich sehr einfach nachweisen. Als meßtechnisches Kriterium dient die beschriebene Spannungserhöhung. Für die Anzeige eines Erdschlusses ist es daher nur erforderlich, die Sternspannungen zu messen. Dieses Prinzip ermöglicht jedoch *nicht, die Fehlerstelle zu lokalisieren.* Dazu müßten die Fehlerströme in den einzelnen Leitungen erfaßt werden, die bei Nennverhältnissen sehr klein im Vergleich zu den ebenfalls fließenden Betriebsströmen sind. Die dafür erforderlichen Meßeinrichtungen wären äußerst aufwendig. Um nun auch ohne solche Schutzsysteme den Erdschluß mit wenigen Schaltmaßnahmen lokalisieren zu können, *dürfen die Netze nur sehr einfache Strukturen aufweisen.*

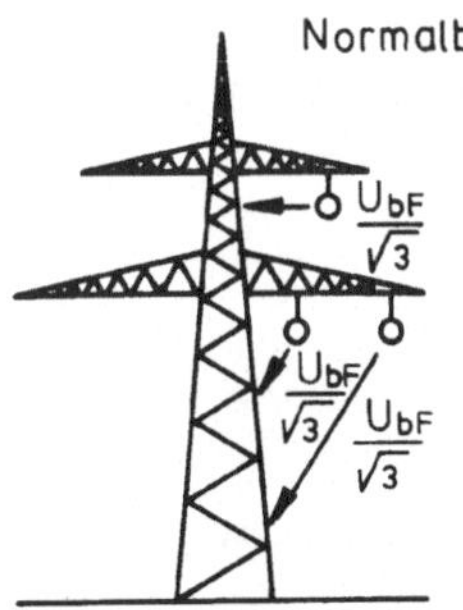

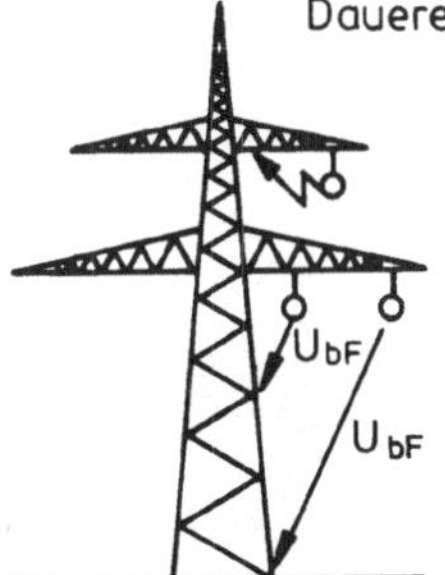

Bild 11.5
Veranschaulichung der Spannungsverhältnisse im Normalbetrieb und während eines Dauererdschlusses

Ein weiterer Nachteil von Freileitungsnetzen mit isolierten Sternpunkten besteht darin, daß diese Netze *im transienten Bereich zu Überspannungen neigen, die recht hohe Werte erreichen können.* Die beabsichtigte Versorgungssicherheit ist auch aus diesen Gründen nur dann gegeben, wenn diese Überspannungen keine Fehler auslösen, wenn also der Zustand der Isolation im Netz hinreichend gut ist. Die relativ hohen Überspannungen sind im wesentlichen auf die folgenden Eigenschaften zurückzuführen.

Die freien Sternpunkte verhindern, daß Ladungen zur Erde abfließen. Da Erdschlüsse stets die Spannungsverhältnisse im Netz verändern, verursachen sie zugleich eine andere Ladungsaufteilung zwischen den einzelnen Kapazitäten. Dadurch sind Überspannungen möglich. Wenn zeitlich kurz nacheinander ein Erdschluß auf den anderen folgt, können sich diese Überspannungen im weiteren bis zur dreifachen Nennspannung verstärken [58]. Mit diesem Effekt ist relativ häufig zu rechnen, da Erdschlüsse in Netzen mit isolierten Sternpunkten dazu neigen, in kurzen Zeitabständen erneut aufzutreten. Dieses Verhalten ist darauf zurückzuführen, daß Wechselstromlichtbogen nur im Stromnulldurchgang verlöschen; der Erdschluß ist dann zunächst nicht mehr vorhanden. Dadurch fällt an der Erdkapazität die Sternspannung der Einspeisung ab, die zu diesem Zeitpunkt gerade ihr Maximum aufweist. Die elektrische Feldstärke ist damit – auch an der Fehlerstelle – maximal. Da die elektrische Feldstärke die maßgebende Größe für einen Durchschlag ist und außerdem die Umgebung der Fehlerstelle durch den vorhergehenden Lichtbogen noch ionisiert ist, besteht die Gefahr eines weiteren Durchschlags, der dann wieder Umladungen auslöst. Der genauere Ablauf dieses Effektes wird u.a. in [58] eingehend beschrieben. Der gesamte Vorgang wird als *intermittierender* oder *aussetzender Erdschluß* bezeichnet. Bei der folgenden Sternpunktbehandlung tritt dieser Vorgang nur in abgeschwächter Form auf.

11.2 Netze mit Erdschlußkompensation

Bei ausgedehnteren Netzen wächst der Erdschlußstrom I_{eF} wegen der größeren Erdkapazitäten auf unerwünscht hohe Werte an (s. Gl. (11–1)). Er läßt sich jedoch dadurch verringern, daß an einzelne Sternpunkte die bereits beschriebenen Erdschlußlöschspulen, auch kurz E-Spulen genannt, angeschlossen werden. Wie noch ausgeführt wird, kompensieren diese weitgehend die Erdschlußströme an der Fehlerstelle. Netze mit dieser Sternpunktbehandlung werden darum auch als *„kompensierte Netze"* bezeichnet.

Es werden *überwiegend Netze des Mittelspannungsbereichs und Freileitungsnetze der 110-kV-Ebene kompensiert betrieben.* Die wesentlichen Eigenschaften sollen wieder an einem konkreten Netz (Bild 11.6) mit einem Erdschluß in F erläutert werden. Der Erdschlußstrom läßt sich aus dem in Bild 11.7 dargestellten Komponentenersatzschaltbild ermitteln. Er überlagert sich wieder den Betriebsströmen. Um die *prinzipiellen Zusammenhänge* erkennen zu können, *werden zunächst die ohmschen Widerstände vernachlässigt.*

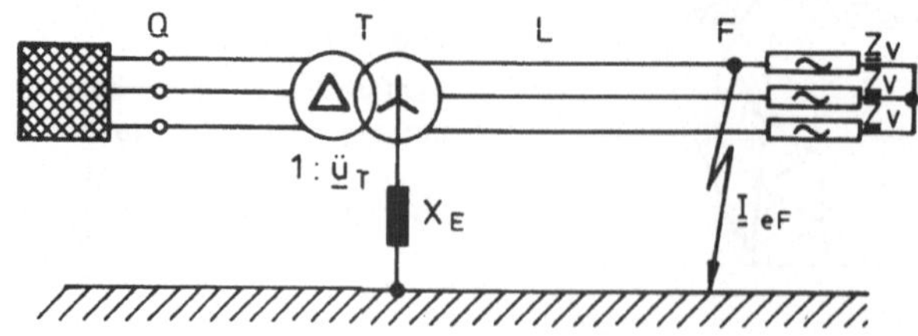

Bild 11.6
Netz mit Erdschlußlöschspule und Erdschluß

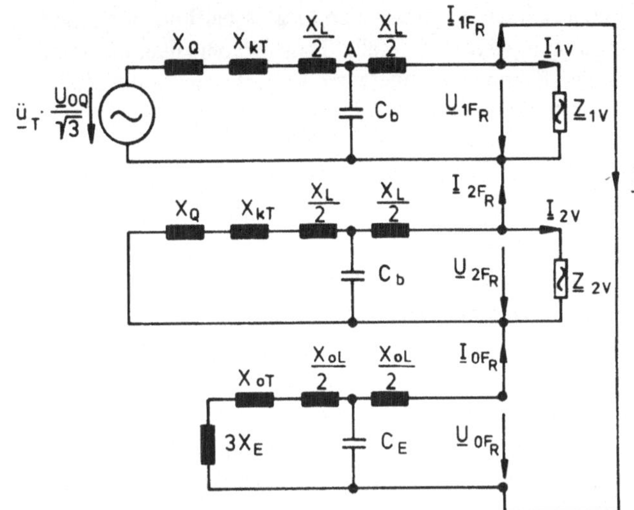

Bild 11.7
Ersatzschaltbild für die Anlage in Bild 11.6

Die Erdschlußlöschspule wird üblicherweise im Vergleich zu den Null- und Mitreaktanzen des Transformators und der Freileitung hochohmig ausgeführt:

$$3X_E \gg X_{0T} + \frac{X_{0L}}{2}.$$

Maßgebend für die Höhe des Erdschlußstroms ist dann allein der aus Erdschlußlöschspule und Erdkapazität bestehende Parallelschwingkreis im Nullsystem. Die Reaktanz des Schwingkreises ergibt sich zu

$$X_0 = \frac{\frac{1}{\omega C_E} \cdot 3X_E}{\frac{1}{\omega C_E} - 3X_E}. \tag{11–2}$$

Der Erdschlußstrom an der Fehlerstelle beträgt demnach

$$\underline{I}_{eF} = \frac{\sqrt{3}\underline{U}_{bF}}{jX_0}. \tag{11–3}$$

Wenn die E-Spule so eingestellt wird, daß die Bedingung

$$3X_E = \frac{1}{\omega C_E} \tag{11–4}$$

gilt, nimmt die Reaktanz X_0 den Wert „Unendlich" an. Damit wird der Erdschlußstrom an der Fehlerstelle stationär gleich Null. *In kompensierten Freileitungsnetzen mit vernachlässigbaren ohmschen Widerständen verlöschen daher Lichtbogenerdschlüsse stets selbsttätig.* Durch den kurzfristig auftretenden Lichtbogen wird wiederum häufig die Fehlerursache beseitigt. Dementsprechend weisen diese Netze für viele Fehler ein selbstheilendes Verhalten auf.

Sollte sich jedoch ein Dauererdschluß ausbilden, so ist aus dem Ersatzschaltbild zu ersehen, daß an dem Schwingkreis die Sternspannung $U_{bF}/\sqrt{3}$ abfällt. Transformiert man die Strom-Spannungs-Verhältnisse, die dann in den Komponentennetzwerken auftreten, in das reale Netz zurück, so ergibt sich die Stromverteilung gemäß Bild 11.8. *Die Erdschlußlöschspule wird von dem Strom*

$$\underline{I}_E = \underline{I}_{C_E} = \sqrt{3} \cdot \underline{U}_{bF} \cdot j\omega C_E$$

durchflossen. Es handelt sich dabei um den Erdschlußstrom, der im Falle einer fehlenden Kompensation an der Fehlerstelle auftreten würde. *Die Fehlerstelle selbst ist bei einer Kompensation stromfrei, wenn die ohmschen Widerstände vernachlässigbar sind.*

Wie diese Rechnungen zeigen, wird auch die im Ersatzschaltbild vernachlässigte Reaktanz des Transformators X_{0T} während eines Dauererdschlusses ständig mit einem Nullstrom belastet. Um eine zu hohe Kesselerwärmung zu vermeiden, dürfen die Erdschlußlöschspulen nur an solche Transformatoren angeschlossen werden, die auch für eine derartige Sternpunktbelastung ausgelegt sind (s. Abschnitt 9.4.5). Der Strom I_{C_E} bestimmt zugleich, für welchen Nennstrom die Erdschlußlöschspulen auszulegen sind.

In verzweigten Netzen können infolge der größeren Erdkapazitäten Erdschlußströme von mehreren hundert Ampere entstehen, die sich zu den Betriebsströmen $\underline{I}_{bV}$ addieren. Das Zeigerbild 11.9 stellt diesen Zusammenhang für den Punkt A im Ersatzschaltbild 11.7 qualitativ dar. Wie man aus dem Zeigerbild ersehen kann, vergrößert sich während des Dauererdschlusses der resultierende Leitungsstrom durch den Fehlerstrom. Dieser erhöhte Strom kann ein Ansprechen des Schutzes z.B. durch eine Überstromanregung bewirken.

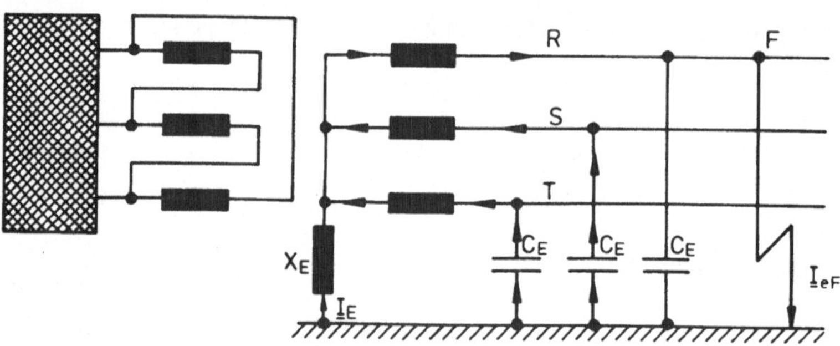

Bild 11.8 Verteilung der Ströme im realen Netz

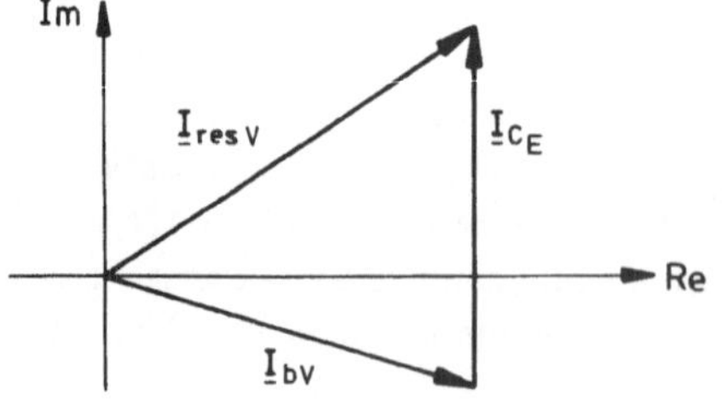

Bild 11.9
Überlagerung von Last- und Fehlerströmen in einer Leitung

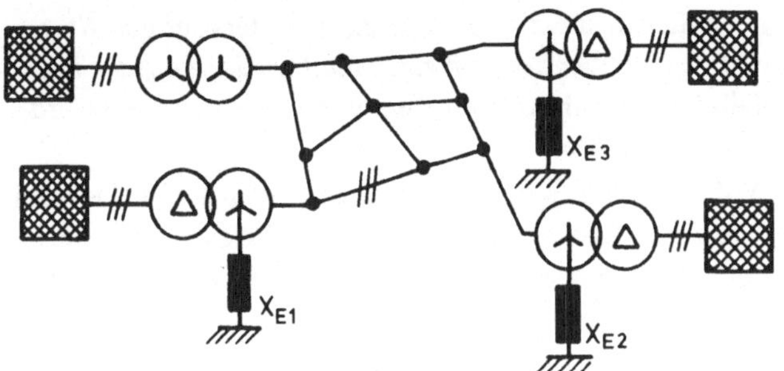

Bild 11.10
Räumliche Verteilung von Erdschlußlöschspulen

Solche unerwünschten Abschaltungen lassen sich dadurch vermeiden, daß mehrere Erdschlußlöschspulen im Netz verteilt installiert werden, wie es Bild 11.10 zeigt. Die einzelnen Erdschlußlöschspulen werden dann jeweils nur durch einen Teil des gesamten Blindstroms belastet, so daß damit auch in den Leitungen geringere Ströme auftreten. Der Einbau von mehreren E-Spulen ermöglicht zugleich eine größere betriebliche Freizügigkeit im Falle von Reparatur- oder Wartungsarbeiten. Üblicherweise werden die E-Spulen an den Sternpunkt von Transformatoren angeschlossen. Da die Anzahl der Transformatoren und damit die Anschlußmöglichkeit in einem Netz beschränkt sind, ist bei der Auswahl der Schaltgruppe neben den im Abschnitt 4.2.1.3.2 genannten Kriterien auch die Sternpunktbelastbarkeit zu berücksichtigen. Sofern prinzipiell zu wenige Anschlußmöglichkeiten vorhanden sind, ist der Einbau von Sternpunktbildnern zu erwägen (s. Abschnitt 4.9).

In verzweigten Netzen hängen die Erdkapazitäten vom jeweiligen Schaltzustand ab. Daher müssen die Induktivitäten der Erdschlußlöschspulen stets dem Schaltzustand angepaßt werden. Die bereits dargestellte Tauchkernausführung (s. Bild 4.189) ist gut dafür geeignet, wobei die Einstellung selbsttätig über einen besonderen Regelkreis erfolgt.

Die bisherigen Erläuterungen zeigen, daß bei kompensierten Netzen wie bei Netzen mit isolierten Sternpunkten die Versorgung während eines Dauererdschlusses aufrechterhalten werden kann. Jedoch weisen auch die kompensierten Netze den Nachteil auf, daß bei einem Erdschluß die Sternspannungen in den gesunden Leitern etwa um den Faktor $\sqrt{3}$ anwachsen.

Zum Nachweis dieser Behauptung wird an der Fehlerstelle F der Netzanlage in Bild 11.6 der Leiter S betrachtet. Aus dem Ersatzschaltbild 11.7 folgt der Zusammenhang

$$\underline{U}_{F_S} = \underline{a}^2 \cdot \underline{U}_{1F_R} + \underline{a} \cdot \underline{U}_{2F_R} + \underline{U}_{0F_R},$$

der sich auch in Abhängigkeit vom Erdschlußstrom $\underline{I}_{eF}$ in der Gestalt

$$\underline{U}_{F_S} = \underline{a}^2 \left(\frac{U_{bF}}{\sqrt{3}} - \frac{\underline{I}_{eF}}{3} \underline{Z}_1 \right) - \underline{a} \frac{\underline{I}_{eF}}{3} \underline{Z}_2 - \underline{I}_{eF} \cdot \frac{X_E \cdot \dfrac{1}{\omega C_E}}{j \left(3 X_E - \dfrac{1}{\omega C_E} \right)} \qquad (11\text{–}5)$$

schreiben läßt. Wenn weiterhin die Impedanzverhältnisse $Z_1 \ll Z_0$, $Z_2 \ll Z_0$ vorausgesetzt werden, kann für den Erdschlußstrom $\underline{I}_{eF}$ die Beziehung (11–3) eingesetzt werden. Es ergibt sich dann der Ausdruck

$$|\underline{U}_{F_S}| = U_{bF}.$$

Damit ist gezeigt, daß tatsächlich die Sternspannung eines gesunden Leiters auf den Wert der Dreieckspannung ansteigt. *Auch bei kompensierten Netzen muß wieder ein guter Isolationszustand vorliegen.* Anderenfalls ist mit dem Auftreten der unerwünschten Doppelerdschlüsse zu rechnen, die zu Abschaltungen führen.

Durch die folgende betriebliche Maßnahme läßt sich die Gefahr, daß Doppelerdschlüsse auftreten, verkleinern. Zur Erläuterung dieser Maßnahme werden die Verläufe des Erdschlußstroms $\underline{I}_{eF}$ und der Sternspannung $\underline{U}_{FS}$ entsprechend den Gln. (11–4) und (11–5) in Abhängigkeit von der Erdkapazität dargestellt (Bild 11.11).

In den Bereichen links und rechts von der Resonanzstelle wird die Abgleichbedingung (11–4) nicht eingehalten. Der linke Bereich wird als *unterkompensiert* bezeichnet und tritt immer dann auf, wenn $3X_E > 1/\omega C_E$ gilt. *In diesem Fall überwiegt im Nullsystem der kapazitive Einfluß. Durch das Parallelschalten weiterer Erdschlußlöschspulen kann jedoch ein induktives Verhalten des Nullsystems* erreicht werden. Wenn die Bedingung $3X_E < 1/\omega C_E$ gilt, wird für den Netzbetrieb der Ausdruck *überkompensiert* verwendet. Bei beiden Betriebszuständen steigt der Erdschlußstrom, während sich die Spannung, die im Fehlerfall auftritt, verringert. *Ein Ansteigen der Fehlerströme ist* bei beiden Betriebszuständen in Freileitungsnetzen *solange zulässig*, wie *die Löschgrenze des Lichtbogens nicht überschritten wird* und damit die selbstheilende Wirkung erhalten bleibt.

Im Unterschied zu Netzen mit isolierten Sternpunkten liegen, wie im folgenden noch begründet wird, die Löschgrenzen bei kompensierten Netzen höher. Gemäß der VDE-Bestimmung 0228 beträgt die Löschgrenze z.B. bei 20-kV-Netzen ca. 60 A und bei 110-kV-Netzen ca. 130 A. Auch unter Berücksichtigung der bisher vernachlässigten ohmschen Widerstände dürfen erfahrungsgemäß *bei 110-kV-Netzen die E-Spulen um 5 ... 10 % und bei 30-kV-Netzen um 15 ... 20 % von dem Wert abweichen,* der sich aus der Gl. (11–4) ergibt. Eine Verstimmung der E-Spule in dieser Größe bewirkt eine deutliche Verringerung der Spannungserhöhung, so daß die Gefahr von Doppelerdschlüssen kleiner wird (s. Bild 11.11).

Die Löschgrenzen können bei kompensierten Netzen höher gewählt werden, da die Fehlerstelle nach Erlöschen des Lichtbogens spannungsmäßig wesentlich schwächer belastet wird, als es in Netzen mit isolierten Sternpunkten der Fall ist. Während dort nach dem erstmaligen Verlöschen des Lichtbogens die zugehörige Sternspannung sehr schnell ihren maximalen Wert erreicht, baut sich die Spannung in kompensierten Netzen nach der Fehlerlöschung erst im Zeitbereich von mehreren Netzperioden auf (Bild 11.12) [56].

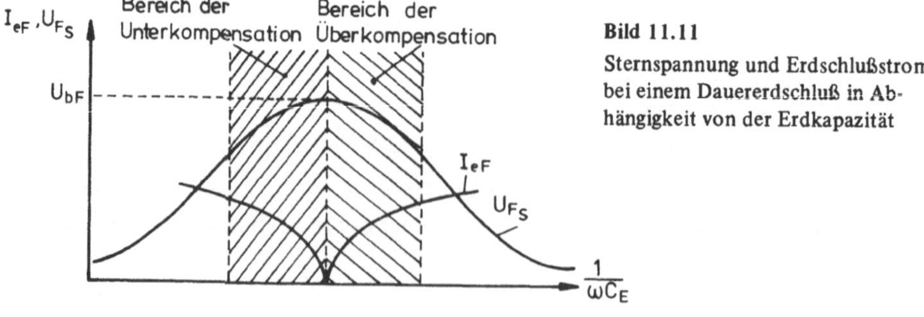

Bild 11.11
Sternspannung und Erdschlußstrom bei einem Dauererdschluß in Abhängigkeit von der Erdkapazität

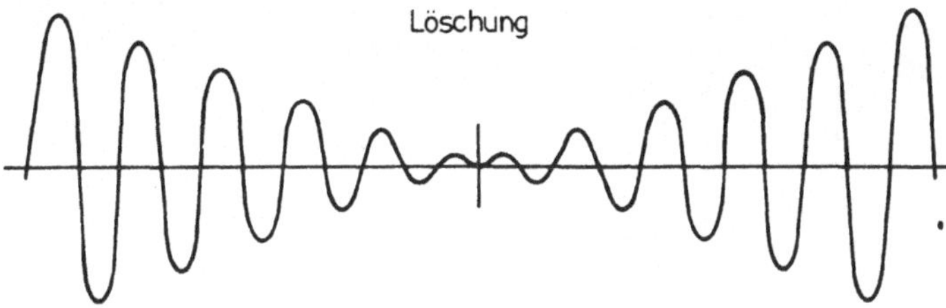

Bild 11.12 Verlauf der Sternspannung bei einem Leiter mit Erdschluß

Im Fall eines Dauererdschlusses besteht prinzipiell sowohl beim über- als auch beim unterkompensierten Betrieb die Gefahr, daß sich der Fehler zu einem Doppelerdschluß ausweitet, da die Spannungserhöhung – absolut gesehen – noch groß ist. Eine solche Fehlerausweitung hat dann weitere Abschaltungen und damit eine Verkleinerung von C_E zur Folge. Sofern das Netz überkompensiert betrieben wird, führt diese Abschaltung zwar zu einer weiteren Stromerhöhung an der verbleibenden Fehlerstelle, die Sternspannung sinkt jedoch (s. Bild 11.11). Dadurch wird die Gefahr eines weiteren Doppelerdschlusses für den noch bestehenden Erdschluß gemindert. Bei der Unterkompensation tritt ein entgegengesetztes Verhalten auf. ***Bereits aus diesem Grunde ist stets der überkompensierte Netzbetrieb anzustreben.*** In der Praxis tritt die Unterkompensation sehr leicht dann auf, wenn das Netz ausgebaut wird, die E-Spulen jedoch nicht an den neuen Netzzustand angepaßt werden.

Eine Überkompensation hat im Unterschied zur Unterkompensation den *weiteren Vorteil,* daß eine Reihe von Überspannungseffekten wie z.B. Ferroresonanzerscheinungen nur abgeschwächt auftreten [59]. Zu ergänzen ist noch, daß aussetzende Erdschlüsse in kompensierten Netzen sehr selten auftreten. Sie stellen dort meist keine Gefahr mehr dar: Zum einen können Ladungen über die Sternpunkte abfließen, und zum anderen steigt die Spannung im fehlerbehafteten Leiter nur langsam an, so daß ein erneutes Durchschlagen der Fehlerstelle unwahrscheinlich wird.

Im Vergleich zu Netzen mit isolierten Sternpunkten treten in kompensierten Netzen wegen der großen räumlichen Ausdehnung bei jedem Erdschluß relativ hohe Blindströme auf, die durchaus mehrere hundert Ampere betragen können. Trotz der größeren Fehlerströme ist die Lokalisierung des jeweiligen Erdschlusses auch bei dieser Sternpunktbehandlung gerätetechnisch nur mit großem Aufwand zu verwirklichen. Üblich ist zum einen die Erdschlußanzeige, die auf einer Messung der Sternspannung beruht und bereits bei der Abhandlung von Netzen mit isolierten Sternpunkten erwähnt worden ist. Bei den meist größeren kompensierten Netzen treten oft kompliziertere Strukturen auf. Daher ist zusätzlich eine Aussage über den Fehlerort notwendig, um gezielt die Fehlerstelle freischalten zu können.

Eine häufige Meßmethode besteht darin, die Richtung der Nullströme in jeder Leitung zu ermitteln. Die Stromrichtungen werden dann an die Lastverteilerzentrale bzw. Netzleitstelle weitergeleitet und dort bildlich dargestellt. Aus dieser Darstellung versucht man, auf den Ort des Erdschlusses zu schließen. Die Nullströme sind jedoch gerade in der Nähe der Fehlerstelle klein, so daß deren Richtung dort nur ungenau zu ermitteln ist. Die Lokalisierung kann deshalb bei diesem Verfahren im Einzelfall Probleme mit sich bringen.

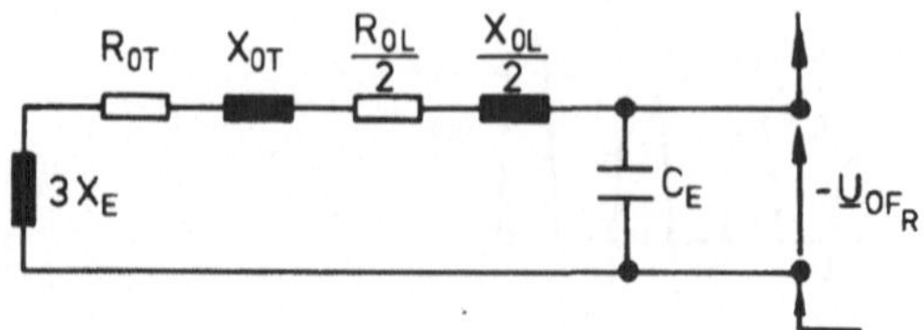

Bild 11.13
Verlustbehafteter Schwingkreis im Nullsystem

Im folgenden wird das Modell um die bisher vernachlässigten ohmschen Widerstände im Nullsystem erweitert. Der Schwingkreis im Nullsystem nimmt dann die Form gemäß Bild 11.13 an.

Infolge der ohmschen Komponenten ist eine Abstimmung auf $Z_0 \rightarrow \infty$ nicht mehr möglich, sondern es ergibt sich ein endlicher Wert. Dadurch tritt an der Fehlerstelle ein ohmscher Reststrom I_r auf. Zusätzlich überlagern sich noch Oberschwingungsströme, so daß sich der tatsächlich resultierende Strom aus diesen beiden Komponenten zusammensetzt. *Erfahrungsgemäß beträgt der Reststrom näherungsweise ein Zehntel des Stroms* I_{C_E}, also des Stroms, der an der Fehlerstelle ohne Anschluß von Erdschlußlöschspulen auftreten würde (s. VDE 0141). Der Reststrom vergrößert sich in dem gleichen Maße wie der Strom I_{C_E}, also mit wachsender Nennspannung und Netzgröße. Bei Freileitungsnetzen mit Nennspannungen über 150 kV führt der Koronaeffekt noch zu einer zusätzlichen ohmschen Komponente. Aus diesem Grund wird die Löschgrenze der Lichtbogen bei den weiträumigen Transportnetzen besonders schnell erreicht (s. VDE-Bestimmung 0228), zumal die übliche Überkompensation die Fehlerstelle noch zusätzlich mit einem Blindstrom belastet. Die Gefahr von Dauererdschlüssen und damit auch von Doppelerdschlüssen steigt. Dadurch wird der Vorteil der Kompensation, auch im Fall eines Erdschlusses weiterversorgen zu können, zunehmend in Frage gestellt.

Bei Kabelnetzen mit kleinen Restströmen verzögert die Kompensation – ähnlich wie bei Netzen mit isolierten Sternpunkten – die Ausweitung des Erdschlusses auf andere Fehler, z.B. den dreipoligen Kurzschluß. *Bei großen Kabelnetzen ist dieser Vorteil kaum noch gegeben.* Die stark ausgeprägte ohmsche Komponente in den Nullimpedanzen bedingt dort einen hohen Reststrom, der eine schnelle Ausweitung des Fehlers auf dreipolige Kurzschlüsse begünstigt.

Die bisherigen Ausführungen zeigen, daß die Kompensation außerhalb eines beschränkten Anwendungsbereichs ihre Vorteile verliert. Es bietet sich dann an, eine andere Sternpunktbehandlung, die niederohmige Erdung, zu verwenden.

11.3 Netze mit niederohmiger Sternpunkterdung

Die angesprochene niederohmige Erdung liegt vor, wenn ein oder mehrere Sternpunkte entweder direkt oder über niederohmige Impedanzen mit dem Erder verbunden sind. Wie bereits erwähnt, wird diese Erdungsart in Freileitungsnetzen ab 220 kV und in größeren Kabelnetzen ab 110 kV angewendet. Die wesentlichen Eigenschaften der niederohmigen Erdung sollen wiederum für eine spezielle Netzanlage anhand eines Erdschlusses gezeigt werden (Bild 11.14). Dieser Fehler wird bei niederohmig geerdeten Netzen als *Erdkurzschluß* bezeichnet, um anzudeuten, daß die auftretenden Fehlerströme Werte im Bereich der dreipoligen Kurzschlußströme annehmen können. Für die Ersatzschaltbilder von Maschinen

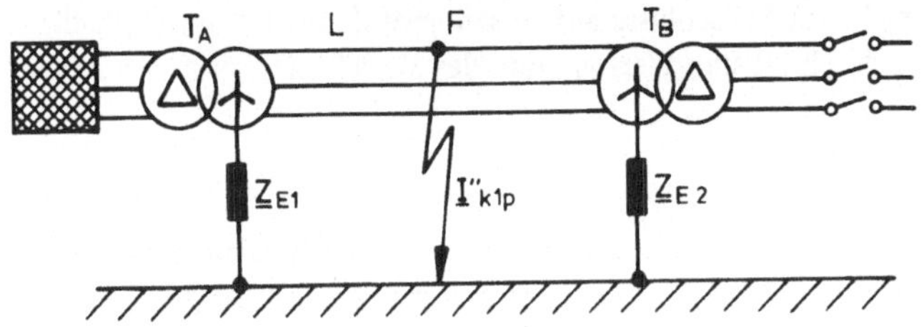

Bild 11.14
Erdkurzschluß bei einer Anlage mit niederohmiger Sternpunkterdung

sind deshalb bei dieser Sternpunktbehandlung die subtransienten Reaktanzen zu verwenden. Um herauszustellen, daß es sich um große Kurzschlußströme handelt, wird im folgenden anstelle der Bezeichnung $\underline{I}_{eF}$ der Ausdruck $\underline{I}''_{k1p}$ verwendet. Ein Vorteil dieser Sternpunktbehandlung liegt darin, daß sich die Spannung in den fehlerfreien Leitern bei einpoligen Fehlern schwächer erhöht als in Netzen mit isolierten Sternpunkten bzw. mit Erdschlußkompensation. Um diese Eigenschaft nachzuweisen, wird die Sternspannung für den Leiter S berechnet. Sie ergibt sich mit Hilfe des Komponentenersatzschaltbildes in Bild 11.15 zu

$$\underline{U}_{FS} = \underline{E}'' \cdot \left(\underline{a}^2 + \frac{\underline{Z}_1 - \underline{Z}_0}{2\underline{Z}_1 + \underline{Z}_0}\right) \approx \underline{E}'' \cdot \left(\underline{a}^2 + \frac{jX_1 - jX_0}{j2X_1 + jX_0}\right). \tag{11–6}$$

Eine Diskussion dieser Beziehung zeigt, daß die Spannungserhöhung um so geringer wird, je weniger sich X_0 und X_1 unterscheiden. Für den in der Praxis seltener auftretenden *Fall* $X_0 < X_1$ *ergibt sich sogar eine Spannungsabsenkung.* Die Abschwächung der Spannungserhöhung ist somit ein Maß für die Niederohmigkeit des Nullsystems und damit auch der Erdung. Zur Kennzeichnung dieser Spannungsverhältnisse ist es zweckmäßig, eine spezielle Kenngröße, den *Erdfehlerfaktor* δ, einzuführen (s. VDE 0111/79). Wenn an beliebigen

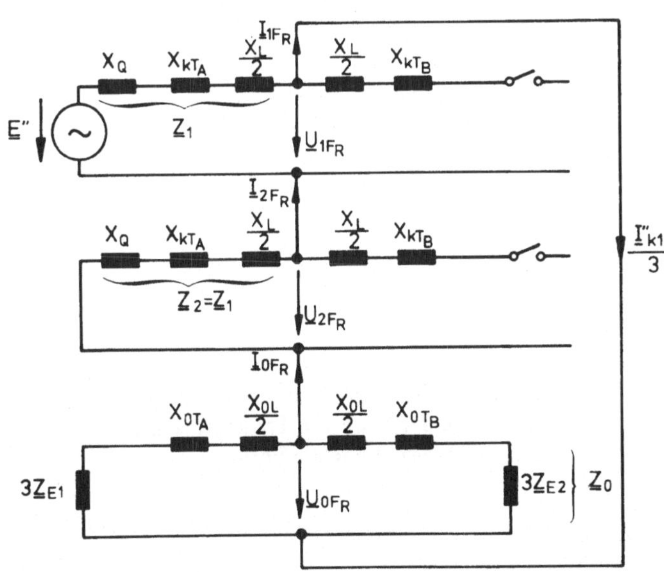

Bild 11.15
Ersatzschaltbild der Anlage in Bild 11.14

Stellen im Netz ein oder mehrere Leiter Erdschlüsse aufweisen, gibt diese Größe jeweils für eine bestimmte Stelle F im Netz den höchsten Wert an, den das Verhältnis

$$\delta = \frac{U_{F_E}}{U_{bF}/\sqrt{3}} \tag{11-7}$$

annehmen kann. Dabei bezeichnet *die Größe* U_{bF} den Effektivwert der Betriebsspannung, die an der betrachteten Stelle ohne Einfluß der Fehler auftreten würde. *Die Größe* U_{F_E} beschreibt den Effektivwert der Spannung, die an der betrachteten Stelle zwischen einem gesunden Leiter und der Erde im Fehlerfall ansteht.

Für die Bestimmung des Erdfehlerfaktors interessiert, entsprechend der Definition, derjenige Fehler, bei dem die Spannung maximal wird. Sofern der Einfluß von Serienresonanzen ausgeschlossen werden kann, ist die Spannung U_{F_E} stets dann am größten, wenn auch die wirksame Nullimpedanz am größten ist. Diese nimmt im Fall eines einfachen Erdschlusses ihren höchsten Wert an. Alle weiteren Erdschlüsse würden die Komponentenersatzschaltbilder weiter vermaschen und damit die Nullimpedanz verkleinern (s. Bild 10.32).

Im weiteren wird bei der Netzanlage in Bild 11.14 ein Erdschluß an der Stelle F betrachtet. Der Erdfehlerfaktor ergibt sich zu

$$\delta = \frac{U_{F_{SE}}}{\frac{U_{bF}}{\sqrt{3}}} \,. \tag{11-8}$$

Zur Veranschaulichung dieser Größe wird der Ausdruck (11–8) für das betrachtete Beispiel ausgewertet. Es gilt dann

$$\delta = \frac{\underline{E}'' \cdot \left| \underline{a}^2 + \frac{\underline{Z}_1 - \underline{Z}_0}{2\underline{Z}_1 + \underline{Z}_0} \right|}{\frac{U_{bF}}{\sqrt{3}}} \,. \tag{11-9}$$

Im Fall eines *Netzes mit isolierten Sternpunkten* treten nur kleine Fehlerströme auf, so daß für E″ wiederum die Spannung $U_{bF}/\sqrt{3}$ einzusetzen ist. Die Nullimpedanz $\underline{Z}_0$ nimmt infolge $X_E \to \infty$ ebenfalls sehr hohe Werte an, so daß das Resultat (11–9) in den Zusammenhang

$$\delta \approx \frac{\frac{U_{bF}}{\sqrt{3}}}{\frac{U_{bF}}{\sqrt{3}}} \cdot |\underline{a}^2 - 1| = \frac{\sqrt{3}U_{bF}}{U_{bF}} = \sqrt{3} \tag{11-10}$$

übergeht. Ein anderer Grenzfall liegt vor, wenn die *Nullimpedanz sehr niedrig wird* wie z.B. in der Nähe geerdeter Synchronmaschinen oder in der Nähe von Transformatoren mit der Schaltgruppe Yz bzw. Dz. Für $\underline{Z}_0 \to 0$ nimmt die Beziehung die Form

$$\delta = \frac{E''}{\frac{U_{bF}}{\sqrt{3}}} \cdot \left| \underline{a}^2 + \frac{1}{2} \right| = \frac{E''}{U_{bF}} \cdot \frac{3}{2} \tag{11-11}$$

an. Für die subtransiente Spannung E″ ist bei einem Erdkurzschluß gemäß der VDE-Bestimmung 0102 der Wert $1{,}1 \cdot U_{nN}/\sqrt{3}$ einzusetzen. Die Betriebsspannung U_{bF} läßt sich vielfach mit $0{,}95 \cdot U_{nN}$ abschätzen, so daß sich der Zusammenhang

$$\delta = \frac{E''}{U_{bF}} \cdot \frac{3}{2} \approx \frac{1{,}1 \cdot U_{nN}}{\sqrt{3} \cdot 0{,}95 \cdot U_{nN}} \cdot \frac{3}{2} \approx 1 \qquad (11\text{–}12)$$

ergibt. Für den Fall, daß die Nullimpedanz Z_0 stets kleiner als die dreifache Impedanz im Mitsystem ist, gilt für den Erdfehlerfaktor die Ungleichung

$$\delta \leqslant 1{,}4. \qquad (11\text{–}13)$$

Wenn diese Bedingung eingehalten wird, ist die Spannungsüberhöhung im Vergleich zu Netzen mit isolierten Sternpunkten sowie mit Erdschlußkompensation bereits deutlich vermindert. In Netzanlagen, die diese Bedingung erfüllen, dürfen daher *Betriebsmittel eingesetzt werden, deren Isolation schwächer ausgelegt ist* (s. VDE-Bestimmung 0111/79). In der VDE-Bestimmung 0111/66 werden solche Netze als „wirksam geerdet“ bezeichnet. Dieser Ausdruck wird im folgenden ebenfalls verwendet.

Die geringere Spannungsüberhöhung wird damit erkauft, daß sich bei dieser Erdungsart die Ströme im Fall eines Erdkurzschlusses im Vergleich zum kompensierten Netz sehr stark erhöhen. Der einpolige Kurzschlußstrom ergibt sich für die Anlage in Bild 11.14 (s.a. Bild 11.15) zu

$$\underline{I}''_{k1p} = \frac{3\underline{E}''}{\underline{Z}_1(2 + \underline{Z}_0/\underline{Z}_1)}. \qquad (11\text{–}14)$$

Bezogen auf den äquivalenten dreipoligen Kurzschlußstrom

$$\underline{I}''_{k3p} = \frac{\underline{E}''}{\underline{Z}_1}$$

erhält man dann

$$\underline{I}''_{k1p} = \frac{3}{2 + \dfrac{\underline{Z}_0}{\underline{Z}_1}} \cdot \underline{I}''_{k3p} \approx \frac{3}{2 + \dfrac{jX_0}{jX_1}} \cdot \underline{I}''_{k3p}. \qquad (11\text{–}15)$$

Der einpolige Fehlerstrom liegt, wie bereits erwähnt, in der Größenordnung vom dreipoligen Kurzschlußstrom. Unter der Bedingung $X_0/X_1 < 1$ kann der *einpolige Kurzschlußstrom sogar größer werden.* In der Praxis liegt dieser Fall z.B. dann vor, wenn der Fehler hinter einem geerdeten Transformator der Schaltgruppe Yd5 auftritt, bei dem $X_0/X_1 \leqslant 1$ gilt. Zu bemerken ist, daß die im Kapitel 7 betrachteten Leiterschienen bei einem dreipoligen Kurzschluß mechanisch insgesamt stärker belastet werden, da dann alle drei Außenleiter einen großen Strom führen. Beim einpoligen Kurzschluß tritt dagegen nur im fehlerhaften Leiter ein höherer Strom als I''_{k3p} auf. In den anderen beiden Leitern ist der Fehlerstrom kleiner. Es ergibt sich daher eine geringere Kraftwirkung.

Die Erdkurzschlußströme können ohne weiteres in niederohmig geerdeten Netzen *Werte von ca. 50 kA annehmen.* Daher ist ein *schneller und besonders sicherer Netzschutz* notwendig, der die Abschaltung in möglichst kurzer Zeit, etwa 0,1 ... 0,2 Sekunden, bewirkt.

Die Ströme, die während dieses Zeitbereichs fließen, bewirken

- eine hohe thermische und mechanische Belastung der Betriebsmittel,
- eine verstärkte Gefährdung von Personen durch hohe Erdströme,
- eine Induktion gefährlicher Spannungen in parallel geführten Leitungen wie z.B. Fernmeldekabeln.

Eine Verringerung des Fehlerstroms läßt sich dadurch erreichen, daß entweder nur ein Teil der Sternpunkte im Netz geerdet wird oder daß eine sogenannte *induktive Erdung* vorgenommen wird. Eine induktive Erdung liegt vor, wenn niederohmige Induktivitäten – meist in der Größe von 5 Ω bis 20 Ω – zwischen Sternpunkt und Erder geschaltet werden. Der Erdkurzschlußstrom wird bereits durch diese geringen Reaktanzen vielfach auf ca. 2/3 des Stroms begrenzt, der anderenfalls bei einer wirksamen Erdung auftreten würde. Diese Sternpunktbehandlung hat sich bei den großen 110-kV-Kabelnetzen als besonders zweckmäßig erwiesen.

Bei niederohmig geerdeten Netzen führt jeder Erdkurzschluß zu hohen Strömen und damit zu einer schnellen Abschaltung der gestörten Leitung. Dadurch wird meistens die Versorgung der Verbraucher beeinträchtigt. Diese Beeinträchtigung verringert sich erheblich, wenn die Netze für die bereits angesprochene Kurzunterbrechung (KU) ausgerüstet sind (s. Kapitel 7.) In Höchstspannungsnetzen kann eine dreipolige KU jedoch leicht zu Stabilitätsschwierigkeiten führen (s. Abschnitt 4.4.2.2). Diese Schwierigkeiten lassen sich in vielen Netzen vermeiden, wenn die durch die Leitungsauftrennung bewirkte Entmaschung verringert wird. Dies liegt vor, falls sich die KU nur auf den erdkurzschlußbehafteten Außenleiter erstreckt, also nur *einpolig* vorgenommen wird. Erst im Falle einer erfolglosen KU wird endgültig eine dreipolige Freischaltung der Fehlerstelle vorgenommen [13].

In bestimmten Fällen ist es notwendig, niederohmig geerdete und kompensierte Netze zu kuppeln. Diese Aufgabenstellung liegt z.B. dann vor, wenn ein leistungsstarkes, induktiv geerdetes Industrienetz (Kabel) bei Leistungsmangel vorübergehend aus einem kompensiert gefahrenen öffentlichen Freileitungsnetz gestützt werden soll. Bei einem direkten Zusammenschluß würde das öffentliche Netz meist so stark verstimmt werden, daß eine Kompensation nicht mehr möglich wäre. Daher dürfen solche Netze nur über einen Volltransformator gekuppelt werden, der die Nullsysteme trennt. Spartransformatoren weisen diese Eigenschaft nicht auf. Volltransformatoren, die für diesen Zweck eingesetzt werden, bezeichnet man in der Praxis auch häufig als *Isoliertransformatoren.*

Die Wahl der Sternpunktbehandlung bestimmt sehr wesentlich die Höhe der wirksamen Nullimpedanz und damit auch die Höhe des Erdschlußstroms. Diese Entscheidung beeinflußt wiederum die Gestaltung der Erdungsanlagen, die in Netzen mit $U_{nN} > 1$ kV die tragenden Einrichtungen zum Schutz von Personen darstellen.

12 Wichtige Maßnahmen zum Schutz von Menschen in Netzen mit Nennspannungen über 1 kV

Die wesentlichen Einrichtungen zum Schutz von Betriebsmitteln sind bereits im Abschnitt 4.12 beschrieben worden. Die erweiterten theoretischen Kenntnisse ermöglichen es nun auch, die Maßnahmen genauer zu erläutern, die vornehmlich zum Schutz von Menschen dienen. Dabei gilt es, zwischen einem direkten und einem indirekten Berührungsschutz zu unterscheiden.

12.1 Direkter und indirekter Berührungsschutz

Ein genaueres Verständnis der Schutzmaßnahmen erfordert Kenntnisse darüber, mit welchen Spannungswerten der Mensch maximal in Berührung kommen darf. Ein Spannungsabfall am menschlichen Körper führt stets zu einem Strom, da der Körper leitfähig ist. Er stellt aus physikalischer Sicht einen nichtlinearen Widerstand dar, dessen Größe u.a. von der anliegenden Spannung abhängig ist. Daneben gibt es eine Reihe weiterer Einflußgrößen, z.B. die Lage der Elektroden am Körper, die Größe ihrer Kontaktfläche, den Feuchtigkeitsgehalt der Haut und die Beschaffenheit des Knochenbaues. Genauere Angaben dazu sind [60] zu entnehmen. Widerstandswerte des Körpers um 1000 Ω sind als niedrig zu bezeichnen.

Die Gefährdung des Menschen wird primär vom Strom, nicht von der Spannung verursacht. Prinzipiell gilt, daß die *Stromstärke*, bei der eine Gefährdung auftritt, *mit wachsender Einwirkdauer auf den Menschen absinkt.* Eine *Gefährdung* tritt bereits bei *Strömen von 50 mA auf.* In dem Bereich zwischen 50 mA und 500 mA äußert sich die Gefährdung bei Wechselströmen überwiegend in einer Funktionsstörung des Herzens, dem *Herzkammerflimmern.* Es kommt zu unregelmäßigen Kontraktionen der Herzmuskulatur. Die Folge davon ist eine Beeinträchtigung der Blutzirkulation, die zu einem Sauerstoffmangel im Gehirn und damit zum Tode führen kann. *Bei größeren Strömen* überwiegen zunehmend *Verbrennungserscheinungen,* die im Körperinnern – bevorzugt an den Blutbahnen – auftreten.

Unzulässige Gefährdungsströme stellen sich gemäß der VDE-Bestimmung 0141/76 nicht ein, wenn sichergestellt wird, daß am menschlichen Körper maximal die in Bild 12.1 angegebenen *Spannungen* abfallen. Bei den zulässigen Spannungen handelt es sich um *Effektivwerte.* Ihre Größe ist von der Einwirkdauer abhängig. Auch bei den Spannungen gilt: Je kürzer die Einwirkdauer ist, desto höher kann der zulässige Spannungswert sein. Bei Einwirkdauern im Bereich von 3 Sekunden darf der Effektivwert z.B. 65 V nicht überschreiten.

Durch Schutzmaßnahmen ist nun sicherzustellen, daß Menschen in Netzanlagen nicht mit höheren Spannungen in Berührung kommen. Zu diesem Zweck sind zunächst alle Teile, die unmittelbar zum Betriebsstromkreis gehören und im folgenden als *aktiv* bezeichnet werden, vor *direkter Berührung zu schützen.* Zu diesem Zweck werden üblicherweise Isolierungen

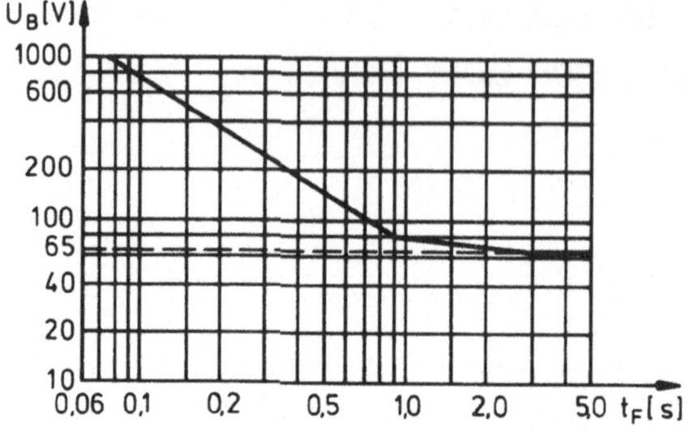

Bild 12.1
Effektivwerte der zulässigen Berührungsspannungen in Abhängigkeit von der Einwirkdauer t_F auf den Menschen

und Absperrungen eingesetzt. Der gesamte Katalog der zulässigen Maßnahmen ist den VDE-Bestimmungen 0101, 0105 sowie den Unfallverhütungsvorschriften zu entnehmen. Diese Maßnahmen werden unter dem Begriff *„direkter Berührungsschutz"* zusammengefaßt. Von gleicher Wichtigkeit ist der *„indirekte Berührungsschutz"*. Die dazu gehörenden Schutzmaßnahmen sollen sicherstellen, daß auch von denjenigen Teilen, die nicht zum Betriebsstromkreis gehören, jedoch im Fehlerfall durchaus unter Spannung stehen können, keine unzulässigen Spannungen abzugreifen sind.

Im folgenden werden diese Anlagenteile, im Unterschied zu den aktiven, als *passiv* bezeichnet. In Bild 12.2 ist ein Beispiel für diese Art der Gefährdung dargestellt. Der indirekte Berührungsschutz gilt als erfüllt, wenn von den passiven Teilen in ca. 1 m Umkreis für den Menschen keine unzulässig hohen Spannungen abgreifbar sind. Die abgreifbaren Spannungen werden im folgenden als *Berührungsspannungen* bezeichnet.

Um hinreichend kleine Berührungsspannungen zu erhalten, werden in Anlagen mit Nennspannungen über 1 kV zunächst alle passiven Teile geerdet, also über niederohmige *Erdungsleitungen bzw. Erdungssammelleitungen* an einen Erder angeschlossen. *Beim Erder handelt es sich um Leiter, die in der Erde eingebettet sind und mit ihr großflächig in Verbindung stehen.* Bild 12.3 verdeutlicht in schematisierter Form den gesamten Aufbau, der auch als *Erdungsanlage* bezeichnet wird.

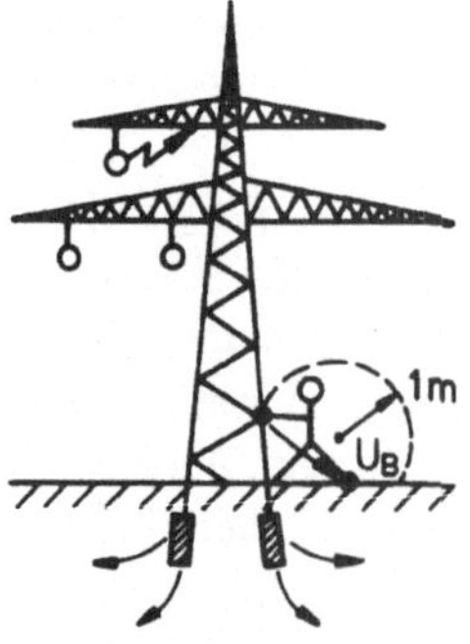

Bild 12.2 Gefährdung von Menschen durch eine Berührungsspannung U_B an passiven Anlagenteilen

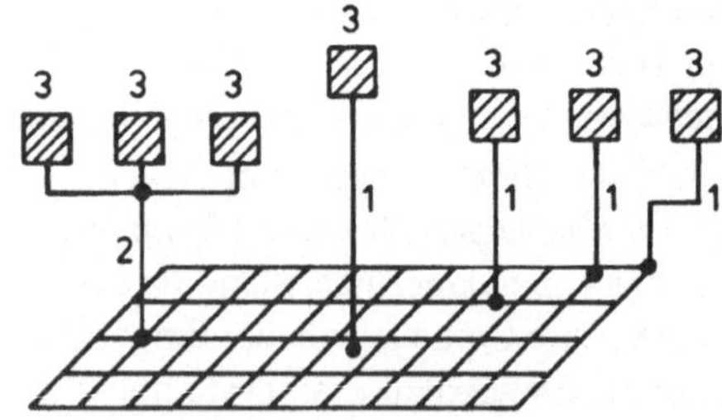

Bild 12.3 Prinzipieller Aufbau einer Erdungsanlage zum Schutz gegen zu hohe Berührungsspannungen
1 Erdungsleitung
2 Erdungssammelleitung
3 passive Anlagenteile

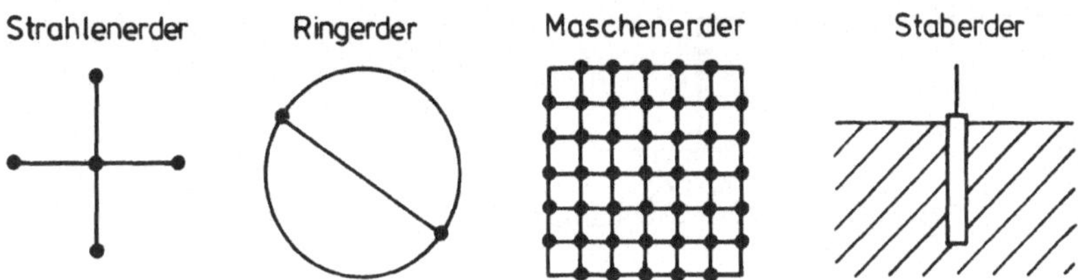

Bild 12.4 Ausführungen technisch üblicher Erder

Wie ebenfalls aus Bild 12.3 zu ersehen ist, erzwingt diese Anordnung einen Potentialausgleich zwischen den passiven Teilen. So können z.B. zwischen dem Gehäuse eines Wandlers und einer eventuell in der Nähe befindlichen Druckluftleitung keine gefährlichen Berührungsspannungen mehr auftreten. Normalerweise werden nicht nur die passiven, sondern auch diejenigen aktiven Teile, die zu erden sind, an den gleichen Erder angeschlossen. Als Beispiel seien Sternpunkt-Erdungsdrosselspulen und Erdschlußlöschspulen genannt.

Bild 12.4 zeigt übliche Ausführungen von Erdern, die in mindestens 80 cm Tiefe (Frostgrenze) verlegt werden. Als Material werden verzinkte Stahlbänder oder Kupferseile verwendet. Wenn tiefere Erdschichten besser leitend sind, setzt man die ebenfalls dargestellten Staberder ein.

Der Querschnitt der in den Erdungsanlagen verwendeten *Stahlbänder bzw. Kupferseile* richtet sich nach den *maximal zu erwartenden Fehlerströmen* und ist in der VDE-Bestimmung 0141 festgelegt. Die Fehlerströme, die je nach Fehlerart die Erdungsanlagen belasten, errechnen sich aus den bereits kennengelernten Ersatzschaltbildern. Die Erdungsanlagen in den Schaltanlagen sind darin nicht berücksichtigt. Dies ist zulässig, da ihre Widerstände mit 0,1 ... 1 Ω üblicherweise klein im Vergleich zu den übrigen Netzimpedanzen sind. Diese Vernachlässigung führt auf höhere Fehlerströme, die nur ein größeres Maß an Gefährdung bedeuten. Für den Strom, der über den Erder ins Erdreich eingeleitet wird, verwendet man den Ausdruck *Erdungsstrom* I_E. Die Erdungsanlagen werden so ausgelegt, daß der wesentliche Spannungsabfall, den der Erdungsstrom erzeugt, im Erdreich auftritt, nicht jedoch an den Erdungsleitungen und dem Erder. Um zu verhindern, daß sich nun im Erdreich unzulässige hohe Berührungsspannungen einstellen, muß der Erder eine bestimmte Größe aufweisen. Die dafür benötigten Zusammenhänge werden im folgenden erläutert.

12.2 Berührungsspannungen bei Erdern

Für das Verständnis der folgenden Zusammenhänge ist es zweckmäßig, zunächst von einer gleichstrombelasteten Erderanordnung auszugehen, die in Bild 12.5 dargestellt ist. Es handelt sich um Halbkugelerder, die jedoch normalerweise in der Praxis nicht verwendet werden. Die im Erdreich interessierenden Strom-Spannungs-Verhältnisse lassen sich aber bei dieser Anordnung analytisch besonders einfach darstellen. *Vorteilhafterweise gelten die daraus abgeleiteten grundsätzlichen Aussagen zugleich auch für die technisch üblichen Erderausführungen.*

Das Erdreich wird bei dieser Betrachtung als homogen angesehen und möge den spezifischen Widerstand ρ_E aufweisen. Zusätzlich sei der Abstand zwischen den Erdern im Vergleich zu ihren Radien R_1 und R_2 sehr groß. Unter diesen Voraussetzungen erhält man das Strö-

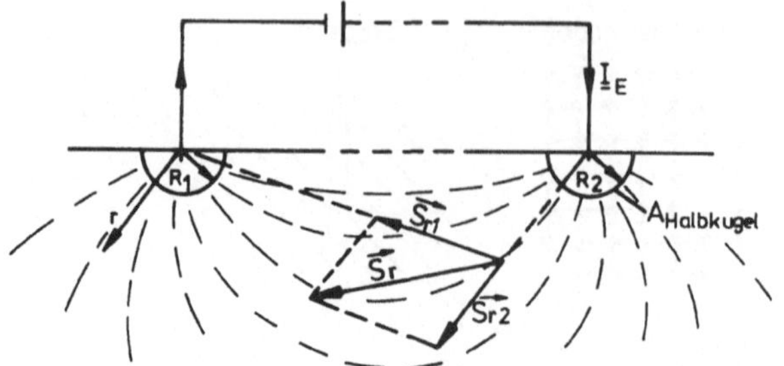

Bild 12.5
Strömungsfeld einer einfachen Erderanordnung

mungsfeld durch eine Überlagerung der Stromdichten $\vec{S}_{r_1}$ und $\vec{S}_{r_2}$ (s. Kapitel 9). Im folgenden interessiert nur das Strömungsfeld in der unmittelbaren Umgebung der Erder. Bei den vorausgesetzten großen Abständen kann der Einfluß des jeweils anderen Erders vernachlässigt werden. Aus den bekannten Beziehungen

$$E_r = \rho_E \cdot S_r, \quad U(r) = \int_R^r E_r \cdot dr, \quad S_r = \frac{I_E}{A_{Halbkugel}} \tag{12–1}$$

ermittelt sich der Spannungsverlauf in der Nähe des betrachteten Halbkugelerders mit dem Radius R zu

$$U(r) = I_E \cdot \frac{\rho_E}{2\pi} \cdot \left(\frac{1}{R} - \frac{1}{r}\right). \tag{12–2}$$

Der Spannungsverlauf ist in Bild 12.6 graphisch dargestellt. Wie daraus zu ersehen ist, fällt der größte Teil der Spannung in der unmittelbaren Umgebung des Erders ab. Je weiter man sich vom Erder entfernt, desto mehr nähert sie sich einem Endwert, der sogenannten *Erdungsspannung*. Speziell bei Halbkugelerdern beträgt diese

$$U_E = I_E \cdot \frac{\rho_E}{2\pi R}. \tag{12–3}$$

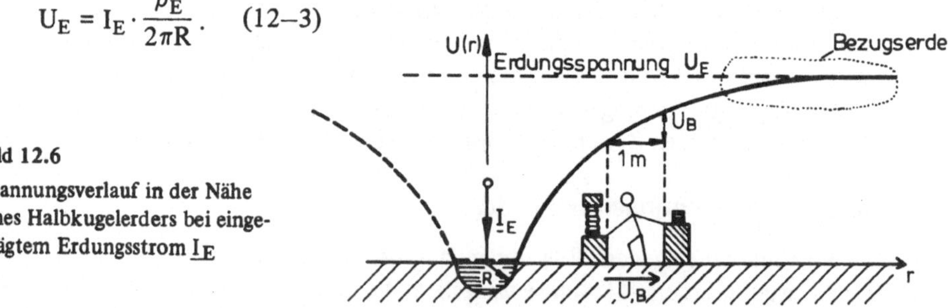

Bild 12.6
Spannungsverlauf in der Nähe eines Halbkugelerders bei eingeprägtem Erdungsstrom $\underline{I}_E$

Ihre Größe hängt demnach sowohl vom Erdungsstrom I_E als auch von der Erderausdehnung ab. *Der Bereich, in dem sich die Spannung diesem Wert asymptotisch nähert, wird als Bezugserde bezeichnet.*

Die Äquipotentiallinien verlaufen auf der Erdoberfläche kreisförmig um den Erder. Das Erdoberflächenpotential – über der Entfernung vom Erder aufgetragen – ergibt eine trichterförmige Fläche. Man spricht daher auch sehr anschaulich vom *Spannungs- oder Potential-*

trichter eines Erders. Wenn Menschen im Bereich des Trichters an der Stelle r eine Wegstrecke Δr überbrücken, tritt ein Spannungsabfall ΔU auf:

$$\Delta U = \left.\frac{\partial U(r)}{\partial r}\right|_{r = \text{const.}} \cdot \Delta r.$$

Die interessierende Berührungsspannung U_B ermittelt sich für $\Delta r = 1$ m daraus zu

$$U_B = \left.\frac{\partial U(r)}{\partial r}\right|_{r = \text{const.}} \cdot 1 \text{ m}. \tag{12–4}$$

Speziell beim Halbkugelerder beträgt die Berührungsspannung

$$U_B = I_E \cdot \frac{\rho_E}{2\pi} \cdot \frac{1 \text{ m}}{r^2} \tag{12–5}$$

und ist bei $r = R$, also unmittelbar am Rand des Erders, mit

$$U_{B_{max}} = I_E \cdot \frac{\rho_E}{2\pi} \cdot \frac{1 \text{ m}}{R^2} = \frac{U_E}{R} \cdot 1 \text{ m} \tag{12–6}$$

am größten. Die Erdungsspannung U_E kennzeichnet demnach auch *die maximale Berührungsspannung* $U_{B_{max}}$, die nach den vorhergehenden Betrachtungen gewisse Grenzwerte nicht überschreiten darf, wenn Menschen nicht gefährdet werden sollen.

Im folgenden wird für die betrachtete Anlage in Bild 12.5 ein Ersatzschaltbild erstellt, mit dessen Hilfe auch die Erdungsverhältnisse in umfassenderen Netzanlagen übersichtlich dargestellt werden können. Zu diesem Zweck wird die Gl. (12–3) umgeschrieben in

$$\frac{U_E}{I_E} = \frac{\rho_E}{2\pi R} = R_A.$$

Der Quotient U_E/I_E wird als *Ausbreitungswiderstand* R_A *eines Erders* bezeichnet. Dieser Widerstand beschreibt aufgrund des vorausgesetzten großen Abstandes zwischen den Erdern den Zusammenhang zwischen der Erdungsspannung und dem Erdungsstrom für *jeweils einen Erder.* Die Anordnung in Bild 12.5 wird somit durch das Ersatzschaltbild 12.7 erfaßt, das bisher für Gleichspannungsverhältnisse abgeleitet ist.

Abweichend davon werden die Erdungsanlagen der Energieversorgungsnetze im Fall von unsymmetrischen Fehlern nicht durch Gleich-, sondern durch Wechselströme belastet. Genauere Berechnungen zeigen, daß sich die Strömungsverhältnisse eines Gleichstroms und eines netzfrequenten Wechselstroms im Bereich bis zur Bezugserde kaum unterscheiden [61]. Bei größeren Entfernungen treten jedoch Unterschiede auf. Der Wechselstrom fließt dann im Erdreich entlang der Trasse in einigen Kilometern Breite und Tiefe, wobei der ohmsche Widerstand der Erde konstant ist und ca. 50 mΩ/km beträgt (s. Kapitel 9). Der Gleichstrom dagegen breitet sich in alle Richtungen unendlich weit aus. Ein Spannungsab-

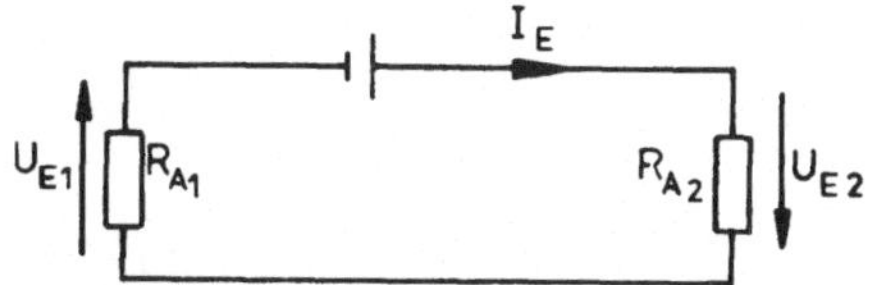

Bild 12.7
Ersatzschaltbild für zwei Halbkugelerder

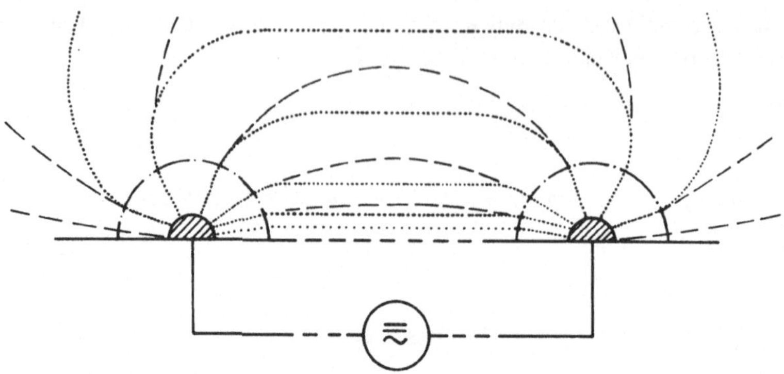

Bild 12.8 Prinzipdarstellung der Strömungsverhältnisse bei Gleich-(– – –) und Wechselstrom (........)

fall tritt in diesen Bereichen kaum noch auf. Bild 12.8 bringt nochmals eine Veranschaulichung dieser Feldverhältnisse.

Das Strömungsfeld, das bei Wechselstrom auftritt, läßt sich mit hinreichender Genauigkeit durch das Ersatzschaltbild 12.9 beschreiben. Hierin beschreibt der Widerstand R_E den weitgehend parallelebenen Bereich und die Widerstände R_{A_1} und R_{A_2} jeweils die Übergangsbereiche des Strömungsfeldes in der Nähe der Erder. In der Praxis führen die Übergangsbereiche zu Widerständen, die je nach Größe des Erders im Bereich von ca. 0,1 ... 50 Ω liegen: Kleinere Mastfüße weisen bei normalen Bodenverhältnissen wie z.B. Ackerboden mit $\rho_E = 100\ \Omega\text{m}$ einen Ausbreitungswiderstand von ca. 40 ... 50 Ω auf; die Widerstandswerte von Erdungsanlagen in niederohmig geerdeten Netzen liegen im Bereich von ca. 0,1 ... 0,5 Ω. Meistens werden dort großflächige Maschenerder eingesetzt. Bei dieser Erderausführung ergibt sich der Ausbreitungswiderstand mit einer Genauigkeit von ca. 5 % aus der Beziehung

$$R_A = \frac{\rho_E}{2D}. \qquad (12\text{–}7)$$

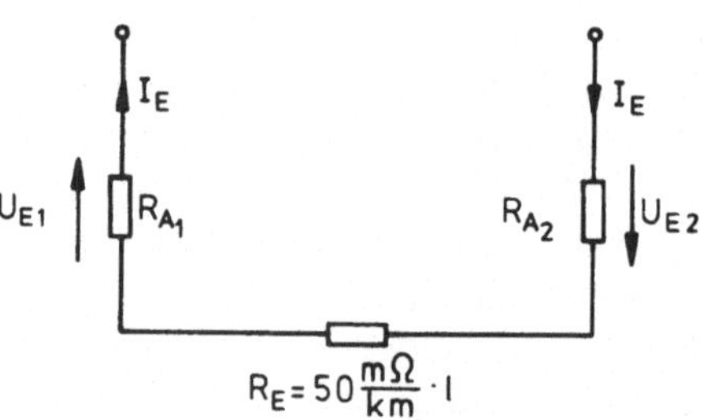

Bild 12.9

Ersatzschaltbild einer Erdungsanlage für Wechselstrom

Mit D wird dabei der Durchmesser eines Kreises bezeichnet, der die gleiche Fläche wie der jeweilige Maschenerder aufweist. Die einzelnen Maschen müssen dabei jeweils in ein Rechteck von 10 m × 50 m hineinpassen (s. VDE-Bestimmung 0141). Der Verlauf des zugehörigen Spannungstrichters wird für $|r| > D/2$ durch die Beziehung

$$U(r) = I_E \cdot \frac{\rho_E}{\pi D} \cdot \arcsin \frac{D}{2r} \qquad (12\text{–}8)$$

beschrieben; die Erdungsspannung beträgt mithin

$$U_E = I_E \cdot \frac{\rho_E}{2D}. \qquad (12\text{–}9)$$

Entsprechende Angaben für weitere technisch übliche Erderausführungen sind u.a. [19] zu entnehmen.

Die bisherigen Betrachtungen haben also gezeigt, daß *die Erdungsspannung eine Kenngröße* für die *maximale Berührungsspannung darstellt.* Der Zusammenhang zwischen der Erdungsspannung und dem Erdungsstrom läßt sich bei bekannten Erderabmessungen durch Ersatzschaltbilder beschreiben. Im weiteren stellt sich nun die Frage, wie in umfassenderen Netzanlagen am zweckmäßigsten die Erdungsspannungen zu berechnen sind, die sich bei unsymmetrischen Fehlern einstellen.

12.3 Berechnung von Erdungsspannungen bei unsymmetrischen Fehlern

Eine Berechnung der Erdungsspannungen ist dann möglich, wenn geklärt ist, wie die Ersatzschaltbilder für die Erdungsanlagen mit den Komponentenersatzschaltbildern aus Kapitel 11 zu verknüpfen sind.

Erdungsanlagen sind Bestandteile des vierten Leiters, des Rückleiters. Sie *beeinflussen* somit nur das *Komponentenersatzschaltbild für das Nullsystem.* Die Art der Beeinflussung wird anhand der Anlage in Bild 12.10 erläutert.

Um die gewünschte detaillierte Darstellung zu erhalten, ist es ratsam, wieder von der Grundschaltung entsprechend Bild 9.14 auszugehen: An der Fehlerstelle F werden die drei Außenleiter parallel geschaltet und mit einer Spannungsquelle U_0 gespeist, die zwischen den drei parallelen Leitern und dem vierten Rückleiter liegt.

Für die weiteren Betrachtungen wird zunächst vorausgesetzt, daß die Erdseile, außer bei dem Mast an der Fehlerstelle, isoliert auf den Mastspitzen liegen, d.h., es werden keine Querströme über andere Masten berücksichtigt. Zur weiteren Vereinfachung wird zusätzlich angenommen, daß z.B. infolge eines Störfalles das Erdseil der Leitung L_2 nicht an die Erdungsanlage A_2 angeschlossen ist. Der sich dann einstellende Stromverlauf ist in Bild 12.11 skizziert. Analytisch läßt sich diese Anordnung auf ähnliche Weise beschreiben wie das System in Bild 9.21. Die Auswertung der entsprechenden Knotenpunktgleichungen und Maschenumläufe führt auf das Ersatzschaltbild 12.12.

Die magnetischen Felder der Leiterströme und des Stromes im Erdreich werden durch die Reaktanzen X_{LE}, X_{ES} erfaßt. Die Kopplung zwischen dem Erdseil und den Außenleitern

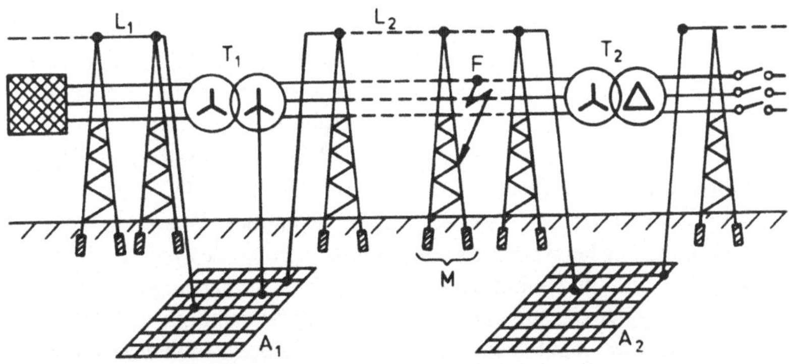

Bild 12.10 Betrachtete Netzanlage mit Erdschluß in F

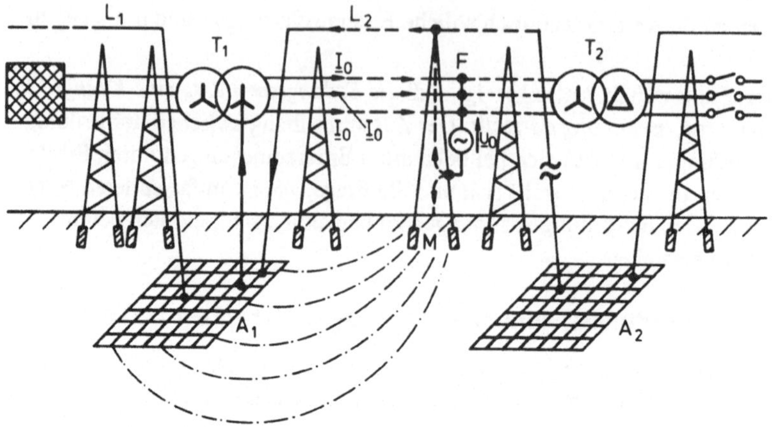

Bild 12.11 Verlauf der Nullströme bei einem Erdschluß in F (Erdseil der Leitung L_2 vereinfachend nur auf dem Fehlermast und an der Erdungsanlage A_1 angeschlossen)

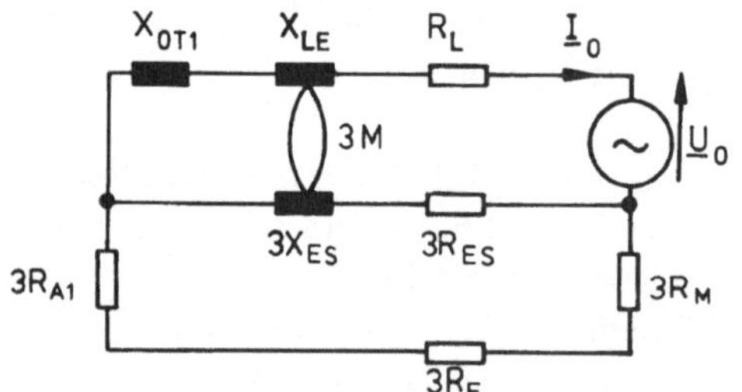

Bild 12.12

Komponentenersatzschaltbild der betrachteten Anlage (ES: Erdseil)

wird jeweils durch die Gegeninduktivität M beschrieben. Mit den in den Abschnitten 9.4.1 und 9.4.2 vereinbarten Abkürzungen erhält man für diese Größen die Ausdrücke

$$X_{LE} = \omega \frac{\mu_0 l}{2\pi} \cdot \ln \frac{\delta^3}{r_B^3}, \quad X_{ES} = \omega \frac{\mu_0 l}{2\pi} \cdot \ln \frac{\delta}{r_{ES}}, \quad M = \frac{\mu_0 l}{2\pi} \cdot \ln \frac{\delta}{D}.$$

Die Induktivität und der ohmsche Widerstand des Erdseils stellen Elemente des vierten Leiters, des Rückleiters, dar und sind daher im Komponentenersatzschaltbild mit dem Faktor 3 zu versehen. Das Erdreich, der Erder A_1 in der Anlage und der Mastfuß M (s. Bild 12.10), der auch als Erder wirkt, werden durch die Widerstände R_E, R_{A_1} und R_M beschrieben. Als Elemente des vierten Leiters gehen sie ebenfalls mit dem dreifachen Wert in die Schaltung ein. Vollständigkeitshalber sind die meist vernachlässigten Widerstände der Leiterseile R_L mit aufgenommen worden. Das beschriebene Komponentenersatzschaltbild für das Nullsystem wird allerdings bereits bei diesem vereinfachten Modell recht kompliziert. Eine Auswertung des noch umfassenderen Ersatzschaltbilds für den angenommenen einpoligen Fehler (Bild 12.13) führt zu aufwendigen analytischen Rechnungen. *Sofern ein anderer Fehler* von Interesse wäre, müßte *das Ersatzschaltbild für den dann vorliegenden Fehler* verwendet werden.

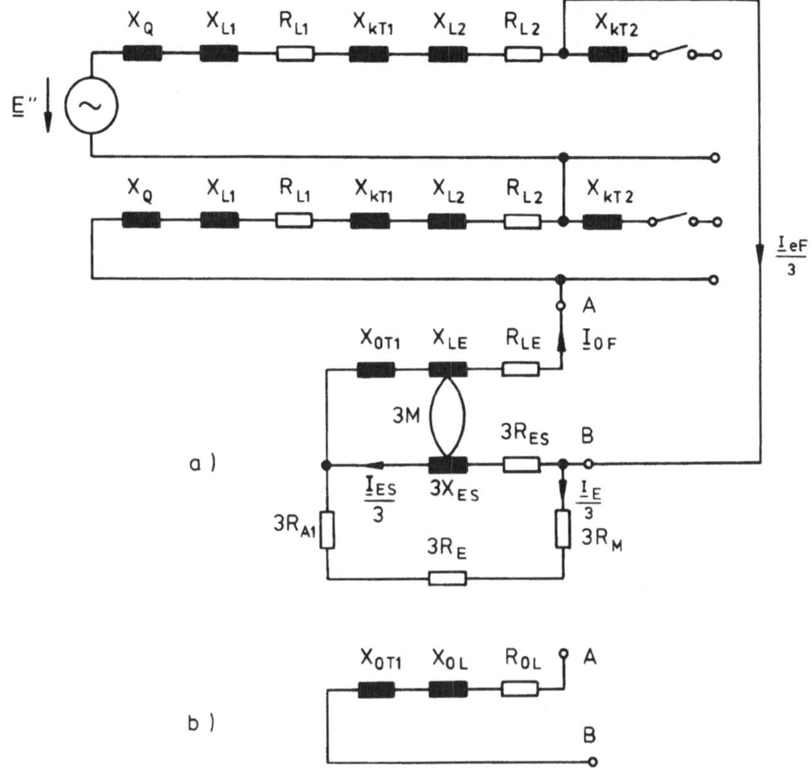

Bild 12.13 Ersatzschaltbild für einen Erdschluß
a) mit Berücksichtigung der Erdungsanlagen
b) mit vereinfachtem Nullsystem ohne Berücksichtigung der Ausbreitungswiderstände

Der analytische Aufwand läßt sich erheblich verringern: Zunächst wird aus dem herkömmlichen Ersatzschaltbild der Nullstrom mit dem vereinfachten Komponentennetzwerk des Nullsystems ermittelt (Bild 12.13b). Die Richtwerte für die Größen X_{0L}, R_{0L} sind u.a. [46] zu entnehmen. Der Ausbreitungswiderstand der Anlage R_{A_1} und des Mastes an der Fehlerstelle R_M sind darin nicht berücksichtigt. Anschließend wird das genauere Komponentenersatzschaltbild für das Nullsystem ausgewertet, wobei der *vorher bestimmte Nullstrom als eingeprägt angesehen wird.* Aus diesem Ersatzschaltbild lassen sich dann – wie gewünscht – die Erdungsspannungen berechnen. Der systematische Fehler, der mit diesem Verfahren verbunden ist, führt zu größeren Nullströmen. Dies gilt dann auch für die Erdungsspannung, d.h., die *ermittelten Werte* liegen im Hinblick *auf den Berührungsschutz auf der sicheren Seite.*

Die Berechnung der Erdungsspannung läßt sich noch weiter vereinfachen, wenn der Reduktionsfaktor $\underline{r}$ verwendet wird, der im Abschnitt 9.4.2 abgeleitet ist. Der Reduktionsfaktor stellt das Ergebnis einer im voraus durchgeführten Schaltungsanalyse dar. Diese Größe ist ein Maß für den Erdungsstrom I_E, der über den Erder abfließt (s. Abschnitt 9.4.2). Unter

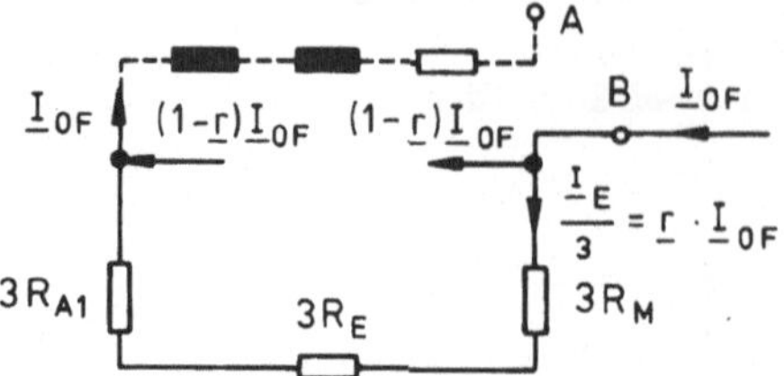

Bild 12.14
Vereinfachung des Komponentenersatzschaltbildes im Nullsystem durch Verwendung des Reduktionsfaktors $\underline{r}$

Verwendung dieser Größe vereinfacht sich das aufgestellte Ersatzschaltbild auf die Form in Bild 12.14. Für technisch übliche Ausführungen ist der Reduktionsfaktor der Literatur [19], [62] zu entnehmen. Für eine Freileitung mit einem St-Al-Erdseil liegt r im Bereich von 0,6 ... 0,7. Im allgemeinen handelt es sich um eine komplexe Größe. In praktischen Rechnungen verwendet man jedoch häufig nur ihren Betrag. Der mit diesem Schritt verbundene systematische Fehler führt zu einem größeren Erdungsstrom und damit auch wieder zu einer geringfügig größeren Erdungsspannung. Dieser Schritt ist daher ebenfalls berechtigt.

Aus dem Ersatzschaltbild 12.14 ist, wie bereits in Abschnitt 9.4.2 erwähnt, direkt zu ersehen, daß der Fehlerstrom im Erdreich durch das Erdseil erheblich verringert wird. Noch günstigere Verhältnisse ergeben sich, wenn das stark vereinfachte Modell den praktischen Bedingungen angepaßt wird. Das heißt, daß die leitenden Verbindungen zwischen Erdseil und Mastspitzen sowie der Anschluß an die Erdungsanlage A_2 berücksichtigt werden (s. Bild 12.10). Die Mastfundamente wirken als Erder. Der Ausbreitungswiderstand einschließlich des Mastwiderstandes liegt je nach Größe des Mastfußes üblicherweise im Bereich von 10 ... 50 Ω. Infolgedessen bestehen zwischen Erdseil und Erde parallel zum fehlerbehafteten Mast weitere leitende Verbindungen, die relativ niederohmig sind. Es bilden sich darüber Querströme aus, die den Erder entlasten, da der Nullstrom als eingeprägt anzusehen ist. Die einzelnen Querströme lassen sich berechnen, wenn jedes Feld und jeder Mast einzeln nachgebildet werden. Entsprechende Rechnungen haben gezeigt [63], daß sich Querströme nur in den ersten 10 bis 15 Masten einstellen und daß die Verhältnisse ansonsten ausreichend mit dem bisher entwickelten Ersatzschaltbild beschrieben werden. Die verfeinerten Modelle haben weiterhin gezeigt, daß man für die Querströme hinreichend genaue Aussagen erhält, wenn jedem angeschlossenen Erdseil zusätzlich eine Impedanz $\underline{Z}$ zugeordnet wird. *Diese Impedanz ist dabei parallel zum Ausbreitungswiderstand zu legen.* An einer Fehlerstelle auf der Leitung wirkt dann das Erdseil *zu beiden Seiten hin entlastend*, da sich zu beiden Seiten hin Querströme ausbilden. Die Erdseile in der Schaltanlage wirken in gleicher Weise entlastend. Bild 12.15 zeigt das vervollständigte Ersatzschaltbild. Wie daraus zu ersehen ist, wird bei diesem verfeinerten Modell der Begriff *Erdungsstrom* $\underline{I}_E$ für den insgesamt durch die Erde fließenden Strom verwendet. Der Strom durch den Erder wird im Unterschied dazu speziell als *Ausbreitungsstrom* $\underline{I}_A$ bezeichnet.

Die eingefügten Impedanzen $\underline{Z}$ stellen jeweils *die Eingangsimpedanz eines unendlich langen Kettenleiters dar,* der bei einer genaueren Nachbildung das Verhalten des Erdreichs und des Erdseils der als lang angesehenen Leitung beschreibt. Bei der Größe $\underline{Z}$ wird weiterhin vorausgesetzt, daß bei jeweils einer Leitung die Felder untereinander gleich groß sind und daß ein hinreichend homogenes Erdreich vorliegt. In der Praxis weichen diese Modellvoraussetzungen meist von den tatsächlichen Gegebenheiten ab, so daß an sich genauere Nachbildungen

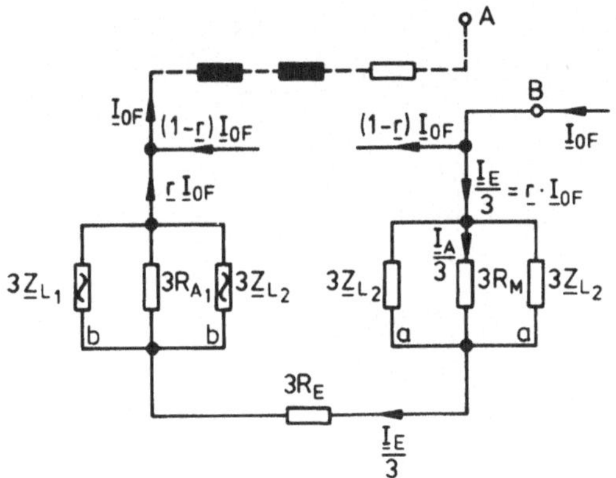

Bild 12.15
Vereinfachtes Ersatzschaltbild für die Anlage in Bild 12.10 unter Berücksichtigung der leitenden Verbindung zwischen Erdseil und Mast
(a: Berücksichtigung der Querströme an der Fehlerstelle,
b: Berücksichtigung der Querströme durch die Erdseile in der Schaltanlage)

erforderlich wären. Die dann zusätzlich benötigten Angaben sind jedoch meist mit so hohen Toleranzen behaftet, daß auch verbesserte Nachbildungen nicht die Aussagekraft erhöhen. Aus diesem Grund ist es häufig sogar sinnvoll, noch weiter zu vereinfachen: Anstelle der an sich komplexen Größe $\underline{Z}$ wird ein ohmscher Widerstand verwendet, dessen Größe dem Betrage von $\underline{Z}$ entspricht. Es läßt sich zeigen, daß dieser Schritt nochmals einem Sicherheitszuschlag für die Erdungsspannung entspricht. Bei den üblichen technischen Ausführungen – z.B. einem St-Al-Erdseil – liegt $|\underline{Z}|$ im Bereich von 1 ... 2 Ω. Weitere Angaben sind [19], [62] zu entnehmen.

Es sei noch erwähnt, daß leitfähige Kabelmäntel bzw. Schirme ebenfalls an die Erdungsanlagen angeschlossen werden müssen. Diese Elemente wirken wie Erdseile, wobei die Werte für Z im Bereich von 0,4 ... 1,2 Ω liegen. Daher werden Erder durch den Anschluß von Kabelmänteln besonders gut entlastet. *Beim Anschluß mehrerer Kabel können die Erder bereits relativ klein und damit auch kostengünstig erstellt werden.* Abschließend wird ohne weitere Erläuterungen in Bild 12.16 das Ersatzschaltbild zur Berechnung der Erdungsspannungen dargestellt, wenn die Netzanlage in F einen Fehler aufweist.

Die bisherigen Betrachtungen haben gezeigt, daß die *Erdungsspannungen* zum einen von der *Erdergröße*, zum anderen jedoch auch vom *auftretenden Nullstrom* abhängen, der sich bei *unsymmetrischen Fehlern* einstellt. Neben der Fehlerart übt auch die gewählte Sternpunktbehandlung einen großen Einfluß auf die Höhe des Nullstroms aus. Die Erdungsspannung U_E kennzeichnet dabei wiederum die maximale Berührungsspannung, die unmittelbar am Erder auftritt. Es stellt sich nun die Frage, nach welchen Kriterien die Erder auszulegen sind, um unzulässige Berührungsspannungen zu vermeiden.

12.4 Wichtige Auslegungskriterien für Erdungsanlagen

Erdungsanlagen müssen grundsätzlich so beschaffen sein, daß die maximal zu erwartenden Fehlerströme keine unzulässigen Berührungsspannungen verursachen. Bei Anlagen mit unterschiedlichen Nennspannungen ist daher der ungünstigste Fall zugrundezulegen. Die Erfahrung hat gezeigt, daß ein *Erdschluß bis auf wenige Ausnahmen diese Bedingung erfüllt* (s. VDE-Bestimmung 0141).

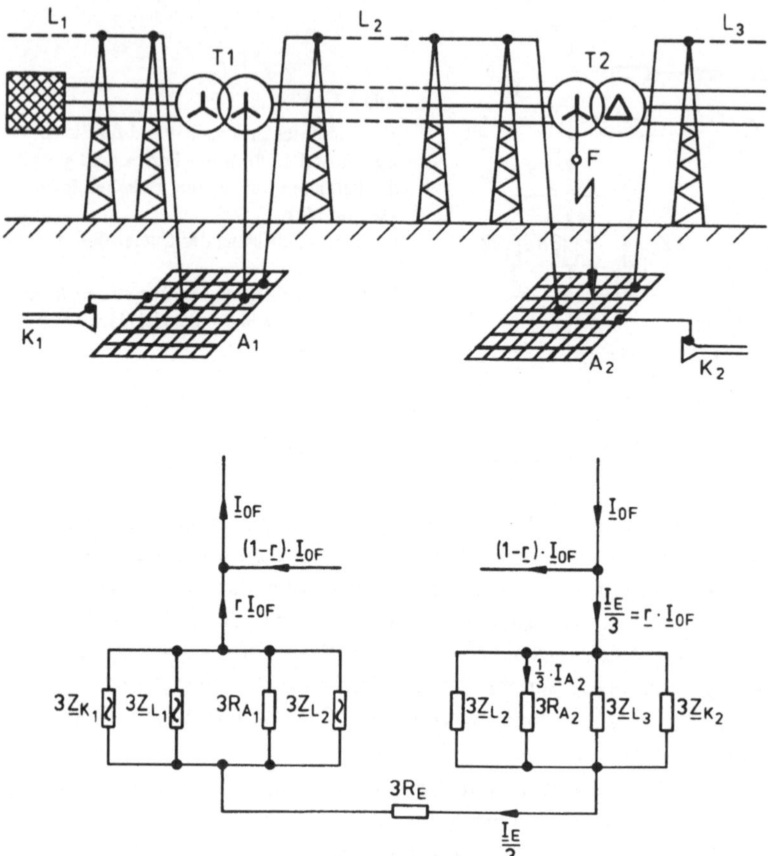

Bild 12.16 Netzanlage und zugehöriges Ersatzschaltbild zur Bestimmung der Erdungsspannung

Die Höhe der zulässigen Berührungsspannung hängt von der Fehlerdauer ab. Bei Netzen mit *Erdschlußkompensation* oder mit *isolierten Sternpunkten* können *Dauererdschlüsse über mehrere Stunden* anstehen. Aus diesem Grund dürfen Berührungsspannungen über *65 V dort in keinem Fall überschritten werden.* Diese Bedingung gilt als erfüllt, wenn die *Erdungsspannung für jeden Erdschluß in der gesamten Netzanlage unter 125 V liegt.* In Schaltanlagen von Netzen mit isolierten Sternpunkten ist diese Bedingung leicht einzuhalten, da bei den kleinen Fehlerströmen die Erdungsanlage nur relativ geringe Abmessungen aufweisen muß, um eine hinreichend niedrige Erdungsspannung zu gewährleisten. Diese Verhältnisse gelten auch in kompensierten Netzen für die Schaltanlagen, in denen keine Erdschlußlöschspulen aufgestellt sind. In diesen Schaltanlagen wird der Fehlerstrom im wesentlichen von dem relativ kleinen Reststrom bestimmt. In Schaltanlagen mit Erdschlußlöschspulen fließen jedoch neben den Restströmen auch noch die meist recht großen Spulenströme. Ohne es näher zu begründen, sei gesagt, daß in diesem Fall der Erder mit dem Strom

$$I_E = r \cdot \sqrt{I_r^2 + I_{\text{Spule}}^2} \qquad (12\text{–}10)$$

belastet wird (s. VDE 0141). Wenn die Erder räumlichen Beschränkungen unterworfen sind, kann es bereits bei diesen Erdströmen Schwierigkeiten bereiten, Erdungsspannungen unter 125 V einzuhalten. Dann sind sogenannte *„Ersatzmaßnahmen"* anzuwenden, *die einen Fehler unwahrscheinlicher machen* und im einzelnen der VDE-Bestimmung 0141 zu entnehmen sind. Als ein Beispiel sei die Schotterung von Anlagen genannt. Ersatzmaßnahmen stellen sicher, daß die Berührungsspannungen keine unzulässigen Werte erreichen. *Anzahl und Art hängen dabei von der Höhe der Erdungsspannung ab.*

Bisher sind nur die Verhältnisse in Schaltanlagen dargestellt worden. Darüber hinaus muß zusätzlich sichergestellt werden, daß auch an Betriebsmitteln außerhalb von Schaltanlagen – z.B. Masten – die Erdungsspannung den Wert von 125 V nicht überschreitet. Die Einhaltung dieser Bedingung ist bei Netzen mit niedrigen Nennspannungen (6 ... 20 kV) häufig mit Schwierigkeiten verbunden. Dort weisen die Masten und damit auch die Mastfundamente relativ kleine Abmessungen auf, so daß die Ausbreitungswiderstände – auch bei normalen Bodenverhältnissen – relativ große Werte annehmen. Sie liegen dann im Bereich von 40 ... 50 Ω. Die Erdungsspannung beträgt somit bereits bei einem Fehlerstrom von 10 A ca. 400 V. Aus diesen Betrachtungen ist zu ersehen, daß der Anwendungsbereich von Netzen mit isolierten Sternpunkten durch diese Erdungsbedingung stark eingeschränkt ist. Dann stellt sich prinzipiell die Frage, ob der Einbau von Erdschlußlöschspulen oder die Ersatzmaßnahmen niedrigere Kosten verursachen. Bei Erdungsspannungen in dieser Größenordnung erweisen sich die Ersatzmaßnahmen meist als kostengünstiger.

Bei *niederohmig geerdeten Netzen* können sich bei einem ordnungsgemäß arbeitenden Schutz kaum Fehler ausbilden, die eine Dauer von 0,2 Sekunden wesentlich überschreiten. *Infolge der geringeren Fehlerdauer können die zulässigen Berührungsspannungen höhere Werte annehmen* (s. Bild 12.1). Aus Sicherheitsgründen dürfen diese zulässigen Berührungsspannungen bereits von der Erdungsspannung nicht überschritten werden, wenn diese über 125 V liegt. Anderenfalls sind wieder Ersatzmaßnahmen vorzunehmen.

Eine Besonderheit liegt bei solchen Anlagen vor, aus denen Niederspannungsnetze gespeist werden. Da es zu aufwendig wäre, bei jedem Niederspannungsverbraucher eine Erdungsanlage zu installieren, wird die Erde bei Niederspannungsnetzen in Form eines vierten Leiters als Neutralleiter mitgeführt. Dieser Leiter wird möglichst häufig geerdet, damit er Erdpotential aufweist (Bild 12.17). In der VDE-Bestimmung 0100 ist diese Bedingung quantitativ formuliert. Um ein Ansprechen des Schutzes sicherzustellen, wird dort weiterhin gefordert, daß *ein beliebiger einpoliger Kurzschluß einen bestimmten Mindestkurzschlußstrom zur Folge* haben muß, der bei NH-Sicherungen z.B. $2{,}5 \cdot I_n$ beträgt. Diese Bedingung ist meist für die Wahl der Leiterquerschnitte bestimmend. Für die Auslegung von Niederspannungsnetzen ist diese zusätzliche Restriktion üblicherweise maßgebender als die bisher genannten Bedingungen wie z.B. die dreipolige Kurzschlußfestigkeit (s. Abschnitt 5.1 und Kapitel 7).

Der Neutralleiter darf nur dann *an die Stationserde der 10- bzw. 20-kV-Station angeschlossen werden,* wenn die *Erdungsspannung* U_E auch bei einem hochspannungsseitigen Erdschluß *kleiner als 65 V* ist. Diese Forderung ist aber meist recht schwer einzuhalten. Dann besteht *eine mögliche Maßnahme* darin, den Sternpunkt außerhalb der Station zu erden. Die Abmessungen des zusätzlichen Erders können meist kleiner sein, da ein hochspannungsseitiger Fehler entfällt und nur die Niederspannung als treibende Spannung auftritt. Diese Erdungsanlage wird auch als *Betriebserde* bezeichnet, da sie z.B. im Falle einer unsymmetrischen Aufteilung der Verbraucher nur von Betriebsströmen belastet wird. *An die*

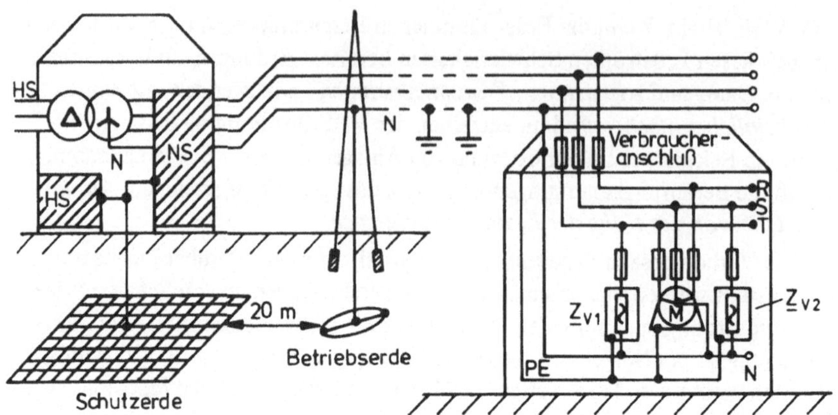

Bild 12.17 Erdungsanlagen bei Netzanlagen mit Nennspannungen über und unter 1 kV

Stationserde selbst werden nur *passive Teile* der Station, auch die *passiven Teile der Niederspannungsgeräte, angeschlossen.* Diese Erdungsanlage weist eine reine Schutzfunktion auf und wird daher als *Schutzerde* bezeichnet.

Wie aus Bild 12.17 weiter zu ersehen ist, wird bei Niederspannungsverbrauchern innerhalb von Gebäuden parallel zum Neutralleiter N ein Schutzleiter PE verlegt. Er dient dazu, die passiven Teile der einzelnen *Niederspannungs-Verbraucher* zu erden und gewährleistet dort den indirekten Berührungsschutz anstelle einer Erdungsleitung.

Da der Schutzleiter das Potential Null aufweist, wird diese Maßnahme auch als *Nullung* bezeichnet. Die Nullung wird in der VDE-Bestimmung 0100 ausführlich behandelt und stellt die am häufigsten verwendete Schutzmaßnahme im Niederspannungsbereich dar.

Die Auslegung von Erdungsanlagen wird im weiteren noch an einem Beispiel veranschaulicht. Dazu wird die in Bild 12.18 dargestellte Netzanlage betrachtet. Die darin auftretende

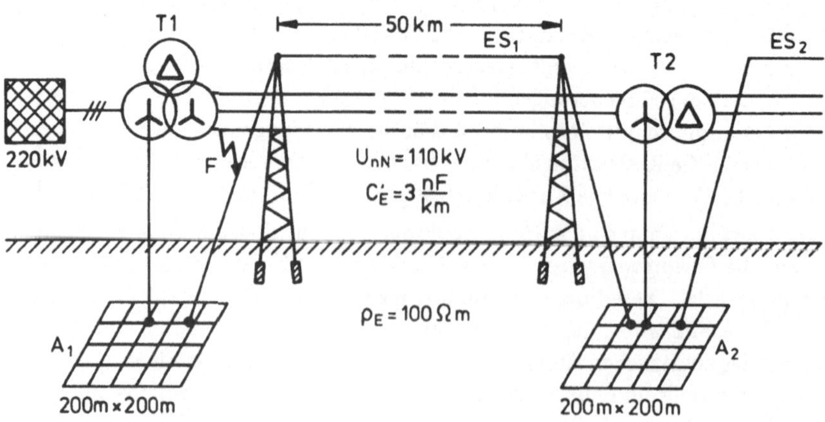

Bild 12.18 Betrachtete Netzanlage

110-kV-Freileitung soll 50 km lang sein und eine Erdkapazität von C'_E = 3 nF/km aufweisen. Die Freileitung sei mit einem Erdseil ausgerüstet, das vorschriftsgemäß an den Maschenerdern A_1, A_2 angeschlossen ist. Die Abmessungen der Maschenerder in den Schaltanlagen betragen 200 m × 200 m; der spezifische Erdwiderstand liege bei 100 Ωm (Ackerboden).

In der Anlage A_1 möge an der Stelle F ein Erdkurzschluß mit einem Fehlerstrom von I''_{k1p} = 5 kA auftreten. Es ist zu überprüfen, ob unter dieser Bedingung die Berührungsspannung am Erder A_2 die zulässigen Grenzen nicht überschreitet. Die Abschaltung des Fehlers möge mit der Schnellzeit von t_k = 0,1 s erfolgen.

Um den Ausbreitungswiderstand des Maschenerders A_2 zu ermitteln, wird zunächst der Durchmesser eines flächengleichen Kreises berechnet:

$$D = 2 \cdot \sqrt{\frac{200\,\text{m} \cdot 200\,\text{m}}{\pi}} = 225{,}7\ \text{m}.$$

Mit Hilfe dieses Wertes erhält man gemäß der Beziehung (12–7) den Ausdruck

$$R_A = \frac{\rho_E}{2D} = 0{,}22\ \Omega.$$

Für die Kettenleiterimpedanzen Z der beiden Erdseile ES_1 und ES_2 wird ein Richtwert von 2 Ω angenommen. Man erhält dann für die Erdungsanlage A_2 im Nullsystem das in Bild 12.19 dargestellte Ersatzschaltbild.

In der Erde stellt sich nach einem Übergangsbereich der Erdungsstrom $\underline{I}_E = r \cdot \underline{I}''_{k1p}$ ein. Bei Freileitungen, die mit *einem* Erdseil ausgerüstet sind, liegt der Reduktionsfaktor bei 0,65 (s. Abschnitt 12.3). Gemäß dem Ersatzschaltbild 12.19 verursacht der Erdungsstrom in der Anlage A_2 die Erdungsspannung

$$U_E = 0{,}65 \cdot \frac{5\ \text{kA}}{3} \cdot (6\ \Omega \| 0{,}66\ \Omega \| 6\ \Omega) = 586\ \text{V}.$$

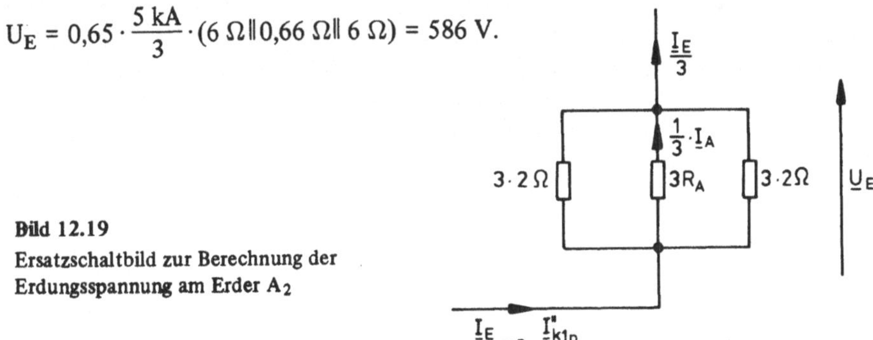

Bild 12.19
Ersatzschaltbild zur Berechnung der Erdungsspannung am Erder A_2

Aus Bild 12.1 ist für eine Abschaltdauer von 0,1 s eine zulässige Berührungsspannung von 730 V zu entnehmen. Die Erdungsanlage ist demnach für den betrachteten Fehlerort im Hinblick auf den indirekten Berührungsschutz ausreichend dimensioniert.

In diesem Zusammenhang sei nochmals herausgestellt, daß bei einem Anschluß von Erdseilen bzw. Kabelmänteln *die Erder nicht mit dem Erdungsstrom* $\underline{I}_E$, *sondern mit dem Ausbreitungsstrom* $\underline{I}_A$ belastet werden. Der Erdungsstrom $\underline{I}_E$ ist in der Anlage nicht direkt zu messen, da er zum Teil über die Kabelmäntel und Masten abfließt (s. Bild 12.19).

Für die Dimensionierung einer Erdungsanlage ist derjenige Erdschluß maßgebend, der zu den größten Fehlerströmen führt. Bei dem Erder A_2 liegt die größte Beanspruchung dann vor, wenn der Erdschluß in unmittelbarer Nähe der Anlage A_2 entsteht. Falls der Fehler direkt in der Anlage A_2 aufträte, würde der Erder weitgehend nur thermisch beansprucht werden; der Fehlerstrom würde im wesentlichen unmittelbar über die niederohmige Sternpunktverbindung in das Netz zurückfließen.

Bei der betrachteten Sternpunkterdung weisen die Erdkurzschlußströme große Werte auf, die dementsprechend großflächige Erder erfordern. Der dadurch bedingte Aufwand läßt sich verringern, wenn das Netz kompensiert betrieben werden kann oder die Möglichkeit besteht, die Sternpunkte überhaupt nicht zu erden.

Zur Verdeutlichung dieses Zusammenhanges werde angenommen, daß anstelle der niederohmigen Erdung in der Anlage A_2 eine abgestimmte Erdschlußlöschspule angeschlossen sei. In diesem Fall fließt an der Fehlerstelle nur der kleine Reststrom $\underline{I}_r$. Gemäß Abschnitt 11.2 ergibt sich dieser Wert aus dem kapazitiven Fehlerstrom (s. Gl. (11–1))

$$I_{CE} \approx \sqrt{3} \cdot 110\,\text{kV} \cdot \omega \cdot 3\,\frac{\text{nF}}{\text{km}} \cdot 50\,\text{km} = 9\,\text{A}$$

zu

$$I_r \approx 0{,}1 \cdot I_{CE} = 0{,}9\,\text{A}.$$

Dieser geringe Reststrom verursacht kaum einen Spannungsabfall am Erder A_1. Für die Erdungsspannung am Erder A_2 ergeben sich jedoch andere Verhältnisse. Dort ist der Strom

$$I_E = r \cdot \sqrt{I_r^2 + I_{Spule}^2}$$

maßgebend (s. Gl. (12–10)). Mit der Bedingung $I_{Spule} \approx I_{CE}$ erhält man den Wert $I_E \approx 5{,}9$ A. Dieser Strom würde sich unter Berücksichtigung einer Verstimmung noch leicht erhöhen (s. Gl. (11–2)). Die Einhaltung der zulässigen Berührungsspannung wäre bei einer kompensiert betriebenen Anlage demnach auch bei erheblich kleineren Erderabmessungen gewährleistet. Abschließend sei noch darauf hingewiesen, daß sich bei der Auslegung *des Erders* A_1 der ungünstigste Fall dann einstellt, wenn ein Erdkurzschluß *auf der 220-kV-Seite* angenommen wird.

Literaturverzeichnis

[1] *Schröder, K.*, Große Dampfkraftwerke, Band I–III, Springer-Verlag, Berlin/Göttingen/Heidelberg 1959.

[2] *Roemer, H.-W.*, Dampfturbinen, Verlag W. Girardet, Essen 1972.

[3] *Leonhard, W.*, Regelung in der elektrischen Energieversorgung, Teubner Verlag, Stuttgart 1980.

[4] *Ernst, D./Ströle, D.*, Industrieelektronik, Springer-Verlag, Berlin/Heidelberg/New York 1973.

[5] *Happoldt, H./Oeding, D.*, Elektrische Kraftwerke und Netze, Springer-Verlag, Berlin/Heidelberg/New York 1978.

[6] *Brinkmann, K.*, Einführung in die elektrische Energiewirtschaft, Vieweg-Verlag, Braunschweig 1971.

[7] *Lunze, K.*, Berechnung elektrischer Stromkreise, Dr. Alfred Hüthig Verlag, Heidelberg 1973.

[8] *Richter, R.*, Elektrische Maschinen, Band III, Birkhäuser Verlag, Basel/Stuttgart 1963.

[9] *Frohne, H.*, Einführung in die Elektrotechnik, Band I–III, Teubner Verlag, Stuttgart 1977.

[10] *Bödefeld, T./Sequenz, H.*, Elektrische Maschinen, Springer-Verlag, Wien/New York 1971.

[11] M.I.T., Magnetic Circuits and Transformers, John Wiley & Sons, Inc., New York/London 1963.

[12] *Küchler, R.*, Die Transformatoren, Springer-Verlag, Berlin/Heidelberg/New York 1966.

[13] *Funk, G.*, Der Kurzschluß im Drehstromnetz, Oldenbourg Verlag, München 1962.

[14] *Ritz, H.*, ABC der Meßwandler, Ritz Meßwandlerwerk GmbH, Hamburg 1970.

[15] *Richter, R.*, Elektrische Maschinen, Band II, Birkhäuser Verlag, Basel/Stuttgart 1963.

[16] *Taegen, F.*, Einführung in die Theorie der elektrischen Maschinen, Band I–II, Vieweg-Verlag, Braunschweig 1971.

[17] *Edelmann, H.*, Berechnung elektrischer Verbundnetze, Springer-Verlag, Berlin/Göttingen/Heidelberg 1963.

[18] *Bonfert, K.*, Betriebsverhalten der Synchronmaschine, Springer-Verlag, Berlin/Göttingen/Heidelberg 1962.

[19] *Funk, G./Erk, A.*, Elektrische Energieversorgung, Vorlesungs-Manuskript, Universität Hannover/Technische Universität Braunschweig 1976.

[20] *Rieger, H./Fischer, R.*, Der Freileitungsbau, Springer-Verlag, Berlin/Heidelberg/New York 1975.

[21] *Langrehr, H.*, Der Schutzraum von Blitzfangstangen und Erdseilen, Dissertation TU München 1972.

[22] *Küpfmüller, K.*, Einführung in die theoretische Elektrotechnik, Springer-Verlag, Berlin 1941.

[23] *Denzel, P.*, Grundlagen der Übertragung elektrischer Energie, Springer-Verlag, Berlin/Heidelberg/New York 1966.

[24] *Wanser, G.*, Seminar Energiekabel, Vorlesung an der TU Hannover 1979.

[25] *Richter, S.*, Einführung in die Starkstromkabeltechnik, Bd. 1–2, Kabel- und Metallwerke, Hannover 1970.

[26] *Kiwit, W./Wanser, G.*, Hoch- und Höchstspannungskabel, Frankfurt 1983.

[27] *Klockhaus, H./Wanser, G.*, Anschluß- und Verbindungstechnik bei Starkstromkabeln, Frankfurt 1979.

[28] VDEW, Aktivierung und Planung von Netzen für allelektrische Versorgung, Verlags- und Wirtschaftsgesellschaft der Elektrizitätswerke, Frankfurt (Main) 1970'.

[29] *Hosemann, G./Boeck, W.*, Grundlagen der elektrischen Energietechnik, Springer-Verlag, Berlin/Heidelberg/New York 1979.

[30] *Funk, G.*, Die Spannungsabhängigkeit von Drehstromlasten, Elektrizitätswirtschaft 68 (1969) 8, S. 276–281.

[31] BBC, Handbuch für Schaltanlagen, Verlag W. Girardet, Essen 1975.

[32] Hütte, Elektrische Energietechnik, Band II, Springer-Verlag, Berlin/Heidelberg/New York 1978.

[33] *Geise, H.*, Leistungsfaktorverbesserung durch Kondensatoren und Saugkreise in Industriewerken mit Stromrichteranlagen, AEG-Mitteilungen 48 (1958) 11/12, S. 659–675.

[34] *Becker, H./Schulz, W.*, Grundlagen zur Beurteilung von Oberschwingungsrückwirkungen in Versorgungsnetzen, etz-a 98 (1977), S. 335–338.
[35] *Erk, A./Schmelzle, M.*, Grundlagen der Schaltgerätetechnik, Springer-Verlag, Berlin/Heidelberg/New York 1974.
[36] *Fleck, B./Kulik, P.*, Hochspannungs- und Niederspannungs-Schaltanlagen, Verlag W. Girardet, Essen 1974.
[37] *Rziha, E. V.*, Starkstromtechnik, Band I–II, Verlag von Wilhelm Ernst & Sohn, Berlin 1955.
[38] VEM, Handbuch Schaltanlagen, VEB Verlag Technik, Berlin 1971.
[39] *Müller, L.*, Selektivschutz elektrischer Anlagen, VDEW Frankfurt 1971.
[40] Autorenkollektiv, Berechnung elektrischer Energieversorgungsnetze, Band I–III, VEB Deutscher Verlag für Grundstoffindustrie, Leipzig 1972.
[41] *Funk, G.*, Die Wirkungen von Belastungsimpedanzen und Leitungskapazitäten auf die Größe der Kurzschlußströme, Elektrizitätswirtschaft 66 (1967) 15, S. 437–440.
[42] *Slamecka, E./Waterschek, W.*, Schaltvorgänge in Hoch- und Niederspannungsnetzen, Siemens Aktiengesellschaft, Berlin/München 1972.
[43] *Funk, G.*, Einfluß der Netzdaten und Betriebsbedingungen auf die Größe der Anfangs-Kurzschlußwechselströme bei dreipoligem Kurzschluß, Technische Mitteilungen AEG-TELEFUNKEN 71 (1981) 4/5, S. 168–177.
[44] *Mutschler, P.*, Berechnung von Ausgleichsvorgängen in Drehstromsystemen und Drehstrom-Gleichstrom-Verbundsystemen, Dissertation TH Darmstadt 1975.
[45] *Nelles, D.*, Die Beschreibungsgleichungen der Synchronmaschine für Ausgleichsvorgänge in Drehstromnetzen, Wiss. Ber. AEG-TELEFUNKEN 46 (1973) 2, S. 44–51.
[46] *Funk, G.*, Kurzschlußstromberechnung, Elitera-Verlag, Berlin 1974.
[47] *Hosemann, G./Rittinghaus, D.*, Einfluß der Netzbetriebsgrößen auf die Kurzschlußstromstärke, 25. Internationales Wissenschaftliches Kolloquium, TH Ilmenau 1980.
[48] *Koglin, H.-J.*, Der abklingende Gleichstrom beim Kurzschluß in Energieversorgungsnetzen, Dissertation TH Darmstadt 1971.
[49] *Holzmann, G./Meyer, H./Schumpich, G.*, Technische Mechanik, Teubner Verlag, Stuttgart 1980.
[50] *Ballus, H.*, Ein Beitrag zur Berechnung elektromagnetischer Kräfte zwischen stromführenden Leitern, Dissertation TH Darmstadt 1970.
[51] *Hochrainer, A.*, Symmetrische Komponenten in Drehstromsystemen, Springer-Verlag, Berlin/Göttingen/Heidelberg 1957.
[52] *Funk, G.*, Symmetrische Komponenten, Elitera-Verlag, Berlin 1976.
[53] *Carson, J. R.*, Wave Propagation in Overhead Wires with Ground Return, Bell System Technical Journal 5 (1926), S. 539–554.
[54] *Pollaczek, F.*, Über das Feld einer unendlich langen wechselstromdurchflossenen Einfachleitung, E.N.T. 3 (1926) 9, S. 339–359.
[55] *Rüdenberg, R.*, Elektrische Schaltvorgänge, Springer-Verlag, Berlin/Heidelberg/New York 1974.
[56] *Willheim, R.*, Das Erdschlußproblem in Hochspannungsnetzen, Verlag von Julius Springer, Berlin 1936.
[57] *Peiser, R.*, Kippschwingungen und Subharmonische im Serienschwingkreis mit Eisendrossel, Dissertation TU Berlin 1964.
[58] *Baatz, H.*, Überspannungen in Energieversorgungsnetzen, Springer-Verlag, Berlin/Göttingen/Heidelberg 1956.
[59] *Heuck, K./Kegel, R.*, Ferroresonanz bei Transformatoren mit freiem Sternpunkt, etz-Archiv 1 (1979), S. 113–120.
[60] *Biegelmeier, G.*, Über die Körperimpedanzen lebender Menschen bei Wechselstrom 50 Hz, etz-Archiv (1979) 5, S. 145–150.
[61] *Otto, H.*, Ausgleichsvorgänge im Erdreich bei Eintritt eines Erdschlusses oder Erdkurzschlusses, Dissertation TH Karlsruhe 1963.
[62] *Langrehr, H.*, Rechnungsgrößen für Hochspannungsanlagen, AEG-TELEFUNKEN Handbücher, Band 9, Elitera-Verlag, Berlin 1974.
[63] *Funk, G.*, Verfahren zur Bestimmung der Stromverteilung auf Erde, Erdseile, Bodenseile und Erdungsanlagen bei einem Erdkurzschluß an homogenen und inhomogenen Drehstrom-Freileitungen, Dissertation RWTH Aachen 1964.

Sachwortverzeichnis